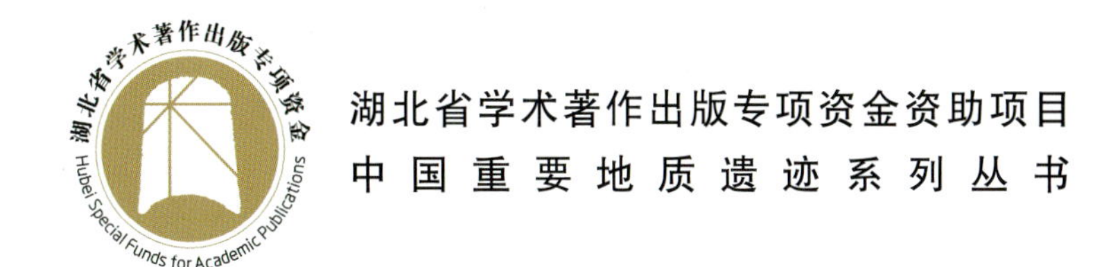

浙江省重要地质遗迹

ZHEJIANG SHENG ZHONGYAO DIZHI YIJI

齐岩辛　张　岩　等编著

图书在版编目(CIP)数据

浙江省重要地质遗迹/齐岩辛,张岩等编著.—武汉:中国地质大学出版社,2020.7
(中国重要地质遗迹系列丛书)
ISBN 978-7-5625-4739-6

Ⅰ.①浙…
Ⅱ.①齐…②张…
Ⅲ.①区域地质-研究-浙江
Ⅳ.①P562.55

中国版本图书馆 CIP 数据核字(2020)第 069726 号

浙江省重要地质遗迹 齐岩辛 张 岩 **等编著**

责任编辑:胡珞兰 选题策划:张旭 毕克成 责任校对:张咏梅

出版发行:中国地质大学出版社(武汉市洪山区鲁磨路 388 号) 邮编:430074
电 话:(027)67883511 传 真:(027)67883580 E-mail:cbb@cug.edu.cn
经 销:全国新华书店 http://cugp.cug.edu.cn

开本:880 毫米×1 230 毫米 1/16 字数:942 千字 印张:29.75
版次:2020 年 7 月第 1 版 印次:2020 年 7 月第 1 次印刷
印刷:武汉中远印务有限公司 印数:1—1 000 册

ISBN 978-7-5625-4739-6 定价:298.00 元

如有印装质量问题请与印刷厂联系调换

《浙江省重要地质遗迹》

编辑委员会

主　　任：龚日祥

副 主 任：王孔忠

主　　编：齐岩辛

副 主 编：张　岩

参　　编：林清龙　万治义　乐志威　邹　霞　陈美君

岳丽霞　邬祥林　梁灵鹏　黄卫平

前　　言

浙江省位于中国东南沿海，地处长江三角洲南翼。全省陆域面积约10.18万km^2，有“七山一水二分田”之称。海域面积约26万km^2，海岸线长6 715km，岛屿3 820个，是全国岛屿数量最多的一个省。地理位置优越，自然条件良好，素有“鱼米之乡、丝茶之府、文物之邦、旅游胜地”之称。

浙江省区域上跨越两个古大陆，经历了古元古代和中新元古代大陆聚合与裂解过程，北东向区域性江山-绍兴拼合带奠定了统一大陆的雏形。区域地质构造背景以江山-绍兴拼合带为界，划分为两个一级地质构造分区，即拼合带西北部隶属扬子陆块东南陆缘区，拼合带东南部隶属华夏陆块陆缘区。受古亚洲构造域、环西太平洋构造域和特提斯构造域影响与制约，浙江省经历了多期构造运动的叠加，形成了以北东向构造线为主体，伴随有东西向和北西向构造线，它们奠定了浙江省构造的基本格架。近20亿年来，浙江省经历了太古宙、元古宙和显生宙三大地质演化时期，各类地质信息保留较系统、完整，形成了类型丰富的地质遗迹资源，如闻名中外的长兴煤山二叠系—三叠系“金钉子”剖面、天台恐龙蛋化石产地、临安昌化鸡血石、乐清雁荡山流纹岩地貌、江山江郎山丹霞地貌等。

浙江省地质遗迹保护建设工作始于20世纪80年代，首次进行了长兴煤山、江山大豆山、常山西阳山等地重要地层剖面的保护工作。90年代末以来，浙江省的地质遗迹保护工作得到了省委、省政府及地方各级政府的高度重视，地质遗迹保护建设工作得到迅速发展，先后在全省、市、县近70个区域开展了地质遗迹（矿业遗迹）的调查评价和相关专项调查研究工作。截至2018年（同类型按最高级别计），全省已建立或授予资格的有世界地质公园1处、国家地质公园5处、省级地质公园8处，国家矿山公园5处；国家级地质遗迹保护区1处、省级地质遗迹保护区3处；省级地质遗迹保护点157处；地质文化村2处。全省已形成了地质（矿山）公园、地质遗迹保护区、地质遗迹保护点、地质文化村4级地质遗迹保护网络体系。

由浙江省地质调查院承担完成的“华东地区重要地质遗迹调查（浙江）”项目，是“全国重要地质遗迹调查”项目华东片区的子课题之一，项目成果报告最终获评为优秀级。《浙江省重要地质遗迹》一书就是在上述项目成果的基础上编撰而成。该书全面系统地介绍了浙江省重要地质遗迹的调查成果，阐明了全省各类重要地质遗迹资源的类型、特征及分布特点，研究了重要类型地质遗迹的成因、演化及分布规律，综合评价了地质遗迹资源，开展了全省地质遗迹资源区划，结合浙江省实际，提出了全省重要地质遗迹的保护规划及建议，为全省重要地质遗迹资源的保护与利用提供了科学依据。

全书共有7章。第一章、第五章、第六章、第七章由齐岩辛编写；第二章的第一节由齐岩辛编写，第二、三节由张岩编写；第三章的第一、七、八、九、十、十一节由齐岩辛编写，第二、三、四、五、六节由张岩编写；第四章的第一节由齐岩辛编写，第二节由张岩编写；书中资源图、区划图等插图由邹霞编制；全书由齐岩辛统稿。参加本项目的成员还有林清龙、万治义、乐志威、陈美君、岳丽霞、邬祥林、梁灵鹏、黄卫平等技术人员，他们对本项目的完成均起到了重要作用。

项目在实施过程中，得到了各级领导和专家的帮助和支持。原浙江省国土资源厅地质环境处处长孙乐玲，浙江省地质调查院副院长王孔忠、总工程师陈忠大、总工办主任周宗尧、地质环境所所长林清龙等领导给予本项目诸多关心与支持；胡济源教授级高工、许红根高级工程师等专家给本项目提出了许多宝贵意见和建议，在此一并致以最诚挚的感谢！

限于笔者研究水平和实践经验，书中疏漏之处在所难免，敬请广大读者批评指正。

齐岩辛

2019年7月

目　　录

第一章 概述

GAISHU

第一节　地质矿产调查及研究状况

一、区域地质矿产调查

20世纪60—80年代，浙江省域陆续开展了1∶20万区域地质矿产调查、1∶20万水文地质调查和1∶20万物探调查等工作，涉及29个图幅，工作范围涵盖全省，基本上查明了省内元古宇、古生界、中生界和新生界地层系统，以及构造、侵入岩、变质岩和矿产资源分布及特征。

20世纪70年代至今，省内先后完成了141幅1∶5万区域地质矿产调查，完成图幅面积约占全省土地面积的50%。该项工作在1∶20万区域地质调查工作的基础上，进一步深化完善了浙江省地层、构造、侵入岩、变质岩、矿产等内容，极大地提高了人们对本省地质构造和矿产资源方面的认识。

进入21世纪以来，省内先后开展并完成了11个图幅的1∶25万区域地质调查工作，完成的调查面积占全省陆域面积的90%左右。

浙江省自20世纪50年代以来，勘探单位开展了大规模的矿产勘查工作，涉及的矿种主要有铁、铜、铅、锌、金、银、钨、锡、钼、锑、汞、稀土、沸石、膨润土、地开石、叶蜡石、伊利石、明矾石、高岭土、黄铁矿、萤石、硅藻土、珍珠岩等，取得了重要的成果。

上述工作为浙江省重要地质遗迹资源的认定提供了翔实的地质资料。

二、专项地学研究

近几十年来，在区域地质矿产调查的基础上，科研院所与省内各地勘单位开展了一些专项研究工作，内容涉及地层、火山岩、侵入岩、变质岩、地质构造、古生物和矿产资源等多方面，成果以专著出版或公开发表学术论文的形式，总结并阐明了浙江省重要地质矿产问题。

1.《浙江省区域矿产总结》

由浙江省区域地质调查大队完成于1988年。该报告全面反映了省内矿产资源状况，总结了省内矿产资源类型、分布、成因、储量规模及成矿远景等，在区域成矿规律的基础上，对具有浙江省特色的矿产地进行了全面系统的研究和总结，提出了浙江省典型矿床成矿概念模式，明确了浙江省明矾石储量居世界首位，萤石、膨润土、沸石、膨胀珍珠岩、硅藻土5种矿产储量居全国前列，其中膨润土、沸石、珍珠岩是国内最先发现、最早开展工作的矿产。

2.《浙江省区域地质志》

由浙江省区域地质调查大队完成于1989年。该专著全面系统地总结了浙江省地层、火山岩、侵入岩、变质岩、地质构造的基本特点和地质发展史，厘清并划分了浙江省自古元古代以来的地层分区、岩石地层单元、岩浆活动期次以及构造旋回阶段等内容，建立了浙江省沉积旋回、岩浆构造旋回及地质构造的基本格架。该专著通过全面系统的总结，为之后浙江省1∶5万区域地质调查、专项地质研究、矿产资源调查研究和全省地质遗迹调查奠定了坚实的基础。

3.《浙江省岩石地层》

由浙江省区域地质调查大队完成于1996年。该专著对浙江省岩石地层单位进行了全面系统的清理和总结，确定了浙江省岩石地层层型剖面共计98条，其中正层型剖面61条、选层型剖面10条、新层型剖面2条、次层型剖面25条。同时确定了自古元古代以来，浙江省经历了14次构造运动，划分出7个构造层和11个亚构造层。在此基础上，系统地制定了浙江省地层分区及岩石地层表，为区域地层对比分析、地层时代归属提供了科学依据。

4.《浙江省金属、非金属矿床成矿系列和成矿区带研究》

由浙江省国土资源厅完成于2002年。该专著科学总结了浙江省主要金属矿床和非金属矿床的地质背景、成矿地质条件、矿床成因类型及成矿规律，建立的矿床成矿模式均列入浙江省典型矿床成矿模式，为浙江省地质找矿和矿床成因研究指明了方向。

5.《浙江省恐龙化石调查与研究》

由浙江省水文地质工程地质大队完成于2013年。该专著系统叙述了省内9个白垩纪陆相盆地恐龙骨骼化石及恐龙蛋化石产地的地质构造背景、分布规律、赋存层位，全面总结了浙江省恐龙的属种及特征，对恐龙生存的盆地古地理、古生态和古气候环境作了分析，并对恐龙的灭绝及白垩纪盆地地层的划分与时代进行了探讨，提出了全省恐龙化石的保护与开发建议，是浙江省第一份比较系统的阐述恐龙化石调查和研究的报告。

6.浙江地层学研究

20世纪20—80年代，朱庭祜、盛莘夫、卢衍豪、林焕令、穆恩之、刘季辰、赵亚曾、韩乃仁、李罗照和顾知微等著名地质学家和古生物学家先后在浙西北地区开展了古生代和中生代等的地层古生物研究，基本查明了浙西北的古生物化石产地和动物群特征，通过详细的化石带（组合）研究，建立了较完整的浙江省古生代和中生代地层序列。

近20年以来，中国科学院南京地质古生物研究所、中国地质大学等单位，凭借着浙江省得天独厚的地质及古生物化石资源和深厚的研究基础，通过坚持不懈的勤奋工作，在许多地层古生物领域取得了巨大的成就，他们的研究对象多数已成为国际地层学研究的重要材料。随着标准生物带研究的不断深入，通过国际地层对比分析，在年代地层学方面取得了重要进展，在浙江省确立了4枚"金钉子"，即全球界线层型剖面和点（GSSP），内容涉及奥陶系达瑞威尔阶、寒武系江山阶、二叠系长兴阶和二叠系—三叠系界线层型剖面。

7.浙江岩石学研究

浙江省岩石学研究主要涉及火山岩、变质岩和侵入岩等方面。由于岩石学研究在方法和测试技术方面的完善和提高，近20年来，在浙江省岩石学研究方面，许多院校及研究单位通过大量的论文，比较全面系统地阐述了三大岩类同位素年代学特征、同位素地球化学特征等内容，为深入了解和认识浙江省地质构造演化史提供了科学依据。例如对浙西南地区八都（岩）群变质岩时代归属、大地构造环境及地质演化的认识，对浙江省中生代火山岩岩性岩相及时代归属的认识，对浙江省中生代火山岩中碎斑熔岩的认识，对浙江省各时代侵入岩时代及构造环境的认识等。

综上所述，通过长期以来的地学研究，浙江省的一些重要地质事件、古海洋变迁、古大陆聚合与裂解等地质概念逐步得到进一步论证，如华夏陆块是否存在及时代问题、新元古代初期的扬子陆块与华夏陆块碰撞、中期的裂解、冈瓦纳古地理区域、中志留世古地理环境巨变、特提斯古地理区域、中新生代中国大陆东南沿海环西太平洋岩浆构造带等。这些事件与地质概念的形成为浙江省地质遗迹的对比与价值鉴别提供了重要的科学基础。随着这些工作的进展，浙江省元古宙重要地层剖面、古生代地层剖面、中生代地层剖面与典型火山构造，也越来越多地为全球性的重大地质事件与过程研究提供了重要证据。

第二节　地质遗迹调查工作现状

自2001年以来，浙江省先后在全省范围内及衢州市、常山县、长兴县、临海县、乐清县、缙云县、遂昌县、江山市、景宁县、淳安县、嵊州市等地近60个区域开展了地质遗迹（矿业遗迹）的调查评价和相关专项调查研究工作（表1-1），调查精度有概查、普查、详查和专题研究之分，基本查明了相关工作区内地质遗迹和矿业遗迹的资源状况。

依据不同精度的地质遗迹调查和地质（矿山）公园建设工作经验，浙江省在地质遗迹调查技术方法上展开了多方面的实践与探索，形成了较完善的地质遗迹调查评价方法技术体系，2012年制定并发布了《浙江省地质遗迹调查评价技术要求（试行）》（浙土资办〔2012〕31号），为省内地质遗迹调查评价项目的实施提供了科学的工作方法。

表1-1　浙江省地质遗迹调查工作一览表

序号	项目名称	工作精度	完成年份	调查单位
1	常山国家地质公园科学考察	详查	2001	浙江省地质调查院
2	临海国家地质公园科学考察	详查	2001	浙江省地质调查院
3	新昌国家地质公园科学考察	详查	2002	浙江省水文地质工程地质大队
4	雁荡山国家地质公园科学考察	详查	2003	浙江省地质调查院等
5	天台省级地质公园科学考察	详查	2003	浙江省水文地质工程地质大队
6	常山国家地质公园建设科学考察	详查	2003	浙江省地质调查院
7	衢州市地质遗迹调查评价	概查	2003	浙江省地质调查院
8	景宁九龙火山熔岩地质遗迹调查	详查	2003	浙江省水文地质工程地质大队
9	温岭长屿-方山地质公园科学考察	详查	2004	浙江省地质调查院
10	浙江省地质遗迹调查评价	概查	2004	浙江省地质调查院
11	天台恐龙化石地质遗迹抢救性挖掘与保护	详查	2004	浙江省水文地质工程地质大队
12	遂昌金矿国家矿山公园科学考察	详查	2005	浙江省地质调查院等
13	长兴煤山剖面自然保护区科学考察	详查	2005	浙江省地质调查院
14	雁荡山世界地质公园科学考察	详查	2006	浙江省地质调查院等
15	丽水莲都区地质遗迹调查与评价	普查	2006	浙江省地质调查院
16	丽水东西岩地质公园科学考察	详查	2006	浙江省地质调查院
17	永嘉楠溪江地质遗迹调查与评价	详查	2007	浙江省地质矿产研究所
18	文成县百丈祭地质遗迹调查评价	普查	2007	浙江省第十一地质大队
19	磐安县地质遗迹调查与评价	普查	2007	浙江省水文地质工程地质大队

续表 1-1

序号	项目名称	工作精度	完成年份	调查单位
20	仙居国家风景名胜区地质遗迹调查评价	详查	2008	浙江省地质矿产研究所
21	缙云县地质遗迹调查与评价	普查	2008	浙江省地质调查院
22	江郎山丹霞地貌突出普遍价值研究	专题研究	2009	浙江省地质调查院
23	四明山省级地质公园科学考察	详查	2009	浙江省水文地质工程地质大队
24	南麂列岛地质遗迹调查与评价	详查	2009	浙江省地质矿产研究所
25	金华市金华山地质遗迹调查与评价	普查	2009	浙江省地质环境监测院
26	江山市地质遗迹调查与评价	普查	2009	浙江省第七地质大队
27	景宁县地质遗迹调查评价与保护	普查	2009	浙江省地质矿产研究所
28	景宁九龙省级地质公园科学考察	详查	2009	浙江省地质矿产研究所
29	遂昌县地质遗迹调查评价与保护	普查	2009	浙江省地质调查院
30	遂昌省级地质公园科学考察	详查	2010	浙江省地质调查院
31	浙江省剖面类地质遗迹示范调查	专题研究	2010	浙江省地质调查院
32	温岭长屿硐天国家矿山公园科学考察	详查	2010	浙江省地质调查院
33	磐安大盘山省级地质公园科学考察	详查	2010	浙江省地质矿产研究所
34	宁海伍山石窟国家矿山公园科学考察	详查	2010	浙江省水文地质工程地质大队
35	雁荡山世界地质公园地貌及水文地质研究	专题研究	2010	浙江省地质调查院
36	浙江省恐龙化石地质遗迹调查与评价	专题研究	2010	浙江省水文地质工程地质大队
37	象山县地质遗迹调查评价与保护	普查	2010	浙江省水文地质工程地质大队
38	淳安县地质遗迹调查与评价	普查	2010	浙江省地质矿产研究所
39	兰溪市地质遗迹调查与评价	普查	2010	浙江省地质矿产研究所
40	衢江区省级地质公园科学考察	详查	2011	浙江省地质调查院
41	缙云仙都省级地质公园科学考察	详查	2011	浙江省地质调查院
42	平阳县地质遗迹调查与评价	普查	2011	浙江省第十一地质大队
43	青田县地质遗迹调查评价	普查	2011	浙江省第七地质大队
44	东阳市地质遗迹调查评价	普查	2012	浙江省地质调查院
45	东阳省级地质公园科学考察	详查	2012	浙江省地质调查院
46	浙江省出露型地质遗迹调查评价	详查	2012	浙江省地质调查院
47	温州大罗山地区地质遗迹调查与评价	普查	2012	浙江省第十一地质大队
48	苍南县地质遗迹调查与评价	普查	2012	浙江省第十一地质大队
49	浙江省花岗岩地质地貌景观综合研究	专题研究	2012	浙江省地质调查院
50	浙江省观赏石资源调查评价	普查	2012	浙江省地质调查院
51	庆元县地质遗迹调查评价	普查	2012	浙江省第七地质大队
52	临安市清凉峰地区地质遗迹调查评价	普查	2013	浙江省地质矿产研究所
53	嵊州市地质遗迹调查与保护工程	普查	2013	浙江省地质矿产研究所

续表 1-1

序号	项目名称	工作精度	完成年份	调查单位
54	龙泉市地质遗迹调查评价	普查	2013	浙江省第七地质大队
55	长兴县地质遗迹调查与评价	普查	2014	浙江省地质矿产研究所
56	安吉县地质遗迹调查与评价	普查	2014	浙江省地质矿产研究所
57	台州市椒江区大陈岛地质遗迹调查与评价	普查	2014	浙江省地质矿产研究所
58	黄岩区地质遗迹调查评价	普查	2015	浙江省地质矿产研究所
59	三门县地质遗迹调查与评价	普查	2015	浙江省地质矿产研究所
60	洞头县地质遗迹调查评价	普查	2015	浙江省第一地质大队
61	武义县地质遗迹调查评价	普查	2015	浙江省地质调查院
62	云和县地质遗迹调查评价	普查	2015	浙江省第七地质大队
63	舟山群岛新区地质遗迹调查评价	普查	2015	浙江省水文地质工程地质大队
64	华东地区重要地质遗迹调查(浙江)	普查	2015	浙江省地质调查院
65	诸暨市地质遗迹调查与评价	普查	2016	浙江省有色金属地质勘查局
66	天台县地质遗迹调查评价	普查	2016	浙江省第一地质大队

第三节　地质遗迹保护建设现状

地质遗迹保护建设主要是通过建设地质公园、矿山公园，划定地质遗迹保护区和设立地质遗迹保护点的方式开展。

浙江省地质遗迹保护建设工作始于20世纪80年代，由浙江省人民政府以设立保护碑的形式，明确其保护内容，先后实施了长兴县煤山二叠系长兴灰岩的保护、江山市大豆山寒武系—奥陶系界线层型剖面(国际地层委员会候选剖面)的保护、常山西阳山寒武系—奥陶系界线层型剖面(国际地层委员会候选剖面)的保护(图1-1)和临海市岙里村临海浙江翼龙化石产地的保护等。

图1-1　浙江省重要剖面保护碑(常山西阳山)

2000年以来，在全国大力推进地质遗迹保护工作的大背景下，浙江省地质遗迹保护工作也得到了迅速发展。2007年，《浙江省地质遗迹保护规划(2006—2020)》发布实施，标志着浙江省地质遗迹保护工作进入了系统、规范、稳步推进的轨道。截至2018年上半年(同类型按最高级别计)，全省已建立或授予资格的有世界地质公园1处、国家地质公园5处、省级地质公园8处，国家级地质遗迹保护区1处、省级地质遗迹保护区3处，国家矿山公园5处(表1-2)。

表1-2 浙江省地质遗迹保护建设一览表

序号	名称	级别	行政位置	面积(km^2)	批准年份	开园年份	主要遗迹
1	泰顺雅阳承天氡泉地质遗迹保护区	省级	温州泰顺	22.49	1997	—	含氡硅氟复合型热矿泉
2	常山黄泥塘“金钉子”地质遗迹自然保护区	省级	衢州常山	20.12	2002	—	中奥陶统达瑞威尔阶“金钉子”剖面
3	常山国家地质公园	国家级	衢州常山	41.27	2002	2004	中奥陶统达瑞威尔阶“金钉子”剖面、三衢山晚奥陶世生物礁及岩溶地貌景观
4	临海国家地质公园	国家级	台州临海	75.60	2002	2003	白垩纪流纹质古火山剖面、翼龙化石产地和火山岩地貌
5	新昌硅化木国家地质公园	国家级	绍兴新昌	68.76	2004	2006	白垩纪硅化木化石产地与丹霞地貌、火山岩地貌
6	雁荡山世界地质公园	世界级	温州-台州	298.80	2005	2007	白垩纪典型流纹质复活破火山与流纹岩地貌、河流地貌、古采矿遗址等
7	长兴地质遗迹自然保护区	国家级	湖州长兴	2.47	2005	—	长兴阶顶界和底界的“金钉子”剖面
8	遂昌金矿国家矿山公园	国家级	丽水遂昌	33.60	2005	2007	典型金银多金属矿床剖面及唐—明代采银矿业遗址
9	余姚四明山地质公园	省级	宁波余姚	61.70	2009	2012	剥夷面地貌景观、河姆渡文化遗址
10	景宁九龙地质公园	省级	丽水景宁	98.88	2009	2011	火山岩地貌
11	宁海伍山石窟国家矿山公园	国家级	宁波宁海	10.00	2010	2013	古代采矿遗址
12	温岭长屿硐天国家矿山公园	国家级	台州温岭	10.90	2010	2010	古代采矿遗址
13	磐安大盘山地质公园	省级	金华磐安	50.84	2010	2013	台地峡谷地貌及壶穴群景观
14	江山浮盖山地质公园	省级	衢州江山	9.41	2014	2018	花岗岩地貌
15	临安大明山地质公园	省级	杭州临安	20.17	2014	2017	花岗岩地貌
16	象山花岙岛地质公园	省级	宁波象山	35.70	2015	建设中	火山岩柱状节理景观、海岸地貌

续表 1-2

序号	名称	级别	行政位置	面积（km²）	批准年份	开园年份	主要遗迹
17	江山阶“金钉子”地质遗迹保护区	省级	衢州江山	0.29	2015	—	江山阶“金钉子”剖面
18	椒江大陈岛地质公园	省级	台州椒江	32.34	2016	2018	海岸地貌
19	三门蛇蟠岛矿山公园	国家级	台州三门	19.68	2017	建设中	古代采矿遗址
20	苍南矾山矿山公园	国家级	温州苍南	25.03	2017	建设中	古代采矿遗址
21	缙云仙都地质公园	国家级	丽水缙云	54.50	2018	建设中	火山岩地貌、丹霞地貌、花岗岩地貌
22	仙居神仙居地质公园	国家级	台州仙居	101.65	2018	建设中	流纹岩地貌
23	洞头海岛地质公园	省级	温州洞头	32.75	2018	建设中	海岸地貌、花岗岩地貌、火山岩地貌

2013 年，浙江省国土资源厅发布《浙江省重要地质遗迹点（地）名录（第一批）》，该批名录共包含基础地质大类遗迹 110 处，要求各地国土资源局结合实际，科学划定保护范围，合理设置科普标识牌，严格加强日常监管，切实做好保护工作。该项工作开启了浙江省重要地质遗迹保护的精细化模式。2018 年，浙江省国土资源厅又发布了第二批《浙江省重要地质遗迹点（地）名录》47 处，继续推进了省内重要地质遗迹的保护工作。

2014 年，浙江省国土资源厅发布了《浙江省级地质公园建设标准（试行）》，进一步规范和推进浙江省地质遗迹保护和地质公园建设工作。

2016 年 11 月 19 日，国内首创、浙江省首个“地质文化村”——嵊州市通源乡地质环境保护项目通过了省国土资源厅的验收。它创新了地质遗迹保护建设中共建共享的方式，以地质与地质遗迹景观为主体，融合乡村生态文化，为地质遗迹保护和乡村旅游提供了新的示范样板。

2017 年，以浙江省内地质遗迹调查项目成果为基础，创新地质遗迹保护与科普工作方式，开发的“地学之旅”APP 上线公开测试，开创了省内地质遗迹保护工作的新局面。

在地质公园建设实践过程中，浙江省取得了丰富的地质遗迹保护与建设工作经验。目前主要的保护方法是划定保护区，实施分级保护。具体的保护措施通常是在保护区内禁止采石、取土、工程建设等活动；设立保护区界桩、保护碑与解说标识牌；核心区设立隔离栏，禁止游人进入等。

目前，浙江省地质遗迹保护工作进入了稳步发展的阶段。地质公园建设工作取得的成果与经验，为地质遗迹的合理开发利用与保护提供了重要的科学方法，对促进浙江省社会经济和生态环境的全面发展产生了积极的推动作用。

第二章 自然地理及地质概况

ZIRAN DILI JI DIZHI GAIKUANG

第一节　自然地理概况

一、区位交通

浙江省位于中国东南部、长江三角洲南翼。东濒东海，南接福建，西衔江西、安徽，北临上海、江苏(图 2-1)。地跨东经 118°01′—123°10′，北纬 27°02′—31°11′。东西和南北的直线距离均为 450km 左右，陆域面积 10.18 万 km^2，是中国陆域面积最小的省份之一。

图 2-1　浙江省区位与交通图(据浙江省测绘局，略改动)

省内交通发达，已基本建成海、陆、空齐全，铁路、公路、水运配套的现代化立体交通网络。以省会杭州市和金华市为枢纽，沪杭、杭甬、甬台温、沪昆、甬金、宣杭、金千、金温等干支线路及杭甬客专、沪杭高铁、宁杭高铁等构成了浙江省铁路运输网络。

省内公路已建成沪嘉杭、绍诸、宁杭、上三、乍嘉苏、杭浦、杭甬、申嘉湖杭、杭长、申苏浙皖、沈海、甬金、甬台温、诸永、台金、金丽温、杭金衢、杭徽、杭新景、龙丽等高速公路网络，以及杭州湾跨海大桥、象山港跨海大桥、舟山跨海大桥等跨海通道。全省已形成高速公路大环网，实现了杭州至各地市的“四小时公路交通圈”。

全省有杭州、宁波、温州、义乌等 7 个民用机场，其中杭州萧山机场、宁波栎社机场、温州龙湾机场为国际机场。国内航班基本覆盖全国，国际航班主要飞往日本、韩国、美国及中东、东南亚、欧洲等地。

省内已形成宁波、舟山、温州、嘉兴和台州等港口群，沿海的宁波、上海与舟山群岛之间每天都有多班客轮往返，形成了中国最为繁忙的海上客运“金三角”。京杭大运河的杭州—苏州、杭州—无锡区段每天有一班夕发朝至的游船对开。

二、地形地势

浙江省位于东海之滨，地形复杂，地势总的特点是西南高、东北低（图 2-2），自西南向东北倾斜，呈梯级下降，大致可分为浙北平原、浙西中山丘陵、浙东盆地低山、浙中丘陵盆地、浙南中山和沿海（半岛、岛屿）丘陵平原 6 个地形区。全省陆地面积中，山地和丘陵占 70.4%，平原和盆地占 23.2%，河流和湖泊占 6.4%，耕地面积仅 208.17 万 hm^2（$1hm^2=0.01km^2$），故有“七山一水两分田”之说。

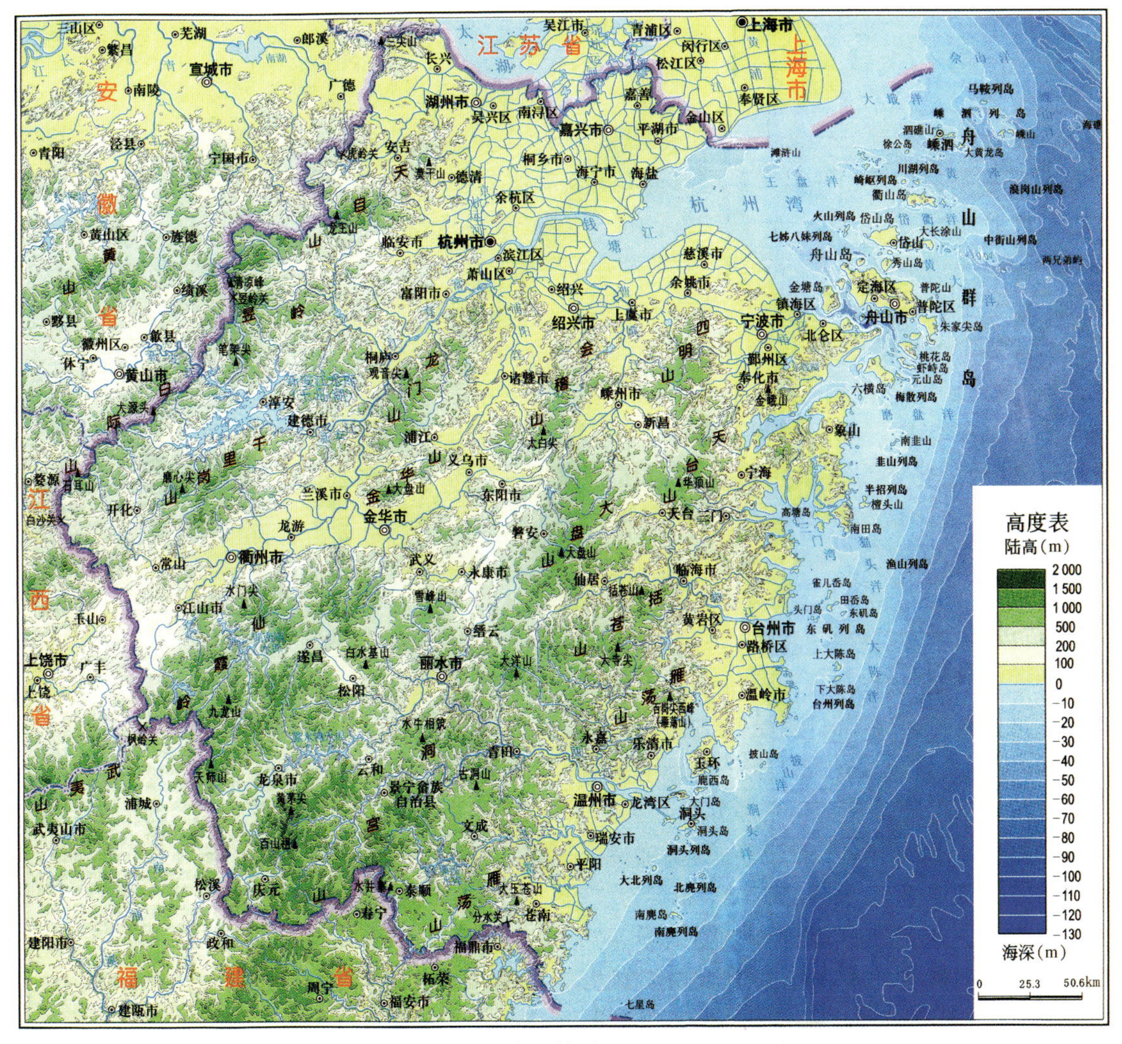

图 2-2　浙江省地势图(据曹纯贫，2010)

浙江省西南部为平均海拔800m的山区,1 500m以上的山峰也大都集中在此。龙泉县境内的黄茅尖,海拔1 929m,为本省最高峰。中部以丘陵为主,大小盆地错落分布于丘陵山地之间,东北部为冲积平原,地势平坦,土层深厚,河网密布。东部沿海面积大于500m^{2}的岛屿有3 000多个,是全国岛屿最多的省份,其中面积495.4km^{2}的舟山岛为我国第四大岛。

全省主要山脉呈北东-南西走向。自北向南主要可分成3支,即北支自浙赣皖交界的白际山脉,向东构成浙江的天目山脉、千里岗山脉;中支从浙闽交界的仙霞岭山脉,向东北延展成天台山、四明山和会稽山脉,天台山脉自西往东北没入东海,构成舟山群岛;南支由浙闽交界的洞宫山脉,向东北伸展为南雁荡山脉,过瓯江称北雁荡山脉、括苍山脉。各山脉延伸到东海,露出水面的山峰构成半岛和岛屿。

三、气候水文

浙江省位于我国东部沿海,处于欧亚大陆与西北太平洋的过渡地带,属典型的亚热带季风气候区。受东亚季风影响,浙江省冬、夏盛行风向有显著变化,降水有明显的季节变化。由于浙江省位于中、低纬度的沿海过渡地带,加之地形起伏较大,同时受西风带和东风带天气系统的双重影响,各种气象灾害频繁发生,是我国受台风、暴雨、干旱、寒潮、大风、冰雹、冻害、龙卷风等灾害影响最严重的地区之一。

浙江省气候总的特点是:季风显著、四季分明、年气温适中、光照较多、雨量丰沛、空气湿润、雨热季节变化同步、气候资源配置多样、气象灾害繁多。全省年平均气温15～18℃,1月、7月分别为全年气温最低和最高的月份,5月、6月为集中降水期。极端最高气温33～43℃,极端最低气温－17.4～－2.2℃;全省年平均雨量在980～2 000mm之间,是中国降水较丰富的地区之一;年平均日照时数1 710～2 100h。

浙江省江河众多,自北而南有东西苕溪、钱塘江、曹娥江、甬江、灵江、瓯江、飞云江、鳌江八大主要水系,浙、赣、闽边界河流有信江、闽江水系,还有其他众多的小河流等。其中苕溪注入太湖水系,信江注入鄱阳湖水系,除二者属长江水系外,其余均独流入海。流域面积大于10 000km^{2}的河流有钱塘江和瓯江两条。

钱塘江是中国东南沿海地区主要河流之一,是浙江省的最大河流。全长484km(浙江境内216.5km),流域面积4.22万km^2(浙江境内3.56万km^2),其余分属安徽省、福建省和江西省,多年平均径流量达404亿m^3。

瓯江是浙江省第二大河,全长388km,流域面积17 958km^2。瓯江因温州古称瓯而得名,属山溪型河流,多年平均径流量达154亿m^3。

四、自然资源

浙江省是我国高产综合性农业区,茶叶、蚕丝、水产品、柑橘、竹制品等在全国占有重要地位。森林覆盖率达60.89%,居全国前列。全省植被资源在3 000种以上,属国家重点保护的野生植物有45种。树种资源丰富,素有“东南植物宝库”之称。野生动物种类繁多,有125种动物被列入国家重点保护野生动物名录,其中国家一级保护动物22种,二级保护动物103种。

全省多年平均水资源总量为937亿m^3,按单位面积计算居全国第四位,但人均水资源拥有量仅2 004m^3,低于全国人均水平。

浙江省矿产种类繁多，以非金属矿产为主。已发现矿产113种，有铁、铜、铅、锌、金、钼、铝、锑、钨、锰、明矾石、萤石、叶蜡石、石灰石、煤、大理石、膨润土、沸水石等。其中石煤、明矾石、叶蜡石、水泥用凝灰岩、建筑用凝灰岩等储量居全国首位，萤石、伊利石、铸型辉绿岩居全国第二位。

浙江省海洋资源十分丰富，拥有海域面积约26万km^2，相当于陆域面积的2.56倍，其中浅海大陆架分布面积22.27万km^2；大陆海岸线和海岛岸线长达6 500km，占全国海岸线总长的20.3%，居全国首位。其中大陆海岸线2 253.7km，居全国第五位，可建万吨级以上泊位的深水岸线290.4km，占全国的1/3以上，10万吨级以上泊位的深水岸线105.8km。东海大陆架盆地有着良好的石油和天然气开发前景。港口、渔业、旅游、油气、滩涂五大主要资源得天独厚，组合优势显著。

浙江省旅游资源非常丰富，素有"鱼米之乡、丝茶之府、文物之邦、旅游胜地"之称。全省有重要地貌景观800多处、水域景观200多处、生物景观100多处、人文景观100多处，自然风光与人文景观交相辉映，特色明显，知名度高。拥有杭州西湖、富春江-新安江-千岛湖、雁荡山、莫干山、普陀山、天台山、楠溪江、嵊泗列岛、双龙、仙都、雪窦山等18个国家级风景名胜区，另有世界文化与自然遗产3处、世界地质公园1处、国家地质公园5处、国家矿山公园5处、国家森林公园39处、国家湿地公园11处、国家级自然保护区10处等。

五、生态环境

2018年，全省完成造林更新面积16 900hm^2，比上年减少11.8%，其中人工造林7 400hm^2，迹地更新8 800hm^2。全省森林抚育面积128 600hm^2，完成义务植树2 679万株。据2018年浙江省森林资源公告，全省森林覆盖率为61.2%（含灌木林）。水土流失治理面积454.5km^2。

2018年，全省有气象雷达观测站点10个，卫星云图接收站点26个，区域自动气象观测站2 968个。全省霾平均日数22天，比上年减少12天。全省11个设区城市环境空气PM2.5年均浓度平均为33$\mu g/m^3$，比上年下降15.4%；日空气质量（AQI）优良天数比例为71.0%～95.1%，平均为85.3%，比上年提高2.6%；69个县级以上城市日空气质量（AQI）优良天数比例为71.0%～100%，平均为90.8%，比上年提高0.8%。

2018年，全省221个省控断面中，Ⅰ～Ⅲ类水质断面占84.6%，比上年提高1.8%；满足水环境功能区目标水质要求断面占89.6%，比上年提高3.6%。按达标水量计，11个设区城市主要集中式饮用水水源地水质达标率为97.0%，比上年下降0.4%；县级以上集中式饮用水水源地水质达标率为97.0%，比上年提高0.6%。全省145个跨行政区域河流交接断面中，满足水环境功能区目标水质要求断面占90.3%，比上年持平。全省近岸海域共发生赤潮18次，累计面积约1 069km^2，其中有害赤潮6次，有害面积约180km^2。与上年相比，赤潮次数减少15次，面积减少999km^2。

2018年，全省城市污水排放量37.0亿m^3，比上年增长3.9%；城市污水处理量为35.3亿m^3，比上年增长4.8%；城市污水处理率95.55%，比上年提高0.78%。城市生活垃圾无害化处理率为100%，城市用水普及率为100%，城市燃气普及率99.83%，人均公园绿地面积13.6m^2。

2018年，全省累计建成国家生态文明建设示范市1个，国家生态文明建设示范县（市、区）10个，国家"绿水青山就是金山银山"实践创新基地5个，省级生态文明建设示范市5个，省级生态文明建设示范县（市、区）38个。建成国家级生态市2个，国家级生态县（市、区）39个，国家级生态乡镇691个，国家环境保护模范城市7个，省级生态市5个，省级生态县（市、区）67个，省级环保模范城市15个。

第二节 地质概况

一、地层

浙江省区域上跨越两个古大陆，经历了古元古代和中新元古代大陆聚合与裂解过程，北东向区域性江山-绍兴拼合带奠定了该区统一大陆的雏形。区域地质构造背景以江山-绍兴拼合带为界，划分为两个一级地质构造分区，即拼合带西北部隶属扬子陆块东南陆缘区、拼合带东南部隶属华夏陆块陆缘区。拼合带两侧古大陆长期以来经历了不同形式的地质构造作用，即表现在沉积作用、岩浆活动、构造活动、变质作用和成矿作用等方面存在着巨大差异，其特色非常明显。

根据《浙江省岩石地层》区划，浙江省属华南地层大区，以江山-绍兴拼合带为界，南东侧为东南地层区的沿海地层分区（浙东南区）；北西侧则为扬子地层区的江南地层分区（浙西北区）。其中江南地层分区（浙西北区）可进一步划分为江山-临安和杭州-嘉兴两个地层小区，出露地层见表 2-1。

（一）扬子地层区江南地层分区

浙西北区自元古宙以来，经历了新元古代早期华南洋大陆边缘岛弧环境及弧后盆地环境的火山-沉积作用；新元古代中晚期至早古生代为江南海盆沉积，涉及海陆交互相、碳酸盐岩台地相、台地边缘相、斜坡相、广海陆棚相和深海盆地相等沉积环境；晚古生代至中生代初期为钱塘海槽沉积，涉及海陆交互相、滨浅海相、陆表海相和陆表海台地相等沉积环境；中生代早期为陆内裂陷盆地沉积环境，中生代中晚期为大规模陆内断陷火山-沉积作用。因此，江南地层分区中三叠世之前均为海相沉积，之后为陆相碎屑物沉积和火山碎屑岩类堆积，各时代地层发育连续且齐全，较完整地记录了江南地层分区地质作用过程。

1. 中元古界

该区中元古界由蓟县系双溪坞群组成。

浙西北地区，中元古代属中国扬子东南部活动陆缘，双溪坞群火山-沉积岩系序列记录了这一时期与华夏陆块之间的碰撞事件。双溪坞群由一套浅变质的火山-沉积岩系组成，总厚度达 3 000m 以上。双溪坞群下部为平水组，以海相喷发的细碧角斑岩建造为主，向上过渡为陆相喷发的北坞组英安质火山岩和章村组流纹质火山岩系，反映了一个完整的岛弧构造环境演变过程，即由不成熟岛弧向成熟岛弧环境的变化。平水组细碧岩 Sm-Nd 等时线及全岩 Rb-Sr 同位素年龄，表明其形成时间分别为(1 012±28)Ma、(972±40)Ma。

2. 新元古界

该区新元古界由青白口系、南华系和震旦系组成。

青白口系自下而上由骆家门组、虹赤村组及上墅组组成，属河上镇群。地层分布于常山—萧山一带及石耳山、江山等地，其中骆家门组与下伏双溪坞群呈角度不整合。该群自下而上清晰地展示了早期磨拉石建造、复理石建造，中期硬砂岩建造和晚期火山岩建造，其中玄武岩同位素年龄值为 894Ma，

表 2-1 浙江省地层划分表

岩石地层 / 岩石地层区 / 地层时代			山地丘陵区		滨海平原区
			华南地层大区		
			扬子地层区		东南地层区
			江南地层分区		沿海地层分区
代	纪	世	江山临安地层小区	杭州嘉兴地层小区	
新生代	第四纪	全新世	鄞江桥组 Qhy		镇海组 $Qhzh$
		更新世 晚	莲花组 Qp^3l		宁波组 Qp^3n；东浦组 Qp^3d
		更新世 中	之江组 Qp^2z		前港组 Qp^2q
		更新世 早	汤溪组 Qp^1t		嘉兴组 Qp^1j
	新近纪	上新世			嵊县组 $N_{1-2}s$
		中新世			
	古近纪	渐新世			
		始新世		长河组 E_2ch	
		古新世			
中生代	白垩纪	晚白垩世		桐乡组 K_2tx	
			衢江群 K_2Q：衢县组 K_2q；金华组 K_2j；中戴组 K_2z		天台群 K_2T：赤城山组 K_2c；两头塘组 K_2l；塘上组 K_2t；小雄组 K_2x
		早白垩世		永康群 K_1Y：壳山组 K_1k；方岩组 K_1f；朝川组 K_1c；馆头组 K_1gt	小平田组 K_1xp
			建德群 K_1J：横山组 K_1hs；寿昌组 K_1s；黄尖组 K_1h；劳村组 K_1l		磨石山群 K_1M：祝村组 K_1z；九里坪组 K_1j；茶湾组 K_1cw；西山头组 K_1x；高坞组 K_1g；大爽组 K_1d
	侏罗纪	晚侏罗世			
		中侏罗世	同山群 J_2T：渔山尖组 J_2y；马涧组 J_2m		毛弄组 J_2ml
		早侏罗世			枫坪组 J_1f
	三叠纪	晚三叠世			乌灶组 T_3w
		中三叠世	周冲村组 $T_{1-2}z$		
		早三叠世	青龙组 T_1q	政棠组 T_1z	
晚古生代	二叠纪	晚二叠世	长兴组 P_3c	大隆组 P_3d	芝溪头变质杂岩 Pz_2Z
		中二叠世	龙潭组 $P_{2-3}l$		
			孤峰组 P_2g		
			栖霞组 P_2q		
		早二叠世	梁山组 P_1l		
	石炭纪	晚石炭世	船山组 CPc		
			黄龙组 C_2h		
			老虎洞组 C_2l	藕塘底组 C_2o	
		早石炭世	叶家塘组 C_1y		
	泥盆纪	晚泥盆世	五通群 DCW：珠藏坞组 DCz；西湖组 D_3x		
		中泥盆世			
		早泥盆世			

续表 2-1

岩石地层 \ 地层时代			山地丘陵区		滨海平原区
			华南地层大区		
			扬子地层区		东南地层区
			江南地层分区		沿海地层分区
代	纪	世	江山—临安地层小区	杭州—嘉兴地层小区	
早古生代	志留纪	晚志留世			
		中志留世	唐家坞组 S_2t		
		早志留世	康山组 $S_{1-2}k$ 河沥溪组 S_1h 霞乡组 S_1x		
	奥陶纪	晚奥陶世	文昌组 O_3w 长坞组 O_3c	三衢山组 O_3s	
			黄泥岗组 O_3h 砚瓦山组 O_3y		
			胡乐组 $O_{2-3}h$		
		中奥陶世	宁国组 $O_{1-2}n$	牯牛谭组 O_2g	
		早奥陶世	印渚埠组 O_1y	红花园组 O_1h 仑山组 O_1l	
	寒武纪	晚寒武世	西阳山组 ЄOx 华严寺组 Є$_3h$	超峰组 Є$_{2-3}c$	
		中寒武世	杨柳岗组 Є$_2y$		
		早寒武世	大陈岭组 Є$_1d$ 荷塘组 Є$_1h$	超山组 Є$_1c$	
新元古代	震旦纪	晚震旦世	皮园村组 Z_2p 蓝田组 $Z_{1-2}l$	板桥山组 Z_2b 灯影组 Z_2d	
		早震旦世	陡山沱组 Z_1d		
	南华纪	晚南华世	南沱组 Nh_2n		
		早南华世	休宁组 Nh_1x		
	青白口纪	晚青白口世	河上镇群 QbH：上墅组 Qb_2s		
		早青白口世	河上镇群 QbH：虹赤村组 Qb_1h 骆家门组 Qb_1l		
中元古代	蓟县纪		双溪坞群 JxS：章村组 Jxz 岩山组 Jxy 北坞组 Jxb 平水组 Jxp		陈蔡群 JxC：徐岸组 Jxxa 下吴宅组 Jxxw 下河图组 Jxx 捣白湾组 Jxd
	长城纪				
古元古代	滹沱纪				八都(岩)群 HtB：大岩山(岩)组 Htd 泗源(岩)组 Hts 张岩(岩)组 Htz 堑头(岩)组 Htq

据《浙江省矿产资源潜力评价》项目成果(2013)。

表明时代为新元古代早期。河上镇群总厚度在 2 500m 以上。

南华系由休宁组和南沱组组成,分布于龙游志棠、建德下涯埠、常山石龙岗、开化小鄱坑等地。下南华统休宁组底部为厚 10～50m 的紫红色砾岩、砂砾岩及砂岩,向上为粉细砂岩、粉砂岩与泥岩互层夹沉凝灰岩;上南华统南沱组为冰碛含砾砂质泥岩夹含锰白云岩,厚 300～2 470m。南华系休宁组与青白口系上墅组、虹赤村组或骆家门组呈角度不整合接触。

以马金-乌镇断裂为界,西侧震旦系分为蓝田组、板桥山组、皮园村组,东侧分为陡山沱组和灯影组。下震旦统为粉细砂岩、粉砂岩与泥岩互层夹沉凝灰岩,含砾砂质泥岩夹含锰白云岩。底部为厚 10～50m 的紫红色砾岩、砂砾岩及砂岩,厚 300～2 470m。上震旦统岩性变化大,开化—淳安—安吉一带为硅质页岩、硅质岩夹白云岩;临安附近为砂质白云岩、石英砂岩;江山—绍兴一带为碳硅质泥岩、含钾粉砂岩及白云岩等。地层厚度以开化—临安一带最大,达 1 900m 以上,两侧变薄,为 1 300～1 400m。局部地区板桥山组与皮园村组为平行不整合接触。

3. 下古生界

该区下古生界由寒武系、奥陶系和志留系组成。

寒武系—中志留统均为连续沉积,受加里东运动影响,浙西北区地壳抬升,未接受晚志留世沉积。寒武系—志留系为浙西北最发育的地层系统,地层之间为连续整合接触,其中寒武系荷塘组与下伏震旦系呈平行不整合关系,地层系统最大厚度可达 6 000m 以上。下古生界主要由含碳硅质岩、泥质碳酸盐、砂泥质碎屑岩及复理石等建造组成,海盆沉积中心沉积厚度可达 5 000m 左右,整个早古生代沉积显示了海盆由海进—海退的一个完整旋回。

4. 上古生界

该区上古生界由泥盆系、石炭系和二叠系组成。

泥盆系—二叠系为连续沉积,地层主要分布在江山—杭州、昌化—长兴一带。受加里东运动影响,浙西北区地壳持续抬升,缺失早中泥盆世沉积,晚泥盆世之后开始沉积,为一套陆表海沉积建造系列。上泥盆统由五通群西湖组和珠藏坞组组成,两者整合接触,岩性主体为含砾石英砂岩、石英砂砾岩和石英砂岩组合,属一套陆表海盆地的海陆交互相碎屑岩。

石炭系自下而上划分为叶家塘组、藕塘底组、老虎洞组、黄龙组和船山组,地层之间呈现整合接触,其中叶家塘组与下伏珠藏坞组呈平行不整合关系。地层岩性组合以碳酸盐岩和石英砂岩为主体,代表了一套陆表海台地相碳酸盐岩和碎屑岩建造。

二叠系自下而上划分为梁山组、栖霞组、孤峰组、龙潭组、长兴组和大隆组,地层之间呈现整合接触。下二叠统为粉砂岩、碳硅质泥岩、硅质岩及燧石灰岩;上二叠统为砂岩、粉砂岩、泥岩夹煤层、灰岩夹泥岩及少量凝灰岩层,代表了浅海至滨海沼泽环境的一套碳酸盐岩及含煤碎屑岩建造组合。

5. 中生界

该区中生界由三叠系、侏罗系和白垩系组成。

三叠系缺失上统,仅零星分布于长兴、湖州、江山、衢县等地,厚 355～560m。划分为政棠组、青龙组、周冲村组。下部为钙质泥岩、泥质灰岩、灰岩;上部为灰岩与白云岩、白云质灰岩互层。在江山—衢州一带与青龙组相当的政棠组则为钙质泥岩与泥质粉砂岩互层,厚约 160m。早中三叠世时期代表了残存海盆环境下的一套沉积作用,尔后整个浙西北地区海水退出,全面抬升成陆,缺失上三叠统。

侏罗系缺失上侏罗统和下侏罗统,仅有中侏罗统分布于兰溪马涧、诸暨同山、常山赤山坞和鲁士、衢州宋家弄及杜泽等地，为一套陆内河湖相含煤碎屑岩建造，厚 600～3 500m，划分为马涧组、渔山尖组。

早白垩世，浙江全境处于活动大陆边缘环境，受古太平洋板块挤压俯冲影响，岩浆喷发、喷溢和侵入作用强烈，堆积了巨厚的火山-沉积岩系。根据岩性组合及喷发方式，自下而上划分为劳村组、黄尖组、寿昌组和横山组，地层连续且整合，在浙西北区称之建德群。建德群均呈北东向分布于火山洼地及构造火山盆地中，底部劳村组为砾岩、砂岩、粉砂岩夹酸性火山碎屑岩，地层厚 526～1 318m；中部黄尖组岩性变化大，有玄武安山岩-石英安山岩-石英粗面岩，或安山岩-英安岩-流纹岩，或英安岩-流纹岩，常夹河湖相粉砂岩等沉积夹层，厚度变化大，厚 940～4 390m；上部寿昌组，由细砂岩、粉砂岩、泥岩及酸性火山碎屑岩组成，厚 890～1 200m；顶部横山组，为一套紫红色富含钙质结核粉砂岩夹细砂岩，上部偶夹薄层凝灰岩，厚 196～1 000m。

晚白垩世，区域性应力场转为松弛拉张环境，受基底断裂控制，形成断陷盆地，堆积了一套巨厚的陆相碎屑物组合，地层系统由中戴组、金华组和衢县组组成，与下伏早白垩世火山-沉积岩系呈现不整合接触。衢江群主要出露于金华盆地中，下部为中戴组，由砾岩、砂砾岩夹粉砂岩组成，属于盆地早期退积型冲积扇-扇三角洲相和辫状河三角洲相沉积环境，局部夹喷溢相玄武岩和安山玄武岩，同位素年龄为 105Ma，地层厚 190～1 500m；中部为金华组，以湖泊相为主体，由粉砂质泥岩、泥质粉砂岩、粉砂岩和泥岩组成，地层厚 800～2 100m；上部衢县组为砾岩、砂砾岩、细砂岩、粉砂岩夹泥岩，属于进积型冲积扇-扇三角洲相和河流相沉积环境，地层厚 1 000～2 360m。

6. 新生界

该区新生界主要由第四系组成，分为山地丘陵区和滨海平原区。

山地丘陵区划分为汤溪组、之江组、莲花组、鄞江桥组。更新统主要由以冲积、洪积及冲洪积为主的砾石层、砂层、含砾亚黏土、黏土组成，地层厚 3.5～58m；全新统以冲积为主，由砂砾层、砾石层及砂层等组成，地层厚 2.5～20m。

滨海平原区划分为嘉兴组、前港组、东浦组、宁波组和镇海组。更新统由河湖相、河口三角洲相、滨海相及湖沼相的砂砾石、亚黏土、黏土、粉砂和亚砂土等组成，厚 150～320m；全新统以海相、海湾相和潟湖相为主，由砂砾石、亚砂土、亚黏土夹泥炭层等组成，地层厚 24～65m。

（二）东南地层区沿海地层分区

浙东南区属华夏陆块构造分区，自古中元古代形成一套巨厚的变质岩系以来，古陆长期处于构造抬升侵蚀、剥蚀环境下，未接受沉积作用。晚三叠世至早中侏罗世在局部断陷洼地内接受河湖及沼泽环境沉积，进入早白垩世早期受古太平洋板块俯冲影响，持续了相当长的大规模火山爆发堆积和岩浆喷溢堆积，在变质岩系基底之上，堆积覆盖了巨厚的火山-沉积岩系地层。因此，浙东南区地层结构具有典型的“二元结构”特点，即基底变质岩系和盖层火山-沉积岩系。

1. 古元古界

该区古元古界由滹沱纪八都（岩）群变质岩系组成。

八都（岩）群变质岩系自下而上由堑头（岩）组、张岩（岩）组、泗源（岩）组和大岩山（岩）组组成，主要分布于龙泉、遂昌及龙游溪口一带，为一套中深变质的富含石墨的黑云斜长变粒岩、黑云片岩、长石石英岩、斜长角闪岩和斜长片麻岩组合。变质矿物组合具有典型的角闪岩相和高绿片岩相特征，其原岩为陆源碎屑岩-黏土岩建造，形成于具有硅铝质陆壳的古陆块裂陷槽构造环境。根据侵入于本岩群内的淡竹混合花岗闪长岩结晶锆石同位素年龄分析，侵入岩年龄为 1 878Ma，表明八都（岩）群地层时代为古元古代，它代表了华夏陆块最古老的基底。

2. 中元古界

该区中元古界由长城纪陈蔡群变质岩系组成。

陈蔡群出露于诸暨陈蔡、松阳高亭、义乌尚阳、嵊州章镇及大衢山岛等地，自下而上由捣臼湾组、下河图组、下吴宅组和徐岸组组成，主要为一套中深变质的以富含石墨黑云斜长变粒岩、斜长角闪岩、浅粒岩及石英岩为主，夹大理岩、石英片岩的岩石组合，原岩为基性火山岩-陆源碎屑岩-碳酸盐岩建造，形成于洋内岛弧型沉积环境。陈蔡群斜长角闪岩（原岩为拉斑玄武岩）的 Sm-Nd 同位素年龄为 1 385Ma、1 356Ma，两个年龄值比较一致，可视为陈蔡群拉斑玄武岩的成岩年龄，表明地层时代为中元古代早期。

3. 下古生界

该区下古生界变质岩系为芝溪头变质杂岩。

芝溪头变质杂岩，零星分布在浙江青田、庆元、苍南、文成等地，出露面积较小，为一套浅变质的变质石英砂岩、石墨绢云石英片岩、石英岩、石英片岩夹大理岩、绿泥片岩及石墨等，最大厚度为 160m。据大理岩的碳、氧同位素测定及产鱼骨、土菱介化石等资料分析，大理岩可能是海陆过渡环境下形成的。该杂岩 Rb-Sr 同位素年龄值为（231±7）Ma，根据同位素及化石资料综合分析，将其年代定为石炭纪—二叠纪，而其主变质期则为三叠纪。

4. 中生界

该区中生界由三叠系、侏罗系和白垩系组成。

三叠系主要为上三叠统乌灶组，零星分布在义乌乌灶、龙游刀石岭、衢州下呈、江山道塘山、诸暨斯宅、上虞笕桥村和河头村等地，为印支运动后的碎屑岩建造，属河湖及沼泽沉积环境，主要岩性为砾岩、含砾粗砂岩、砂岩、泥岩夹煤矿层、碳质页岩，地层厚 300～360m。

下侏罗统枫坪组，分布于龙泉花桥、松阳枫坪、云和砻铺、镇海九龙山等地，为石英砂岩、岩屑石英砂岩夹粉砂岩、煤层，厚度变化大，在 400～1 300m 之间；中侏罗统毛弄组，分布于松阳毛弄、云和杨家山、陈源头、青田陈村、龙泉宝鉴等地。下部由英安质凝灰岩组成，其厚在 400m 以上，上部由含砾砂岩、粉砂岩、页岩夹煤层组成，地层厚 600～2 000m。

浙东南区，早白垩世早期普遍发育一套巨厚的陆相酸性火山-沉积岩系，称之为磨石山群。磨石山群底部大爽组主要由粉砂岩、凝灰质砂岩、沉凝灰岩、酸性火山岩组成，向西部变化为以酸性火山岩为主夹沉积岩，地层厚 240～3 750m；下部高坞组主要由单一岩性酸性熔结凝灰岩组成，地层厚 800～1 480m。中部为西山头组，主要由中酸性和酸性火山碎屑岩夹沉凝灰岩、凝灰质砂岩组成，地层厚 200～3 100m。上部由茶湾组、九里坪组及祝村组组成，其中茶湾组受制于火山口或火山洼地内，分布不稳定，常缺失，地层由砾岩、泥岩夹酸性火山岩组成，地层厚 300～700m；九里坪组以喷溢相流纹岩为主体，地层厚度不稳定，受控于火山构造；祝村组为中性—中酸性—酸性火山岩夹沉积岩，地层厚 350～1 500m。

早白垩世晚期至晚白垩世早期是浙江陆相盆地发育期，主要分布于浙中及浙东南区，由于各盆地所处构造、沉积环境之不同，各盆地的岩性差异较大。盆地构造呈现北东—北北东向分布，次为北西向、南北向、东西向或呈等轴状分布。主要盆地有金华-衢州、浦江-诸暨、宁波、嵊州-新昌、武义、永康、天台、仙居、松阳、文成等，有40多个。浙东南区地层发育齐全，自下而上分别称为永康群和天台群。

永康群自下而上为馆头组、朝川组、方岩组和壳山组。下部馆头组由砾岩、砂岩及粉砂岩与泥岩互层组成，其间常夹玄武岩、安山岩或酸性火山岩，地层厚41～831m，在奉化玄坛地，馆头组相变为以玄武岩及酸性火山岩为主夹沉积岩；中部朝川组由紫红色砂砾岩、砂岩、粉砂岩、泥岩夹酸性火山岩组成，局部相变为以火山岩为主夹沉积层，厚度变化大，厚500～1 350m；上部方岩组、壳山组由砾岩、砂砾岩及流纹岩组成，局部相变为小平田组，主要为火山岩夹沉积岩组成，地层厚170～1 970m。

天台群不整合于永康群之上，自下而上为塘上组、两头塘组、赤城山组和小雄组。下部塘上组以酸性火山岩为主夹沉积岩；上部为两头塘组和赤城山组，前者由紫红色砂砾岩、粉砂岩、泥岩夹玄武岩和酸性火山岩组成，属退积型辫状河三角洲相沉积环境，后者为紫红色砾岩和粉砂岩互层，属进积型冲积扇-扇三角洲相沉积环境；小雄组仅分布于三门健跳—临海桃渚一带，以中酸性—酸性偏碱的火山岩为主，其底部见有少量的砂砾岩、凝灰质含砾粗砂岩、紫红色粉砂岩和沉凝灰岩，下部凝灰质砂岩、沉凝灰岩中产有临海浙江翼龙和雁荡长尾鸟化石。据小雄组二段碱长流纹岩、石英粗面岩Rb-Sr同位素等时线年龄(91.0±0.4)Ma和(91.2±1.3)Ma分析，小雄组火山岩为晚白垩世早期喷溢堆积之产物。天台群地层总厚540～3 600m。

5.新生界

该区新生界由新近系和第四系组成。

新近系嵊县组分布于嵊县、新昌、诸暨、义乌、陈阳、天台、宁海、临海、余姚等地，以喷溢相玄武岩为主体，夹泥岩、粉砂岩、砂砾岩及硅藻土、褐煤等，产植物、孢粉及硅藻类等化石，地层厚5.5～300m。

第四系分为山地丘陵区和滨海平原区。山地丘陵区划分为汤溪组、之江组、莲花组和鄞江桥组。更新统主要由以冲积、洪积及冲洪积为主的砾石层、砂层、含砾亚黏土和黏土组成，地层厚3.5～58m；全新统以冲积为主，由砂砾层、砾石层及砂层等组成，地层厚2.5～20m。

滨海平原区划分为嘉兴组、前港组、东浦组、宁波组和镇海组。更新统由河湖相、河口三角洲相、滨海相及湖沼相的砂砾石、亚黏土、黏土及粉砂、亚砂土等组成，厚150～320m；全新统以海相、海湾相和潟湖相为主，由砂砾石、亚砂土、亚黏土夹泥炭层等组成，地层厚24～65m。

二、岩浆岩

浙江省岩浆活动频繁，是西太平洋岩浆活动带的重要组成部分。省内侵入岩的基本特征是：岩体大小不等，尤以岩株及岩枝为主，大于100km^{2}的岩基甚少，以复式岩体为多；岩类较齐全，超镁铁质岩、镁铁质岩、中性岩、中酸性岩、酸性岩及碱性岩等均有不同程度发育，尤以酸性、中酸性岩分布最为广泛；按岩浆侵入作用的活动时代及构造环境，可划分古元古代、新元古代、古生代、中生代和新生代5个构造岩浆旋回，其中以新元古代和中生代构造岩浆旋回最为发育。

（一）古元古代阶段

浙江省古元古代岩浆侵入活动主要见于浙东南区的龙泉、云和渤海、遂昌及龙游灵山等地，花岗质侵入岩主要有混合型及变质型两类。

混合型花岗岩体主要有混合花岗闪长岩、混合石英二长岩及混合花岗岩等，一般均分布于八都(岩)群中，岩体与围岩界线不明显或呈渐变过渡接触。岩石具花岗变晶结构、交代结构，片麻状及阴影状构造，含有大量的围岩捕虏体，常含较多的石榴石等变质矿物。据淡竹混合花岗闪长岩中结晶锆石 U-Pb 法同位素年龄测定，为(1 878±27)Ma。

变质型花岗岩体主要有斜长角闪质片麻岩、花岗闪长质片麻岩、黑云斜长(二长)质片麻岩及花岗质片麻岩等，其产出与八都(岩)群关系密切，因后期变质变形改造，岩体与围岩间一般具构造接触关系。其原岩推测为中基性、中酸性及酸性岩类，为经区域变质而成。据同位素年龄测定，云和渤海花岗闪长质片麻岩的锆石 U-Pb 法同位素年龄为 1 871Ma，松阳里庄斜长片麻岩单颗粒锆石同位素年龄为 1 838～1 808Ma。

上述两类岩体的同位素年龄为浙江侵入岩中最高年龄值，其形成年代为古元古代晚期。

(二)新元古代阶段

浙江新元古代岩浆活动与这一时期全球罗迪尼亚超级大陆聚合裂解事件关系密切，在此构造背景下，岩浆活动记录了挤压环境和伸展拉张环境的组合特点。侵入岩区域上主要分布在江山-绍兴拼合带两侧，即出露于诸暨璜山和次坞、萧山河上、绍兴平水和赵婆岙、龙游灵山、金华北山、开化石耳山和龙泉狮坑等地。

浙东南区主要有龙泉狮坑、龙游上北山及诸暨璜山的蛇纹岩、蛇纹石化橄榄岩、辉石橄榄岩、角闪石辉石岩等。

浙西北区可分为 3 期：第一期分布于璜山及平水等地的 TTG 组合，同位素年龄在 900Ma 左右；第二期分布于绍兴-金华北山-江山的 GG 组合，同位素年龄为 860～830Ma；第三期分布于萧山河上和诸暨次坞的双峰式组合，岩性为辉绿岩和碱长花岗岩，同位素年龄分别为 814Ma 和 812Ma。其中，第三期岩浆活动不但具双峰式的侵入组合，同时具双峰式的岩浆喷溢组合，而萧山河上道林山碱长花岗岩为华南地区目前发现的最古老的 A 型花岗岩。

(三)古生代阶段

全省古生代岩浆活动微弱，浙西北区在早古生代有少量的火山喷发，而浙东南区则主要表现为混合花岗质岩浆作用，除局部见闪长岩外，其余均为混合斜长花岗岩、混合石英二长岩、混合二长花岗岩及混合花岗岩等，其分布与元古宙变质岩系有密切的空间关系。龙泉墩头混合斜长花岗岩锆石 U-Pb 法同位素年龄测定为 410Ma，属于加里东期侵入体。

(四)中生代阶段

本省中生代岩浆侵入活动可划分为早期和晚期两个阶段。

1. 早期阶段

岩浆活动较弱，沿江山—绍兴一线南东侧呈北东向分布，以大爽石英二长岩为主的早三叠世早期侵入岩(246Ma)；浙东南集中分布于丽水-宁波隆起带，岩石类型主要有碱长花岗岩、花岗岩、二长花岗岩、石英正长(二长)岩，空间分布与变质岩关系密切。据锆石同位素年龄测定，其年龄值多数在 190～171Ma 之间，反映本区存在重要的构造-热事件。

2. 晚期阶段

属于浙江地史发展过程中最为壮观、强烈的一次岩浆活动，伴随着大规模火山喷发后期岩浆侵入，属于中生代活动大陆边缘火山-岩浆作用之产物，按活动时代可分为早白垩世和晚白垩世。

早白垩世，侵入岩全省发育，多呈岩株、岩枝状产出，个别面积大于 $100km^2$ 者为岩基。按侵入岩产出次序可分为 4 次：第一次以辉长岩、闪长岩、石英闪长岩、花岗闪长岩及石英二长岩等为主，在后两类岩体中常见石英闪长岩或闪长质暗色包体，其成因以陆壳同熔型为主；第二次以中粒、中细粒黑云母花岗岩为主，成因以陆壳改造型为主；第三次以细粒花岗岩及细粒二长花岗岩为主，成因以陆壳改造型为主，个别岩体（如桐庐华家塘辉石花岗斑岩）亦有可能为陆壳同熔型；第四次为（碱长）石英正长（斑）岩、正长（斑）岩，其中洪公岩体中含有暗色包体，其成因为陆壳同熔型，其 Ar-Ar 法同位素年龄则为 124Ma。

晚白垩世，侵入岩广泛发育于浙东南及沿海地区，浙西北区亦有少量分布。按侵入岩的相互关系、侵入最新围岩时代及同位素年龄等可将本期侵入岩的形成分为 3 个阶段：第一阶段以石英闪长岩、闪长岩为主，其次有零星分布的闪长（玢）岩、辉长岩及辉长辉绿岩等；第二阶段为石英二长岩、花岗闪长岩、二长花岗岩，及中粒、中细粒花岗岩等；第三阶段主要为碱性花岗岩及晶洞碱长花岗岩，主要分布于浙东沿海及岛屿地区，代表性岩体有桃花岛—虾峙岛及青山岛一带的碱性花岗岩、青田碱性花岗岩和苍南瑶坑碱性花岗岩，岩体结晶同位素年龄值在 92Ma 左右，属于晚白垩世早期。碱性花岗岩及晶洞碱长花岗岩为 A 型花岗岩，为伸展拉张背景下，上地幔岩浆源受陆壳物质混染熔融之产物，它们构成了中国东部浙闽沿海一条重要的 A 型花岗岩带。岩体结晶同位素年龄值在 92Ma 左右，属于晚白垩世早期。

（五）新生代阶段

这一阶段岩浆大规模喷溢和侵入与区域性深大断裂活动关系密切，喷溢岩浆主要为玄武质岩浆，区域上形成了以嵊州、新昌为中心的大规模玄武岩台地；其间伴随有基性—超基性岩浆侵入，其规模较小，分布零星，主要以超基性角砾岩岩筒、超基性火山岩颈形式表现；其次为碱性苦橄岩、霞石橄辉玢岩、辉绿（玢）岩、辉绿辉长岩、橄煌斑岩及霓霞岩等侵入表现，侵入岩多呈小岩枝或岩脉状产出。该阶段岩浆喷溢和侵入主要在新近纪晚期。

三、地质构造

浙江省大地构造单元总体上以北东向江山-绍兴拼合带为界，划分为浙西北扬子和浙东南华夏两大构造区域。受古亚洲构造域、环西太平洋构造域和特提斯构造域影响与制约，浙江经历了多期构造运动的叠加，形成了以北东向构造线为主体，伴随有东西向和北西向构造线，它们奠定了浙江构造的基本格架（图 2-3）。

（一）深部构造

据全省莫氏面等深线及布伽重力异常资料，嘉兴—余姚—镇海—温岭一线的东部沿海地区为地幔隆起区；丽水—金华—温州等广大地区则为地幔凹陷区，其中开化—桐庐则为向南的鼻状隆起。又据屯溪-温州地震剖面资料，自浙西北至浙东南，在埋深 19～14km 处为一低速层，为花岗质上地壳的底界。该低速层即是地壳内部的主要滑脱层，在挤压应力作用下，形成北东向的冲断构造带，如白际山脉西侧的赣东北-皖南蛇绿混杂岩带、江山-绍兴拼合带、丽水-余姚断裂带等，这些断裂带产状为由地表的陡立至深部低缓的犁式断裂，并终止于低速层。除上述主要深层构造带外，尚有江山-绍兴、灵山-尚阳及查田-龙泉 3 条韧性剪切带，这些构造带具有长期的发展历史。

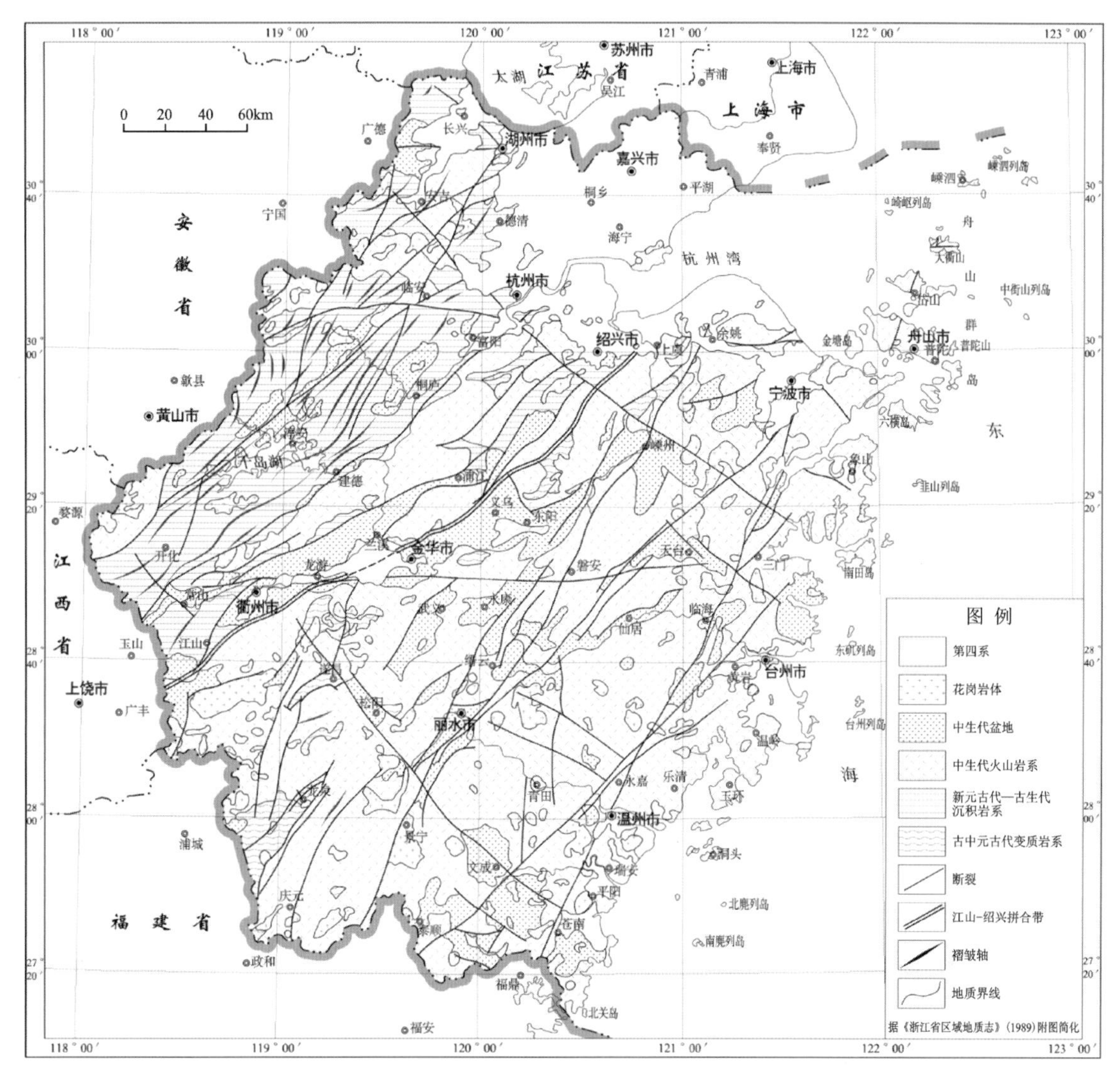

图 2-3　浙江省地质构造简图

(二)褶皱构造

不同构造环境和地质时期，浙江区域褶皱构造样式具有明显的差异性，它反映了不同构造单元在不同时期褶皱构造的特殊性。

1. 基底褶皱

浙西北区和浙东南区有着不同的褶皱基底，前者为扬子陆块的神功期和晋宁期褶皱，后者为华夏陆块的吕梁期和早晋宁期褶皱。

扬子基底岩系褶皱，以中元古代末神功期双溪坞群为代表的变形变质作用形成的褶皱类型，主体形成北东—北东东向线型紧闭褶皱，地层直立或倒转，伴随发育片理构造，组成轴向北东倾伏之大型倒转背斜，具有典型"β"形褶皱特点。在开化—淳安一带和富阳章村等地，双溪坞群褶皱变形较强烈，在宏观上组成轴向北东的复式背斜构造。以新元古代中晚期晋宁期河上镇群地层构造变形为代表形成的褶皱类型，呈现宽缓型背斜样式，不产生轴面劈理，具有典型"γ"形褶皱特点。但在开化—淳安一带则较强烈，分别形成斜卧-平卧-宽缓褶皱，宏观上组成大型复背斜等，轴向北东—北北东向。

华夏基底岩系褶皱，按褶皱形成时期分为吕梁期和早晋宁期。吕梁期褶皱构造变形产生于八都（岩）群中，由于多期强烈变形叠加及构造置换，致使八都（岩）群构造变形异常复杂。吕梁期褶皱主要为片内无根褶皱及紧闭褶皱，由长英质脉体表现尤为清晰；同时在龙泉八都一带还存在平卧褶皱。早晋宁期褶皱构造变形发生于陈蔡群中，由于岩性的差异明显，具一定的成层性，花岗质岩石的叠加改造较弱，故构造样式较清楚，至少有3期构造变形，构造变形为紧闭同斜褶皱，形成大型同斜背斜构造。

2. 盖层褶皱

扬子地层区，主要经历了加里东运动和印支运动，各自形成了不同的褶皱构造形态，受加里东运动影响，致使江南海盆抬升隆起，导致晚志留世和早中泥盆世沉积地层缺失。在浙皖交界处，褶皱构造总体呈箱状或梳状的线状褶皱，具有被动大陆边缘前陆褶皱带性质。印支运动构造形迹在浙西北地区表现得尤为清晰，形成以北东向为主的紧闭线型褶皱和断裂组合，以及大型复背斜和复向斜相间排列，主要褶皱有鲁村-麻车埠复向斜、龙源-印渚埠复背斜、华埠-新登复向斜、江山-诸暨复向斜、杭垓-长兴复向斜、学川-白水湾复背斜、于潜-三桥埠复向斜。

华夏地层区，其盖层为中生代火山岩及断陷盆地河湖沉积岩系，地层代表了燕山期一套火山-沉积岩系组合。根据现有资料分析，地层系统未发生明显的褶皱变形作用，这也证实了浙江燕山期构造形迹以断裂活动为主导的观点。

（三）断裂构造

在地壳的不同深度，断裂样式表现具有明显的差异性，可分为韧性断裂和脆性断裂两类。

1. 韧性剪切带

韧性剪切带属中深构造层次的断裂，后期经构造抬升、剥蚀而露出地表。调查研究表明，省内最重要的韧性剪切带为江山-绍兴韧性剪切带，其次有查田-龙泉、灵山-尚阳韧性剪切带。此外，在庆元张村、遂昌治岭头、松阳、大衢山岛及浙西北石耳山地区也有零星分布。

北东向江山-绍兴韧性剪切带：主要沿江山-绍兴拼合带分布，在诸暨王家宅、璜山至江山一带均可见，出露长约150km的糜棱岩带，在诸暨璜山—王家宅一带其宽度可达6km。该韧性剪切带总体倾向南东，反映了南东侧变质岩长期抬升的历史。剪切带形成于加里东期，具有长期活动的特点，早期以推覆剪切为主，而晚期则为左行走滑，剪切位移总量有数十千米。韧性剪切带内部具有明显的分带性，一般可分为糜棱岩化带、粗糜棱岩带及千糜棱岩带，各宽数百米不等。韧性剪切活动与璜山金银等矿产有着密切的成因联系。

东北向查田-龙泉韧性剪切带：它是浙西南区重要的韧性剪切带，从龙泉向南西经河村、石玄门、西口分为两支，即西侧一支经八宝山、孙坑、际下而延入福建；东侧一支经过查田、柏渡口到竹口。该韧性剪切带总长50～55km，总体延伸方为北东—北北东向，构成八都（岩）群和陈蔡群的分界线。剪切带内糜棱岩、石香肠和窗棂构造等发育，经历了以早期的推覆剪切、晚期左行走滑为主的多次活动阶段。韧性剪切带形成于吕梁期，又经晋宁期、加里东期及印支期的多期构造叠加。

北东东向灵山-尚阳韧性剪切带：出露于龙游灵山—义乌尚阳一带，长约100km，宽1～3km，总体走向60°，带内糜棱岩发育，残斑旋转、拉伸线理、剑鞘褶皱、S-C组构、石英拔丝等现象常见，它们是韧性剪切带运动学的构造标志，显示了由深而浅具有推覆剪切-右行走滑剪切特点。韧性剪切带形成于晋宁期，而高峰期可能在加里东期。

2. 区域性断裂

全省区域性断裂构造按照走向划分，分为北东向、北北东向、东西向和北西向 4 组；按形成时代可分为元古宙、古生代及中生代 3 期，它们具有长期活动的特点。

元古宙断裂构造：主要有北东向江山-绍兴断裂、北东向球川-萧山断裂、北东向马金-乌镇断裂、北东向下庄-石柱断裂和北东向丽水-余姚断裂等。它们形成于元古宙，之后在各个地质时期，即古生代、中生代和新生代均有活动，只是活动规模、表现样式、力学性质存在不同，断裂活动具有多旋回、多期次之特点，因此，现今断裂的产出是长期发展演化的产物。区域性断裂规模大、切割深，断裂对沉积作用、岩浆活动及成矿作用都具有一定的控制。

古生代断裂构造：主要有北东向常山-漓渚断裂，区域上断裂对地层分布有明显的控制作用。北西侧主要出露青白口系双溪坞群、河上镇群，南华系、震旦系及寒武系—奥陶系，仅局部见石炭系分布；南东侧出露石炭系叶家塘组—黄尖组，仅局部见寒武系—奥陶系个别层位的分布；在断裂带内侧充填陆相盆地沉积之马涧组、渔山尖组。由此可见，该断裂对晚古生代地层的控制作用比较明显，其形成时代可能在加里东末期—海西早期。

中生代断裂：主要有东西向昌化-普陀断裂、东西向湖州-嘉善断裂、北北东向鹤溪-奉化断裂、北北东向温州-镇海断裂及北西向孝丰-三门湾断裂、北西向淳安-温州断裂等。在这些断裂中，部分可能为较早的基底断裂，但断裂主要活动期较晚，具有控制侵入岩、白垩纪盆地及新生代火山构造的特点。

四、矿产

浙江省矿产资源丰富，种类相对齐全，已发现的矿种有 133 种，以非金属矿产为主，其次为有色金属，煤、石油、黑色金属矿产较为贫乏。明矾石储量居世界首位，萤石、膨润土、沸石岩、膨胀珍珠岩和硅藻土 5 种矿产储量居全国前列。全省已发现的矿产地共有 1 980 多处，其中大型矿床 40 处，中型矿床 73 处，小型矿床 205 处。这些矿产地被划分为七大类、24 种类型。矿床大类有岩浆-岩浆期后热液矿床、斑岩矿床、火山热液矿床、变质矿床、叠生矿床、沉积矿床和风化矿床。

总体上，浙江省被划分成浙西北和浙东南两个成矿区。浙西北成矿区从北西往南东包括 3 个成矿带，称为结蒙-安吉钨铍-多金属成矿带、华埠-余杭锡铁-多金属成矿带、常山-绍兴铁铜-金成矿带。浙东南成矿带自北西向南东包括两个成矿带，分别为龙泉-陈蔡金银-铅锌-萤石成矿带、青田-宁波铅锌银-叶蜡石明矾石成矿带。

省内著名的大中型矿产地有矾山明矾石矿、武义萤石矿、溪口黄铁矿、平山膨润土矿、五部铅锌矿、治岭头金银矿、漓渚铁矿、青田叶蜡石矿、嵊县硅藻土、诸暨璜山金矿等，多已成为省内典型矿床成矿模式地。

浙江矿藏开采历史悠久，秦朝已开始对铁、铜、石灰岩进行开采和冶炼，唐宋直至元明清除采铜外，还分别开采过金、银、铅锌、明矾石、钴土、煤和建筑石材，留下了如遂昌黄岩坑、温岭长屿硐天、宁海伍山石窟等一大批有价值的古采矿遗址。

近年来，省内地热资源勘探与开发发展迅速，在原有温泉资源的基础上，相继发现了多处温泉点，嘉兴、武义等地的温泉资源正得到关注与开发。省内典型的温泉有浙南的泰顺雅阳温泉，浙西的临安湍口温泉，浙中的武义溪里温泉、塔山温泉，浙东的宁海深圳温泉等。

第三节　地质构造发展简史

浙江大地构造位置，区域上隶属于广西钦州至浙江杭州拼合带（钦州-杭州拼合带）之东北段，拼合带在浙江省境内称为江山-绍兴拼合带。以此拼合带为界，东南侧为华夏陆块构造单元；西北侧为扬子陆块构造单元，它们构成了现今浙江大地构造的基本格局。浙江地质构造发展演化，经历了元古宙早期华夏陆块地壳再造过程、中新元古代华夏陆块与扬子陆块碰撞聚合及裂解过程、加里东期江南海盆沉积与褶皱回返过程、印支期钱塘海槽沉积与褶皱回返过程、燕山期大规模陆相火山作用与陆内裂陷沉积过程和喜马拉雅期地壳抬升剥蚀地貌塑造等重大地质事件。

一、元古宙早期华夏陆块地壳再造事件

区域上华夏陆块由武夷、云开和南岭等若干个陆块组成，而浙江、福建等地区隶属于武夷陆块分布区，陆块基底由古元古代八都（岩）群变质岩系（24 亿～19 亿年）及其之上的中元古界龙泉群和陈蔡群变质岩系（年龄大于 10 亿年）构成。

冥古宙和太古宙时期：近几年对武夷陆块的研究表明，从龙泉群变质基底岩系中获得的碎屑锆石和锆石残留核，SHRIMP 锆石 U-Pb 年龄在 41 亿～36 亿年之间，其时代为冥古宙至太古宙，虽然至今尚未发现其岩石残片，但碎屑锆石和锆石残留核获得的年龄，是提供华夏陆块冥古宙和太古宙地壳物质存在的唯一残留证据，表明华夏陆块存在冥古宙和太古宙的地壳物质，经历了陆壳再造过程。

元古宙时期：武夷陆块分布区由若干个微古陆组成，它们之间被大洋分隔，呈现多岛洋构造环境，构造样式主要表现为洋壳俯冲、变质增生、裂陷沉积、岩浆侵入，这些地质构造事件促进了武夷陆块分布区古老地壳的再造过程，导致陆块分布区域逐渐扩大，形成较为统一的华夏陆块。构造运动致使冥古宙和太古宙地壳物质被元古宙八都（岩）群、龙泉群和陈蔡群全面代替。

1. 古元古代八都期

从原岩建造分析，八都早期为一套基性火山岩-杂砂岩建造，中期为陆源碎屑岩建造，晚期为一套黏土岩建造，属于俯冲之前堆积在大洋板块上的沉积岩、火山岩地层组合，具有洋板块地层系统特点。在洋、陆板块相向运动的机制驱动下，汇聚、俯冲形成俯冲增生杂岩带，是大洋板块地层与海沟陆源碎屑岩的混杂堆积，代表了大洋板块地层汇聚、俯冲、消亡的遗迹。而造山带海洋板块地层系统是以俯冲增生杂岩形式产出，原岩强烈变形变质，其间卷入有大小不等的外来岩块岩石，如超基性岩、海山岩块等。

古元古代八都（岩）群岩石组合相对此前陆壳增生扩大，总厚度大于 3 600m，是华夏陆块地壳再造的具体表现。八都（岩）群具有的强烈变形和中深变质作用，显示了大洋板块向大陆一侧强烈俯冲，陆缘增生形成造山带，与这一时期全球 Columbia 超级大陆碰撞聚合是一致的。而后发生大规模的岩浆侵入作用，在八都（岩）群变质岩系中分布着众多酸性和基性侵入岩体（18.6 亿～17.7 亿年），它们具有双峰式和 A 型花岗岩特点，显示了造山作用结束之后进入伸展构造环境，标志着造山运动结束，预示华夏陆块裂解开始，记录了华夏陆块古元古代陆壳再造事件，以及 Columbia 超大陆聚合向裂解转折的信息，它与同期扬子陆块（19 亿～18 亿年）、华北陆块（18.5 亿～17 亿年）大规模岩浆侵入作用，

均被认为是对全球 Columbia 超级大陆裂解的响应。

2. 中元古代龙泉期—陈蔡期

从原岩建造分析，属于角闪岩相变质的基性火山岩-沉积岩建造，即由基性富镁拉斑玄武岩、碳酸盐岩、砂泥质岩和黏土岩组成，代表了大洋板块地层系统，其中存在较为典型的一套海山-洋岛地层沉积序列，即底座为玄武岩（变质后为角闪岩类），顶盖为碳酸盐岩（变质后为大理岩），构成海山具有的双层结构。

中元古代中晚期，随着大洋板块向华夏陆块一侧强烈俯冲，由此产生的巨大压力和高温，使原岩发生强烈变形和变质作用，导致原先大洋板块地层系统成为俯冲增生杂岩，分布在岛弧与俯冲带间隙区内，其间卷入有海山、洋内弧及洋壳残片，构成了俯冲增生型造山带中最基本的构造单元。而位于海沟内侧与岛弧之间，是消减带的重要组成部分，在汇聚板块构造背景下，它的形成及其内部钙碱性岩浆活动是华夏陆块陆壳增长的重要机制。因此认为中元古代海洋沉积、板块活动、变形变质、岩浆作用导致华夏陆块范围进一步扩大，陆壳再造进一步完善，奠定了相对统一的华夏陆块大地构造格局。

二、中新元古代华夏陆块与扬子陆块碰撞聚合及裂解

随着全球大陆板块和大洋板块的不断运动，中元古代区域大地构造呈现陆-洋-陆格局，即扬子陆块-古华南洋-华夏陆块。浙江处于下扬子陆块东南陆缘与华夏陆块接壤地带，其间为古华南洋分隔。板块运动最终导致古华南洋闭合，华夏陆块与扬子陆块碰撞聚合，形成统一的华南陆块，之后发生裂解，隶属于全球 Rodinia（罗迪尼亚）超大陆聚合和裂解的组成部分。

1. 多岛洋-岛弧形成阶段（距今 13 亿～9 亿年）

中元古代中晚期，扬子陆块东南缘与华夏陆块之间存在一个古华南洋，当时的区域构造环境具有多岛洋-岛弧特点。受地幔岩浆对流作用，驱动古华南洋板块移动并向大陆外侧海沟俯冲，洋壳消减于古大陆一侧深处，导致古陆缘地带火山喷发、岩浆喷溢，形成火山岛弧。在赣东北和皖南地区多地见有岛弧型火山岩和“蛇绿岩套”组合（10.61 亿～10.24 亿年），其中“蛇绿岩套”是上地幔和洋壳碎片的产物，形成于古洋盆或初始裂解阶段的洋脊环境，反映了华南洋具有洋脊拉张、弧陆碰撞特点。在浙江绍兴地区分布着双溪坞群平水组细碧岩和角斑岩类（10.23 亿～9.9 亿年），它代表了成熟度较低的火山岛弧早期洋底喷溢之产物，同时伴随有岩浆侵入，如赵婆岙石英闪长岩（9.05 亿年）、上灶斜长花岗岩（9.01 亿年），其中上灶斜长花岗岩属于幔源岩浆分异之产物，其特征指示了活动大陆边缘或岛弧环境特点；在浙江富阳龙门山地区分布着双溪坞群北坞组和章村组安山质-流纹质火山碎屑岩类（9.01 亿～8.99 亿年），则代表了岛弧型大规模陆相火山爆发堆积之产物，预示着成熟度较高的岛弧形成。

2. 弧陆碰撞阶段（距今 8.6 亿～8.4 亿年）

随着地幔对流作用不断加强，洋壳俯冲消减，在扬子陆块东南陆缘地带发生大规模的弧陆碰撞，导致浙江龙门山地区火山岛弧双溪坞群火山-沉积岩系地层强烈褶皱变形，呈现北东向倾伏之大型倒转背斜构造，其间地层岩石均发生强烈的片理化作用。变质变形的双溪坞群火山-沉积岩系经历了相当长的构造剥蚀作用，后期为青白口系河上镇群骆家门组呈角度不整合覆盖，其角度不整合面之下，

地质学上称之为神功运动，区域上属于对罗迪尼亚超级大陆聚合的响应。这一时期也预示了华夏陆块与扬子陆块碰撞拼贴的结束，古华南洋范围进一步缩小，趋于关闭，形成了一个统一的华南陆块。这一时期形成一套浅变质、强变形的中新元古代巨厚火山-沉积岩系及时代相当的侵入体所构成的地质构造单元，地质上称之为江南造山带。

3. 华南陆块裂解阶段（距今 8.3 亿～8.1 亿年）

全球罗迪尼亚超级大陆聚合结束后不久，受地幔柱岩浆对流影响，转入裂解或伸展阶段。统一的华南大陆在浙江境内，从青白口纪开始裂解，表现特征明显，在萧山、富阳、诸暨、浦江、金华、衢州、江山和开化等地，呈现大型的北东向裂谷式构造洼地，其内先后堆积了一套造山期后骆家门期磨拉石建造、复理石建造，虹赤村期硬砂岩建造，以及上墅期具有陆相火山岩双峰式特点的喷溢相玄武岩、流纹岩组合和岩浆岩双峰式特点的侵入相辉绿岩（8.14 亿年）、碱长花岗岩（8.12 亿年）组合，它们具有明显的时空关系。

其中在浦江蒙山地区骆家门期裂谷盆地受伸展作用影响，在早期沉积过程中，存在多次水下中基性岩浆喷溢，形成典型的枕状细碧岩夹中—薄层灰黄色粉细砂岩和含硅质粉砂质泥岩组合，枕状细碧岩发育有气孔和杏仁体，SHRIMP 锆石 U-Pb 年龄为 8.30 亿年，它代表了浙江境内裂解开始的时间；而分布于诸暨和萧山地区的道林山碱长花岗岩（8.12 亿年），具有典型 A 型花岗岩之属性，反映了伸展构造环境之特点。总之，青白口系河上镇群一套火山-沉积建造组合，清晰地记录了这一时期裂谷盆地沉积作用和双峰式火山及岩浆活动特点，它们是新元古代早中期华南陆块裂解在浙江境内的具体表现。

三、加里东期江南海盆沉积与褶皱回返

（一）江南海盆沉积阶段（距今 8 亿～4.25 亿年）

华南陆块裂解之后，在下扬子地区呈现一个相对开阔的江南海盆，其北部边界以郯庐大断裂为界，南部边界以钦杭断裂为界（浙江段为江绍断裂）。海盆自北向南划分为扬子台地相区、斜坡相区和盆地相区，它奠定了早古生代江南海盆基本的构造格局，浙江处在下扬子江南海盆东南侧斜坡相和盆地相区域。

江南海盆沉积持续时间长达约 3.75 亿年，记录了南华纪、震旦纪、寒武纪、奥陶纪和志留纪等不同时期的江南海盆沉积过程、岩石组合及构造变化。

1. 南华纪（距今 8 亿～7 亿年）

休宁期为滨海相、浅海相沉积，堆积一套巨厚的砂泥质碎屑物。进入南沱期，经历了一次全球性冰期和间冰期，在浅海陆架沉积了一套典型的冰碛物组合，其中含砾砂泥质岩代表了冰期产物，而含锰白云岩、含锰泥岩则反映了间冰期特点。

2. 震旦纪（距今 7 亿～5.4 亿年）

海盆水体相对较浅，海水清澈，光照温度适宜，适合于藻类生长，形成主体为含镁碳酸盐岩和泥质岩的沉积组合，其沉积环境属于潮坪藻礁相-局限海台地相，局部为滞水的海湾相沉积环境，沉积了一套硅质岩、硅质泥岩。华南纪—震旦纪，沉积环境经历了由陆相—潮坪—陆架—台地—海湾的沉积过

程，反映了海水由海进至海退的变化。

陡山沱期气候明显变暖，海平面上升为陆棚-盆地斜坡相，沉积一套黑色含碳硅质泥岩夹薄层砂岩。灯影期或板桥山期，海平面下降，形成浅海陆棚-台地斜坡环境，沉积了白云岩、砂质白云岩、白云质砂岩，形成砂坝。皮园村期至荷塘期，海平面明显下降（海退），为构造运动相对平静的海湾或潟湖相环境，沉积了一套黑色含碳硅质泥岩、含碳硅质岩夹石煤层等组合。

3. 寒武纪（距今5.40亿～4.85亿年）

早寒武世：荷塘期为一套中薄层状黑色碳质页岩、硅质页岩、硅质砂泥岩夹石煤层和含磷矿层组合，岩石微细水平层理及水平纹层发育，含黄铁矿团块以及放射虫和海绵骨针，偶见浮游型球接子，沉积环境代表了深水、缺氧的还原环境。大陈岭期为浅海碳酸盐岩台地环境，沉积了一套厚层状白云质灰岩。

中寒武世：杨柳岗期为浅海陆棚环境，沉积了一套中层、中薄层状灰岩，饼条状或透镜状灰岩与砂泥质岩石组合。

晚寒武世：华严寺期—海西阳山期，为浅海陆棚-深海陆棚过渡环境，沉积了一套中层、中薄层饼条状灰岩，条带状灰岩，瘤状灰岩和泥质灰岩石组合。

4. 奥陶纪（距今4.85亿～4.43亿年）

浙西奥陶纪海洋沉积环境经历了浅陆棚—陆棚盆地—欠补偿盆地—陆棚—台地—陆棚的演变过程，组成一个大的海侵—海退旋回，海水深度由浅—深—浅变化。

早奥陶世：印渚埠期以钙质泥岩为主体，含钙质结核，代表了浅海陆棚环境沉积；宁国期—胡乐期以黑色页岩、泥岩和硅质页岩、硅质泥岩为主体，沉积构造以微细水平层理、微纹状层理为主，表现以化学沉积为主，碎屑物极少，其沉积速率非常低。生物群以漂浮的笔石动物群和浮游生物放射虫为特点，代表了次深海盆地至欠补偿盆地环境沉积。

中奥陶世：砚瓦山期和黄泥岗期产出的瘤状泥灰岩、含钙结核（瘤状）泥灰岩，反映了深海陆棚相沉积环境。

晚奥陶世：长坞期地层岩性组合表现为复理石韵律特点或鲍马序列，记录了江南海盆由陆棚边缘到次深海盆地之间的斜坡地带沉积环境，属于典型的斜坡相浊积岩产物；三衢山期根据岩性组合、生物组合和沉积构造分析，由藻碎屑组成的浅灰色亮晶藻粒灰岩，属藻滩相，而灰泥丘及生物礁则以生物碎屑泥晶灰岩为主体，它们均发育在台地边缘浅滩-台地边缘斜坡环境，为块状泥晶灰岩或砾屑灰岩堆积，以及发育包卷层理或滑塌构造之泥晶灰岩，三衢山期生物礁灰岩，在时空上与长坞期钙质泥岩存在着相变关系，即由台地边缘浅滩-台地边缘斜坡环境过渡到次深海环境；文昌期地层记录了钱塘海盆晚奥陶世由长坞期次深海斜坡相沉积过渡到文昌期浅海陆棚相-滨海相沉积环境，反映了海盆水体逐渐变浅的特点。

5. 志留纪（距今4.43亿～4.25亿年）

早志留世：江南海盆主要表现为浅海-陆棚海相与潮坪相沉积构成的多个海进—海退层序，总体反映了海平面升降的多个变化过程。霞乡期—河沥溪期为一套巨厚的砂泥质岩建造，反映了浅海-陆棚海沉积环境。

中志留世：受区域性加里东运动影响，整个江南海盆抬升，水体变浅。康山期—唐家坞期经历了浅海—陆棚海—滨海的沉积演化过程，在碎屑物粒度、碎屑成熟度和沉积构造等方面，也反映了水体变浅的特点，沉积环境具有浅海相-滨海三角洲相特点。

（二）奥陶纪末期生物大灭绝事件（距今4.45亿年前）

发生于奥陶纪末期的生物大灭绝事件，是显生宙以来的第一次全球性大规模生物灭绝事件，在短时间内导致当时海洋生物85%的物种灭绝（当时陆地生物尚未进化成型），生物群落结构瓦解，海洋生态系统遭受重创。江南海盆在奥陶纪末期，清晰地记录了这一次生物大灭绝事件过程及场景。其原因是，在晚奥陶世凯迪晚期，发生了大规模的冰川事件，导致全球海平面持续下降，并在赫南特中期达到高潮。由于海洋生态环境发生剧烈变化，生活在浅海的大部分生物受环境影响而死亡或灭绝，部分生物向海洋深处"迁徙"，通过自身的调整，逐渐适应深海环境，"劫后余生"保存下来，在安吉和余杭等地保存在奥陶纪末期地层中的生物化石就是一个最好的证据。赫南特晚期，冰川快速消融，海平面上升，水温上升，导致志留纪早期的大规模海泛。

（1）浙江安吉发现奥陶纪末期的特异埋藏化石群——安吉动物群，该动物群以底栖固着的海绵动物占绝对优势，属种异常丰富，同时也有一些底栖生活的节肢动物（鲎类）、棘皮动物，以及死后沉落海底并一起埋藏的笔石、腹足类、鹦鹉螺等浮游和游泳生物。该动物群的海绵化石以普遍含六射海绵骨针为特征，均属硅质海绵大类，包括普通海绵、六射海绵、网针海绵、原始单轴海绵等类别。海绵个体体型较大，结构复杂，表明当时海绵动物通过增加露出海底的高度来增强其适应能力；同时海绵动物也通过增加海绵体壁空隙来提升适应深水生态环境的能力。它揭示了大灾变后的残存期海底并非以往所认为的那样沉寂和荒芜，在海洋深处仍有丰富的多门类的、多种生态的生物繁衍生息。

（2）余杭狮子山奥陶纪末期的一个以腕足动物-三叶虫占优势的底栖化石群，被命名为 *Leangella-Dalmanitina*（*Songxites*）组合（戎嘉余等，2007）。推测该组合可能栖息于BA5的底域生态位。生物群以小个体壳相化石为特征，总量有限；腕足类至少由16个属组成，占整个动物群个体总数的近90%；相伴有少量三叶虫、海林檎及个别的腹足类、海百合茎和短剑类等化石，介壳化石稀少，分散保存。这是目前为止全球唯一被发现的深水壳相动物化石群，记录了奥陶纪末期至志留纪初期古生物化石特征，对研究古生物进化，尤其是奥陶纪生物大灭绝到复苏的演化过程具有填补空白的意义，并为这一时期生物大灭绝提供实物证据。深水相环境可能是奥陶纪末期大灭绝首幕之后底栖腕足类幸存的一个关键场所。

（三）早古生代末期加里东运动（距今4.25亿年）

发生在距今4.25亿年前后的加里东运动（国内称之"广西运动"）具有全球性，在浙西北地区，江南海盆在中志留世时清晰地记录了这一构造运动的规模和表现形式，加里东运动导致浙西北地区江南海盆不断抬升、海水退却、地层褶皱回返、陆地形成，使原先江南海盆整个构造格局发生了根本性变化，此后经历了相当长时间的构造剥蚀阶段。

浙西北地区：其一，中志留世之后，地层沉积间断缺失，表现为晚古生代地层泥盆系或石炭系与早古生代地层之间存在着区域性不整合接触，即在浙江境内上泥盆统西湖组普遍不整合于中志留统唐家坞组之上，其间缺失了晚志留世和早中泥盆世地层。在临安马啸地区，表现为石炭系黄龙组角度不整合于寒武系华严寺组，其间缺失了奥陶系、志留系和泥盆系。在江山、衢州和兰溪等地区，石炭系叶家塘组角度不整合于奥陶系长坞组之上，其间缺失了部分奥陶系、志留系和泥盆系。其二，早古生代地层构造样式与晚古生代构造样式存在较大差异，即早古生代加里东运动构造形迹为宽缓的大型褶皱，轴线方向为北东东向；而晚古生代印支运动构造形迹则以紧密线型褶皱为特征，地层出现直立或倒转，褶皱轴线方向为北东向。其三，地层的缺失或不连续性，促使生物群面貌发生了重大变化，早古生代以三叶虫和笔石等为主体;而晚泥盆世则以植物群为特征。

浙东南地区:这一时期以构造热变质事件为特征,在构造薄弱地带表现为强烈的基底岩系韧性-脆性剪切作用,产出规模巨大,岩石发生糜棱岩化,韧性剪切组构特征明显。例如诸暨王家宅北东向韧性剪切带、龙泉东畲-枫坪近东西向韧性剪切带等大规模韧性断裂形成于这一运动期间。同时,伴随有岩浆热事件,如龙泉岩体(石英二长岩,4.04亿年)、龙泉仙阳岩体(石英二长闪长岩和二长花岗岩,4.37亿~4.22亿年)、龙游周坞里和白石山头超基性岩(4.14亿年),它们均属于加里东期岩浆热事件之产物。

(四)构造剥蚀阶段(距今4.20亿~3.82亿年)

加里东运动导致江南海盆中志留世及之前地层卷入褶皱,海盆抬升成陆,海水退却,长期处于构造剥蚀阶段,大量的早古生代地层遭受剥蚀,经历时间长达0.38亿年左右,部分地区时间更长,例如在浙皖和浙赣交界地区始终处于构造剥蚀,裸露出新元古代地层和岩体。

根据晚泥盆世或早石炭世地层覆盖层与下伏地层的关系,除下伏最新中志留世地层外,同时覆盖于更老的奥陶纪和寒武纪地层之上,表明构造剥蚀作用涉及的深度可达几百米至上千米,有相当的地层组级单位被剥蚀殆尽。

四、印支期钱塘海槽沉积与褶皱回返

1.钱塘海槽沉积阶段(距今3.8亿~2.35亿年)

在经历了加里东期沉积褶皱回返后,距今3.8亿年左右,受全球海平面上升影响,大规模的海水由北东和南西两个方向侵入,通过多条狭窄的北东-南西向洼地通道,沉积了上泥盆统、石炭系、二叠系和下中三叠统地层组合,其规模较小,分布范围局限,此时的海洋沉积构造环境,至中三叠世印支运动结束,经历了长达1.45亿年左右,地质学上称之为钱塘海槽沉积期。

钱塘海槽省内主要分布在常山—建德—杭州—湖州—苏州一线,长度大于400km,宽度为100~150km,其西北侧广大地区仍保留加里东褶皱回返的较高地势,即开化—淳安—临安一线及西北地区基本未受海水影响,只是在其东北端浙北湖州、长兴等地受到海侵,有少量晚泥盆世、石炭纪、二叠纪和三叠纪地层沉积。

(1)晚泥盆世:海水从北东和南西两个方向,沿着低洼地带涌入,钱塘海槽初期水体相对较浅,沉积环境处于滨海-河海三角洲环境,海水动力作用较强,沉积了一套成熟度非常高的巨厚碎屑物,即以石英砂岩为主体夹少量泥质岩组合,以西湖组为代表。

(2)石炭纪:早期处于海湾-滨海沉积环境,为一套石英砂岩夹煤层或含碳质砂泥质岩组合,以珠藏坞组和叶家塘组为代表;晚期海水范围进一步扩大,水体相对变深,为浅海陆棚碳酸盐岩台地相沉积,堆积一套生物碎屑灰岩、微晶粉晶灰岩,富含蜓类、腕足类和珊瑚类化石,以老虎洞组、黄龙组和船山组为代表。

(3)早二叠世:钱塘海槽范围进一步缩小,海水时进时退,只局限于钱塘海槽浙西南和浙北地区。早期,在江山和桐庐等地经历了梁山期滨海潟湖相沉积,而后海平面上升,沉积了栖霞期广海开阔台地相碳酸盐岩沉积;晚期,孤峰期至龙潭期,地壳抬升,海平面下降,在钱塘海槽东北端桐庐—杭州—湖州一线和西南端江山等地,沉积了一套海湾潟湖-滨海三角洲等海陆交互相的含煤建造和碎屑岩夹碳酸盐岩组合。

(4)晚二叠世:早期海水较浅,生物以底栖为主。此时在煤山一带有一次短暂的火山喷发,形成碳酸盐化流纹质晶质凝灰岩薄层,火山碎屑物几乎是原地堆积。中期海水加深为潮下低能环境,含有丰富的有机质,底栖生物与浮游及假飘浮生物混生。晚期海水变浅,海水能量中等,局部较高,生物非常丰富,其中含有丰富的蜓类、腕足类、牙形刺、珊瑚、鱼类、介形虫和菊石等化石。该期在长兴和湖州地区形成局限海台地环境,沉积了一套碳酸盐岩相地层长兴组,而在江山和衢州地区则沉积一套滨浅海碎屑岩相地层大隆组。

(5)早中三叠世:早期为浅海-滨海地带的弱还原环境,沉积了潮坪-滨浅海相泥岩及碳酸盐岩建造;早三叠世晚期至中三叠世晚期地壳又逐渐抬升,海水较浅,适于海相无脊椎动物生存,沉积了具不稳定岩相结构的碳酸盐岩及含镁碳酸盐岩建造。在长兴和湖州地区形成了局限海台地环境,沉积了碳酸盐岩相青龙组和周冲村组;而在江山和衢州地区则沉积一套滨浅海碎屑岩相地层政棠组。

(6)中三叠世末期:受印支运动影响,钱塘海槽褶皱回返,海水全面退却,再现为陆地,从此结束了浙江境内海侵历史,形成了现今浙江统一完整的陆域构造格局之雏形。

2.二叠纪末期生物大灭绝事件(距今2.52亿年左右)

二叠纪—三叠纪之交的生物绝灭是显生宙以来最大的一次绝灭。从全球范围看,二叠纪—三叠纪之交生物分类单位中目一级绝灭10个,亚纲一级绝灭2个,纲一级绝灭6个;目一级严重衰亡的4个,纲一级衰亡3个;科一级减少52%,种数减少90%以上。而华南二叠纪—三叠纪之交生物种的绝灭率达90%~100%。

华南海相8种主要生物门类在二叠纪—三叠纪界线上都有显著的变化。第一类包括蜓类、四射珊瑚、床板珊瑚,它们全部绝灭而未留下后代;第二类包括有孔虫、腕足类、菊石,它们经历重大绝灭,多样性在二叠纪—三叠纪之交降至最低点,其后又或快(如菊石)或慢(腕足类、有孔虫)地复苏;第三类包括牙形石、双壳类,门类有一定影响,其后又较快地复苏,如果从物种名单看,第三类实际上绝大多数物种均未越过界线,物种强烈更替,换了一批新物种,但总数下降不如前两类明显。

统计表明,二叠系—三叠纪之交生物集群绝灭有如下特点:短期内成群生物绝灭;绝灭率最高,波及全球,是地史上种群绝灭事件中最大的一次,遭受绝灭的生物种类等级高;从门、纲、目级看,绝灭正好发生在二叠系—三叠系界线处,但从属、种级看,绝灭有次序发生,具有参差不齐的特点,在二叠系—三叠系界线之下几十厘米至百厘米处普遍存在一条生物大绝灭线,从这条绝灭线到二叠系—三叠系界线之间生物已处于低潮;生态系发生巨大变化,表现在广生性的生物类群代替了狭生性的生物类群,丰富多彩的生境条件被单调的生境条件所取代;主要的绝灭发生在海洋生物界,陆地生物的绝灭事件存在,但程度较低。

3.中三叠世印支运动(距今2.35亿年左右)

发生在中三叠世末期的印支运动席卷整个东亚及东南亚地区,印支运动构造形迹在浙江省内表现形式具有明显差异。

在浙西北及浙北地区,导致晚古生代钱塘海槽地层强烈回返褶皱,海水完全退却,形成了统一完整之浙江陆域构造格局。构造形迹主要以带状北东向展布的褶皱伴随断裂产出,褶皱以紧密线型为特征,轴向一般为40°~50°,局部地层呈现直立或倒转;直至中侏罗世陆相盆地河湖相马涧组和渔山尖组不整合于中三叠世及更早期的地层,期间至少缺失了晚三叠世和早侏罗世地层,间断时间约6 000万年。

在浙中及浙东沿海地区,构造形迹表现为印支期酸性、中酸性和基性岩浆侵入,例如在东阳、诸暨

等地分布着这一时期的石英二长岩(距今2.47亿年)。同时伴随有规模性的断裂活动,形成断陷盆地沉积,例如在义乌、衢州等地,形成晚三叠世和早中侏罗世断陷盆地,其内为河湖相沉积,不整合于下伏古元古界和中元古界八都(岩)群、陈蔡群之上。

五、燕山期大规模陆相火山作用与陆内裂陷沉积

印支动运之后,浙江陆域构造格局处于华南陆块东缘,濒临古太平洋板块,进入活动大陆边缘构造环境。晚侏罗世至早白垩世(距今1.62亿~1.15亿年),受古太平洋板块俯冲影响,浙江省内基底陆壳岩系局部融熔形成大规模的酸性和中酸性岩浆组分,在强大的挤压俯冲的构造背景下,岩浆组分沿着深大断裂系统上涌,表现为带状多中心形式,以大规模火山爆发为主体,伴随岩浆喷溢和岩浆侵入,在距今1.62亿~1.15亿年期间,堆积了巨厚的火山碎屑物和熔岩,覆盖面积约占浙江省面积的2/3,构成了晚侏罗世—早白垩世环西太平洋陆域重要的火山岩带。

浙江晚侏罗世大规模火山喷发活动主要集中在浙西南地区,火山岩SHRIMP锆石U-Pb测试数据在162~145Ma之间,火山岩具有高硅、高钾、富碱的特点,为一套过铝质高钾钙碱性岩石系列,代表了浙江燕山早期火山活动特点。

早白垩世早期大规模火山喷发及岩浆活动,为浙江鼎盛期,覆盖浙西、浙中及浙东地区,火山岩SHRIMP锆石U-Pb测试数据在140~120Ma之间,火山岩具有高硅、高钾的特点,为一套钙碱性岩石系列,代表了浙江燕山晚期火山活动特点。

早白垩世晚期至晚白垩世早期(距今1.15亿~0.9亿年),由古太平洋板块挤压转为松弛阶段,即大规模火山活动大幅度减弱,区域应力场处于伸展拉张构造背景,基底岩系呈现大规模断块活动,表现为以断陷盆地构造和火山构造洼地为特色的构造环境。

断陷盆地构造:主要分布在浙中地区,形成北北东向永康型断陷盆地、北东向金衢型断陷盆地和北西与北东向复合之天台型断陷盆地,其类型有拉分盆地、箕状盆地和裂谷盆地,沉积环境均为河湖相、冲积扇-扇三角洲相和辫状三角洲相类型。早期为永康型断陷盆地,晚期为金衢型和天台型断陷盆地,在丽水南明山和仙居上张等地,均表现为天台型盆地角度不整合于永康型盆地之上,反映了断陷成盆期次叠加特点,在浙江称之为"丽水运动"。由于受区域断裂伸展拉张影响,下切深度较大,盆地内有喷溢相基性、酸性熔岩夹层,以及岩浆喷发火山碎屑堆积层,岩浆物质呈现双峰式,反映了盆地构造具有伸展拉张特点。

火山构造洼地:主要分布在浙西北和浙东南沿海地区,大型火山构造洼地由爆发相火山碎屑物堆积和喷溢相酸性偏碱性之熔岩组成,期间伴随有大量的碱长花岗岩和碱性花岗岩(A型花岗岩)侵入,同样亦反映了这一时期伸展拉张构造环境特点。

六、喜马拉雅期地壳抬升剥蚀地貌塑造

1.喜马拉雅期构造抬升剥蚀阶段(距今6 600万~250万年)

浙江燕山晚期大规模火山作用和成盆作用结束后,在浙东南沿海地区以碱长花岗岩、碱性花岗岩和侵入的中基性岩脉出露为标志,距今9 000万~8 500万年,结束了浙江境内燕山运动,浙江省进入了新的古地理格局。古近纪—新近纪,浙江境内构造活动相对较弱,总体处在地壳缓慢抬升、构造侵蚀剥蚀阶段。古近纪末期,渐新世(2 800万~2 300万年),称为甸子梁期山地夷平面,出露高程1 500~

2 000m，至今保存不完整，呈现零星分布；而新近纪中新世至上新世（2 300 万～250 万年）则发育有以唐县期为代表的山地夷平面，现出露高程在 300～1 000m 之间，在四明山地区至今保存着大面积分布的山地古夷平面，它较完整地记录了喜马拉雅期地壳运动的特点。

古近纪早中期，受区域断陷影响，在局部构造洼地内（如慈溪长河洼地），分布有少量始新统和渐新统长河组。新近纪末期受区域性断裂活动影响，其一，表现为区域性断裂控制的众多超基性岩筒产出（如东阳八面山岩筒、龙游虎头山岩筒、缙云盛园岩筒、衢江坞石山岩筒、玉环石峰山岩筒等），岩浆来自下地壳至上地幔；其二，导致具有带状多中心岩浆喷发、喷溢，主要在新昌、嵊州、余姚等地区发育有嵊县期玄武岩喷溢，分布面积大，形成典型的玄武岩台地，它为四明山地区唐县期山地古夷平面保存提供了有利的条件。

2. 第四纪构造侵蚀堆积阶段（距今 250 万年）

在新近纪古地形地貌及构造格局的基础上，自第四纪以来，浙江仍然处在地壳缓慢升降的动荡过程，旋回性的地形地貌重塑不断进行，从此奠定了浙江境内现代地形地貌格局。主要表现在以下几个方面：

（1）受区域性地壳差异升降影响，侵蚀基准面升降变化强烈，导致河流下切，溯源侵蚀，形成浙江境内八大主要水系。

（2）经历了更新世、全新世全球性几次较大的冰期和间冰期，导致浙东南沿海地区海平面升降频繁变化，全新世末次冰期之后，基本奠定了现代浙江海岸线格局。

（3）浙东南沿海地区，受到海侵、海退影响，海陆交互及侵蚀与堆积作用频繁，其中海水带来的大量泥砂填补了近海低洼区起伏不平的地形地貌，海岸线逐渐向海域推进，形成了浙东南沿海地区广阔的平原区地貌单元。

（4）在浙西北和浙西南山区，则受缓慢地壳抬升影响，主要表现为构造侵蚀、剥蚀作用，形成多级夷平面或剥蚀面，在此基础上，塑造了浙江境内众多花岗岩地貌、丹霞地貌、岩溶地貌、火山岩地貌和峡谷景观；在山麓地带发育有大量的洪积、坡洪积、冲积和残坡积等堆积物。

地质遗迹类型及特征

DIZHI YIJI LEIXING JI TEZHENG

第一节 地质遗迹类型

由国土资源部颁布的《地质遗迹调查规范》(DZ/T 0303—2017)，其地质遗迹分类方案依据学科和成因、管理和保护、科学价值和美学价值等因素，把地质遗迹划分为基础地质、地貌景观和地质灾害三大类、13 类和 46 亚类(表 3-1)。

表 3-1 地质遗迹分类表

<table>
<tr><th>大类</th><th>类</th><th>亚类</th><th>浙江</th><th>大类</th><th>类</th><th>亚类</th><th>浙江</th></tr>
<tr><td rowspan="18">基础地质</td><td rowspan="3">地层剖面</td><td>全球层型剖面</td><td>√</td><td rowspan="16">地貌景观</td><td rowspan="2">岩土体地貌</td><td>沙漠地貌</td><td></td></tr>
<tr><td>层型典型剖面</td><td>√</td><td>戈壁地貌</td><td></td></tr>
<tr><td>地质事件剖面</td><td></td><td rowspan="5">水体地貌</td><td>河流(景观带)</td><td>√</td></tr>
<tr><td rowspan="3">岩石剖面</td><td>侵入岩剖面</td><td>√</td><td>湖泊与潭</td><td>√</td></tr>
<tr><td>火山岩剖面</td><td>√</td><td>湿地沼泽</td><td>√</td></tr>
<tr><td>变质岩剖面</td><td>√</td><td>瀑布</td><td>√</td></tr>
<tr><td rowspan="3">构造剖面</td><td>不整合面</td><td>√</td><td>泉</td><td>√</td></tr>
<tr><td>褶皱与变形</td><td>√</td><td rowspan="2">火山地貌</td><td>火山机构</td><td>√</td></tr>
<tr><td>断裂</td><td>√</td><td>火山岩地貌</td><td>√</td></tr>
<tr><td rowspan="5">重要化石产地</td><td>古人类化石产地</td><td>√</td><td rowspan="2">冰川地貌</td><td>古冰川地貌</td><td></td></tr>
<tr><td>古生物群化石产地</td><td>√</td><td>现代冰川地貌</td><td></td></tr>
<tr><td>古植物化石产地</td><td>√</td><td rowspan="2">海岸地貌</td><td>海蚀地貌</td><td>√</td></tr>
<tr><td>古动物化石产地</td><td>√</td><td>海积地貌</td><td>√</td></tr>
<tr><td>古生物遗迹化石产地</td><td>√</td><td rowspan="3">构造地貌</td><td>飞来峰</td><td></td></tr>
<tr><td rowspan="4">重要岩矿石产地</td><td>典型矿床类露头</td><td>√</td><td>构造窗</td><td></td></tr>
<tr><td>典型矿物岩石命名地</td><td>√</td><td>峡谷</td><td>√</td></tr>
<tr><td>矿业遗址</td><td>√</td><td rowspan="7">地质灾害</td><td rowspan="2">地震遗迹</td><td>地裂缝</td><td></td></tr>
<tr><td>陨石坑和陨石体</td><td></td><td>地面变形</td><td></td></tr>
<tr><td rowspan="5">地貌景观</td><td rowspan="5">岩土体地貌</td><td>碳酸盐岩地貌(岩溶地貌)</td><td>√</td><td rowspan="5">其他地质灾害</td><td>崩塌</td><td></td></tr>
<tr><td>侵入岩地貌</td><td>√</td><td>滑坡</td><td></td></tr>
<tr><td>变质岩地貌</td><td></td><td>泥石流</td><td></td></tr>
<tr><td>碎屑岩地貌</td><td>√</td><td>地面塌陷</td><td></td></tr>
<tr><td>黄土地貌</td><td></td><td>地面沉降</td><td></td></tr>
</table>

据此标准，浙江省重要地质遗迹类型可划分为两大类、10 类和 29 亚类(表 3-2)，两大类即基础地质大类和地貌景观大类。基础地质大类进一步可分为地层剖面、岩石剖面、构造剖面、重要化石产地和重要岩矿石产地 5 个类及全球层型剖面、层型典型剖面、侵入岩剖面、火山岩剖面等 16 个亚类；地貌景观大类进一步可分为岩土体地貌、水体地貌、火山地貌、海岸地貌和构造地貌 5 个类及碳酸盐岩

地貌(岩溶地貌)、侵入岩地貌、碎屑岩地貌、河流(景观带)等13个亚类。

除地质灾害大类和地貌景观大类的冰川地貌类所涵盖的3个类没有涉及外,其他10个类浙江省均有重要地质遗迹分布,约占遗迹分类方案类的76.9%;亚类分布具有明显的地域性,岩土体地貌类涉及的变质岩地貌亚类、黄土地貌亚类、沙漠地貌亚类和戈壁地貌亚类,以及冰川地貌亚类均与浙江省无缘,全省地质遗迹亚类分布约占遗迹分类方案亚类的63%。

经调查统计,浙江省共有重要地质遗迹294处(表3-2,图3-1),其中基础地质大类190处,地貌景观大类104处。基础地质大类中,地层剖面78处,岩石剖面29处,构造剖面19处,重要化石产地30处和重要岩矿石产地34处;地貌景观大类中,岩土体地貌25处,水体地貌25处,火山地貌35处,海岸地貌12处和构造地貌7处。各亚类地质遗迹数量详见表3-2。

表3-2　浙江省重要地质遗迹类型统计表

遗迹类型			典型实例	数量(处)		
大类	类	亚类		亚类	类	大类
基础地质	地层剖面	全球层型剖面	江山碓边江山阶“金钉子”剖面	3	78	190
		层型典型剖面	淳安潭头志留系剖面	75		
	岩石剖面	侵入岩剖面	诸暨石角球状辉闪岩	23	29	
		火山岩剖面	乐清智仁基底涌流相剖面	4		
		变质岩剖面	青田芝溪头变质杂岩剖面	2		
	构造剖面	不整合面	富阳大源神功运动不整合面	6	19	
		褶皱与变形	富阳章村背斜构造	5		
		断裂	富阳里山推覆构造	8		
	重要化石产地	古人类化石产地	建德乌龟洞建德人遗址	2	30	
		古生物群化石产地	余杭狮子山腕足动物群化石产地	3		
		古植物化石产地	新昌王家坪硅化木化石群产地	2		
		古动物化石产地	东阳中国东阳龙化石产地	18		
		古生物遗迹化石产地	东阳吴山恐龙足迹化石产地	5		
	重要岩矿石产地	典型矿床类露头	余杭仇山膨润土矿	20	34	
		典型矿物岩石命名地	临安玉岩山昌化鸡血石	2		
		矿业遗址	遂昌银坑山古银矿遗址	12		
地貌景观	岩土体地貌	碳酸盐岩地貌(岩溶地貌)	临安瑞晶洞岩溶地貌	8	25	104
		侵入岩地貌	临安大明山花岗岩地貌	8		
		碎屑岩地貌	江山江郎山丹霞地貌	9		
	水体地貌	河流(景观带)	杭州湾钱江潮	3	25	
		湖泊与潭	杭州西湖	4		
		湿地沼泽	杭州西溪湿地	5		
		瀑布	文成百丈漈瀑布	9		
		泉	临安湍口温泉	4		

续表 3-2

遗迹类型			典型实例	数量(处)		
大类	类	亚类		亚类	类	大类
地貌景观	火山地貌	火山机构	缙云步虚山火山通道	13	35	
		火山岩地貌	乐清雁荡山流纹岩地貌	22		
	海岸地貌	海蚀地貌	洞头半屏山海蚀地貌	4	12	
		海积地貌	普陀朱家尖十里金沙	8		
	构造地貌	峡谷	临安浙西大峡谷	7	7	

注：全球层型剖面亚类中，3 个剖面含 4 枚“金钉子”。

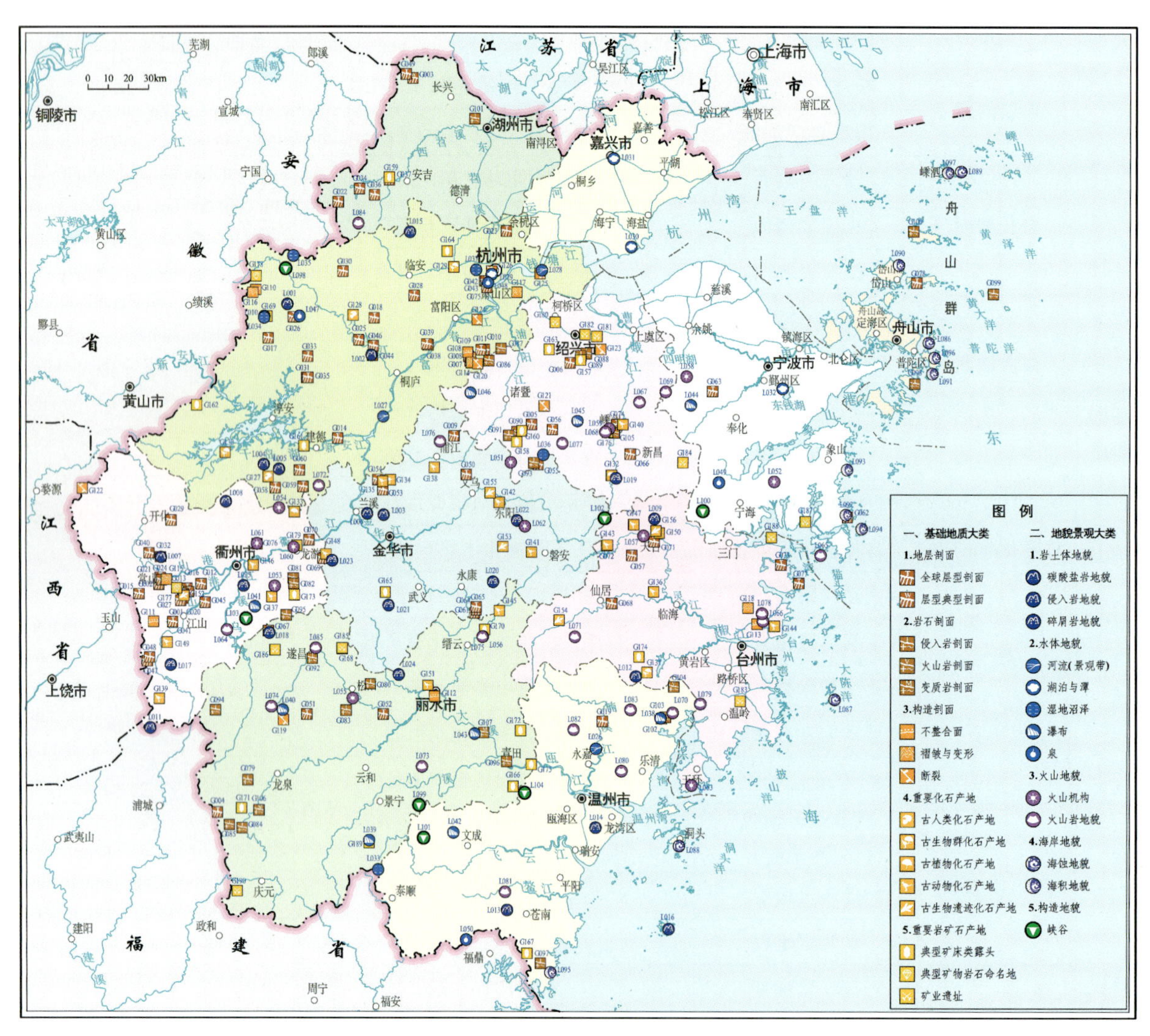

图 3-1 浙江省重要地质遗迹分布图

第二节　地层剖面类

地层剖面类属基础地质大类，可分为全球层型剖面和层型典型剖面 2 个亚类。全省共有该类重要地质遗迹 78 处，其中全球层型剖面亚类 3 处，层型典型剖面亚类 75 处(表 3-3)。

表 3-3　地层剖面类地质遗迹简表

遗迹类型及代号		遗迹名称	形成时代	保护现状	利用现状
全球层型剖面	G001	江山碓边江山阶“金钉子”剖面	寒武纪	省重要地质遗迹保护点、省级地质遗迹保护区	科研/科普
	G002	常山黄泥塘达瑞威尔阶“金钉子”剖面	奥陶纪	国家地质公园、省级地质遗迹自然保护区	科研/科普/观光
	G003	长兴煤山长兴阶和二叠系—三叠系界线“金钉子”剖面	二叠纪—三叠纪	国家级地质遗迹保护区	科研/科普/观光
层型典型剖面	G004	龙泉花桥八都(岩)群剖面	滹沱纪	省重要地质遗迹保护点	科研/科普
	G005	诸暨陈蔡陈蔡群剖面	蓟县纪	省重要地质遗迹保护点	科研/科普
	G006	柯桥兵康平水组剖面	蓟县纪	省重要地质遗迹保护点	科研/科普
	G007	富阳章村双溪坞群剖面	蓟县纪	省重要地质遗迹保护点	科研/科普
	G008	富阳骆村骆家门组剖面	青白口纪	省重要地质遗迹保护点	科研/科普
	G009	浦江蒙山骆家门组剖面	青白口纪	省重要地质遗迹保护点	科研/科普
	G010	萧山桥头虹赤村组剖面	青白口纪	省重要地质遗迹保护点	科研/科普
	G011	萧山直坞-高洪尖上墅组剖面	青白口纪	省重要地质遗迹保护点	科研/科普
	G012	柯城华墅上墅组剖面	青白口纪	省重要地质遗迹保护点	科研/科普
	G013	江山石龙岗休宁组剖面	南华纪	省重要地质遗迹保护点	科研/科普
	G014	建德下涯休宁组剖面	南华纪	省重要地质遗迹保护点	科研/科普
	G015	常山白石南沱组剖面	南华纪	省重要地质遗迹保护点	科研/科普
	G016	江山五家岭陡山沱组—灯影组剖面	震旦纪	省重要地质遗迹保护点	科研/科普
	G017	淳安秋源蓝田组—皮园村组剖面	震旦纪	省重要地质遗迹保护点	科研/科普
	G018	富阳钟家庄板桥山组剖面	震旦纪	省重要地质遗迹保护点	科研/科普
	G019	永嘉枫林震旦系剖面	震旦纪	省重要地质遗迹保护点	科研/科普
	G020	江山大陈荷塘组—杨柳岗组剖面	寒武纪	省重要地质遗迹保护点	科研/科普
	G021	常山石崆寺华严寺组剖面	寒武纪	国家地质公园	科研/科普
	G022	安吉叶坑坞寒武系剖面	寒武纪	省重要地质遗迹保护点	科研/科普
	G023	余杭超山寒武系剖面	寒武纪	省重要地质遗迹保护点	科研/科普/观光
	G024	常山西阳山寒武系—奥陶系界线剖面	寒武纪—奥陶纪	国家地质公园	科研/科普
	G025	桐庐分水印渚埠组剖面	奥陶纪	省重要地质遗迹保护点	科研/科普
	G026	临安湍口宁国组—胡乐组剖面	奥陶纪	省重要地质遗迹保护点	科研/科普

续表 3-3

遗迹类型及代号		遗迹名称	形成时代	保护现状	利用现状
层型典型剖面	G027	江山夏坞砚瓦山组—黄泥岗组剖面	奥陶纪	省重要地质遗迹保护点	科研/科普
	G028	临安板桥奥陶系剖面	奥陶纪	省重要地质遗迹保护点	科研/科普
	G029	开化大举长坞组剖面	奥陶纪	省重要地质遗迹保护点	科研/科普
	G030	临安上骆家长坞组剖面	奥陶纪	省重要地质遗迹保护点	科研/科普
	G031	淳安潭头文昌组剖面	奥陶纪	省重要地质遗迹保护点	科研/科普
	G032	常山灰山底三衢山组剖面	奥陶纪	国家地质公园	科研/科普/观光
	G033	桐庐刘家奥陶系剖面	奥陶纪	省重要地质遗迹保护点	科研/科普
	G034	安吉杭垓赫南特阶标准剖面	奥陶纪	省重要地质遗迹保护点	科研/科普
	G035	淳安潭头志留系剖面	志留纪	省重要地质遗迹保护点	科研/科普
	G036	安吉孝丰霞乡组剖面	志留纪	省重要地质遗迹保护点	科研/科普
	G037	安吉孝丰康山组剖面	志留纪	省重要地质遗迹保护点	科研/科普
	G038	富阳新店唐家坞组剖面	志留纪	省重要地质遗迹保护点	科研/科普
	G039	富阳新店西湖组剖面	泥盆纪	省重要地质遗迹保护点	科研/科普
	G040	开化叶家塘叶家塘组剖面	石炭纪	省重要地质遗迹保护点	科研/科普
	G041	江山旱碓藕塘底组剖面	石炭纪	省重要地质遗迹保护点	科研/科普
	G042	西湖龙井老虎洞组剖面	石炭纪	省重要地质遗迹保护点	科研/科普
	G043	西湖翁家山黄龙组—船山组剖面	石炭纪—二叠纪	省重要地质遗迹保护点	科研/科普
	G044	桐庐沈村船山组剖面	石炭纪—二叠纪	省重要地质遗迹保护点	科研/科普
	G045	江山洞前山梁山组剖面	二叠纪	省重要地质遗迹保护点	科研/科普
	G046	桐庐冷坞栖霞组剖面	二叠纪	省重要地质遗迹保护点	科研/科普
	G047	江山下路亭大隆组剖面	二叠纪	省重要地质遗迹保护点	科研/科普
	G048	江山游溪政棠组剖面	三叠纪	省重要地质遗迹保护点	科研/科普
	G049	长兴千井湾青龙组—周冲村组剖面	三叠纪	省重要地质遗迹保护点	科研/科普
	G050	义乌乌灶乌灶组剖面	三叠纪	省重要地质遗迹保护点	科研/科普
	G051	松阳枫坪枫坪组地层剖面	侏罗纪	省重要地质遗迹保护点	科研/科普
	G052	松阳象溪毛弄组地层剖面	侏罗纪	省重要地质遗迹保护点	科研/科普
	G053	兰溪马涧马涧组剖面	侏罗纪	省重要地质遗迹保护点	科研/科普
	G054	兰溪柏社渔山尖组剖面	侏罗纪	省重要地质遗迹保护点	科研/科普
	G055	东阳大炮岗大爽组剖面	白垩纪	省重要地质遗迹保护点	科研/科普
	G056	诸暨斯宅高坞组剖面	白垩纪	省重要地质遗迹保护点	科研/科普
	G057	天台雷峰磨石山群剖面	白垩纪	省重要地质遗迹保护点	科研/科普
	G058	建德大同劳村组剖面	白垩纪	省重要地质遗迹保护点	科研/科普
	G059	建德航头黄尖组剖面	白垩纪	省重要地质遗迹保护点	科研/科普

续表 3-3

遗迹类型及代号		遗迹名称	形成时代	保护现状	利用现状
层型典型剖面	G060	建德枣园-岩下寿昌组—横山组剖面	白垩纪	省重要地质遗迹保护点	科研/科普
	G061	永康溪坦馆头组剖面	白垩纪	省重要地质遗迹保护点	科研/科普
	G062	象山石浦馆头组剖面	白垩纪	省重要地质遗迹保护点	科研/科普
	G063	鄞州牌楼馆头组剖面	白垩纪	省重要地质遗迹保护点	科研/科普
	G064	永康溪坦朝川组剖面	白垩纪	省重要地质遗迹保护点	科研/科普
	G065	永康石柱方岩组剖面	白垩纪	省重要地质遗迹保护点	科研/科普
	G066	新昌壳山壳山组剖面	白垩纪	省重要地质遗迹保护点	科研/科普
	G067	遂昌高坪方岩组—壳山组剖面	白垩纪	省重要地质遗迹保护点	科研/科普
	G068	仙居大战小平田组剖面	白垩纪	省重要地质遗迹保护点	科研/科普
	G069	龙游湖镇中戴组剖面	白垩纪	省重要地质遗迹保护点	科研/科普
	G070	龙游小南海衢县组剖面	白垩纪	省重要地质遗迹保护点	科研/科普
	G071	天台塘上塘上组剖面	白垩纪	省重要地质遗迹保护点	科研/科普
	G072	天台赖家两头塘组—赤城山组剖面	白垩纪	省重要地质遗迹保护点	科研/科普
	G073	三门健跳小雄组剖面	白垩纪	省重要地质遗迹保护点	科研/科普
	G074	嵊州张墅嵊县组剖面	新近纪	省重要地质遗迹保护点	科研/科普
	G075	西湖九溪之江组剖面	第四纪	省重要地质遗迹保护点	科研/科普
	G076	衢江莲花莲花组剖面	第四纪	省重要地质遗迹保护点	科研/科普
	G077	三门沿赤海滩岩剖面	第四纪	省重要地质遗迹保护点	科研/科普
	G078	岱山小沙河海滩岩剖面	第四纪	省重要地质遗迹保护点	科研/科普/观光

一、全球层型剖面

浙江海相地层系统，是下扬子地层区的重要组成部分，省内分布有新元古界青白口系、震旦系—寒武系、奥陶系、志留系、泥盆系、石炭系和二叠系、三叠系，地层出露完整、系统，并发育有丰富的古生物化石。近百年来浙江下扬子地层区深受国内外地学工作者的关注和重视，在地层层序、生物地层和年代地层等方面的研究取得了一系列重大成果。其中通过中国科学院南京地质古生物研究所（简称：中科院南古所）和中国地质大学等科研机构的深入工作，先后获得了国际地层委员会确认的 4 枚全球标准层型剖面和点位，即"金钉子"（目前全国共有 10 枚），分别为江山碓边寒武系江山阶标准层型剖面和点位（GSSP）（2011）、常山黄泥塘奥陶系达瑞威尔阶标准层型剖面和点位（GSSP）（1997）、长兴煤山二叠系长兴阶标准层型剖面和点位（GSSP）（2005）和长兴煤山二叠系—三叠系界线标准层型剖面和点位（GSSP）（2001）。按照地质遗迹形成时代的先后顺序介绍如下。

1. 江山碓边寒武系江山阶"金钉子"剖面（G001）

寒武系江山阶（Jiangshanian Stage）"金钉子"位于江山市以北约 10km 的碓边村（江山碓边 B 剖面），由中科院南古所彭善池率领的国际研究团队确立。层型剖面和点位（GSSP）在华严寺组（$\in_3 h$）

之内(岩性为泥质灰岩),下距华严寺组底界 108.12m,与全球性分布的东方拟球接子(*Agnostotes orientalis*)在剖面的首现一致(图 3-2～图 3-4),也与洲际性分布的多节类三叶虫窄边依尔文虫(*Irvingella angustilimbata*)的首现一致,后者是定义江山阶底界的辅助标准。

图 3-2　江山阶"金钉子"剖面位置及层型点位(据彭善池,2011)
FAD=First Appearance Datum;C.=Corynexochus,A.=Agnostotes

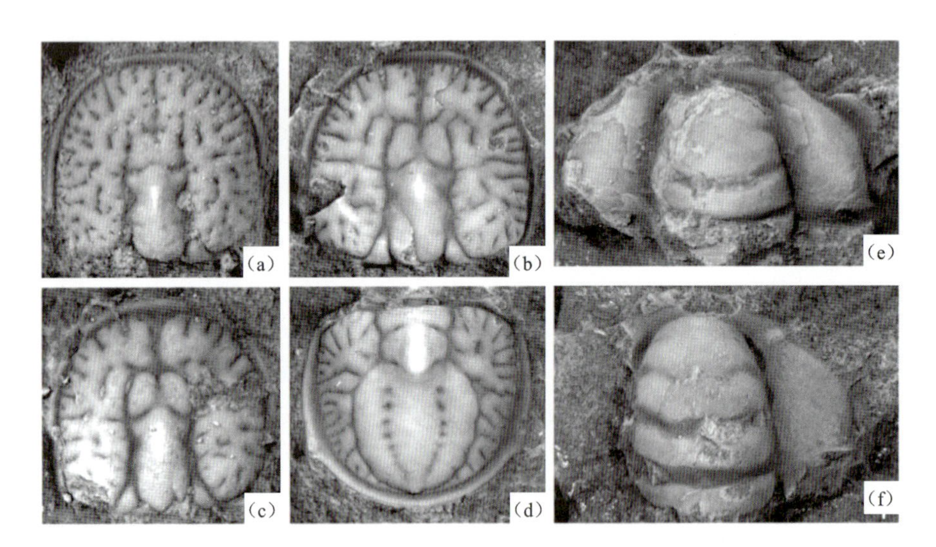

图 3-3 江山阶"金钉子"剖面所产三叶虫化石(*Agnostotes orientalis*)演化(据彭善池,2011)
(a)(b)(c)显示该种头部的微进化过程:头鞍前叶上的前沟(frontal sulcus)在原始类型上极短,在进化类型上变长且将前叶分为左、右两叶。(a)头部,采集号 DB19.72,×6,距华严寺组底界 108.12m;(b)头部、采集号 DB30,×5.4,距华严寺组底界 119m;(c)头部,采集号 DB31.1m,×9,距华严寺组底界 119.5m;(d)尾部,采集号 DB30,×5.4,距华严寺组底界 119m;(e)(f)碓边 B 剖面所产的 *Irvingella angustilimbata* (Kobayashi,1938),均为头盖,采集号 DB19.72,×7,×4.5,距华严寺组底界 108.12m

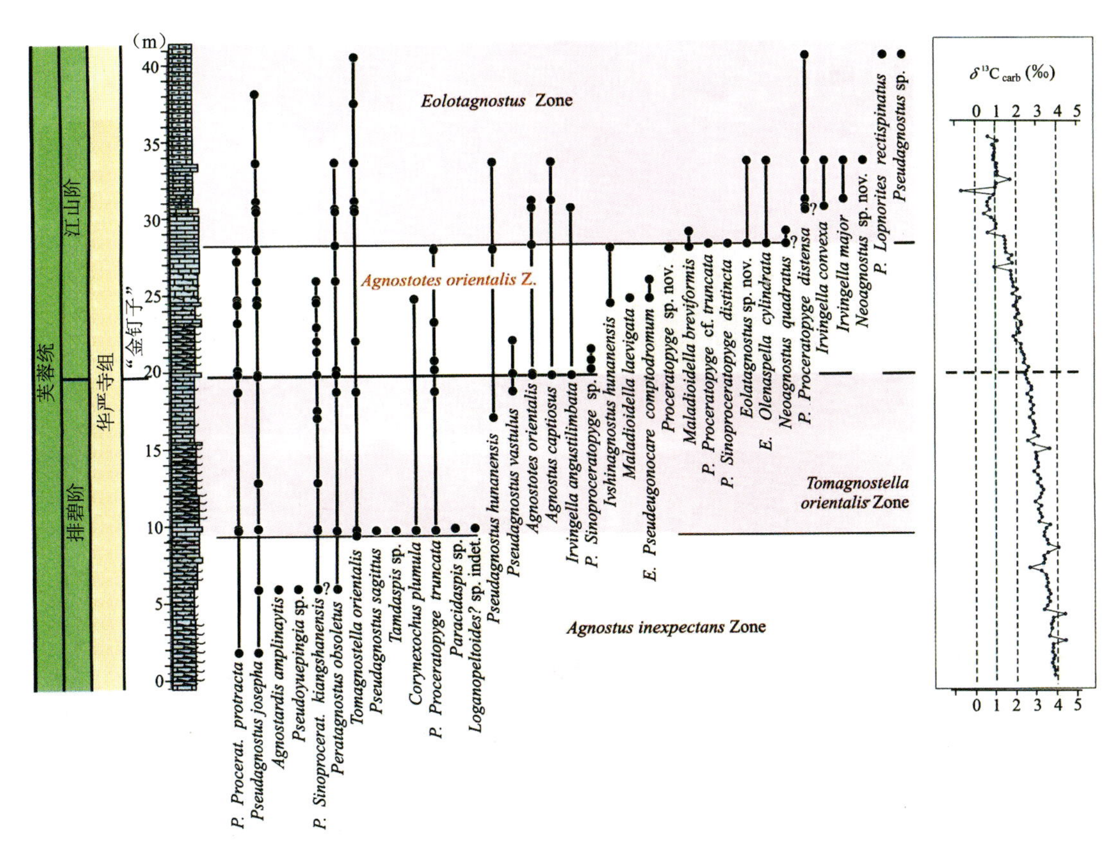

图 3-4　江山阶"金钉子"剖面生物带序列演化图(据彭善池,2011)

浙西江山地区的寒武纪地层古生物具有深厚的研究基础,盛莘夫、卢衍豪、李蔚秾等曾做过大量的研究。卢衍豪、林焕令等详测碓边剖面(即碓边 A 剖面),研究了三叶虫、头足类系统分类、生物地层学、沉积学、地球化学和寒武系—奥陶系界线,碓边 A 剖面曾被推荐为全球寒武系—奥陶系界线候选层型。

彭善池在 2004 年 9 月提议采用 *Agnostotes orientalis* 的首现定义寒武系第 9 阶(江山阶)的底界,被国际寒武纪地层分会以 94%支持率表决通过。根据这个提议,彭善池研究团队最终选择在 A 剖面之南约 205m 处,属同一向斜翼部之地层,对碓边 B 剖面做多学科研究。至 2007 年 11 月底之前,国际寒武系第 9 阶工作组先后收到由俄罗斯、中国和哈萨克斯坦提交的建立寒武系第 9 阶"金钉子"的提案,中国提议以碓边 B 剖面为层型建立全球寒武系"江山阶",在工作组的首轮表决中,中国剖面获 67%的支持,淘汰了哈萨克斯坦和俄罗斯提交的剖面,成为唯一候选层型。2010 年 6 月和 2011 年 4 月,在国际寒武纪地层分会和国际地层委员会的表决中,中国提案分别以 85%和 100%的得票率获得通过。

2011 年 8 月,国际地科联批准了江山阶"金钉子"和新建的全球年代地层单位江山阶。江山阶"金钉子"成为中国第十枚"金钉子",也是浙江省第四枚"金钉子"。

2013 年,剖面被列为浙江省首批重要地质遗迹保护点(地),并于 2015 年申报建设成为浙江省级地质遗迹自然保护区(图 3-5)。

2. 常山黄泥塘奥陶系达瑞威尔阶"金钉子"剖面(G002)

奥陶系达瑞威尔阶(Darriwilian Stage)"金钉子"位于浙江省常山县城西南 3.5km 的二都桥乡黄泥塘村,由中科院南古所陈旭率领的研究团队建立。达瑞威尔阶"金钉子"不仅是我国的第一枚"金钉

图 3-5　江山阶“金钉子”剖面标志碑

子”，也是奥陶系的首枚“金钉子”。

剖面出露良好，为页岩夹灰岩的海相沉积地层，产有高分异度和高丰度的笔石动物群和多种牙形刺，也产有疑源类、几丁虫和腕足动物化石（图 3-6、图 3-7）。这些生物能确保剖面进行精确的区域及洲际对比。全球层型和点位（GSSP）在宁国组（$O_{1-2}n$）中部（化石层 AEP183/184 之间），与澳洲齿状波曲笔石（*Undulograptus austrodentatus*）在剖面的首现一致。

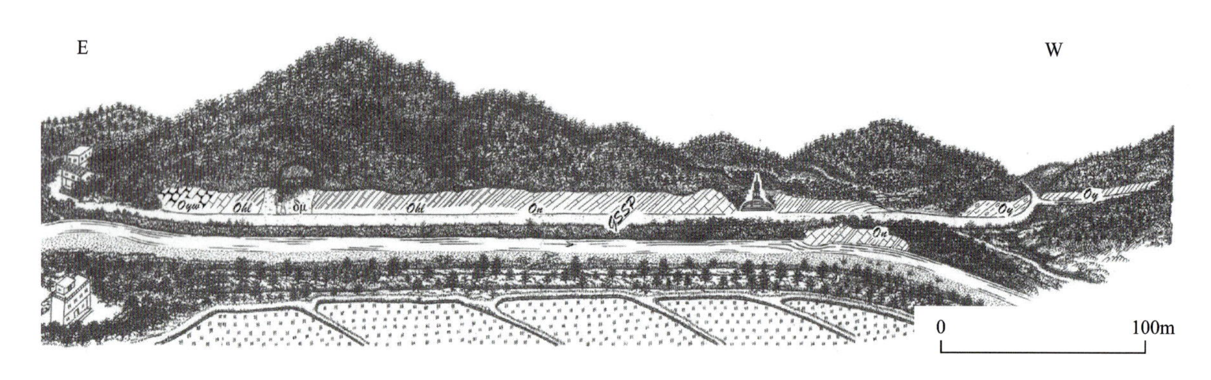

图 3-6　黄泥塘“金钉子”剖面素描图（据梁文平绘制，2000）

1991 年 7 月，在澳大利亚的悉尼大学召开的第六届国际奥陶系大会上，确定了奥陶系内部 9 条有国际对比潜力的，可以作为划分奥陶系全球统、阶界线的候选层位，其中包括 *U. austrodentatus* 笔石带的底界。会后，陈旭组织了中国、美国、法国、德国、澳大利亚科学家参与的国际界线工作组，研究我国三山地区（浙江江山、常山和江西玉山）的含笔石 *U. austrodentatus* 首现的界线地层。

1995 年底，在对包括常山黄泥塘剖面在内的三山地区多个剖面进行了多学科的研究之后。陈旭等正式向国际奥陶纪地层分会提交了建立全球达瑞威尔阶“金钉子”提案报告，提议以 *U. austrodentatus* 在中国浙江黄泥塘剖面的首现定义它的底界。报告于 1996 年 7 月在国际奥陶纪地层分会表决中以 85%的得票率获得通过。同年 11 月，国际地层委员会表决了该提案，其以 65%的得票率获得通过。

图 3-7　黄泥塘"金钉子"剖面上的笔石化石(据 Chen Xu and S. M. Bergstrom,1995)

A. *Exigraptus Clavus* Mu,×7.
B. The proximai end of specimen in Fig. A,×20.
C. *Pseudisograptus manubriatus janus* Cooper and Ni,×12.
D. *Undulograptus sinicus* (Mu and Lee),×26.
E-F. *Cardiograpthus amplus* (Hsu), ×10,×8.
A-C. *Undulograptus austrodentatus* (Harris and Keble), ×12,×16,×18.
D. *Glossograptus acanthut* Elles and Wood,×10.
E. *Undulograptus sinodentatus* (Mu and Lee),×10.
F-G. *Arienigraptus zhejiangensis* Yu and Fang,×20,×18.
H. *Undulograptus formosus* (Mu and Lee),×18.

1997 年 2 月,提案被国际地质科学联合会(简称国际地科联)执行局批准。我国的首枚"金钉子"在浙江省常山黄泥塘正式确立,达瑞威尔阶也由澳大利亚的一个地区性的年代地层单位成为正式的全球单位。

2002 年,剖面被申报并建设成为浙江省级地质遗迹自然保护区和国家地质公园(图 3-8)。

图 3-8　黄泥塘"金钉子"剖面保护长廊及标志碑

3. 长兴煤山二叠系长兴阶和二叠系—三叠系界线“金钉子”剖面(G003)

长兴煤山二叠系—三叠系剖面是全球少有的拥有两枚“金钉子”的剖面，两枚“金钉子”分别是二叠系最高阶，即长兴阶“金钉子”和二叠系—三叠系界线“金钉子”。

三叠系印度阶(Induan Stage)底界即二叠系—三叠系界线“金钉子”，层型剖面为浙江长兴煤山D剖面，由中国地质大学殷鸿福院士率领的团队确立。层型和点位在殷坑组(现称青龙组 T_1q)之内的第27c岩性分层之底，下距殷坑组底界19cm，与牙形刺微小欣德刺(*Hindeodus parvus*)在剖面的首现一致。这条界线也是印度阶、下三叠统、三叠系、中生界的共同底界，煤山“金钉子”因此同时定义界、系、统、阶4个不同级别的年代地层单位。

煤山D剖面出露良好(图3-9)，交通极为便利。剖面含丰富的多门类的化石，包括牙形刺、有孔虫、纺锤虫、腕足类、双壳类，菊石等。在剖面上，*Hindeodus parvus* 处于欣德刺的演化系列中(*H. latidentatus*-*H. parvus*-*Isarcicella isarcica*)(图3-10～图3-12)。

图3-9 “金钉子”剖面保护现状及标志碑

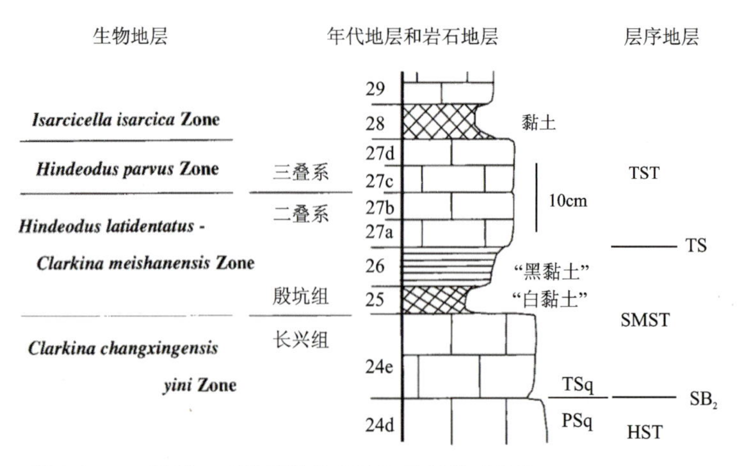

图3-10 二叠系—三叠系界线多重地层划分对比图(据殷鸿福，2001)

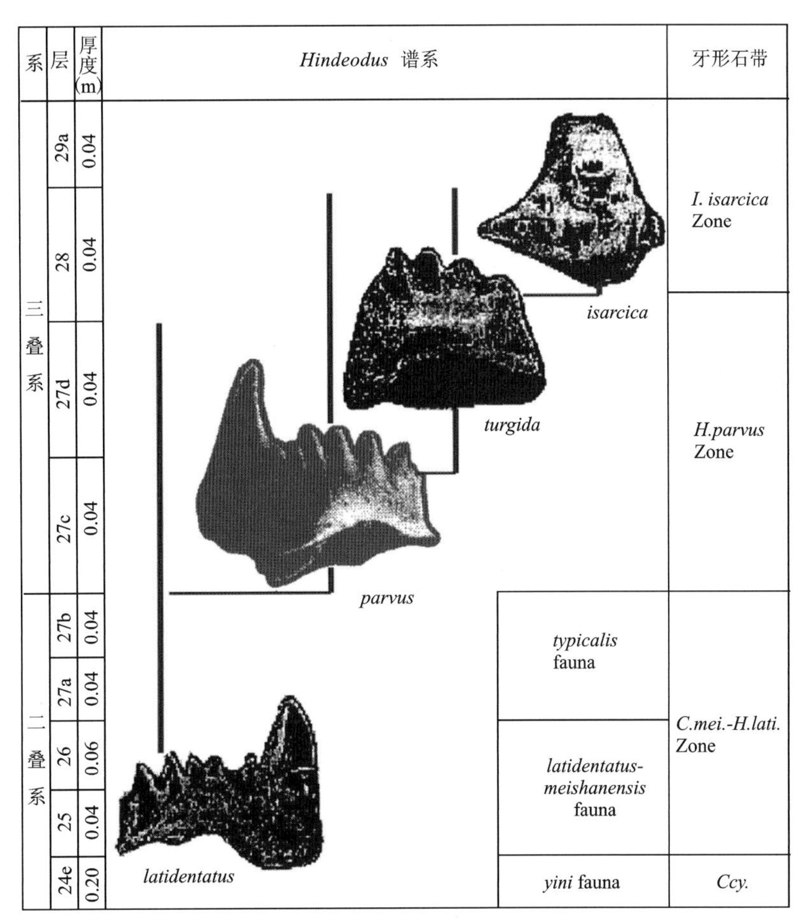

图 3-11 煤山剖面 *Hindeodus* 演化谱系(据殷鸿福,2001)

三叠系的底界最初是在德国的陆相地层中确定的,难以进行国际对比。传统上通常采用印度的海相地层标准,以喜马拉雅地区耳菊石 *Otoceras* 带的底界为划分这条界线的标志。

1986 年,殷鸿福等建议用牙形刺 *Hindeodus parvus* 取代 *Otoceras* 作为划分二叠系—三叠系界线(印度阶底界)标志化石,其后在国际上被广为接受。殷鸿福等通过对煤山 D 剖面的多学科深入研究,证明煤山 D 剖面优于我国和印度的其他候选剖面,能满足建立印度阶底界全球层型的要求。1996 年,以殷鸿福为首的二叠系—三叠系界线工作组的 9 名选举委员联名发表了一份正式的推荐书,提议将含有 *Hindeodus parvus* 首现的煤山 D 剖面作为三叠系底界的“金钉子”,随后这份推荐又被作为正式提案提交界线工作组投票表决。

该“金钉子”提案报告在 2000 年 1 月国际二叠系—三叠系界线工作组的表决中,支持率为 87%;在 2000 年 6 月国际三叠纪地层分会的表决中,支持率为 81%;在 2000 年 10 月国际地层委员会的表决中,获 100%的支持率通过。2001 年 3 月,国际地科联批准确立印度阶“金钉子”。

二叠系长兴阶(Changhsingian Stage)“金钉子”由中科院南古所金玉玕率领的中国、加拿大、美国科学家组成的国际团队确立。界线层型剖面是煤山 D 剖面,与三叠系印度阶“金钉子”是同一个剖面。该剖面是以灰岩为主的海相地层,出露良好,化石丰富,包括牙形刺、菊石、有孔虫、腕足类等。剖面有较长的研究历史和深厚的研究积累。长兴阶“金钉子”层型点位,在煤山 D 剖面长兴组底部的第 4 岩性层内(即 4a-2 层之底),下距长兴组底界 88cm,这个点位与牙形刺王氏克拉克刺(*Clarkina wangi*)在剖面的首现一致,处于 *Clarkina longicuspidata* 向 *Clarkina wangi* 演变的演化谱系之中,也与以往确定长兴阶的标志化石 *Palaeofusulina sinensis* 和大巴山菊石类的首现吻合(图 3-13)。

2003 年,由金玉玕研究团队向国际长兴阶底界工作组提交了建立长兴阶“金钉子”的提案,在当年

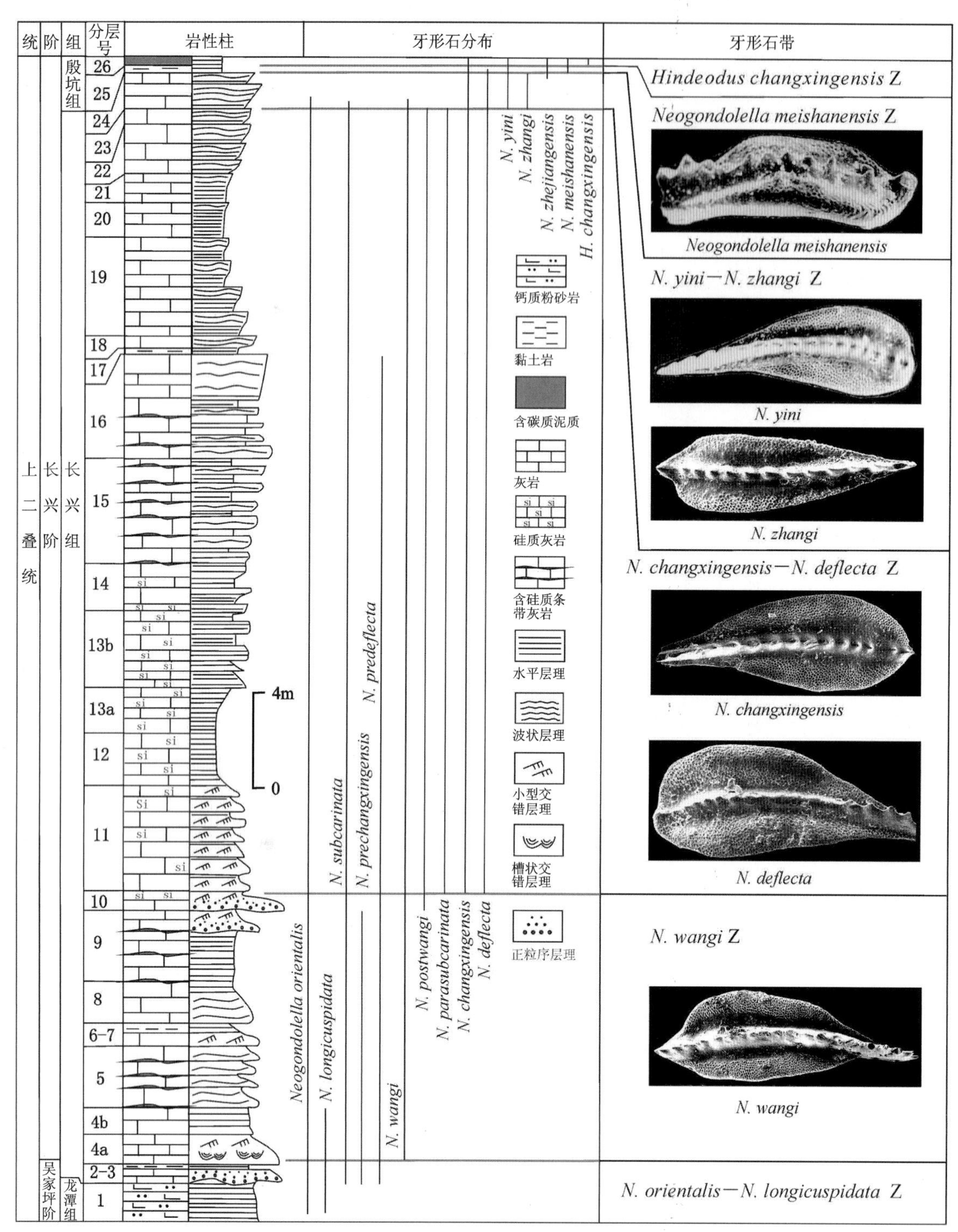

图 3-12　煤山 D 剖面龙潭组顶部—长兴组牙形石序列(据张克信等,2009)

经过工作组成员表决以全票通过。其后,在 2004 年二叠纪地层分会选举委员会和 2005 年 3 月国际地层委员会的表决中,分别以 93.3%和 80%的支持率获得通过,在 2005 年 9 月被国际地科联批准。随着长兴阶底界的“金钉子”的确立,长兴阶也由“半正式”全球单位升为全球正式单位。

2005 年,剖面所在区被申报并建设成为国家级地质遗迹自然保护区,长兴“金钉子”剖面成为国内“金钉子”剖面保护与利用的典型案例。

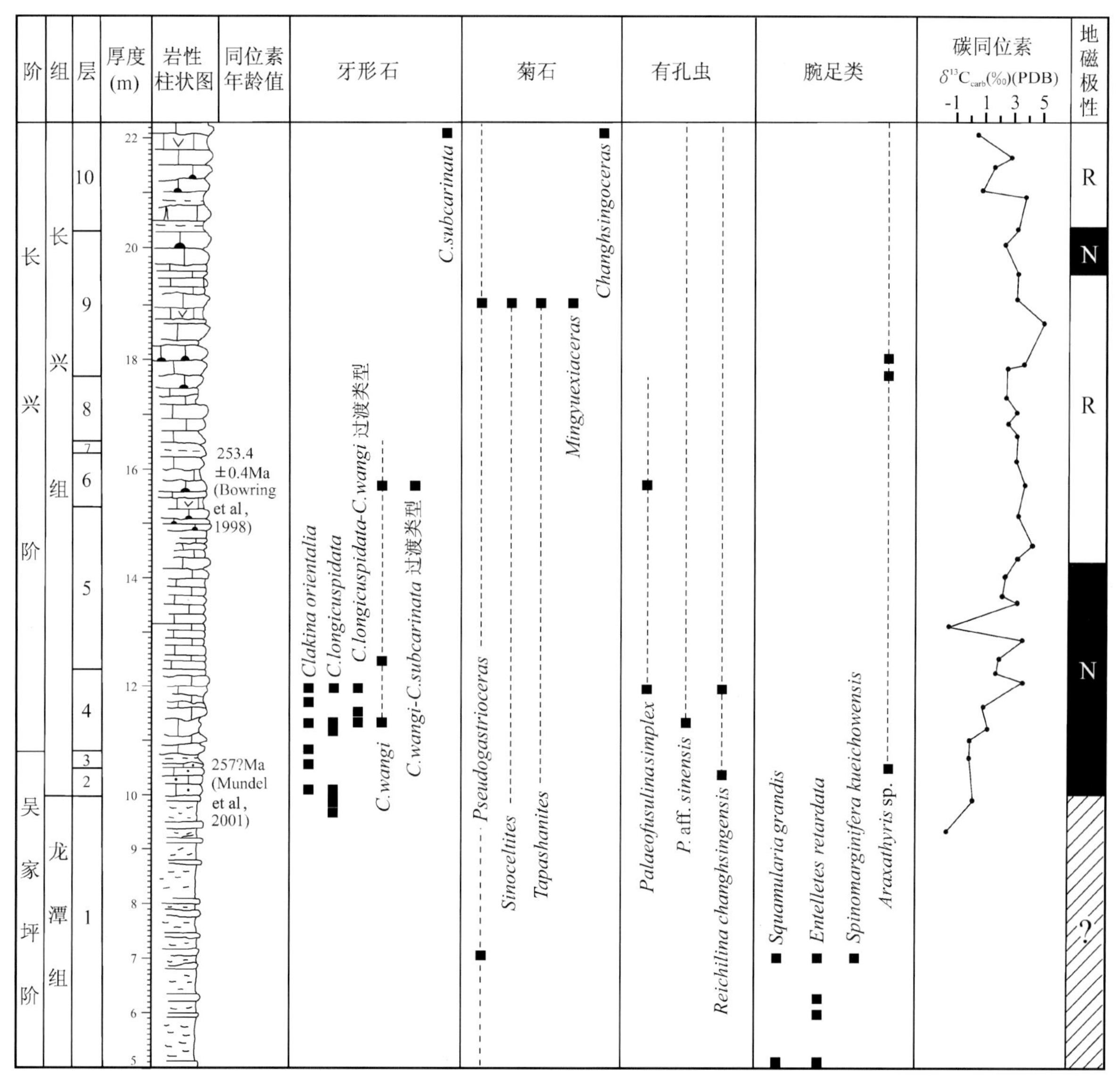

图 3-13 煤山剖面吴家坪阶—长兴阶界线综合地层序列(据金玉玕,2004)

二、层型典型剖面

浙江省横跨下扬子地层区和东南地层区，各时代地层系统出露连续完整，且地质构造环境特殊。长期以来深受国内外地学工作者关注和重视，通过近一个世纪地质调查和地质综合分析研究，在岩石地层、生物地层、沉积地层和年代地层研究方面取得了重大成果，相继建立了几十处具有省内或大区域对比意义的层型剖面和典型剖面。

下扬子地层区，处于江山-绍兴拼合带西北侧，记录了华南洋-江南盆地-钱塘海槽，自中新元古代至晚古生代末期所处的广海陆棚、深海、浅海、滨海沉积环境，海相地层连续沉积且系统、完整，发育丰富的海相古生物化石；东南地层区，处于江山-绍兴拼合带东南侧，分布着古元古代、中元古代变质基底岩系和中生代火山-沉积地层，主要有变质基底层型剖面和中生代火山-沉积地层标准剖面。按照地质剖面形成时代的先后顺序介绍如下。

1. 龙泉花桥八都(岩)群剖面(G004)

八都(岩)群属滹沱纪变质岩系,是浙江东南地层区最古老的基底岩系。由胡雄健、许金坤、童朝旭和陈程华(1991)创名,命名地点在浙江省龙泉市八都镇。根据侵入岩体锆石 U-Pb 年龄[(1 878±27)Ma],推断八都(岩)群成岩时代在 2 000~1 900Ma 之间,主变质期在 1 800Ma 左右,时代为古元古代。

八都(岩)群为一套中深变质岩系,由下而上划分为堑头(岩)组(Ht*q*)、张岩(岩)组(Ht*z*)、泗源(岩)组(Ht*s*)和大岩山(岩)组(Ht*d*)(图 3-14)。根据原岩恢复分析,地层系统构成了一个较完整的沉积旋回,即由中酸性火山凝灰岩[堑头(岩)组]—半黏土岩-黏土岩[张岩(岩)组]—杂砂岩夹砂岩-黏土岩-半黏土岩[泗源(岩)组]—黏土岩[大岩山(岩)组],沉积环境由活动趋向稳定,沉积物质趋向成熟。

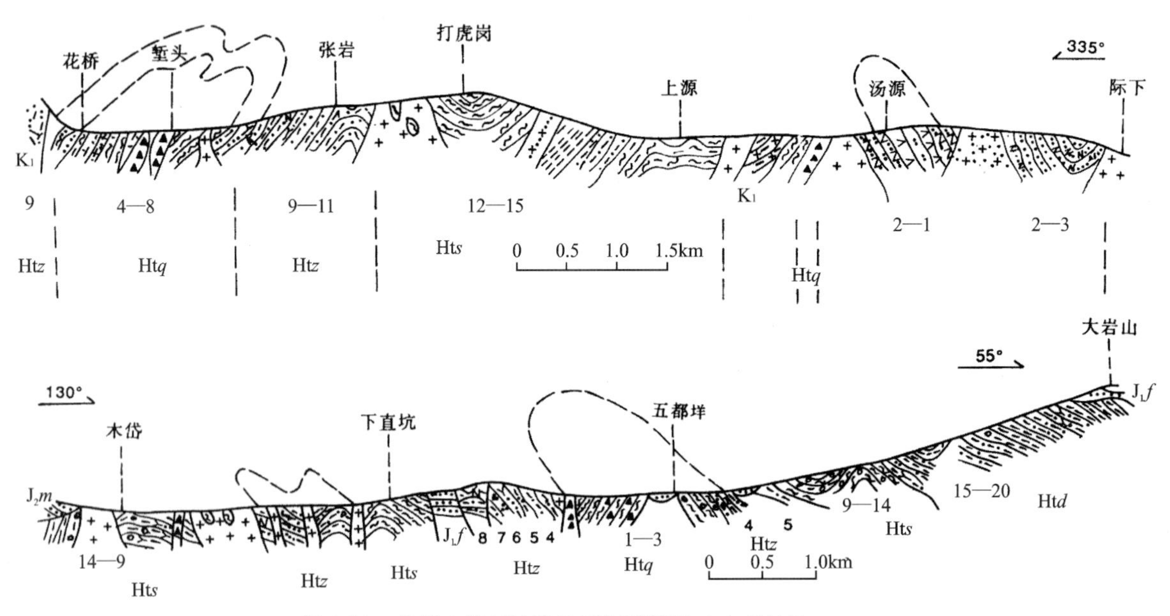

图 3-14 花桥八都(岩)群地层剖面简图(据胡雄健等,1991)

堑头(岩)组厚度大于 450m,岩性主要为混合岩化黑云斜长变粒岩,局部角闪斜长变粒岩、含辉石斜长角闪岩,原岩为杂砂岩类和中酸性火山岩类;张岩(岩)组厚 315.7m,岩性主要为黑云石英片岩、黑云斜长石英片岩、黑云变粒岩,原岩为黏土-半黏土质细碎屑岩;泗源(岩)组厚度大于 413m,岩性主要有混合岩化黑云石英浅粒岩、黑云石英片岩,原岩为成熟度相对较高的砂岩、黏土-半黏土岩系,富铝,高碳;大岩山(岩)组最大厚度可达 460m,岩性以黑云片岩、黑云石英片岩为主,局部可过渡为黑云斜长片麻岩,富含石墨、矽线石和石榴石,原岩为陆源黏土岩类。

八都(岩)群变质岩层是浙闽变质带已确认的最古老的表壳岩系,为早前寒武纪浙闽陆块的重要组成部分,对华夏陆块结晶基底的研究具有重大意义。该剖面为研究和认识古元古代八都(岩)群变质岩的岩石类型、岩性组合特征、变质变形特征、变质相及混合作用等提供了重要的实物证据,同时也具有较高的科普科教价值。

2013 年,该剖面被列为浙江省首批重要地质遗迹保护点(地),并设立科普标识牌。

2. 诸暨陈蔡陈蔡群剖面(G005)

陈蔡群属蓟县纪变质岩系,由浙江省区域地质测量大队(1975)创名,命名地点在浙江省诸暨市陈蔡。孔祥生等(1989)对陈蔡群作了详细研究,重新厘定地层层序,自下而上创建捣臼湾组(Jx*d*)、下河图组(Jxx)、下吴宅组(Jxxw)和徐岸组(Jxxa),命名地点在浙江省诸暨市陈蔡捣臼湾、下河图、下吴宅和徐岸等地。

捣臼湾组厚度大于714.3m,下部岩性为斜长角闪岩夹二长浅粒岩,上部为二长变粒岩和二长浅粒岩,以浅粒岩为主,夹斜长角闪岩,顶部有变余层理;下河图组厚359.8m,岩性由大理岩、石墨石英片岩等组成;下吴宅组厚690.0m,岩性为混合岩化辉石斜长角闪岩、角闪变粒岩等;徐岸组厚度大于240.7m,岩性以深灰色、灰黑色矽线铁铝榴石变粒岩为主,局部为铁铝榴石黑云斜长片麻岩(图3-15)。

图3-15 下吴宅组斜长角闪岩中褶皱(a)、徐岸组铁铝榴石黑云斜长片麻岩(b)

根据岩性组合和变质矿物组合分析,捣臼湾组原岩以基性、中酸性火山岩为主,上部碎屑岩逐渐增加,即主要以砂泥质为主;下河图组原岩主要由灰岩、泥灰岩、长石砂岩、基性火山熔岩和含碳泥质硅质岩等组成;下吴宅组原岩主要由中基性火山熔岩、中酸性火山碎屑岩和石英长石砂岩组成;徐岸组原岩为一套韵律性较好的砂岩、凝灰质砂岩等碎屑岩类,具有复理石建造特征。

陈蔡群分布于浙东南区,为角闪岩相变质的基性火山岩-沉积岩系。陈蔡群剖面是华东地区研究程度最高的中元古界蓟县系中深变质地层剖面,是浙江中元古界陈蔡群变质地层对比划分的标准剖面(正层型)。对全面认识和了解华夏陆块西北边缘古老基底属性、沉积建造和大地构造环境等方面具有重要的科学价值。

2013年,该剖面被列为浙江省首批重要地质遗迹保护点(地),并设立科普标识牌。

3.柯桥兵康平水组剖面(G006)

平水组(Jxp)属蓟县纪晚期地层,原称平水群,由浙江省区域地质调查大队(1990)创名,命名地点在浙江省绍兴市柯桥区平水镇。剖面人工露头较多,构造较简单,风化程度中等,是研究平水组较为理想的场所(图3-16)。

平水组岩性为以细碧角斑岩为主的岩石组合,底部为细碧角斑岩夹泥质岩、硅质岩,含砾砂岩;上部为角斑质玻屑凝灰岩,厚度大于2 103m。本组顶、底均为断层接触。平水组为一套岛弧型火山演化系列、海底火山喷发成因的细碧角斑岩建造,并经受了绿片岩相的变质作用。由于受区域动力变质作用的影响,平水组岩石具浅变质的面貌。虽然原岩结构构造基本上可以辨认,但变质矿物绿泥石、绿帘石、绢云母、碳酸盐矿物、阳起石等较为常见,在局部地段形成绢云母石英片岩、绿泥片岩、绿帘石岩等。

根据火山-沉积的旋回性和岩性组合以及岩石化学、地球化学特征,平水组可划分为4个火山喷

图 3-16　平水组剖面露头(a)及标识牌(b)

发旋回,各旋回的岩性组合既有相似之处又各具特征。各火山喷发旋回的底部均以细碧岩类组合的出现为标志,火山作用方式是从基性岩浆的喷溢开始,继而以爆发作用方式为主形成基性—中性火山碎屑岩类,顶部沉积夹层代表了火山喷发旋回的间歇期。

平水组是目前浙西北区所发现的最古老的岩系。该剖面为平水组正层型剖面,记录了扬子陆块东南缘岛弧火山岩系特征,是扬子陆块东南缘中元古代晚期地层对比划分的标准剖面。剖面对研究浙江中新元古代扬子陆块大地构造环境、火山活动方式以及区域性地层对比分析都具有非常重要的科学价值。

2013 年,该剖面被列为浙江省首批重要地质遗迹保护点(地),并设立科普标识牌(图 3-16)。

4. 富阳章村双溪坞群剖面(G007)

双溪坞群属蓟县纪晚期至青白口纪早期地层,由张健康、马瑞士等(1973)创名,命名地点在浙江省杭州市富阳区常绿镇双溪坞村。浙江省区域地质测量大队(1975)采用,浙江省区域地质调查大队(1989)编写的《浙江省区域地质志》沿用。

双溪坞群自下而上划分为北坞组(Jx*b*)、岩山组(Jx*y*)和章村组(Jx*z*),由浙江省区域地质调查大队五分队(1990)创名,命名地点在浙江省杭州市富阳区常绿镇北坞村到章村一带。

北坞组厚度大于 383.6m,指双溪坞背斜核部层位(图 3-17),岩性上部为片理化蚀变英安质含角砾玻屑凝灰岩、玻屑凝灰岩,下部为安山质角砾凝灰岩和凝灰质粉砂质泥岩,具低绿片岩相变质,未见底;岩山组厚 523.9m,指出露于双溪坞背斜的两翼和倾伏端,由片理化沉凝灰岩、凝灰质粉砂质泥岩、凝灰质砂岩[图 3-18(a)],夹少量英安质火山碎屑岩组成,具低绿片岩相变质;章村组厚 897.2m,指双溪坞背斜翼部层位,岩性为片理化流纹质或英安质含角砾晶屑玻屑熔结凝灰岩[图 3-18(b)],局部夹凝灰质砂岩和沉凝灰岩。浙江省区域地质调查大队(1990)采集该组熔结凝灰岩,用锆石 Pb-Pb 法测定,同位素年龄值为 914Ma,时代为中元古代。

双溪坞群剖面出露地层单元齐全,各岩性段露头连续,接触关系清楚,岩性特征及标志明显易认。剖面记录了扬子陆块东南缘一侧岛弧火山-沉积岩系环境特征,是扬子陆块东南缘中元古代末地层对比划分的群组级标准剖面(正层型)。对研究中元古代末扬子陆块东南缘大地构造环境、火山活动、沉积作用和地质发展演化等方面具有重要的科学价值。

2013 年,剖面被列为浙江省首批重要地质遗迹保护点(地),并设立科普标识牌。

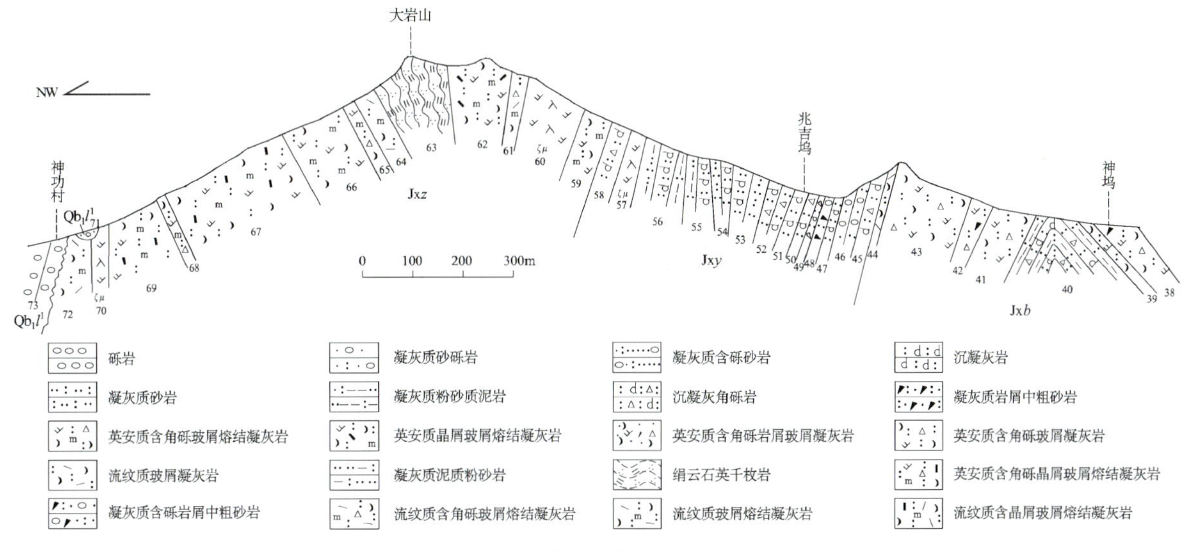

图 3-17　章村双溪坞群地层剖面图

图 3-18　岩山组凝灰质砂岩(a)、章村组片理化火山岩(b)

5. 富阳骆村骆家门组剖面(G008)

骆家门组(Qb_1l)属青白口纪地层，由浙江省区域地质测量大队(1975)创名，命名地点在浙江省杭州市富阳区大源镇骆家门村。本剖面为省内骆家门组的正层型，由浙江省区域地质调查大队五分队(1990)重测。

骆家门组岩性分为两段：上段厚 980.4m，岩性由粉砂质泥岩、粉砂岩、泥质粉砂岩组成，夹有凝灰质泥岩、粉砂岩，沉凝灰岩，与上覆虹赤村组呈平行不整合接触，本段发育韵律构造(图 3-19)，局部发育鲍马序列，为浅海陆棚-次深海沉积环境；下段厚 518.5m，岩性由下至上变化明显，由砾岩、砂砾岩过渡到含砾砂岩及细—中粒砂岩，其中夹有少量沉凝灰角砾岩，底部砾岩(成分复杂，磨圆度好，以花岗质砾石为主)与下伏双溪坞群呈角度不整合接触，岩性组合反映为滨海陆屑滩-浅海陆棚沉积环境。浙江省区域地质调查大队(1990)采集底部花岗岩砾石，经锆石 U-Pb 法测定，同位素年龄值为 879Ma，属新元古代早中期地层。

图 3-19 骆家门组类复理石建造(a)、粉砂质泥岩与泥岩组成的韵律构造(b)

剖面由下部磨拉石建造和上部复理石建造组成，是神功造山期后的一套重要的沉积建造。剖面地层完整且连续性好，为浙江骆家门组地层对比划分的标准剖面(正层型)。各类沉积构造清晰，对研究后造山期大地构造环境(即弧后盆地环境)、区域地层对比、地质发展演化等具有重要的科学价值。

2013 年，该剖面被列为浙江省首批重要地质遗迹保护点(地)，并设立科普标识牌。

6. 浦江蒙山骆家门组剖面(G009)

浦江蒙山剖面因多出一套枕状细碧岩类岩石组合而出名。浙江省区域地质调查大队(2000)将其归入新元古界骆家门组，浙江省地质调查院(2005)将其归入平水群，并新建陈塘坞组和蒙山组。本书采纳浙江大学董传万等(2016)对蒙山地区细碧岩进行深入对比研究，并获得锆石同位素年龄 830Ma，将地层时代归属于新元古代早中期(青白口纪)骆家门期的意见。

蒙山骆家门组未见顶和底。上部由一套青灰色、浅黄色薄—中层夹厚层细粒长石岩屑砂岩、粉砂岩、泥岩、硅质泥岩组成，发育微细水平层理构造，呈现鲍马序列，产微古植物化石，厚度大于 624m；下部由深绿色枕状细碧岩夹中—薄层灰黄色粉细砂岩和含硅质粉砂质泥岩组成，枕状细碧岩边缘发育有气孔和杏仁体，厚度大于 154m。

该区属于浙江新元古代早中期龙门山火山岛弧之弧后盆地区，剖面岩性组合记录了蒙山地区经历了骆家门早期海底中基性岩浆喷溢形成的枕状细碧岩，并伴随少量沉积，以及晚期弧后盆地的沉积作用，表明弧后盆地具有伸展拉张的构造属性。该剖面是富阳骆家门组剖面的一个重要补充，给认识新元古代早中期弧后盆地构造环境、盆地类型、沉积作用、岩浆活动提供了重要的地质信息，对研究浙江扬子板块东南陆缘构造演化具有重要的科学价值。

2013 年，该剖面被列为浙江省首批重要地质遗迹保护点(地)，并设立科普标识牌。

7. 萧山桥头虹赤村组剖面(G010)

虹赤村组(Qb_1h)属青白口纪地层，由浙江省区域地质测量大队(1975)创名，命名地点在浙江省杭州市富阳区大源镇虹赤村(新建村)。本剖面为省内虹赤村组的次层型，由浙江省区域地质调查大队五分队(1990)重测。

虹赤村组厚 206.8m，岩性为灰绿色、灰紫色块状含砾长石岩屑砂岩或杂砂岩，夹少量中基性火山岩。碎屑物主要为长石和岩屑，石英较少，呈现块状—厚层状构造产出。虹赤村组与下伏骆家门组呈

整合或平行不整合接触，与上覆上墅组为整合接触。剖面底部见有大量的下伏骆家门组二段“泥砾”产出，大小在 1.5～15cm 之间，为岩屑砂岩胶结包裹。桥头剖面以及在区域上，地层之中上部细砂岩中较普遍发育波痕，波痕形态呈现对称和分枝状两种，反映了虹赤村早期水体变浅，具有强烈流水冲刷的特点。

剖面地层层序完整，上、下接触关系清楚，记录了青白口纪扬子陆块东南缘滨海-陆相沉积环境，是浙江新元古界虹赤村组地层对比划分的标准剖面。同时也是研究新元古代早期扬子陆块东南缘地层、构造及地质发展史等的重要的实物资料。

2013 年，该剖面被列为浙江省首批重要地质遗迹保护点（地），并设立科普标识牌。

8. 萧山直坞-高洪尖上墅组剖面（G011）

上墅组（Qb_2s）属青白口纪地层，由浙江省区域地质测量大队（1969）创名，命名地点在浙江省衢州市柯城区华墅。正层型为柯城华墅上墅组剖面（G012），本剖面为上墅组的次层型，由浙江省区域地质调查大队五分队（1990）实测（图 3-20、图 3-21）。

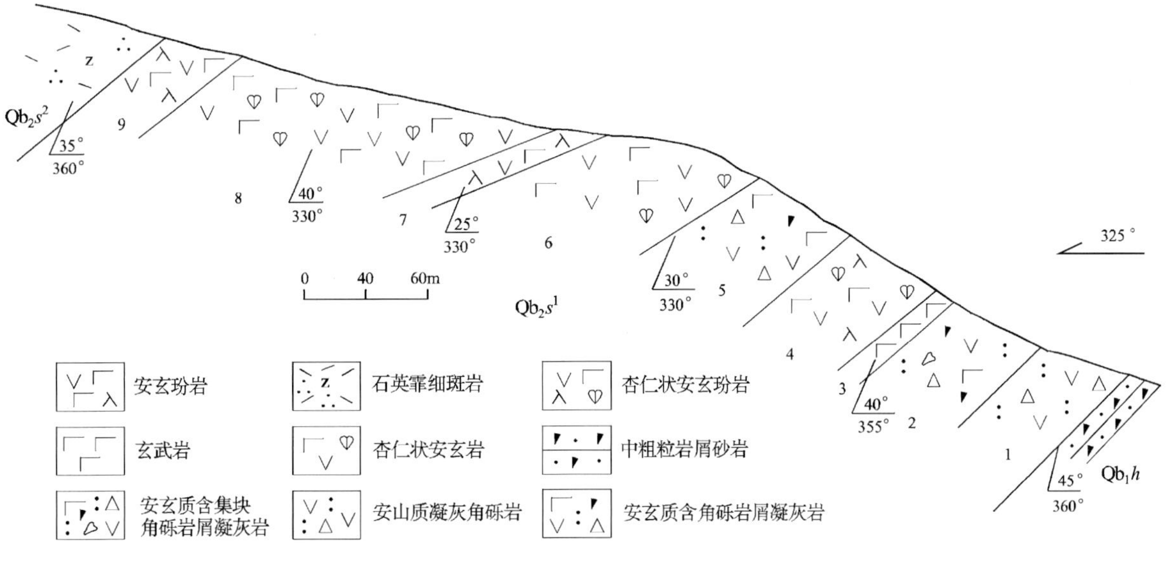

图 3-20　直坞上墅组一段地层剖面图

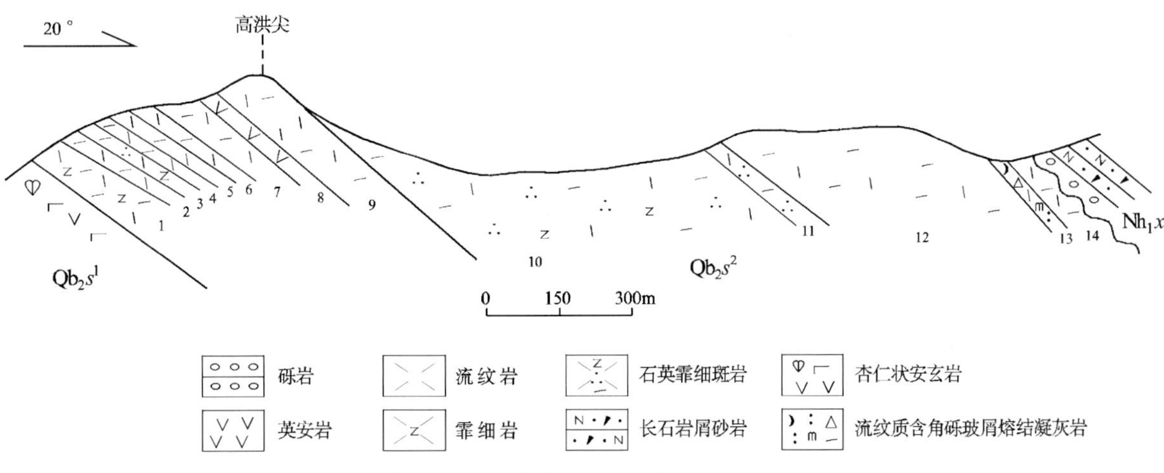

图 3-21　高洪尖上墅组二段地层剖面图

上墅组岩性分为两段：下段岩性组合以杏仁状安山玄武岩为主，夹安山玄武质含集块凝灰角砾岩，厚度567.4m，与下伏虹赤村组呈整合接触；上段岩性组合以流纹岩为主，夹中酸性、酸性熔结凝灰岩，厚度1 207.7m，与上覆休宁组呈不整合接触。上墅组火山岩以岩浆喷溢为主体，形成的地层岩性组合具有典型的双峰式特征，反映了陆内裂谷构造环境特点。浙江省区域地质调查大队(1991)采集江山上余上墅组的流纹斑岩，经锆石U-Pb法测定，同位素年龄值为870～830Ma。

剖面露头较好，基本连续，记录了青白口纪浙江一带双峰式火山活动特点，是浙江新元古界上墅组地层对比划分的标准剖面。它是研究新元古代早期地壳伸展拉张、火山活动样式和全球罗迪尼亚超级大陆裂解(华南古大陆裂解)地质演化过程及大地构造环境最为重要的实物证据，具有极高的科学研究价值。

2013年，该剖面被列为浙江省首批重要地质遗迹保护点(地)，并设立科普标识牌。

9. 柯城华墅上墅组剖面(G012)

本剖面为省内上墅组的正层型，由浙江省区域地质测量大队(1969)创名于衢州上墅(今称华墅)。

上墅组为一套陆相火山岩。岩性上部为灰绿色流纹质玻屑凝灰岩、凝灰岩夹角砾凝灰岩；下部以紫色流纹斑岩为主，夹流纹质熔结角砾凝灰岩，厚度大于90m。剖面地层未见下伏地层，与上覆休宁组砾岩、砂砾岩呈不整合接触关系。

剖面记录了龙门山火山岛弧之弧后盆地沉积结束后的一套陆相火山喷发堆积，岩浆活动在区域上与华南古大陆裂解有关，成因环境处于伸展拉张构造环境，与萧山地区岩浆活动同属一个时期。对全面了解和认识浙江新元古代早中期华南古大陆裂解过程中的岩浆活动具有重要科学价值。

2013年，该剖面被列为浙江省首批重要地质遗迹保护点(地)，并设立科普标识牌。

10. 江山石龙岗休宁组剖面(G013)

20世纪80年代，《浙江省区域地质志》(1989)对剖面进行了研究，剖面下伏不整合于一套出露厚200余米的中厚层状长石岩屑砂岩之上。浙江省地质调查院(2004)重测石龙岗休宁组剖面，将下伏长石岩屑砂岩建组为塘里组，时代置于南华纪早期。

石龙岗休宁组(Nh_1x)底部为紫红色砾岩、砂砾岩；下部为凝灰质粉砂细砂岩夹沉凝灰岩；上部为微层理粉砂岩、粉砂质泥岩互层，厚度361m。底部砾石呈卵石状，成分以石英质砾石为主，与区域上休宁组基本一致。休宁组与下伏塘里组和上覆南沱组均呈整合接触关系。根据岩性组合及基本层序分析，早期至晚期经历了冲积河流沉积—滨海沉积—浅海陆棚—浊流盆地—次深海盆地等沉积环境。

剖面对研究浙江华南古大陆裂解初期沉积环境的演变过程具有重要地学价值，同时，也论证了休宁组之下存在着南华纪最早的地层单元，对全面了解和认识浙江南华纪至青白口纪期间岩相古地理环境以及晋宁期构造运动特点具有重要意义。

2013年，该剖面被列为浙江省首批重要地质遗迹保护点(地)，并设立科普标识牌。

11. 建德下涯休宁组剖面(G014)

休宁组(Nh_1x)属南华纪地层，由李毓尧(1936)创名，命名地点在安徽省休宁县蓝田。浙江休宁组原称志棠组，由刘鸿允、沙庆安(1959)创名，命名地点在龙游志棠。《浙江省岩石地层》(1996)将省内志棠组改称休宁组。本剖面为省内休宁组的次层型，由浙江省区域地质调查大队(1982)测制。

休宁组总厚度994.4m，岩性可分为三部分：底部为紫红色砾岩、砂砾岩、含砾粗砂岩、岩屑砂岩；下部为灰绿色、紫红色凝灰质粉细砂岩夹沉凝灰岩；上部为灰绿色、灰白色凝灰质粉砂岩，细砂岩，泥岩夹硅质条带、沉凝灰岩，发育微细水平层理、波状层理、小型不对称浪成波痕。休宁组与下伏骆家门组呈角度不整合接触，与上覆南沱组呈整合接触。本组含微古植物 *Leiominuscula minuta*，*Leiopso-*

phosphaera densa，*Lophosphaeridium* cf. *acietatum*，*Nostocomorpha prisca*，*Trachysphaeridium* sp.，Taeniatum verrucatum，*Turuchanica* sp.，*Trematosphaeridium holtedahlii*，*Pulvinomorpha* sp.，*Protosphaeridium rigidulum*，*Margominuscula ragosa*，*Monotrematosphaeridium* sp.，*Granomarginata* cf. *prima*，*Palaeolyngbya* sp.。根据生物化石组合，时代为早南华世。

本组岩石凝灰质含量较高，从下至上粒度总体由粗变细。建德下涯地区纵向总体反映一个以海进为主的过程，下部以河流相开始，往上海水迅速上升，以浅海陆棚相和次深海盆地相的交替出现为特征，局部因海平面的下降而出现潮坪相沉积。

剖面出露良好，层序完整连续，上下接触关系较为明显，记录了南华纪浙西北滨海-浅海陆棚相沉积环境，是浙江南华系休宁组地层对比划分的标准剖面。

2013年，该剖面被列为浙江省首批重要地质遗迹保护点(地)，并设立科普标识牌。

12. 常山白石南沱组剖面(G015)

南沱组(Nh_2n)属南华纪地层，由Blackwelder(1907)创名，李四光等(1924)介绍，命名地点在湖北省宜昌市莲沱镇。浙江南沱组原称雷公坞组，由刘鸿允、沙庆安(1959)创建，命名地点在常山城西雷公坞。《浙江省岩石地层》(1996)将省内雷公坞组改称南沱组。本剖面为省内南沱组的次层型，由浙江省区域地质调查大队(1992)测制(图3-22)。

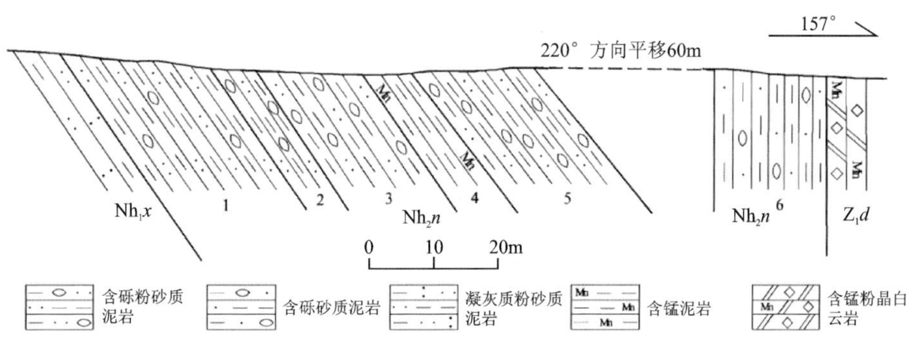

图3-22 白石南沱组地层剖面图

南沱组由冰成岩组成(图3-23)，分上、中、下三部分，地层厚度70.8m。下部为青灰色冰碛含砾砂岩、冰碛含砾泥岩组成(称下冰期)，砾石含量较少，成熟度较高；中部为深灰色含锰白云质泥岩或含锰白云岩(称间冰期)；上部为灰绿色冰碛砾质砂泥岩或冰碛砾质泥岩组成(称上冰期)，局部夹少量粉砂质泥岩，厚度变化很大。南沱组与下伏休宁组、上覆陡山沱组均为整合接触。本组产微古植物 *Lophominuscula prima*，*Leiopsophosphaera densa*，*Leiomarginata* sp.，*Leiominuscula minuta*，*Lophosphaeridium* cf. *acielatum*，*Plyporata obsoleta*，*Trachysphaeridium* sp.，*Granomarginata* cf. *prima*，*Paleamorpha punctulata*，*Bavlinella faveolata*，*Nucellosphaeridium* sp.，*Micrhystridium odontodum*，*Asperatopsophospaera* sp.。根据生物化石组合，时代为晚南华世。

剖面露头好，地层序列完整，上下层位关系清晰，记录了晚南华世钱塘海盆在滨海-浅海陆棚环境的两次冰期活动特征，是浙江早南华世地层对比划分的标准剖面。

2017年，该剖面被列为浙江省第二批重要地质遗迹保护点(地)，并要求设立科普标识牌。

13. 江山五家岭陡山沱组—灯影组剖面(G016)

陡山沱组(Z_1d)和灯影组(Z_2d)均属震旦纪地层，原称陡山沱岩系和"灯影石灰岩"，由李四光(1924)创名，命名地点分别在湖北宜昌陡山沱和灯影峡。早期浙江陡山沱组和灯影组称为西峰寺组，由盛莘夫(1951)创名，命名地点在常山西峰寺。蒋传仁等(1987)将西峰寺组下段称为陡山沱组，上段

图 3-23　南沱组剖面露头(a)及含砾粉砂岩(冰碛岩)(b)

称为灯影组。《浙江省岩石地层》(1996)引用陡山沱组和灯影组。该剖面为省内陡山沱组和灯影组的次层型,由浙江省区域地质调查大队(1986)测制,浙江省地质调查院(2001)重测(图 3-24)。

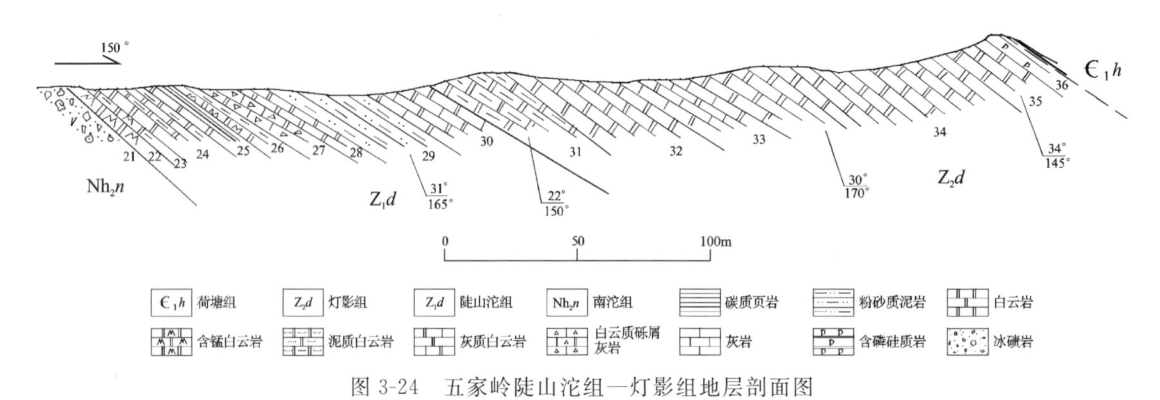

图 3-24　五家岭陡山沱组—灯影组地层剖面图

陡山沱组厚 66.64m,岩性为灰色粉晶白云岩、含锰白云岩夹深灰色(局部为紫红色)泥岩、含碳硅质泥岩(局部为石煤)和含钾粉砂质泥岩[图 3-25(a)],与上覆灯影组和下伏南沱组均呈整合接触。本组产微古植物 *Trachysphaeridium* sp.,*T. dengyingense*,*Micrhystridium mininum*,*Nosto comorpha Prisca*,*Palaeamorpha punctulata*,*Pterospermopsimorpha* sp.,*Leiorusa* sp.,*Bavlenella faveolata*,*Leiopsophosphaera* sp.,*L. densa*,*Leiominuscula minuta*,*Taeniatum*,*Baculimorpha* cf. *brevis*。根据生物化石组合,时代为早震旦世。

灯影组厚 119.96m,下部为灰质白云岩、泥质白云岩[图 3-25(b)];中部为白云岩和云质灰岩;上部为叠层石白云岩。灯影组与上覆荷塘组呈平行不整合接触。产叠层石 *Conophyton cirulus*,*C.* cf. *ressoti*,*Baicalia safia*,*B.* cf. *minuta B. xingtongwuensis*,*Patomia* sp.;微古植物 *Leiominuscula minuta*,*Leiopsophosphaera densa*,*Trachysphaeridium dengyingense*,*Lophosphaeridium* sp.,*Micrhystridium mininum*,*Triangumorpha punctulata*,*Taeniatum verrucatum*。根据生物化石组合,地层时代为晚震旦世。

剖面地层出露完整,露头较好,顶、底接触关系清晰,是省内极为典型、完整的震旦纪地层剖面,记录了钱塘海盆局限海台地藻礁相沉积环境特征,反映了南华期末冰后沉积环境特点。

2013 年,该剖面被列为浙江省首批重要地质遗迹保护点(地),并设立科普标识牌。

图 3-25　陡山沱组含钾粉砂质泥岩(a)、灯影组泥质白云岩(b)

14. 淳安秋源蓝田组—皮园村组剖面(G017)

蓝田组($Z_{1\text{-}2}l$)和皮园村组(Z_2p)均属震旦纪地层,原名蓝田系和皮园村组砂岩,分别由丁毅(1935)和李捷等(1930)创名,命名地点在安徽省休宁蓝田和皮园村。浙江省区域地质调查大队(1990)引用于昌化—安吉一带。《浙江省岩石地层》(1996)沿用。该剖面为省内蓝田组和皮园村组的次层型,由浙江省区域地质调查大队(1985)测制。

蓝田组厚 198.6m,岩性为含锰白云岩、泥质白云岩、薄层灰岩、含碳硅质泥岩、含碳泥岩,与下伏南沱组、上覆皮园村组均呈整合接触,时代为早—晚震旦世;皮园村组厚 98.7m,岩性由黑色薄层硅质岩、含碳硅质岩组成,以黑白硅质岩相间为其特征,与下伏蓝田组和上覆荷塘组均为整合接触,时代为晚震旦世。

剖面露头良好,地层层位关系清楚,记录了浙西震旦纪地层沉积及环境特征,是浙江震旦系蓝田组、皮园村组地层对比划分的标准剖面。

2017 年,该剖面被列为浙江省第二批重要地质遗迹保护点(地),并要求设立科普标识牌。

15. 富阳钟家庄板桥山组剖面(G018)

板桥山组(Z_2b)属震旦纪地层,原称板桥山砂岩,由汪龙文(1951)创名,命名地点在浙江省余杭泰山北西之板桥山。《浙江省岩石地层》(1996)启用,并应用于开化—余杭一带。该剖面为板桥山组的选层型,由浙江省区域地质测量大队(1965)测制(图 3-26)。

板桥山组厚 671.4m,岩性以富含陆源碎屑白云岩、石英砂岩为主,夹白云岩、灰岩、砾屑灰岩及泥岩等,偶含叠层石,本组与下伏陡山沱组和上覆皮园村组均呈整合接触。板桥山组地层横向上与灯影组、蓝田组和皮园村组部分层位相当,属于相变关系,时代为晚震旦世。

剖面植被茂盛,露头局部被掩盖,记录了震旦纪钱塘海盆的台地前缘斜坡沉积环境,是浙江扬子地层区上震旦统板桥山组地层对比划分的标准剖面。对研究浙西和浙北地区晚震旦世沉积环境、岩相古地理环境以及构造环境都具有重要的科学价值。

2013 年,该剖面被列为浙江省首批重要地质遗迹保护点(地),并设立科普标识牌。

16. 永嘉枫林震旦系剖面(G019)

浙江省区域地质测量大队(1978)将该套地层置于上侏罗统诸暨组 a 段。浙江省第十一地质大队

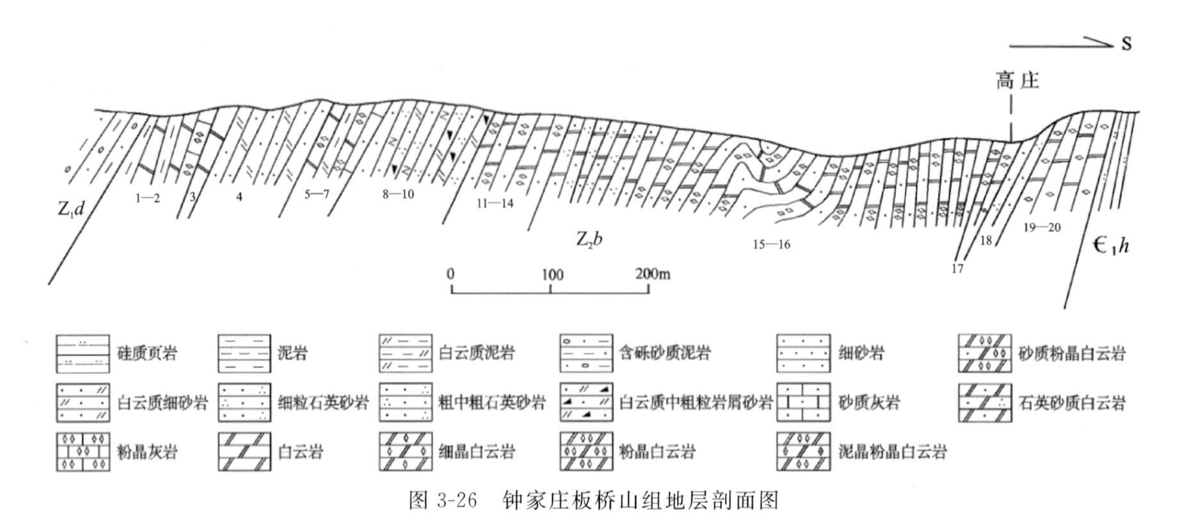

图 3-26　钟家庄板桥山组地层剖面图

(1995)则将它划归下白垩统馆头组。南京地质矿产研究所丁保良等(1997)对该地层测制了剖面并作了详细研究,发现了微古植物化石属种,据此认为其时代不属于中生代,而应归属新元古代。

剖面下部为浅绿灰色厚层状中粗粒长石岩屑杂砂岩夹中厚层状含砂质硅质泥岩;中部深灰色厚层状砂质硅质泥岩、黑灰色薄—中厚层状硅质粉砂质泥岩夹厚—中厚层状含砾粗砂岩;上部深灰色厚层状含砾粗砂岩、砾岩夹薄—中厚层状硅质粉砂质泥岩。地层总厚度大于 95.7m。沉积地层中藻类化石极为丰富,共有 32 个属、41 个种(包括 2 个新种,14 个未定种),以球形藻群(*Sphaeromo rphida*)中的单球藻亚群(*Mono phaeritae*)为主,其次为船形藻群(*Scaphomo rphida*)、多面藻群(*Edromo rphida*)、线形藻群(*Nematomo rphida*)、异形藻群(*Versimo rphida*)以及少量双极藻群(*Diacromo rphida*)中的异极藻亚群(*Heterdiacromo rphitae*)和刺球藻群(*Acanthomorphida*)。地层时代属于震旦纪晚期。

岩性组合及藻类化石种群分别反映了河流相和浅海三角洲相的沉积环境,具有海陆交互之特点,对研究浙东地区震旦纪古大陆边缘河流-浅海三角洲古地理环境具有重要意义。

2013 年,该剖面被列为浙江省首批重要地质遗迹保护点(地),并设立科普标识牌。

17. 江山大陈荷塘组—杨柳岗组剖面(G020)

剖面包含荷塘组($\in_1h$)、大陈岭组($\in_1d$)和杨柳岗组($\in_2y$)3 个层位,均属寒武纪地层。荷塘组,原称荷塘矽质页岩及石煤层,由卢衍豪、穆恩之等(1955)创名,命名地点在浙江省江山市大陈东北荷塘村;大陈岭组,由李蔚秾(1965)创建,命名地点在浙江省江山大陈东南大陈岭;杨柳岗组,原称杨柳岗石灰岩,由卢衍豪、穆恩之等(1955)创建,命名地点在浙江省江山市大陈东北杨柳岗。浙江省地质调查院(2001)在荷塘原剖面重测。

荷塘组厚 42.84m,由黑色薄层碳质硅质岩、碳质硅质泥岩、页岩、石煤层夹灰岩透镜体及磷矿层组成[图 3-27(a)],与下伏灯影组呈平行不整合接触,与上覆大陈岭组呈整合接触。本组产微古植物化石 *Leiomarginata simplex* Naum,*Lophosphaeridium* sp.,*Micrhystridium wujialinense* Yan et Xu(sp. nov),*M.* cf. *olignum* Jankauskas,*Myxococcoides grandis* Horodyski et Donaldson;似几丁虫化石 *Lagenochitina-like*;小壳化石 *Arhaecoides* sp.,*Anabarites trisulcatus* Miss,*Protohertzina* sp.。根据生物化石组合,本组时代为早寒武世早期。

大陈岭组厚 28.26m,岩性以灰色、深灰色条带状白云质灰岩为主[图 3-27(b)],夹两层黑色碳质硅质泥岩,与上覆杨柳岗组呈整合接触。本组产三叶虫 *Arthricocephalus* sp.,*A. fuyangensis*,*A. granulus*,*A. laterilobatus*,*Probowmanops transveusus*,*P. elongata*,*Changaspis placenta*,*Kootenia longa*，*K. fuyangensis*，*Nangaops intermedia*，*N. yuhargensis*，*Bathynotus* sp.，*Neosolenopleurella typica* 等；腕足类 *Lingulella* sp.，*Homotreta* sp.，*Acrothele* sp. 等；软舌螺 *Hyolithes* sp. 及蠕虫。根据生物化石组合，本组时代为早寒武世晚期。

图 3-27　剖面荷塘组石煤层露头(a)、大陈岭组露头(b)

杨柳岗组厚 87.92m，岩性由条带状白云质灰岩、饼条状灰岩、含灰岩透镜体泥质灰岩、泥质灰岩及碳质硅质泥岩组成，与上覆华严寺组呈整合接触。本组产中华光尾球接子 *Lejopyge sinensis*，平滑光尾球接子 *L. laerigala*，刺棱角球接子 *Goniasnosrus piniger*，中国平壤虫 *Pianaspis sinensis*，小额隐球接子 *Hypagnostus parivifrons*，双分球接子 *Diplagnostur* sp.，刺光尾球接子 *Lejopyge armata*，内边缘复州虫 *Fuchoura oratolimba* 等化石。根据生物化石组合，本组时代为中寒武世。

剖面地层连续完整，记录了浙西中早寒武世碳酸盐岩台地相沉积环境，富含球接子、三叶虫、微古植物等生物化石，是浙江省或国内少数几个寒武系多个地层的集中命名地，在地层、古生物化石以及沉积环境方面具有非常重要的科学研究价值。

2013 年，该剖面被列为浙江省首批重要地质遗迹保护点(地)，并设立科普标识牌。

18. 常山石崆寺华严寺组剖面(G021)

华严寺组($\in_3h$)属寒武纪地层，原称华严寺石灰岩，由卢衍豪、穆恩之等(1955)创名，命名地点在浙江省常山县华严寺(天马山)。该剖面为华严寺组正层型，由卢衍豪、穆恩之等(1955)测定(图 3-28)。浙江省区域地质调查大队(1989，1996)编写的《浙江省区域地质志》和《浙江省岩石地层》沿用至今。

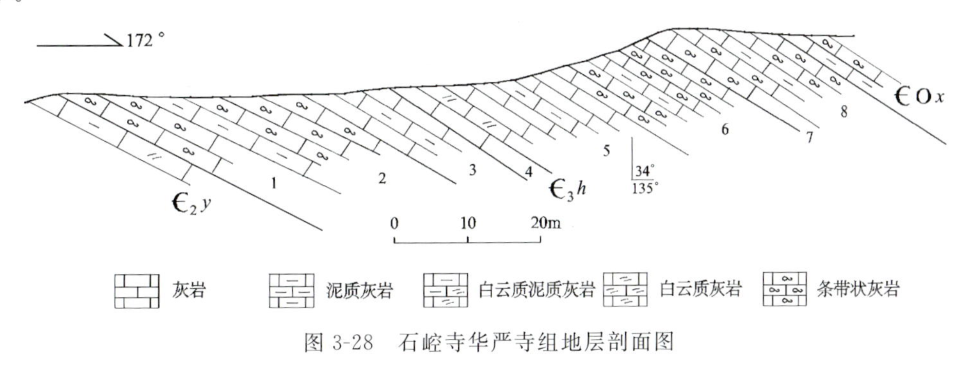

图 3-28　石崆寺华严寺组地层剖面图

华严寺组厚110.1m，岩性以薄—中层条带状灰岩为主体，夹有薄层泥质灰岩，含碳钙质泥岩，页岩及角砾状、球砾状灰岩，与下伏杨柳岗组和上覆西阳山组均为整合接触。本组产三叶虫 *Proceroto-pyge*（*Sinoproceratapyge*）*kiangshanensis*，*Xestagnostus transversus*，*Erixanium rectan-gularis*，*Glyptagnostus reticulatus*，*G. stolidotus*，*Paradamesella* cf. *paratypica*，*Proceratopyge conifrons*，*Buttsia globosa*，*Cyclagnostus yaogongbuensis*，*Ammagnostus duibianensis* 等。根据生物化石组合，时代为晚寒武世早期。

剖面露头较好，记录了浙西碳酸盐岩台地相沉积过程，富含球接子、三叶虫、微古植物等生物化石，是华东地区寒武纪地层组级单位对比划分的标准剖面。该剖面于2002年被列入常山国家地质公园内。

19.安吉叶坑坞寒武系剖面(G022)

叶坑坞寒武系剖面由浙江省区域地质测量大队(1967)测制，层序完整，包括了荷塘组、大陈岭组、杨柳岗组、华严寺组和西阳山组，上覆与奥陶系印渚埠组整合接触，下伏与震旦系皮园村组不整合接触。地层组合反映了江山-临安地层小区浙北寒武纪沉积特点。

荷塘组为黑色碳质硅质页岩、含碳硅质页岩夹碳质岩(石煤)、深灰色灰岩夹薄层硅质岩、黑色薄层含碳硅质页岩，含三叶虫 *Hnpeidiscus orientalis*，厚261.1m；大陈岭组为深灰色具微层理含白云质灰岩，夹碳质页岩，厚88.3m；杨柳岗组由黑色含碳页岩夹硅质岩、灰黑色泥质灰岩、泥质饼条状灰岩、含球状镜体灰岩组成，含三叶虫 *Lejopyge* sp.，海绵骨针 *Protospongia*，厚607.7m；华严寺组为深灰色薄—中层灰岩夹泥灰质条带，厚131.4m；西阳山组由灰黑色泥质灰岩、饼条状或透镜状泥质灰岩、灰岩组成韵律层，含三叶虫 *Proceratopyge* sp.，深灰色泥质灰岩、含灰岩透镜体泥质灰岩，厚396.0m。

叶坑坞寒武系剖面层序连续、系统且完整，上、下地层接触关系清晰，对研究浙西北地区寒武纪古地理环境、地质环境演化以及地层单元对比分析具有重要作用。

2013年，该剖面被列为浙江省首批重要地质遗迹保护点(地)，并设立科普标识牌。

20.余杭超山寒武系剖面(G023)

余杭超山寒武系剖面从下往上划分为超山组($\in_1c$)、大陈岭组($\in_1d$)、杨柳岗组($\in_2y$)和超峰组($\in_{2\text{-}3}c$)，是超山组和超峰组的正层型命名地。超山组和超峰组均由鞠天吟(1979)创建，命名地点在浙江省余杭超山。层型剖面由鞠天吟(1979)测制，罗璋等(1981)重测。《浙江省岩石地层》(1996)地层清理时重新定义及沿用。

超山寒武系剖面地层总厚度317.8m，与下伏震旦系灯影组薄层细晶白云岩呈平行不整合接触，上部超峰组出露不全。超山组厚24.16m，岩性主要为灰黑色薄层状含碳质白云质泥岩和泥质白云岩，无硅质，含黄铁矿结核，微层理发育，反映了当时的沉积环境为滞流盆地相沉积，水体由深逐渐变浅；大陈岭组厚60.32m，由浅灰色—灰白色白云岩组成，含较多的燧石团块和条带，且下部硅质成分含量较高，岩石水平微层理发育，岩层总体自上而下由薄变厚，反映水体由浅变深，属平缓斜坡盆地相沉积；杨柳岗组厚98.74m，岩性以灰黑色薄—中薄层状微晶—粉晶灰岩为主，上部层位灰质白云岩与微晶灰岩互层，岩石纹层较为发育，生物碎屑可见，陆源碎屑含量增多，说明当时的沉积环境为略具振荡的平缓盆地斜坡沉积环境；超峰组厚度大于134.57m，由浅灰白色—灰白色厚层—块状细晶白云岩组成，岩石层厚较均匀，反映当时的水环境总体变化不大，且水体较浅，属台地斜坡相沉积。

超山寒武系剖面岩性和生物群表现为江南地层区和扬子地层区的过渡色彩，华南型动物群和华北型动物群相混生，为过渡区寒武系最具代表性的剖面，是浙江寒武系超山组和超峰组地层对比划分的标准剖面。

该剖面处于超山风景区内，2013年被列为浙江省首批重要地质遗迹保护点（地），并设立科普标识牌。

21. 常山西阳山寒武系—奥陶系界线剖面（G024）

西阳山组（$\in Ox$）属寒武纪和奥陶纪地层，原称西阳山页岩，由卢衍豪、穆恩之（1955）创名，命名地点在浙江省常山县城南1.5km的西阳山。正层型由卢衍豪、穆恩之等（1955）测定，浙江省地质调查院（2001）原地重测。

卢衍豪、林焕令等（1980）在西阳山对寒武系—奥陶系界线进行了详细研究，建立了寒武系—奥陶系界线的层型，成为我国东南动物群区系寒武系—奥陶系的标准地点，并作为国际候选的寒武系—奥陶系界线层型剖面。

西阳山组下部由含饼状灰岩透镜体泥质灰岩与泥质灰岩组成，厚88.51m；上部由泥质灰岩、小饼状灰岩、瘤状灰岩或网纹状灰岩组成韵律层，厚度大于47.63m（图3-29）。西阳山组与下伏华严寺组和上覆印渚埠组均为整合接触。本组产笔石 *Staurograptus dichotomus sinensis*，*S. dichotomus apertus*，*S. dichotomus*，*Anisogkaptus matanensis*，*Dictyonema* sp.，*Bryograptus* sp.；三叶虫 *Shumardia* sp.，*Hysterolinus asiatucus*，*Parabolinella ocellata*，*Rhadinopleura* sp.，*Koldinioidia longa*，*Niobl1a yangjiawanensis*，*N. oblonga*，*Onchonotina acuta*，*Lotagnostus hedini*，*L. punctatus*，*Pseudagnostus* sp.，*Westergardites* sp.，*Proceratopyge* sp. 等；牙形刺 *Prooneotodus tenuis*。根据生物化石组合，本组时代为晚寒武世—早奥陶世早期。

图3-29　西阳山组饼状灰岩（a），泥质灰岩与小饼状灰岩组成韵律层（b）

剖面地层连续完整，记录了浙西广海陆棚相沉积环境，是华东地区寒武系—奥陶系西阳山组地层对比划分的标准剖面，曾属候选寒武系—奥陶系全球界线层型剖面，在岩石地层、生物地层和年代地层方面均具有重要的科学研究价值。该剖面于2002年被列入常山国家地质公园内。

22. 桐庐分水印渚埠组剖面（G025）

印渚埠组（O_1y）属奥陶纪地层，原称印渚埠系，由朱庭祜（1924）创建，命名地点在浙江省桐庐市分水印渚埠，未指定层型剖面。卢衍豪等（1963）改称印渚埠组。该剖面为印渚埠组的选层型，由浙江省区域地质调查大队（1993）测制。

印渚埠组总厚度234.9m，下部为灰绿色、青灰色钙质泥岩，含有少量灰岩小透镜体；中部为钙质泥岩;上部为钙质泥岩与含灰岩瘤钙质泥岩互层。印渚埠组与下伏西阳山组和上覆宁国组均呈整合接触。本组产三叶虫 *Syphysurus* sp.,*Euloma* sp.,*Geragnostus* sp.,*Niobella chui*,*Birmanites* sp.,*Asaphellus* sp.,*Asaphopsis* sp.,*Cyclopyge* sp.,*Corrugatagnostus* sp.等;笔石 *Adelograptus asiaticus*,*Clonograptus tenellus*,*Anisograptus* cf. *matanensis*,*Bryograptus chekiangenis* 等。根据生物化石组合,时代为早奥陶世。

该剖面自然保存,露头连续性较好,记录了早奥陶世浙西浅海陆棚相沉积环境特征,为浙江和华东地区下奥陶统印渚埠组地层对比划分的标准剖面。

2017年,该剖面被列为浙江省第二批重要地质遗迹保护点(地),并要求设立科普标识牌。

23.临安湍口宁国组—胡乐组剖面(G026)

宁国组($O_{1-2}n$)和胡乐组($O_{2-3}h$)均属奥陶纪地层,原称宁国页岩和胡乐页岩,均由许杰(1934)创建,命名地点均在安徽省宁国县胡乐镇皇墓至滥泥坞。该剖面为省内宁国组和胡乐组的次层型,由浙江省区域地质调查大队三分队(1981,1987)测制。

宁国组厚174.8m,岩性为浅灰色、灰黑色微细层理粉砂质页岩,与上覆胡乐组和下伏印渚埠组均为整合接触。本组产笔石 *Didymograptus hirundo*,*D. deflexus*,*D. inflexus*,*D. nitidus*,*D. abnormis*,*D. asperus*,*Tetragraptus* sp.,*Phyllograptus angustifolius*,*P. ilicifolius*,*Loganograptus* sp.,*Oncograptus magmus*,*O. masculus*,*Cardiograptus* cf. *amplus*,*Glyptograptus austrodetatus*,*Azygoraptus lapwoethi*,*Holmograptus orientalis* 等。根据生物化石组合,本组时代为早—中奥陶世。

胡乐组厚149.3m,岩性为黑色含碳质硅质页岩、硅质岩,与上覆砚瓦山组呈整合接触。本组下部产笔石 *Pterograptus elegans*,*P. sinensis*,*Amplexgraptus confertus*,*Nicholsonograptus* sp.,*Tylograptus genicaliformis*,*Phyllograptus anna*,*Sinograptus typicalis*,*Didymograptus ellesas*;上部产笔石 *Nemagraptus geacilis*,*Glossgraptus hincksii*,*G. teretiusculus*,*Dicellograptus gurleyi*,*Dicranograptus sinensis*,*D. sextans*。根据生物化石组合,本组时代为中—晚奥陶世。

该剖面露头较好,地层基本连续,反映了浙西余杭—开化一带奥陶纪地层沉积特征,是浙江奥陶纪宁国组—胡乐组地层对比划分的标准剖面,可以与大区域同期地层进行对比分析,具有较高的科学研究价值。

2017年,该剖面被列为浙江省第二批重要地质遗迹保护点(地),并要求设立科普标识牌。

24.江山夏坞砚瓦山组—黄泥岗组剖面(G027)

砚瓦山组(O_3y)和黄泥岗组(O_3h)均属奥陶纪地层。砚瓦山组原称砚瓦山系,由刘季辰、赵亚曾(1927)创名,命名地点在浙江省常山砚瓦山;黄泥岗组由卢衍豪等(1963)创名,命名地点在浙江省江山市黄泥岗村。该剖面为砚瓦山组和黄泥岗组的选层型,由浙江省区域地质调查大队二分队(1990)测制(图3-30)。

砚瓦山组厚45.9m,由青灰色、局部紫红色瘤状灰岩,含灰岩疣泥灰岩组成,与下伏胡乐组和上覆黄泥岗组均为整合接触。本组产三叶虫 *Cyclopyge recuravcva netha*,*Corruatgnostus jiangshanensis*,*Hammatocnemis huayinshanensis*,*H. formosus*,*Remopleurides* sp.,*Shumardia* sp.;头足类 *Sinoceras chinense*,*Wirnipegoceras* sp.,*Michelinoceras elongatum*,*M. huangnganigense*,*Discorceras* sp.;腕足类 *Rhynchotrema* sp.,*Lingula* sp.;介形虫 *Aparchites* sp.,*Primitia* sp.,*Oplikella* cf. *chekiangensis*;牙形刺 *Acodus similaris*,*Belodella fanxiangensis* 等。根据生物化石组合,本组时代为晚奥陶世。

黄泥岗组厚57.9m,岩性为灰绿色局部紫红色含钙质结核泥岩,局部夹瘤状泥灰岩,与上覆长坞

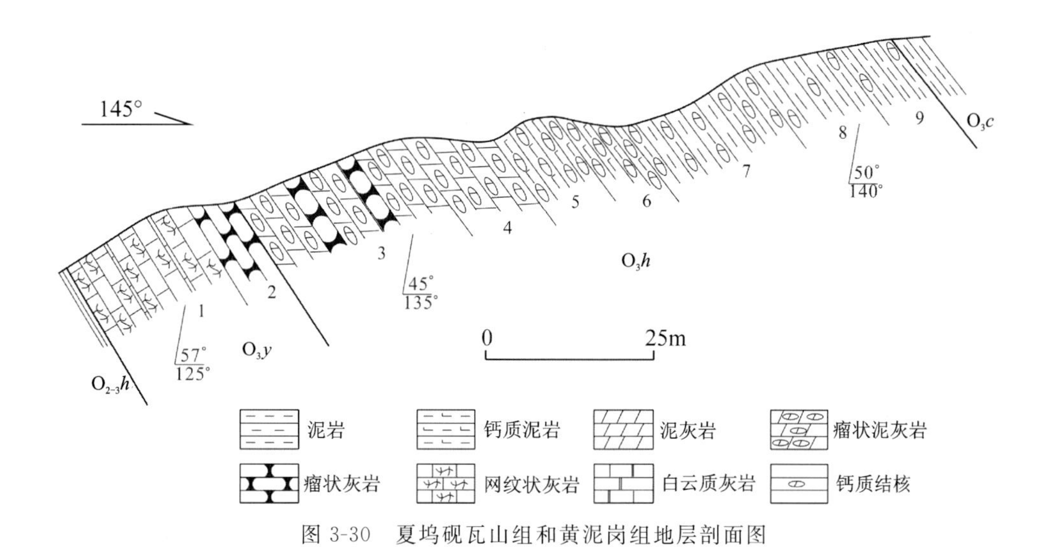

图 3-30　夏坞砚瓦山组和黄泥岗组地层剖面图

组呈整合接触。本组产三叶虫 *Nankinolithus nankinensis*，*N.* cf. *wonyuanensis*，*Sinampyxina chekiangensis*，*Remopurides* sp.，*Hammatocnemis oratus*，*Cyclopyge* sp.，*Shumardia* sp.，*Amphyx-inella similis*，*Birmanitea* sp.，*Basiliella* sp. 等；介形虫 *Aechmina* sp.，*Bythocypris longua*，*Octomaris* cf. *chekiangensis* 等；头足类 *Eurasiatcoceras* sp.。根据生物化石组合，本组时代为晚奥陶世。

该剖面地层出露完整，记录了浙西奥陶纪次深海沉积环境特征，是浙江省和华东地区上奥陶统黄泥岗组、砚瓦山组地层对比划分的标准剖面。

2013 年，该剖面被列为浙江省首批重要地质遗迹保护点（地），并设立科普标识牌。

25. 临安板桥奥陶系剖面（G028）

该剖面出露奥陶纪地层较为完整，同时为省内仑山组（O_1l）、红花园组（O_1h）和牯牛潭组（O_2g）的次层型，浙江省地质调查院（2010）重测。仑山组原称仑山石灰岩，系李希霍芬（1912）创名，命名地点在江苏省镇江西南 25km 的仑山；红花园组原称红花园石灰岩，由张鸣韶、盛莘夫（1940）创建，命名地点在贵州省桐梓县南 7km 的红花园东山坡；牯牛潭组原称牯牛潭石灰岩，由张文堂等（1957）创建，命名地点在湖北省宜昌市分乡场牯牛潭。

仑山组厚 279.1m，为一套浅灰色厚层块状泥质粉晶白云岩、泥质白云质灰岩、细瘤条状—网纹状泥晶灰岩，夹有硅质细条、条带及硅泥质团块或结核的地层，与下伏西阳山组和上覆红花园组均为整合接触，时代为早奥陶世。

红花园组厚 86.7m，岩性为瘤条状灰岩，网纹状灰岩，砾屑灰岩夹小饼状、饼条状灰岩，与上覆牯牛潭组呈整合接触。本组产牙形刺 *Acodus oneotensis*；头足类 *Ellesmeroceras yongshunensis*；三叶虫 *Symphsuras* sp.，*Euloma* sp.；腕足类 *Tomasina* sp.。根据生物化石组合，本组时代为早奥陶世早期。

牯牛潭组厚度大于 168m，岩性下部为网纹状灰岩与含灰岩瘤钙质泥岩互层，上部为含生物屑泥—粉晶灰岩、中—粗晶灰岩，未见顶（断层接触）。本组产三叶虫 *Asaphopsis* sp.，*Asaphellus* sp.，*Niobella* sp.，*Szechuanella transversa*，*Euloma* sp.，*Psilocephalina* cf. *lubrica*，*Nileus* sp.；头足类 *Proterocameroceras* sp.，*Coreanoceras* sp.，*Talassoceras* sp.，*Proendoceras* sp.，*Chisiloceras changyangense*，*C. neichianense*，*Michelinoceras* cf. *yangi*，*Cochlioceras* sp.，*Sactothoceras* sp.，*Dideroceras* sp.；腕足类 *Diorthelasma* sp.，*Obolus* sp.；牙形刺 *Drepancdus perlongus*，*Scolopodus rex oistodiform*，*Serratognathus diversus*，*S. bilobatus*，*Oistodus lanceolatus trignodiform*，*Drepanodus perlongus*，*Baltoniodus* sp.，*Paroistodus* sp.，*Scandodus brevibasis*，*Periodon aculeatus*，*Eoplacognathus foliaceus*,*Belodella fenxiangensis*,*Protopanderodus varicostadus* 及海百合茎等。根据生物化石组合,本组时代为中奥陶世。本组往上依次出露胡乐组($O_{2-3}h$)、砚瓦山组(O_3y)和黄泥岗组(O_3h)。

该剖面露头较为连续,具有江南地层区(盆地相)与扬子地层区(台地相)二者过渡的碳酸盐岩特征,为省内唯一一处较完整的记录奥陶纪钱塘海盆北东缘的台地前缘斜坡相沉积环境,是浙江下中奥陶统仑山组、红花园组、牯牛潭组地层对比划分的标准剖面。

2013 年,该剖面被列为浙江省首批重要地质遗迹保护点(地),并设立科普标识牌。

26. 开化大举长坞组剖面(G029)

长坞组(O_3c)属奥陶纪地层,系卢衍豪(1963)创名,命名地点在浙江省江山市城北南山—长坞东山。《浙江省岩石地层》(1996)将于潜组改称长坞组。长坞组正层型被破坏,本剖面为新层型,由浙江省区域地质测量大队(1965)测制。

长坞组厚 1 436.9m,岩性下部为青灰色泥岩与粉砂岩或细砂岩组成小型复理石韵律层;中部以青灰色砂岩、粉砂岩与粉砂质泥岩为主,夹粉砂质泥岩;上部为青灰色钙质泥岩,局部偶夹细砂岩。长坞组与下伏黄泥岗组和上覆文昌组均为整合接触。本组产腕足类 *Rafinesquina* sp.,*Rhynchotrema* sp.,*Rostricelluls* sp.,*Sowerbyella sericea*,*Howellites* sp.,*Plectorthis* sp.,*Leptellina* sp.,*Zygospira* sp.,*Lassinella* cf. *globosa*,*Catazyga* sp.;腹足类 *Ophileta* sp.,*Pararaphistom* sp.,*Lophospira* sp.,*Murchisonia* sp.;笔石 *Dicellograptus* cf. *complanatus*,*Orthograptus truncatus*,*Climacograptus* sp.,*Pseudoclimacograptus* sp. 等。根据生物化石组合,本组时代为晚奥陶世。

区域上长坞组变化规律:从南东向北西由类复理石韵律层渐变为复理石韵律层(具鲍马序列),生物群以介壳相为主渐变为以笔石相为主。

剖面自然保存,露头基本连续,反映了浙西晚奥陶世外陆棚沉积环境特征,是浙江省和华东地区晚奥陶世长坞组地层对比划分的标准剖面。

2017 年,该剖面被列为浙江省第二批重要地质遗迹保护点(地),并要求设立科普标识牌。

27. 临安上骆家长坞组剖面(G030)

该剖面由浙江省石油地质大队罗璋等(1980)测制,并对长坞组复理石韵律层进行了系统的统计工作,深入研究了地层沉积环境及岩相古地理特点。浙江省区域地质调查大队(1985)对此剖面地层进行了调查研究。

长坞组厚 1 235.34m,由青灰色、灰绿色泥岩,粉砂质泥岩及粉砂岩组成中小型复理石韵律层,即典型的鲍马序列。一般单个韵律组由粉砂岩、斜层理粉砂岩、微层理泥质粉砂岩与泥岩 4 个单元组成,底部有象形印模,偶见波痕,富产笔石化石。本组与上覆文昌组和下伏黄泥岗组均呈整合接触。

地层岩性组合表现的复理石韵律特点或鲍马序列,记录了钱塘海盆由陆棚边缘到次深海盆地之间的斜坡地带沉积环境,属于典型的斜坡相浊积岩产物,为研究前陆盆地构造及构造环境提供了具体的实物证据,具有非常重要的科学价值。

2013 年,该剖面被列为浙江省首批重要地质遗迹保护点(地),并设立科普标识牌。

28. 淳安潭头文昌组剖面(G031)

文昌组(O_3w)属奥陶纪地层,由浙江省区域地质测量大队(1965)创名,命名地点在浙江省淳安县文昌潭头村南。本剖面为文昌组的正层型,由浙江省区域地质测量大队(1962)测制(图 3-31)。

文昌组下段厚 533.4m,以块状岩屑石英长石细砂岩为主夹粉砂质泥岩或泥质粉砂岩,组成类复理石、复理石韵律层(图 3-32)。本段产腕足类 *Rosticellula* aff. *plena*,*Ancistrorhyncha sinensis*,*Sowerbyella sericea*,*S. orientalis*,*Rhynchotrema* sp.,*Kassinella globsa*,*Lepidocyclus* sp.,

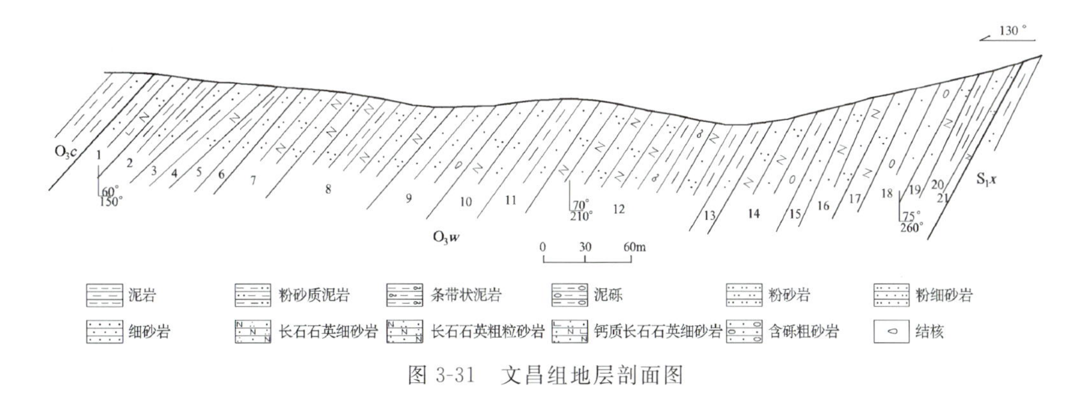

图 3-31　文昌组地层剖面图

Rafinesquiua sp.，*Lophospira* sp.，*Zygospira* sp.；三叶虫 *Remopleurides* sp.，*Illaenus* sp.，*Paraharpes* sp.；双壳类 *Ctenodonta* sp.，*Pseudocryptaenia* sp.，*Modicelopsis* sp.，*Ophiletina* sp.。

图 3-32　文昌组粉砂岩与砂岩组成韵律层(a)及砂岩球状风化现象(b)

文昌组上段厚 71m，由砂岩、泥质粉砂岩组成，底部 1.6m 为砾岩。本段产笔石 *Amplexograptus lacer*，*A. minutus*，*A. orientalis*，*A. extraordinarius*，*A. typicalis*，*Glyptograptus elegantulus*，*G.* cf. *gracilis*，*G.* cf. *kaochiapienensis*，*Diplograptus ojsuensis*，*D. bohemicus*，*D. spanis*，*Climacograptus pseudonormalis*；三叶虫 *Dalmanitina* sp.，*D.* cf. *nanchengensis*，*D.* cf. *mucronata*；双壳类 *Allodesma* ? sp.，*Cypricardinia* sp.，*Deceptris* sp.，*Thorslundinia* sp.；腕足类 *Plectambonitid* sp.，*Paromalomena* sp.，*Aegirlmena* cf. *ultima*；腹足类 *Pleurorima* cf. *granata*。根据生物化石组合，本组时代为晚奥陶世晚期。文昌组与下伏长坞组和上覆霞乡组均呈整合接触。

剖面露头连续，层序清晰，记录了奥陶纪浙西浅海陆棚相沉积环境，是浙江省乃至华东地区上奥陶统文昌组地层对比划分的标准剖面。地层蕴含着丰富的腕足类、腹足类化石，是研究奥陶系与志留系划界的重要剖面，同时剖面岩性组合和生物组合特征为研究奥陶纪末生物大灭绝提供了重要信息。

2013 年，该剖面被列为浙江省首批重要地质遗迹保护点(地)，并设立科普标识牌。

29. 常山灰山底三衢山组剖面(G032)

三衢山组(O_3s)属奥陶纪地层，原称三衢山石灰岩，由盛莘夫(1951)创名，命名地点在浙江省常山县灰埠三衢山。本剖面为三衢山组的正层型，由浙江省地质调查院(2001)重测(图 3-33)。

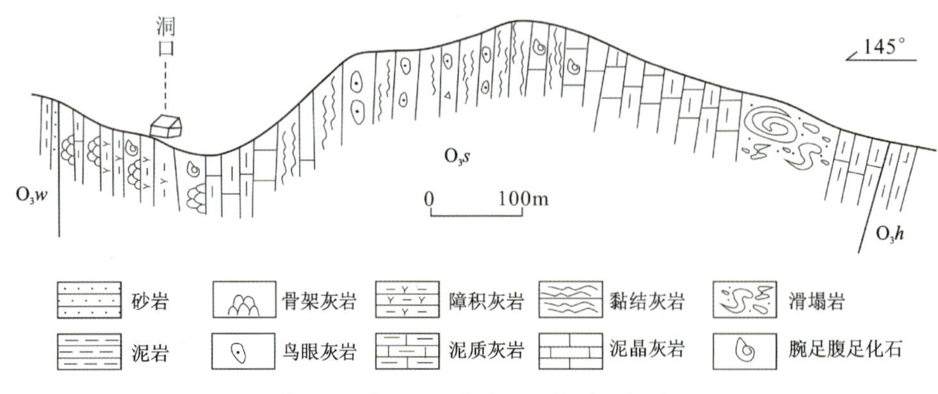

图 3-33　灰山底三衢山组地层剖面简图

三衢山组岩性分为 3 段：下段厚 689.7m，为深灰色条带状泥质泥晶灰岩，夹薄层生物屑灰岩，底部夹数层薄层状砾屑灰岩，具斜层理及大型滑动褶皱（图 3-34），局部含有钙藻、苔藓虫、珊瑚、层孔虫、头足类、腹足类、三叶虫等；中段厚 750.3m，为灰白—浅灰色厚层—块状藻黏结灰岩，上部鸟眼构造密集，成层排列，含藻类及少量腹足类、苔藓虫、珊瑚等；上段厚 314.5m，为灰色—深灰色泥质细网纹生物屑泥晶灰岩、泥晶灰岩与纹层状泥晶灰岩、云质泥晶灰岩互层，上部夹有珊瑚障积灰岩、珊瑚层孔虫障积灰岩、生物泥晶黏结灰岩，含珊瑚、层孔虫、钙藻、头足类、腕足类、三叶虫等。本组与下伏黄泥岗组和上覆文昌组均呈整合接触。

图 3-34　三衢山组下段内的滑塌层（a）及中段形成的岩溶地貌景观（b）

本组生物丰富，产珊瑚类 *Agetolitidae*，*Rhabdotetradium*，*Catenipora*，*Plasmopore*，*Fletcheriella*，*Eofetcheriella*，*Heliolites*；层孔虫 *Cystostroma*，*Clathrodictyon*，*Cryptophragmus*，*Ecclimadictyon*，*Labechia*，*Plexodictyon*，*Sinoiictyon* 等；腕足类 *Sowerbyella*，*Strophomena*，*Zygospira*，*Oxoplecia*，*Eoconchidium*，*Infurca* 等；头足类 *Actinoceras*，*Orthonybyoceras*，*Ormoceras*；三叶虫 *Birmanites*，*Cheirurus*，*Eobronteus*，*Remopleurides*，*Illaenus* 等。根据生物化石组合，本组为长坞组同期异相沉积，时代为晚奥陶世。

剖面露头连续，完整地记录了钱塘海盆奥陶纪三衢山期斜坡相、浅陆棚相、灰泥丘相和台地边缘相（礁相和生物礁相）沉积环境特征，是浙江省和华东地区上奥陶统三衢山组地层对比划分的标准剖面。同时它也是华东地区奥陶纪唯一一处由生物礁组成的地层单元，对研究晚奥陶世海相沉积作用、岩相古地理以及地层单元相变关系等，具有重要的科学价值。

剖面所在的灰岩地区发育有良好的岩溶地貌景观，具有较高的观赏性。该剖面于2002年被列入常山国家地质公园内。

30. 桐庐刘家奥陶系剖面(G033)

该剖面由浙江省地质调查院(2008)发现，地层层序连续且完整，主要涉及奥陶系的宁国组、胡乐组、砚瓦山组和黄泥岗组，并盛产古生物化石。系统研究后认为，在岩石地层和生物地层方面，剖面在浙西地区具有典型性和代表性，具有重要的地学价值。

自上而下地层岩性特征：黄泥岗组为灰绿色、紫红色厚层状含钙质结核泥岩，局部夹瘤状泥灰岩及多层沉凝灰岩，产腕足、三叶虫等化石，厚34.33m；砚瓦山组由青灰色、紫红色厚层状瘤状灰岩，含钙质结核泥灰岩组成，产腕足、三叶虫等化石，厚17.01m；胡乐组由灰黑色或深灰色中薄层状硅质页岩、碳质硅质页岩、硅质岩及泥岩组成，产笔石和三叶虫等化石，厚37.25m；宁国组为灰绿色、灰黑色中薄层状页岩，粉砂质泥岩，泥岩组合，产笔石、腕足、三叶虫和头足类等化石，厚145.59m。

该剖面连续的地层露头，对研究奥陶纪海相层序地层及地层对比划分具有重要意义；黄泥岗组上部首次发现多层沉凝灰岩夹层，表明黄泥岗期在该地区存在火山活动，极大地丰富了奥陶纪地质信息；剖面中发现的古生物化石组合，为研究奥陶纪生物种类、生物演化、生态环境和地质环境提供了重要信息。

2013年，该剖面被列为浙江省首批重要地质遗迹保护点(地)，并设立科普标识牌。

31. 安吉杭垓赫南特阶标准剖面(G034)

浙江省地质调查院(2015)发现并测制相应的地层剖面，系统采集了大量古生物化石，经南京地质古生物研究所鉴定和国内专家研讨认定，该剖面可作为下扬子区上奥陶统赫南特阶标准剖面。

剖面主要涉及上奥陶统文昌组和下志留统霞乡组，该地层中发现丰富并保存完整的生物化石组合。在上奥陶统凯迪阶—赫南特阶、下志留统鲁丹阶的连续地层中共识别出 *Dicellograptus complexus*, *Paraothograptus pacificus*, *Normalograptus extraordinarius*, *Normalograptus persculptus*, *Akidograptus ascensus*, *Parakidograptus acuminatus* 6个笔石带和1个 *Songxites* - *Aegiromenella* 壳相动物群(图3-35)，以及几丁虫、海绵动物、三叶虫、腹足类、腕足类、头足类等门类化石。其中在赫南特阶地层中首次发现丰富的海绵动物群(图3-36)，迄今为止已鉴定超过75个种，海绵化石以普遍含六射海绵骨针为特征，均属硅质海绵大类，包括普通海绵、六射海绵、网针海绵、原始单轴海绵等类别。这一生物群落，地学界称之为“安吉动物群”。古生态学和生物地理学分析表明，该动物群生活在贫氧-缺氧的深水海底中。笔石生物地层学研究表明，其时代为奥陶纪末的赫南特晚期，距今约4.44亿年。

剖面完整地记录了赫南特阶地质事件和生物序列，符合建立下扬子区赫南特阶和奥陶系—志留系界线地层标准剖面的要求；剖面与湖北王家湾赫南特阶全球层型剖面对比，起到了补充和完善的作用，完整地展示了全球赫南特阶生物演化及组合特点；为进一步认识全球首次生物大灭绝前后生物多样性特点，提供了重要的实物资料。

2017年，该剖面被列为浙江省第二批重要地质遗迹保护点(地)，并设立科普标识牌。

32. 淳安潭头志留系剖面(G004)

该剖面志留系出露系统完整，主要控制的层位为霞乡组(S_1x)、河沥溪组(S_1h)、康山组($S_{1-2}k$)和部分唐家坞组(S_2t)，且为河沥溪组的次层型，浙江省地质调查院(2009)重测。河沥溪组原称河沥溪群，由安徽省地质局317地质队(1965)创名，命名地点在安徽省宁国县河沥溪。该组在浙江原称大白

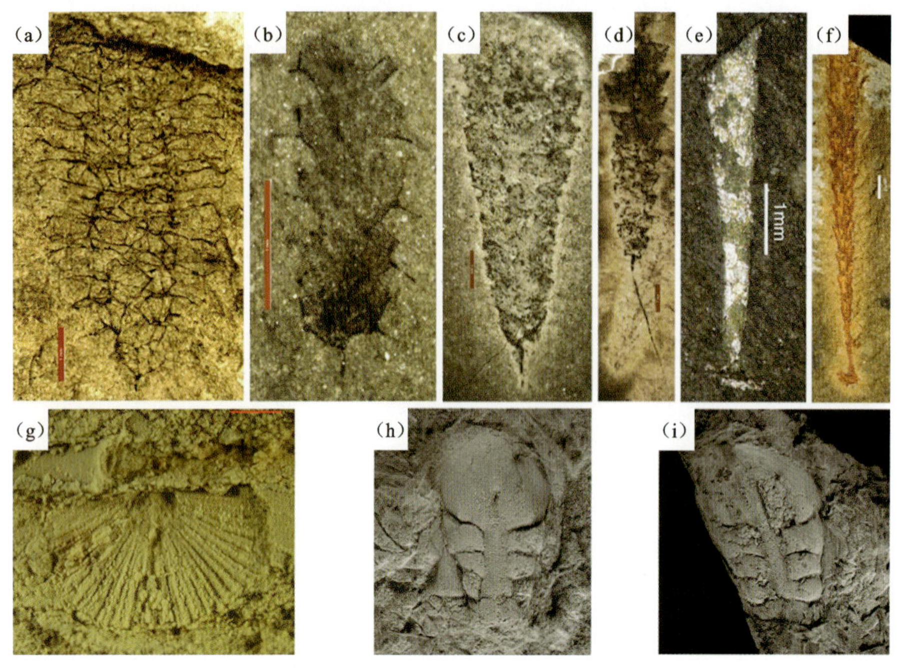

图 3-35　凯迪阶—赫南特阶—鲁丹阶界线地层重要笔石带和动物群(据张建芳等,2016)

图 3-36　*Normalograptus persculptus* 带中的海绵化石(文昌组中部)(据张建芳等,2016)

地组,由浙江省区域地质测量大队(1967)创名,命名地点在浙江安吉县孝丰。《浙江省岩石地层》(1996)将大白地组改称河沥溪组。

霞乡组厚59.97m,为一套泥质岩、粉砂质泥岩、页岩、含碳泥岩组合,与上覆河沥溪组呈整合接触。本组产有 *Glyptograputus persculptus* 笔石带,主要分子有 *Glyptograputus perculptus*,*G. incertas*,*G. tamariscus*,*G.* cf. *avitus*,*Climacograptus* cf. *normalis*,*Orthograptus* sp.,*Diplograptus* sp.等,时代为早志留世早期。

河沥溪组厚257.53m,下部为灰绿色中厚层细砂岩、粉砂岩夹粉砂质泥岩,发育砂质条带或泥质条带;上部以灰绿色薄层泥岩为主并与粉砂岩互层,与上覆康山组呈整合接触。本组生物群由介壳类组成,含腕足类 *Eospirifer uniplicatus*,*E. radiatus*,*E. minor*,*Leptaena cava*,*Fardenia* sp.,*Strophomena* sp.,*Resserclla* sp.,*Zygospira* sp.;三叶虫 *Encrinuroides* sp.;双壳类 *Nuculites* sp.,*Modiolopsis crypta*,*M. lavoali*,*Cyrtodonta* sp.,*Cleidophorus* sp.,*Proetidae* sp.,*Delctodonta* sp.;腹足类 *Hormotoma* sp.,*Lophospira* sp.等。根据生物化石组合,本组时代为早志留世中期。

康山组厚949.4m,下部为块状、厚层状长石石英砂岩夹薄层状粉砂岩,粉砂质泥岩;中部粉砂质泥岩、粉砂岩与砂岩互层；上部为砂岩、粉砂岩和泥岩互层，与上覆唐家坞组呈整合接触。本组富含腕足类 *Eospirifer uniplicatus*，*E. minina*，*Resserella* sp.，*Aegiria* sp.，*Zygospiraella* cf. *elongata*，*Atrypa* sp.，*Odonotopieura* sp.；三叶虫 *Coronocephalus rex*，*Encrinuroides* sp.；双壳类 *Mendacella tungussensis*，*Leangella tennessesis*。据生物化石组合，本组时代为早—中志留世。

剖面地层系统、连续，反映了由早期浅海陆棚相、潮坪相至晚期滨海三角洲相的演化过程，总体呈现一个规模巨大的逆粒序结构，形成了一个完整的由海进向海退沉积的地层层序。是研究华东地区志留纪地层的典型剖面，同时也是浙江下志留统河沥溪组地层对比划分的标准剖面。

2013 年，该剖面被列为浙江省首批重要地质遗迹保护点(地)，并设立科普标识牌。

33. 安吉孝丰霞乡组剖面(G036)

霞乡组(S_1x)属志留纪地层，由安徽省地质局 317 地质队(1965)创名，命名地点在安徽省宁国县胡乐镇霞乡村。霞乡组在浙江原称安吉组，由浙江省区域地质测量大队(1967)创名，命名地点在浙江省安吉县孝丰。《浙江省岩石地层》(1996)将安吉组改称霞乡组。本剖面为省内霞乡组的次层型，由浙江省区域地质测量大队(1964)测制。

霞乡组厚 270.1m，岩性下部为碳质泥岩或泥岩，其底部含一层介壳相化石层；中部为灰绿色细砂岩、粉砂岩及页岩；上部为灰绿色页岩及黄色砂质页岩、粉砂岩。霞乡组与下伏文昌组和上覆河沥溪组均呈整合接触。本组生物群以笔石为主，含 *Glyptograptus persculptus*，*G.* cf. *tamariscus*，*G.* cf. *serratus*，*Akidograptus ascensus*，*A. giganteus*，*Diplograptus* cf. *modestus*，*Climacograptus minutus*，*C.* cf. *normalis*，*C.* cf. *innotatus*，*C. scalaris*，*Orthograptus* sp. 等。其底部有一层厚数十厘米的含钙质粉砂岩，风化后呈褐色，富含腕足类 *Resserlla* sp.，*Eospirifer uniplicatus*，*Fardenlnia* sp.，*Leptaena* sp.，*Clintonella* sp.，*Zygospira* sp.；三叶虫 *Encrinurus* sp.，*Illaenus* sp. 及珊瑚、腹足类等化石。根据生物化石组合，本组时代为早志留世早期。

剖面地层出露较完整，地层层序连续，记录了浙西北地区早志留世滨海沉积环境特征，是浙江志留系霞乡组地层对比划分的标准剖面。剖面下部与上奥陶统文昌组整合接触部位，是研究全球奥陶纪末生物大灭绝的重要地层单元之一。通过地层和古生物化石研究，可以揭示这一时期沉积环境、古生态环境和地质构造活动的变化，在地质科学研究方面具有重要的价值。

2013 年，该剖面被列为浙江省首批重要地质遗迹保护点(地)，并设立科普标识牌。

34. 安吉孝丰康山组剖面(G037)

康山组($S_{1\text{-}2}k$)属志留纪地层，原称康山层，系浙江省煤炭工业厅科学研究所(1961)创名，命名地点在浙江省安吉县康山—郭笑山一带。本剖面为康山组的正层型，由浙江省区域地质测量大队(1964)重测。

康山组厚 2 101.5m，岩性下部以黄绿色厚层—块状长石石英砂岩为主，夹粉砂岩、粉砂质泥岩；中部为黄绿色粉砂质泥岩、粉砂岩与砂岩互层；上部为灰绿色、紫红色砂岩，粉砂岩，泥岩互层。康山组与下伏河沥溪组和上覆唐家坞组均呈整合接触。本组产腕足类 *Lingula* sp.，*Dicoelosia* sp.，*Fardenia* sp. 及 *Acanthodii* 鱼鳍刺，并有微古植物 *Tetrahdraletes medinensis*，*Nadospora retimenbrana*，*Strophomorpha ovata*，*Visbysphaera gotlandica*，*Acanthodiacrodium* sp.，*Baltisphaeridium monterrosa*，*Dactylofusa cabottii*，*Leiofusa algerensis* 等。根据区域生物化石组合，本组时代为早—中志留世。

该剖面断续出露，自然保存，地层层序序列完整，记录了浙西北的陆棚海沉积环境特征，是浙江省和华东地区志留系康山组地层对比划分的标准剖面。

2017 年，该剖面被列为浙江省第二批重要地质遗迹保护点(地)，并设立科普标识牌。

35. 富阳新店唐家坞组剖面(G038)

唐家坞组(S_2t)属志留纪地层,原称唐家坞砂岩,系舒文博(1930)创名,命名地点在浙江省杭州市富阳区北西 12km 的唐家坞。唐家坞组在浙江习惯应用于开化马金-桐乡乌镇断裂以南地区,在安吉、长兴一带习惯称茅山组。《浙江省岩石地层》(1996)统称唐家坞组。本剖面为省内唐家坞组的选层型,由浙江省区域地质调查大队(1987)测制(图 3-37)。

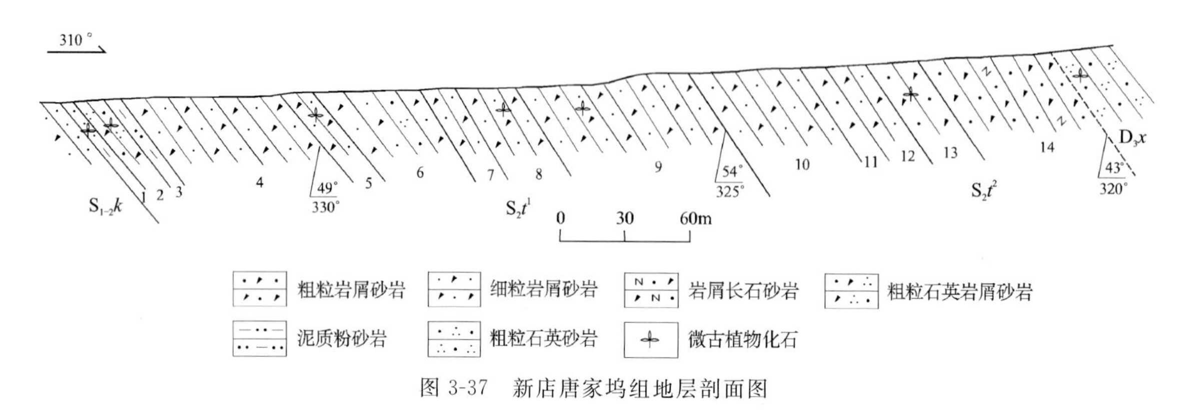

图 3-37　新店唐家坞组地层剖面图

唐家坞组下段厚 375.9m,为灰黄色、青灰色中—厚层状中细粒岩屑砂岩,夹泥质细砂、粉砂岩及泥岩;底部为紫红色中—薄层状粉砂岩、泥质粉砂岩,发育交错层理、流水波痕及冲刷面,与下伏康山组呈整合接触。本段产丰富的微古植物化石,计有 18 个属种,主要有 *Moyeria cabotti*, *Eupoikilofasa striatifera*, *Strophomorpha ovata*, *Leiofusa aspilis*, *L. filifera*, *L. parvitatis*, *Mirchystaidium parveroquesi*, *Deunffia brevispinosa* 等。

唐家坞组上段厚 218.4m,为青灰色、黄绿色中厚层—块状中粗粒岩屑砂岩,夹长石岩屑砂岩、细粒岩屑砂岩、泥岩及粉砂质泥岩,与上覆西湖组呈平行不整合接触。本段产丰富的微古植物化石,计有 12 个属种,主要有 *Moyeria cabotti*, *Eupoikilofusa striatifera*, *Strophomorpha orata*, *Leiofusa filifera*, *L. parvitatis*, *Deunffia brevispinosa* 等。根据地层内生物化石组合,本组时代为中志留世。

该剖面出露良好,层序清楚,记录了志留纪江南古陆河流及三角洲相沉积环境,是省内已知发现大量微古植物化石的唐家坞组地层剖面。其重要意义在于唐家坞组与西湖组中发现的微古植物化石证实两者为平行不整合关系。为浙江省和华东地区中志留统唐家坞组地层对比划分的标准剖面。

2013 年,该剖面被列为浙江省首批重要地质遗迹保护点(地),并设立科普标识牌。

36. 富阳新店西湖组剖面(G039)

西湖组(D_1x)属泥盆纪地层,原称西湖石英岩,系舒文博(1930)创名,命名地点在杭州西湖。本剖面为省内西湖组的典型剖面之一,由浙江省区域地质调查大队(1987)测制(图 3-38)。

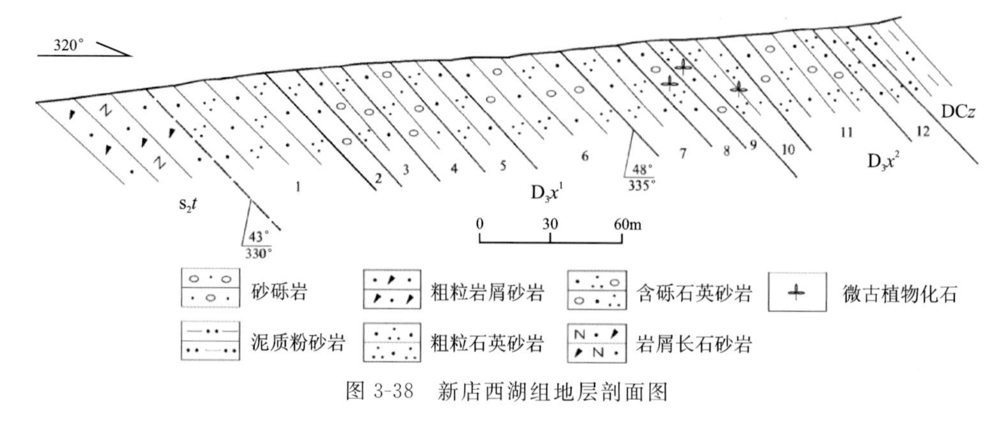

图 3-38　新店西湖组地层剖面图

西湖组下段厚154.3m，为灰白色、青灰色中—厚层状中—粗粒石英砂岩，含砾石英砂岩，局部夹泥岩、泥质粉砂岩，发育大型波痕层理，与下伏唐家坞组呈平行不整合接触。本段产丰富的微古植物化石，计有26属44种，重要属种有 *Reiotriletes* cf. *dissimilis*，*R. lepidophyta* var. *minor*，*Leiotriletes* cf. *dissimilis*，*Stenozonotriletes confermis*，*S. punuilus*，*Apiculiretusispora granulata*，*Punctatisporites jiangsnenses*，*Lycospora tenuispinosa*，*Cymbosporites promiscuus*，*Brochotriletes foveolatus*，*Knoxispora literotus*，*Rhabdosporites langi*，*R. porvulus*，*Ancyrospora*，*Emphanisporites* 等。

西湖组上段厚69.5m，为浅白色、纯白色中—厚层状粗粒石英砂岩，含砾石英砂岩夹砂砾岩，粉砂质泥岩及泥岩薄层。本段石英含量高，达75%～95%，砾石磨圆度及分选性均好。本段与上覆珠藏坞组呈整合接触。本段产丰富的微古植物化石，计有26属45种，重要属种有 *Retispora lepidophyta*，*R. lipidophyta* var. *minor*，*Leiotriletes cf. dissimilis*，*Stenozonotriletes confermis*，*S. pumilus*，*Apiculiretusispora haunanenses*，*A. granulata*，*Punctatisporites jiangsuenses*，*Cymbosporites promiscuus*，*Brochotriletes foveolatus*，*Knoxispora literotus*，*Retusotriletes geonses*，*Rhabdospolites langi*，*R. porvulus*，*Ancyrospora*，*Emphanisporites* 等。根据地层内生物化石组合，本组时代为早泥盆世。

该剖面露头良好，顶、底接触关系清晰，记录了泥盆纪钱塘台地的滨海-陆地沉积环境，微古植物化石丰富，是省内和华东地区上泥盆统西湖组对比划分的重要剖面。

2013年，该剖面被列为浙江省首批重要地质遗迹保护点(地)，并设立科普标识牌。

37. 开化叶家塘叶家塘组剖面(G040)

叶家塘组(C_1y)属石炭纪地层，原称叶家塘煤组，系蒋声治等(1963)创名，命名地点在浙江省开化县叶家塘村。本剖面为省内叶家塘组的正层型，由邹鑫祜等(1985)重测。

叶家塘组厚91m，岩性特征为石英砂砾岩、石英砂岩、粉砂岩、泥岩夹煤层组成4～5个沉积旋回，与下伏珠藏坞组呈平行不整合接触，与上覆藕塘底组呈整合接触。本组产丰富植物化石、孢子和疑源类。植物化石 *Lepidodendron worthenii*，*Bothrodendron ellipticum*，*Stigmaria* sp.，*Lepidostrobophyllum* cf. *ovatifolium*，*Sphenophyllum tenerrimum*，*Rhacopteris* sp.，*Adiantites* sp.，*Sphenopteris* sp.，*Rhodeopteridium machanekii*，*Neuropteris gigantea*，*Archaeocalamites scrobiculatus*，*Anisopteris* cf. *transitionis*，*Aneimites dichotomous*，*Cardiopteridium* sp. 等；疑源类 *Ammonidium* sp.，*Lophozonotriletes* sp.，*Veryhachium* sp.，*Hemisphaeridium* sp.，*Goniospaeridium* sp.；孢子 *Dibolisphorites distinctus*，*Cristatisporites elchimatus* 等。根据生物化石组合，本组时代为早石炭世。

该剖面自然保存，层序完整，化石丰富，是华东地区及浙江下石炭统叶家塘组地层对比划分的标准剖面。为早石炭世晚期的地理环境、生物群落生存环境及演化等提供了重要证据，具有较高的科学价值。

2017年，该剖面被列为浙江省第二批重要地质遗迹保护点(地)，并要求设立科普标识牌。

38. 江山旱碓藕塘底组剖面(G041)

藕塘底组(C_2o)属石炭纪地层，原称藕塘底层，系卢衍豪等(1955)创建，命名地点在浙江省江山城西牛塘底村。本剖面为省内藕塘底组的新层型，由浙江省石油地质大队(1980)实测。

藕塘底组厚173m，岩性由以白色石英砂砾岩和紫红色为主的石英砂岩、粉砂岩、泥岩组成，上部夹有白云岩和灰岩透镜体，具波状层理和潮汐层理，与下伏叶家塘组呈平行不整合接触，与上覆老虎洞组呈整合接触。本组产蜓类 *Fusulina lanceolata*，*Fusulinella pseudobocki*，*F. schellwieni*，*Pseudostaffella khotunensis*，*P. ozawai*，*Profusulinella* sp.，*P. convoluta*，*P. subaljutovica*；珊瑚 *Multithecopora* sp.，*Caninia* sp.，*Pseudozaphrentoides* sp.；腕足类 *Spirigerella media*，*Wellerella delicatula* 等。根据生物化石组合，本组时代为晚石炭世。

该剖面自然保存，露头基本连续，是浙江上石炭统藕塘底组地层对比划分的标准剖面。

2017 年，该剖面被列为浙江省第二批重要地质遗迹保护点(地)，并要求设立科普标识牌。

39. 西湖龙井老虎洞组剖面(G042)

老虎洞组(C_2l)属石炭纪地层，原称老虎洞白云岩，系夏邦栋(1959)创建，命名地点在江苏省江宁淳化老虎洞。《浙江省岩石地层》(1996)将黄龙组下部白云岩命名为老虎洞组。本剖面为省内老虎洞组的次层型，由中国科学院南京地质矿产研究所(1984)重测。

老虎洞组厚 12m，岩性可分为上、下两部分：下部(厚 1.6m)主要为灰黑色泥质白云岩、粉砂质白云岩，底部含腕足类 *Schuchertella* sp.，*Lingula* sp.。上部(厚 10.4m)主要为深灰色粉晶白云岩、细晶白云岩，局部夹砂质白云岩，含牙形刺 *Idioggnathodus delicatus*，*I. Sinuosus*，*Neognothodus bassleri*，*Declinognathodus lateralis*，*Hibbardella* sp.，*Ozarkoina delicalula*，*Hindeodella* sp.；珊瑚 *Chaetetes* sp.。根据生物化石组合，本组时代为晚石炭世。老虎洞组与上覆黄龙组和下伏藕塘底组均为整合接触。

该剖面露头清楚，岩相特征明显，化石研究程度高，记录了浙江地区石炭纪局限海台地沉积环境特征，是浙江上石炭统老虎洞组地层对比划分的标准剖面。它弥补了晚石炭世初期生物化石的缺失，在大区域范围内可以进行生物化石和年代对比研究，具有重要科学价值。

该剖面位于西湖风景名胜区内，2013 年被列为浙江省首批重要地质遗迹保护点(地)，并设立科普标识牌。

40. 西湖翁家山黄龙组—船山组剖面(G043)

黄龙组(C_2h)属石炭纪地层，原称黄龙石灰岩，由李四光、朱森(1930)创名，命名地点在江苏南京龙潭镇之西黄龙山。船山组(CP*c*)属石炭纪—二叠纪地层，原称船山石灰岩，系丁文江(1919)创名，命名地点在江苏句容县赣船山。《浙江省岩石地层》(1996)重新认定省内黄龙组和船山组。本剖面为省内黄龙组和船山组的次层型，由浙江省石油研究所(1986)测制。

黄龙组厚 127.8m，岩性由浅灰色、灰白色厚层至块状生物屑灰岩和粉晶灰岩，底部由粗晶灰岩组成，与下伏老虎洞组和上覆船山组均为整合接触。本组产蜓类 *Eofusulina* cf. *prolixa*，*Eofusulina* sp.，*Pseudostaffella khoutuensis*，*P. ozawai*，*P. paradoxa*，*Profusulinella wangri*，*Taitzehoella taitzehoensis*，*Eofusulina* sp.，*Fusulinella mosquensis*，*F. schagerinoides*，*F.* cf. *colaniae*，*Fusulinella* cf. *asiatica*，*F.* cf. *bocki*，*F. paracolaniac*，*Fusulina quasicylindrica*，*F. cylindrica*，*F. cylindrica*，*Beedeina cheni*，*B. lanceolata*，*B. pseudonytvica*，*B. schellwieni*，*B. teilhardi*，*B. mayiensis*，*B. truncatulina*，*B. pseudokonnoi*，*B. schellwieni*，*B.* cf. *schellwieni*，*B.* cf. *pseudonytvica*，*Neostaffella sphaeroides*，*N. sphaeroides* var. *cuboides*，*Ozawainella vozhgalica*，*O. angulata*，*Hemifusulina* cf. *bocki*；珊瑚 *Caninia* sp. 等。根据生物化石组合，本组时代为晚石炭世。岩石层厚自下而上由块状逐渐变为中层状，变薄趋势明显，说明当时的水环境总体上是由浅而深的变化，气候也由热转凉，属滨海碳酸盐岩相沉积环境。

船山组总厚度为 141.6m，下部由深灰色和浅灰色相间的厚层至块状粉晶、泥晶灰岩组成，局部夹砂质灰岩，含少量的燧石团块，岩层自下而上由巨厚层状变为薄层状，变薄趋势明显；中部由灰色厚层至块状生物屑灰岩夹泥晶灰岩组成，以含大量“船山球”为特征；上部由深灰色中至厚层粉晶灰岩、生物屑灰岩组成，以含有较多的燧石结核为特征，岩层自下而上由薄层状逐渐变为厚层至块状，与上覆梁山组呈整合接触。本组生物化石丰富，产蜓类 *Schwagerina* sp.，*Eoparafusulina* cf. *pararegularis*，*E. pseudosimplex*，*E.* cf. *contracta*，*E. concisa*，*E. pararegularis*，*E. tenuitheca*，*Quasifusu-*

lina longissima, *Triticites chinensis*, *T. longtanica*, *T. huanshanensis*, *Pseudofusulina globosa*, *P.* cf. *vulgaris*, *P. vulgaris*, *Pseudoschwagerina* sp., *Rugosofusulina* cf. *prisca*, *R. hutienensis*, *R. donglingensis*, *R. prisca*, *Schwagrina* sp., *Sphaeroschwagerina sphaerica*, *S.* cf. *glomerosa*, *S. glomerosa*, *Schwagerina* sp.;腕足类 *Productella* sp.;珊瑚 *Caninia* sp., *Bothrophyllum* sp. 等。根据生物化石组合,本组时代为晚石炭世—早二叠世。其沉积环境水体由深变浅,气候湿热,属滨海碳酸盐岩台地相沉积环境。

该剖面露头连续完整,化石丰富,记录了浙江省东部石炭纪边缘海台地沉积环境特征,是浙江黄龙组和船山组地层对比划分的标准剖面。

该剖面位于西湖风景名胜区内,2013 年被列为浙江省首批重要地质遗迹保护点(地),并设立科普标识牌。

41. 桐庐沈村船山组剖面(G044)

本剖面为省内船山组的次层型,由浙江省地质调查院(2002)重测。

剖面下部岩性为砾屑灰岩、白云质灰岩,中上部岩性以泥晶灰岩、亮晶灰岩和生物屑灰岩为主体,夹少量灰质白云岩,地层厚度约 138m,与上覆梁山组和下伏黄龙组均呈整合接触。剖面上古生物化石丰富,主要有䗴类、牙形刺、介形虫等,可建立 3 个䗴科化石带、1 个介形虫组合带、2 个牙形刺化石带,地层时代为石炭纪晚期。

该剖面 C—P 的界线位于船山组内 *Triticites swbcrassulus* 䗴带与 *Sphaeroschwagerina* 䗴带之间,该条界线可与中国和世界的 C—P 界线进行精确对比,它是浙江省石炭系—二叠系船山组地层划分对比的标准剖面;船山组包含了逍遥阶、紫松阶、隆林阶 3 个阶的年代地层,是目前浙江省乃至华东各省研究最详细的年代地层剖面之一。

2013 年,该剖面被列为浙江省首批重要地质遗迹保护点(地),并设立科普标识牌。

42. 江山洞前山梁山组剖面(G045)

梁山组(P_1l)属二叠纪地层,原称梁山层,系赵亚曾、黄汲清(1931)创名,命名地点在陕西省南郑县梁山。本剖面为省内梁山组的次层型,由浙江省区域地质调查大队(1982)测制。

梁山组厚 92.6m,岩性为滨海相的深灰色—黑色泥岩、粉砂质泥岩夹粉砂岩、薄层硅质岩及灰岩透镜体,偶夹煤线,与下伏船山组和上覆栖霞组均呈整合接触。本组产䗴类 *Schwagerina tschernyschewi*, *S.* cf. *gregaria*;腕足类 *Chonetes tenuilirata*, *Acosarina indica*, *Neoplicatifera sintanensis*, *Derbyia* cf. *yangtzeensis*, *Urushtenoidea* cf. *crenulata*, *Spinomarginifera* sp., *Crurithyris* sp.;三叶虫 *Phillipsia* sp.;苔藓虫 *Fenestella* sp. 等。根据生物化石组合,本组时代为早二叠世。

该剖面自然保存,露头断续出露,记录了浙西二叠纪梁山期滨海相沉积环境特征,是浙江下二叠统梁山组地层对比划分的标准剖面。

2017 年,该剖面被列为浙江省第二批重要地质遗迹保护点(地),并要求设立科普标识牌。

43. 桐庐冷坞栖霞组剖面(G046)

栖霞组(P_2q)属二叠纪地层,原称栖霞灰岩,系李希霍芬(1912)创名,命名地点在江苏省南京栖霞山。本剖面为省内栖霞组的次层型,由浙江省区域地质调查大队(1982)测制,浙江省地质调查院(2002)重测。

栖霞组一段厚 128.82m,岩性为深灰色含燧石团块生物屑灰岩、泥晶灰岩,含䗴类 *Misellina claudiae*, *Schwagerina* sp., *Nankinella* cf. *discoides*, *N. lengwuensis*, *Schubertella* cf. *sphaerica*, *S.* cf. *Giraudi*;珊瑚 *Yatsengia hangchowensis*, *Y. hupeiensis*, *Y. asiatica*, *Liangshanophyllum chiuyaos-*

hanense, *Michelinia* sp., *Cystomichelinia* sp., *Crstomichelinia* sp., *Huayunophyllum* sp.;腕足类 *Spinomarginifera* sp., *Linoproductus* sp., *Chonetes* sp., *Avonia* sp., *Marginifera* sp., *Dictyoclostus* sp., *Tyloplecta* cf. *nankingensis*, *Dictyoclostus* sp., *Argentiproductus* sp., *Buxtonia* sp., *Orthotichia chekiangensisi*;腹足类 *Euomphalus* sp.等。栖霞组二段厚24.6m,岩性为灰黑色薄层硅质岩夹泥质灰岩、泥晶灰岩。栖霞组三段厚112.51m,岩性为深灰色含燧石条带泥晶灰岩、生物碎屑灰岩,局部夹硅质岩、泥岩,含蜓类 *Cancella denneri*, *C. neoschwagerinornoides*, *Verbeekina grabaui*, *Parafusulina* cf. *dalianshanensis*, *P.* cf. *multiseptata*, *Yangchienia haydeni*, *Y. iniqua*, *Nankinella orbicularia*, *N.* cf. *orbicularia*, *N.* cf. *globularia*, *N. lengwuensis*, *Staffella moellerana*, *Schwagerina* sp.;珊瑚 *Polythecalis* sp., *Neostereotylus* sp., *Tetraporella* sp.等。本组与下伏梁山组和上覆孤峰组均为整合接触。根据上述生物群组合,本组时代为中二叠世。

该剖面露头好,接触关系清晰,化石丰富,记录了二叠纪浙西开阔海台地相沉积环境特征,是浙江省中二叠统栖霞组地层对比划分的标准剖面。

2013年,该剖面被列为浙江省首批重要地质遗迹保护点(地),并设立科普标识牌。

44. 江山下路亭大隆组剖面(G047)

大隆组(P_3d)属二叠纪地层,原称大垅层,系张文佑、陈家天(1938)创名,命名地点在广西省合山大垅村。本剖面为省内大隆组的次层型,由傅肃雷等(1986)测制(图3-39)。

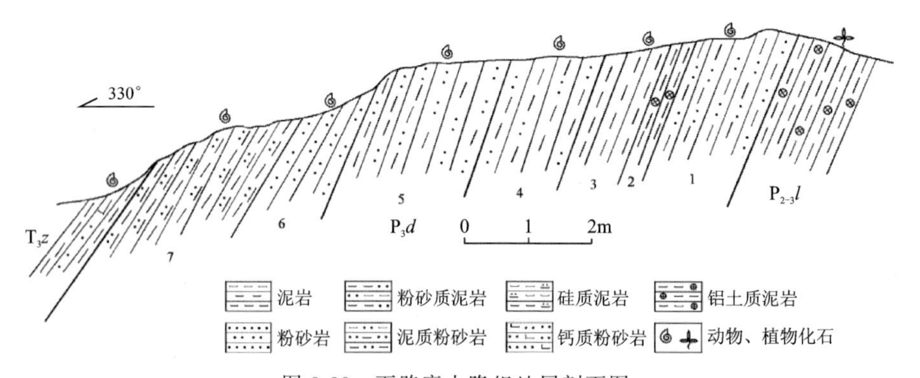

图3-39 下路亭大隆组地层剖面图

大隆组厚7.7m,岩性以灰黑色硅质泥岩为主与灰黑色粉砂岩互层,风化后呈灰白色或灰黄色,微层理发育,与下伏龙潭组呈平行不整合接触,与上覆政棠组为整合接触。本组产菊石 *Pseudotirolites* sp., *Pseudogastrioceras* sp., *Mingyuexiaceras* sp., *Pernodoceras* sp., *Huananocersa* sp.;腕足类 *Dielasma* sp., *Orbiculoidea anhuiensis*;双壳类 *Hunanopecten exilis*, *Pernopecten sichuanensis*, *Leptodesma*(*Leptodema*)sp.等。根据生物群组合,本组时代为晚二叠世。

该剖面自然保存,露头层序较为完整,记录了二叠纪大隆期沉积环境特征,具有较高的科学研究价值,是浙江上二叠统大隆组地层对比划分的标准剖面。

2017年,该剖面被列为浙江省第二批重要地质遗迹保护点(地),并要求设立科普标识牌。

45. 江山游溪政棠组剖面(G048)

政棠组(T_1z)属三叠纪地层,为浙江省区域地层表编写组(1979)创名,命名地点在浙江省江山市政棠村东南。本剖面为政棠组正层型,由浙江省石油地质大队(1984)重测(图3-40)。

政棠组厚大于160.8m,岩性下部以钙质泥岩为主,粉砂岩呈夹层出现,向上粉砂岩增多成为互层,条带状水平层理发育,整合于大隆组之上,未见顶。本组产菊石 *Pseudaspidlites* sp., *Ophiceras* sp., *Metophiceras* sp., *Clypeoceras* sp., *Pseudosageceras* sp.;双壳类 *Claraia wangi*, *C. griesbachi*,

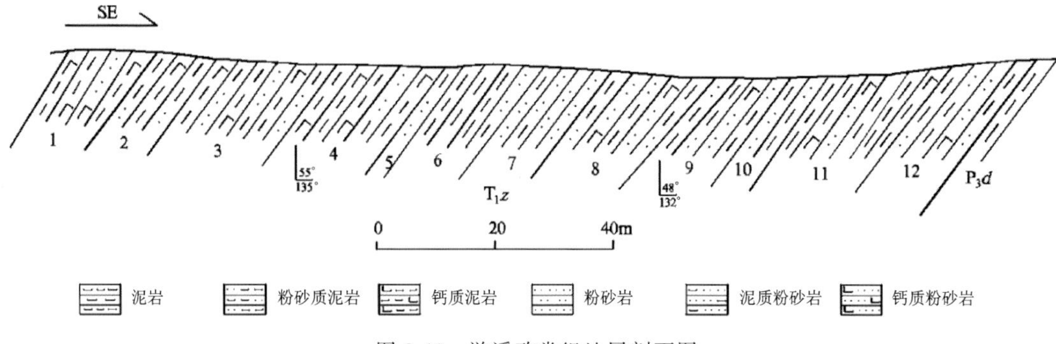

图 3-40 游溪政棠组地层剖面图

C. stachei；腕足类 *Waagenites barusiensis*，*Enteletes hemiplicata*，*Crurithyris* cf. *speciosa*，*Paryphella* sp.；腹足类 *Polygyrina* sp.，*Neritaria* sp. 等。根据生物群组合，本组时代为早三叠世。

该剖面地层出露连续完整，记录了早三叠世浙西浅海沉积环境特征，是省内下三叠统政棠组地层对比划分的标准剖面。由于此类地层出露非常少，因此具有较高的科学研究价值。

2013 年，该剖面被列为浙江省首批重要地质遗迹保护点（地），并设立科普标识牌。

46. 长兴千井湾青龙组—周冲村组剖面(G049)

该剖面包含三叠系青龙组（T_1q）和周冲村组（$T_{1\text{-}2}z$）两个地层单元。青龙组，原称青龙层（扬子层上石灰岩），系刘季辰、赵亚曾（1924）创名，命名地点在江苏省南京东郊龙潭镇青龙山。周冲村组，系江苏省地质局第一地质大队（1972）创名，命名地点为江苏省南京市周冲村。本剖面为省内青龙组和周冲村组的次层型，由安徽省区域地质测量大队（1972）测制。

青龙组厚 355.6m，岩性下部为黄绿色钙质泥岩与泥质灰岩互层，底部以泥岩为主，向上渐变成以灰岩为主；中部以浅灰色、灰白色薄层条带状粉晶灰岩为主夹泥晶灰岩；上部为灰白色厚层至块状粉晶灰岩夹白云质粉晶灰岩。青龙组与下伏长兴组和上覆周冲村组均为整合接触。本组产菊石 *Ophiceras* sp.，*Otoceras* sp.，*Prionolobus* sp.，*Pseudogastrioceras* sp.；双壳类 *Claraia wangi*，*C. griesbachi*，*C. dieneri*；腕足类 *Waagenites barusiensis*，*Crurittyris flabelliformis*，*Fusichonetes pigmaea*，*Paryphella obicularia*，*Neowellerella pseudoutah*；有孔虫 *Geinitzina* cf. *caucascia*，*Nodosaria* sp.，*Pseudoglandulina* sp. 等。根据生物化石组合，本组时代为早三叠世。

周冲村组厚度大于 177.6m，岩性为下段下部为灰黄色薄层至中层砾屑灰岩与泥晶灰岩互层，上部为薄至厚层粉晶灰岩、泥质灰岩及膏溶砾屑灰岩，夹粉晶白云质灰岩和白云岩；上段下部为泥岩夹砂岩，上部为泥质泥晶灰岩。具蜂窝状构造，含双壳类等化石，时代为早—中三叠世。本组与下伏青龙组为整合接触，未见顶。

该剖面自然赋存。由于浙江三叠纪地层出露较少，该剖面是浙江三叠纪地层的典型代表之一（次层型），对研究浙江区域三叠纪地质历史具有重要价值。

2017 年，该剖面被列为浙江省第二批重要地质遗迹保护点（地），并要求设立科普标识牌。

47. 义乌乌灶乌灶组剖面(G050)

乌灶组（T_3w）属三叠纪地层，系李陶、金维楷（1932）所创，命名地点在浙江省义乌市乌灶。本剖面为乌灶组正层型，由浙江省区域地质测量大队二分队（1972）重测。

乌灶组厚 295.6m，下部为长石粗砂岩、含砾粗砂岩与灰黑色粉砂质泥岩、碳质页岩互层，所夹薄层状硅质岩中产植物和叶肢介化石；中上部为灰黑色、灰绿色中层及薄层状粉砂质泥岩，灰黑色碳质页岩夹煤线，间夹棕黄色厚层块状含砾石英粗砂岩、含砾砂岩，在粉砂质泥岩中含少量菱铁矿结核，产植物化石；上部为黄色块状含砾石英长石粗砂岩，夹厚层状石英砂砾岩及粉砂岩。本组与下伏陈蔡群和上覆大爽组均呈断层接触。剖面产植物化石 *Dictyophyllum exile*，*Cladophlebis yiwuensis*，*Pterophyllum ptilum*，*Cycadocarpidium erdmanni* 等，还见有 *Anthrophyopsis* 的碎片；叶肢介 *Euestheria minuta*，*E. yipinglangensis*。根据生物群组合，本组时代为晚三叠世。

该剖面自然赋存，出露基本完整，是省内上三叠统乌灶组地层对比划分的标准剖面，对晚三叠世古沉积环境、生物演化具有较高的科学研究价值。

2017 年，该剖面被列为浙江省第二批重要地质遗迹保护点（地），并要求设立科普标识牌。

48. 松阳枫坪枫坪组剖面（G051）

枫坪组（J_1f）属侏罗纪地层，系西安煤炭科学研究所浙南课题组（1970）创名，命名地点在浙江省松阳县枫坪。本剖面为枫坪组正层型，由浙江省区域地质调查大队八分队（1988）重测（图 3-41）。

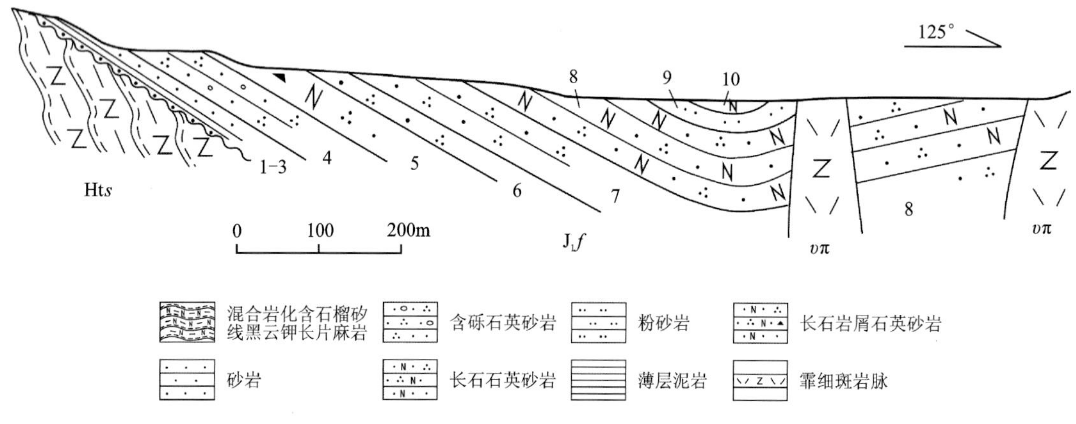

图 3-41　枫坪枫坪组地层剖面图

枫坪组厚度大于 427.5m，为河漫滩-后沼泽亚相含煤碎屑岩岩系。本组底部为深灰色泥质粉砂岩夹中—粗粒石英砂岩，产孢粉化石；中下部为灰白色粗粒石英砂岩、含砾粗粒石英砂岩，间夹高碳质泥岩、黑色细粒岩屑砂岩、粉砂岩、石英砂岩，深灰色细砂粉砂岩中夹煤层或煤线，产孢粉化石；上部灰黄色、灰白色中粒石英砂岩，夹灰白色含砾粗粒岩屑石英砂岩及深灰色泥质粉砂岩。本组与下伏八都（岩）群为不整合接触，未见顶。剖面产植物化石，主要有 *Marattiopsis asiatica*，*Dictyophyllum nathorsti*，*Anomozamites* cf. *major*，*Otozamites yunheensis* 及孢粉 *Klukisporites* sp.，*Lycopadiumsporites* sp.，*Osmundacidites* sp.，*Ginkgocycadophytus* sp.，*Cyathidites* sp.，*C. minor*，*Chasmatosporites* sp.，*Cibotiumsporites* sp.，*Concavisporites* sp.，*Dictyophyllidites* sp.，*Cycadopites* sp.，*Classopollis* sp.，*Quadraeculina* sp.，*Duplexisporites* sp.，*Anulispora microanal*。根据生物群组合，本组时代为早侏罗世。

该剖面地层连续完整，记录了早侏罗世浙西沉积环境特征，是省内下侏罗统枫坪组地层对比划分的标准剖面，对此期间的古气候、沉积环境研究探讨具有重要的价值。

2013 年，该剖面被列为浙江省首批重要地质遗迹保护点（地），并设立科普标识牌。

49. 松阳象溪毛弄组剖面（G052）

毛弄组（J_2ml）属侏罗纪地层，由吴志俊、詹锡坤、朱福王（1962）创名，命名地点在浙江省松阳县毛弄。本剖面为毛弄组正层型，由浙江省区域地质测量大队二分队（1970）重测（图 3-42）。

毛弄组厚 860m，岩性为含煤火山沉积岩，可分为三部分：下部未见底，主要岩性为灰绿色英安质玻屑晶屑凝灰岩，夹砂岩、薄层含砾砂岩和煤层；中部为黄色细粒砂岩、含砾砂岩与粉砂岩、页岩互层，夹碳质页岩、凝灰岩和煤层，产植物化石；上部黄色含砾砂岩、粉砂岩、页岩及碳质页岩互层，夹煤层，顶部为灰色纸状页岩、粉砂岩及硅质岩，与上覆磨石山群大爽组为不整合接触。本组产双壳类 *Ferganococha* aff. *Estheriaeformis*，植物化石 *Coniopterishymenophylloides*，*Phoenicopsis* sp.，*P.* cf. *speciosa*，*Cladophlebis* cf. *raciborskii*，*Neocalamites carrere* 等。根据生物群组合，本组时代为中侏罗世。

该剖面出露良好，地层连续完整，记录了侏罗纪浙西南断陷盆地火山活动及河湖相沉积环境特征，是浙江中侏罗统毛弄组地层对比划分的标准剖面。

2013 年，该剖面被列为浙江省首批重要地质遗迹保护点（地），并设立科普标识牌。

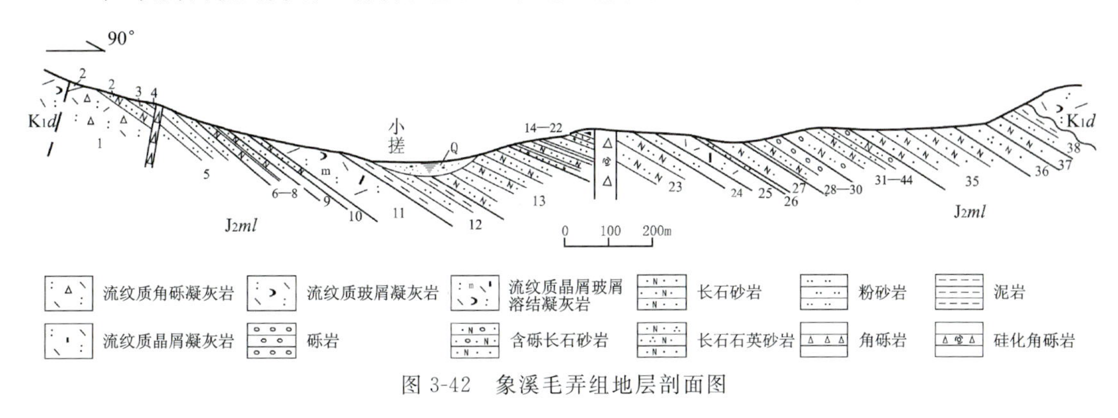

图 3-42　象溪毛弄组地层剖面图

50. 兰溪马涧马涧组剖面（G053）

马涧组（J_2m）属侏罗纪地层，由浙江省区域地质测量大队（1963）创建，命名地点在浙江省兰溪市马涧。本剖面为马涧组正层型，由浙江省区域地质测量大队三分队（1965）测制，浙江省地质调查院（1995）重测。

马涧组厚 394.6m，底部为灰白色、灰黄色中层状含砾石英粗砂岩，靠近下部为黄绿色薄层状粉砂岩与黑色粉砂质泥岩互层夹碳质页岩；中上部为灰黄色、黄绿色石英粗砂岩，含砾粗砂岩，间夹黄绿色薄至中层状泥质粉砂岩及砂质泥岩，局部夹碳质页岩（图 3-43）。马涧组与上覆渔山尖组呈整合接触，与下伏藕塘底组呈不整合接触。本组生物群有双壳类 *Tutuella rotunda*，*Pseudocardinia elongatiformis*，*Sphaerium? antiqum*，*Pseudocardinia? sibirensis* 等，植物化石 *Clathropteris meniscioides*，*Coniopteris hymenophylloides*，*Swedenborgia* cf. *cryptomerioides* 等。根据生物群组合，本组时代为中侏罗世。

图 3-43　马涧组剖面露头（a）及发育的河流相交错层理（b）

该剖面地层连续分布，出露齐全、完整，上、下层位关系清楚，记录了浙中内陆盆地河道相、河漫滩相、湖沼相沉积环境，是浙江中侏罗统马涧组地层对比划分的标准剖面。剖面上可见河流沉积层序，发育清晰易辨的沉积构造，代表了典型的河流及湖沼相沉积环境，对研究区域印支运动之后地质构造环境具有较高的科学研究价值。

2013 年，该剖面被列为浙江省首批重要地质遗迹保护点(地)，并设立科普标识牌。

51. 兰溪柏社渔山尖组剖面(G054)

渔山尖组(J_2y)属侏罗纪地层，由浙江省区域地质测量大队(1963)创名，命名地点在浙江省兰溪市渔山尖(吴山尖)。本剖面为渔山尖组正层型，由浙江省区域地质测量大队一分队(1963)测制(图 3-44)。

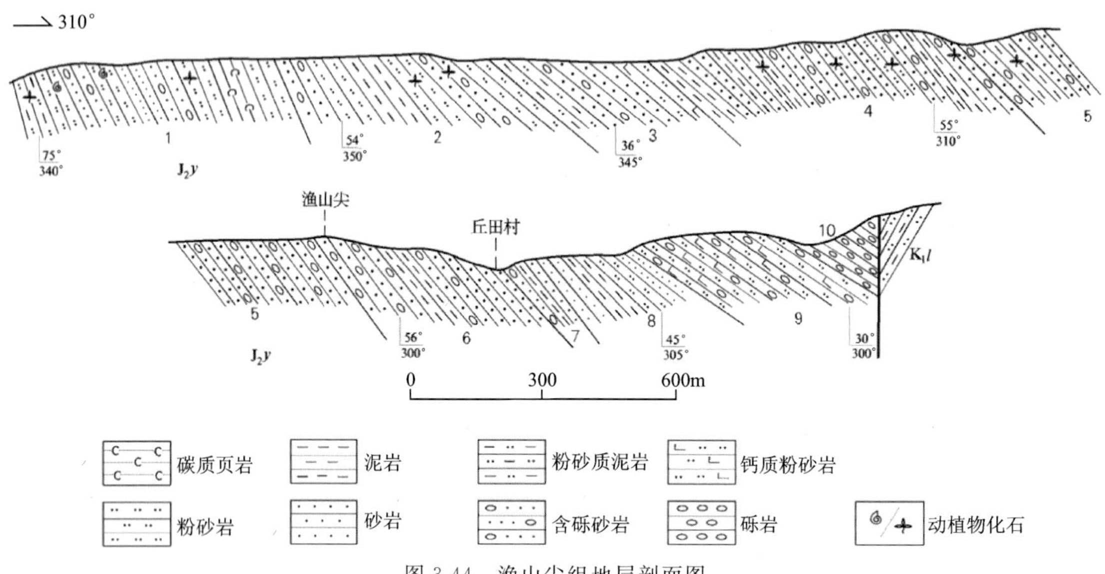

图 3-44　渔山尖组地层剖面图

渔山尖组厚 3 037.8m，岩性下部以细碎屑沉积岩为主，主要为细砂岩、粉砂岩及碳质页岩透镜体；中上部碎屑粒度变细，以粗砂岩、含砾粗砂岩为主，夹细砂岩及薄层粉砂质泥岩；上部以块状砾岩为主(图 3-45)。渔山尖组与下伏马涧组呈整合接触，与上覆建德群劳村组为不整合接触。本组产丰富的动、植物化石，主要有双壳类 *Cuneopsis yunnanensis*，*Lamprotula* cf. *cremeri*，*Psilunio gigantus*，*Pseudocardinia sibirensis*，*Tutuella rotunda*；腹足类 *Liratina subtilostriaa*，*Amplovalvata deformis*，*Subtilistriata operculomphalus*，*Aphanotylus jurassicus*，*Galba* cf. *yunnanensis*，*G. tongshanensis*，*G. lensis*，*G. lufengensis*；介形类 *Darwinula sarytirmenensis*，*D. impudica*，*D. lufengensis*；叶肢介 *Nestoria longjiensis*，*N. tongshanesis*，*N. meichengensis*，*N. rhomlica*；植物化石 *Anomozamites* cf. *major*，*Cladophlebis williamsoni*，*Coniopteris hymenophylloides*，*Todites denticulata*。根据生物群组合，本组时代为中侏罗世。

该剖面露头较好，地层出露较完整，记录了侏罗纪浙中内陆盆地河湖相沉积环境特征，是浙江中侏罗统渔山尖组地层对比划分的标准剖面，具有较高的地质科学研究价值。

2013 年，该剖面被列为浙江省首批重要地质遗迹保护点(地)，并设立科普标识牌。

52. 东阳大炮岗大爽组剖面(G055)

大爽组(K_1d)属白垩纪地层，系浙江省区域地质调查大队(1989)创名，命名地点在浙江省东阳市大爽村。本剖面为大爽组的正层型，由浙江省区域地质调查大队四分队(1982)测制。

大爽组厚 526.3m，底部为灰绿色沉角砾凝灰岩，局部夹玻屑凝灰岩、沉凝灰岩，其上为砖红色、深

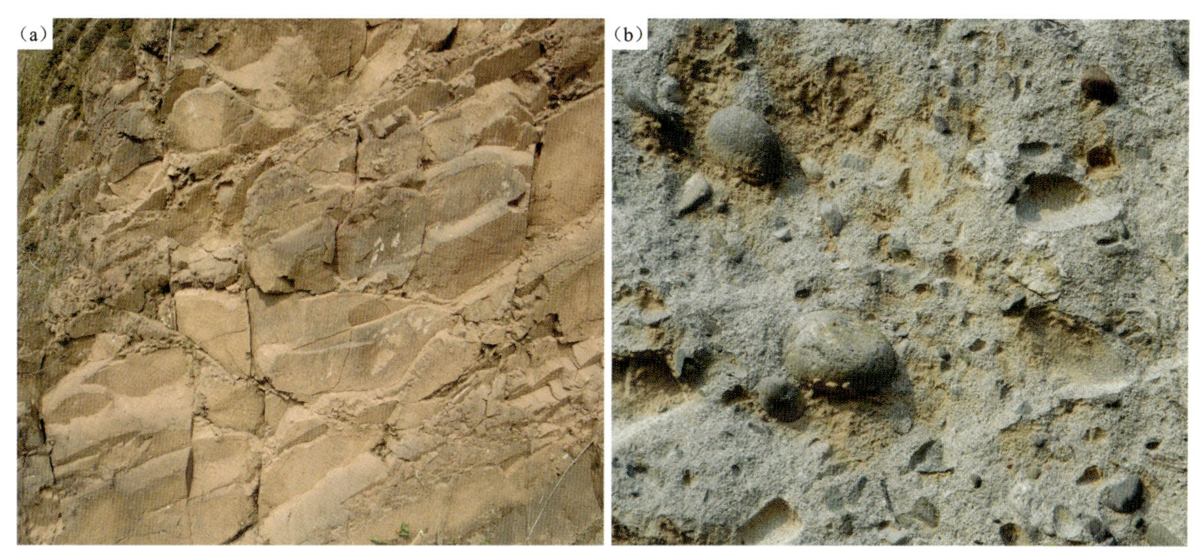

图 3-45 渔山尖组粉砂质泥岩(a)与砂砾岩(b)

灰色、灰黄色沉凝灰岩,石英长石岩屑砂岩,夹浅灰色流纹质角砾岩屑玻屑凝灰岩;中上部为灰黄色流纹质含角砾玻屑凝灰岩、玻屑凝灰岩,间夹少量灰紫色英安玢岩、紫红色凝灰质粉砂岩及沉凝灰岩。大爽组与上覆高坞组呈整合接触,与下伏三叠纪混合斑状黑云二长花岗岩呈不整合接触,时代为早白垩世早期。

该剖面地层连续出露,岩石组合清晰,记录了早白垩世大爽期浙中火山活动特征,是浙江下白垩统大爽组火山岩地层对比划分的标准剖面。

2013 年,该剖面被列为浙江省首批重要地质遗迹保护点(地),并设立科普标识牌。

53. 诸暨斯宅高坞组剖面(G056)

高坞组(K_1g)属白垩纪地层,由浙江省区域地质调查大队(1989)创名,命名地点在浙江省诸暨市斯宅高坞。本剖面为高坞组的正层型,由浙江省区域地质调查大队四分队(1983)测制(图 3-46)。

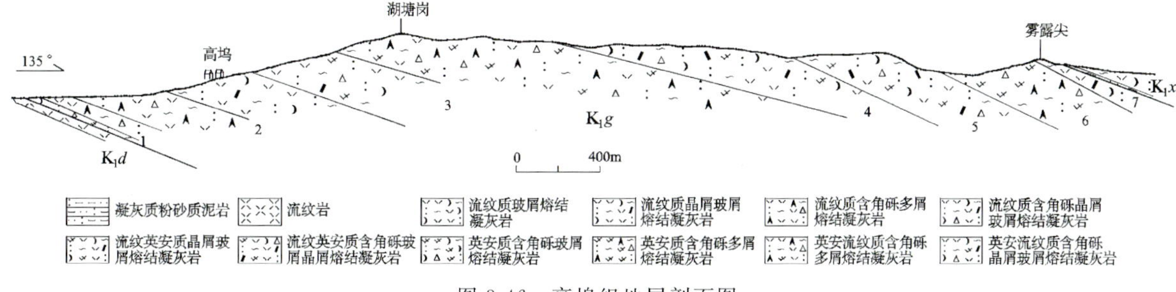

图 3-46 高坞组地层剖面图

高坞组厚 1 242.2m,主要岩性为深灰色块状流纹质晶屑玻屑熔结凝灰岩或玻屑晶屑熔结凝灰岩,局部含角砾,岩屑含量相对较高,为多屑熔结凝灰岩,石英、长石晶屑含量达 30%以上。本组与下伏大爽组和上覆西山头组均呈整合接触,时代为早白垩世。

该剖面地层连续出露,岩石组合清晰,记录了早白垩世高坞期浙东大规模火山活动特征,是浙江省下白垩统高坞组火山岩地层对比划分的标准剖面。

2017 年,该剖面被列为浙江省第二批重要地质遗迹保护点(地),并要求设立科普标识牌。

54.天台雷锋磨石山群剖面(G057)

磨石山群属白垩纪地层，原称磨石山组，系浙江省石油地质队(1959)所创，命名地点在浙江省永康、缙云两县交界处的磨石山。浙江省区域地质调查大队(1989)在《浙江省区域地质志》中启用磨石山群，自下而上创立并划分为大爽组(K_1d)、高坞组(K_1g)、西山头组(K_1x)、茶湾组(K_1cw)、九里坪组(K_1j)和祝村组(K_1z)。本剖面为西山头组、茶湾组和九里坪组的正层型，由浙江省区域地质调查大队一分队(1976)测制(图3-47)。

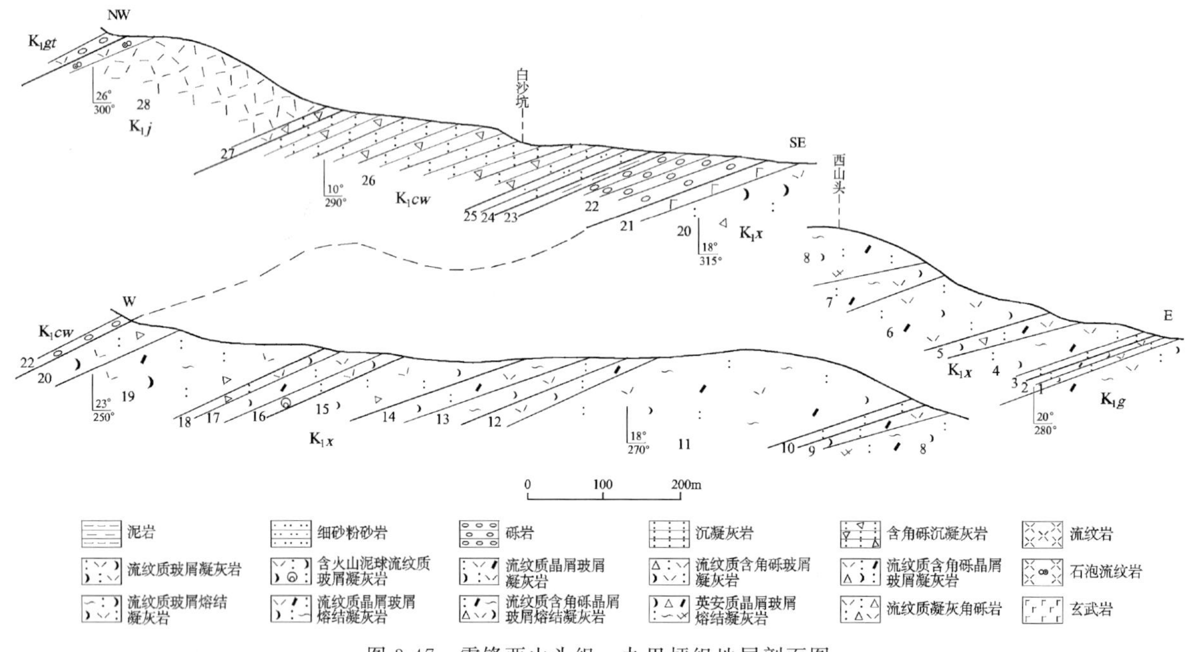

图3-47 雷锋西山头组—九里坪组地层剖面图

西山头组厚756m，底部为浅灰绿色流纹质玻屑凝灰岩，其上是灰绿色、暗紫色沉凝灰岩，晶屑玻屑凝灰岩，流纹质玻屑熔结凝灰岩，夹灰紫色、灰黑色英安质晶屑玻屑熔结凝灰岩，再上为灰紫色流纹质含角砾晶屑玻屑熔结凝灰岩、玻屑凝灰岩，有时含火山泥球，顶部为灰黑色块状玄武岩，与下伏高坞组和上覆茶湾组均呈整合接触。时代为早白垩世。

茶湾组厚265.3m，底部为暗紫色块状砾岩，下部为灰黑色薄层状泥岩；中部为凝灰质细砂岩与粉砂岩互层；上部为绿色薄层状沉凝灰岩、灰黑色中厚—厚层状含角砾沉凝灰岩夹黄绿色细砂岩及黑色泥岩，与上覆九里坪组呈整合接触。本组产鱼类 *Mesoclupea showchangensis*，*Fuchunkiangia chesiensis*，*Paraclupea chetungensis*，*Ikechaoamia meridionalis*；双壳类 *Ferganoconcha shouchangensis*，*F. ovalis*，*F. subcentralis*，*F. elongata*；腹足类 *Reesidella concentrica*；昆虫 *Coptoclava longipoda*；*Notocupes undatabdominus*。根据生物群组合，本组时代为早白垩世。

九里坪组厚178.3m，岩性为流纹岩，与上覆馆头组呈不整合接触。时代为早白垩世。

该剖面层位连续、完整，出露良好，接触关系明确。记录了浙东白垩纪火山活动特征，是浙江晚中生代火山岩地层对比划分的标准剖面。它揭示了晚中生代晚期大规模火山喷发规律及沉积环境，对火山喷发-间歇循环、火山喷发方式变化、火山地层对比及火山构造演化等的研究具有重要科学价值。

2013年，该剖面被列为浙江省首批重要地质遗迹保护点(地)，并设立科普标识牌。

55.建德大同劳村组剖面(G058)

劳村组(K_1l)属白垩纪地层，由浙江省区域地质测量大队(1965)创名，命名地点在浙江省建德市劳村。本剖面为劳村组正层型，由浙江省区域地质测量大队三分队(1963)测制(图3-48)。

劳村组厚1 235.8m，下段下部岩性为紫红色、灰绿色砾岩及紫红色砂岩砾岩互层，凝灰质砂岩与沉凝灰岩互层，上部为紫红色、灰绿色粉砂质泥岩，夹粉砂岩、薄层纸状页岩及泥灰岩；中段为紫红色含姜结状灰质瘤(原称钙质结核)钙质粉砂岩、粉砂质泥岩，夹灰绿色流纹质玻屑凝灰岩、凝灰质砂岩，局部夹泥灰岩透镜体，底部为砾岩夹粉砂岩；上段为紫红色薄层钙质粉砂岩，夹黄绿色粉砂质泥岩、凝灰质砂岩及流纹质玻屑凝灰岩及沉凝灰岩等。劳村组不整合于休宁组之上，与上覆黄尖组火山岩呈整合接触。本组生物主要有腹足类 *Amplovalvata* aff. *suturalis*，*A. suturalia anjipingensis*；昆虫 *Mesopanorpa yaojiashanensis*，*Lycoriomima mictis*，*Linicorixa odota*，*Tinactum solusum*，*Viduata otiosa*；介形类 *Rhinocypris* sp.；植物 *Cladophlebis* cf. *browniana* 等。根据生物群组合，本组时代为早白垩世。

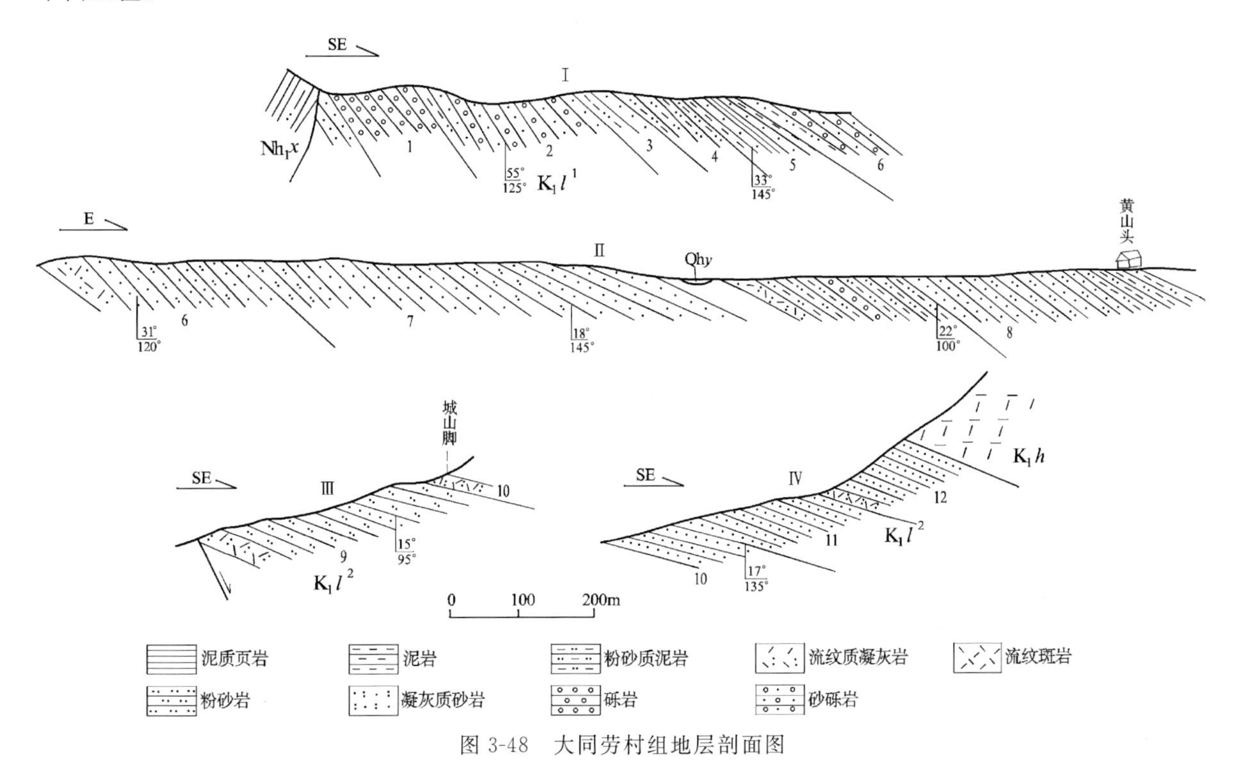

图3-48　大同劳村组地层剖面图

该剖面保存良好，出露连续，记录了浙西白垩纪陆相-火山沉积盆地沉积环境，是著名的建德生物群化石产地和浙江白垩系劳村组地层对比划分的标准剖面。

2013年，该剖面被列为浙江省首批重要地质遗迹保护点(地)，并设立科普标识牌。

56. 建德航头黄尖组剖面(G059)

黄尖组(K_1h)属白垩纪地层，系邹鑫祜等(1964)创名，命名地点在浙江省建德市航头镇南黄尖山。本剖面为黄尖组正层型，由浙江省区域地质测量大队三分队(1963)重测(图3-49)。

黄尖组厚943m，岩性为流纹(斑)岩夹绿灰色珍珠岩，下部有灰色、灰红色流纹质晶屑凝灰岩，底部为流纹斑岩、流纹质凝灰熔岩中夹灰紫色粉砂岩，与下伏劳村组及上覆寿昌组均为整合接触。由于黄尖组是火山活动最强烈时期，区域上均以大规模火山碎屑岩堆积为主体，不适宜生物的生存，但火山喷发间歇期，在低洼处仍有小规模的湖河相沉积，主要为一套灰绿色薄层泥质粉砂岩，含植物化石 *Cladophlebis* cf. *parva*，*Desmiophyllum* sp.。据《浙江省岩石地层》(1996)同位素年龄值统计，采用K-Ar和Rb-Sr测定方法，黄尖组年龄值为127～124Ma，时代为早白垩世。

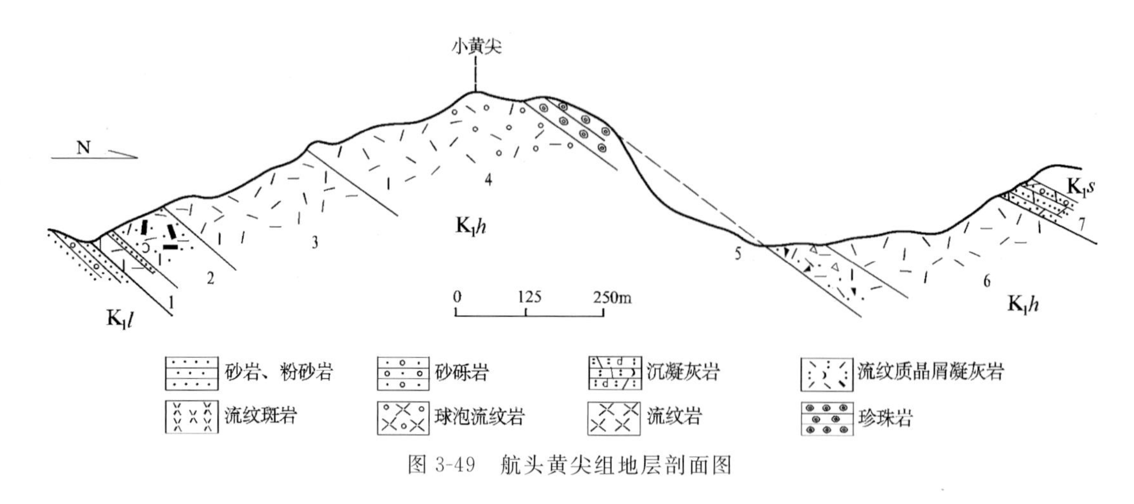

图 3-49　航头黄尖组地层剖面图

该剖面露头较完整、连续，记录了浙西北白垩纪陆相火山活动特征，是浙江白垩系黄尖组地层对比划分的标准剖面。

2013 年，该剖面被列为浙江省首批重要地质遗迹保护点(地)，并设立科普标识牌。

57. 建德枣园-岩下寿昌组—横山组剖面(G060)

该剖面包含白垩系寿昌组(K_1s)和横山组(K_1hs)两个地层单元。寿昌组，系顾知微等(1962)创名，命名地点在浙江省建德市寿昌。横山组，系浙江省区域地质测量大队(1965)创名，命名地点在浙江省建德横山。本剖面为寿昌组和横山组的正层型，由浙江省区域地质测量大队一分队(1962)测制(图 3-50)。

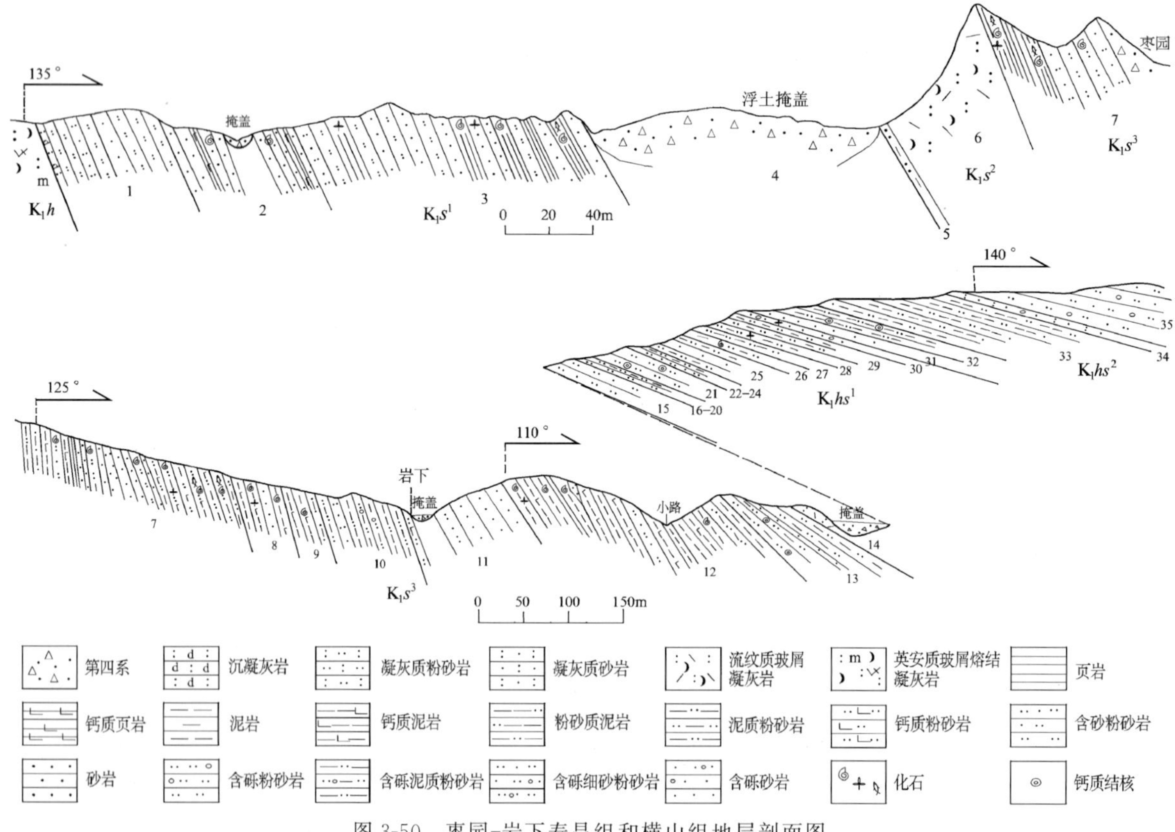

图 3-50　枣园-岩下寿昌组和横山组地层剖面图

寿昌组总厚1 200.8m，一段底部为沉凝灰岩、青灰色粉砂岩、凝灰质细砂岩夹岩屑砂岩，其上为灰色中厚层状粉砂岩与浅灰色细砂岩互层，间夹黄绿色含钙质泥质粉砂岩、灰黑色钙质泥岩；二段为黄褐色块状流纹质玻屑凝灰岩；三段为青灰色、黄绿色含钙质泥质粉砂岩，灰黑色钙质泥岩夹灰白色石英细砂岩，紫红色泥质粉砂岩及薄层状岩屑砂岩；四段为绿色中层状流纹质凝灰岩。寿昌组与下伏黄尖组和上覆横山组均呈整合接触。本组一、三段内化石丰富，产鱼类 *Mesoclupea showchangensis*，*Sinamia huananensis*，*Fuchunkiangia chesiensis*（图3-51）；腹足类 *Probaicaliagerassimovi*，*P. tricarinata*，*P. vitimensis*，*Viviparus shouchangensis*；双壳类 *Ferganoconcha shouchangensis*，*F. ovalis*，*F. liaosiensis*，*Mengyinaia*（*Solenaia*）*pujiangensis*，*M.*（*Margaritifera*）*huatungensis*；介形类 *Darwinula sarytirmenensis*，*Damonella extenda*；昆虫 *Ephemeropsis trisetalis*，*Clypostemma xyphiale* 等。根据生物群组合，本组时代为早白垩世。

图3-51 产于寿昌组的寿昌中鲚鱼化石（据张弥曼，1963）

横山组厚度大于214.1m，岩性下部为紫红色粉砂岩、粉砂质泥岩、粗粒硬砂岩、粗粒长石硬质砂岩，偶夹肉红色薄层状酸性凝灰岩；上部为暗紫红色含钙质结核细砂粉砂质泥岩及暗紫红色中层状含砾细砂粉砂岩，夹少量黄绿色薄层状泥质粉砂岩，未见顶。本组产双壳类 *Nakamuranaia elongata*，*N. zhejiangensis*；腹足类 *Mesoneritina pustula*，*Viviparus hengshanensis*，*Lioplacodes stenotes*，*Probaicalia vitimenensis*，*P. tricarinata*；植物化石 *Coniopteris* sp.，*Otozamites linguifolius*。根据生物群组合，本组时代为早白垩世。

该剖面露头较连续，记录了浙西白垩纪火山构造盆地沉积环境及火山活动特征，是著名的建德生物群化石产地和浙江下白垩统寿昌组、横山组地层对比划分的标准剖面。

2013年，该剖面被列为浙江省首批重要地质遗迹保护点（地），并设立科普标识牌。

58. 永康溪坦馆头组剖面(G061)

馆头组(K_1gt)属白垩纪地层,原称馆头层,由浙江省石油地质队(1959)创名,命名地点在浙江省永康县馆头村。本剖面为馆头组的正层型,由浙江省区域地质测量大队二分队(1962)重测(图3-52)。

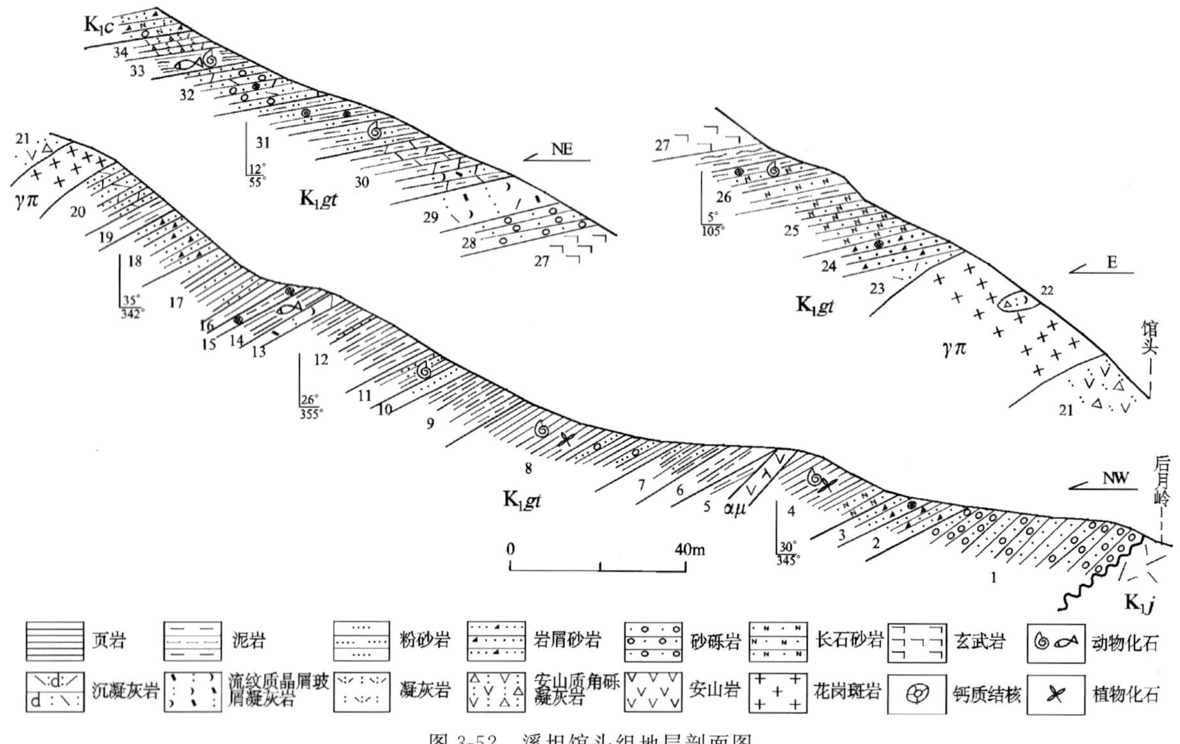

图3-52　溪坦馆头组地层剖面图

馆头组厚366.9m,底部为暗紫色至紫红色中厚层砂砾岩和砾岩;下部为暗紫色中厚层含钙质结核中粗粒岩屑砂岩,灰绿色、黄绿色细粒长石砂岩,粉砂质泥岩,间夹薄层黑色页岩、钙质泥岩;上部为暗紫色薄至中厚层粗粒不等粒岩屑砂岩,灰绿色、灰色粉砂岩,细砂岩,凝灰质砂岩,夹浅绿色流纹质含岩屑晶屑凝灰岩、安山质角砾凝灰岩。馆头组与上覆朝川组呈整合接触,与下伏九里坪组呈不整合接触。本组生物化石丰富,产鱼类 *Paralycoptera wui*, *Yungkangichthys hsitanensis*, *Chetungichthys brevicephalus*;双壳类 *Trigonioides*(*T.*)*yongkangensis*, *Plicatounio*(*P.*)*multiplicatus*, *Nipponoaia zhejiangensis*;腹足类 *Brotiopsis*(*Brotiopsis*)*wakinoensis*, *B.*(*Songyangospria*)*multicostata*, *B.*(*S.*)*Kobayashii*, *Galba yongkangensis*;介形类 *Cypridea linghaiensis*, *C. yangtuensis*, *C.*(*Morinia*)*monosulcata zhejiangensis*, *Eucypris houyuelingensis*。根据生物群组合,本组时代为早白垩世。

该剖面露头良好,地层连续、完整,化石丰富,记录了浙中永康盆地早期沉积环境特征,是著名的永康生物群的重要产地及浙江早白垩世晚期馆头期地层对比划分的标准剖面。在早白垩世晚期陆相盆地形成、早期构造环境、湖泊生物化石,以及盆地地层划分对比研究等方面具有较高的地质科学研究意义。

2013年,该剖面被列为浙江省首批重要地质遗迹保护点(地),并设立科普标识牌。

59. 象山石浦馆头组剖面(G062)

该剖面长期以来其归属和时代一直存在着争议,近年来通过详细的地层学、岩石学和古生物学等研究,明确了地层及时代,归属于早白垩世晚期馆头组(K_1gt)。

剖面岩性为一套陆源碎屑物夹多层藻叠层-虫管礁灰岩组合(图3-53)。古生物具有陆生和海相混生特点，产龙介科虫管遗迹化石、锥状中化角管虫、簇状簇管虫和江苏右旋虫等咸水或半咸水生物；岩石中层理有脉状层理、波状层理、透镜状层理，代表了潮间的上部、中部和下部特点；同济大学通过实验对比认为，剖面地层的 Sr/Ba 值在 0.33～0.63 之间，属于海陆交互相。

图 3-53　剖面露头(a)及夹透镜状生物灰岩(b)

该剖面露头好，记录了海陆过渡相三角洲和潮坪环境信息，反映了浙江东南沿海地区陆相盆地具有受海水影响的特点，为研究古东海陆架基底，即白垩纪海相和海陆过渡相地层的分布，以及了解和研究浙闽沿海一带在白垩纪时是否存在海侵及古生物提供了实物依据。

2013 年，该剖面被列为浙江省首批重要地质遗迹保护点(地)，并设立科普标识牌。

60. 鄞州牌楼馆头组剖面(G063)

牌楼馆头组(K_1gt)剖面长期以来受地学工作者关注，进行过较深入的研究，浙江省地质调查院(2011)对其进行了详细测制与研究。

该剖面地层厚 575.81m，下部为凝灰质含砾砂岩和喷溢相玄武岩组合；中上部为灰黑色薄层状含碳质粉砂质泥岩、页岩和凝灰质含砾砂岩、凝灰质细砂岩与英安质含角砾玻屑熔结凝灰岩互层，呈现韵律旋回产出。本组与下伏高坞组为不整合接触，与上覆朝川组为整合接触。

该剖面地层记录了浙东宁波-奉化陆相盆地早期火山-沉积岩系构造环境，盆地火山喷发活动与沉积作用存在着阶段性和周期性，清晰地反映了盆地早期断裂构造具有控盆和控岩的特点。通过研究可以提供盆地早期沉积环境、火山喷发和岩浆活动等盆地初期演化的重要信息。

2013 年，该剖面被列为浙江省首批重要地质遗迹保护点(地)，并设立科普标识牌。

61. 永康溪坦朝川组剖面(G064)

朝川组(K_1c)属白垩纪地层，原称朝川层，由浙江省石油地质队(1959)创名，命名地点在浙江省永康市朝川村。本剖面为朝川组的正层型，由浙江省区域地质测量大队二分队(1962)重测(图 3-54)。

朝川组厚 670.2m，岩性底部为紫红色中厚层状含砾凝灰质中粗粒长石岩屑砂岩；下部为紫红色中厚层状凝灰质粉砂质泥岩、凝灰质砂岩、砂砾岩，间夹沉凝灰岩、流纹质玻屑凝灰岩、晶屑玻屑凝灰岩；上部为灰紫色、紫红色中厚层状含钙中粗粒砂岩，钙质粉砂岩，细砂岩，常有钙质结核；顶部为灰紫色中厚层状砂砾岩与钙质细砂粉砂岩互层(图 3-55)。本组与上覆方岩组和下伏馆头组均呈整合接触。本剖面本组化石相对稀少，区域朝川组产双壳类 *Trigoniodes*(*Fujianotrigonioides*) *subscalaris*，

Plicatounio(*P.*)cf. *naktongensis*, *Nakamuranaia chingshanensis*;腹足类 *Lioplacodes* aff. *Cholnokyi*, *Campeloma jousseaume*, *Viviparus onogoensis*;介形类 *Cypridea*(*Morinia*)*hauyelingensis*, *C.*(*M.*)*heauensis*, *Cypridea*(*C.*)*shauxingensis*, *C.*(*C.*)*ampullaceousa heauensis*。根据生物群组合,本组时代为早白垩世晚期。

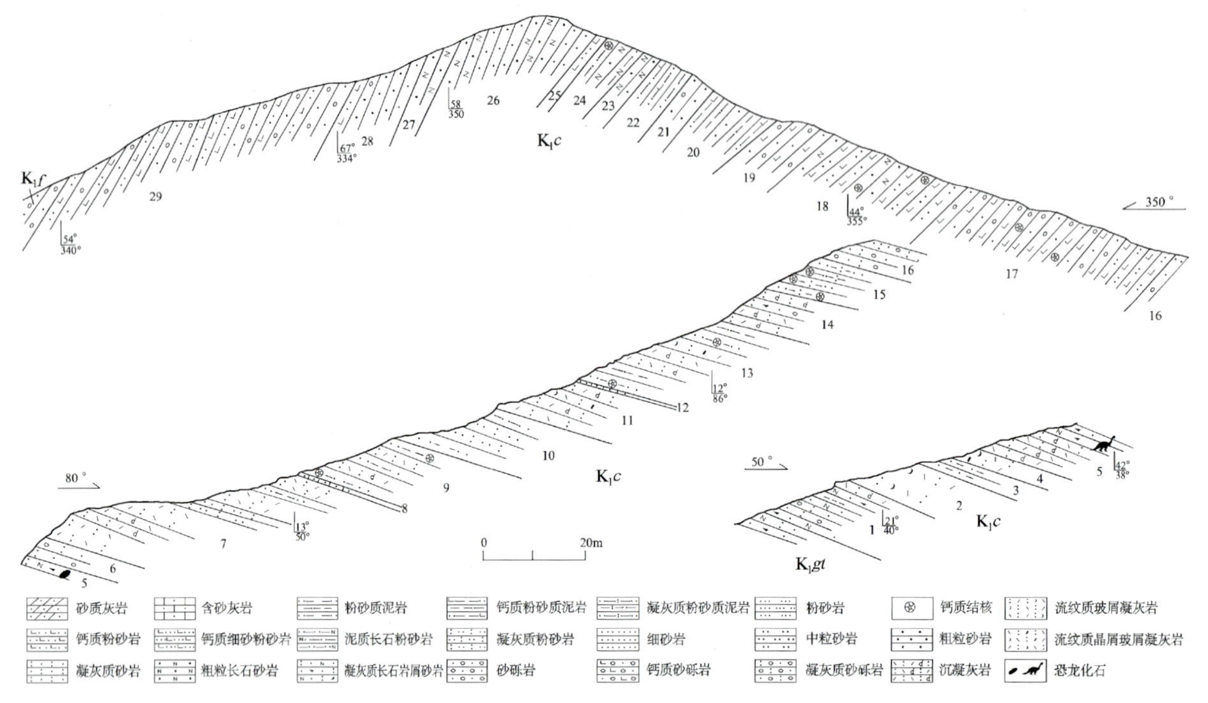

图 3-54 溪坦朝川组地层剖面图

图 3-55 朝川组基本层序(a)及发育的交错层理(b)

该剖面地层层序清晰、完整,记录了浙中永康盆地滨浅湖相沉积环境特征,是浙江下白垩统朝川组地层对比划分的标准剖面。地层层序反映了盆地扩张初期退积型沉积序列、中期加积型沉积序列和晚期进积型沉积序列,因此在盆地扩张期沉积序列研究以及盆地岩相古地理方面具有重要的地学意义。

2013 年,该剖面被列为浙江省首批重要地质遗迹保护点(地),并设立科普标识牌。

62. 永康石柱方岩组剖面(G065)

方岩组(K_1f)属白垩纪地层,原称方岩砾岩,由浙江省石油地质队(1959)创名,命名地点在浙江省永康市方岩。本剖面为方岩组的正层型,由浙江省区域地质测量大队二分队(1962)重测(图 3-56)。

方岩组厚 1 734.9m,岩性底部为灰紫色中厚层至厚层状砂砾岩,其上为紫红色厚层至块状砾岩、巨砾岩,夹细砾岩(图 3-57);下部夹灰黑色至紫红色厚层状砾岩及 1 层凝灰质中粗粒砂岩,再上为紫红色块状中粗砾岩,未见顶。本组与下伏朝川组呈整合接触。本剖面本组化石极为稀少,区域方岩组产叶肢介 *Neodiestheria curta*, *N. urbana*, *N. jinkengensis*, *Yanjiestheria* sp., *Y. sinensis*, *Orthestheria* sp.;植物化石 *Pseudofrenelopsis* cf. *parceramosa*, *Pagiophyllum* sp.。根据生物群组合,本组时代为早白垩世晚期。

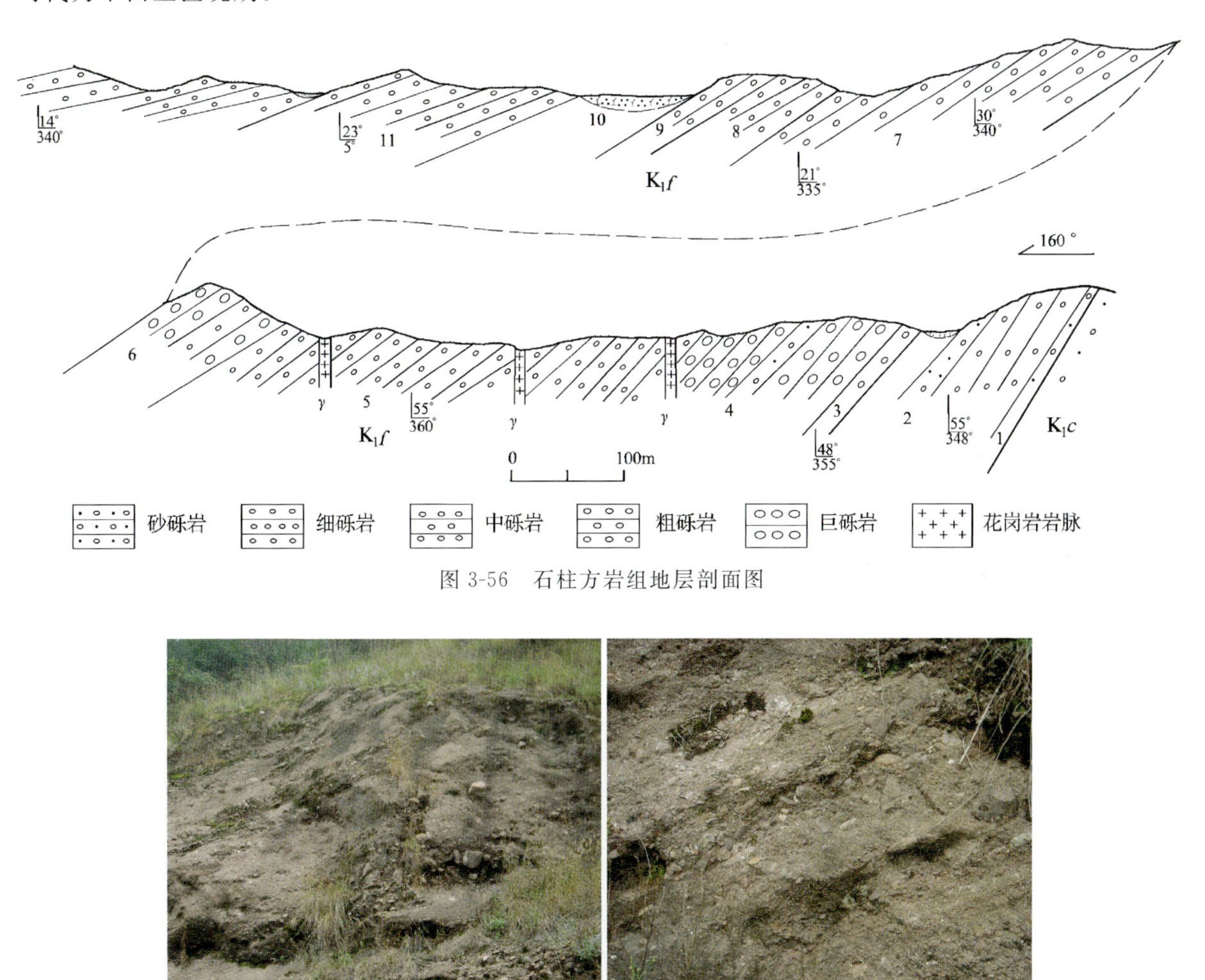

图 3-56　石柱方岩组地层剖面图

图 3-57　方岩组砾岩与砂砾岩组成的基本层序

该剖面露头良好,地层连续稳定,记录了浙中永康盆地进积型冲积扇、扇三角洲相沉积环境特征,是浙江永康盆地上白垩统方岩组地层对比划分的标准剖面。方岩组地层易演化为丹霞地貌景观,成景区具有较好的旅游观赏价值。

2013 年,该剖面被列为浙江省首批重要地质遗迹保护点(地),并设立科普标识牌。

63. 新昌壳山壳山组剖面(G065)

壳山组(K_1k)属白垩纪地层,由浙江省石油地质大队(1959)创名,命名地点在浙江省新昌县壳山。本剖面为壳山组正层型,由浙江省区域地质测量大队一分队(1961)重测(图 3-58)。

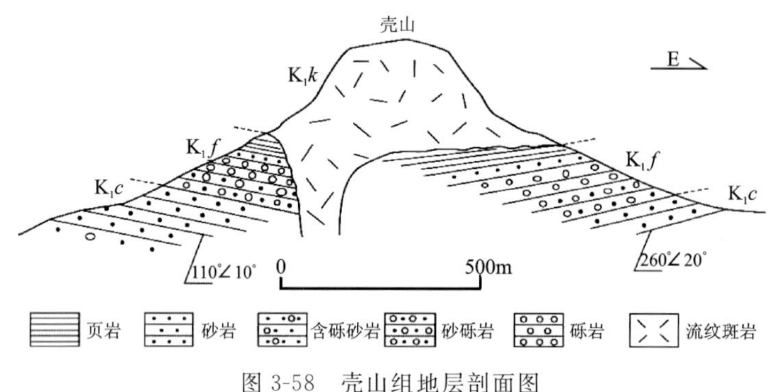

图 3-58 壳山组地层剖面图

壳山组厚 100.0m,岩性组合为流纹斑岩、流纹岩,发育流动构造或流纹构造,具有岩浆喷溢堆积之特点,与下伏方岩组呈火山喷发不整合接触,时代为早白垩世晚期。

壳山组对了解和认识浙江白垩纪晚期永康期陆相盆地消亡期或期后盆地断裂活动、地质作用具有重要意义,是省内上白垩统壳山组地层对比划分的标准剖面。

2017 年,该剖面被列为浙江省第二批重要地质遗迹保护点(地),并要求设立科普标识牌。

64. 遂昌高坪方岩组—壳山组剖面(G067)

剖面地层分布在遂昌湖山盆地东北端,由浙江省区域地质调查大队五分队(1996)发现并测制(图 3-59)。

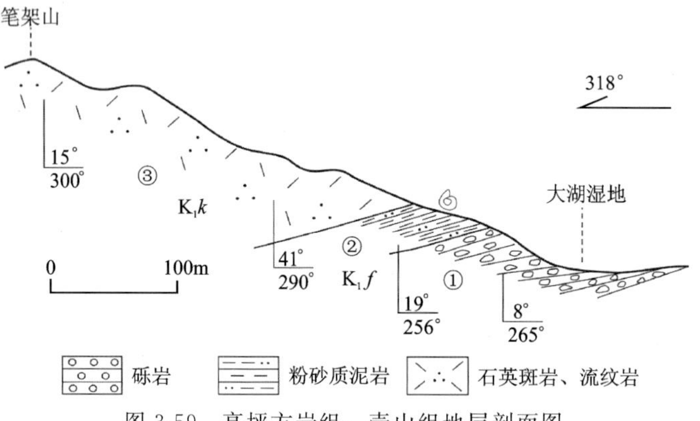

图 3-59 高坪方岩组—壳山组地层剖面图

壳山组厚 238.40m,岩性由溢流相石英斑岩、流纹岩和火山碎屑流相流纹质含晶屑玻屑熔结凝灰岩组成,未见顶,与下伏方岩组呈整合接触;方岩组厚 587.85m,主体为厚层状、块状砾石、砂砾岩夹薄层状粉砂岩,顶部出露 29.13m 厚的灰色、深黑色薄层状泥质页岩,含粉砂质泥岩,发育微细水平层理,含叶肢介 *Yanjiestheria Sinensis*,与下伏朝川组呈整合接触。方岩组砾岩宏观上呈成层性,构成丹霞地貌景观。

该剖面记录了白垩纪湖山盆地消亡后,其低洼积水区域仍然存在连续堆积的湖沼沉积,以及受控盆断裂活动影响,仍然存在着岩浆喷溢和火山喷发堆积的地质发展演化过程,是省内唯一已知方岩组与壳山组连续出露的地层剖面,对了解和认识浙江永康期末地质作用具有重要意义。

2013 年，该剖面被列为浙江省首批重要地质遗迹保护点(地)，并设立科普标识牌。

65. 仙居大战小平田组剖面(G068)

小平田组(K_1xp)属白垩纪地层，由浙江省区域地质调查大队(1995)创名，命名地点在浙江省仙居县大战小平田。本剖面为小平田组的正层型，由浙江省区域地质调查大队二分队(1992)测制(图 3-60)。

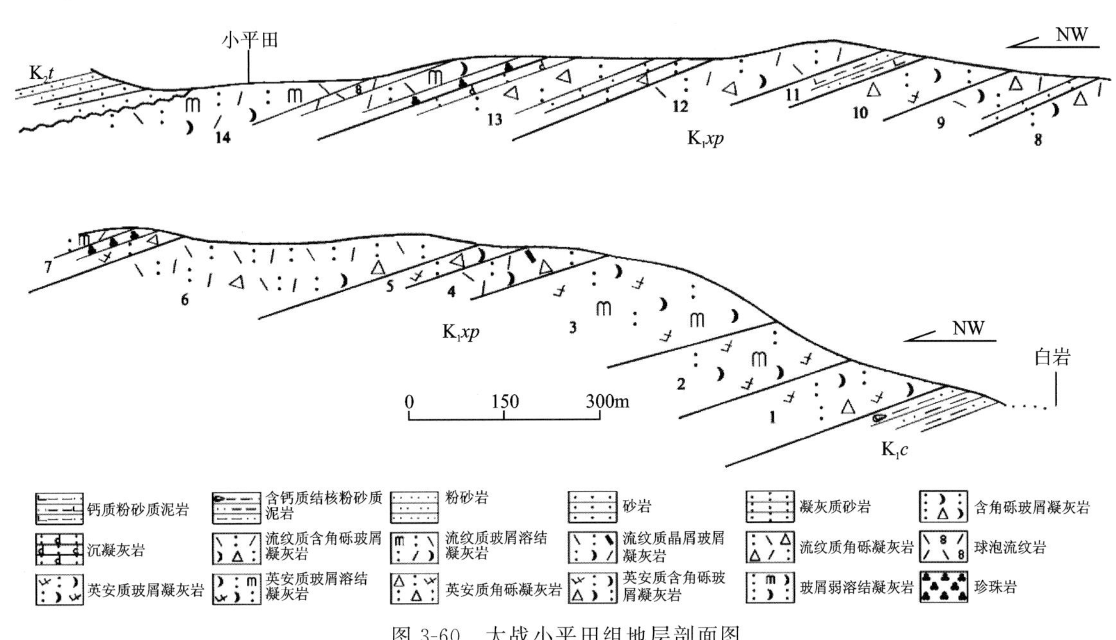

图 3-60　大战小平田组地层剖面图

小平田组厚 1 112m，岩性底部为紫灰色块状英安质含角砾玻屑凝灰岩；向上为浅紫灰色英安质玻屑熔结凝灰岩、英安质角砾玻屑凝灰岩与流纹质晶屑玻屑凝灰岩、含角砾玻屑凝灰岩互层，夹黄绿色长石砂岩、青灰色沉凝灰岩及灰绿色安山质含角砾晶屑玻屑凝灰岩；再上为浅紫灰色流纹质含角砾玻屑凝灰岩，夹多层紫红色钙质粉砂质泥岩、凝灰质砂砾岩及不等粒岩屑砂岩和厚 6.5m 的珍珠岩，接近顶部夹有球泡流纹岩和灰褐色珍珠岩；顶部为灰紫色流纹质玻屑熔结凝灰岩。本组与上覆塘上组呈不整合接触，与下伏朝川组呈整合接触。根据 Rb-Sr 等值线法测定年龄为(108±2)Ma，时代为早白垩世晚期。

剖面露头基本连续、完整，记录了浙江仙居盆地火山活动特征，是浙江晚中生代小平田组地层对比划分的标准剖面。

2013 年，该剖面被列为浙江省首批重要地质遗迹保护点(地)，并设立科普标识牌。

66. 龙游湖镇中戴组剖面(G069)

中戴组(K_2z)属白垩纪地层，由陈其奭(1981)创名，命名地点在浙江省龙游湖镇(原误为金华市中戴村)。本剖面为中戴组的正层型，由浙江省石油地质大队(1979)测制(图 3-61)。

中戴组厚 247.6m，岩性底部为紫红色砾岩、砂砾岩，夹少量紫红色粉砂岩透镜体；其上为紫灰色砾岩与砖红色含砾粉砂岩互层；再其上为褐灰色、浅紫色中粒砂岩，中至薄层状粉砂岩，偶夹棕褐色含砾中至粗砂岩透镜体，砂岩具斜层理；顶部为紫红色含钙质粉砂质泥岩夹少量薄层含钙粉砂岩，偶夹钙质结核层。中戴组与上覆金华组呈整合接触，与下伏磨石山群西山头组呈不整合接触。本剖面本组化石稀少，产恐龙 *Chilantaisaurus zhejiangensis*；区域中戴组产双壳类 *Trigonioides*(*Pseudohyria*?)sp. *indet.*；植物化石 *Pseudofrenelopsis* cf. *papillosa*。根据生物化石组合，本组时代为晚白垩世早期。

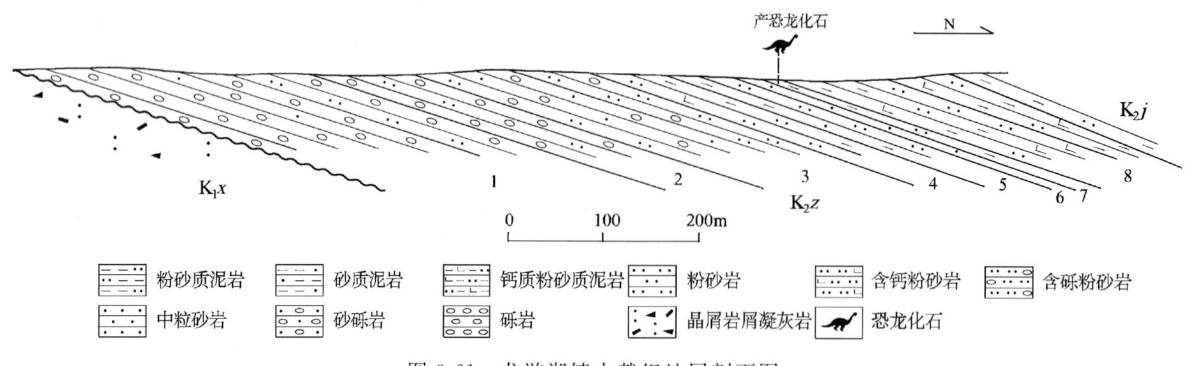

图 3-61 龙游湖镇中戴组地层剖面图

该剖面露头良好，地层连续、完整，是浙江省金衢盆地上白垩统中戴组地层对比划分的标准剖面。该剖面记录了金衢盆地辫状河三角洲相沉积环境特征，反映了盆地缓坡型退积型层序特点，对盆地构造类型、沉积相研究具有重要的科学价值。

2013 年，该剖面被列为浙江省首批重要地质遗迹保护点（地），并设立科普标识牌。

67. 龙游小南海衢县组剖面（G070）

衢县组（K_2q）属白垩纪地层，由李龙通、甄金生（1981）创名，命名地点在浙江省衢州市衢江区（旧称衢县）。本剖面为衢县组的选层型，由浙江省区域地质调查大队五分队（1993）测制。

衢县组厚度大于 1 798.7m，下部为砖红色细砂岩、细砂粉砂岩夹紫红色泥岩及灰白色含砾粗砂岩，局部具小型交错层理；向上为灰白色、砖红色含砾粗砂岩，细中粒砂岩，细砂岩，细粉砂岩和粉砂质泥岩组成韵律层，具大型板状交错层理；再向上为砖红色中—厚层状细砂岩、细砂粉砂岩、细砂粉砂岩夹薄层状泥岩，或砖红色粉砂岩与泥岩互层，间夹灰白色厚层状粗砂岩、细中粒砂岩；最上部为紫红色厚层状泥岩夹中—薄层状粉砂岩，泥岩中见方解石细脉，未见顶。本组与下伏金华组呈整合接触。本组化石稀少，产介形类 *Cypridea cavernosa*，*Tangxiella tangxiensis*，*Candoniellacandida* 及恐龙蛋。根据生物化石组合，本组时代为晚白垩世。

该剖面层序清晰、完整，露头较好，记录了浙江金衢盆地晚期大型河流相沉积环境特征，是浙江金衢盆地上白垩统衢县组地层对比划分的标准剖面，对研究金衢盆地晚期沉积作用及地层对比划分具有重要地学意义。

2013 年，该剖面被列为浙江省首批重要地质遗迹保护点（地），并设立科普标识牌。

68. 天台塘上塘上组剖面（G071）

塘上组（K_2t）属白垩纪地层，由浙江省区域地质调查大队（1978）创名，命名地点在浙江省天台县西南侧塘上村。本剖面为塘上组的正层型，由浙江省区域地质调查大队一分队（1977）测制（图 3-62）。

塘上组厚 1 129.9m，岩性底部为灰紫色、紫红色块状沉凝灰角砾岩，夹紫红色至黄色凝灰质岩屑长石粉砂细砂岩；其上有暗紫色、灰黄色含砾沉凝灰岩，沉角砾凝灰岩，流纹质玻屑凝灰岩，流纹质含角砾玻屑熔结凝灰岩，夹紫红色凝灰质砾岩、粉砂岩；再上为暗灰紫色安山质角砾（集块）熔岩、英安玢岩及灰白色沸石化流纹质含角砾玻屑凝灰岩；顶部为浅紫红色块状流纹质晶屑玻屑熔结凝灰岩。本组与上覆两头塘组紫红色薄至中厚层状粉砂岩为整合接触，与下伏西山头组浅灰绿色方沸石化含角砾凝灰岩为不整合接触。本组化石稀少，产植物化石 *Pseudofrenelopsis parceramosa*，*P. papillosa*，*Pagiophyllum* sp.；孢粉花粉以 *Classopollis* 含量最多，伴有少量或个别 *Exesipollenites*，*Sphaeripollenites* 等及 *Schizaeoisporites*，*Cicatricosisporites* 等孢子。根据生物化石组合，时代为晚白垩世早期。

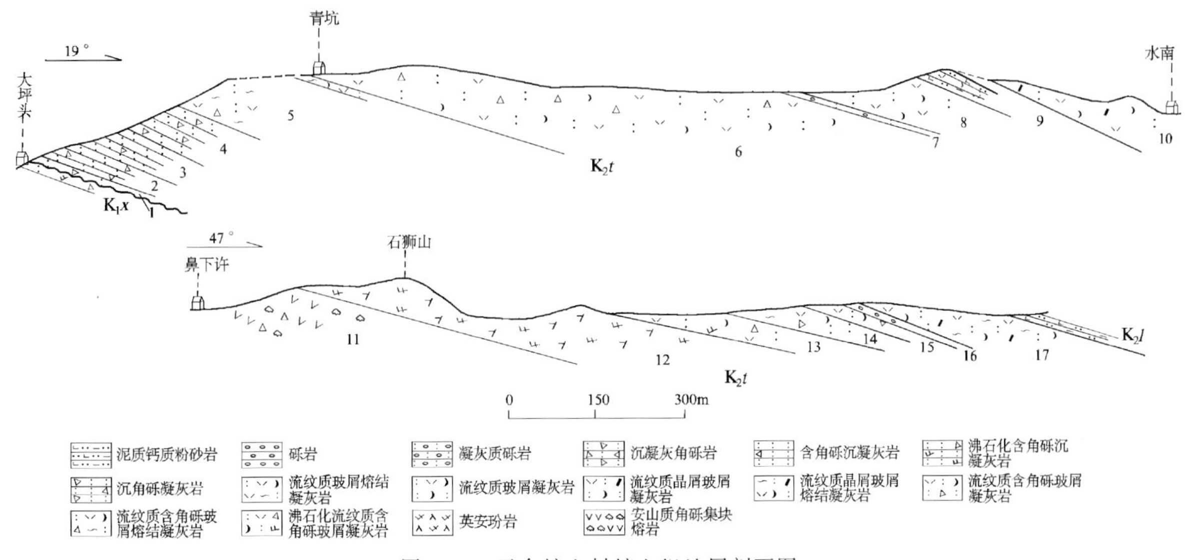

图 3-62　天台塘上村塘上组地层剖面图

该剖面地层连续、完整，记录了晚白垩世早期天台盆地火山活动及沉积特征，是浙江上中生界塘上组地层对比划分的标准剖面。

2013 年，该剖面被列为浙江省首批重要地质遗迹保护点(地)，并设立科普标识牌。

69. 天台赖家两头塘组—赤城山组剖面(G072)

两头塘组(K_2l)和赤城山组(K_2c)均属白垩纪地层，由浙江省区域地质调查大队(1993)创名，命名地点分别在浙江省天台县两头塘和赤城山。本剖面两头塘组和赤城山组连续分布，可作为省内两头塘组和赤城山组的次层型。

两头塘组厚 307.2m，岩性为紫红色砂岩、粉砂岩、泥质粉砂岩夹少量砂砾岩和砾岩，上部夹流纹质玻屑凝灰岩，富产恐龙蛋及恐龙骨骼化石，与下伏塘上组和上覆赤城山组呈整合接触，时代属晚白垩世早期；赤城山组厚 295.3m，岩性为紫红色厚层块状砂砾岩、砾岩夹紫红色中厚至厚层状含砾粉砂岩、粉砂质泥岩，局部夹流纹质含角砾玻屑凝灰岩，未见上覆地层，时代属晚白垩世早期。

天台盆地两头塘组和赤城山组地层，是浙江省和全国晚白垩世早期最重要的恐龙化石和恐龙蛋化石赋存地层。该剖面是省内晚白垩世地层对比划分的标准剖面，对研究浙江晚白垩世恐龙及恐龙蛋化石种属、对比生物演化过程、岩相古地理及古生态环境具有重要意义。

2013 年，该剖面被列为浙江省首批重要地质遗迹保护点(地)，并设立科普标识牌。

70. 三门健跳小雄组剖面(G073)

小雄组(K_2x)属白垩纪地层，由浙江省水文地质工程地质大队(1999)创名，命名地点在浙江省三门县小雄。本剖面为小雄组的正层型，由浙江省水文地质工程地质大队(1997)测制(图 3-63)。

小雄组厚度大于 1 840.6m，岩性组合主要为一套中酸性—酸偏碱性火山岩，分上、下两段：下段主要为流纹质凝灰岩、沉凝灰岩和碱长流纹岩，底部为砖红色砂砾岩、砂岩；上段主要为石英粗面斑岩、碱长流纹斑岩和碱长流纹质凝灰岩，未见顶。本组与下伏祝村组呈角度不整合接触。区域上该组下段沉凝灰岩夹层中产临海浙江翼龙 *Zhejiangpterus linhaiensis*。同位素测年在 98～81.5Ma 之间。根据生物化石及同位素年龄，本组时代为晚白垩世。

该剖面局限于小雄盆地内，露头良好，地层基本连续，记录了浙江小雄盆地火山活动特征，是浙江上中生界小雄组地层对比划分的标准剖面。它代表了浙江燕山运动末期最后一次火山喷发堆积，岩

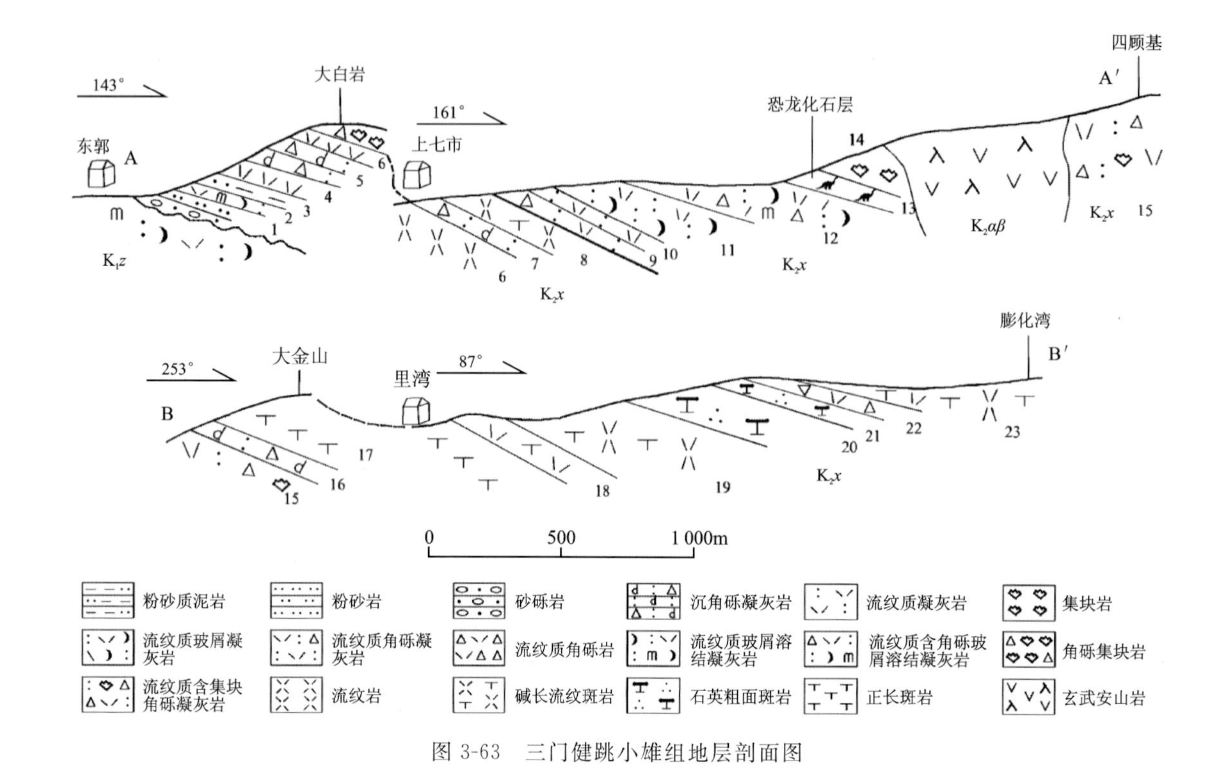

图 3-63　三门健跳小雄组地层剖面图

石类型呈现碱性或偏碱性标志着浙江白垩纪岩浆旋回的结束。该剖面对深入研究燕山末期火山活动及演化规律有重要科学意义。

2013 年,该剖面被列为浙江省首批重要地质遗迹保护点(地),并设立科普标识牌。

71. 嵊州张墅嵊县组剖面(G074)

嵊县组($N_{1-2}s$)属新近纪地层。孟宪民(1930)首次提出"嵊县玄武岩",汤文权、黄正维(1965)称"嵊县组",《浙江省岩石地层》(1996)重新认定嵊县组。本剖面为嵊县组的选层型,由浙江省区域地质调查大队(1992)草测。

嵊县组厚度大于 172.3m,岩性底部为灰白色、深灰色粉砂质泥岩、泥质粉砂岩,其上为 3 层玄武岩夹一层硅藻土层及一层深灰色泥岩、紫红色粉砂岩,与下伏朝川组呈不整合接触。本组第二沉积层中产植物化石 *Carpinus oblongibrateata*, *Carya miocathayensis*, *Cinnamomum* sp., *Fothergilla viburnifolia*, *Zelkova ungeri*, *Nyssa* sp., *Nuxus* sp., *Pseudolarix japonica*, *Myrica yuyaoensis*, *Castanea ungeri*, *Trapa* sp., *Buxus* sp., *Ficus* sp. 等;硅藻 *Melosira granulata*, *M. undulata*, *Epithemia argus*, *Cymbella ventricosa*, *Eunotia frickei*, *Nvicula nummularia*, *Stephanodiscus carconensis*;孢粉 *Quercus*, *Castanea*, *Tsuga*, *Larix*, *Keteleeria*, *Nyssa*, *Juglans*, *Carya*, *Alnus*, *Betula*, *Carpinus*, *Trapa*, *Ilex*, *Zelkova*, *Gramineae*, *Polygodimn* 等;还有鲤形目(Cyprinforms)及鹿亚科的骨骼。根据生物群组合,本组时代为中新世—上新世。

该剖面自然赋存,露头较连续、完整地记录了新近纪以来喜马拉雅期火山喷溢活动旋回和河湖相沉积旋回的信息,是省内新近系嵊县组地层对比划分的标准剖面,对研究喜马拉雅期火山活动特征及古气候环境具有一定的科学意义。

2017 年,该剖面被列为浙江省第二批重要地质遗迹保护点(地),并要求设立科普标识牌。

72. 西湖九溪之江组剖面(G075)

之江组(Qpz)属第四纪地层,原称之江层,由朱庭祜、盛莘夫(1948)创名,命名地点在浙江省杭州市六和塔附近。《中国第四纪地层表》(1959)改称之江组,《浙江省岩石地层》(1996)重新厘定之江组。本剖面为之江组的新层型,由浙江省水文地质工程地质大队(1992)测制(图3-64)。

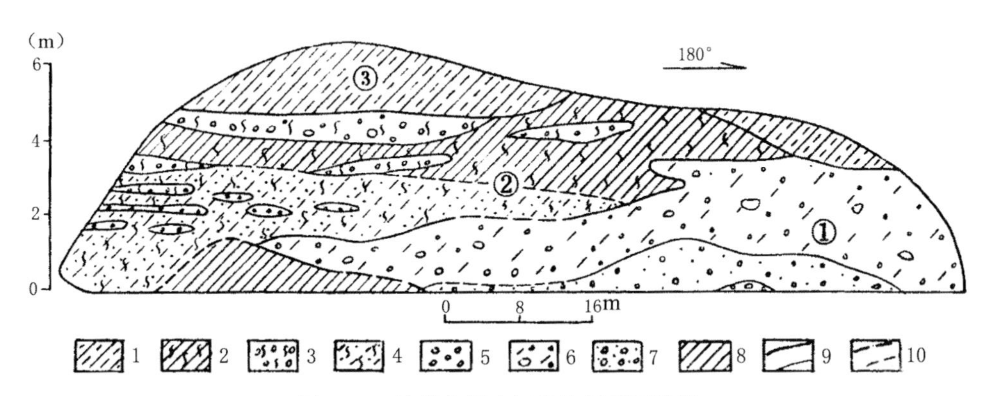

图3-64　杭州九溪之江组地层剖面简图

1.亚黏土;2.黏土(网纹红土化明显);3.含黏性土砾石层(网纹红土化不明显);4.亚砂土(网纹红土化不明显);5.砾石层;6.含黏性土砾石层;7.砂砾石层;8.黏土;9.若性界线;10.推测界线

之江组厚6.3m,岩性底部为浅黄色、棕黄色碎砾石,其上为棕红色、棕黄色含砾亚黏土,再向上为棕黄色、棕红色砾石混亚黏土,顶部为棕红色、褐黄色亚黏土。蠕虫状网纹构造发育,砾石表面也印有网纹痕迹。本组下部产孢粉 *Pinus*,*Quercus*,*Polypodiaceae*,*Cupressaceae*,*Gramineae*,*Salix*,*Juglans*,*Ilex*,*Acar*,*Ulmus*,*Carpinus*,*Fagus*,*Taxodiaceae* 等。根据孢粉组合,本组时代为中更新世。

剖面露头良好,记录了浙江区域第四纪中更新世地层的冲洪积沉积特征及地质环境信息,是浙江中更新统之江组地层对比划分的标准剖面。

该剖面位于西湖国家风景名胜区内,2013年被列为浙江省首批重要地质遗迹保护点(地),并设立科普标识牌。

73. 衢江莲花莲花组剖面(G076)

莲花组(Qp*l*)属第四纪地层,由浙江省区域地质测量大队(1966)创名,命名地点在浙江省衢州市衢江区莲花村。本剖面为莲花组的正层型,由浙江省区域地质测量大队(1964)测制。

莲花组厚4m,下部为灰黄色砾石层、砂砾石层。砾石含量达60%~80%,为细砂或粉砂充填胶结,厚度3m。砾石成分以硅质岩、花岗岩、火山岩为主,大小一般为3~10cm,呈现次圆状、滚圆状、长椭圆状,砾石风化程度相对较低。上部为棕黄色亚砂土、粉砂质亚黏土层。底部含铁锰胶膜,有铁锰结核,土质松散,明显具沙感,其黏性、可塑性较差,厚度1m。地层具典型之二元结构,反映河流沉积特点。本组产孢粉 *Salix*,*Quercus*,*Ficus*,*Magnolia*,*Lauraceae*,*Rosaceae*,*Leguminosae*,*Polypodiaceae*,*Polypodium*,*Adiantum*,*Pteris*,*Tsuga*,*Carpinus*,*Castanopsis*,*Lithacarpus*,*Euphorbia*,*Artemisia*,*Lygodinm*,*Osmunda*,*Gleichenia*,*Angiopteris*,*Adianum* 等。根据孢粉组合,本组时代为晚更新世。

该剖面出露完整,记录了浙江晚更新世河流相沉积环境,是浙江上更新统莲花组地层对比划分的标准剖面。它对研究浙江晚更新世地层划分、沉积环境、古气候环境等具有重要意义。

2017年,该剖面被列为浙江省第二批重要地质遗迹保护点(地),并要求设立科普标识牌。

74. 三门沿赤海滩岩剖面(G077)

海滩岩是指形成于砂质海滩的潮间带内、由碳酸盐胶结海滩沉积物而成的一种海岸带碳酸盐胶结岩。沿赤海滩岩由高中和、陈晓明(1994)首次发现,并进行了详细的调查和研究。

沿赤海滩岩分布在海湾内,处于海滩潮间带上部,呈 NEE65°走向分布,倾向约 NEE25°,出露长度约 300m,宽度 50～80m,厚度大于 3m(图 3-65)。

图 3-65　三门沿赤海滩岩现状及露头

剖面可分为三部分:下部为含砾石贝壳砂质岩,一般厚度为 0.3～0.8m,砾石磨圆度较好,呈现次浑圆状,大小一般在 2～5cm 之间,个别大者达 8～10cm,含量达 20%左右,局部达 50%,砾石成分以火山碎屑岩为主;中部为灰色砂质贝壳岩,含少量砾石和细砂,含量在 5%～10%之间,砾石一般较小,以贝壳碎屑为主,该层厚度一般为 0.5～1m;上部为灰黄色含贝壳细砂岩,以细砂为主,主要成分为长石,少量石英以及不均匀分布的贝壳碎屑,岩石基本固结,地层向海一侧倾斜,厚度大于 1m。高中和等对海滩岩 ^{14}C 采样测定,同位素年龄值为(2 936±193)a B P(半衰期取 5 730 年)。

海滩岩的位置指示了全新世早中期海平面的高程。据海滩岩的年龄和分布位置等资料,可建立海平面变化曲线。沿赤海滩岩是浙江东南沿海已知规模最大、保存最完整的海滩岩,对研究浙江省及中国东部沿海海平面变化,以及全新世以来的古气候、古环境等的演变具有重要意义。

2013 年,该遗迹被列为浙江省首批重要地质遗迹保护点(地),并设立科普标识牌。

75. 岱山小沙河海滩岩剖面(G078)

小沙河海滩岩由浙江省地质环境总站(1989)首先发现,赵健康等(1994)和杨守仁等(1995)对岱山小沙河海滩岩进行了详细的研究。

海滩岩分布宽度约 60m,长度与宽度一致,由砾石、含砾中细砂或含砾中粗砂和生物贝壳组成,局部由中细砂胶结而成,构成 4 个粗细旋回,每个旋回厚 10～30m,胶结坚硬,波状或薄层组状砂砾石层,单层厚 5～20cm,贝壳含量 5%,单层状向海缓倾斜,倾角 5°～10°,顶面高程 −1～+1m。赵健康等对海滩岩 ^{14}C 测年结果为(3 780±100)a B P、(2 985±110)a B P 和(2 730±125)a B P。杨守仁等采用棒锥螺壳体做 ^{14}C 测年,结果为(5 160±170)a B P。

海滩岩的出露指示了全新世中晚期潮间带的位置,对比现代海湾潮间带的高程,反映了海平面的变化过程。小沙河海滩岩是省内分布纬度最高的海滩岩,对研究浙江省及中国东部沿海海平面变化,以及全新世以来的古气候、古环境等的演变具有重要意义。

2013 年，该遗迹被列为浙江省首批重要地质遗迹保护点(地)，并设立科普标识牌。

第三节　岩石剖面类

岩石剖面类属基础地质大类，可分为侵入岩剖面、火山岩剖面和变质岩剖面 3 个亚类。浙江全省该类共有重要地质遗迹 29 处，其中以侵入岩剖面亚类为主，有 23 处，火山岩剖面亚类有 4 处，变质岩剖面亚类有 2 处(表 3-4)。

表 3-4　岩石剖面类地质遗迹简表

遗迹类型及代号		遗迹名称	形成时代	保护现状	利用现状
侵入岩剖面	G079	龙泉淡竹花岗闪长岩	滹沱纪	省重要地质遗迹保护点	科研/科普
	G080	松阳里庄花岗闪长岩	滹沱纪	省重要地质遗迹保护点	科研/科普
	G081	龙游上北山超镁铁质岩	蓟县纪	省重要地质遗迹保护点	科研/科普
	G082	龙游白石山头榴闪岩	蓟县纪	省重要地质遗迹保护点	科研/科普
	G083	松阳大岭头斜长花岗岩	南华纪	省重要地质遗迹保护点	科研/科普
	G084	龙泉骆庄花岗岩	南华纪	省重要地质遗迹保护点	科研/科普
	G085	龙泉狮子坑橄榄岩	南华纪	省重要地质遗迹保护点	科研/科普
	G086	诸暨次坞辉绿岩	青白口纪	省重要地质遗迹保护点	科研/科普
	G087	诸暨道林山碱长花岗岩	青白口纪	省重要地质遗迹保护点	科研/科普
	G088	柯桥上灶斜长花岗岩	青白口纪	省重要地质遗迹保护点	科研/科普
	G089	柯桥赵婆岙石英闪长岩	青白口纪	省重要地质遗迹保护点	科研/科普
	G090	诸暨璜山石英闪长岩	青白口纪	省重要地质遗迹保护点	科研/科普
	G091	诸暨石角球状辉闪岩	青白口纪	省重要地质遗迹保护点	科研/科普
	G092	遂昌翁山二长花岗岩	三叠纪	省重要地质遗迹保护点	科研/科普
	G093	东阳大爽石英二长岩	三叠纪	省重要地质遗迹保护点	科研/科普
	G094	遂昌柘岱口碎斑熔岩	白垩纪	无	科研
	G095	龙游沐尘石英二长岩	白垩纪	省重要地质遗迹保护点	科研/科普
	G096	青田鹤城碱性花岗岩	白垩纪	省重要地质遗迹保护点	科研/科普
	G097	苍南瑶坑碱性花岗岩	白垩纪	省重要地质遗迹保护点	科研/科普
	G098	普陀桃花岛碱性花岗岩	白垩纪	省重要地质遗迹保护点、省级风景名胜区	科研/科普/观光
	G099	普陀东极岛基性岩墙群	白垩纪	省重要地质遗迹保护点	科研/科普/观光
	G100	岱山衢山岛花岗岩淬冷包体群	白垩纪	无	科研
	G101	吴兴王母山苦橄玢岩与霓霞岩	新近纪	省重要地质遗迹保护点	科研/科普
火山岩剖面	G102	乐清大龙湫球泡流纹岩	白垩纪	世界地质公园	科研/科普/观光
	G103	乐清方洞火山碎屑流相剖面	白垩纪	世界地质公园	科研/科普/观光
	G104	乐清智仁基底涌流相剖面	白垩纪	省重要地质遗迹保护点	科研/科普
	G105	嵊州方田山玄武岩岩流单元	新近纪	省重要地质遗迹保护点	科研/科普

续表 3-4

遗迹类型及代号		遗迹名称	形成时代	保护现状	利用现状
变质岩剖面	G106	龙泉查田变质岩基底碎屑锆石	滹沱纪	省重要地质遗迹保护点	科研/科普
	G107	青田芝溪头变质杂岩剖面	二叠纪	省重要地质遗迹保护点	科研/科普

一、侵入岩剖面

侵入岩是浙江省各地质时期重大构造岩浆事件的产物，主要反映了省内古元古代陆壳形成初期、新元古代大陆裂解、加里东运动、印支期末与燕山初期构造转换、燕山晚期等阶段岩浆作用特点。其中分布在丽水地区众多的古元古代侵入岩，以龙泉淡竹岩体为代表，记录了华夏陆块古元古代陆壳再造事件，以及 Columbia 超大陆聚合向裂解转折的信息；分布在萧山、富阳和诸暨交会处的新元古代双峰式侵入岩，即次坞辉绿岩和道林山碱长花岗岩，记录了青白口纪晚期罗迪尼亚超级大陆由聚合转为裂解的过程；分布在浙东沿海地区众多的碱长花岗岩和碱性花岗岩等岩体，记录了浙江燕山晚期构造环境的伸展拉张过程，是浙江燕山运动结束的重要标志。按照地质遗迹形成时代的先后顺序，选择典型遗迹介绍如下。

（一）元古宙

1. 龙泉淡竹花岗闪长岩（G079）

淡竹花岗闪长岩分布在龙泉市淡竹南侧，出露面积约 0.25km^2，侵入于八都（岩）群黑云斜长片麻岩、角闪片麻岩等中变质岩中。岩体南部被吴公燕山早期二长岩侵入，西北侧被北北东向花岗斑岩脉切割。

岩体主体岩性为灰白色片麻状花岗闪长岩，岩石中含有大量扁豆状、透镜状约 40cm 大小的角闪变粒岩、黑云斜长变粒岩、花岗质岩石以及石英质岩石等同源或异源包体。受区域性变质作用影响，岩体经历了变质变形和混合岩化作用，属于混合类型岩体。岩体锆石 U-Pb 结晶年龄为（1 878±27）Ma（胡雄健等，1991）和（1 840±67）Ma（甘晓春等，1993），其时代属于古元古代晚期（吕梁期），它是目前中国华南地区最古老的侵入岩之一。

岩体肯定了我国东南大陆古元古代变质地层的存在，并在此基础上提出浙闽陆块的概念，认为它隶属于中国早前寒武纪陆台。岩体在确定我国东南大陆古老基底的时代，以及古元古代晚期岩浆活动特征方面具有重要的科学价值，同时验证了华夏陆块的存在。

2013 年，该岩体被列为浙江省首批重要地质遗迹保护点（地），并设立科普标识牌。

2. 松阳里庄花岗闪长岩（G080）

里庄花岗闪长岩分布在松阳县里庄一带，出露面积大于 10km^2，岩体侵入于古元古代八都（岩）群变质岩系中，因变形程度不同而呈现不同的岩石面貌。岩体受变质变形作用，可划分为弱变形带和中强变形带，岩石呈现典型的片麻岩特征。据天津地质矿产研究所单矿物结晶锆石测定，年龄在 1 838～1 808Ma之间，表明岩体形成于古元古代晚期。

弱变形区：岩石呈灰色，变余斑状结构，弱片麻状构造，保存较好的岩体外貌。斑晶为斜长石，粒径一般 1～3mm，个别 5cm，自形程度较好，呈板状，含量 5%～15%；基质以斜长石、石英为主，粒径 0.5～2mm，斜长石 55%～60%、石英 20%～25%。暗色矿物以黑云母为主，少量角闪石，含量 10%～

15%。石榴石普遍存在，含量5%～15%。岩体中常见同源或异源不规则团块斜长角闪岩包体(其原岩可能是闪长质岩)，直径15～30cm，边界清楚，普遍发生重结晶。

中强变形区：与弱变形区呈过渡关系，岩石呈灰白色，片麻状构造，局部条带状构造和眼球状构造。眼球体以长石为主，偶有石榴石，具旋转拖尾现象。主要矿物为斜长石(25%～60%)、石英(15%～50%)、钾长石(5%～20%)，粒径0.5～2mm。暗色矿物含量2～45%，分布不均匀，以黑云母为主，次为角闪石，矿物蚀变为绿帘石、绿泥石。常见石榴石呈粒状集合体出现，分布不均匀，含量5%～15%。岩体中有较多形态各异的同源或异源暗色包体，岩性为斜长角闪岩、石榴斜长角闪岩，大者50～70cm，小者0.5～2cm，边界清楚，普遍已发生强烈的压扁变形和重结晶，呈扁豆状及长条状产出，定向排列，长轴方向与岩石片麻理一致。

岩体与八都(岩)群属同期变质变形，岩性组合多样，结构类型完整且清晰，保留有大量的中基性包体，表明存在岩浆混合作用。该岩体对研究古元古代末期大地构造、岩浆侵入及地质发展史有重要意义。

2013年，该岩体被列为浙江省首批重要地质遗迹保护点(地)，并设立科普标识牌。

3. 龙游上北山超镁铁质岩(G081)

上北山岩体呈无根团块状、透镜状散布在八都(岩)群矽线二云糜棱片岩、角闪质糜棱岩中，出露规模均较小，总面积不到0.01km^2，与围岩呈明显的构造接触，未见热液变质晕圈。整个地区以普遍而强烈的韧性剪切变形为其特色，岩体边部糜棱面理尤为发育，并与围岩之片理方向一致。

主体岩性为辉石橄榄岩，局部为蛇纹石化或蛇纹石岩，岩石呈灰黑色—绿黑色，纤维粒状变晶结构，网格状(风化岩石表面非常清楚)、块状、隐约条纹状构造。主要矿物成分为橄榄石55%～60%，多数已蛇纹石化和伊丁石化，仅保留橄榄石形态；蛇纹石呈片状、板状，具环带状构造，并与磁铁矿一起构成网环状结构；辉石20%～25%，普通角闪石5%，少量磁铁矿和金云母。

岩石化学成分SiO_2为38.94%～45.15%，Fe_2O_3>FeO，MgO/FeO为5～50，表现为富镁特点。

岩石稀土总量∑REE为(8.65～22.89)×10^{-6}，与富集型洋中脊玄武岩(E-MORB)具有相同的曲线特征，只是表现在强烈钾亏损，属低钾拉斑玄武岩系列。岩石全岩Sm-Nd年龄为1 735Ma，Nd同位素值=0.510 6，$\varepsilon_{Nd}(t)$=+4.0，说明原岩来自于亏损地幔源的岩浆产物，形成于不成熟的大洋岛弧环境。

岩体是华东地区古元古代晚期洋壳残片的重要已知实例，对研究中元古代江山-绍兴拼合带的碰撞这一重大地质问题具有特殊的意义，同时对研究华南地区古元古代大洋板块的消减以及该时期浙东南变质基底构造演化具有重要地质意义。

2013年，该岩体被列为浙江省首批重要地质遗迹保护点(地)，并设立科普标识牌。

4. 龙游白石山头榴闪岩(G082)

白石山头榴闪岩出露在龙游县南侧古元古代中深变质岩中，构造位置处于浙江一级构造单元江山-绍兴拼合带南侧边缘。岩体出露面积约20m^2，呈圆柱状产出，与周边强风化之片岩、变粒岩或片麻岩极不协调，其附近伴随有多处超镁铁质岩分布，出露面积较小，呈无根产出。

榴闪岩，全名为石榴石角闪岩(图3-66)，由石榴石(40%～45%)、透辉石(25%±)、角闪石(20%～25%)、石英(5%+)和斜长石(5%-)组成。经锆石年龄测定，成岩年龄829Ma，进变质年龄650Ma，退变质年龄451.5Ma。

榴闪岩在浙江省属首次发现，它与白石山头一带超镁铁质岩相伴生，均无根产出，它们是新元古代洋壳重要的实物标本，也是江山-绍兴拼合带构造混杂岩带的重要证据。

2013年，该岩体被列为浙江省首批重要地质遗迹保护点(地)，并设立科普标识牌。

图 3-66　白石山头榴闪岩露头(a)及镜下石榴石、角闪石和斜长石组合(单偏光)(b)

5. 松阳大岭头斜长花岗岩(G083)

大岭头斜长花岗岩出露在松阳竹源—大岭头一带,侵入于陈蔡群变质岩断块内。岩体与围岩接触界线清楚,片麻理与围岩一致,接触界面与片麻理、片理主要呈斜交,局部平行。内接触带常发育伟晶岩和硅质团块,并有斜长角闪岩、黑云片岩捕虏体和残留体。岩石呈灰色,具弱片麻状构造,变余细粒—中粒花岗结构。矿物成分以斜长石(65%～80%)、石英(15%～30%)为主,黑云母和白云母含量在5%左右。

大岭头斜长花岗岩时代为中—新元古代,它源于上地幔分熔的基性岩浆分异结晶作用的产物,是中国东南沿海地区仅有的几处由地幔岩浆分异结晶的实例,对研究华夏陆块早期地幔岩浆侵入及分异作用与大地构造演化具有重要意义。

2017年,该岩体被列为浙江省第二批重要地质遗迹保护点(地),并要求设立科普标识牌。

6. 龙泉骆庄花岗岩(G084)

骆庄花岗岩出露于龙泉-孙坑断裂西南段,长约5km,宽600～800m,面积约3.5km^2。岩体侵入于八都(岩)群泗源岩组变质岩中,近南北向展布。因受区域变质作用及韧性剪切作用影响而变质成片麻岩,局部糜棱岩化。岩体形成于新元古代(晋宁晚期)。

骆庄岩体具鳞片花岗变晶结构、片麻状构造,主要矿物为石英、钾长石、斜长石,次为黑云母(10%)。

该岩体记录了晋宁期岩浆活动特征,经历了区域变质作用,对研究浙江华夏陆块晋宁期构造运动、大地构造环境、地质发展史等方面具有重要的科学价值。

2013年,该岩体被列为浙江省首批重要地质遗迹保护点(地),并设立科普标识牌。

7. 龙泉狮子坑橄榄岩(G085)

该橄榄岩体出露于龙泉-孙坑断裂南西端狮子坑、泥岭头、黄畲一带,6处露头大致呈北东向分布于中元古界陈蔡群(或龙泉群)变质岩中,组成北东向链状条带,单个透镜体(或椭圆状)一般长100～900m,宽40～400m,最大一处露头为0.15km^2,总面积0.2km^2。岩体受后期区域变质作用影响,部分岩石已经变质,局部片理化,产状大致与围岩片理产状相近。岩体岩性主要为橄榄岩,其次为辉橄岩等，岩石均已不同程度的蛇纹石化、滑石化、透闪石化。橄榄岩呈灰绿色—墨绿色，块状构造，包橄结构，变余半自形粒状结构。其中橄榄石、辉石均被蛇纹石交代，仅留假象。角闪石部分被绢云母、滑石及碳酸盐交代。

岩体露头出露良好，变质作用特征明显，是省内罕见的晋宁期超基性岩体。对研究浙江省晋宁期构造岩浆活动、地质发展史与构造单元划分具有重要意义。

2013年，该岩体被列为浙江省首批重要地质遗迹保护点（地），并设立科普标识牌。

8. 诸暨次坞辉绿岩（G086）

次坞岩体沿双溪坞群和河上镇群组成的北东向背斜南东翼侵入，呈北东向断续出露，长15km，宽2～4km，面积达$14km^2$，岩体被晋宁晚期道林山碱长花岗岩体侵入破坏。

次坞岩体主体岩性为辉绿岩，局部过渡为辉长辉绿岩。辉绿岩呈墨绿色、块状，具辉绿结构、含长结构，矿物成分以斜长石为主，占60%～65%，呈自形柱状，部分可具环带结构，已不同程度的绢云母化与绿帘石化，有的具斜长石假象。暗色矿物含量30%～35%，由辉石（主）、角闪石（次）、黑云母（少）等组成。辉石已不同程度的闪石化、阳起石化；黑云母交代辉石、角闪石。

辉绿岩固结指数SI值大部分在30以上，个别达44，非常接近上地幔局部熔融岩浆的SI值。岩石铁镁组分为17%～20%，CIPW标准矿物中均出现铁镁橄榄石。铕值在0.94～1.02之间，呈现微弱负异常或正异常。岩石结晶锆石U-Pb同位素测得年龄值为814Ma（董传万，2009），时代为新元古代中期。

岩体是晋宁晚期地壳拉张伸展时期岩浆侵入的产物，具有典型的幔源型特点，同期（略晚）伴随有碱长花岗岩侵入（图3-67），两者具有相似的时间和相同的空间，构成典型的双峰式岩系。

图3-67 次坞辉绿岩露头(a)（后期碱长花岗岩侵入）及标识牌(b)

次坞岩体为浙江扬子地层区晋宁期面积最大、时代最早的基性侵入岩体，是华东地区晋宁期重要的幔源型辉绿岩体，处于晋宁晚期拉张伸展环境，为典型的裂谷属性，是全球罗迪尼亚大陆裂解在华南陆块响应的重要实物，因此在大地构造研究方面具有重要的科学价值。

2013年，该岩体被列为浙江省首批重要地质遗迹保护点（地），并设立科普标识牌。

9. 诸暨道林山碱长花岗岩（G087）

道林山岩体与次坞岩体共生，沿双溪坞群和河上镇群组成的北东向背斜南东翼侵入，断续出露长近20km，宽3～5km，出露面积约31.5km^2。与次坞辉绿岩体、双溪坞群章村组和河上镇群呈侵入关系；与南华系休宁组呈不整合关系。岩体侵入导致围岩交代作用和强烈的同化混染现象。岩性为碱长花岗岩，依据矿物粒度大小明显可以划分两个相带，即内部相和外部相(图3-68)。

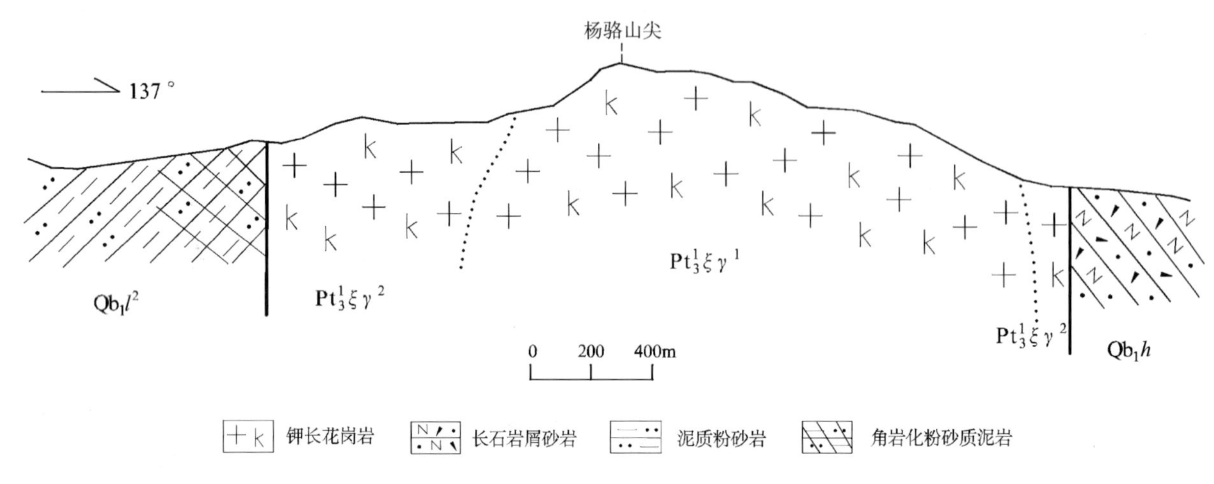

图3-68 道林山碱长花岗岩剖面图

外部相：呈现细粒—微细粒结构，矿物粒度细小，粒径一般在0.2～1.5mm之间；内部相：呈现细—中粒或中粒结构，粒径在1.5～4mm之间。岩体的外部相与内部相两者呈渐变过渡关系。

岩体岩性以碱长花岗岩为主，肉红色，具全晶质粒状结构。矿物成分主要为微纹长石(73%)和石英(26%)，含少量黑云母和角闪石。

道林山岩体以富硅(SiO_2 72%～76%)、富碱(Na_2O+K_2O 7.90%～9.29%)，明显贫MgO(0～0.35%)、贫CaO(0.02%～0.92%)和贫铁(TFeO 1.60%～3.65%)为特征，反映其具弱过铝质A型花岗岩特点。岩石结晶锆石U-Pb法同位素年龄值为812Ma(董传万，2006)，时代为新元古代(晋宁期)。

岩体代表了地壳拉张伸展环境下的岩浆侵入产物，与次坞辉绿岩空间上紧密相伴，时间上略为稍后，组成了晋宁期地壳拉张伸展环境下的双峰式岩系。道林山岩体是浙江扬子地层区最早的碱长花岗岩体，同时也是目前华南地区发现的最古老A型花岗岩，具有典型的裂谷属性，代表了新元古代全球罗迪尼亚大陆裂解在华南陆块响应的重要实物，因此在大地构造研究方面具有重要的科学价值。

2013年，该岩体被列为浙江省首批重要地质遗迹保护点(地)，并设立科普标识牌。

10.柯桥上灶斜长花岗岩(G088)

上灶斜长花岗岩出露于绍兴市柯桥区上灶一带，沿横溪-东堡断裂带侵入于平水群第三旋回之中，大致呈北东向长条形展布，面积约0.33km^2。由于受区域动力变质作用影响，岩体蚀变强烈，片理化发育，局部还伴有糜棱岩化(图3-69)。

斜长花岗岩呈浅灰白色，具花岗结构、变余柱粒状结构。矿物粒径一般在0.5～2mm之间，主要由斜长石52%～65%、石英20%～36%、黑云母2%～8%及少量白云母等矿物组成。石英均呈破碎状，具波状消光。岩石具绿泥石化、绢云母化、白云母化蚀变。根据结晶锆石U-Pb同位素测定，岩体年代为(902±5)Ma，属新元古代早期。

上灶斜长花岗岩时代为新元古代早期，源于地幔岩浆分异结晶作用，处于活动大陆边缘或者岛弧构造环境。研究认为它是目前华南第一例大洋斜长花岗岩、世界第五例幔源岩浆结晶分异形成的大洋斜长花岗岩。岩体是研究中元古代末期至新元古代早期华夏与扬子两大陆块构造格局的重要实物证据，对研究区域大地构造背景具有重要的指示意义。

图 3-69 上灶斜长花岗岩露头(a)及标识牌(b)

2013 年，该岩体被列为浙江省首批重要地质遗迹保护点(地)，并设立科普标识牌。

11. 柯桥赵婆岙石英闪长岩(G089)

该岩体位于绍兴县平水镇西北，江山-绍兴拼合带西北边缘。岩体呈北东东向，长约 6km，宽 0.7～1.5km，面积约 5.43km^2，主体岩性为石英闪长岩(图 3-70)，局部过渡为花岗闪长岩。根据结晶锆石 U-Pb 同位素测定，年龄值为(905±14)Ma，属新元古代早期。

图 3-70 赵婆岙石英闪长岩露头(a)及标识牌(b)

该岩体侵入于双溪坞群平水组细碧角斑岩中。依据岩石结构构造及矿物成分的不同，岩体可划分为两个相带。

边缘相：主要出露了圆里宽—镇山一带，出露宽度 50～250m。岩性具细粒结构、显微文象结构、花斑结构；由斜长石(65%～70%)、微纹长石(2%～5%)、石英(18%～20%)、角闪石(8%～10%)及次生矿物绿帘石、绿泥石(2%～3%)组成，矿物粒径为 0.2～1mm。角闪石部分已被绿帘石和绿泥石交代，呈残留假象。

内部相：岩石呈灰绿色，中细粒半自形柱粒状结构、文象结构；由斜长石(68%～76%)、微纹长石

(5%～15%)、石英(15%～23%)、角闪石(8%～12%)组成，矿物粒径为0.5～3mm。石英具波状消光，角闪石多为绿泥石、绿帘石交代。

赵婆岙石英闪长岩时代为新元古代早期，源于地幔岩浆分异结晶作用，是浙江新元古代早期扬子陆块与华夏陆块碰撞期岩浆侵入的重要标志，同时经历了变质变形作用。

2013年，该岩体被列为浙江省首批重要地质遗迹保护点(地)，并设立科普标识牌。

12. 诸暨璜山石英闪长岩(G090)

璜山石英闪长岩沿江山-绍兴拼合带分布，岩体呈北东向展布，长28km，宽1～4km，侵入于陈蔡群变质岩系。岩体内见有较多的斜长角闪岩、辉石角闪岩、角闪石岩等陈蔡群变质岩系捕虏体，以及早期地壳深部的超镁铁岩块，其中以石角辉石角闪石岩和球状辉石角闪岩为代表。石英闪长岩LA-ICP-MS结晶锆石U-Pb定年表明，岩体年龄818Ma(王孝磊，2012)，为新元古代。

岩体以石英闪长岩为主，局部过渡为闪长岩。岩石呈灰色，具细中粒—中细粒半自形粒状结构，粒径一般为0.2～4mm，矿物成分为斜长石(50%～60%)、微纹长石(一般少于10%)、石英(5%～19%)和暗色矿物(20%～40%，以黑云母、角闪石为主，少量辉石)。受加里东期江绍断裂韧性剪切作用影响，岩体糜棱岩化现象较为普遍。

璜山石英闪长岩体，形成时代为晋宁期，对研究新元古代江绍断裂带岩浆侵入活动与大地构造环境具有重要的科学价值。岩体内部包含有大量的超镁铁岩体，对研究碰撞带混杂岩以及古洋壳组分具有重要的科学价值。同时岩体中发育韧性剪切形成的糜棱岩带，为研究江绍断裂带加里东期构造作用提供了实物证据。

2017年，该岩体被列为浙江省第二批重要地质遗迹保护点(地)，并要求设立科普标识牌。

13. 诸暨石角球状辉闪岩(G091)

诸暨石角一带的璜山石英闪长岩中，分布着一种叫辉闪岩的超镁铁质岩，出露面积最大约0.48km²，其他面积在几平方米至几百平方米不等。钻孔资料表明石角地区辉闪岩均属无根产出。在石角一处辉闪岩中，存在一种带球状构造的辉闪岩，分布面积约170m²，其岩石结构和构造非常特殊。此类具有球状构造的辉闪岩，由同心圈层状的粗粒黑褐色角闪石层和黄绿色辉石层频繁相间构成球状结构(图3-71)，故称之为球状辉闪岩。在切面上可见球状结构的圈层形态以椭圆状、腰子状、圆状等为主(图3-72)。球体大小不一，长径通常5～20cm。球体之间胶结物均为角闪石和辉石，球体因挤压紧密相贴，在一些较好露头上可看到球的排列略显方向性，且可看到因挤压球体被拉长现象，呈长椭圆状、不规则状，反映出塑性变形的特点。

图3-71 石角球状辉闪岩露头

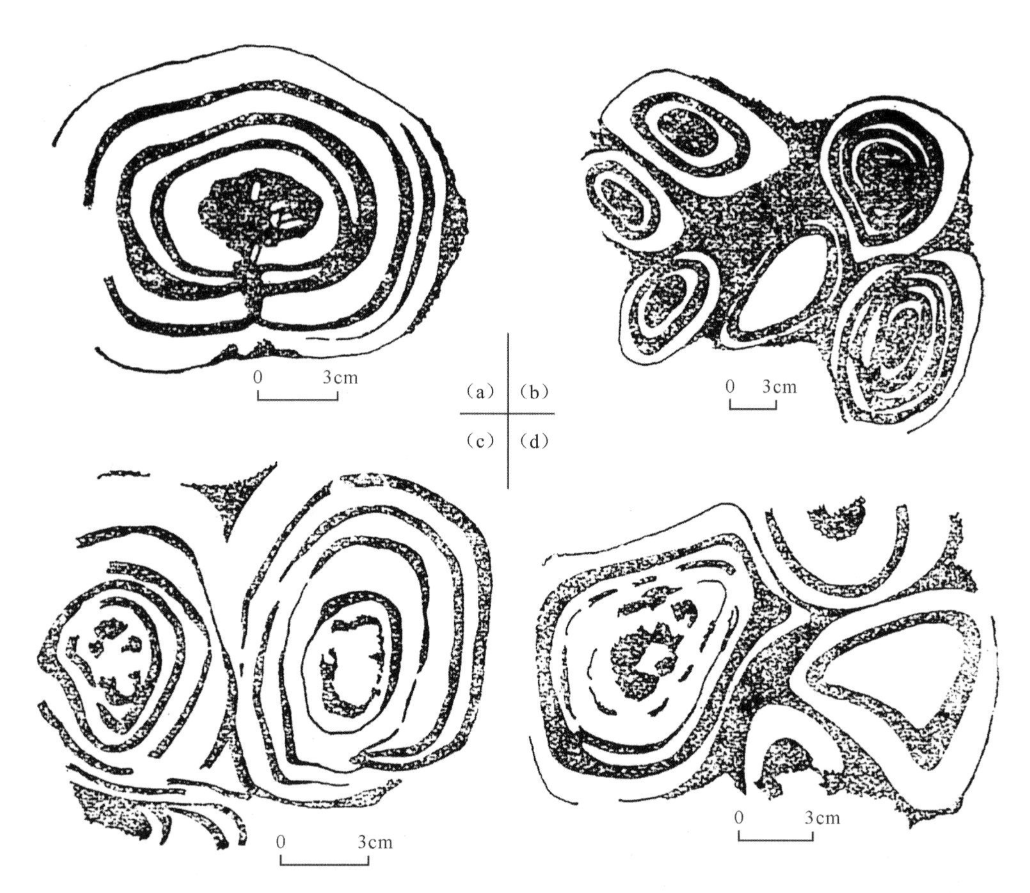

图 3-72 球状辉闪岩结构素描(据周新民等,1990)
壳层和基质中黑色部分代表角闪石,白色代表辉石。(a)单个球体的截面;(b)球状岩;
(c)外部壳层被截断或变形的球状岩;(d)显著变形的球状岩

从球体的中心到边缘,矿物的分布大致为辉石—角闪石—辉石,交替出现,圈层数一般为3～4层,多者可达9层,构成椭球状相间的同心壳层。在岩石的风化露头表面,角闪石圈层外凸,显示出相对较强的抗风化能力,辉石则内凹,两者相间呈现了清晰的同心圈层。LA-ICP-MS结晶锆石U-Pb同位素测年表明,石角辉闪岩年龄为844Ma(王孝磊等,2012),略早于璜山石英闪长岩(818Ma),时代为新元古代。

石角球状辉闪岩是璜山石英闪长质岩浆从深部捕获所致,它揭示了华南陆块裂解期岩浆活动所提供的地壳深部重要地质信息。石角超镁铁质球状构造是全球唯一已知实例,其极为特殊的岩石类型及结构构造,为人们了解和认识此类地质现象提供了重要的实物标本。

2013年,该岩体被列为浙江省首批重要地质遗迹保护点(地),并设立科普标识牌。

(二)中生代

1.遂昌翁山二长花岗岩(G092)

岩体分布在遂昌县城东南侧,西起洞康,东至水碓,北达峡下岭,南至半坪坳,总体呈北东向延伸,面积约10km^2。岩体西北侧侵入于八都(岩)群变质岩中,东、西两端被早白垩世火山岩不整合覆盖,岩体时代属印支期。

二长花岗岩为灰红色,似斑状中粒花岗结构,变余花岗结构,局部变晶结构,块状构造。矿物主要由微纹长石、斜长石、石英和少量黑云母组成,其中巨斑状微纹长石非常醒目,呈板状、板柱状,具有卡氏双晶，大小 2～5cm；岩石 SiO_2 含量变化大(67.52%～74.54%)，平均为 70.18%；全碱平均8.24%，里特曼指数平均 2.7，属钙碱性岩类。

岩体形成与华夏陆块基底岩系的部分熔融有着直接关系，由底侵的幔源岩浆与其诱发熔融的深部壳源岩浆经混合后，并经一定程度的分异演化，最后在地表一定深度定位，经历了壳幔岩浆混合过程。

岩体侵入时代处于浙东南陆缘活动发展阶段早期，时代属印支期。印支期侵入岩在全省出露较少，翁山二长花岗岩良好的露头及接触关系是研究全省印支期岩浆活动的重要场所。

2017 年，该岩体被列为浙江省第二批重要地质遗迹保护点(地)，并要求设立科普标识牌。

2. 东阳大爽石英二长岩(G093)

大爽岩体主要出露于东阳市罗山乡大爽村一带，呈北东向纺锤状展布的岩株产出，总面积约 $26km^2$。岩体侵入于陈蔡群中，与早白垩世磨石山群火山碎屑岩呈不整合接触。岩体中可见变质岩捕虏体和闪长质包体，捕虏体岩性主要为混合岩化黑云变粒岩、黑云斜长变粒岩类，大小悬殊，界线大部分模糊。岩体可分为内带和外带两部分。

内带：斑状细中粒石英二长岩(图 3-73)，位于岩体东半部，面积约 15 km^2。岩石具有典型之似斑状构造，由斑晶和基质组成。斑晶以巨大肉红色微纹长石为特征，呈板柱状，略有定向排列，斑晶大小 2cm×5cm，发育典型的卡氏双晶。基质呈深灰色、浅褐色，细中粒花岗结构，粒径为 0.6～4mm，多数大于 2mm，主要由斜长石、微纹长石、黑云母、石英等组成。

图 3-73　大爽斑状石英二长岩露头(a)及闪长质包体(b)

外带：中细粒石英二长岩，呈葫芦状分布于岩体西北边缘，面积约 $11km^2$。岩石呈浅肉红色、浅棕红色，花岗结构，粒径一般在 0.3～4.2mm 之间，多数小于 2mm，主要由斜长石、微纹长石、黑云母、石英等组成。

大爽岩体的形成与华夏陆块基底岩系的部分熔融有着直接关系，由底侵的幔源岩浆与其诱发熔融的深部壳源岩浆经混合后，并经一定程度的分异演化，最后在地表一定深度定位，它们经历了壳幔岩浆混合过程。岩体结晶锆石 U-Pb 法测得年龄为 247.5Ma(南京地质矿产研究所)，时代为早三叠世，反映了区域印支运动岩浆侵入特点。

大爽岩体是记录了浙江三叠纪早期的印支末期至燕山初期岩浆活动特点的唯一已知侵入岩实例，对研究浙江华夏陆块印支期末至燕山初期构造岩浆活动、大地构造格局具有重要意义。

2017 年，该岩体被列为浙江省第二批重要地质遗迹保护点(地)，并要求设立科普标识牌。

3. 遂昌柘岱口碎斑熔岩(G094)

该碎斑熔岩分布于遂昌柘岱口—双溪口一带，呈半圆形产出，面积大于 $140km^2$，处于柘岱口-双溪口复活破火山口内。岩体剖面形态呈蘑菇状，侵入大爽组和高坞组围岩，上部覆盖于茶湾组和西山头组地层之上。岩体内部根据岩石的成分和结构构造变化，由内而外依次划分为中央侵入体、内部相带、过渡相带和边缘相带。碎斑熔岩同位素年龄为(123±2)Ma，属于早白垩世早期。

中央侵入体：为坞石坑二长花岗斑岩体，呈不规则状，出露面积约 $4.3km^2$。斑晶较粗大(粒径 0.5～4cm)，由微纹长石、斜长石组成，其中肉红色微纹长石呈板柱状尤为醒目。基质具微粒结构，由长石和石英及暗色矿物组成。岩石化学 SiO_2 含量为 68%。

内部相带：仅在陈坑一带出露，大致围绕坞石坑二长花岗斑岩体(中央侵入体)呈环带状展布，宽 0～1km不等。岩性由酸性霏细—粒状碎斑熔岩组成，岩石具斑状或碎斑状结构。碎斑含量为 50%～60%，粒径以 2～5mm 为主，主要由微纹长石和石英组成，斜长石少量，微纹长石和石英碎斑碎而不散、散而不离、离而不远。微纹长石碎斑周围常见较典型的再生“珠边结构”(图 3-74)。

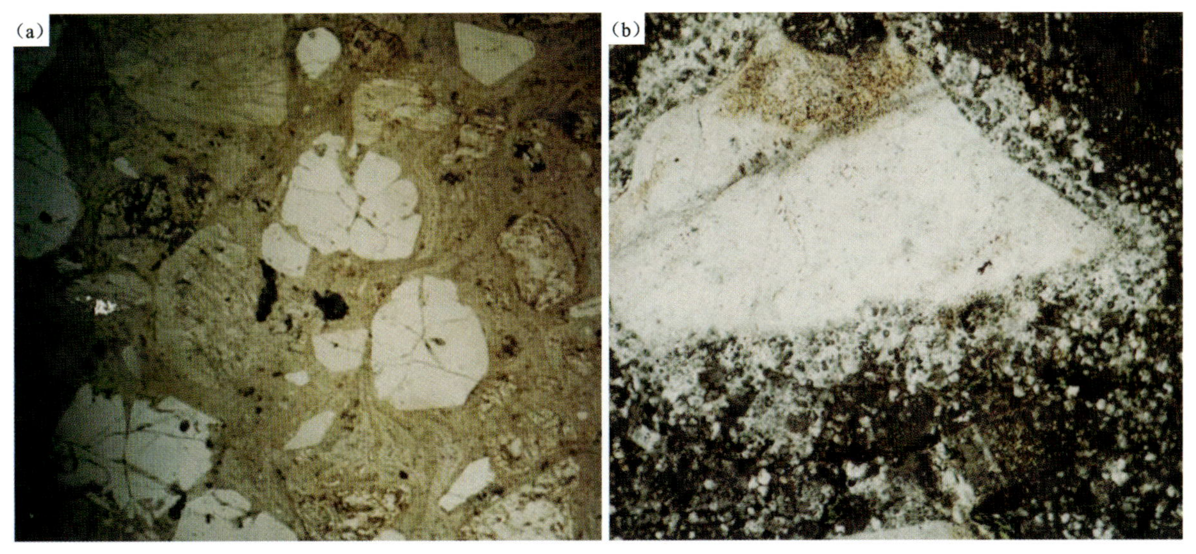

图 3-74　碎斑熔岩的“碎而不散”(a)和再生“珠边结构”(b)

过渡相带：出露范围较宽，遍及柘岱口—双溪口—高滩一带，构成碎斑熔岩的主体。岩性为酸性霏细粒碎斑熔岩，具有典型之碎斑状或斑状结构，碎斑主要由微纹长石、石英和少量斜长石组成，基质具霏细结构。碎斑微纹长石周边偶发育“珠边结构”，“珠边”不完整，普遍较窄，局部石英熔蚀现象较明显，多呈浑圆状。岩石中发育巨晶和聚斑现象。

边缘相带：分布于碎斑熔岩侵出体的边缘。宽窄不一，以大熟会—范山—市罗洋一带出露最宽。岩性主要为酸性玻质碎斑熔岩，岩石具碎斑状或斑状结构，碎斑由微纹长石、石英和少量斜长石组成，基质具玻质结构，碎斑微纹长石周边一般不见“珠边结构”。

该碎斑熔岩具有分带性，岩石矿物碎斑含量高，碎斑矿物具有“碎而不散、散而不离、离而不远”之特点，以及在微纹长石碎斑周边发育有清晰的“珠边结构”，此类现象是碎斑熔岩的重要标志。遂昌柘岱口碎斑熔岩是华东地区已知最大的白垩纪碎斑熔岩侵入体，它为研究浙江省酸性熔岩与酸性火山碎屑岩过渡岩石类型、火山构造背景提供了重要的实例。

4. 龙游沐尘石英二长岩(G095)

沐尘岩体分布在龙游县溪口—遂昌县双溪口一带,呈长 18km、宽 3~5km 之北北东向长椭圆状产出,面积约 $58km^2$。岩体时代为早白垩世晚期,即 112.1Ma。岩体结构分带明显,按岩石谱系单位划分原则,自外向内划分为 3 个岩石单元,即大山单元(K_1D)、梧村单元(K_1W)和下坞单元(K_1X)。

大山单元:由大山、彭山脚等 4 个侵入体划归而成,出露面积约 $35.2km^2$,分布在岩体边部,侵入最新围岩为早白垩世早期磨石山群火山岩。岩性为多斑状中细粒黑云角闪石英二长岩,具似斑状结构。斑晶含量大于 50%,主要为微纹长石、斜长石,大小 0.5~3.0cm;基质矿物由斜长石、微纹长石、石英、黑云母和角闪石组成,粒径为 0.5~4mm。岩体内部大山单元与梧村单元表现为脉动型侵入接触。

梧村单元:包括梧村和金鸡庵两个侵入体,出露面积 $11.5km^2$,发育在大山单元与岩体中心下坞单元之间,与下坞单元为涌动型侵入接触关系。岩性为斑状中细粒黑云角闪石英二长岩,似斑状结构。斑晶含量为 20%~30%,由微纹长石、斜长石组成,大小 0.5~1.2cm;基质矿物由斜长石、微纹长石、石英、黑云母和角闪石组成,粒径为 0.2~3mm。该单元发育有大量的闪长质包体。

下坞单元:由下坞、浙源里等 3 个侵入体组成,面积 $14.3km^2$,发育在岩体中心部位。岩性为细中粒黑云角闪二长岩,局部过渡为黑云角闪石英二长岩或石英闪长岩。矿物组分:斜长石 40%~45%,微纹长石 35%~40%,石英小于 5%,角闪石 15%,黑云母 2%,粒径为 0.5~4mm。岩石中含有少量暗色岩石包体,局部自形较好的微纹长石及暗色包体呈定向排列,构成岩体叶理构造。

沐尘岩体含大量暗色岩石包体(图 3-75),包体的岩石类型为微细粒二长闪长岩-辉长闪长岩,与岩体成分迥然不同。包体的基本特征:①包体分布不均匀,主要分布在中间梧村单元。包体分散存在,局部呈包体群产出。包体大小不等,长轴一般为 10~40cm,大者可过数米,小者仅 1~2cm,形态多样,以椭球形、卵圆形多见,亦有呈撕裂状、火焰状、扭曲状、水滴状和舌状等塑性形态,未见刚性的次棱角状包体。②包体中的暗色矿物主要是普通角闪石及黑云母,时有少量透辉石。浅色矿物主要为中长石及少量钾长石,偶见石英。各包体暗色矿物与浅色矿物比例不一。③包体一般为微细粒结构,大部分包体中心结晶较粗,往边缘变细。部分 3~25mm 大小的包体还发育冷凝边,在冷凝边外的寄主岩部分出现富钾长石、贫铁镁矿物的肉红色镶边构造。④包体与寄主岩之间的界线一般比较清晰,呈突变关系,但有的包体边缘呈锯齿状或港湾状,甚至被熔蚀成孤岛状,亦有的包体与寄主岩之间呈弥散状,甚至几乎已合二为一。⑤个别包体呈斑状结构,但斑晶分布极不均匀,一般分布在包体的

图 3-75　沐尘岩体发育的闪长质包体

边部，也可在包体的中央，还可横跨包体与寄主岩的接触界线，具冷凝边的包体则极少有斑晶。斑晶主要为环斑长石，且绝大多数为正环斑长石，除包体中常见环斑长石外，主岩中亦出现环斑长石，且主岩中环斑长石的分布也不均匀，往往靠近包体的部位数量较多，环边也较宽，暗色包体中的环边则为最宽。⑥采用 LA-ICP-MS 锆石 U-Pb 测年，获得石英二长岩年龄为(112.1±1.0)Ma，闪长质包体年龄为(112.4±1.2)Ma，它们的形成在时间上基本一致，表明岩浆具有典型的混合作用特点。上述特征说明沐尘岩体中的包体在成因类型上属淬冷包体。

沐尘岩体是较典型的成岩物质来源于同源的同熔型岩浆，具有明显的岩浆混合作用。3 个单元代表了 3 次岩浆侵入呈现的分带性，是省内白垩纪典型的热轻气球膨胀模式。剖面清晰地展示了沐尘岩体的内部结构构造特征和包体特征，对研究圈层式岩浆涌动式侵入和脉动式侵入方式及形成机制具有重要的意义。

5. 青田鹤城碱性花岗岩(G096)

鹤城岩体侵入于早白垩世磨石山群火山岩地层，出露面积约 $4km^2$。碱性花岗岩，由碱性长石(55%～70%)、石英(30%～40%)、碱性角闪石(3%～5%)和少量碱性辉石组成，其中以含钠闪石-钠铁闪石和霓石-霓辉石为特征，岩石发育花斑结构和晶洞构造。岩体 Ga 平均含量一般为 23.43×10^{-6}，Al_2O_3 含量较低，$10^4\times Ga/AI$ 值一般在 3.41～4.64 之间，远高出标准值 2.6 的水平，属典型的 A 型花岗岩。岩石结晶锆石 U-Pb 同位素年龄为 109Ma(彭亚明等，1991)，时代为早白垩世晚期。

青田鹤城岩体为浙闽沿海晚中生代岩浆活动带内产出的又一典型的后造山期碱性花岗岩，对研究燕山晚期岩浆演化、大地构造环境以及中国东部沿海地区 I—A 型岩浆带具有重要的科学价值。

2017 年，该岩体被列为浙江省第二批重要地质遗迹保护点(地)，并要求设立科普标识牌。

6. 苍南瑶坑碱性花岗岩(G097)

瑶坑岩体空间上呈椭圆状产出，面积约 $12km^2$。碱性花岗岩主要由微纹长石(65%±)、石英(>30%)及少量黑云母(3%±)、钠铁闪石(2%～3%)组成。副矿物包括锆石、萤石、独居石和钛铁氧化物等。岩体发育晶洞构造，晶洞内可见有长石、石英、萤石和碱性铁镁矿物(如钠铁闪石)充填，表明岩体定位较浅。少量镁质钠铁闪石和钠铁闪石的出现标志着岩体具有典型碱性花岗岩特征，这些碱性铁镁矿物多呈填隙状分布，结晶晚于长英质矿物。

岩体 Al_2O_3 含量普遍较低，而 Ga 平均含量偏高，$10^4\times Ga/AI$ 值一般在 3.2～4.0 之间，均大于 2.6判别值，属于典型的碱性花岗岩类。岩体结晶锆石 U-Pb 同位素年龄为(91.3±2.5)Ma(邱检生等，2000)，属晚白垩世早期岩浆活动之产物。

结合浙江沿海地区出露的碱性或碱长花岗岩时空产出，该岩体给人们提供了晚白垩世初期浙江大地构造背景的重要信息及证据，它代表了浙江整个燕山期岩浆活动最后一个环节，作为陆缘伸展构造火山岩组合的有机组成部分，形成于后造山期伸展引张背景，反映了一个岩浆构造旋回(燕山期)的结束。

2013 年，该岩体被列为浙江省首批重要地质遗迹保护点(地)，并设立科普标识牌。

7. 普陀桃花岛碱性花岗岩(G098)

桃花岛碱性花岗岩体分布于舟山桃花岛与虾峙岛一带，岩体中间被海水所分割，南北长约 10km，东西宽 6～8km，产状为岩株或岩基，陆地出露面积约 $29km^2$。岩体内部至边缘粒度分别为中细粒结构和细粒结构，分属两个单元，两者呈渐变关系，属同一次岩浆热事件，具有明显的涌动或脉动侵入特点。岩体单颗粒锆石 U-Pb 同位素年龄测定为(92.9±0.6)Ma，时代属晚白垩世早期。

岩体为灰白色中细粒、细粒碱性花岗岩，岩性均一，发育有大量晶洞构造和文象结构(图 3-76)。

造岩矿物主要为石英(25%)和微纹长石(70%),多见石英与碱性长石呈文象结构交生;暗色铁镁矿物主要为短柱状的霓石(2%)和针状亚铁钠闪石(4%),后者以填隙状存在于石英、碱性长石晶间,为结晶作用晚期的产物。岩石晶洞发育,规模大小不等,晶洞内充填了大量的石英(大者可形成水晶矿)和碱性长石晶簇,以及针状的钠质铁镁矿物。岩石化学成分:SiO_2含量为76.44%~77.80%,全碱为8.13%和Al_2O_3为10.95%~11.92%,A/CNK值变化范围较大,但一般小于0.95。岩体具有明显的富硅、富碱和低铝的特点。

图3-76　桃花岛碱性花岗岩及晶洞构造

区域上,该岩体与苍南瑶坑碱性花岗岩体在岩石结构、矿物组合和侵入时间上基本一致,同属于晚白垩世岩浆活动的产物。晚中生代,闽浙沿海地区受古太平洋板块早白垩世大规模俯冲之后,晚白垩世由俯冲挤压转为伸展拉张环境,因此对应的岩浆侵入演化序列则表现为中性—中酸性—酸性—偏碱性—碱性的变化,桃花岛岩体的产出代表了浙江整个燕山期岩浆活动的最后一个环节。

从岩浆构造环境分析,作为陆缘伸展构造火成岩组合的有机组成部分,桃花岛碱性花岗岩属于典型的A型花岗岩,是浙闽沿海I—A型岩浆岩带的重要组成部分,它形成于后造山期拉张伸展构造环境,标志着浙江燕山构造岩浆旋回的结束。

2013年,该岩体被列为浙江省首批重要地质遗迹保护点(地),并设立科普标识牌。

8.普陀东极岛基性岩墙群(G099)

基性岩墙群主要分布在舟山群岛最东端的中街山列岛的庙子湖岛(东极岛)和青浜岛,出露在燕山晚期碱长花岗岩和部分火山岩中。在青浜岛码头所在的港湾一带出露特别典型,成群分布。在庙子湖岛码头南侧,亦可见众多辉绿岩脉产出。此类基性岩脉均呈近直立产出,宽度为20~200cm不等,多沿早期节理裂隙充填,具有一定长度的延伸。

基性岩墙群走向以北北东向(25°~35°)为主,单体岩脉厚为20~200cm不等,多数集中在0.5~1m之间,产状近直立(图3-77)。

基性岩墙群岩性多数为辉绿岩,少部分为安山岩。岩石主要由基性斜长石、普通辉石和褐色角闪石组成,呈灰绿色、灰黑色。有的岩墙具气孔-杏仁构造,杏仁体为方解石、绿泥石和玉髓。较厚的岩墙常具冷凝边,颗粒较细,并有流动构造。由基性斜长石和辉石构成典型的辉绿结构,代表了辉绿岩独特的结构。全岩Ar-Ar测定,基性岩墙年龄为93.4Ma,时代属于晚白垩世早期。岩石地球化学属弱碱性系列,SiO_2含量为46.88%~52.55%,CaO为5.40%~7.82%,Al_2O_3为16.30%~17.31%,TiO为1.53%~1.18%,(NaO+KO)为4.62%~6.88%,$Mg^{\#}$=34~42(董传万等,2010)。

早白垩世晚期—晚白垩世早期,浙闽沿海进一步拉张,从拉张进入裂解或裂谷阶段,因构造引张,

图 3-77　青浜岛基性岩墙群

底侵、滞留并经过结晶分异的玄武质岩浆沿早期构造裂隙上侵，并固化于略早期花岗岩体中，形成基性岩墙群。

本处的基性岩墙群出露清晰、分布广泛、密集成群，其形态特征实为中国东南部沿海地区所罕见，是浙闽沿海晚中生代伸展构造作用的最直接表现。该基性岩墙群与福建沿海同类岩墙群、碱性花岗岩和碱长花岗岩等共同构成了中国东南部晚中生代伸展应力体制下的岩石学标志。

（三）新生代

吴兴王母山苦橄玢岩与霓霞岩(G101)

岩体位于湖州市吴兴区王母山，侵入于石炭系黄龙组灰岩，整体呈近圆状的岩筒产出，内部形态较为复杂，与围岩接触关系清晰，总体倾向北西，其产状除局部较缓外，总体倾角都较陡，一般在 63°～80°之间。岩筒西南侧主体为霓霞岩，而东北侧则以苦橄玢岩产出，两部分出露面积共约 7 400m²，岩体侵入时代为新近纪。

苦橄玢岩：呈黄绿色(图 3-78)，在内接触带上为含角砾苦橄玢岩，成分以橄榄石、辉石为主，少量斜长石。角砾含量约占 25%，多呈棱角状，其成分主要为灰岩，砾径一般为 0.5～3cm，大者可达 50cm 以上，另有少量燧石角砾，属于围岩捕虏体。

图 3-78　王母山苦橄玢岩(a)与霓霞岩(b)露头

霓霞岩：呈脉状和筒状侵入于石炭系黄龙组灰岩中。筒状霓霞岩呈灰白色，出露面积约1 800m^2，中细粒结构，主要矿物为钛辉石和霓辉石，二者含量占45%，霞石（已钠沸石化）含量50%，磁铁矿少量，副矿物有铈钙钛矿、磷灰石、锆石、黄铁矿等；脉状霓霞岩深灰色，宽0.3～12m不等，长70～120m，呈北西-南东向延伸，穿插于筒状霓霞岩和苦橄玢岩中，半自形粒状结构，矿物成分为霞石（已钠沸石化）28%～30%、霓辉石20%～25%、橄榄石10%。

省内苦橄玢岩与霓霞岩呈现岩筒状产出非常罕见，其岩石类型特征典型，在科学研究和科普教学方面具有重要的价值。王母山霓霞岩与苦橄玢岩是由侵入过渡到喷出的超基性岩浆组成的碱性超基性和超镁铁质岩石，是省内唯一已知实例。

二、火山岩剖面

该亚类地质遗迹主要为反映省内中生代火山活动的典型火山岩性岩相剖面和新生代玄武岩岩流单元，共有4处，介绍如下。

1. 乐清大龙湫球泡流纹岩(G102)

球泡流纹岩位于乐清雁荡山大龙湫景区入口一带，产于早白垩世晚期永康群小平田组(K_1xp)一段酸性熔岩地层中，宽度约200m，厚度约10m，分布面积约2 000m^2。

球泡流纹岩中的球泡呈现密集分布，大球泡与小球泡成串成堆，呈层产出，球泡形态为圆形或近圆形，一般直径5～15cm，大者可达30cm，小者不及1cm（图3-79）。球泡内部结构呈现放射状或同心圆状（呈圈层状），为隐晶状硅质充填，局部球泡内部具有空腔构造。

图3-79 大龙湫球泡流纹岩(a)及其保护设施(b)

大规模球泡流纹岩的产出一般代表了旋回性岩浆喷发晚期。岩浆喷发晚期，位于岩浆房内的岩浆含有丰富的气液组分，导致岩浆黏稠性增大，由于压力减小，黏稠之酸性岩浆一般沿火山口向外呈现喷溢方式，沿地表缓慢流动，含大量气液之岩浆在地表环境下大量释放气体，气体溢出导致黏稠性酸性岩浆起泡形成空腔，在快速冷却的条件下，大小空腔收缩定型，形成放射状或圈层结构，后期为其他矿物组分充填，最终形成球泡。

球泡流纹岩大规模产出，它指示了火山通道内酸性岩浆喷溢沿着地表堆积的一种典型方式，说明喷溢酸性岩浆含有大量的气液组分，代表了岩浆房内残余岩浆富含气液的特点，对研究火山喷发旋回晚期岩浆组分、气液含量以及喷发方式等具有重要意义。

该遗迹点为雁荡山世界地质公园的重要组成部分，已设置保护设施和科普标识。

2. 乐清方洞火山碎屑流相剖面(G103)

剖面位于乐清雁荡山方洞景区，灵岩-方洞-百岗尖剖面清晰反映了火山碎屑流相堆积的典型特征，地层为早白垩世晚期永康群小平田组(K_1xp)。剖面中典型的火山碎屑流相由三部分组成：下部为地面涌流堆积，岩性为层状凝灰岩和集块角砾凝灰岩；中部是火山碎屑流的主体，岩石为流纹质熔结凝灰岩；上部为灰云相凝灰岩。三部分构成一个完整的冷却单元，整个剖面可划分出3个冷却单元(图3-80、图3-81)。

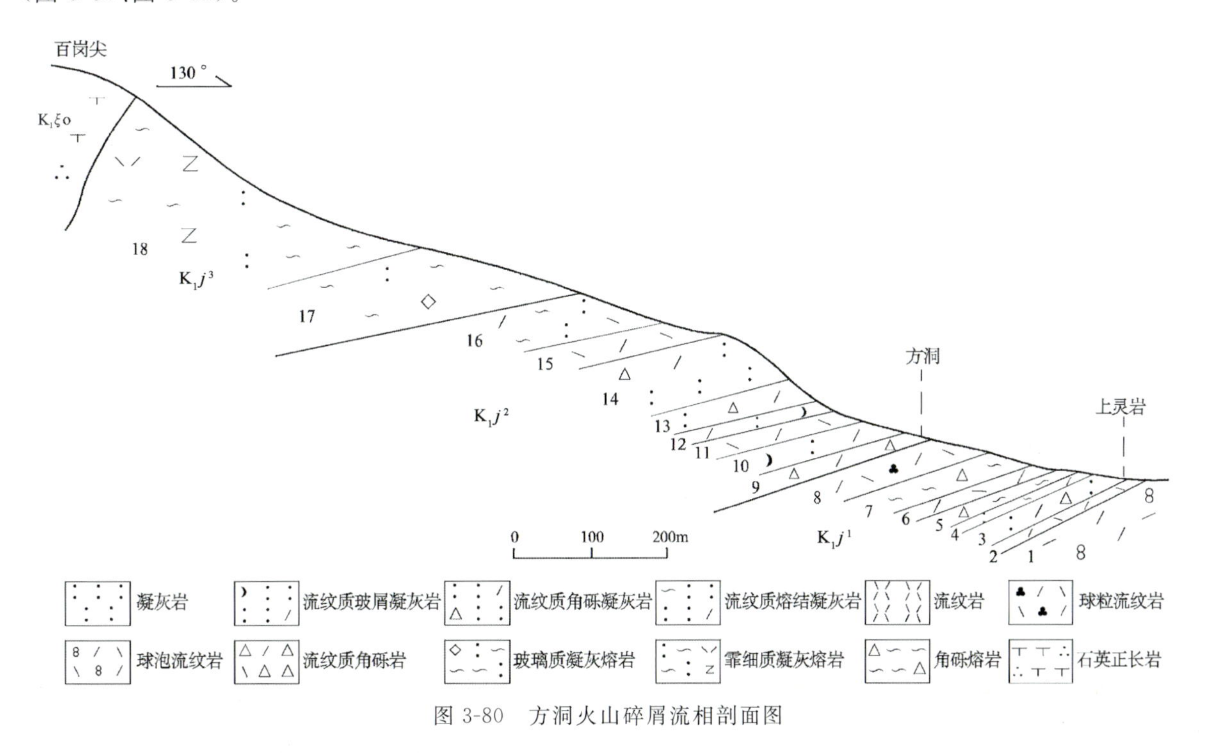

图3-80　方洞火山碎屑流相剖面图

图3-81　方洞剖面露头

①凝灰岩；②火山喷溢熔岩流(流纹岩)；③火山爆发的火山碎屑流

此类火山岩相组合反映了一种喷发模式，即喷发柱外缘陷落。发生在火山碎屑流前部，由于空气卷入的流体化作用，而形成地面涌流堆积；继续陷落由喷发柱中间部分供给的火山碎屑流堆积；由火山碎屑流顶部的碎屑物淘析出来，经大气沉积在远方地表堆积。因此，三部分具有明显的分带性。

剖面火山碎屑流相由涌流亚相、狭义碎屑流亚相和灰云亚相组成，各类亚相结构构造特征典型，省内突出，它对研究火山碎屑流相的喷发方式、形成机理，对恢复古火山构造等有着重要的科学价值。

该点曾为国际地质大会代表考察点之一，设置有保护碑，目前已列入雁荡山世界地质公园范畴，成为火山地质科普、科考的重要场所。

3. 乐清智仁基底涌流相剖面(G104)

基底涌流相剖面位于乐清市智仁乡西侧山坡上，属永康群小平田组(K_1xp)底部地层，基底涌流相堆积总厚 20.6m。

岩浆蒸气爆发形成的基底涌流相一般分为 3 层：其一，底部爆发角砾岩，分布在岩浆蒸气爆发的周边；其二，薄层堆积，主要由涌流凝灰岩与少量空落凝灰岩构成，其间发育有交错层、波状层、块状层或沙丘状构造；其三，上部的厚层堆积一般由凝灰岩涌流层和空落层组成。

智仁剖面岩相序列为：①粗火山碎屑与湖相堆积；②涌流相交错层、波状层(图 3-82)；③凝灰岩火山渣堆积；④熔岩流堆积。

图 3-82　智仁基底涌流相剖面露头(a)及保护牌(b)

基底涌流相属于比较特殊环境下的火山爆发形式，智仁基底涌流相在省内最为典型。通过对岩浆蒸气爆发成因机理的研究，有助于鉴别和认识此类火山活动的地质环境，对火山活动方式的研究具有重要意义。

该剖面早期列入雁荡山世界地质公园范围，用于火山地质的科普和科考活动。2013 年列入浙江省首批重要地质遗迹保护点(地)，并设立科普标识牌。

4. 嵊州方田山玄武岩岩流单元(G105)

方田山玄武岩岩流单元由新近系嵊县组($N_{1\text{-}2}s$)玄武岩和玄武玢岩组成，为复合岩流单元。复合岩流单元由多个薄而小的岩流单元叠置构成[图 3-83(a)]，单个岩流单元厚一般 1～3m，多呈板状、舌状、楔形。由于熔岩流较薄，在冷却过程中气体容易逸出，故底部管状气孔十分发育[图 3-83(b)]，气孔弯曲方向指示熔岩流动方向；中部则发育细密气孔[图 3-83(c)]，气孔大小以 1～3mm 为主，所占面积比一般大于 30%，气孔连通后多呈长条状、裂缝状；顶部以发育蜂窝状气孔为特征[图 3-83(d)]，气孔多呈圆—椭圆形，气孔连通后多呈哑铃状、串珠状，气孔大小以 0.5～1.5cm 居多，面积比一般大 40%。复合岩流单元中单个岩流单元之间的界面多存在红色氧化面。该遗迹特征典型，现象丰富，是省内少有的、发育完整的玄武岩岩流单元遗迹。

2017 年，该遗迹被列为浙江省第二批重要地质遗迹保护点(地)，并要求设立科普标识牌。

图 3-83 玄武岩复合岩流单元特征(据褚平利等,2017)
(a)复合岩流单元;(b)复合岩流单元中单个岩流单元底部管状气孔;(c)复合岩流单元中单个岩流单元中部细密气孔;(d)复合岩流单元中单个岩流单元顶部蜂窝状气孔

三、变质岩剖面

省内该亚类地质遗迹有 2 处,即龙泉查田变质岩基底碎屑锆石和青田芝溪头变质杂岩剖面。

1. 龙泉查田变质岩基底碎屑锆石(G106)

长期以来,地学工作者对龙泉地区八都(岩)群和龙泉(岩)群变质岩系地层及时代进行了不懈的研究,旨在论证华夏陆块是否存在。胡雄健、沈晓华(1994)和邢光福等(2015)先后对此进行了详细的调查和研究,邢光福等在变质岩基底中发现亚洲最古老的碎屑锆石。

在龙泉查田龙泉岩群云母石英片岩中(母岩时代为中元古代)获得两颗碎屑锆石,采用高精度 SHRIMP 锆石 U-Pb 测年技术,年龄分别为 4 127Ma 和 4 017Ma(图 3-84),前者为目前亚洲最古老的年龄(冥古宙),后者记录了全球最早的变质事件。其他锆石年龄在 3 800~3 600Ma 之间。利用锆石的钛温度计算,获得结晶温度为 910℃。锆石氧同位素($\delta^{18}O$)平均值为 7.2‰。

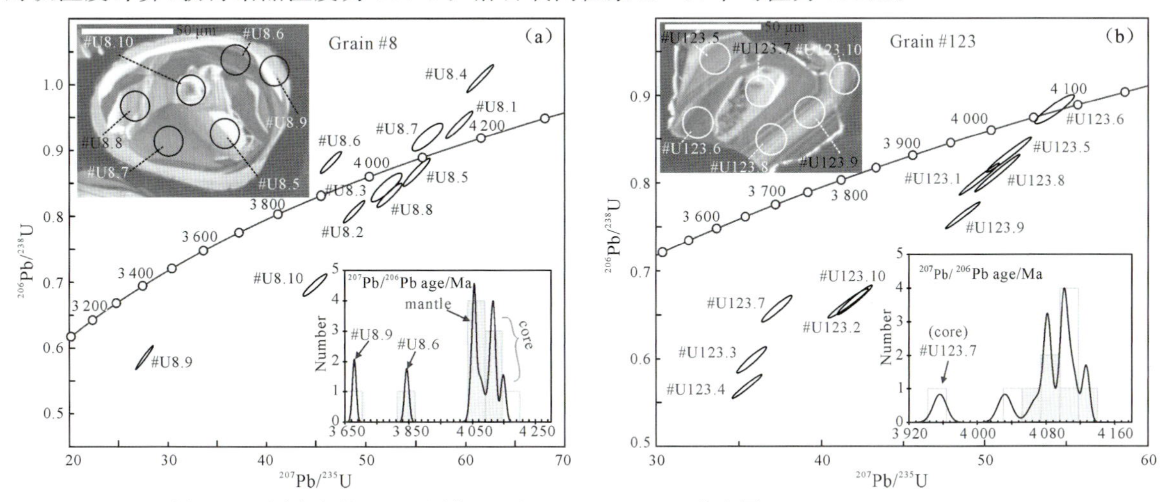

图 3-84 冥古宙锆石 CL 图像(a)及 SHRIMP U-Pb 谐和图(b)(引自 Xing et al, 2014)

龙泉岩群两颗最古老的碎屑锆石，不仅论证了华夏陆块存在冥古宙地壳物质，为长期争议的华夏陆块存在与否提供了科学依据，对认识华夏陆块在武夷地区、云开地区和南岭地区曾经在较大范围内存在冥古宙物质，为进一步寻找冥古宙地质体残片提供了重要的科学依据。锆石还记录了全球最早的变质年龄，为认识地球形成初期大陆演化过程提供了重要的信息。

2017 年，该遗迹被列为浙江省第二批重要地质遗迹保护点(地)，并要求设立科普标识牌。

2. 青田芝溪头变质杂岩剖面(G107)

该剖面位于青田县天师岭北山坳中，出露岩性由北往南主要为灰色片岩、千枚岩、石英岩、石英片岩、石墨等，两侧与中生代火山岩接触处被掩盖。

据朱德寿等资料，青田芝溪头剖面主干剖面 A—A′长 256.6m，辅助剖面 B—B′长 107.77m，总厚度大于 165.28m(图 3-85)。

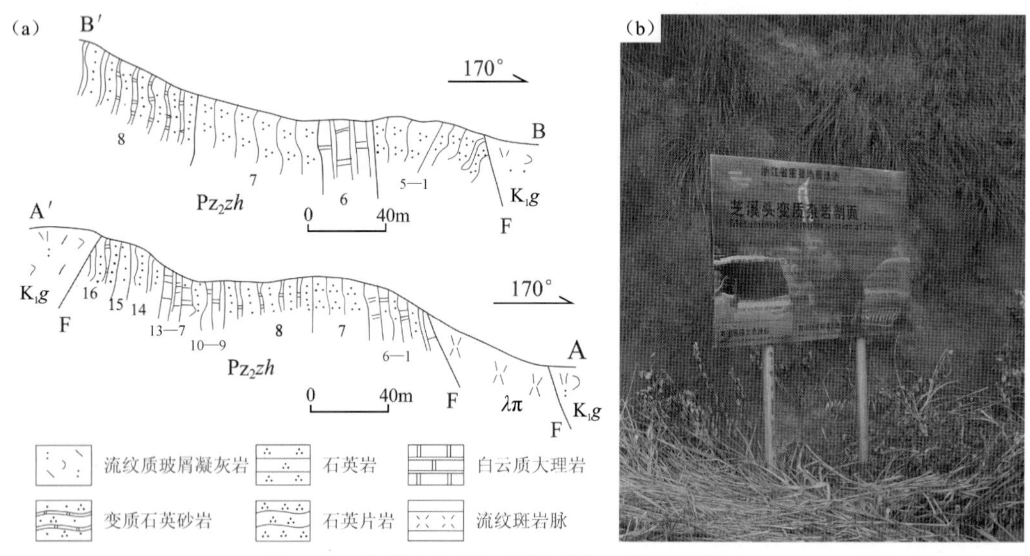

图 3-85　芝溪头变质杂岩剖面图(a)及标识牌(b)

芝溪头变质杂岩为低绿片岩相变质岩，主要岩性为石英岩、石墨白云石英岩、石英片岩、绢云石英片岩、白云质大理岩、变质石英砂岩及白云石英片岩等。岩石变质程度低，原岩结构、矿物组分及沉积构造保留较好，其中以变质石英砂岩和石墨白云石英片岩为主，约占地层总厚度的 70%。变质石英砂岩主要由石英、绢云母等组成，岩石呈现薄—中厚层状，层理构造保留清晰，具变余砂状结构；白云质大理岩主要由白云石、方解石组成，具粗粒变晶结构、变余层理；石墨白云石英片岩呈花岗鳞片变晶结构，具变余层理构造。

浙江省煤田地质局(1994)在剖面大理岩中采集的古生物化石，经中国科学院南京地质古生物研究所鉴定为鱼骨化石、动物管状化石、介形类土菱介等，时代定为石炭纪—二叠纪。《浙江省岩石地层》总结认为，芝溪头变质岩系的成岩时代为晚古生代，主变质期可能为晚二叠世—三叠纪。

根据芝溪头变质杂岩剖面岩性组合、沉积构造、稳定同位素和微量元素分析，地层形成环境具有海陆交互相特点，即以滨海-浅海相沉积为主体，原岩为滨海-湖沼相环境下沉积的碎屑岩-碳酸盐岩建造。

芝溪头剖面岩石组合在浙东南地区非常特殊，通过对它的研究，可以了解和认识华夏陆块在中元古代—中生代这一空白地质时期的发展情况，为研究华夏陆块加里东期、印支期构造运动和沉积作用提供了重要地质信息。

2013 年，该遗迹被列为浙江省首批重要地质遗迹保护点(地)，并设立科普标识牌。

第四节　构造剖面类

构造剖面类属基础地质大类，可分为不整合面、褶皱与变形和断裂 3 个亚类。浙江省该类共有重要地质遗迹 19 处，其中不整合面亚类有 6 处，褶皱与变形亚类有 5 处，断裂亚类有 8 处(表 3-5)。

表 3-5　构造剖面类地质遗迹简表

亚类	代号	遗迹名称	形成时代	保护现状	利用现状
不整合面	G108	富阳大源神功运动不整合面	青白口纪	省重要地质遗迹保护点	科研/科普
	G109	富阳骆村晋宁运动不整合面	南华纪	省重要地质遗迹保护点	科研/科普
	G110	临安马啸加里东运动不整合面	志留纪—泥盆纪	省重要地质遗迹保护点	科研/科普
	G111	江山坛石加里东运动不整合面	志留纪—泥盆纪	省重要地质遗迹保护点	科研/科普
	G112	莲都南明山丽水运动不整合面	白垩纪	省重要地质遗迹保护点	科研/科普
	G113	临海杜桥丽水运动不整合面	白垩纪	无	科研
褶皱与变形	G114	富阳章村背斜构造	青白口纪	省重要地质遗迹保护点	科研/科普
	G115	常山蒲塘口三衢山组滑塌构造	奥陶纪	国家地质公园	科研/科普
	G116	临安马啸东西向褶皱构造	志留纪	省重要地质遗迹保护点、国家级自然保护区	科研/科普/观光
	G117	杭州山字型构造	三叠纪	省重要地质遗迹保护点	科研/科普
	G118	临海桃渚馆头组滑塌构造	白垩纪	无	科研
断裂	G119	遂昌坝头东畲-枫坪韧性剪切带	青白口纪	省重要地质遗迹保护点	科研/科普
	G120	富阳章村-河上构造岩浆带	青白口纪	省重要地质遗迹保护点	科研/科普
	G121	诸暨王家宅韧性剪切带	南华纪	省重要地质遗迹保护点	科研/科普
	G122	开化石耳山韧性剪切带	志留纪—泥盆纪	无	科研
	G123	柯桥青龙山推覆构造	白垩纪	省重要地质遗迹保护点	科研/科普
	G124	富阳里山推覆构造	白垩纪	省重要地质遗迹保护点	科研/科普
	G125	萧山南阳推覆构造	白垩纪	省重要地质遗迹保护点	科研/科普
	G126	西湖宝石山棋盘格式构造	白垩纪	省重要地质遗迹保护点、国家级风景名胜区	科研/科普/观光

一、不整合面

不整合面是划分地质构造层的重要标志，省内该亚类遗迹主要表现在反映区域神功运动、晋宁运动、加里东运动和丽水运动等构造运动上，代表省内元古宙和古生代区域构造运动特点。

按照地质遗迹形成时代的先后顺序，选择典型地质遗迹介绍如下。

1. 富阳大源神功运动不整合面(G108)

神功运动,系马瑞士、张健康等(1977)创名,命名地点在浙江省杭州市富阳区神功村,为新元古代与中元古代,即骆家门组与双溪坞群之不整合接触面所代表的构造运动。本点为神功运动创名地。

神功运动代表了浙江扬子陆块东南缘早期的一次造山运动,时代为中元古代末期,距今约1 000Ma。造山运动导致双溪坞群火山-沉积岩系发生了强烈变质变形,地层强烈褶皱变形、岩石地层片理化,呈现北东向构造格局,其构造样式表现为北东向倾伏之背斜构造。后经构造侵蚀剥蚀作用,新元古代早期经历了造山期后河上镇群骆家门期、虹赤村期海相沉积作用以及上墅期陆相火山岩堆积,河上镇群与双溪坞群呈现典型的角度不整合接触关系(图3-86)。

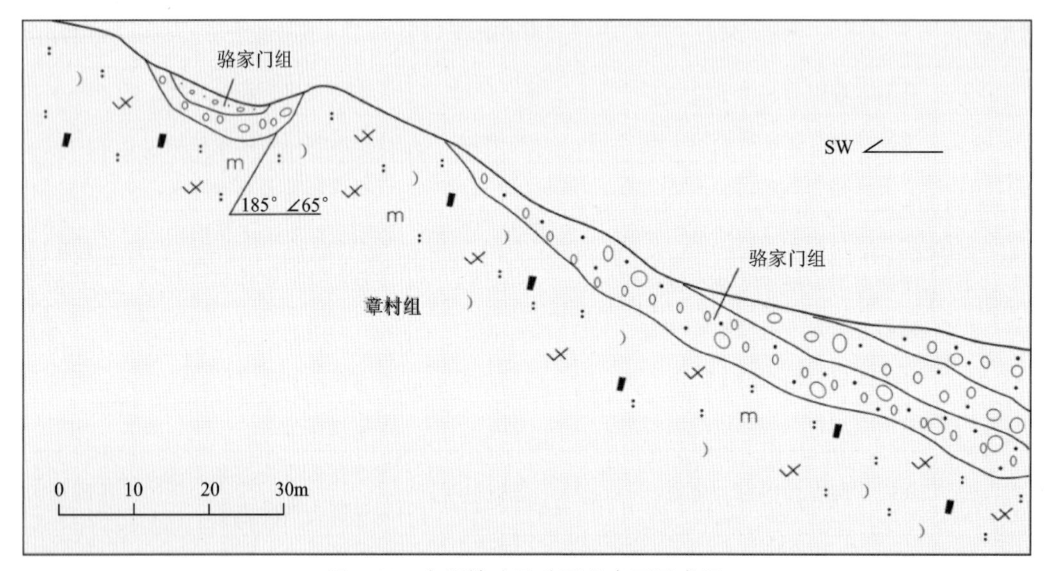

图3-86 大源神功运动不整合面示意图

神功运动不整合面具有如下特征:①不整合面上、下地层产状存在差异,即上覆地层骆家门组产状总体为北西倾,而下伏地层双溪坞群产状呈现倒转,总体为南东倾,两者呈角度不整合接触。②在双溪坞群古隆起边缘形成横向上断续分布的砾岩层(底砾岩),多呈透镜体产出,厚度变化较大,砾岩中砾石成分复杂、形态各异、大小混杂堆积,粒度由下往上逐渐变细,为砂泥质胶结,具有构造底砾岩属性,花岗质砾石经锆石 Pb-Pb 蒸发法测定同位素年龄值为879Ma。③构造面上、下构造样式不同,之下双溪坞群为火山-沉积岩系,发育片理化构造,受区域变质作用影响,地层呈现一个完整的北西翼倒转的北东向倾伏的紧闭型背斜构造;而上覆骆家门组未受片理化和变质作用影响,区域上呈现为一宽缓背斜构造。④构造环境差异,不整合面之下双溪坞群火山-沉积岩系,区域上属成熟大陆边缘岛弧体系,处于大洋板块俯冲挤压构造环境;而不整合面之上河上镇群岩石组合则属于后造山期拉张伸展构造环境,发育典型的磨拉石建造、复理石建造、硬砂岩建造和双峰式火山岩建造。

神功运动是浙江地壳运动历史中最早出现的一次构造运动,代表了扬子陆块东南缘浙江中元古代与新元古代一次重要的区域性构造运动,区域上与梵净山、四堡等运动可以对比,同时也是划分浙江大地构造单元的重要标志。神功运动对研究浙江扬子陆块区最早的构造运动、大地构造环境和地质演化发展等具有非常重要的科学价值。

2013年,该地质遗迹被列为浙江省首批重要地质遗迹保护点(地),并设立科普标识牌。

2. 富阳骆村晋宁运动不整合面(G109)

晋宁运动,由米氏(Misch)创名,指震旦纪的一次褶皱运动,是根据云南中部晋宁、玉溪等地震旦纪澄江砂岩和下伏昆阳群之间的显著角度不整合而确定的，这个运动使昆阳群形成剧烈的褶皱，澄江砂岩是造山后的磨拉石建造。

富阳骆村晋宁运动不整合面，代表了新元古代青白口纪与华南纪之间存在一次区域性构造运动，即由青白口纪骆家门期、虹赤村期海相沉积与上墅期陆相火山岩构成的地层系统，经历了强烈的褶皱后，处于长期的构造剥蚀和侵蚀作用，尔后进入南华纪开始有海相沉积作用。青白口纪与南华纪之间，因构造运动而缺失地层的连续堆积，不整合面表现为南华系休宁组超覆于上墅组、虹赤村组和骆家门组之上，呈现角度不整合(图 3-87)。

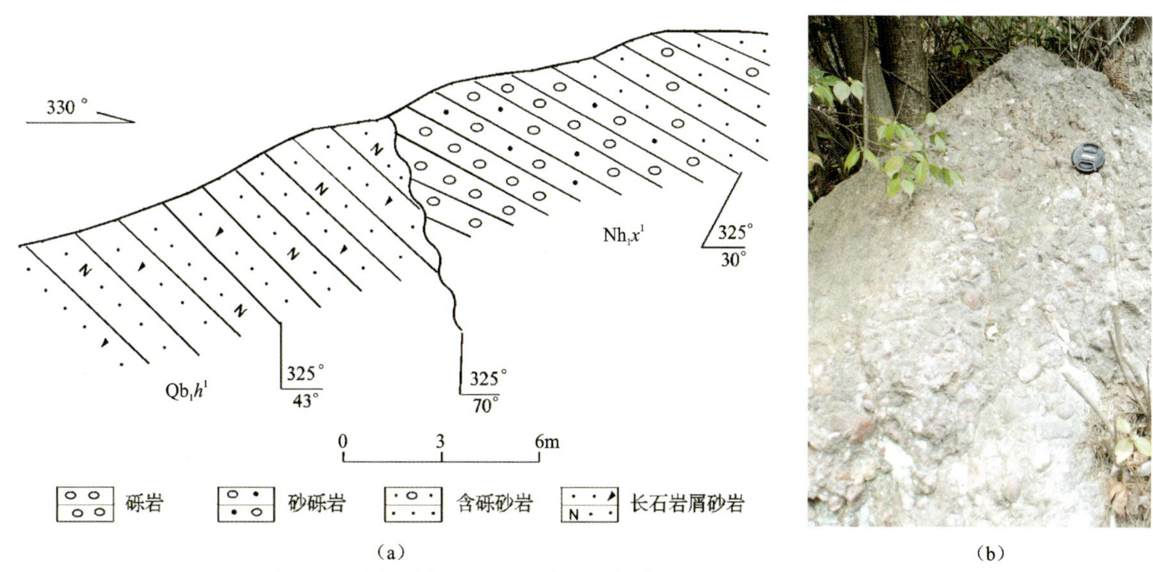

(a)　　　　　　(b)

图 3-87　骆村晋宁运动不整合面接触关系示意图(a)及底砾岩(b)

晋宁运动不整合面主要特征如下：①不整合面上、下地层构造样式差别明显，青白口纪地层呈现褶皱变形，经历了长期构造剥蚀和侵蚀，而南华系休宁组地层超覆于青白口系不同的地层单元以及双溪坞群，表明其上、下属于两个不同的构造层；②不整合面上、下地层岩石组合存在差异，之下为一套巨厚裂谷型地层系统，自下而上分别为磨拉石建造、复理石建造、硬砂岩建造和陆相火山建造，自成一个完整的体系，而不整合面之上为滨海碎屑岩建造、浅海台地碳酸盐岩建造；③通过对下伏上墅组火山岩锆石 Pb-Pb 同位素测年和 Sm-Nd 等时线年龄测定(徐步台等，1993)，上墅组火山岩大致形成于 850～820Ma 之间，休宁组底界年龄为 800Ma 左右。

晋宁运动面主要表现为新元古界青白口系与南华系之间的接触关系，由河上镇群与上覆华南系休宁组呈现超覆不整合接触。骆村晋宁运动构造不整合面是浙江扬子陆块东南缘构造运动不整合面的已知典型实例。

2013 年，该遗迹被列为浙江省首批重要地质遗迹保护点(地)，并设立科普标识牌。

3. 临安马啸加里东运动构造不整合面(G110)

加里东运动(广西运动)，由丁文江(1929)创名，原指华南地区志留纪末和泥盆纪初的地壳运动，以广西莲花山组和下伏下古生界的不整合命名。

在临安马啸峰火崖一带发现，石炭系黄龙组与寒武系华严寺组之间呈现角度不整合关系(图 3-88)，其构造不整合论证了浙江省存在加里东运动。

不整合面之上为浅海相碳酸盐岩沉积的上古生界石炭系黄龙组和船山组灰岩，产丰富的蜓、珊瑚、腕足等化石，厚度 79～100m；之下为早古生代寒武纪海相碳酸盐岩沉积，地层为华严寺组。不整合界面之下，寒武系华严寺组产状为 145°∠50°；之上为石炭系黄龙组产状 355°∠25°，两者呈现大角度不整合接触关系，记录了早古生代末期浙江省加里东运动重要的地质信息。

加里东运动导致江南海盆褶皱回返，海水退却形成陆地，浙西北大部分地区至少经历了3 800万年的构造剥蚀与风化侵蚀，直到晚泥盆世晚期重新接受海洋沉积；而部分地区则长达近100Ma的剥蚀侵蚀，直至石炭纪晚期海侵扩大接受沉积覆盖。临安马啸地区地层角度不整合关系真实地记录了这一地区志留纪末期至石炭纪晚期长达100Ma的沧海桑田变化过程。

马啸加里东运动不整合面，代表了一次区域性重大地质事件，它记录了地质事件过程中的重要信息，为人们认识该区地质演化提供了科学依据，其一，石炭系黄龙组与寒武系华严寺组角度不整合关系（图3-88），证实了浙西北地区加里东运动的存在，它对研究江南造山带构造格局、构造样式、古地理地貌和古地质环境等具有重要意义；其二，通过对临安马啸加里东运动不整合面的研究，可以进一步科学地解释地层系统的不连续性或缺失、古生物演化的间断性和构造格局的不协调性等重大地质问题。

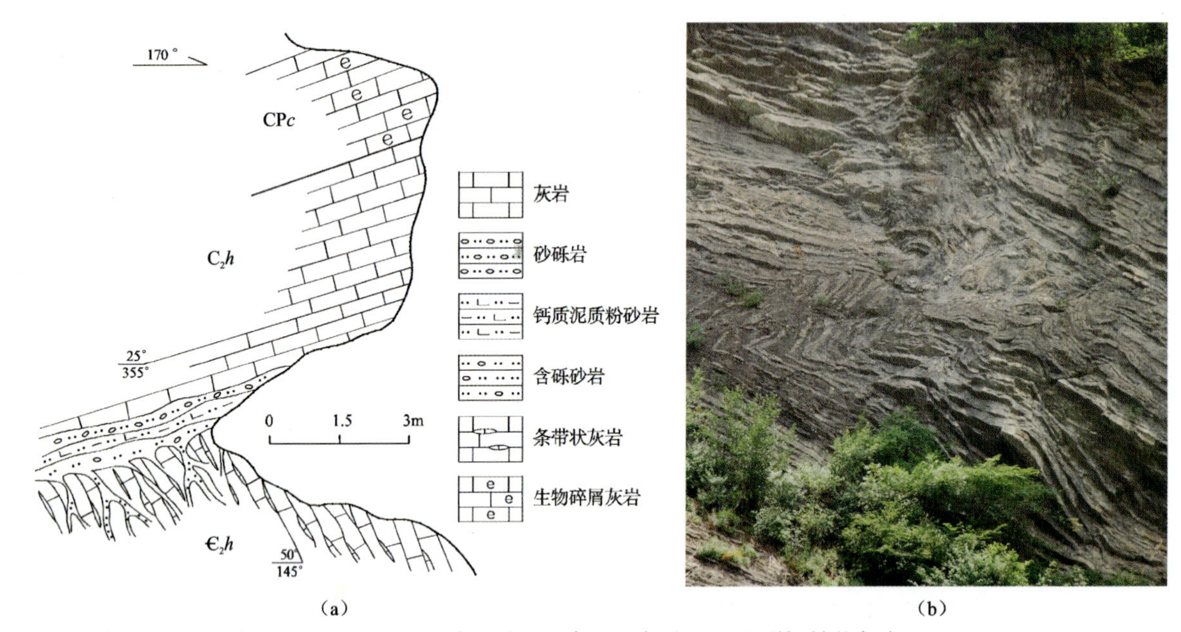

图3-88 马啸加里东运动不整合面示意图(a)及强烈褶皱的灰岩(b)

2013年，该遗迹被列为浙江省首批重要地质遗迹保护点（地），并设立科普标识牌。

4. 江山坛石加里东运动不整合面（G111）

由浙江省区域地质测量大队（1969）调查发现并进行了研究，论证了衢州地区晚奥陶世以后长期处于隆起构造剥蚀与侵蚀，至石炭纪开始沉积作用，两者呈现区域性不整合关系，反映了加里东运动导致早古生代江南海盆褶皱回返、海水退却。

不整合面下伏地层为深灰色厚层状泥岩、粉砂质泥岩，属于奥陶系长坞组，地层产状285°∠50°；不整合面上覆地层为灰白色中厚层状长石石英砂岩、粉砂岩，底部为含砾粗粒砂岩，地层属石炭系叶家塘组，地层产状335°∠38°，两者接触面起伏变化大，呈现不协调性。由于两者之间缺失了大量的地层单元，在不整合上、下地层中生物属种存在不连续性，表明石炭系叶家塘组沉积之前，区域上处于加里东运动之后的江南海盆褶皱隆起环境，经历了长期的构造侵蚀与剥蚀阶段，因此缺失了志留系和泥盆系。

该不整合面是加里东运动在浙江省最直接的证据之一，记录了长坞期之后地层经历了长期的构造侵蚀与剥蚀作用，对了解和认识这一时期岩相古地理环境具有重要意义，为研究浙江省加里东运动的表现形式、分布范围和构造特点提供了重要信息。

2013 年，该遗迹被列为浙江省首批重要地质遗迹保护点(地)，并设立科普标识牌。

5. 莲都南明山丽水运动不整合面(G112)

丽水运动，系马武平(1992)所创，标准地点在丽水市南明山和大岩背。指天台群塘上组与下伏永康群方岩组的角度不整合，它们属于两次成盆的构造叠加。

在丽水地区，由丽水 A 盆地和 B 盆地两盆地叠加形成天台群与永康群之间的角度不整合(图 3-89)。丽水 A 盆地由天台群塘上组砂岩、粉砂岩夹火山碎屑岩，以及两头塘组紫红色粉砂质泥岩和赤城山组红色块状砂砾岩连续沉积组成，盆地走向总体近东西向，北侧断裂控制盆地，呈现北陡南缓之箕状盆地格局，盆地南侧缓坡与永康期盆地呈现覆盖不整合关系。丽水 B 盆地由永康群组成，盆地总体走向为 30°，地层系统由馆头组、朝川组和方岩组构成。在盆地的东北端大岩背和南明山一线，方岩组和朝川组被天台盆地塘上组覆盖，呈现角度不整合关系。

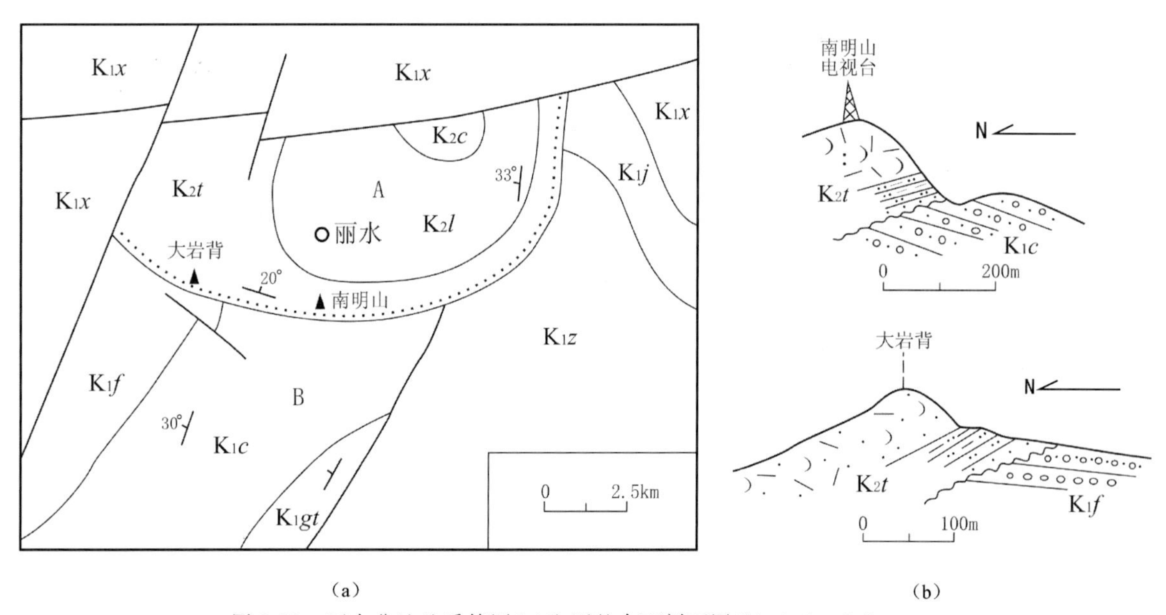

图 3-89　丽水盆地地质简图(a)和不整合面剖面图(b)(据俞国华等，1996)

丽水运动明确指示了天台期形成的盆地与永康期形成的盆地，具有明显的角度不整合现象，反映了两次成盆的特点，它为区域大地构造研究分析提供了重要的科学依据。

2017 年，该遗迹被列为浙江省第二批重要地质遗迹保护点(地)，并要求设立科普标识牌。

6. 临海杜桥丽水运动不整合面(G113)

该不整合面遗迹位于临海国家地质公园外围杜桥灵岩寺一带，由浙江省地质调查院(2017)开展“浙江省典型地区白垩纪火山地质综合调查评价”时发现，并对此进行了详细的调查和研究。

不整合面上、下地层接触关系清楚，其上覆地层为上白垩统小雄组，岩性为灰色粗面岩或粗面斑岩，底部发育熔岩流动形成的大小不等的自碎角砾集块(图 3-90)，以及下伏地层的岩块被卷入包裹其中；下伏地层为下白垩统永康群馆头组，岩性为灰色、深灰色薄层状粉砂岩，粉砂质泥岩和页岩。

根据区域资料分析，小雄盆地存在有大量分布的粗面斑岩或石英粗面岩，它们与碱长流纹岩构成典型的喷溢相产物，属火山岩地层系统。

不整合接触关系反映了永康群与天台群之间存在着一次构造运动，地质上称之“丽水运动”，它明确了永康期盆地与天台期盆地具有时间上的先后、空间上的上下叠置关系，为区域地层对比划分提供实物证据，同时对研究永康期之后构造演化、火山活动特点具有重要意义。

图 3-90　不整合面接触露头(a)、粗面(斑)岩自碎集块(b)及卷入下伏岩块(c)

二、褶皱与变形

省内该亚类典型遗迹有 3 处，主要反映省内神功期、加里东期及印支期褶皱活动特征。按照地质遗迹形成时代的先后顺序介绍如下。

1. 富阳章村背斜构造(G114)

在富阳章村一带，由双溪坞群岩石地层构成了一个非常典型的北东向倾伏、西北翼倒转之背斜构造(图 3-91)，背斜基本形态完整，轴部在神坞—双溪坞村—上马坞一线。褶皱延伸长约 10km，宽约 4km，出露面积 40km^2 左右。通过两翼地层产状的吴氏网投影，其枢纽产状为 66°∠26°，轴面产状 150°∠67°，属于斜歪倾伏褶皱。双溪坞群为一套火山-沉积岩系，地层层序清晰完整，自下而上依次为北坞组(Jx*b*)、岩山组(Jx*y*)和章村组(Jx*z*)，各组之间关系清楚，呈整合接触。

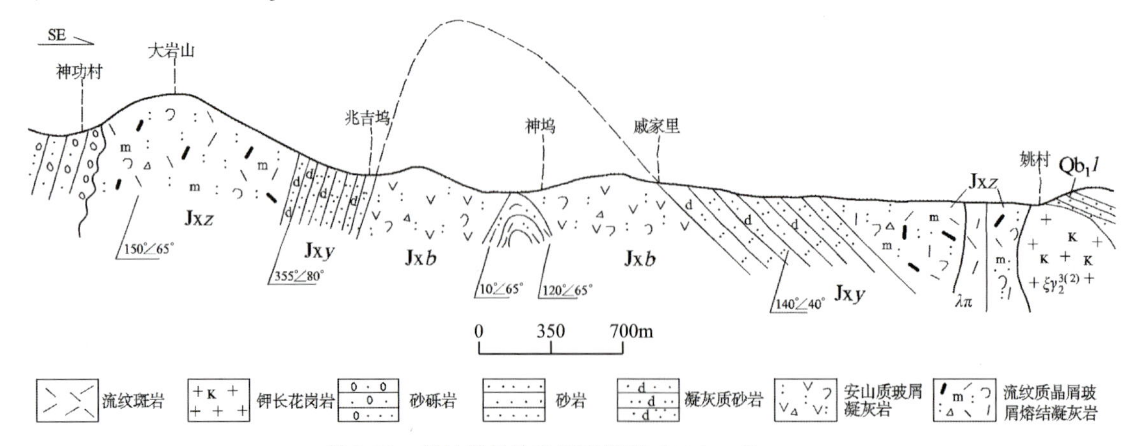

图 3-91　章村背斜构造剖面简图(据包超民等，1990)

章村背斜构造的存在有以下几个方面的依据：

(1)标志层的空间分布。背斜构造标志层，即岩山组为一套出露稳定且具一定厚度、易识别的沉积岩，发育变余水平层理。岩山组沉积岩在背斜构造两翼延伸稳定且基本对称展布，在东北端倾伏转折处闭合相连。背斜构造西南端沉积岩层开口变大，呈喇叭形，最终为中生代火山岩覆盖；东北端沉积岩层逐渐收敛，反映了背斜北东倾伏之特点。

(2)片理与层理关系。双溪坞群普遍发育片理构造，片理与层理关系符合雷斯法则而呈现有规律的变化。翼部岩山组地层倾角与片理倾角具较小的交角或呈现相反倾向，据此现象可以判别背斜构造南东翼属正常地层，而北西翼则为直立或倒转地层。翼部至转折端，层片理交角明显增大，转折倾伏端附近两者呈垂直相交(图 3-92)。

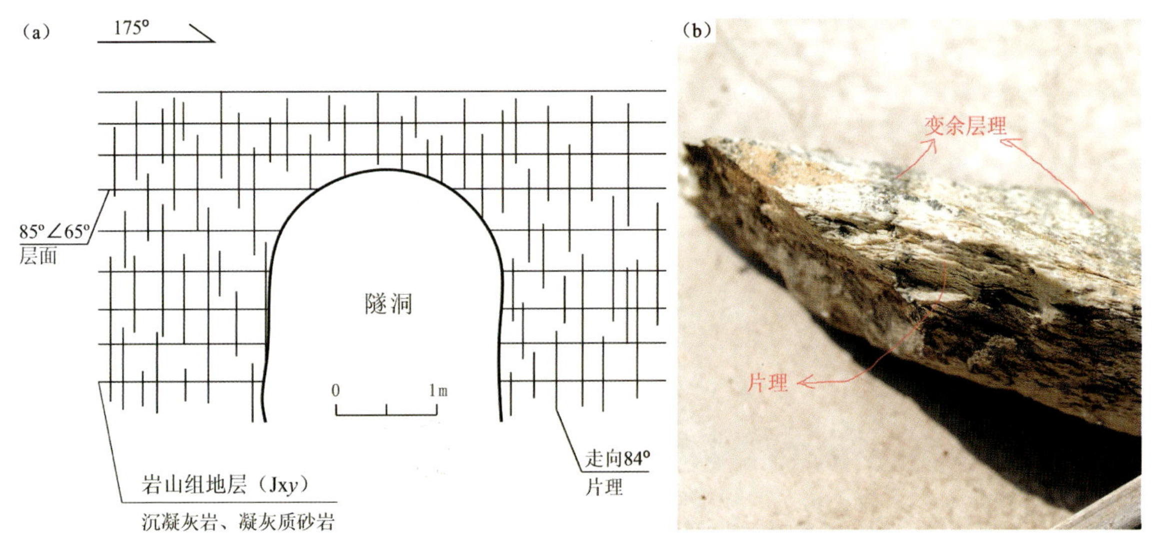

图 3-92　背斜转折端层理片理关系示意图(a)及岩石照片(b)

(3)背斜核部产状变化。背斜核部出露于双溪坞村至北坞一线，核部地层发生明显的转折变化，为一套北坞组火山岩地层，其间夹有厚度不大、易于辨认的沉积岩，剖面上北西侧产状 10°∠65°，南东侧 120°∠65°，两侧地层产状变化清晰。

(4)岩性变化及对称性。背斜构造由核部向两翼，岩性由北坞组英安(安山)质玻屑凝灰岩夹沉凝灰岩、岩山组沉凝灰角砾岩-凝灰质砂岩、章村组流纹质晶屑玻屑熔结凝灰岩和玻屑熔结凝灰岩组成，空间上具有对称和谐调之特点。

章村背斜构造兼具了岩石地层组合和背斜构造的双重地质特征，是研究浙江中元古代末期至新元古代早期火山岛弧和神功运动构造特征的唯一地区，对研究中国华南古陆块在罗迪尼亚泛大陆时期的构造活动具有重要的科学价值。章村背斜构造是扬子陆块东南缘中元古代末期至新元古代早期神功运动褶皱造山的唯一已知实例。

2017 年，该遗迹被列为浙江省第二批重要地质遗迹保护点(地)，并要求设立科普标识牌。

2. 常山蒲塘口三衢山组滑塌构造(G115)

蒲塘口三衢山组滑塌构造由浙江省地质调查院(2005)发现，并进行了调查和研究。滑塌构造层由灰色塑性涡流团状灰岩、砾状泥质灰岩、褶曲状灰岩组成，稳定分布于三衢山组(O_3s)底部地层中(图 3-93)，见于常山三衢山、蒲塘、周塘、黄泥塘等地，以蒲塘口出露规模最大、现象丰富，故命名为蒲塘口滑塌层。

前人在三衢山层型剖面的研究中观察描述了这一滑塌层：三衢山组一段下部为发育大型滑塌褶曲的泥晶灰岩和砾屑灰岩与深灰色—灰黑色薄—中层状泥质泥晶灰岩、极薄层状泥灰岩互层(图 3-

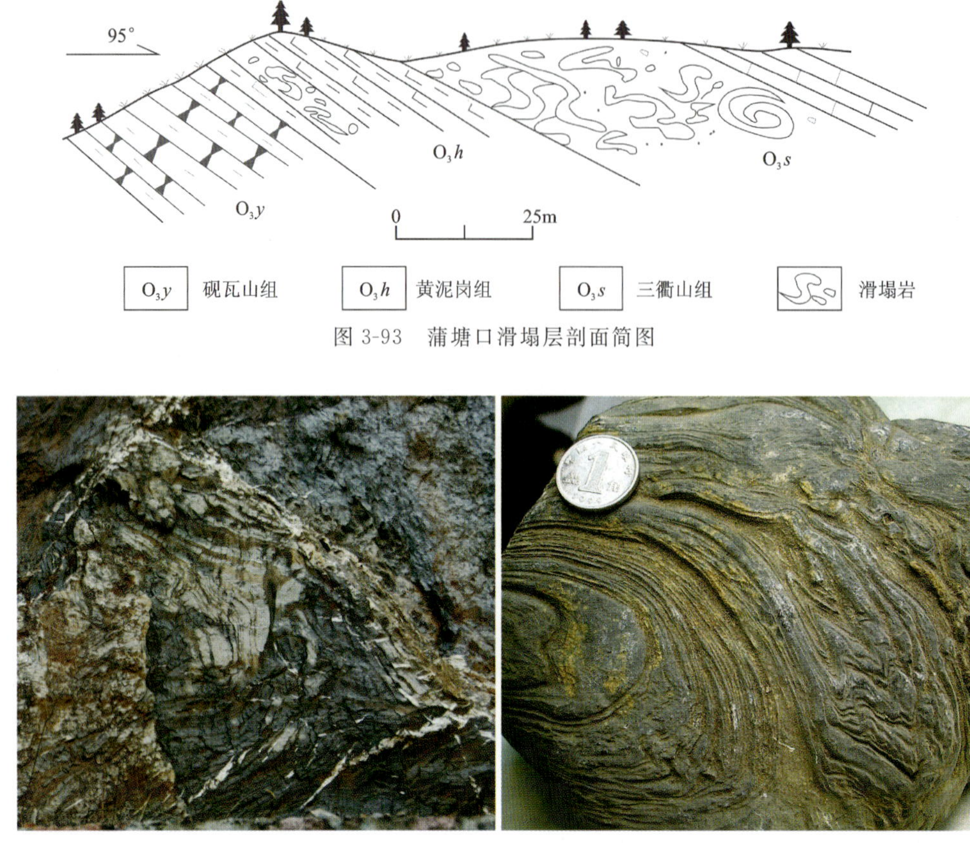

图 3-93 蒲塘口滑塌层剖面简图

图 3-94 蒲塘口滑塌变形露头

94）。泥晶灰岩中见海百合茎和层孔虫化石；滑塌灰岩中常见“双管齐下”生物钻孔遗迹化石及钙藻组合 *Coelosphaeridium-Paleoporella*，岩层内发育水平层理，属较典型斜坡地带沉积。

滑塌堆积构造主要产出于三衢山组的底部，指示了海盆斜坡相沉积特点，也反映了晚奥陶世江南古海盆地壳的活动特点，即地震事件；或江南古海盆斜坡条件下的大规模重力滑塌现象。此类大规模的地质现象，为研究早古生代晚期江南海盆沉积环境、岩相古地理，以及内外地质营力作用提供了重要的实物资料。

因采石及公路建设，人工露头良好，部分遗迹遭破坏。现已列入常山国家地质公园保护。

3. 临安马啸东西向褶皱构造（G116）

浙江省区域地质调查大队（1985）对该褶皱构造开展了调查和研究。该褶皱构造西起浙川银龙坞“十八龙潭”景区，东到马啸元帅殿附近一线，呈现东西向展布。地层主要涉及震旦系蓝田组和皮园村组。地层岩石变形褶皱，地层表现为直立倒转现象，呈现“U”字形向斜构造，其枢纽走向近东西向分布。浙江加里东期主要表现强烈的挤压隆升，马啸东西向褶皱构造属挤压隆起最直接的证据之一，东西向褶皱构造带，指示了近南北方向的挤压特点，导致部分地段地层整体直立或倒转，伴随着褶皱构造，在地层间发育有大量的次级层间褶曲。由于受岩性差异风化之故，皮园村组硅质岩具有耐风化特点，在两侧山脊或山岗上呈现墙状高耸矗立，其宽达数十米，断续延伸达 10 余千米，犹如一道天然的石城墙（图 3-95），十分壮观（故名石长城）。

区域上背斜与向斜相比较，则背斜相对紧密，向斜相对开阔，具有隔档式褶皱构造特点，褶皱构造为研究浙西北地区加里东运动提供了具体的实物证据。褶皱地貌上形态独特，具较高的美学观赏价值。

2017 年，该遗迹被列为浙江省第二批重要地质遗迹保护点（地），并要求设立科普标识牌。

图 3-95　马啸东西向褶皱形成的水轮岩(a)和小石门(b)

4. 杭州山字型构造(G117)

山字型构造，又称∈型构造，由李四光(1929)提出，它是剪弯扭动构造体系的主要类型。一个完整的山字型构造，由前弧(弧顶)、脊柱、盾地、反射弧、反射弧脊柱(或砥柱)及反射弧盾地 6 个部分构成，其组合形式像是中文的“山”字，故名山字型构造。

杭州石龙山—北干山一带的山字型构造由吴磊伯等(1941)最先提出，并命名为临安山字型构造，1983 年由原地质矿产部编入《地质辞典》。该山字型构造的典型特征由山字型弧顶、马蹄形盾地、山字型反射弧、山字型脊柱和反射弧砥柱组成(图 3-96)，北干山一带为山字型构造的反射弧。

图 3-96　山字型构造示意图(据王树平等，1987)

山字型弧顶：在凌家桥，前弧位于转塘—石龙山一带，由一系列近东西向弧形向斜和背斜构造向南凸，构成山字型弧顶，即褶皱构造向南依次为望江山背斜、石龙山向斜、上羊山背斜和西山向斜，地层主要为泥盆系和石炭系。

马蹄形盾地：位于六和塔—老焦山一带，盾地至弧顶，褶皱由紧密变为宽缓。沿褶皱轴向发育逆冲性断裂，断面北倾，地层系统主要为泥盆系、志留系。

山字型反射弧：据遥感图像解译，山字型西翼反射弧较为清晰，发育完整，呈东西弧形向北凸出，西翼反射弧位于临安青山水库之南，由向北凸出的弧形冲断裂与部分褶皱组成；弧顶在金家岭之西；东翼反射弧位于萧山闻家堰—虎山—长山一带，表现为以泥盆系、志留系为主的地层褶皱组合，岩层呈直立倒转产出。

山字型脊柱：东部以梅家坞南北向大沟和大清谷南北向沟谷为界，西至转塘留下公路，北至杨梅坞，南到百子尖，东西宽约3km，南北长约4km。出露地层为上奥陶统和中下志留统。脊柱构造以南北向挤压逆冲断裂、挤压带和直立岩层带形式表现，见有数条南北向平行排列的断裂，其长宽均在1km之内，破碎带宽3～25m，岩层强烈挤压破碎，挤压物呈片状、透镜状产出，岩石具压碎结构，石英碎屑显波状消光。在石塘坞和大清谷附近，地层呈南北走向，直立倒转，出露宽约200m。地貌上，由于受脊柱构造影响，山系总体呈南北向，山沟亦呈南北向分布。

反射弧砥柱：可能是埋藏在深部的古老岩体，而北东东和东西向断裂的联合作用可能起到了东翼反射弧砥柱的作用。

杭州山字型构造，其特征典型，形态较完整，是中国东部地区扭动构造体系（印支期）重要的组成部分，省内最为典型。

2017年，位于萧山北干山的山字型反射弧遗迹被列为浙江省第二批重要地质遗迹保护点（地），并要求设立科普标识牌。

5. 临海桃渚馆头组滑塌构造（G118）

桃渚馆头组滑塌构造由浙江省地质调查院（2017）发现，并进行了详细的调查和研究。它位于临海国家地质公园西大门附近，滑塌构造分布在下白垩统永康群馆头组中，地层总体产状100°∠10°～20°，其上部与小雄组火山岩地层呈不整合接触。

馆头组为一套深灰色、灰黑色薄层状碳质页岩，泥岩，粉砂质泥岩，粉砂岩夹中细粒砂岩，发育微细水平层理及波痕构造，属于典型的湖泊相沉积环境。

滑塌构造露头为公路一侧山体切坡断面上（图3-97），清晰地展示了滑塌构造形态、规模大小等特征，断面出露长50～60m。大型滑塌构造单体规模，出露长约20m，褶曲两翼宽2.5～5m，地层向东偏南收敛转折，其间内部发育大量次级包卷层理构造，主要表现为典型的包卷层理，呈现水平或"平卧褶曲"现象，大小不等，顺层分布。包卷构成的"平卧褶曲"呈现规则状近水平褶曲、蠕动弯曲形态，其转折端清晰，明显指示滑动之方向。地层褶曲包卷一般为紧密状产出，宽度一般为20～50cm，大者为80～120cm。断面观察，产出包卷层理地层厚度为5～15m，其上下均为平行之馆头组所围限。

图3-97　馆头组滑塌构造

滑塌构造指处于斜坡地带尚未成岩的沉积(层)物在重力或地震的作用下发生蠕动或位移所形成的各种同生变形构造的总称。

在湖盆中心向盆边方向一侧斜坡地带,受地形地势斜坡环境的影响,堆积了巨厚的细粒碎屑物质,根据物质在斜坡的力学分析,正常情况下,正向压力小于下滑力时,斜坡物质会产生下滑蠕动,而两者相等或前者大于后者时,则平衡在斜坡上;在地壳动荡或发生强烈地震时,处于斜坡地带沉积物也具备向下或向盆地中心滑移的条件。

因此,此地滑塌构造的产生与上述两方面因素有着直接关系。斜坡地带向下蠕动或滑移,在后缘物质的推动下,尚未成岩的层位处在半塑状态,其前端在受阻的情况下,必然发生地层包卷、弯曲或扭曲,达到平衡后,保留其变形的形态,尔后被其后期碎屑物覆盖,最终成岩后,留下现今所见的构造形态。

大型滑塌构造(包卷层理)的产出,代表了陆相盆地斜坡地带向盆中心存在着蠕动滑移过程,此类滑移属地震影响,还是重力影响,有待于进一步研究,这对研究盆地滑塌构造的形成机理具有重要意义。在科考及科普教育方面,可以作为一处典型的大型滑塌构造范例。

三、断裂

省内断裂可分为韧性断裂和脆性断裂两类,主要表现为韧性剪切带和断裂构造,反映了省内元古宙和中生代区域断裂构造活动特征。

1.遂昌坝头东畲-枫坪韧性剪切带(G119)

韧性剪切带西起遂昌坝头、龙泉东畲,往东经松阳高亭、田中寮至枫坪一线,宽0.5~3km,长约12km,属关塘-蛤湖近东西向构造带的组成部分,均发育在古、中元古代变质岩系中,因受高亭推覆构造和燕山期脆性断裂的切割及岩体的侵入,韧性剪切带的原始构造面貌已遭不同程度的破坏,残存部分断续零星出露,局部地段展布方向发生偏转成北东向或北北东向,但总体仍显示80°左右方向,与正常区域变质岩片理、片麻理既可一致呈递进变形,也可斜切早期面理呈叠加变形,剪切带总体倾向170°左右,倾角30°~40°,具有斜冲推覆剪切特征。

剪切带中糜棱岩分带性明显,沿走向和倾向与正常变质岩间均呈渐变过渡关系,糜棱岩带在西段主要发育于坝头、东畲、黄烽洞等地的八都(岩)群混合岩化片麻岩均质混合岩中,以糜棱岩化片麻岩、粗糜棱岩为主。东段田中寮至枫坪一带均发育于陈蔡群片岩中,以糜棱岩、细糜棱岩为主,局部出现千糜岩,表明糜棱岩化程度的高低与原岩的物化性质关系密切。

总体具有东强西弱和东宽西窄的特征,沿倾向方向由边缘至中心糜棱岩化程度逐步增高,一般依次出现糜棱岩化变质岩→粗糜棱岩→糜棱岩→细糜棱岩→超糜棱岩。在东畲、田中寮等地的岩石露头上可见拉伸线理、剑鞘褶皱、S-C组构、旋转应变等反映韧性剪切带运动学特征构造标志(图3-98、图3-99)。

东畲-枫坪韧性剪切带的运动学特征构造标志在省内非常典型,且出露良好,便于观察研究。其形成机制对浙江地区大地构造环境、板块运动以及深大断裂的研究具有重要指导意义,是浙江省重要的晋宁期韧性断裂之一。

2017年,该遗迹被列为浙江省第二批重要地质遗迹保护点(地),并要求设立科普标识牌。

2.富阳章村-河上构造岩浆带(G120)

章村-河上构造岩浆带由浙江省区域地质调查大队(1990)开展"1∶5万河上镇幅、场口镇幅区域地质矿产调查"时首次提出,并论证了构造岩浆带的组成、时代、形成环境及空间分布。

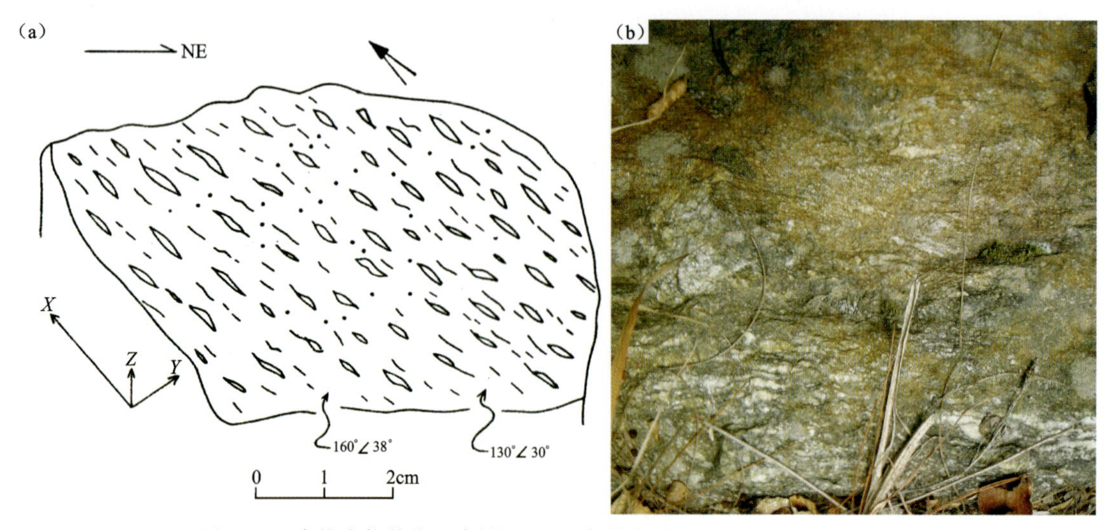

图 3-98　糜棱岩拉伸线理素描图(a)和糜棱岩露头(b)(据陆祖达等,1991)

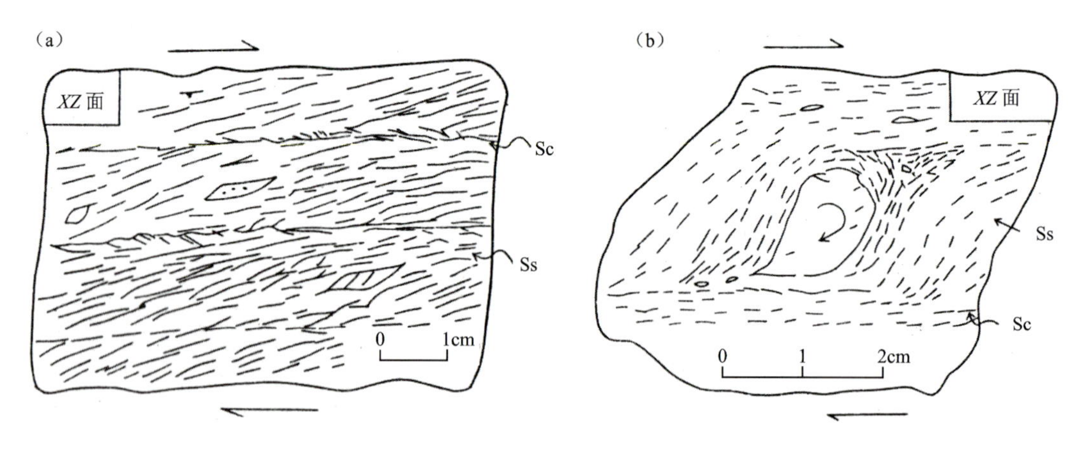

图 3-99　糜棱岩 S-C 组构图(a)和旋转残斑素描图(b)(据陆祖达等,1991)

构造岩浆带位于富阳章村—萧山河上镇一带,发育于章村-河上晋宁期背斜之南东翼,呈北东向展布,形成时代为新元古代上墅期末。以次坞辉绿岩和道林山钾长花岗岩体为代表,先后沿着区域性北东向基底断裂侵入,总体呈 45°展布,延伸出露长约 20km,宽 3～5km。早期表现为大规模次坞辉绿岩沿断裂带侵入(814Ma),断裂和岩浆侵入极大地破坏了双溪坞群章村组和青白口系骆家门组、虹赤村组和上墅组;晚期表现为更大规模的道林山碱长花岗岩侵入(812Ma),对早期地质体产生了巨大的破坏。在较短的时间内,发生两次大规模岩浆侵入,时空关系密切,具有双峰式特点。岩浆侵入导致地层围岩发生强烈角岩化、硅化、同化混染,青白口纪地层破坏殆尽,呈现大小不等的岩块,被岩体包裹其中。

构造岩浆带形成于全球罗迪尼亚超级大陆裂解期(814～812Ma),也正是华南陆块聚合不久开始裂解,处于伸展拉张构造环境。构造岩浆带记录了新元古代构造活动(晋宁运动)、岩浆活动(岩浆混合)等事件,是研究中国东南部晋宁期大地构造格局的理想场所之一。这一地区新元古代上墅期双峰式岩浆大规模喷溢和侵入作用,是华南陆块裂解的重要岩石学标志,为研究华南陆块中、新元古代聚合和裂解提供了重要的实物性资料。

2017 年,该遗迹被列为浙江省第二批重要地质遗迹保护点(地),并要求设立科普标识牌。

3. 诸暨王家宅韧性剪切带(G121)

王家宅韧性剪切带为一条宽3～6km的糜棱岩带，其总体走向为40°左右，东北部在潘村一带被早白垩世火山岩覆盖，西南部被芙蓉山破火山破坏，出露总长度达50km以上。

韧性剪切带出露在一套中元古界陈蔡群变质岩系及璜山石英闪长岩中，岩石呈现糜棱岩或糜棱岩化。从姚王和王家宅两地的两条剖面可观察及分析韧性剪切带的一系列特征(图3-100)。发育在该带中的糜棱岩(图3-101)，除了具有典型的糜棱结构和各种流动构造以外，基质中矿物普遍具塑性变形、压溶、重结晶作用等，体现以塑性为主的变形机制。剪切带内部，粗糜棱岩和(细)糜棱岩在空间上具有粗细相间的韵律性；从剪切带边缘到中心，糜棱岩的构造表现为眼球状、条纹状向发丝状、流纹状等拉丝构造递进发展。

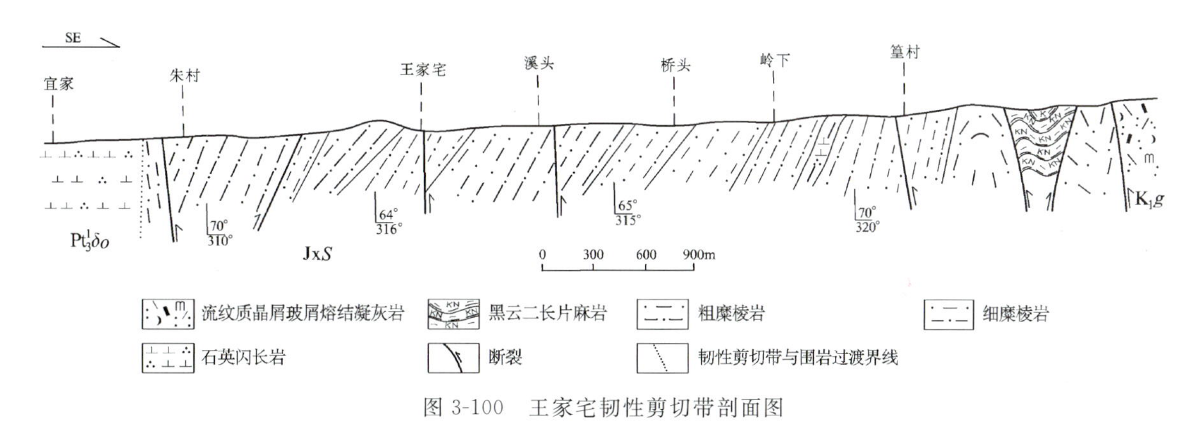

图3-100　王家宅韧性剪切带剖面图

图3-101　王家宅韧性剪切带内的糜棱岩(a)及变形构造(b)

综上所述，桐树林-潘村韧性剪切带是浙江两大构造单元碰撞走滑的重要证据。该断裂带形成历史悠久，延续时间长，具多期次形变的特点。韧性剪切带中的糜棱岩，除了具有“基质+碎斑”的典型糜棱结构和各种流动构造外，还存在基质中的矿物普遍具塑性变形、压溶、重结晶作用和新矿物化作用。

韧性剪切带形成于晋宁期—加里东期，由于受两大古陆进一步拼贴碰撞走滑影响，在地表之下一定深度岩块处于半塑性状态下发生了强烈的剪切作用，导致变质岩系发生韧性应变作用，产生动力变质作用(退变质作用)，形成糜棱岩带。

科学价值：其一，通过桐树林-潘村韧性剪切带的研究，可以进一步证实两大构造单元在地质历史上存在碰撞走滑，韧性剪切带在地质构造特征、表现形式、空间位置、规模性质方面为人们深入研究江山-绍兴拼合带提供了重要的实物证据；其二，韧性剪切作用对地壳元素迁移、富集成矿的研究具有重要意义；其三，对璜山、化泉、桐树林、梅店等地10余处金矿床和多金属矿床的成因研究具有重要的科学价值。

2013年，该地质遗迹被列为浙江省首批重要地质遗迹保护点(地)，并设立科普标识牌。

4. 开化石耳山韧性剪切带(G122)

石耳山韧性剪切带由浙江省第三地质大队(1994)发现，并对其进行了系统的调查和研究。石耳山一带发育有4条韧性剪切带，它们都发育一整套由糜棱岩类组成的断层岩系，产于石耳山一带晋宁期花岗岩(里罗单元和七里亭单元)和河上镇群浅变质岩中，其中以发育在洪源—宋坑一带的韧性剪切带最为典型。韧性剪切带总体呈东西向展布，东、西两端延伸大于11km，南北宽约2.5km。

剪切带内Ss面理和Sc面理发育。Ss面理表现为石英、长石残碎斑晶的拉长定向，残碎斑晶的扁平面产状为160°～180°∠55°～65°；Sc面理表现为长石、石英残碎斑晶的拖尾构造，长石、石英残碎斑晶的延长方向代表S面方向，由细粒石英、鳞片状绿泥石、绢云母集合体构成的拖尾(即结晶尾)方向代表C面，两者锐夹角指示剪切动向，显示简单剪切变形机制。

剪切带内近南北向拉伸线理发育，倾伏角普遍较大，线理产状普遍为180°∠40°～60°。结合钾长石、石英旋转残斑的不对称显微构造判别，该剪切带运动形式是南盘从北向南滑覆，北盘从北向南逆冲，是区内第三期韧性剪切变形；剪切带内还发育一组倾伏角较小的拉伸线理(产状258°∠20°)，发育在产状170°∠80°的XY面上。定向薄片中所见到的具不对称尾巴拉开状石英和反"S"形云母"鱼尾"构造(图3-102)，反映具左旋走滑剪切运动，为本区第二期韧性剪切变形。

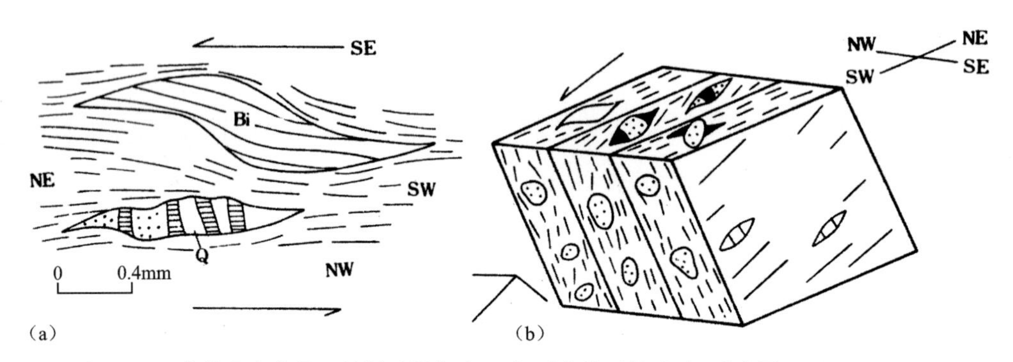

图3-102 糜棱岩中的黑云母"鱼尾"构造(a)与石英拉开构造(b)示意图(据刘伯根等，1994)

受九岭地体与怀玉地体碰撞作用，产生北西向南东的逆冲推覆或仰冲碰撞，造成一系列从北向南的推覆构造。地体拼贴走滑产生左旋走滑韧性剪切变形，发育在拼贴碰撞的石耳山花岗岩中。

石耳山韧性剪切带在区域构造格架中是赣东北韧性剪切带南缘边界的组成部分，同时又处在九岭地体与怀玉地体碰撞缝合带中，花岗岩中韧性剪切带S-C旋转组构清楚，对研究本区新元古代时期构造演化历史具有重要意义。

5. 柯桥青龙山推覆构造(G123)

青龙山推覆构造由浙江省区域地质调查大队(1990)开展"1∶5万平水幅、丰惠幅区域地质矿产调查"时首次发现，并进行了较系统的调查和研究工作。何圣策等(1991)对推覆体地层进行了进一步研究与阐述。

青龙山推覆体处于江山-绍兴拼合带东北段东南边缘，分布面积约0.2km^2，孤立残留在半山腰晚中生代磨石山群之上，呈断裂接触，产状呈北西倾，倾角平缓(10°～15°)。推覆体岩性为硅质岩、硅质粉砂泥岩等，据硅质岩中采集的孢粉样，经何圣策和尹磊明等鉴定含4种微古植物：小网面藻 *Dictyotidium minutum* sp. nov.，膜网藻 *Cymatiosphaera* sp.，膜片藻 *Paleomorpha* sp.，管形藻 *Siphonophycus* sp.。上述疑源类时代属早寒武世，层位与荷塘组下部地层相当。下伏地层为上中生界磨石山群大爽组蚀变压碎流纹质角砾玻屑凝灰岩，岩石较普遍强烈碎裂蚀变。根据推覆面上、下地层分布及时代分析，推覆体由北西向南东推覆，推覆距离至少在2km以上，时间为燕山晚期。

青龙山推覆构造对研究晚中生代燕山晚期区域性断裂活动方式、规模大小以及力学性质的表现具有重要的科学价值，为省内典型实例。

2017年，该遗迹被列为浙江省第二批重要地质遗迹保护点(地)，并要求设立科普标识牌。

6. 富阳里山推覆构造(G124)

浙江省区域地质调查大队五分队(1986)开展"1∶5万杭州市幅、临浦镇幅城市地质综合调查"时首次发现，并对其进行了详细的调查和研究。

富阳里山推覆构造，区域上属于球川-萧山大断裂带在燕山晚期活动的重要表现方式。它分布在富春江的南岸，富阳里山一带，由零星出露的古生代地层康山组、河沥溪组和霞乡组组成构造推覆体，表现为早古生代地层逆冲推覆在下白垩统建德群黄尖组火山岩之上，推覆体由若干个小山包或孤立山包呈现(图3-103)。推覆面总体北西倾(约330°)，倾角20°～30°，在平面图上逆冲推覆断裂呈现弧形变化，上盘推覆体底面主要发育强烈硅化带，厚(宽)度200余米。富阳里山推覆构造形成于燕山晚期晚白垩世。

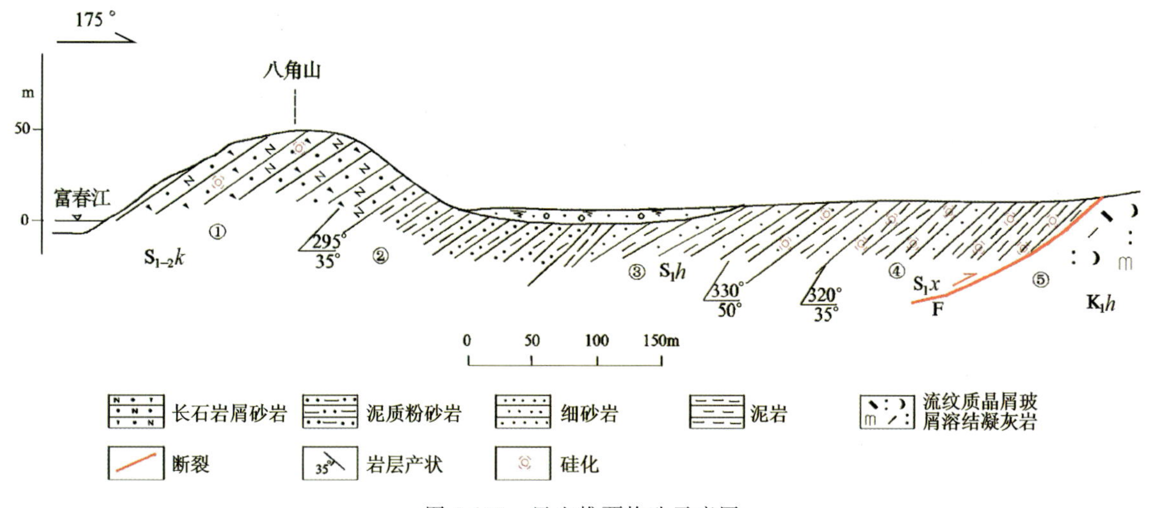

图3-103 里山推覆构造示意图

北东向萧山-球川断裂，属区域性大断裂，切割深且规模大，形成时间悠久，经历了多期次大规模活动，具有控盆、控岩和控矿特点。燕山晚期断裂经历了伸展断陷及后期的大规模挤压推覆逆冲，在区域应力的作用下，呈现北西-南东方向的强烈挤压推覆，区域上除里山一处外，在萧山南阳等地均可见这一时期表现的挤压推覆现象。挤压推覆导致西北侧早古生代地层，沿着挤压面推覆至东南侧中生代火山岩地层或永康群盆地地层之上，至此，推覆体下部地层破碎且发生强烈的硅化蚀变。

里山推覆构造特征典型，是省内较为罕见的重要实例，它对研究燕山晚期以来萧山-球川断裂构造表现的力学性质、活动方式和呈现的规模大小具有重要意义。

2013年，该遗迹被列为浙江省首批重要地质遗迹保护点(地)，并设立科普标识牌。

7. 萧山南阳推覆构造(G125)

南阳推覆构造由浙江省地质矿产研究所(2016)在治理采石矿山时发现,浙江省地质调查院(2016)通过实地调查研究,确定其分布和特征。

南阳推覆构造区域上分布在萧山-球川断裂带上,出露于钱塘江东南岸赭山一带,地貌上呈现孤立的山包。推覆构造表现为震旦系—寒武系(灯影组、荷塘组、大陈岭组和杨柳岗组)推覆于中生代晚期朝川组之上(图 3-104),推覆体由震旦纪—寒武纪(岩性为白云质灰岩、泥质白云岩、硅质页岩和硅质粉砂岩)组成;推覆面之下基底为早白垩世晚期朝川组紫红色砂砾岩、含砾砂岩、泥质粉砂岩。推覆面倾向变化大,总体倾向于北东和北西,而倾角一般在 15°~25°之间。推覆体具有明显的平卧褶皱特点,表现为异常的近水平层理产出和地层重复现象(图 3-105)。推覆面上下岩性强烈破碎且硅化,接触面附近岩石明显具有压碎岩或碎裂岩特点,朝川组砂砾岩砾石均受剪切破碎。

图 3-104　南阳推覆构造(推覆体为灯影组白云质灰岩,基底为朝川组含砾粉砂岩)

图 3-105　推覆体寒武纪地层内发育的平卧褶皱

依据基底岩系时代,可以初步确定推覆构造时间为燕山晚期。区域上分析,它与北东向萧山-球川断裂带活动关系密切。早白垩世末期至晚白垩世,控盆构造则表现为东南-西北方向的强烈挤压,导致盆地周边及下伏古老地层逆掩或推覆于盆地地层之上,萧山南阳推覆构造属于典型一例。

萧山南阳推覆构造和富阳里山推覆构造，区域上均分布在萧山-球川断裂带中，它们完整地记录了燕山期萧山-球川断裂带活动的特点、构造样式及规模，对研究省内地质构造发展演化具有重要价值。

2017年，该遗迹被列为浙江省第二批重要地质遗迹保护点(地)，并要求设立科普标识牌。

8.西湖宝石山棋盘格式构造(G126)

棋盘格式构造，又称网状构造、X型构造，是由两组互相交叉的扭裂面或扭裂带所组成的一种构造型式。西湖宝石山一带的棋盘格式构造由吴磊伯(1941)最先提出，并命名为杭州棋盘格式构造，1983年由地质矿产部编入《地质辞典》。宝石山棋盘格式构造是中生代燕山运动作用下产生的两组区域性共轭节理，共轭节理具有规律性分布，构成典型的棋盘格式，在杭州孤山、葛岭、宝石山一带表现尤为典型。

宝石山一带的火山岩以流纹质晶屑玻屑熔结凝灰岩为主，局部夹沉凝灰岩，地层时代为早白垩世黄尖期。火山岩中发育有两组密集、相互交切的共轭节理，一组走向310°～350°，倾向西南，倾角60°～85°之间；另一组走向70°～80°，倾向北北西，倾角65°～85°之间，两组裂隙共同组成棋盘格状。共轭节理具有延伸长、节理面光滑平直、互切互限、局部发育有近水平擦痕等特点，显示了节理近水平剪切作用。赤平投影分析统计，主应力方向为南东东和北西西，代表了新华夏系构造应力场特点。

杭州棋盘格式构造为燕山晚期新华夏系构造应力场之构造形迹，是中国东部新华夏系构造类型的典型代表之一。

2013年，该遗迹被列为浙江省首批重要地质遗迹保护点(地)，并设立科普标识牌。

第五节 重要化石产地类

重要化石产地类属基础地质大类，可分为古人类化石产地、古生物群化石产地、古植物化石产地、古动物化石产地和古生物遗迹化石产地5个亚类。该大类全省共有重要地质遗迹30处，其中古人类化石产地亚类有2处，古生物群化石产地亚类有3处，古植物化石产地亚类有2处，古动物化石产地亚类有18处，古生物遗迹化石产地亚类有5处(表3-6)。

表3-6 重要化石产地类地质遗迹简表

亚类	代号	遗迹名称	形成时代	保护现状	利用现状
古人类化石产地	G127	建德乌龟洞建德人遗址	第四纪	省重要地质遗迹保护点	科研/科普
	G128	桐庐延村桐庐人遗址	第四纪	省重要地质遗迹保护点	科研/科普
古生物群化石产地	G129	余杭狮子山腕足动物群化石产地	奥陶纪	省重要地质遗迹保护点	科研/科普
	G130	淳安姜吕塘腕足动物群化石产地	奥陶纪	省重要地质遗迹保护点	科研/科普
	G131	黄岩宁溪永康生物群化石产地	白垩纪	省重要地质遗迹保护点	科研/科普
古植物化石产地	G132	新昌王家坪硅化木化石群产地	白垩纪	国家地质公园	科研/科普/观光
	G133	龙游大塘里硅化木化石产地	白垩纪	省重要地质遗迹保护点	科研/科普
古动物化石产地	G134	兰溪柏社恐龙骨骼化石产地	侏罗纪	省重要地质遗迹保护点	科研/科普
	G135	兰溪草舍双壳类化石产地	侏罗纪	省重要地质遗迹保护点	科研/科普
	G136	临海小岭鱼化石产地	白垩纪	省重要地质遗迹保护点	科研/科普
	G137	衢江石柱岭三尾类蜉蝣化石产地	白垩纪	省重要地质遗迹保护点	科研/科普
	G138	浦江浦南鱼、鳖化石产地	白垩纪	省重要地质遗迹保护点	科研/科普

续表 3-6

亚类	代号	遗迹名称	形成时代	保护现状	利用现状
古动物化石产地	G139	江山保安双壳类化石产地	白垩纪	省重要地质遗迹保护点	科研/科普
	G140	嵊州艇湖恐龙化石产地	白垩纪	省重要地质遗迹保护点	科研/科普
	G141	东阳杨岩东阳盾龙化石产地	白垩纪	省重要地质遗迹保护点	科研/科普
	G142	东阳中国东阳龙化石产地	白垩纪	省重要地质遗迹保护点	科研/科普
	G143	天台赖家始丰天台龙化石产地	白垩纪	省重要地质遗迹保护点	科研/科普
	G144	临海上盘浙江翼龙和鸟类化石产地	白垩纪	国家地质公园	科研/科普/观光
	G145	缙云壶镇恐龙化石产地	白垩纪	省重要地质遗迹保护点	科研/科普
	G146	衢江高塘石恐龙化石产地	白垩纪	省重要地质遗迹保护点	科研/科普
	G147	天台屯桥恐龙化石产地	白垩纪	省重要地质遗迹保护点	科研/科普
	G148	婺城浙江吉蓝泰龙化石产地	白垩纪	省重要地质遗迹保护点	科研/科普
	G149	江山陈塘边礼贤江山龙化石产地	白垩纪	省重要地质遗迹保护点	科研/科普
	G150	天台赤义天台越龙化石产地	白垩纪	省重要地质遗迹保护点	科研/科普
	G151	莲都丽水浙江龙化石产地	白垩纪	省重要地质遗迹保护点	科研/科普
古生物遗迹化石产地	G152	江山新塘坞叠层石礁	震旦纪	省重要地质遗迹保护点	科研/科普
	G153	东阳塔山南马东阳蛋化石产地	白垩纪	省重要地质遗迹保护点	科研/科普
	G154	仙居横路恐龙蛋化石产地	白垩纪	省重要地质遗迹保护点	科研/科普
	G155	东阳吴山恐龙足迹化石产地	白垩纪	省重要地质遗迹保护点	科研/科普
	G156	天台落马桥恐龙蛋化石产地	白垩纪	省重要地质遗迹保护点	科研/科普

一、古人类化石产地

该亚类省内遗迹较少，仅登录 2 处，属更新世晚期后一阶段的柳江人一类的智人化石。

1. 建德乌龟洞建德人遗址(G127)

乌龟洞建德人遗址，位于建德李家镇新桥村后乌龟山乌龟洞，乌龟洞形成于二叠系栖霞组(P_2q)岩溶洞穴中。

经中国科学院古脊椎动物与古人类研究所和浙江省博物馆共同发掘(1974 年冬)，清理掉厚约 50cm 的现代堆积物后，露出早期化石层堆积物。含化石的地层分上、下两部分：上部为紫红色黏土，厚约 35cm；下部为黄红色黏土，厚约 110cm，共出土 1 枚属于智人类型的右上犬齿以及大熊猫、东方剑齿象、中国犀等一批哺乳动物化石(图 3-106、图 3-107)。这枚古人牙化石标本为右上犬齿，齿冠高 11.6mm，远中近中径为 8.2mm，唇舌径为 9.5mm。经科学鉴定，这枚人牙化石属于更新世晚期后一阶段的柳江人一类的智人类型，距今有 5 万多年，根据考古学惯例，这枚牙齿的主人被命名为“建德人”。

建德乌龟洞发现的晚期智人化石，是浙江省内首次发现的旧石器时代的人化石。这一发现增加了智人化石在中国分布的新情况，揭示了浙江省史前文化的端倪，在考古学上有着重大的意义。众多种类的哺乳动物化石的发现，为研究全球气候变迁、人类生存环境和第四纪哺乳动物提供了重要材料。

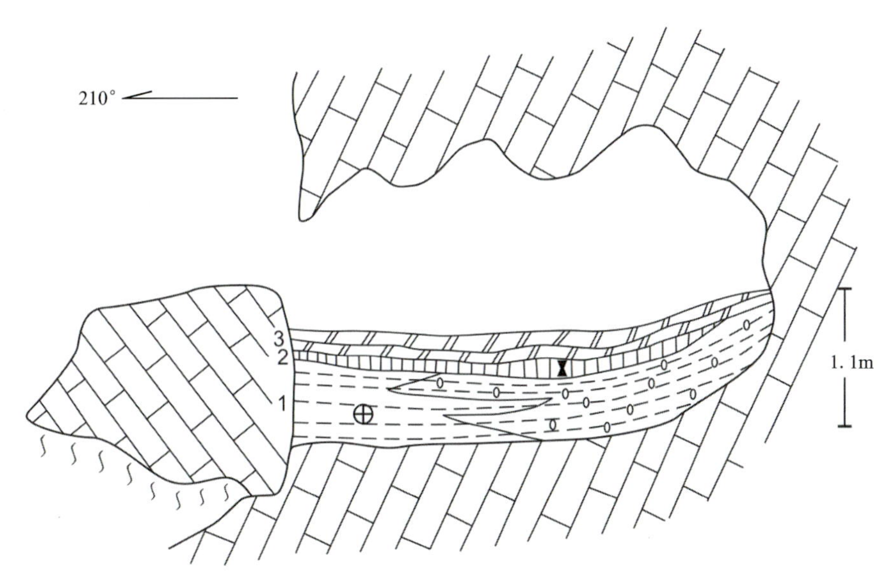

图 3-106　建德乌龟洞剖面示意图(据浙江省区域地质调查队,1963)
1.棕色黏土;2.棕褐色黏土及灰烬层;3.石灰华。⊕ 动物化石　人类化石

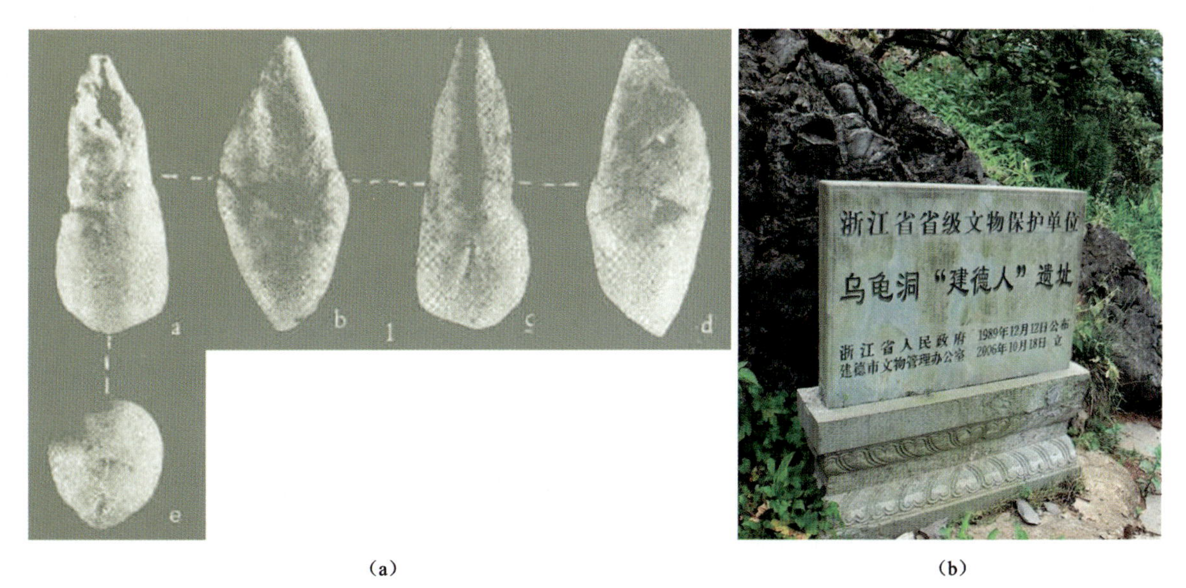

(a)　(b)

图 3-107　“建德人”右上犬齿化石(a)及遗址保护碑(b)

1982 年,被列为浙江省建德县重点文物保护单位,1989 年被浙江省政府列为省级重点文物保护单位。结合洞区保护,目前已建立建德人遗址展馆,开展科普与人文教育。

2017 年,该遗迹被列为浙江省第二批重要地质遗迹保护点(地),并要求设立科普标识牌。

2. 桐庐延村桐庐人遗址(G128)

遗址由延村村民(2000)开发旅游清理洞穴时发现,随后把发现的大量化石送到浙江省自然博物馆,经专家初步鉴定确认为古人类化石。而后,经中国科学院古脊椎与古人类研究所吴新智院士和张森水研究员鉴定,再次证实为古人类头盖骨化石。

化石产于延村水库西北侧两个相连的由寒武纪灰岩(大陈岭组)发育的岩溶洞穴中。经专家鉴定,头盖骨碎片和一下颌骨为古人类化石,且个体年龄较轻(图 3-108)。头盖骨表面为钟乳石包裹,因此可以断定头盖骨的年代要早于钟乳石形成的年代。经南京师范大学对包裹头盖骨的钟乳石样年代测试，大致年代距今有1万～2万年，命名为“桐庐人”。按文化年代划分，应属旧石器晚期，被称为“智人”。岩溶洞穴中保存有大量的水牛、黑熊、野猪、鹿、麂和中国犀等动物骨骼，这些动物群和浙江晚更新世时期的动物群特征相似。另外，在洞穴中发现有大量木炭层堆积，为“桐庐人”使用火的证据。

图3-108 桐庐人遗址(a)及“桐庐人”头盖骨化石(b)

延村桐庐人遗址化石种类丰富，科学研究价值较高，尤其对浙江省古人类发展史研究提供了重要的实物证据，它填补了浙江省古人类历史从5万年前的“建德人”到1万年前浦江旧石器末期上山文化之间的空白。

2017年，该遗迹被列为浙江省第二批重要地质遗迹保护点(地)，并要求设立科普标识牌。

二、古生物群化石产地

浙江省内古生物群化石产地登记3处，主要反映了省内奥陶纪—志留纪及早白垩世地层古生物化石群产出特征，对判别古生物进化及区域地层对比具有重要的科学意义。

1.余杭狮子山腕足动物群化石产地(G129)

该腕足动物群化石产地位于余杭狮子山北侧，分布在上奥陶统文昌组和下志留统霞乡组接触带，文昌组上部泥岩、霞乡组底部泥质粉砂岩中，化石层厚1～2m。由浙江省地质调查院俞国华等(2006)发现，南京地质古生物所戎嘉余等(2007)对化石进行了详细的研究。

化石群为奥陶纪末期的一个以腕足动物及三叶虫占优势的底栖化石群，将其命名为*Leangella-Dalmanitina*(*Songxites*)组合。推测该组合可能栖息于BA5的底域生态位。以小个体壳相化石为特征(图3-109)，总量有限；腕足类占整个动物群个体总数的近90%；相伴有少量的三叶虫、海林檎及个别的腹足类、海百合茎和短剑类等化石，介壳化石稀少，保存分散，层面分布无规律可循。

本组合的腕足类多样性大致为中等程度，经鉴定，至少由16个属组成：*Orbiculoidea*(舌形贝目)；*Pseudopholidops*(髑髅贝目)；*Skenidioides*(原正形贝目)；*Orthid*，*Dalmanellid*，*Draboviid*，*Ravozetin*，？*Jezercia*，*Epitomyonia*(正形贝目)；*Aegiromena*，*Anisopleurella*，*Leangella*，*Eoplectodonta*(扭月贝目)；*Brevilamnulella*(五房贝目)；？*Alispira*，*Eospirigerina*(无洞贝目)。其中，正形贝目和扭月贝目占总属数的62.5%，其余的目大都只含1个属。共生的三叶虫有*Dalmanitina* (*Songxites*) cf. *wuningensis* Lin(较多)和*Niuchangella* sp.(个别)，还有个别的腹足类*Holopea* sp.，短剑类*Lepidocoleus* sp.和海百合茎及骨板。腕足类*Leangella*在分类和生态特征上最重要，数量也最多；三

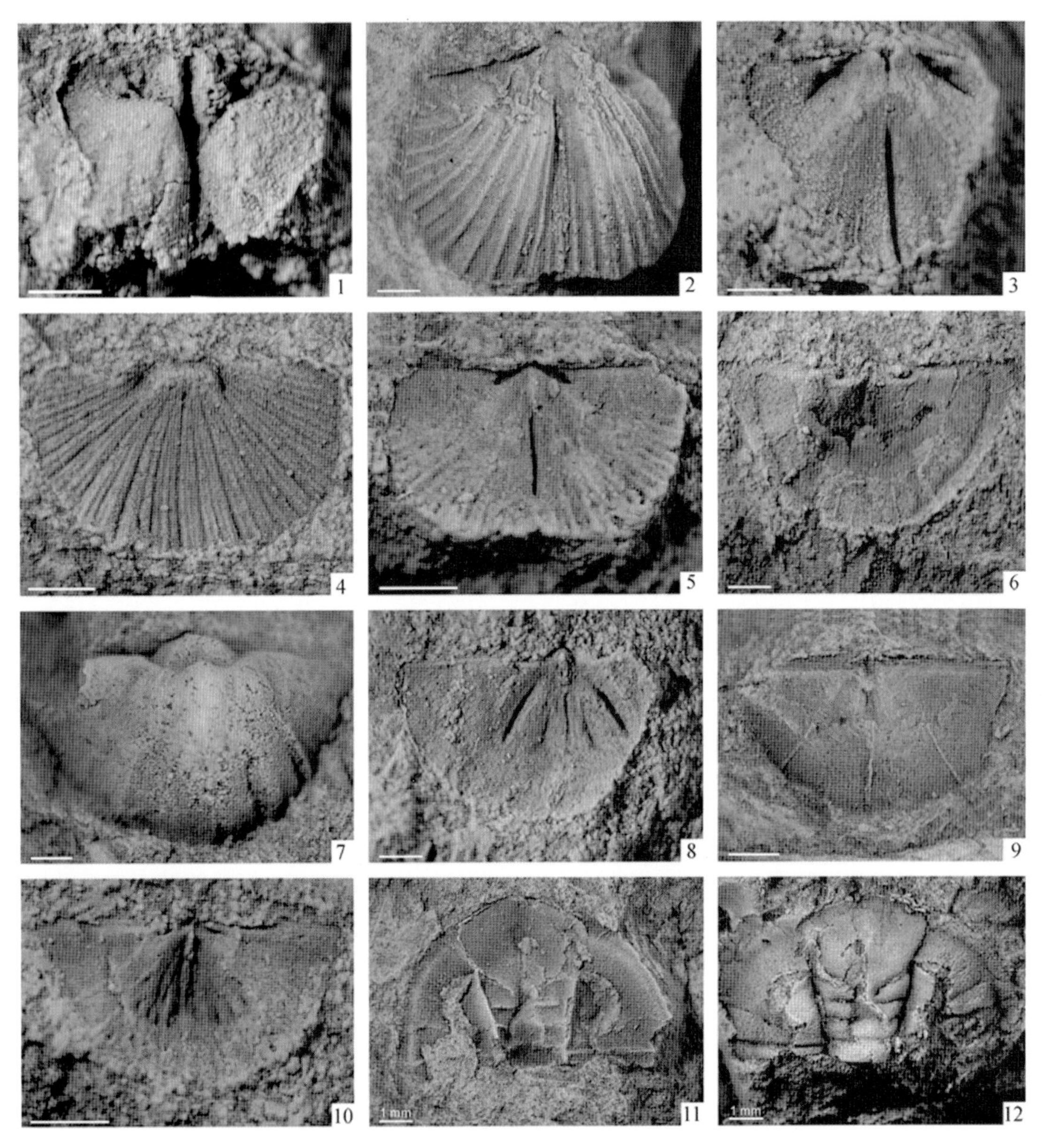

图 3-109 余杭狮子山壳相动物群的代表分子(据戎嘉余等,2007)
原正形贝目(1);正形贝目(2、3);扭月贝目(4～10);*Dalmanltina* 三叶虫(11、12)

叶虫 *Dalmanitina* (*Songxites*)分布较广,地质历程短暂,在其他门类中数量最多,这个介壳相化石群作为一个生物地层单元,命名为 *Leangella-Dalmanitina* (*Songxites*)组合。

本组所含这些深水分子,从空间上分析基本上都是外来属群,从时间上考证都是从奥陶纪延续过来的。科学内涵是:深水相环境可能是奥陶纪末大灭绝首幕之后底栖腕足类幸存的一个关键场所;由于余杭一带在古地理上相对靠近外海,水域较深,故可能首先接纳外来分子的栖息。

Leangella-Dalmanitina (*Songxites*)组合具备了远岸、静水低能、深水底栖群落的特点。基于化石组分及其生物群落特点,它具有深水相的性质,可能栖息在比赣北、皖南和浙北奥陶纪末期所产者 *Paromalomena-Aegiromena* 组合(BA4)更深的环境,故推测很可能是 BA5 的产物。也就是说,它可能栖居在正常浪基面之下的更深水域,水深可能超过 100m,但最大深度不会超过 200m。本组合显示的许多深水相的特点与冷水海域典型的 *Hirnantia* 动物群不同,后者大都是浅海底域(正常浪基面之上,即下限为 60m 左右)的栖居者。

综上所述，本动物群较详细地记录了奥陶纪末至志留纪早期古生物化石特征，能够为这一时期生物大灭绝提供实物和古生态环境证据。这是目前为止全球唯一被发现的深水壳相动物化石群。这些化石对研究古生物进化，尤其是奥陶纪生物大灭绝到复苏的演化过程具有填补空白的意义。

2013年，该遗迹被列为浙江省首批重要地质遗迹保护点(地)，并设立科普标识牌。

2.淳安姜吕塘腕足动物群化石产地(G130)

早期梁文平先生曾在姜吕塘采集到丰富的腕足类化石，对化石及地层作了研究；浙江省区域地质测量大队(1965)开展"1∶20万建德幅区域地质矿产调查"时对动物群化石及地层进行了调查和研究；中国科学院南京地质古生物研究所、浙江省地质调查院(2003)开展浙西北野外考察，对此地腕足类进行了系统的研究。

腕足动物群化石分布在上奥陶统长坞组和文昌组中，大量的腕足类化石经中国科学院南京地质古生物研究所刘第墉定名，主要有小苏维贝、褶齿贝、始腹贝、戟贝科、候弟达贝、轭螺贝、五角贝、褶窗贝、似薄皱贝等，其中部分腕足类化石个体特别大，其余化石名称还待正式发表。另外还有三叶虫化石。

化石产地古生物化石丰富而典型，对研究该区沉积相环境、大区域地层对比、地层年代确定等具有重要的科学价值。

2013年，该遗迹被列为浙江省首批重要地质遗迹保护点(地)，并设立科普标识牌。

3.黄岩宁溪永康生物群化石产地(G131)

该化石产地由浙江省石油地质大队(1950)开展油气资源调查时发现。浙江省地质五大队(1980)重新测制地层剖面，采集了各类化石进行深入研究，1995年重新补充调查时，确定宁溪盆地是早白垩世晚期永康生物群的重要产地。

化石产于早白垩世晚期馆头组中，主要化石有华夏鱼、伍氏副狼鳍鱼、直线叶肢介群落及网状魏氏厥等。从地层岩性组合及沉积构造分析，为典型的湖泊相环境。鱼类产于湖盆中心区下部层位，与叶肢介、介形虫等共生产出，多见于中部层位，植物在中部至上部层位产出。

该地古生物化石产出门类多、数量大，保存较完整，是省内少见的早白垩世晚期重要的永康生物群化石产地。尤其是鱼类化石，在区域性地层对比和古生物研究方面具有重要的科学价值。

2013年，该遗迹被列为浙江省首批重要地质遗迹保护点(地)，并设立科普标识牌。

三、古植物化石产地

浙江省内典型的古植物化石集中产地较少，多零星产出。省内仅登记2处，代表了早白垩世新嵊盆地和金衢盆地古植物发育特征。

1.新昌王家坪硅化木化石群产地(G132)

新昌王家坪一带馆头组中盛产硅化木，发现硅化木的历史悠久，被当地老乡采集作为观赏之石。20世纪70年代，在开展1∶20万区域地质调查时对硅化木的分布及产出地层进行了调查研究；新昌国家地质公园建设将王家坪一带纳入公园范围加以保护；段淑英、董传万等(2002)对新昌硅化木树种进行了详细的研究。

硅化木化石分布在王家坪与安溪之间的山坡上，化石层为早白垩世晚期馆头组，地层中有6个层位富含硅化木，目前地表已发掘近200根。硅化木径杆粗大，最大直径达3.5m(图3-110)，一般在0.5～1.2m之间，长达14m，大多与地层产状一致，卧于地层内，少数直立与地层直交。产出硅化木的地层

图 3-110 王家坪硅化木化石王(原地直立,最大直径 3.5m)

多为粉细砂岩、泥质粉砂岩,以及黄绿色、深灰色含植物碎片粉砂岩。

新昌硅化木特点如下:

(1)多层性。已发现在馆头组中有 6 个层位含有硅化木,经历了多期次堆积掩埋,具有大规模河流相旋回性沉积作用的特点。

(2)分布富集。尤其在王家坪约 $1km^2$ 的区域内,已发现有 200 多根大小不等的硅化木产出。

(3)结构清晰。白垩纪硅化的树木结构及纹理清晰,横断面年轮较宽,具有较高的研究价值和观赏价值。

(4)树干粗大。已发现的树干最大直径达 3.5m,一般均为 0.5～1.0m,已发掘最长硅化木达 14m,在国内硅化木中极为罕有。

(5)埋藏清楚。硅化木在地层内的埋藏方式多数为沿地层层面平卧,少数粗大的根部为直立,高角度交切层理,其围岩多属细砂砾岩、砂岩、粉砂泥岩等,其中含有植物碎片的灰黑色泥质粉砂岩与硅化木群紧密伴生,可作为寻找硅化木之标志层位。

段淑英等(2002)在新昌王家坪等地采集标本样品近 20 块,经切片磨片和详细鉴定研究,确定为一个新种:*Araucarioxylon xinchangense Duan* sp. nov.(新昌南洋杉型木)。

王家坪硅化木群具有分布广、赋存地层层位多、数量大、保存完好、径杆粗大、外形各异、树根形态优美、木质结构清楚等特点,是目前华东地区规模最大、保存最完整的原地埋藏的木化石群。

化石产地已被划为新昌硅化木国家地质公园,得到了较好的保护(图 3-111)。

图 3-111 王家坪一号化石坑木化石(a)和二号化石坑保护现状(b)

2. 龙游大塘里硅化木化石产地(G133)

大塘里硅化木最早发现于20世纪30年代。2004年10月,化石产地遭受盗掘,龙游县国土资源局和县文物部门协同查办,并将已暴露的一根长达8m的硅化木进行抢救性挖掘,移送龙游民居苑内加以保护。硅化木产于早白垩世早期劳村组(K_1l)河流洪泛及湖泊相地层中,部分产于河道内。

据2004年的普查资料,该地共发现3处硅化木化石点。第一化石点位于大塘里水库大坝脚下和大坝北东侧水库边,地表可见树干硅化木20多处,最大直径125cm,椭圆形,长度大于400cm;第二化石点位于大塘里水库北西外社塘自然村南东山坡,地表见一处化石,长度380cm,直径短轴60cm,长轴90cm,椭圆形;第三化石点位于外社塘自然村北东侧小水塘边,地表散落许多化石碎块。

硅化木产出形态一般呈平卧状,顺地层平行分布,而部分垂直于地层面,保持着原地性生态特点。因此认为,其来源有河流搬运至洼地的异地树木,也有洼地周边生长的原地型树木。

大塘里硅化木树木形态较完整,木质结构及纤维清晰可见,不仅具有重要的科普价值,同时对研究浙江早白垩世早期树木种属、古气候环境、古地理环境也具有重要的科学价值,是省内少有的重要古植物化石产地之一。

2017年,该遗迹被列为浙江省第二批重要地质遗迹保护点(地),并要求设立科普标识牌。

四、古动物化石产地

浙江省内该亚类遗迹数量较多,是省内化石产地类遗迹的重要组成部分。省内古动物化石主要分布在白垩纪盆地地层中,少数分布在侏罗纪地层中;化石种类主要为恐龙化石,另有翼龙、鸟、鱼类等化石,共涉及9个恐龙、翼龙和鸟类新种;主要分布在金衢盆地、天台盆地、丽水盆地、永康盆地、新嵊盆地、仙居盆地、壶镇盆地和小雄盆地内,其中以金衢盆地和天台盆地化石分布数量最多。目前,东阳和天台已成为国家首批重点保护古生物化石集中产地。按照化石形成时代的先后顺序介绍如下。

1. 兰溪柏社恐龙骨骼化石产地(G134)

柏社恐龙骨骼化石产地位于兰溪市柏社乡上方村西约600m的废弃采石场,由浙江省地质矿产研究所(2009)开展地质遗迹调查时发现。化石产地属于柏社盆地区的丘陵区,化石周边围岩为中侏罗统渔山尖组(J_2y),地层岩性为青灰色、黄绿色含砾中细粒砂岩,中粗粒砂岩和暗紫色粉砂岩、泥质粉砂岩,其中砾石成分为长石、石英,并含少量岩屑,由钙泥质胶结。根据碎屑物组合特征分析,沉积环境属于河流相,其间分布有碳化的植物碎片。

产地见恐龙骨骼化石一段,长约75cm,扁平状,横截面约8cm×15cm,局部可见骨骼遗留的结构(图3-112)。经浙江自然博物馆恐龙专家金幸生分析鉴定,此段骨骼应属大型鸟脚类恐龙肩胛骨化石。

柏社恐龙骨骼化石属侏罗纪(中侏罗世)大型鸟脚类化石,是浙江省产出地层时代最早的恐龙骨骼化石,第一次明确了浙江中侏罗世存在恐龙活动。它对中侏罗世陆相盆地地层、地层划分对比、古地理环境、古气候环境以及侏罗纪与白垩纪盆地恐龙演化研究等方面都具有重要的意义。

2013年,该遗迹被列为浙江省首批重要地质遗迹保护点(地),并设立科普标识牌。

2. 兰溪草舍双壳类化石产地(G135)

化石层在乡村道路建设中被发现,浙江省地质调查院对其进行了调查和研究,确定了化石层位置、分布、化石类型及地层单元,明确了保护范围。

化石产于中侏罗统渔山尖组(J_2y)河流相细砂岩中,以双壳类化石为主体,化石层厚1.5～3m,化石呈现密集分布。根据发掘的化石大小、形态分析至少有7～8个种属(图3-113)。

椭圆形壳,横向6～8cm,纵向5.5～7cm。壳厚、曲度和厚度颇大,壳体有很强的膨凸,壳嘴近中央,壳顶脊圆而不明显,壳面有弱的同心线。

图3-112　柏社恐龙骨骼化石(据唐小明等,2009)

图3-113　双壳类化石

横向延长壳,一般长达8cm,宽达4cm,最大者长达14cm,宽6cm。前端宽圆,后端略成楔形轮廓,壳顶在前端四分之一前发育有不显而缓圆的后壳顶脊,壳顶腔深。前假主齿发育。

卵圆形壳,长4.5cm,宽4cm。壳嘴位于前上方,甚内曲。壳面有基底为半圆形扁长的瘤状突起,并集中于中上部。右壳前假主齿前倾。

草舍双壳类化石密集产出,个体悬殊较大,壳面纹理清晰,化石种属较多,属省内罕见的双壳类化石点。它记录了中侏罗世时期兰溪一带河湖相水生生物状况,为还原中侏罗世陆相盆地生态环境和沉积环境提供了翔实的第一手资料,同时也为研究盆地地质演化及生物进化提供了可靠依据。

2013年,该遗迹被列为浙江省首批重要地质遗迹保护点(地),并设立科普标识牌。

3.临海小岭鱼化石产地(G136)

该化石产地由浙江省区域地质测量大队(1978)开展1∶20万临海幅区域地质矿产调查工作时发

现，系统采集化石，依古生物时代将地层置于白垩系馆头组。浙江省第五地质大队(1995)重新采集化石并确定其层位，结合火山构造研究将化石产地地层归属上侏罗统茶湾组(现归早白垩世早期磨石山群茶湾组)。

含化石地层剖面控制厚度约44m，由含碳质页岩、岩屑砂岩、凝灰质粉砂岩等组成。碳质页岩位于中上部，产鱼类化石及大量炭化植物碎片，其下凝灰质粉砂岩中产有两层植物化石及少量叶肢介化石。

化石产地生物群门类及化石组合特征代表了早白垩世茶湾期古生物类群。通过化石对比分析，可以全面认识和了解浙东地区早白垩世地层时代划分和生物特征，是省内为数不多的鱼化石产地之一。

2017年，该遗迹被列为浙江省第二批重要地质遗迹保护点(地)，并要求设立科普标识牌。

4. 衢江石柱岭三尾类蜉游化石产地(G137)

该化石产地由浙江省区域地质调查大队(1995)在开展1∶5万灵山幅、龙游县幅、衢县幅等区域地质调查过程中发现，并对化石产地剖面测制及地层时代归属进行了研究。化石产于衢州大洲镇石柱岭村早白垩世早期磨石山群九里坪组(K_1j)沉积夹层中，属于九里坪期多次酸性熔岩喷溢间歇期低洼湖泊沉积环境。

沉积夹层岩性为薄层状深灰色、黑色页岩，粉砂质泥岩和泥岩(图3-114)。根据剖面资料，此类夹层在酸性熔岩中有3～4层，每层厚度一般为4～8m，最大厚度在20～30m之间，在石柱岭村附近沉积夹层中分布着大量的三尾类蜉蝣化石 *Epheaneropsis frisetalis*。化石个体一般长3～4cm，宽0.7～1.0cm，两侧发育7对肋刺、尾部3根须，其形态清晰。

图3-114　三尾类蜉蝣化石产地地层(a)及化石(b)

三尾类蜉蝣属昆虫类动物，是早白垩世非常重要的3个热河动物群标准化石之一。三尾类蜉蝣化石在浙东南磨石山群地层中是非常罕见的，与浙西寿昌组及热河动物群三尾类蜉蝣可以对比，为浙东南九里坪组时代研究提供了重要的化石资料。

2013年，该遗迹被列为浙江省首批重要地质遗迹保护点(地)，并设立科普标识牌。

5. 浦江浦南鱼、鳖化石产地(G138)

该化石产地由浙江自然博物馆赵丽君等(2011)发现，并对其进行了系统的研究。化石产于下白垩统建德群横山组(K_1hs)中。

在横山组中下部深灰色粉砂质泥岩和页岩中，发现数量众多的鱼化石和保存完整的鲎类化石（图3-115），其中鲎类化石可以清晰地辨认其甲板。初步研究，鱼化石保存较好，数量众多，特征明显，是*Neolepidotes*属鱼类（赵丽君等，2011）。同时，可见到介形类*Cypridea* sp.，*Eucypris* sp.，*Rhinocypris* sp.；植物*Cladophlebis* sp.；叶肢介*Orthestheria intermedia*等化石。化石组合代表了建德生物群晚期的生物特点。

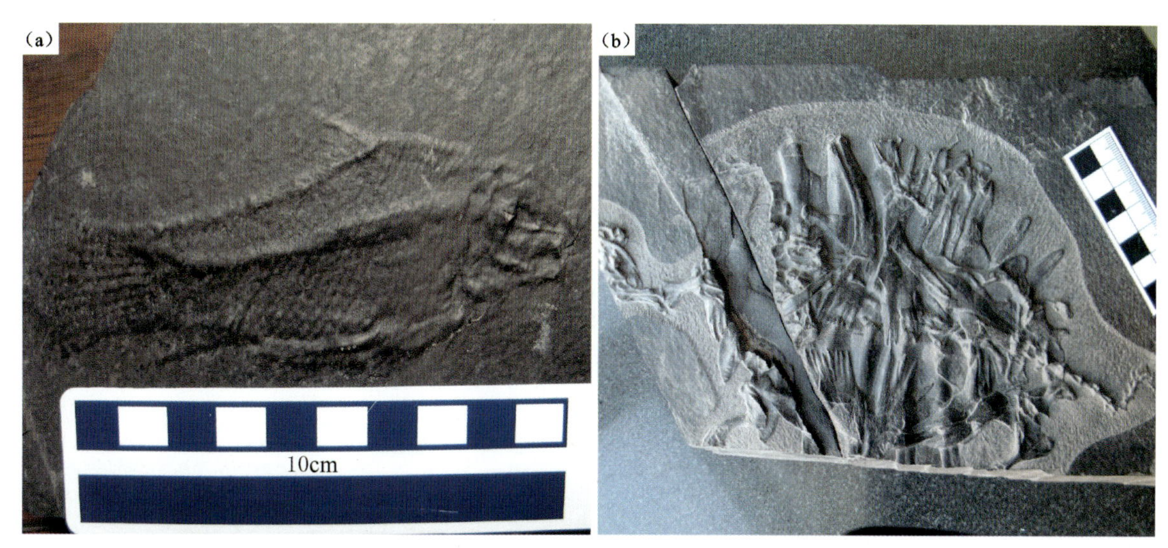

图3-115　浦南鱼化石(a)和鲎类化石(b)(据赵丽君等，2011)

浦南鱼、鲎类化石是横山组中为数不多的生物化石，隶属建德生物群，化石资料在研究建德生物群演化方面具有重要的科学价值，对了解和认识建德群晚期盆地古生态环境、岩相古地理等方面具有重要意义。

2013年，该遗迹被列为浙江省首批重要地质遗迹保护点（地），并设立科普标识牌。

6. 江山保安双壳类化石产地(G139)

该化石产地由浙江省石油地质大队(1973)在石油普查中发现，并对其进行了详细的调查和研究。浙江省地质调查院(2000)开展了相应的调查研究工作。

双壳类化石产于早白垩世晚期永康群馆头组(K_1gt)下部，岩性为深灰色中薄层状粉砂质泥岩、页岩和含碳质泥岩。岩性组合及沉积构造特征表明，当时为早期较宁静环境下的湖泊相沉积。化石主要有双壳类*Nakamuranaia chingshanensis*（青山中村蚌），*N.* aff. *chingshanensis*（青山中村蚌亲近种），*N.* cf. *sufrotunda*（近中型中村蚌比较种），*Sphaerium* sp.（球蚬）；叶肢介*Yanjestheria Sinensis*（中国延吉叶肢介），*Y. ex. gr. Chekiangensis*（浙江延吉叶肢介种群），*Orthestheria ex. gr. Intermedia*（中向型直线叶肢介种群）；介形虫*Cypridea* sp.（女星虫未定种），*Darwinula* cf. *contracta*（窄达尔文虫比较种），*D. contracta*（窄达尔文虫），*D.* sp.（达尔文虫未定种），*Clinocypris scolia*（弯曲斜星虫），*Clinocypris* sp.（斜星虫未定种），*Mongolianella zerussata*（光滑蒙古虫），*Mongolianella palmasa*（优越蒙古虫），*M.* sp.（蒙古虫未定种）。双壳类化石数量众多，个体一般长2～6cm，宽1～3cm；叶肢介化石个体大小一般在0.6～1cm之间，化石层厚50～180cm，呈现集中密集分布。

保安馆头组古生物化石类型多样，产出丰富，分布有标准化石分子，具有明显的断代特点。古生物化石较好地反映了当时湖泊形成的环境和演化规律，对于研究盆地地质环境、古气候变化以及地层对比分析具有重要的科学价值。

2013年，该遗迹被列为浙江省首批重要地质遗迹保护点（地），并设立科普标识牌。

7. 嵊州艇湖恐龙化石产地(G140)

该恐龙化石产地位于嵊州市城北艇湖，自20世纪70年代至2003年前后，因公路扩建在艇湖一带发现了数处恐龙化石产地，化石有恐龙骨骼和恐龙蛋，两者具有共生特点。

化石产于早白垩世晚期方岩组(K_1f)中，岩性组合为紫红色砂砾岩夹含砾砂岩、粉砂岩。产地发现恐龙化石有两根腿骨(图3-116)，一根腿骨长1.26m，最小圆径15cm；另一根为一截碎块，长约0.4m。经浙江自然博物馆金幸生研究，初步鉴定为蜥脚类巨龙腿骨化石，化石分类为蜥臀目(Saurischia Seeley，1888)蜥脚形亚目(Sauropodomorpha Huene，1932)蜥脚次亚目(Saurppoda Marsh，1878)。

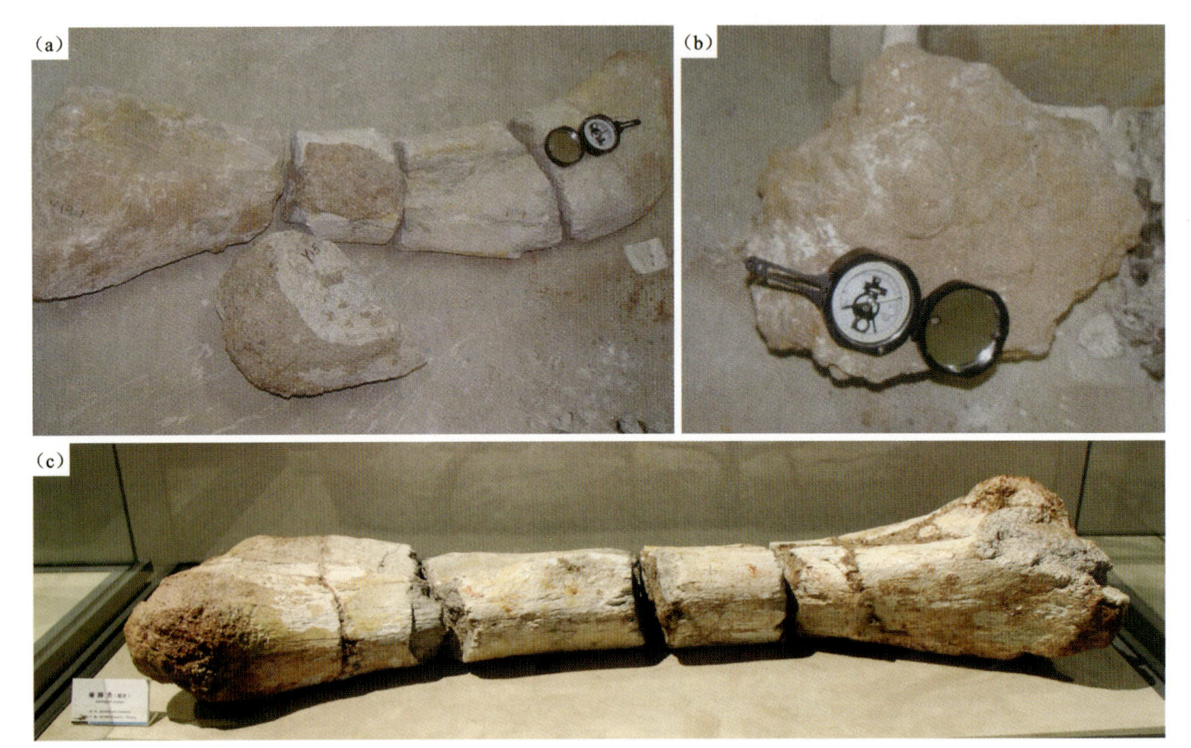

图3-116 艇湖巨龙腿骨(a、c)及恐龙蛋化石(b)(据俞方明等，2010)

该产地另有数窝恐龙蛋化石产出，每窝有10余个，蛋体直径在10cm以下，化石蛋皮与岩石紧黏一起，使蛋壳外界不清楚，经初步鉴定这些蛋化石属树枝蛋科(Dendoolithidae)。

新嵊盆地蜥脚类恐龙与蛋共生组合非常少见，它对研究盆地古生态环境、古气候环境以及区域盆地地层对比和时代划分具有重要意义。

2017年，该遗迹被列为浙江省第二批重要地质遗迹保护点(地)，并要求设立科普标识牌。

8. 东阳杨岩东阳盾龙化石产地(G141)

该恐龙化石产地位于东阳市马宅镇杨岩村平岭岗，2010年中日恐龙专家联合组成的发掘小组对恐龙化石进行了抢救性考古发掘。

化石产于朝川期玄武岩喷溢间歇期低洼积水环境，其低洼环境经历了多次河流洪泛堆积，剖面上见有3层洪泛堆积层(图3-117)，为一套块状或厚层状紫红色粉砂质泥岩、粉砂岩，其间发育钙质结核体，地层厚度一般为2～6m。东阳盾龙产于洪泛地层中，其上、下均有喷溢相玄武岩，反映这一地区及周边存在间歇性岩浆喷溢作用，紫红色粉砂岩层形成于喷溢间歇期，代表了盆地边缘地带周期性河流洪泛堆积特点。

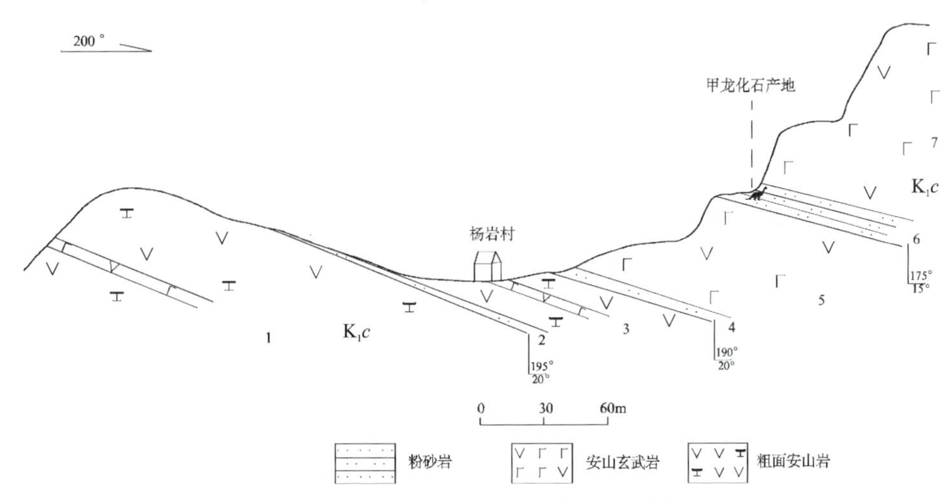

图 3-117　杨岩东阳盾龙化石产地地层剖面图

骨骼化石中有甲龙的肋骨、甲板、筋腱、椎体、肱骨等，尤其是脊板很大(图 3-118)，形态非常完整，根据对化石复原分析，推断甲龙长度在 8～10m 之间(图 3-119)。从产地恐龙肋骨化石分析，可能存在多个个体。经金幸生等研究认为，该化石为恐龙类的一个新种，属草食类甲龙，命名为杨岩东阳盾龙(*Dongyangopelto yangyanensis*)。

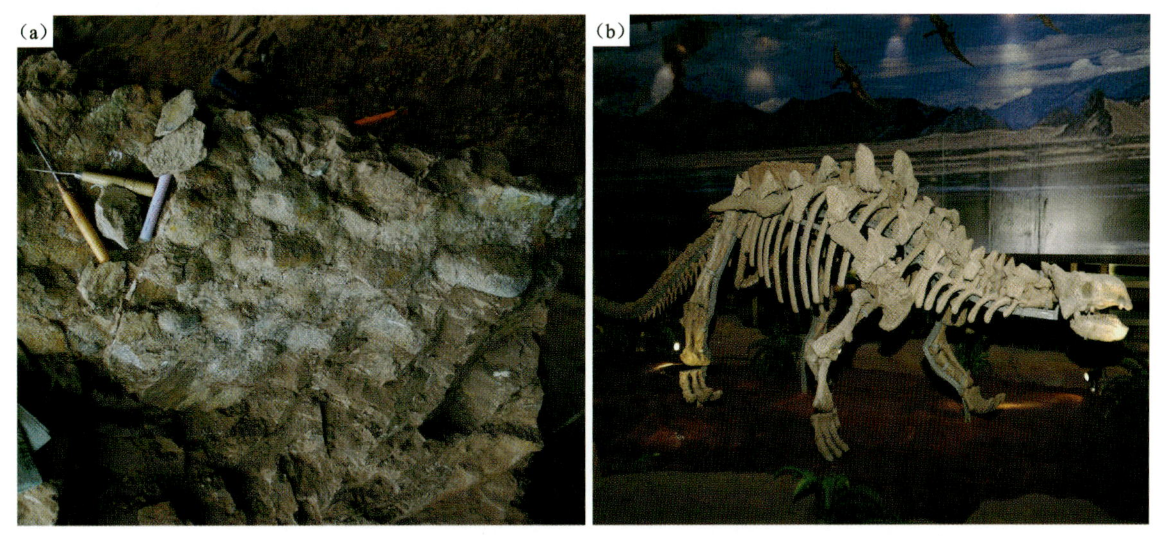

图 3-118　杨岩东阳盾龙脊板化石(a)及骨架模型(b)(据东阳博物馆)

甲龙在国内分布比较广，许多地方都曾经发现过甲龙化石，但是大多是骨骼化石或者零散的甲板化石。杨岩甲龙骨骼保存较好，其中恐龙脊板(甲板)完整且清晰，保持着原始状态，这是非常少见的，在国内还是首次发现。杨岩盾龙是目前华南发现的白垩纪草食类甲龙化石中最具典型性和代表性的一例新种。

2013 年，该遗迹被列为浙江省首批重要地质遗迹保护点(地)，并设立科普标识牌。

9. 东阳中国东阳龙化石产地(G142)

该化石产地位于东阳市城区，于 2007 年 9 月 1 日被发现，后经东阳市博物馆和浙江自然博物馆进行抢救性保护发掘，发掘出一具较为完整、系统的恐龙骨骼化石(图 3-119)，骨骼化石产于晚白垩世早期金华组中。

图 3-119　中国东阳龙化石发掘现场(a)及室内修理后的完整化石(b)(据东阳博物馆)

骨骼化石包括 10 块背椎、6 块荐椎、2 块前部尾椎和腰带部分,这具恐龙骨骼化石身高约 5m、身长 15.6m,是中国整体出土最完整的恐龙骨骼化石之一,化石呈现自然状态连接,除了神经棘缺失、左肠骨前突错位外,其他部分均保存完整,如此完整的恐龙骨架化石在浙江省甚至华东地区都是首次发现。

通过对恐龙骨骼化石的详细鉴定和研究认为,恐龙属晚白垩世早期的新属新种(吕君昌等,2008),并被命名为中国东阳龙(*Dongyangosaurus sinensis*),为古生物学增添了新的资料(图 3-120)。化石分类为蜥臀目(Saurischia),蜥脚型亚目(Sauropodomorpha),蜥脚类(Sauropoda),真蜥脚类(Eusauropoda),新蜥脚类(Neosauropoda),圆顶龙形类(Camarasauromorpha),巨龙形类(Titanosauriformes),东阳龙属(*Dongyangosaurus*),中国东阳龙(*Dongyangosaurus sinensis*)。

中国东阳龙有 6 个独特的衍生特征:①神经棘侧面的隔板结构复杂;②背椎和前部尾椎的后关节突的侧面上至少有 2 个窝;③前部尾椎的前后关节面均轻微内凹;④耻骨比坐骨短;⑤肠骨有前髋臼突扩展并指向上方;⑥耻骨的闭孔细长且几乎闭合。

中国东阳龙为世界上首次发现的新属新种,它表明中国晚白垩世早期巨龙形类出现了更高程度的分化。这一发现不仅丰富了恐龙家族，而且是浙江省古生物研究的重要突破，为国内和国际研究地球历史、地层变化和古生物提供了又一版本和基础素材，尤其是为研究我国恐龙的分布、生活习性、繁殖和灭绝等提供了新的平台。

2013 年，该遗迹被列为浙江省首批重要地质遗迹保护点(地)，并设立科普标识牌。

图 3-120　中国东阳龙生活环境生态想象复原图(据吕君昌等，2008)

10. 天台赖家始丰天台龙化石产地(G143)

该化石产地位于天台县城西南约 35km 的街头镇赖家松里湾一带，化石主要出露在上白垩统两头塘组(K_2l)紫红色泥质粉砂岩中，少数产于赤城山组(K_2c)紫红色砂砾岩中。经剖面控制，两头塘组有 3 个恐龙化石层位，赤城山组下部有 2 个恐龙化石层位。

2005 年，在天台县国土资源局的组织下，对村民张式亮发现的恐龙骨化石点进行了抢救性挖掘，发掘出一具恐龙骨架化石，包括 12 块颈椎，9 块背椎，28 块尾椎，13 条背肋及残缺的骨盆和后肢。虽缺失头骨、荐椎、前肢和脚，但仍是迄今为止浙江发现的最完整的恐龙骨架化石之一。

2007 年，中国科学院董枝明和其他有关部门专家合作完成对这些化石的研究，鉴定为镰刀龙类(Nodosauridae)一新属种，命名为始丰天台龙(*Teitaisaurus sifengensis* Dong et al,2007)。化石分类为蜥臀目(Saurischia)兽足亚目(Theropoda)镰刀龙超科(Therizinosauroidea)始丰天台龙(*Teitaisaurus sifengensis*)。

天台龙骨架修复后，身长约 5.5m，身高超过 3m(图 3-121)。颈椎双平型，神经棘粗短，椎体有气囊构造，从前向后逐渐增长。背椎平凹型，侧凹不发育。6 个荐椎愈合，耻骨、坐骨板状，远端不愈合。

该恐龙化石对盆地地层划分对比，以及盆地生态环境、地质环境研究具有重要的科学价值。

2013 年，该遗迹被列为浙江省首批重要地质遗迹保护点(地)，并设立科普标识牌。

11. 临海上盘浙江翼龙和鸟类化石产地(G144)

该化石产地位于临海市上盘镇岙里村北侧山麓地带，化石于 1982 年由当地青年农民徐成法在采石料时首先发现，收藏于浙江自然博物馆。化石产于火山-沉积岩系之沉凝灰岩、凝灰质砂岩、粉砂岩和粉砂质泥岩中，岩石具层理构造，属湖沼相沉积环境。火山岩同位素年龄测定在 9 140 万～8 150 万

图 3-121　天台龙复原骨架(a)及想象复原示意图(b)(据钱迈平,2000)

年之间,属晚白垩世小雄期。

1990 年,浙江自然博物馆蔡正全、魏丰对该产地化石展开了研究,确定为一种大型夜翼龙科翼龙新属新种,定名为临海浙江翼龙(*Zhejiangpterus linhaiensis*)。该类化石在浙江省属首次发现,也是中国南方首次发现,华东唯一的翼龙化石产地,且个体保存较为完好(缺头部),具有重大的科研价值。

浙江翼龙翼展达 5m 以上;头骨低而长,前颌上部至后顶端浑圆。鼻孔和眶前孔合成一卵形大孔,约占头骨全长的 1/ 2。喙细长尖锐,无牙齿;颈长,由 7 块细长颈椎组成;6 块背椎形成联合背椎;荐椎愈合,尾极短;胸骨薄,具龙骨突;6 组"人"字形腹肋;前肢强壮,肱骨粗短,三角嵴发育;翼掌骨长于尺骨、桡骨;股骨细长,几乎为肱骨的 115 倍(图 3-122)。

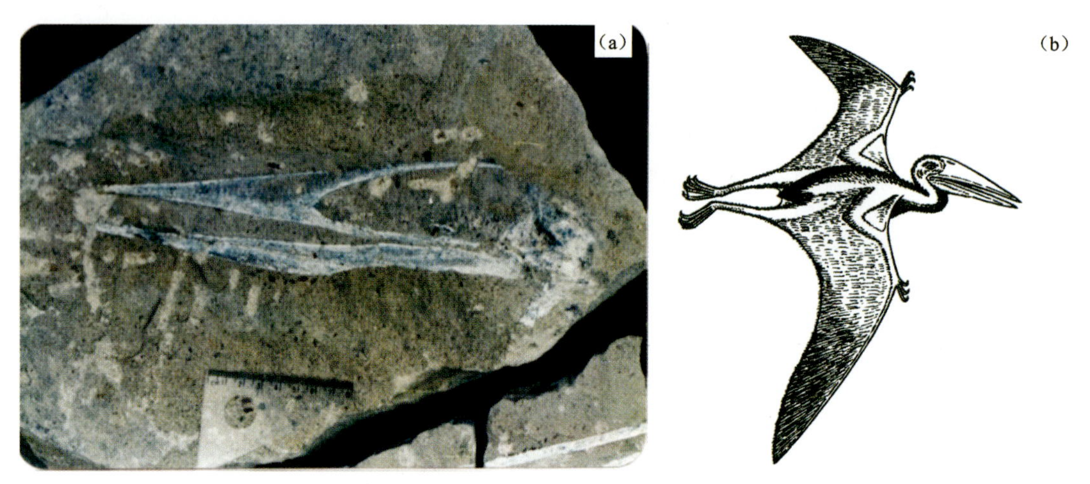

图 3-122　浙江翼龙头骨化石(a)及想象复原示意图(b)(据钱迈平,2000)

与新疆准噶尔翼龙对比表明:浙江翼龙的两翼尖间距在 3.5～4.0m 之间;而新疆准噶尔翼龙的两翼尖间距在 3.0～3.5m 之间。准噶尔翼龙牙齿减少且前部的已消失,头部冠状突起明显,但还不特别向后伸出,还保留有一个小尾巴,表明准噶尔翼龙是翼龙进化过程中的一个中间类型;浙江翼龙,化石整体已基本暴露,尾巴几乎完全消失,翼掌骨相当长,表明在浙江省发现的翼龙是属于进化较完善的类型。浙江翼龙要比新疆早白垩世早中期地层所产准噶尔翼龙的层位要高,这也符合生物进化在时间上的要求。

1988 年,浙江自然博物馆工作人员在挖掘翼龙化石时,发现了不同于翼龙的脊椎动物化石,经蔡正全、赵丽君等的研究,认为属于鸟类新属、新种,命名为长尾雁荡鸟(*Yandangornis longicaudus* sp. nov.)。

长尾雁荡鸟化石头骨长约 50mm；颈长约 80mm，由 9 枚颈椎骨组成（图 3-123）；鸟化石最突出的特征是尾长，达 305mm，由 20 枚尾椎骨组成长尾，其中 19 枚保存完好，但尾椎两侧未见羽毛印痕保存。雁荡鸟化石头骨骨片薄，颌无齿，前肢不缩短；肱骨没有气窝气孔构造；胸骨长而宽，有侧突，具腹肋；趾骨较细长但爪较短，跗跖骨基本愈合，跗跖骨长约为胫跗骨的 1/2；具多枚尾椎骨组成的长尾，尾椎骨保存 19 枚，前部椎体较短，具短的椎体横突，双凹型。它是迄今为止除在德国发现的始祖鸟外，中生代所发现的完整鸟化石中唯一具有如此长尾的鸟化石。

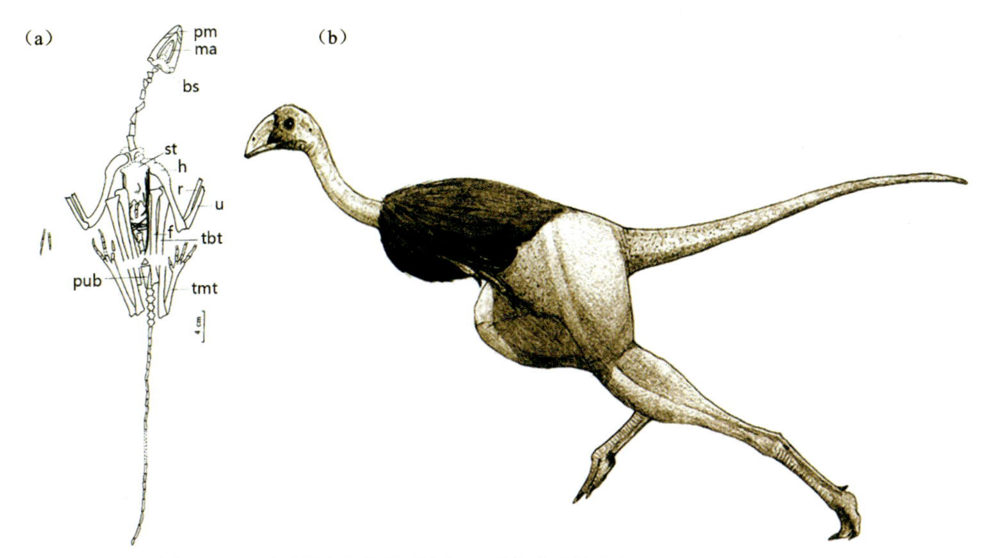

图 3-123　长尾雁荡鸟骨骼图（a）及想象复原图（b）（据蔡正全等，1999）
Bs. 基碟骨；f. 股骨；h. 肱骨；j. 颧骨；ma. 下颌骨；pm. 前颌骨；pub. 耻骨；
q. 方骨；r. 桡骨；st. 胸骨；tbt. 胫跗骨；tmt. 跗跖骨；u. 尺骨

该化石为晚白垩世脊椎动物分化的复杂性方面提供了新资料，同时为生物进化的多样性增加了新佐证。通过对脊椎动物化石的研究，可以全面了解翼龙及鸟类生态习性和生活习性，也为研究这一地区古生态环境、古气候环境、古地质环境和古地理格局等提供了重要的信息。

该化石产地已立碑保护，并作为省重点文物保护单位，2002 年被列入临海国家地质公园。

12. 缙云壶镇恐龙化石产地（G136）

该化石产地位于缙云县壶镇工业园区内，于 2008 年开挖建筑地基时发现。化石赋存于上白垩统两头塘组（K_2l）中。两头塘期该地区为河湖相沉积，岩性组合为紫红色粉砂质泥岩、粉砂岩。

化石层经浙江自然博物馆抢救性挖掘，获得了大小数十块恐龙骨化石。由金幸生等初步鉴定，发现的化石主要有鸟臀类 *Ornithischia* 甲片和脊椎，蜥脚类 *Sariopoda*，甲龙类 *Ankylosauridae* 的甲板、尺骨、乌喙骨、股骨、脊椎等。

该产地化石类型较为丰富，是省内典型的白垩纪恐龙化石产地之一，对分析研究盆地地层时代、古盆地生态环境等方面具有重要的意义。

2017 年，该遗迹被列为浙江省第二批重要地质遗迹保护点（地），并要求设立科普标识牌。

13. 衢江高塘石恐龙化石产地（G146）

该化石产地位于衢江区樟潭镇高塘石一带，恐龙化石赋存于上白垩统金华组（K_2j）紫红色砂岩、泥质粉砂岩地层中，属金衢盆地金华期滨湖相沉积环境。恐龙化石包括恐龙骨骼和恐龙蛋化石。

自 1970 年以来，该地区相继发现多窝恐龙蛋化石，数量达上百枚。

2004 年，衢州博物馆与浙江自然博物馆在高塘石共发现恐龙蛋化石 44 枚。同年 6 月，在该处两次发掘共发现 13 块恐龙骨骼化石，主要有颈椎、肩胛、肋骨、肱骨等，其中肋骨长 1.8～2.0m（图 3-124）。

图 3-124 高塘石出土的恐龙骨骼(a)及蛋化石(b)(据俞方明等,2010)

高塘石村及附近是浙江省内最早发现恐龙蛋化石的地区,填补了浙江省恐龙蛋化石发现的空白。近年来陆续发现有恐龙骨骼化石产出,它反映了晚白垩世早期金衢盆地内存在恐龙栖息与繁衍活动,这对研究晚白垩世早期整个金衢盆地古生态环境、古地理环境及区域地层对比具有重要的科学价值。

2017 年,该遗迹被列为浙江省第二批重要地质遗迹保护点(地),并要求设立科普标识牌。

14. 天台屯桥恐龙化石产地(G147)

该化石产地位于天台县屯桥黄眉山,赋存于天台群两头塘组(K_2l)滨浅湖相紫红色厚层状细砂岩中。根据资料记载,化石区蛋、骨骼化石点共 9 处,主要集中分布于黄眉山两侧山坡,化石种类有蜂窝蛋(Faveoloolithidae),鸟臀目(Ornithischia)食草龙的腿骨、肩夹骨,蜥臀目小型兽脚类(Theropoda)、虚骨龙类(Coelurosauria)骨骼及碎片等化石。

浙江省水文地质工程地质大队(2005)根据老乡提供的信息进行调查,并对黄眉山化石点进行了揭露。经地层剖面控制,存在 4 个化石层位,发现 3 具以上鸭嘴龙骨架化石(图 3-125)。发掘出的化石有胫骨、肋骨、指、肱骨、腓骨、趾骨、脊椎骨、肩胛骨、腰带、牙齿以及龟骨等(图 3-126、图 3-127),以及一窝恐龙蛋,显示骨蛋共生的特点。

屯桥化石产地是国内罕见的骨蛋共生、密集分布的晚白垩世恐龙化石产地,为研究沉积盆地古生态环境、古地理环境、古生物特征及科普教育提供了重要的实物资料。

屯桥(含黄眉山)已划为恐龙化石保护区,部分化石实施原地保护,是天台国家重点保护古生物化石集中产地的重要组成部分。

2013 年,该遗迹被列为浙江省首批重要地质遗迹保护点(地),并设立科普标识牌。

15. 婺城浙江吉蓝泰龙化石产地(G148)

该化石产地位于金华婺城区汤溪,由浙江省区域地质测量队(1972)发现,恐龙化石产于早白垩世晚期中戴组(K_2z)辫状河三角洲相地层之含砾粉砂岩、细砂岩中。

该化石由不完整的右胫骨、爪组成。爪大,第一爪扁,弯曲。爪的两侧有一明显的侧沟。代表了大型肉食性恐龙的特点,推算恐龙体长可达 8m。

由董枝明鉴定为巨齿龙科(Megalosauridae,1869)的吉蓝泰龙属(*Chilantaisaurus* Hu,1964)新种——浙江吉蓝泰龙(*Chilantaisaurus zhejiangensis* Tong,1977),地质时代相当于 Aptian-Albian(早白垩世晚期)。

浙江吉泰蓝龙化石在浙江省属于首次发现,其主要特征要素保存完整,为典型的肉食性恐龙,也是唯一一件经鉴定发表的肉食性恐龙化石。它的发现对认识和了解金衢盆地时代、盆地地质环境、盆地古气候条件以及地层研究对比均具有重要的科学意义。

图 3-125　黄眉山鸭嘴龙骨骼化石(据俞方明等,2010)

图 3-126　黄眉山鸭嘴龙指爪化石(a)及尾牙齿化石(b)(据俞方明等,2010)

图 3-127　黄眉山鸭嘴龙趾骨化石(a)及尾椎骨化石(b)(据俞方明等,2010)

2013年，该遗迹被列为浙江省首批重要地质遗迹保护点(地)，并设立科普标识牌。

16. 江山陈塘边礼贤江山龙化石产地(G149)

该化石产地位于江山陈塘边，恐龙化石系20世纪70年代由当地村民在取土制砖时发现，1977年浙江自然博物馆组织发掘。恐龙化石产在晚白垩世早期中戴组(K_2z)中，其岩性为一套含砾砂岩与棕红色粉砂岩及泥质粉砂岩互层序列。根据岩性组合及沉积构造分析，地层沉积环境属于盆地早期辫状河三角洲相与湖泊相环境。

经两次发掘，共获脊椎骨、肋骨、腿骨等化石30多件，头骨、牙齿、脚爪等缺失。出土的恐龙化石个体巨大，其中一根肋骨如同一根扁担，长170cm，宽10cm。股骨长约140cm。一节脊椎骨大如一只10寸的洗脸盆(图3-128)，脊椎骨化石呈圆厚饼状，厚9.5cm，断面直径达26.5cm。一节颈椎骨呈圆锥形，长12.5cm，大头直径达20cm，小头直径为14.5cm。现绝大部分化石保存在浙江自然博物馆。

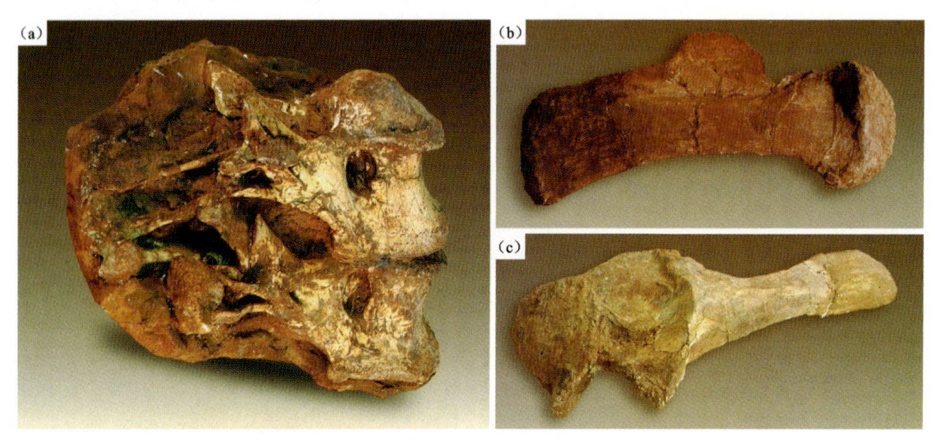

图3-128 礼贤江山龙背椎化石(a)、耻骨化石(b)和肩胛骨化石(c)(据俞方明等，2010)

2001年，中国科学院古脊椎动物与古人类研究所唐烽等专家，研究了这些骨骼化石后认为是一新的属种，是我国首次发现的泰坦巨龙类化石，定名为礼贤江山龙(*Jiangshanosaurus lixianensis* Tang，et al，2001)。化石分类为：蜥臀目(Saurischia)，蜥脚形亚目(Sauropodomorpha)，蜥脚下目(Sauropoda)，泰坦巨龙类(Titanosauria)，礼贤江山龙(*Jiangshan-osaurus lixianensis*)。

江山龙尾椎特征与泰坦巨龙科(Titanosauridae)恐龙较为相似，肩胛骨、乌喙骨与巨龙科中的阿拉蒙龙(*Alamosaursu*)最为接近，但前部尾椎较大，前凹后凸的程度较不明显。背椎和中部尾椎的部分特征与我国晚侏罗世马门溪龙科(Mamenchisauridae)恐龙很相近。

根据对脊椎骨、颈椎骨、肋骨、腿骨等化石复原(图3-129)，推测“礼贤江山龙”身长可能达22m，高约4.5m，是目前省内也是华南地区发现的最大食草类恐龙。

图3-129 礼贤江山龙复原骨架

礼贤江山龙的发现极大地丰富了金衢盆地古生物内涵，它对金衢盆地的古地理环境、古生态环境、盆地演化以及恐龙属种的研究具有重要的意义。

2013 年，该遗迹被列为浙江省首批重要地质遗迹保护点(地)，并设立科普标识牌。

17. 天台赤义天台越龙化石产地(G150)

该化石产地位于天台县赤义村，由蒋严根(1998)在建设工地上发现并组织发掘。化石产出于上白垩统天台群两头塘组(K_2l)紫红色粉砂岩地层中。

抢救性发掘工作完整地取出了包括 6 块颈椎、4 块背椎、12 块尾椎、3 根肋骨、2 块耻骨，以及肩胛骨、肱骨、桡骨、尺骨、胫腓骨、股骨、趾骨、距骨、跟骨、坐骨各 1 块的小型恐龙骨架化石(图 3-130、图 3-131)。该恐龙骨架化石身长约 1.5m，身高约 1m，是迄今为止在浙江省发现的最小恐龙，也是在浙江省发现的保存最完整的恐龙骨架化石之一。化石标本暂存天台县博物馆。

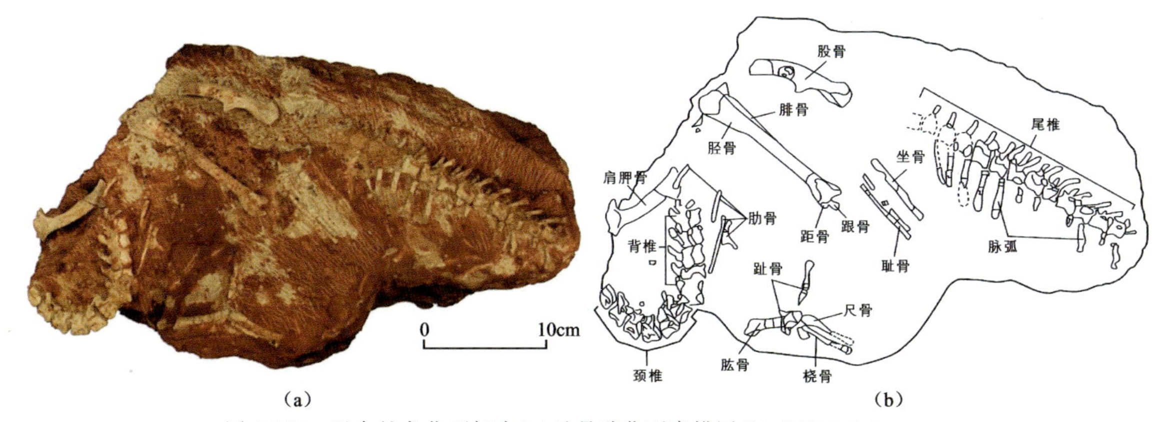

图 3-130　天台越龙化石标本(a)及骨骼化石素描图(b)(据郑文杰等，2012)

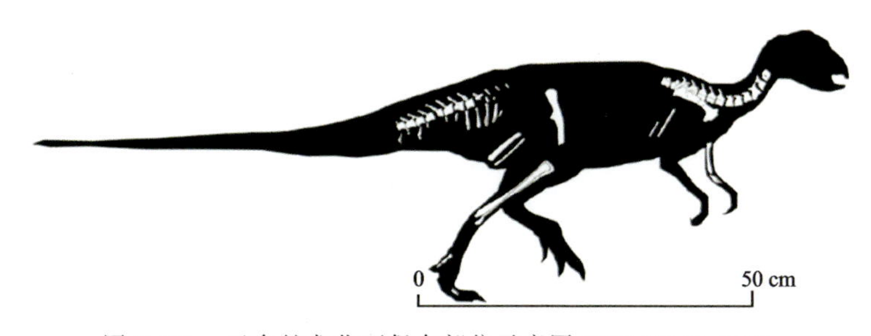

图 3-131　天台越龙化石保存部位示意图(据郑文杰等，2012)

2009 年，浙江自然博物馆和日本福井县立恐龙博物馆开始了为期 3 年的合作研究。2012 年 1 月，研究成果正式发表，认为是一种新发现的基干鸟脚类恐龙，命名为天台越龙(*Yueosaurus tiantaiensis* Zheng et al，2012)。化石分类为鸟臀目(Ornithischia)，鸟脚亚目(Ornithopoda)，天台越龙(*Yueosaurus tiantaiensis*)。

天台越龙为小型素食恐龙。后肢较粗长，强健有力，以二足行走为主，善于奔跑。前肢较短小但指爪尖利，可用于四足行走，或抓取植物枝叶进食，或挖掘洞穴等。

这是中国东南部第一次发现基干鸟脚类恐龙，天台越龙的发现对浙江晚白垩世的恐龙动物群的研究有着重要的意义。

2013 年，该遗迹被列为浙江省首批重要地质遗迹保护点(地)，并设立科普标识牌。

18. 莲都丽水浙江龙化石产地(G151)

该化石产地位于丽水莲都区白前村，由村民陈国富(1970)发现，浙江自然博物馆和丽水市博物馆

(2000)进行了抢救性挖掘。化石产于上白垩统天台群两头塘组(K_2l)紫红色粉砂岩、泥质粉砂岩中。

丽水浙江龙的正型标本保存在浙江自然博物馆,标本有一个腰带,包括 8 块脊椎,完整的右肠骨,坐骨的近端和完整的耻骨;部分左肠骨,两个完整的后肢,14 块尾椎和一些未被辨认的骨骼(图 3-132)。

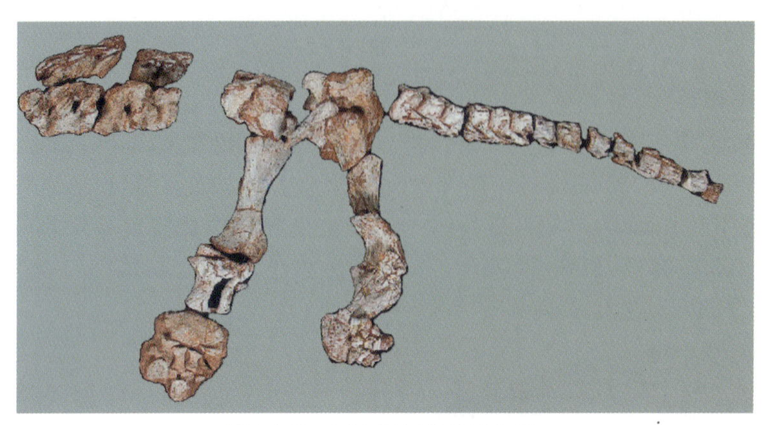

图 3-132　丽水浙江龙化石骨骼

2007 年,中国科学院吕君昌等专家对这些化石进行研究后,鉴定为结节龙科(Nodosauridae),为一新属种,命名为丽水浙江龙(*Zhejiangosaurus lishuiensis* Lu et al,2007)。化石分类为鸟臀目(Ornithischia),装甲龙亚目(Thyreophora),甲龙下目(Ankylosauria),结节龙科(Nodosauridae),丽水浙江龙(*Zhejiangosaurus lishuiensis*)。

化石特点:包括至少 3 块真荐椎,5 块后部背椎愈合成荐前棒,肠骨的髋臼突细长;荐肋骨附着在背侧和一部分后侧;第四转子位于股骨中部;腓骨比胫骨纤细;胫股比接近 0.46。丽水浙江龙有很多膜质骨板,其中一些尖刺从脖子到尾巴以两排排列。丽水浙江龙是一种大型的结节龙科恐龙,正型标本是一个成年个体,推算其体长超过 6m,身高超过 1m(图 3-133)。

图 3-133　丽水浙江龙复原示意图(据钱迈平,2011)

恐龙为甲龙类的新属新种,且是首次以浙江定名的恐龙。化石对盆地地层划分对比及盆地生态环境、地质环境研究具有重要的科学价值。

2013 年,该遗迹被列为浙江省首批重要地质遗迹保护点(地),并设立科普标识牌。

五、古生物遗迹化石产地

该亚类遗迹在省内主要表现为生物生长过程中形成的叠层石礁、生物足迹化石及恐龙蛋3种形式，以恐龙蛋在省内中生代盆地分布广而数量最多。叠层石礁和生物足迹化石产地各有1处，分别代表了中国南方震旦纪叠层石礁分布特点和晚白垩世南方盆地生物生存环境及活动信息。按照化石形成时代的先后顺序介绍如下。

1. 江山新塘坞叠层石礁(G152)

浙江晚震旦世叠层石礁主要分布在扬子陆块东南边缘，位于华夏陆块西北侧江山-绍兴拼合带边缘的江山—绍兴一线，即分布出露在绍兴、江山一带的上震旦统灯影组(Z_2d)中。其中以新塘坞及周边叠层石礁出露规模最大、最具完整系统。新塘坞叠层石礁产于上震旦统灯影组二段，分布范围南北宽10km，东西长3km。新塘坞叠层石礁由富含 *Conophyton*，*Gaaradakin*，*Jacutophyton*，*Linella*，*Omachtenia* 等类型的叠层石构成点礁，礁体在新塘坞村附近最发育，厚度达60m，礁体处于水体向上变浅的沉积序列，属台地边缘潮下浅水环境。

叠层石礁自下而上一般可划分为礁基、礁核、礁顶、礁盖4个亚相(图3-134)。

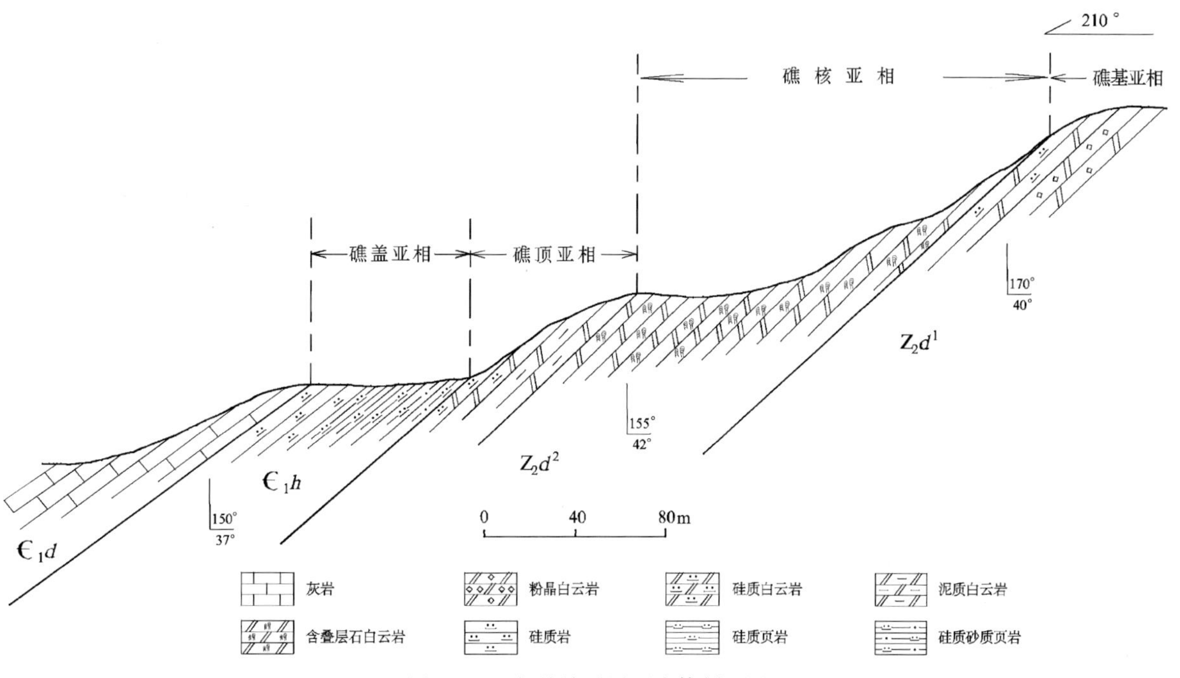

图3-134　新塘坞叠层石礁体剖面图

礁基亚相：由粉晶颗粒白云岩核具有鸟眼构造层纹状白云岩交替及藻粒白云岩组成的滩相沉积。柱状叠层石繁殖于白云岩上，并垂直层面向上发育，形成礁体基底。

礁核亚相：为块状藻叠层石白云岩，由叠层石构成支撑格架，不同类型叠层石垂直分带。下部以锥状叠层石 *Conophyton* 为代表，柱体由一系列锥形基本层组成(图3-135、图3-136)。层纹细密叠积，两侧对称，向上柱体逐渐有平行向小分叉，柱体直径5～10cm，长逾2m，密集垂直地层排列。中部矛状叠积而成的柱体，呈环套状连续向上。中上部柱状叠层石呈收缩型，有时为加宽型分叉，母柱体层纹呈锥柱状，子柱体呈芽状或瘤状，顶部出现 Baicalia 叠层石。叠层石礁岩富含有机质，呈黑色，基质为灰色，由暗层和亮层组成基本层，基本层亮层和暗层交替形成周期，可能是藻类的生长活动和物理沉积交替进行的结果。

图 3-135　新塘坞叠层石自然露头(a)和人工露头(b)

图 3-136　新塘坞叠层纵断面

礁顶亚相:浅灰色块状粉晶白云岩,在顶部有管状遗迹化石。

礁盖亚相:黑色硅质碳质岩、碳质硅质岩,底部为结核状磷块岩。

叠层石化石有 *Conophyton zhejiangsis*,*C. cirulus*,*C.* cf. *ressoti*,*Baicalia safia*,*B.* cf. *minuta*,*B. xingtongwuensis*,*Jacutophyton jiangshanensis*,*Gaarabakia jiangshanensis* 等,其中 *Conophyton* 属较广泛分布于绍兴—江山—江西上饶一带;*Gaarabakia* 属是一种非常特殊的叠层石,Sarfati J B 和 Siedlecka 在挪威北部 Porsanger 白云岩组中首次发现并描述过,江山新塘坞灯影组上部 *Gaarabakia* 属的发现,也是在挪威以外地区的首次发现。

新塘坞叠层石礁是目前浙江省及华南、华东地区出露规模最大、分布最为集中、内容最丰富的地区,是中国南方震旦纪晚期的叠层石礁的典型代表,在中国南方震旦纪叠层石研究方面具有极其重要的科学价值。

2013 年,该遗迹被列为浙江省首批重要地质遗迹保护点(地),并设立科普标识牌。

2. 东阳塔山南马东阳蛋化石产地(G153)

该化石产地位于东阳市南马镇塔山，蛋化石产于早白垩世晚期朝川组(K_1c)河流相地层中，地层由多个河流基本层序组成，表现为典型的二元结构特点，即下部为块状、厚层状砂砾岩，砾岩夹不稳定砂岩，构成河道相组合；上部为紫红色洪泛堆积层，即呈厚层状或块状紫红色泥质粉砂岩、粉砂质泥岩夹薄层状细砂岩，恐龙蛋埋藏地为盆地河流岸后洪泛区环境。

2004 年，一老乡在采石场发现一窝基本完整的蛋化石，含 8 枚蛋化石，现保存在东阳市博物馆。蛋为椭圆形，蛋与蛋之间精密排列，蛋直径 66～100mm，蛋壳表面粗糙。蛋壳厚度 2.8～3.7mm，蛋壳基本单元上部极度膨大并联合成层，在蛋壳基本单元内生长纹清晰可见(图 3-137)。经浙江自然博物馆金幸生鉴定，认为属树枝蛋科(Dendroolith-idae Zhao and Li，1988)的新属新种，新命名为东阳蛋属(*Dongyangoolithus* Jin，2009)和南马东阳蛋(*Dongyangoolithus nanmaensis* Jin 2009)。

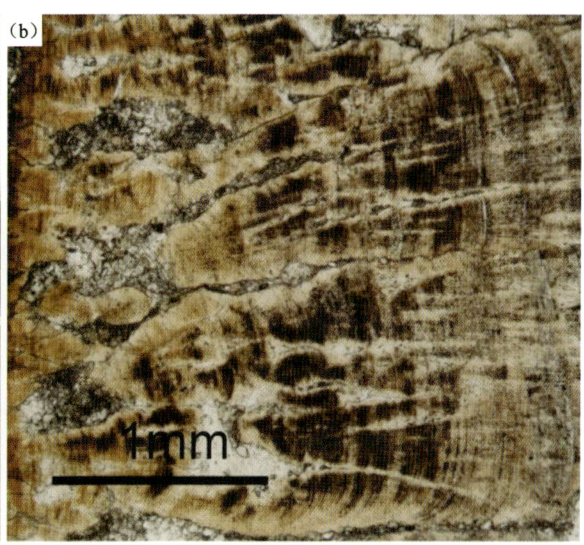

图 3-137　南马东阳蛋化石(a)及蛋壳纵切面(b)(据俞方明等，2010)

塔山恐龙蛋化石首次记录了永康盆地东北端南马地区朝川组地层中存在恐龙蛋化石，它对研究永康盆地早白垩世晚期至晚白垩世早期盆地地层、沉积环境，以及与金衢盆地东阳段盆地对比分析，了解盆地构造环境、盆地生态环境具有重要意义。是浙江省内首个以地名命名的白垩纪恐龙蛋新属种。

2013 年，该遗迹被列为浙江省首批重要地质遗迹保护点(地)，并设立科普标识牌。

3. 仙居横路恐龙蛋化石产地(G154)

该化石产地位于仙居县横路，为高速公路施工时发现(2008)，化石主要集中分布在早白垩世晚期方岩组(K_1f)河流相地层中，岩性为紫红色砂砾岩与泥质粉砂岩互层产出。

产地共产出恐龙蛋化石 500 余枚，为红坡网形蛋化石，个体大，扁圆形，长径 13～16cm，多呈窝状产出(图 3-138)。

该地红坡网形蛋化石丰富，密集分布，形态完整，具有较高的鉴赏价值，是省内罕见的白垩纪恐龙蛋(红坡网形蛋)化石群产地。化石对盆地地层划分对比，以及盆地生态环境、地质环境研究具有重要的科学价值。

2013 年，该地质遗迹被列为浙江省首批重要地质遗迹保护点(地)，并设立科普标识牌。

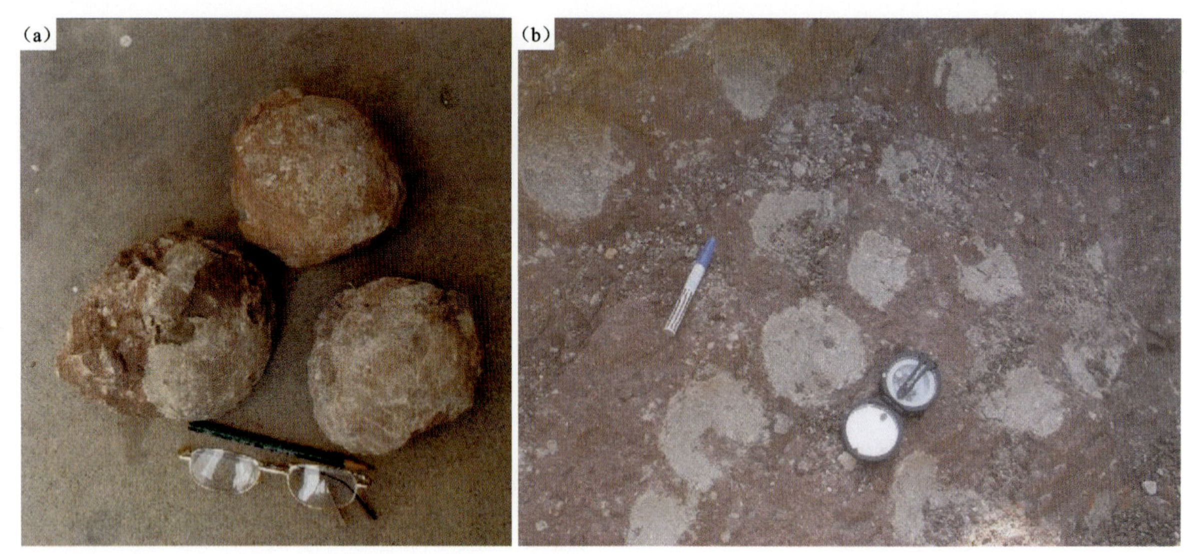

图 3-138 横路恐龙蛋化石(a)及印模(b)(据俞方明等,2010)

4. 东阳吴山恐龙足迹化石产地(G155)

化石产地位于东阳市西侧吴山风车口,化石产于晚白垩世早期金华组(K_2j)中,岩性为中薄层状紫红色泥质粉砂岩、粉砂质泥岩,属于滨湖相沉积环境。

在吴山的发掘现场,可见到四五个化石层位,发现有蜥脚类、兽脚类、鸟类、鸟脚类、翼龙等7种不同种类的足迹化石(图3-139、图3-140),共90多个足迹印痕,在岩层面上可清晰地反映3种动物的足迹。

鸟足迹化石,足迹呈三趾展现,在一个不太大的岩层面上分布着同一类型鸟足迹多达15个。足迹纤细,足迹中趾长一般在3~4cm,左右趾一般长2~3cm。

恐龙足迹化石,为三趾足迹,在岩层正面表现为下凹的形态,在岩层的反面呈现向下凸的形态,形迹表现非常清楚。整个足迹长达21cm,其中趾长13~15cm,左右趾一般长度在10cm左右,趾体呈现尖棱状,粗壮有力,中趾最大指径在4cm左右,为兽脚类恐龙。

翼龙足迹化石在同一岩层面上较密集分布,足迹长6~8cm,为三趾足迹印,推测翼龙翼展约2m。

吴山风车口化石产地分布着大量而完整的不同类型和种类的足迹化石,具有重大的科学研究价值,主要表现在:①通过产地足迹印痕的研究分析,可以了解和认识晚白垩世早期盆地内存在着多种恐龙类型,既属于食肉类,也属于食草类,以及恐龙种属等;②通过对恐龙足迹印痕形成的深浅、大小、形态和足迹的分布等研究,可以为人们提供栖息地恐龙种群及数量、单个恐龙体量的大小、行走的速度和行走的路线等重要信息,同时也提供了恐龙栖息地的地质环境、生态环境、气候环境等方面的重要信息;③产地除恐龙足迹外,还有翼龙和鸟类足迹化石,体现了生物多样性的特点。古生物足迹化石组合共生产出,表明此处栖息地具有动物非常适宜的生存环境,为研究盆地湖泊古地理、古生态、古气候提供了重要信息。

该遗迹是中国东南地区早白垩世晚期至晚白垩世早期盆地发现恐龙、翼龙和鸟类等足迹化石的唯一已知实例。目前化石发掘场地已被封存保护,化石用于科学研究。

2013年,该遗迹被列为浙江省首批重要地质遗迹保护点(地),并设立科普标识牌。同年,东阳被列为国家首批重点保护古生物化石集中产地,足迹化石是集中产地的重要组成部分。

5. 天台落马桥恐龙蛋化石产地(G156)

该化石产地位于天台县城关镇北部落马桥一带。恐龙化石集中分布在天台群晚白垩世早期两头

图 3-139 吴山足迹化石发掘现场(a)及恐龙足迹化石(b)(据东阳博物馆)

图 3-140 翼龙足迹化石(a)及鸟足迹化石(b)(据东阳博物馆)

塘组(K_2l)紫红色泥质粉砂岩地层中，属滨浅湖相沉积环境，这一环境非常适宜恐龙及其他生物栖息和繁衍。

化石区有 3 个恐龙蛋化石层位，6 个化石点，化石分布面积大，种类丰富，粗略估计出土蛋化石千余枚。

蛋化石涵盖了天台盆地内主要蛋化石种类，存在多个蛋化石新属种，蛋皮保存良好，主要产天台长形蛋 *Elongatooliths tiantaiensis*，西峡巨型长形蛋 *Macroelongatoothus xixiaensis*，张头曹圆形蛋 *Spheroolitithus zhangtoucaoensis* sp. nov.，树枝蛋 *Dendroolithus* cf. *dendriticus*，石嘴湾副圆形蛋 *Parasperoclithus* cf. *shizuiwanensis* 等(图 3-141～图 3-144)。

由浙江自然博物馆金幸生研究员鉴定的西峡巨型长形蛋，蛋化石长轴 43～48cm，短轴 13～15cm，为世界罕见。恐龙蛋化石对盆地地层的划分与对比，以及盆地生态环境、地质环境研究具有重要的科学价值。

2013 年，该遗迹被列为浙江省首批重要地质遗迹保护点(地)，并设立科普标识牌。产地为天台国家重点保护古生物化石集中产地的重要组成部分。

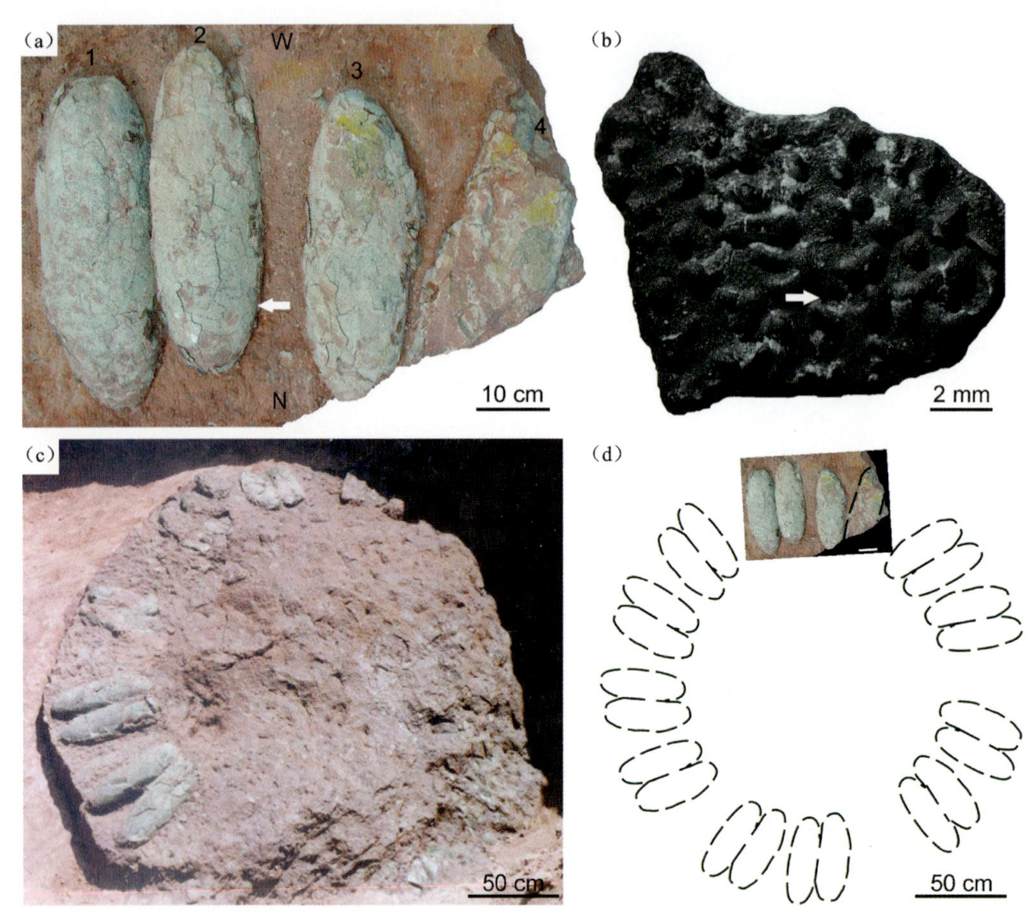

图 3-141 西峡巨型长形蛋及其蛋窝形态(据王强等,2010)

图 3-142 天台长形蛋化石(a)和张头曹圆形蛋化石(b)(据俞方明等,2010)

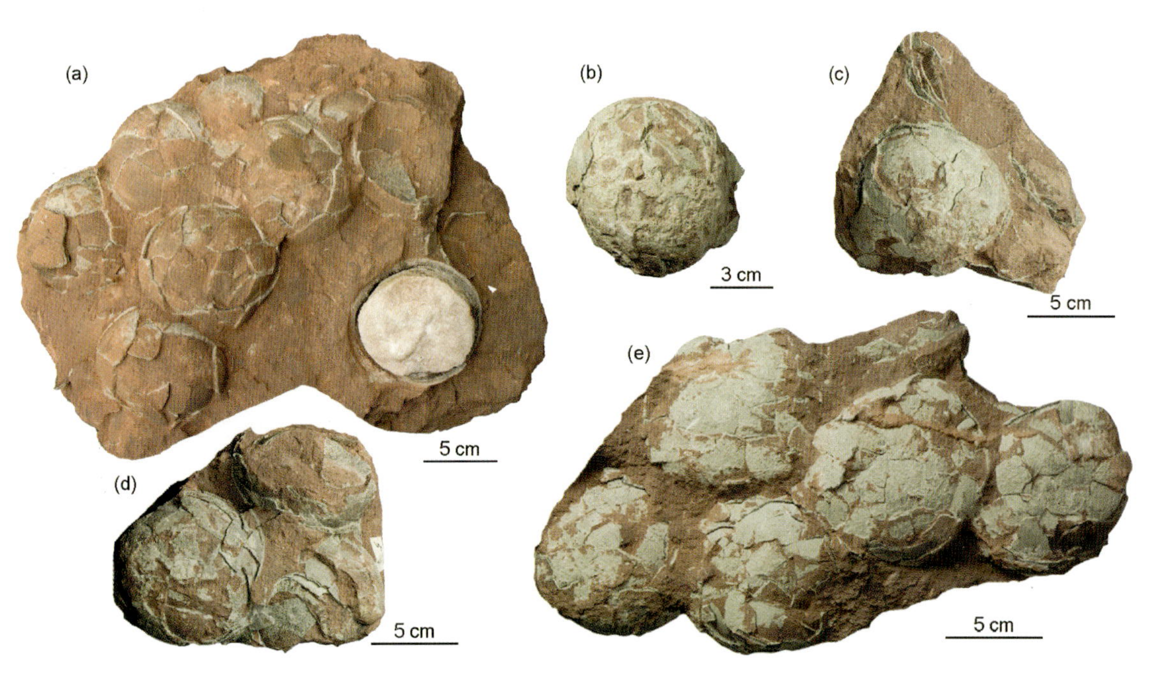

图 3-143 石嘴湾珊瑚蛋化石(据王强等,2012)

图 3-144 树枝蛋化石(a)及蛋壳横切面(b)(据俞方明等,2010)

第六节 重要岩矿石产地类

浙江省重要岩矿石产地类属基础地质大类,可分为典型矿床类露头、典型矿物岩石命名地和矿业遗址 3 个亚类。全省共有该类重要地质遗迹 34 处,其中典型矿床类露头亚类有 20 处,典型矿物岩石命名地亚类有 2 处,矿业遗址亚类有 12 处(表 3-7)。

表 3-7　重要岩矿石产地类地质遗迹简表

遗迹产地及代号		遗迹名称	形成时代	保护现状	利用现状
典型矿床类露头	G157	柯桥西裘铜矿	青白口纪	无	科研/采矿
	G158	诸暨七湾铅锌矿	寒武纪	无	科研/采矿
	G159	安吉康山沥青煤	志留纪	无	科研
	G160	诸暨璜山金矿	泥盆纪	无	科研/采矿
	G161	建德岭后铜矿	石炭纪	无	科研/采矿
	G162	淳安三宝台锑矿	侏罗纪	无	科研/采矿
	G163	柯桥漓渚铁钼矿	侏罗纪	无	科研/采矿
	G164	余杭仇山膨润土矿	白垩纪	无	科研/采矿(停)
	G165	武义后树萤石矿	白垩纪	无	科研/采矿(停)
	G166	青田山口叶蜡石矿	白垩纪	无	科研/采矿
	G167	苍南矾山明矾石矿	白垩纪	国家矿山公园	科研/科普/采矿
	G168	遂昌治岭头金银矿	白垩纪	国家矿山公园	科研/科普/采矿
	G169	临安千亩田钨铍矿	白垩纪	国家级自然保护区、省级地质公园	科研/科普/观光
	G170	缙云靖岳沸石珍珠岩矿	白垩纪	无	科研/采矿
	G171	龙泉八宝山金银矿	白垩纪	无	科研/采矿(停)
	G172	青田石平川钼矿	白垩纪	无	科研/采矿
	G173	龙游溪口黄铁矿	白垩纪	无	科研/采矿(停)
	G174	黄岩五部铅锌矿	白垩纪	无	科研/采矿(停)
	G175	鹿城渡船头伊利石矿	白垩纪	无	科研/采矿(停)
	G176	嵊州浦桥硅藻土矿	新近纪	无	科研/采矿
典型矿物岩石命名地	G177	常山砚瓦山青石和花石	奥陶纪	国家地质公园	科研/科普/采矿
	G178	临安玉岩山昌化鸡血石	白垩纪	省重要地质遗迹保护点	科研/科普/采矿
矿业遗址	G179	龙游石窟古采石遗址	汉代前	省重要地质遗迹保护点	科研/科普/观光
	G180	柯桥柯岩古采石遗址	汉代以来	省重要地质遗迹保护点、省级风景名胜区	科研/科普/观光
	G181	越城吼山古采石遗址	汉代以来	省重要地质遗迹保护点	科研/科普/观光
	G182	越城东湖古采石遗址	汉代以来	省重要地质遗迹保护点	科研/科普/观光
	G183	温岭长屿硐天古采石遗址	南北朝以来	世界地质公园、国家矿山公园、国家级风景名胜区	科研/科普/观光
	G184	新昌董村水晶矿遗址	元代以来	无	科研
	G185	遂昌银坑山古银矿遗址	唐代以来	国家矿山公园	科研/科普/观光
	G186	遂昌局下古银矿遗址	唐代以来	省重要地质遗迹保护点	科研/科普
	G187	宁海伍山石窟古采石遗址	宋代以来	国家矿山公园	科研/科普/观光

续表 3-7

遗迹产地及代号		遗迹名称	形成时代	保护现状	利用现状
矿业遗址	G188	三门蛇蟠岛古采石遗址	宋代以来	省重要地质遗迹保护点、国家矿山公园	科研/科普/观光
	G189	景宁银坑洞古银矿遗址	明代以来	省重要地质遗迹保护点、省级地质公园	科研/科普/观光
	G190	庆元苍岱古银矿遗址	明代以来	省重要地质遗迹保护点	科研/科普

一、典型矿床类露头

浙江省内典型矿床类露头登录有20处，非金属矿床在省内外较为知名，主要有萤石矿、叶蜡石矿、明矾石矿、沸石矿和膨润土矿，另有金银矿、锑矿、铜矿、钼矿、铅锌矿和硅藻土矿等矿床在省内具有典型成矿模式意义。矿床成因多与岩浆侵入交代、火山热液交代关系密切。

省内主要类型的典型矿床地质遗迹介绍如下。

1. 柯桥西裘铜矿(G157)

矿床产于江山-绍兴拼合带北东段中元古界双溪坞群平水组(Jx*p*)中。平水组可分为4个喷发旋回，自下而上分别为酸性、中酸性火山爆发沉积物，中性、中基性为熔岩喷发物。

西裘铜矿赋存于中元古代末期平水群细碧角斑岩中，为一中型铜矿床，共圈定铜硫矿体19个，单硫矿体1个。矿体均呈似层状产出，1号矿体最为主要，占总储量的95%，长1 050m，厚0.21～47.95m，平均8.8m，延深最大在750m以上，以Cu、Zn为主。

矿石矿物以黄铁矿为主，占矿石矿物总量的81%，其次有黄铜矿10%、闪锌矿8.8%；脉石矿物有石英、绢云母、方解石、重晶石；其他少量为磁铁矿、方铅矿、碧玉、萤石、白云石等。矿石类型主要有铜锌黄铁矿型、含铜黄铁矿型、黄铁矿型。矿石结构为半自形—他形晶粒状、压碎状、乳滴状、胶状，呈块状、条带状、揉皱状、角砾状和浸染状构造等。

矿石平均品位为Cu 1%，S 14.66%，Zn 1.69%，Au 0.49×10^{-6}，Ag 10.96×10^{-6}，Se 0.002 6%，Ba_2SO_4 6.58%。

矿床成因属海底火山喷发-沉积矿床类型。成矿物质主要来自上地幔，次有生物硫及岩浆硫参与，反映出成矿物质多来源。据矿石中石英包裹体测温为150～200℃，表明成矿处于中低温热液阶段。矿床赋存于不成熟岛弧之海底火山喷发期堆积的一套钙碱性细碧角斑岩建造中，受海底火山控制，在动荡的火山喷发环境中沉积，火山热液携带的Cu、Zn、S等元素在火山喷发沉积过程中富集成矿，矿床形成于新元古代早期。

该矿床是华南地区最典型、规模最大的中元古代末期海底火山喷发-沉积类型铜矿床，现已被列入浙江省典型矿床成矿模式，对研究和寻找相同地质构造背景条件下的此类矿床具有重要的意义，对研究这一时期大陆边缘岛弧构造环境、岩浆演化及大地构造格局具有重要的科学价值。

2. 诸暨七湾铅锌矿(G158)

矿区位于江山-绍兴拼合带东北端，为扬子陆块和华夏陆块的结合部位，七湾铅锌矿赋存于陈蔡群下河图组(Jx*x*)变质岩中。

矿区含矿带达2km，共有3个含矿层，以第三含矿层为最好。矿区共39个矿体，其中第一含矿层有2个矿体，第二含矿层有36个矿体，第三含矿层有1个矿体。矿体呈似层状、不规则透镜状矿巢和矿团产出，平行排列，产状与围岩大体一致，产于与矽线石黑云斜长片麻岩互层的薄层大理岩中。主矿体约10个，长100～335m，斜深70～240m，平均厚1.64～3.96m。

矿石矿物以闪锌矿为主，多数属铁闪锌矿，次为方铅矿、黄铜矿，少量斑铜矿、方铜矿，伴有黄铁矿、磁黄铁矿和毒砂；脉石矿物有石榴石、透辉石、绿帘石、绿泥石、方解石、绢云母、石英等。矿石为半自形—他形晶粒结构，乳滴状、交代包含结构；块状、浸染状、条带状、角砾状、团块状、细脉状构造。矿石类型以闪锌矿矿石为主，其次为黄铜矿闪锌矿石、多金属矿石、磁黄铁矿石。

矿石中Zn品位5.03%～5.74%；Pb仅见于28号、38号矿体中，Pb品位0.59%～3.80%；Cu见于25号、35号、38号矿体中，Cu品位0.30%～0.59%；Ag分布在铅锌矿石中，东矿段Ag 36.5×10^{-6}，Au 0.1×10^{-6}。属中小型品位较富的铅锌矿床。

矿床成因类型为变质-混合岩化热液多期、多阶段层控型矿床。成矿温度在174～382℃之间，成矿热液主要来自变质及混合作用的含矿热液水。成矿热液由中性渐变为弱碱性—弱酸性，在低氧逸度成矿环境条件下，含矿热液与围岩渗滤交代作用形成矿体。主成矿阶段在晋宁期—加里东期，海西期—印支期有活化、叠加富化。燕山期火山及岩浆作用，提供热力再次活化形成充填型矿脉。

矿床现已列入浙江省典型矿床成矿模式，对研究和寻找相同地质构造背景下的此类矿床具有重要的意义，同时在矿床类型和成因研究方面也具有重要的科学价值。

3.安吉康山沥青煤(G159)

康山沥青煤产于3条南北向的断裂中，系断裂控制赋存其中，围岩为下中志留统康山组砂岩。矿体呈鸡窝状、似层状、透镜状，延伸不甚稳定。矿体总体产状与断层产状基本一致，即走向近南北，倾向东，倾角在80°以上，其中最大的矿体规模，其长度达1 350m以上，平均厚达4m，最厚达20m，规模系小型矿床。矿山在20世纪80年代以后，由于储量枯竭，逐步停产闭坑。

矿物成分为木质镜煤及少量木煤。灰分21.75%，挥发分12.01%，全硫6.58%，发热量6 157 cal/g (1cal=4.182J)。矿石呈均一结构，块状构造，压实后为粉末状。

根据对“煤样”及其夹矸砂岩中所采的孢子花粉样分析结果，认为这些孢子花粉的“各种类型大部分见于早古生代地层中”“煤层的时代属于志留纪的可能性极大”。

康山沥青煤成因与别处不同，其结构、成分、所含化学组分独特，不同于一般的煤矿，此地的煤矿成因类型在省内极为少见。康山沥青煤成因独特，通过进一步研究可以对志留系成煤机制有更深刻的了解和认识。它是省内唯一的由基底含煤岩系活化后搬动充填而成的断层沥青煤层实例。

4.诸暨璜山金矿(G160)

该矿床位于江山-绍兴拼合带北东端韧性剪切带中，赋存在晋宁晚期石英闪长岩岩体中。

矿体为千糜岩带中的含金黄铁石英脉，矿体呈不规则脉状，其中Ⅰ号矿体规模最大，占总储量的99%；Ⅱ号矿体规模较小，占总储量的1%。Ⅰ号矿体长557m，延深50～205m，厚0.19～8.92m，沿走向和倾向膨缩变化明显。

矿石矿物主要为黄铁矿，其次有黄铜矿、方铅矿、闪锌矿等。矿石含金矿物主要有自然金和碲金矿。脉石矿物以石英为主，次有绢云母、方解石、铁白云石、黑电气石、绿泥石等。矿石具自形—半自形、他形粒状等结构，团块状、细脉状、浸染状等构造。

Au品位一般为$(6\sim12.5)\times10^{-6}$，伴有S平均品位6.95%。自然金与碲金矿在硫化矿石中主要呈独立矿物状态存在，金与黄铁矿密切相关，99%以上的金赋存在黄铁矿中，黄铁矿是金的主要载体矿物。

璜山金矿属韧性剪切带型动力变质中温热液型矿床。晋宁期岩浆活动形成石英闪长岩，并从地壳深部带来Au、S等成矿物质，后经晋宁期—加里东期的动力变质作用(韧性剪切糜棱岩作用)，使成矿元素活化、迁移、富集，形成变质热液矿床，主成矿时间大致在400～350Ma之间(泥盆纪)。燕山晚期伴随着大规模的岩浆侵入活动与火山作用所形成的含矿熔液使元素进一步富集成矿。该矿床已列入浙江省典型矿床成矿模式。璜山金矿为韧性剪切机制下形成金元素的活化、迁移、富集成矿的研究提供了重要的实物证据，在指导寻找此类矿产中具有重要的科学价值。

5. 建德岭后铜矿(G161)

矿山开采历史悠久，据史料记载早在2 000多年前的秦代就在此置官采铜，以后的"宋熙宁七年(1074年)和庆元三年(1197年)"等时期都有在此采矿的记载；在现代铜矿开采过程中，发现地表有古人炼铜的残渣和古人背矿石畚箕出坑的遗迹，可以认为矿区是世界上至今尚在继续开采的最古老的铜矿之一。

矿床主矿体有两个，赋存于松坑坞褶皱构造上石炭统黄龙组白云质灰岩中，矿体分布严格受层位控制。Ⅰ号矿体呈似层状、透镜状，赋存于白云质灰岩层下部、珠藏坞组砂泥岩上部，倾角与围岩一致，总长800余米，平均厚14.25m；Ⅱ号矿体形态复杂，呈极不规则凸透镜状，具分叉复合现象，赋存于白云质灰岩层上部，是矿区最主要的多金属矿体，长度约200m，延深长达70m，平均厚度为25m，矿体倾角与地层倾角大体吻合，向深部逐渐变缓。

矿石类型有含铜磁铁矿石、铜锌矿石、多金属-黄铁矿石、含铜黄铁矿石；主要矿石矿物有黄铜矿、斑铜矿、辉铜矿、闪锌矿、黄铁矿。

Ⅰ号矿体：Cu平均1.54%，最高5.85%，最低0.55%；Zn平均2.52%，深部含S平均29.99%。Ⅱ号矿体：Cu平均1.26%、Zn 3.88%、个别Pb 0.99%、S 21.13%～25.05%，伴生有益成分Au 0.3×10^{-6}、Ag 61.17×10^{-6}。

岭后铜矿属海底热泉喷气-热液改造矿床，成矿时间在456～329Ma之间(石炭纪)，燕山期又热液叠加改造。成矿模式可以概括为地层、构造、岩浆岩三位一体的成矿模式，已列入浙江省典型矿床成矿模式。矿床开采历史悠久，对研究浙江铜矿开采、冶炼历史具有重要意义。成矿类型典型，对指导寻找同类型矿床具有重要的科学价值。

6. 淳安三宝台锑矿(G162)

矿床位于程家复背斜的北西翼，矿区构造以走向45°～50°线状褶皱和走向断裂组成为特征。矿体周边为下寒武统荷塘组($\in_1 h$)。

地表矿脉沿断裂充填，矿体严格受断裂控制，厚0.1～0.3m，总长大于48m，矿石含Sb>17.55%。下延垂深80m时，见186m长矿化带，宽1～4m可圈出6个北东向的透镜状小矿体。单体长11～78m，宽1.1～2.3m，矿石含Sb 1.6%～6.21%。

矿石主要矿物有辉锑矿、重晶石、石英，少量方解石和极少量毒砂。矿石结构主要有自形—半自形结构、花岗变晶结构，块状、角砾状、放射状、脉状构造。

矿床成因类型为中低温热液充填矿床，由含矿岩浆热液交化作用导致成矿元素的迁移、搬运和富集充填成矿，成矿时代属燕山早期(侏罗纪)。已列入浙江省典型矿床成矿模式，是浙江省规模最大的锑矿，对研究和寻找相同地质构造背景下的此类矿床具有重要的科学价值。

7. 柯桥漓渚铁钼矿(G163)

矿床位于柯桥漓渚由震旦纪—奥陶纪地层组成北东向背斜褶皱的东北段，广山-珊溪岩体沿背斜轴部侵入，并向北东延伸，在岩体外接触带的震旦纪、寒武纪地层中形成矽卡岩型矿床。

矿床西矿段铁矿体主要为赋存于休宁组、陡山沱组和灯影组层间断裂交代成矿，东矿段铁矿体则受休宁组和奥陶系长坞组间断裂控制。钼矿产在西矿段铁矿体的上盘，即荷塘组底部薄层含碳硅质泥岩中。矿床规模属于中型矿床。

西矿段长6km，由4条矿体组成，矿体似层状、透镜状，矿体长100～2 400m，厚1～27m，倾向310°～320°，倾角45°～60°，产状与断裂、地层基本一致。在铁矿体顶盘，荷塘组底部有似层状钼矿体，与铁矿体大致平行产出。钼矿体沿走向呈透镜状、扁豆状，单矿体长200m，厚0.67～12.36m，含钼0.028%～

0.102%，由1～4层组成。

东矿段长1 300m，矿体呈透镜状、扁豆状、脉状，矿体长1 250m，被断裂切为5段，厚1.5～66m，向深部分叉呈多层出现。

铁矿体矿石矿物以磁铁矿为主，赤铁矿、假象赤铁矿次之，深部有少量硫化物细脉，其中少量闪锌矿、黄铁矿、辉钼矿；脉石矿物以矽卡岩矿物为主，绢云母、绿泥石、石英、方解石等次之。

钼矿体矿石矿物以辉钼矿、辉砷镍矿、方硫镍矿、黄铁矿为主，次有闪锌矿、方铅矿、黄铜矿、磁铁矿；脉石矿物有石英、石墨、黑云母、白云母、绿泥石、钙铝榴石、叶蜡石、滑石等。

铁矿床属接触交代-矽卡岩型矿床，钼矿床属海相沉积-热液改造型矿床，成矿时间为152.3Ma（侏罗纪）。该矿床已被列入浙江省典型矿床成矿模式，是省内规模最大、最重要的铁钼矿原料产地，成矿模式对研究和寻找相同地质构造背景下的此类矿床具有重要的科学价值。

8.余杭仇山膨润土矿(G164)

仇山膨润土矿产于下白垩统建德群劳村组(K_1l)和寿昌组(K_1s)中，地层走向北西-南东，向北东倾，倾角28°～35°，至深部渐缓变成2°～5°。

含矿岩系总厚400～500m，其中劳村组厚近400m，可分为4个韵律。各韵律底部均为沉积岩（细砾岩、含砾凝灰质粉砂岩、泥质粉砂岩、钙质粉砂岩等），向上为玻屑凝灰岩、珍珠岩、玻屑熔结凝灰岩、晶屑熔结凝灰岩等；横山组厚约75m，由数层含砾凝灰质粉砂岩、沉凝灰岩与玻屑熔结凝灰岩的韵律组成，地层中火山物质普遍具有蒙脱石化。

矿区共发现膨润土矿层7层，其中第1～4层产在劳村组中，第5～7层产在横山组内。第1、2层为主矿层，厚0.7～4.25m，分布面积1.5km^2，呈似层状，其他矿层矿体呈透镜状。

矿层矿物成分以蒙脱石为主，另含3%～13%的长石、石英晶屑，10%～35%岩屑，及少量沸石、绿泥石、水云母、方沸石、α-方英石等。矿石具变余玻屑凝灰结构，变余晶屑、玻屑凝灰结构和鳞片花岗变晶结构；呈现变余珍珠状构造、变余假流纹构造等，以及少量沉凝灰结构和块状构造。接近断裂带部分，蒙脱石渐变为埃洛石或贝得石。按矿物组合可分为蒙脱石＋斜发沸石、蒙脱石＋斜发沸石＋绿泥石-水云母两种矿石自然类型。

各矿层自地表沿倾向向下，矿石属性有规律地变化，地表至－190m为钙基膨润土，－190～－330m为混合型膨润土，－330m以下为钠基膨润土。

矿床成因类型为火山玻璃-水解型矿床，成矿时代为早白垩世。成矿作用在成岩之后，低温热液沿原岩网状裂隙发生水解作用而表现为蒙脱石化，而当火山碎屑岩水解作用不完全、不彻底时，在矿体中常存有大量原岩，呈“球体”产出。该矿床现已列入浙江典型矿床成矿模式，是中国东南地区典型的膨润土矿床成矿模式，它对研究和寻找相同地质构造背景下的此类矿床具有重要的科学价值。

9.武义后树萤石矿(G165)

矿区位于武义县后树长蛇形村。矿区北北东向控矿主断裂(F_2)西盘为下白垩统大爽组(K_1d)、高坞组(K_1g)和西山头组(K_1x)流纹质熔岩、流纹-英安质熔岩、熔结凝灰岩、凝灰岩夹薄层沉凝灰岩；东盘为下白垩统西山头组英安质熔结凝灰岩，流纹-英安质熔岩。

矿体走向45°～55°，倾向北西，延长4km，地表矿体断续相连。矿体严格受断裂控制，赋存于早白垩世盆地西侧盆边断裂带中，呈形态规则、产状稳定的脉状连续分布，矿体总长2 100m，单项工程厚度1.34～13.08m，平均6.11m，控制延深300～450m，总体走向25°～30°，倾向北西，倾角73°～75°。矿床共有14条从属矿体，氟化钙品位平均46.62%。矿石储量873.98万t，属品位较均匀以中贫矿为主的特大型萤石矿床。

矿物矿石成分以萤石和石英为主，萤石为蓝绿色、浅灰棕色—棕色、乳白色，以自形—半自形粒状八面体、立方体晶形产出为主，少数呈微晶—隐晶质分布。石英和萤石两者密切共生，两者互为消长。

后树萤石矿属与酸性-中酸火山喷发有关的低温火山热液充填型萤石矿床，成矿时间在86.25～72.10Ma之间，探明储量为特大型，是国内典型的萤石矿床成矿模式，对研究和寻找相同地质构造背景下的此类矿床具有重要的科学价值。

10.青田山口叶蜡石矿(G166)

该矿区位于青田县山口镇，矿山有500多年的开采历史，据《青田县志》记载，青田石早在六朝时就已被利用。最早于元朝由赵孟頫"始取灯光石制印"(灯光石，青田叶蜡石的一种)。清代，青田石矿的开采已具有相当规模。

矿区分布有大量老矿硐，最老的矿硐位于封门矿区(光绪《青田县志》记载)，矿硐早已坍塌，硐口亦被掩埋。老硐硐口标高高于现代硐口，位于矿体的"硅帽"下方，且分布十分密集，是青田叶蜡石矿矿业遗迹的重要组成部分。

矿体赋存于下白垩统西山头组(K_1x)与九里坪组(K_1j)中。围岩蚀变以硅化、高岭石化、叶蜡石化为主，伴有微弱黄铁矿化。蚀变垂直分带明显，自上而下可分为：石英相带(厚0～30m)→叶蜡石石英相带(厚20～135m，为矿体赋存主要部位)→绢云母石英相带(厚60～150m)→黄铁矿石英相带(厚大于130m，未见底)。

矿化带呈北东向展布，全长6 000余米，呈似层状和透镜状，断续分布，主要出现在构造交接点上，间距为0.8～1.5km，长300～1 000m，厚20～96m不等。矿化较好地段位于矿化带中部。矿区内矿化带主要有5处：尧土矿化带、封门矿化带、旦洪矿化带、白洋矿化带和老鼠坪矿化带。

矿体呈不规则团块状、透镜状、脉状、似层状等形态产出(图3-145)，规模变化大。团块状矿体直径大者20～30m，小者5～10m，在矿化带和次生石英岩中杂乱分布；似层状矿体于白洋、旦洪和老鼠坪矿段可见，一般规模较大，厚2～20m，长和宽为25～260m不等，近水平分布。透镜状、脉状矿体产于断裂带中，长15～90m，宽0.3～10m不等，产状与断裂一致。

图3-145　矿硐内叶蜡石矿体

矿石具显微鳞片变晶结构、变余玻屑凝灰结构、变余沉凝灰结构、变余角砾凝灰结构、变余砂状结构、变余球泡结构，块状、条纹状、残留球泡状、带状和水平脉状构造。矿物成分以叶蜡石为主，次有石英、云母、高岭石、蒙脱石、一般硬铝石、刚玉等，红柱石、矽线石等偶见。由于矿石色泽艳丽，结构构造特殊，是工艺雕刻的优质石料。矿石中Al_2O_3含量高者达34.72%，一般22.25%～28.48%；Fe_2O_3含量为0.04%～1.38%，一般小于0.48%。普查叶蜡石C+D级储量为2 021万t，为特大型叶蜡石矿床，其储量占全省叶蜡石储量的1/4。

叶蜡石颜色艳丽多样，呈半透明者，用于加工各种工艺品，称为青田石(图3-146)，青田石主要颜色有红、黄、蓝、绿、白等，工艺师根据各种颜色分布特点，雕琢出丰富多彩的工艺品。

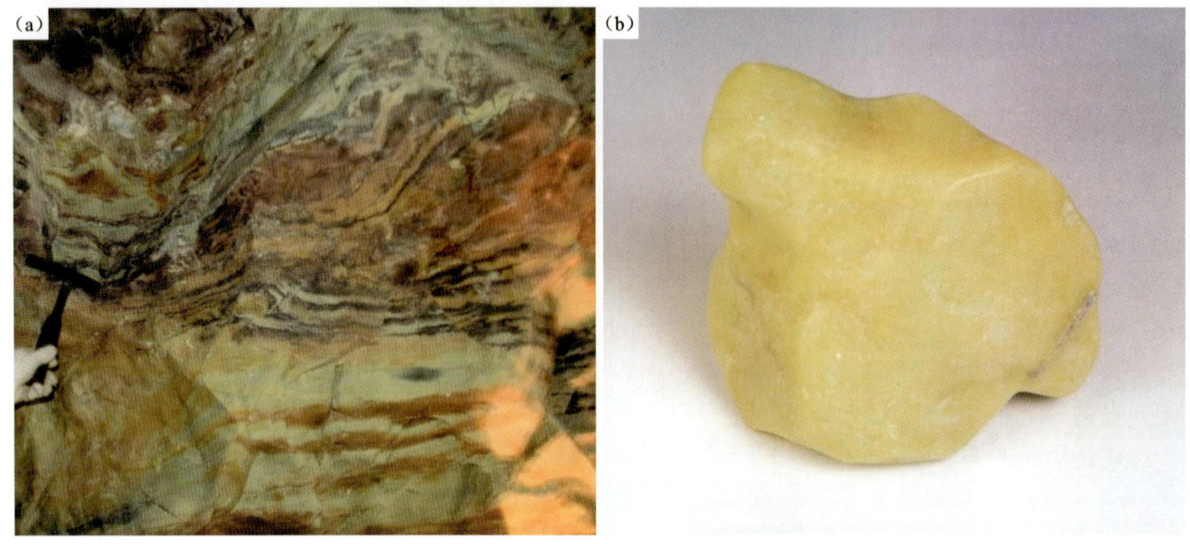

图 3-146　虎纹叶蜡石(a)及青田石(b)

山口叶蜡石矿品位极高,加工而成的青田石工艺品名誉中外,被誉为“四大国石”之一。矿床类型属火山热液交代型矿床,成矿时代为燕山晚期(白垩纪),储量大,是目前国内已知最大的叶蜡石矿床。矿区已有数百年的开采历史,老硐众多,具有较高的古采矿工艺研究价值,对研究叶蜡石成因及成矿规律具有重大的意义。

11.苍南矾山明矾石矿(G167)

矿区位于苍南县矾山盆地内(火山构造洼地),主要受控于下白垩统朝川组(K_1c)和小平田组(K_1xp)地层。矿体与围岩顺层产出,呈围斜状倾向盆地中心,倾角 20°～35°,矿带呈东西—南北—北东向半环状分布,分上含矿带和下含矿带,每个含矿带包括 3 个矿层(图 3-147)。上含矿带含矿性较好,连续性好,质量佳。

图 3-147　早期开采留下的露天采场(a)及现代井下运输轨道(b)

矿床分 5 个矿段,共 23 个矿体,自北而南依次为马鼻山、鸡笼山、水尾山、大岗山及坪棚岭,延绵达 10km。其中以水尾山矿段规模最大,其次为鸡笼山、大岗山矿段。已发现 23 个矿体,其中马鼻山矿段有 1 个矿体,透镜状,长 152～200m,平均厚 5～8m;鸡笼山矿段有 6 层矿体,呈似层状、扁豆状,长 600～1 100m，平均厚 5.74～7.75m；水尾山矿段有 9 层矿体，呈似层状、扁豆状，长 200～2 000m，厚 3.61～9.80m，矿层面积 2.28km^2；大岗山矿段有 4 层矿体，呈似层状、扁豆状，长 600～1 900m，平均厚 3.0～5.0m；坪棚岭矿段有 3 层矿体，呈透镜状、扁豆状，长 350～450m，平均厚2.27～2.67m。

矿石的主要矿物成分为明矾石、石英，次有绢云母、高岭石、叶蜡石、黄铁矿及微量的萤石、白钛石、方解石、锆石、榍石、方铅矿、闪锌矿、石榴石等。矿石结构主要为变余碎屑状结构、显微花岗变晶结构、显微花岗鳞片变晶结构；明矾石结构细小，仅 0.01～0.1mm。矿石构造为块状构造、角砾状构造、层状构造等。据矿石变余结构构造，矿石类型可分为砾状明矾石矿(原岩角砾凝灰岩，质量好)、粗粒明矾石矿(原岩为熔结凝灰岩、凝灰岩、凝灰质砂岩)和细粒明矾石矿(原岩为凝灰岩、沉凝灰岩、凝灰质粉、细砂岩)。矿石的化学组分中 SO_2 为 13.59%～20.1%，K_2O 为 3.68%～4.84%，Na_2O 为 0.56%～0.81%，Al_2O_3 为 18.70%～21.12%。明矾石中以钾明矾为主，其次为钠明矾，已探明的明矾石储量为 2.4 亿 t，占全国的 80%，世界的 60%，素有"世界矾都"之称。

矾矿的开采和提炼始于明初洪武年间，距今已有 640 年(图 3-148)。采炼技术独树一帜，别具一格。从最原始的"火烧采石法"到"手工凿岩黑药爆破法"，再到"机械凿岩炸药爆破法"；从简单挖掘地表矿到开掘巷道，下井土法采矿，再到科学设计、规范布局、有序开采。它见证了从古代、近代直至现代矾矿工业发展的进程，至今保留沿用了原始采炼技术。矾矿已经形成了为数众多的石洞和千姿百态的石壁长廊，也系统地记录了明矾开采和炼矾文化的历史。

图 3-148　矾矿冶炼遗址之煅烧炉(a)及堆料场(b)

矿床属火山喷发、沉积-热液交代型矿床，成矿时代为早白垩世晚期。矿体与周边围岩蚀变具有明显的分带性，其分带结构为指导找矿、建立典型矿产地提供了科学依据，现已被列入浙江省重要的典型矿产成矿模式。2005 年 4 月，位于鸡笼山北的"炼矾遗址"及其周边的古居民建筑群被浙江省人民政府列为第五批省级文物保护单位。2017 年，矿区申报为国家矿山公园。

12. 遂昌治岭头金银矿(G168)

矿区位于遂昌治岭头银坑山，中生代牛头山层火山的南麓，为治岭头金银硫铅锌多金属矿田中的一个大型金银矿床。矿区内出露地层有基底古元古界八都(岩)群变质岩系和盖层下白垩统磨石山群火山岩系。

矿体呈复脉状，赋存于八都(岩)群韧脆性断裂中，总延长约 2 250m，被近南北向断层分割成 3 个自然块段。西矿段矿体长约 350m，呈北西向展布，分布在 100～300m 的标高；中矿段长约 1 200m，矿脉走向由东西向渐变为北东东向，单脉体呈左行雁列，平均厚 2.43～6.50m，赋存于 400～650m 的标高；东矿段长700m，矿体走向近东西向，长175m，赋存于440～620m的标高。矿体由交代和充填形成的块状玉髓状含金石英岩、含金脉石英团块、含金石英网脉及黄铁绢英岩化片麻岩构成。

矿石的主要有用组分为金、银共生。单个矿体平均含Au为$(8.42\sim46.17)\times10^{-6}$，含Ag为$(165.10\sim684.86)\times10^{-6}$，Au：Ag为1：14.82～1：26.07；伴生的有用组分为Cu、Pb、Zn、S等，均可综合利用。主要矿石矿物为黄铁矿（占95%以上），其次为方铅矿、含铁闪锌矿、黄铜矿、磁黄铁矿等；脉石矿物以石英为主，次为蔷薇辉石、菱锰矿及含水硅酸盐矿物。主要金银矿物有银金矿、金银矿自然银、自然金、辉银矿及碲金矿等。主要金银载体矿物为黄铁矿、石英，其次为方铅矿、闪锌矿。矿石结构有自形、半自形、镶嵌、他形粒状、交代残余、充填交代结构等。矿石构造主要为浸染状、脉状、角砾状、条带状、环带状构造等。

成矿可划分为早、晚两期和7个成矿阶段，其中早期成矿是主要成矿期。早期成矿可分为硅酸盐-石英阶段、含金黄铁矿-石英阶段、金银-硫化物阶段和硅酸盐阶段；晚期成矿是银的叠加矿化，可分为石英-黄铁矿阶段、含银硫化物-石英阶段和萤石-硅酸盐阶段。

根据矿区矿化年龄测试数据可知，金银矿成矿与大规模火山喷发火山热液有密切关系，成矿时代为白垩纪。金银成矿流体、硫源及元素来源都偏向源于八都（岩）群变质岩，矿物组分和蚀变以中温环境下形成为主。因此，矿床成因类型属基底提供主要成矿物质的火山热液型中温、中浅层金银矿床。

治岭头金银矿床成矿类型及成矿模式典型，对研究浙西南地区中浅成中温火山热液类型矿床及解释我国东部沿海环太平洋成矿带金银的成矿作用、指导找矿均有着重要的科学意义。目前，该矿床已建设成国家矿山公园。

13.临安千亩田钨铍矿（G169）

该矿区位于临安大明山，已发现含矿石英脉134条，主要分布在东段牵牛岗和西段千亩田，其中西段千亩田34条矿脉、东段牵牛岗16条矿脉具工业意义。矿脉主要赋存于花岗岩体边缘相内，较大的矿脉可上延到围岩中。矿脉成群，平行产出，间隔20～40m，长20～405m；工业矿体长10～262m，脉宽0.15～0.83m。

矿石矿物以黑钨矿、绿柱石为主，次为辉钼矿，伴有毒砂、辉铋矿、黄铁矿、黄铜矿、斑铜矿；脉石矿物有长石、石英、萤石、白云母、黄玉；次生矿物为钨华。矿石具自形结构、梳状、板状、放射状、团块状集合体。矿石平均含WO_3 1.23%，BeO 0.481%。黑钨矿多集中于脉体上部，绿柱石在矿脉中下部。

富含二氧化硅组分的岩浆热液，携带成矿元素，沿着岩体内部及边缘产生的断裂或裂隙充填冷却，含矿富硅热液以灰白色石英脉形式分布在岩体内部及边缘，与花岗岩类构成鲜明反差，含矿热液冷却结晶，在石英脉中形成绿柱石、黑钨矿等主要矿物。

该矿床属岩浆气成热液石英脉型绿柱石-钨铍矿床，成矿时代为白垩纪，为中国东南地区规模最大、最为典型的钨铍矿床成矿模式，对研究和寻找相同地质构造背景下的此类矿床具有重要的科学价值。目前，该矿床已建设成省级地质公园。

14.缙云靖岳沸石珍珠岩矿（G170）

该矿床处于缙云县五云-壶镇北东向火山构造洼地，区域上与丽水-余姚北东向断裂带关系密切，受该断裂构造控制。矿体集中分布于马鞍山火山构造西北边缘，成矿母岩为酸性熔岩、火山集块岩、沉角砾凝灰岩等。

矿体主要分布在西北侧的老虎头、天井山、马石桥、仙岩瀑等矿区，沸石和珍珠岩两者共生，产于天台群塘上组（K_2t）火山岩地层中。矿床规模较大，面积约$50km^2$。

沸石矿矿体主要呈似层状、透镜状分布，与珍珠岩、流纹岩、球泡流纹岩间互出现。矿体一般长200～500m，长者达1 500m，厚1～59.48m，平均厚10～25m，倾向延深200～600m，最大延深可达1 500m。矿石矿物为沸石，以斜发沸石为主，丝光沸石次之，沸石总量60%～80%，粒径0.02～

0.25mm。斜发沸石呈板条状、不规则粒状及细脉状，丝光沸石呈纤维状和放射球粒状以及扇状。脉石矿物有石英(10%～15%)、蒙托石(5%～10%)、长石、绿泥石、黑云母、角闪石、蛋白石、锆石等。按矿石中斜发沸石和丝光沸石的含量可分为丝光沸石型、斜发沸石型和混合型。矿石呈浅黄、灰白、紫灰、粉红等色，在结构、构造上都保留有原岩的一些特征，如斑状、粉砂状、隐晶状结构，集块状、角砾状、流纹状、珍珠状、球泡状、块状构造等。矿床为火山热液交代火山玻璃而成，属火山热液交代型。

珍珠岩矿矿体常与沸石矿相伴产出，以老虎头与保华山矿区规模较大，质量好。矿体呈似层状、透镜状产于沸石矿层之上，主要有2～3层，长数百米至数千米，厚一般8～40m，最大厚者达70m，其产状平缓，倾角均小于20°。珍珠岩呈墨绿色、灰黑色、灰色、浅黄绿色，玻璃光泽，半透明，贝壳状断口，碎块棱角尖锐。矿石分珍珠岩和松脂岩两个类型，矿石膨胀系数较大，一般为8～21倍，最高达39.6倍。珍珠岩成因类型属火山岩浆型矿床。

缙云沸石和珍珠岩两类矿产成矿时间在100Ma前(白垩纪)，前者属火山热液交代型矿床，后者为岩浆喷溢快速冷却形成。两类矿床共生，较为罕见，它是中国东南沿海最大的沸石、珍珠岩共生非金属矿床，其矿床规模巨大，品位高且质量好，已被列为浙江省典型矿床成矿模式。

15. 龙泉八宝山金银矿(G171)

矿区基底岩系为八都(岩)群混合岩化黑云斜长片麻岩，盖层岩系为下白垩统大爽组(K_1d)与高坞组(K_1g)酸性火山碎屑岩，发育北东向断裂构造控制着矿体的分布。

矿区共有矿化蚀变带7条，走向55°，倾向南东，倾角65°～88°，Ⅰ号、Ⅱ号矿化蚀变带长约1 600m，由数条大致平行的矿化体组成，单体长40～400m，一般宽1～10m。其中有6条矿体，呈脉状或透镜状，长23～250m，宽0.4～2m，个别宽12.56m，延深50～130m。Ⅲ号矿化蚀变带中为富银石英脉，长10～30m，宽0.1～0.3m。

矿石矿物以金银矿、银金矿为主，次有自然银、螺状硫银矿、淡红银矿，伴有毒砂、黄铁矿、闪锌矿、黄铜矿、赤铁矿、磁黄铁矿，少量方铅矿、碲铅矿、碲铋矿等；脉石矿物以石英、绢云母为主，次有方解石、绿泥石、斜长石、冰长石、绿帘石及磷灰石等，毒砂常与黄铁矿紧密相伴，与金银矿化关系密切。金银矿物成色银金矿59.63，金银矿39.6，自然银8.05，自然金少见，以金银矿物沿裂隙产出为主，载体矿物主要是石英、绢云母、毒砂、硫化物等。

矿石结构以自形晶为主，次有半自形—他形晶粒及交代结构，少量残余结构与固溶体结构。矿石构造以浸染状为主，次有微细脉状、角砾状构造。矿石类型以含金银蚀变岩型及含金破碎带蚀变岩型为主，次为含金银石英型。

金银矿床系古元古界八都(岩)群变质基底提供物质基础，早白垩世大规模火山岩浆作用，导致基底岩系活化，在火山热液与大气降水的环流作用下，使基底变质岩(特别是糜棱岩)中的Au、Ag等成矿元素形成含矿热液，并运移和赋存充填断裂裂隙中沉淀结晶，富集成矿。

矿床为典型的火山热液充填交代型矿床，成矿时间在132.1Ma(白垩纪)前后，已列入浙江省典型矿床成矿模式，对研究火山构造与火山成矿作用具有重要意义。

16. 青田石平川钼矿(G172)

该矿体分布在细粒斑状碱长花岗岩岩体与围岩内外接触带附近，共有含钼石英脉40余条，大部分产于石平川岩体内外接触带，距岩体顶面上、下各100m范围内，围绕岩体呈不完整的环状分布，共有9条主要矿脉，其中以第5号与第25号规模最大，两矿脉占矿区总储量的92%以上。5号矿脉长500m，延深700m，平均厚3.12m，倾向220°～240°，倾角15°～30°；25号矿脉长1 020m，延深500～700m，平均厚2.69m，倾向南西，倾角20°～25°。

矿体围岩为流纹质晶屑熔结凝灰岩与细粒斑状碱长花岗岩，围岩蚀变以绢英岩化、绿泥石化为主，伴有黄铁矿化、硅化、钠长石化、黑云母化及碳酸盐化，主要发育在矿体顶、底板两侧，宽在2～5m

之间，分带不明显。

矿石矿物以辉钼矿为主，伴有少量黄铁矿、白钨矿，微量黑钨矿、黄铜矿等；脉石矿物以石英为主，伴有少量绢云母、绿泥石、长石，偶见萤石、锆石、磷灰石、硅线石等。按矿物组合可分为石英辉钼矿矿石与绢云母石英辉钼矿矿石两个自然类型。前者以块状脉石英为主，呈他形、隐粒状结构，条带状、网脉状、浸染状、碎裂状及角砾状构造；后者以显微花岗鳞片结构为主，可见残余碎屑（或斑状）结构，以浸染状构造为主，局部为稀网脉状构造。

矿石主要有用组分为钼，全矿区平均品位 Mo 0.095%～0.410%，伴生有益元素主要有 Re、S、W、Cu 等，其中 Re 以类质同象赋存于辉钼矿中，平均品位 0.000 03%，可综合回收利用。石平川钼矿为一中型钼矿床。

早白垩世早期火山喷发结束后，石平川碱长花岗岩（116.3Ma）侵入，在岩体冷凝收缩过程中，形成一系列环状缓倾和陡倾斜裂隙，火山期后气液与岩浆期后气液活动形成的富含钼的成矿热液，沿环状裂隙充填交代成矿。

矿床属次火山高—中温热液充填（交代）矿床，成矿时间为 116～83Ma（白垩纪）。矿体规模较大，品位较高，具有较高的开采价值，是浙江最大的钼矿床，已被列入浙江省典型矿床成矿模式。

17. 龙游溪口黄铁矿（G173）

矿体分布在燕山晚期沐尘石英二长岩体的东北端内外接触带附近。其围岩为古元古界八都（岩）群变质岩系和下白垩统磨石山群火山岩系、侵入岩体。

矿化带平行产出，总宽约 0.5km，长近 3km，主要赋矿围岩是八都（岩）群变质岩系。矿体呈不规则平行分布。整个矿区被溪口河分成东、西两个矿段。即河东矿段和河西矿段，为一近大型黄铁矿矿床。

河东矿段总长约 2km，八都（岩）群变质岩系为主要赋矿围岩，共有矿体（脉）20 余条，其中主要矿体 13 条，长度一般 500～800m，最长者可达 1 124m，最短者 190m，延深一般 300～350m，最深者达 511m，最小者 110m；矿体平均厚度最大者 3.75m，最小者 1.35m。平均品位 S 含量 13.81%，其中富矿 S 含量 21%～37%，贫矿 10%～12%。

河西矿段全长 1 200m，石英二长岩为主要赋矿围岩。由 6 条矿化带组成，共有 9 条工业矿体，矿体规模一般长 200～300m，最长者 460m，延深数十米至百余米，平均厚度 1～2m，平均品位 17.30%。

矿石矿物以黄铁矿为主，偶有方铅矿、闪锌矿，及少量磁黄铁矿、黄铜矿、斑铜矿等；脉石矿物以绢云母、石英为主，次为方解石、萤石、绿泥石、绿帘石、叶蜡石及高岭土等。

矿床围岩蚀变以绢云母化、硅化、黄铁矿化最为发育，由矿体至围岩大致可分为 4 个矿化蚀变带：黄铁矿-石英带→黄铁矿-石英-绢云母带→蚀变岩带→绿泥石化、绿帘石化带。

该矿床属岩浆期后热液型矿床，成矿时间约 90Ma（白垩纪），是省内已知最大的岩浆期后热液型黄铁矿矿床，现已被列入浙江省典型矿床成矿模式。成矿模式对研究和寻找相同地质构造背景下的此类矿床具有重要的科学价值。

18. 黄岩五部铅锌矿（G174）

矿体赋存在下白垩统磨石山群火山岩地层中，受北北西—近南北向的五部断裂控制，分为北矿段、南矿段及龙潭背矿段，共有 7 个矿体。其中北矿段 Ⅰ 号矿体规模最大，矿体呈脉状、透镜状，总长约 2 140m，向下延伸 400～880m，矿体最大厚度 32.23m，最小 0.9m，平均 9.88m。矿体铅锌平均品位在 5%～8%之间。

矿石类型有石英黄铁矿型、绿泥石-赤铁矿-黄铁矿型、方铅矿-闪锌矿-黄铁矿-赤铁矿型、方铅矿-黄铜矿型、方解石闪锌矿型 5 种类型。北矿段矿石矿物以闪锌矿、方铅矿为主，黄铁矿次之，少量黄铜矿，微量赤铁矿、镜铁矿、黝铜矿、辉银矿、银金矿、硫砷银矿、自然银、自然铅、自然铜等；南矿段矿石矿物主要有闪锌矿(铁闪锌矿)、方铅矿、黄铁矿、黄铜矿,及磁铁矿(穆磁铁矿)、镜铁矿(赤铁矿)等。

围岩蚀变以绢英岩化、硅化、含锰碳酸盐化为主,次之有蔷薇辉石化、钠长石化、绿泥石化等。蚀变总体沿控矿断裂带呈线型分布。

与矿有关的地球化学指示元素为Pb、Zn、Ag、Cd、Cu、Mn、Hg、As等,矿体异常形态反映了构造控矿的特征。地表原生异常呈现线状或条带状;剖面原生异常包围矿体形成浓度梯度变化较大的晕;陡倾斜矿体上盘晕大于下盘晕,出现同心不对称环状结构晕。

该矿床是典型的火山-次火山热液型铅锌矿床,成矿时间在80.81Ma(白垩纪)左右。现已列入浙江省典型矿床成矿模式,对研究和寻找相同地质构造背景下的此类矿床具有重要的科学价值。

19.鹿城渡船头伊利石矿(G175)

该矿体分布在西山头组(K_1x)中,矿区有上、下两个含矿层。下矿层赋存于西山头组第四段凝灰质泥岩、沉凝灰岩中,呈层状、似层状,顺层产出,延伸长约900m,厚3～12.21m,平均厚4.31m,矿石质优,是矿区的主矿体。上矿层赋存于西山头组第五段熔结凝灰岩中,矿体呈透镜状,东矿体长600m,向下延伸200m,平均厚4.14m;西矿体长70m,向下延伸60m,厚3.73m。

矿物组分大多为伊利石-白云母(2M型)和石英,少量绢云母、叶蜡石、高岭石、黄铁矿、锆石、刚玉、硬水铝石、金红石等。矿石类型常见有石英-伊利石型、纯伊利石型和黄铁矿-伊利石型。矿石结构以显微鳞片变晶结构为主,次为变余泥质、变余凝灰结构。下矿层以致密块状构造为主,条带状构造次之;上矿层以粗粒块状构造为主,团块构造次之。

上矿层矿石K_2O 9.09%～9.58%,Al_2O_3 35.96%～37.11%,SiO_2 46.59%～46.66%,H_2O 4.42%～4.89%;下矿层矿石K_2O 9.02%～9.34%,Al_2O_3 37.02%～37.72%,SiO_2 45.14%～45.65%,H_2O 3.61%～4.18%。

围岩蚀变主要为伊利石化,其次为硅化、绢云母化、黄铁矿化、叶蜡石化、高岭石化、绿泥石化。横向分带不明显,沿厚度方向有垂向分带,自上而下为富石英相带、伊利石(绢云母)石英相带、伊利石(绢云母)高岭石和绿泥石相带组合。

矿床属火山气液交代型矿床,成矿时代为燕山晚期(白垩纪),现已列入浙江省典型矿床成矿模式。矿床规模较大,品位较高,具有重要的开采价值,对研究和寻找相同地质构造背景下的此类矿床具有重要的科学价值。

20.嵊州浦桥硅藻土矿(G176)

浦桥硅藻土矿产于新近系嵊县组($N_{1-2}s$)中,嵊县组为一套喷溢相玄武岩夹河湖相沉积层,硅藻土层赋存在河湖相沉积层中,矿体稳定,受层位控制特点,是一个大型矿田。

硅藻土矿层赋存于嵊县组第二沉积层中,呈层状,近水平产出,厚度为2.60～62.81m,平均厚28.19m,整个矿田分3个块段。

矿石类型可分为含硅藻粉砂质黏土、含硅藻黏土、泥质硅藻土和硅藻土。硅藻土为矿田主要矿石类型;按颜色可分为白色硅藻土、蓝色硅藻土、黑色硅藻土、褐红色硅藻土。含硅藻一般为45%～80%。矿石组分主要由硅藻土、黏土矿物,少量粉砂、有机质和碳质组成。硅藻均以圆筒状冰岛直链藻壳和碎片为主,少量为湖沼圆筛藻、蛛网藻,微量桥穹藻、显形冠盘藻和舟形藻,均为淡水种,分布无序;粉砂成分主要为石英、长石,一般含量2%～3%;黏土矿物含量15%～35%,主要为蒙脱石、高岭石、埃洛石、绢云母、水云母、绿泥石等。矿石为泥质生物结构、生物遗骸结构,块状、层状、微层状构造。风化后呈土状、薄层状、书页状、竹叶状构造。

硅藻土化学成分SiO_2为55%～70.79%,平均63.45%;Al_2O_3为12.23%～18.45%,平均15.90%;Fe_2O_3为3.13%～11.29%,平均6.12%;密度0.32～0.85g/mL,平均0.6g/mL。

硅藻土产于上新世嵊县期玄武岩台地中,属于大规模玄武岩浆喷溢间歇期洼地湖沼相沉积环境条件下，硅藻的大量繁殖，以及大规模硅藻死后堆积，从而形成硅藻土矿产。

该矿床属新近纪晚期湖相生物沉积型矿床。规模大(远景储量大于4 200万t)、成矿机制独特，是目前华南地区已知最大的湖相生物沉积型硅藻土矿，已被列入浙江省典型矿床成矿模式。

二、典型矿物岩石命名地

浙江省内该亚类登录2处，为常山砚瓦山青石和花石、临安玉岩山昌化鸡血石，分别介绍如下。

1. 常山砚瓦山青石和花石(G177)

矿体("青石"和"花石")位于常山砚瓦山-箬溪构造变形带上。矿区出露地层有印渚埠组、宁国组、胡乐组、砚瓦山组和黄泥岗组。矿带长8km，宽2～3km。

"青石"为印渚埠组(O_1y)一套含钙泥岩，形成于浅海陆棚相和陆棚盆地相沉积环境。地层岩石受后构造破坏影响较小，岩石完整性较好，岩石受区域应力影响，泥岩经轻微变质或重结晶作用，发育微细小之绢云母，具有明显的丝绢光泽，岩石质地细腻。显微镜下矿物组分呈现明显的定向排列，形成具有板岩特点的石材，称之为"青石"(图3-149)。岩石重结晶作用后的轻变质岩，色泽柔和，硬度适中，不论从岩石结构构造上，还是岩石表面光泽上，均达到了饰面材料的各项要求，成为优良的板材和制砚材料。

图3-149　青石板材(a)及青石在显微镜下的构造(b)

"花石"岩性为砚瓦山组(O_3y)青灰色含灰岩瘤泥岩或含灰岩瘤泥灰岩，形成于深海陆棚沉积环境。砚瓦山组泥岩中富含钙质结核或灰岩瘤构造，经差异风化后，灰岩瘤流失形成大小不规则洞穴(长轴2～5cm；短轴0.8～1.5cm)，总体定向排列，呈现层理产状。另外层理和劈理构成的交面线理，导致砚瓦山组含灰岩瘤泥岩呈棱柱状产出，两者形成了具有园林造型风格的石材，称之为"花石"(图3-150)，成为驰名国内和东南亚国家的园林造型观赏石。

砚瓦山"青石"和"花石"分布广、规模大，具有轻变质、质地细腻、丝绢光泽、硬度较软、色泽柔和之特点。遗迹类型典型，资源独特，具有教学研究和较好的美学观赏价值。目前主要作为矿产开采，遗迹部分已被列入国家地质公园范围内。

图 3-150　花石(a)及瘤状泥灰岩的新鲜面与风化面对比(b)

2. 临安玉岩山昌化鸡血石(G178)

鸡血石系为辰砂与地开石、高岭石等多种矿物共生的天然集合体(图 3-151),其石质细腻,红色鲜艳如血,故得名。昌化鸡血石主要分布在临安玉岩山一带,与矿体相关的硅化蚀变带呈北东向狭长的带状分布,走向 50°～60°,倾向南东,倾角 20°～25°,长达 13km,宽 50～150m,其中汞矿化地段长约 2 000m。

图 3-151　昌化鸡血石工艺品

该矿体产于白垩系劳村组(K_1l)之流纹质蚀变晶屑玻屑凝灰岩中,分上、下两部分。上部矿体呈似层状及透镜状,距矿化带顶界为 5～7m,矿体沿走向或倾向断续分布,倾向 120°～140°,倾角 30°左右,单个矿体一般长为几厘米至数米,沿倾向延伸几厘米至数十厘米,厚一般小于 30cm;下部矿体一般距上部矿体 5～7m。鸡血石呈脉状或不规则小团块状,脉状矿体一般呈陡倾角,长小于 20cm,宽小于 5cm，产状倾向 280°～290°，倾角 45°～60°。

鸡血石主要由高岭石、地开石组成，含有少量辰砂、明矾石、叶蜡石、石英、绢云母、辉锑矿、黄铁矿及自然汞等，具变余塑变玻屑结构，块状和细脉浸染状构造。

鸡血石以其主体部分的不同颜色，可分为羊脂冻（白冻）、乌冻、黄冻、灰冻（牛角冻）等；按辰砂颜色又可分为鲜红、正红、深红及紫红等。

鸡血石的发现和开采已有千年历史，广泛利用则兴于明清，大规模开发始于 20 世纪 70 年代初。目前仍在开采中，长期以来山体及植被破坏严重，未采取有效的保护措施。

鸡血石是国内“四大名石”之一，质地细腻，红色鲜艳如血，被誉为国石，是雕刻工艺品的上乘石料，具有极高的美学观赏价值。

2013 年，该遗迹被列为浙江省首批重要地质遗迹保护点（地），并设立科普标识牌。

三、矿业遗址

省内矿业遗址亚类主要有 4 种形式：银矿遗址、凝灰岩采石遗址、红砂岩采石遗址和水晶矿遗址，以银矿遗址和凝灰岩采石遗址数量最多，国内典型。各类典型遗迹介绍如下。

1. 龙游石窟古采石遗址（G179）

石窟群开凿在白垩纪沉积的衢江群衢县组（K_2q）红砂岩的上段，地层厚度大，岩石呈块状构造，适合石条、石板等石材开采。

龙游石窟群仅小南海石岩背村一处就有 36 个地下石窟，其分布范围达 0.38km²，在沿江上游约 2km 和下游 3km 处也有石窟群存在。整体来看，龙游石窟群由三部分组成：上游为翠光岩石窟群，中间为小南海石窟群，下游为上畈石窟群。总数有 50 多个，总容积约 100 万 m³。

龙游石窟规模宏大，气势磅礴（图 3-152）。石窟模式基本统一，造型、格局、风格如出一手。每个石窟都像一座宏大的大厅，面积 300～3 000m² 不等，高度 10～40m。石窟呈倒斗矩形状，出口小，下面大，顶面按 45°角倾斜，四壁笔直，棱角分明。石窟顶部及四壁的凿痕排列规则有序，凿线整齐划一。每个石窟都有粗大的鱼尾形石柱支撑，多则 4 根，少则 1 根。石柱最大周长为 10m，最小周长为 5m，呈三角形，尖朝里，面朝外。石窟各自独立，互不相通，1 号和 2 号石窟相隔只有几十厘米厚。石窟内部都有一个半凿半砌的矩形方池，大小、深浅不一。

图 3-152　龙游石窟采石遗址

从开放的5个石窟得知，面积最大的4号石窟约有2 000m²，面积最小的1号石窟也有300m²，5个石窟总共面积约5 000m²，洞的高度约30m。

石窟构造科学，符合工程力学原理，石窟顶部多篷呈弧形，顶与柱端相交处呈平缓曲线。顶与壁交界处呈直角，且壁加宽，在转角处顶壁相交的支撑部位加厚加大。这种结构形式的优点是，空间跨度大、耐压力，不易坍塌，受力合理，中间柱子间距基本相等，既是工作面的分界线，又可减小空间结构的跨度，也可支撑顶部的荷载，犹如多跨拱桥的桥墩作用。龙游石窟的构造符合工程力学原理，体现了当时工匠们的采石技艺。

根据洞穴内考古新发现，专家初步断定，龙游石窟的开凿下限年代最晚不迟于西汉时期。石窟开凿空间规模大、整齐且较为规范，在洞穴结构设计上规范科学，这表明古人在洞窟开凿方面具有很高的洞窟设计和开采技术。

龙游石窟是浙江省陆相盆地古采石遗址唯一已知实例，与安徽省花山迷窟可对比，类型基本一致，形体规模略小。目前已建成旅游景区，部分石窟已开发并对外开放，总体保护较好。

2013年，该地质遗迹被列为浙江省首批重要地质遗迹保护点(地)，并设立科普标识牌。

2. 柯桥柯岩古采石遗址(G180)

柯岩古采石遗址，为一古人采石遗留下来的遗址景观。地层岩性为下白垩统朝川组(K_1c)角砾凝灰岩。采石方式主要为露天开采，遗留下来的石柱和岩壁形成优美的造型景观。古代劳动人民一锤一凿，辛勤劳作，从山岩中开凿出一块块大大小小的石材，再进行打磨、整理，便成为人们生活中的重要伴侣。绍兴水乡多石桥，通向四面八方的石板路，还有石牌坊、石磨、石雕等，乃至闻名海内外的古纤道，都与这采石有着紧密的、直接的关系。采石多为沿石势而进，以直采或斜采为主。

露天直穴式采坑，为本地主要采矿遗址类型，分布在柯山南侧山麓一带，现多改造成庭院园林、水池湖泊等。目前保存原始形态较好的分布在柯山南侧山脚、山坡上，如七星岩、名人馆等采坑群，主要由规则的多边形直穴式采坑组成，长轴一般在10m以内，深度变化幅度较大，位于柯岩造像周边其深度达30m，夏禹采坑群深度在10m以内，而名人馆处采坑群底部与外界地势高度一致。

半露天覆钟式采坑，主要分布在采坑群靠近山体一侧，发育最典型的属大王硐采坑群及七星岩西端部分采坑(图3-153)，硐体倾斜向内延伸，硐口呈不规则多边形，宽10～20m，高20～40m，底部积水潭面积数十平方米。从侧面观察，硐口一般呈阶梯状，往下逐步加深、加宽，推测为经数期次开采而成。

(a)

(b)

图3-153　七星岩半露天采坑(a)及采石残留石壁(b)

岩壁凿痕，清晰完整的凿痕普遍发育，表现特征与绍兴地区其他采石遗址基本一致，由岩壁上的水平纹理与凿痕组成，定向排列整齐，倾斜角度一致，长度均一，凿痕深度均等。

残留石柱，为本地最具代表性的采石遗址类型，形成有两处非常典型且罕见的残留石柱。一为云骨石魂，四周陡崖，崖面上极不规则，具有多个方向的采石切面，但单一切面较为平整规则。石柱高约30m，底部呈较规则的长方形，长边约4m，短边最薄处不足1m，中、上部形态丰而凹凸险峻，远处望去，宛如一柱烟霭，袅袅升腾。另一为柯岩造像，直径约15m，高27.2m，呈不规则柱状，四周崖壁面凹凸不平，由多个采石面组合而成，具阶梯状、陡坎状，每个采石面水平纹理清晰。石柱中依势雕琢为弥勒大佛，闻名海内外（图3-154）。

图3-154　柯岩采石残留石柱——柯岩造像(a)和云骨(b)

穿硐，此类型少见，本处仅保存在仙人硐采坑群处，宽约20m，长近30m，高6～8m，穿硐走向为115°。硐内两侧及顶部岩壁呈不规则坍塌面，整体似一巨大拱桥。由不同的采石工艺、岩石组合特征、采石历史时期的特殊环境等造就了本处这一奇观，可对比研究其他的采坑硐群，具有较高的社会科学研究价值。

柯岩采石始于汉代，千百年来，历代匠人在此开山采石，鬼斧神工般地造就了大片石宕、石洞、石柱和石壁等采矿遗址；随着宗教的介入，加上文人墨客的点染，特别是现代别具匠心的开发和园林营造，使遗迹成为具有较高科学与美学价值的旅游精品资源。遗址对研究古代浙东地区采石历史、采石工艺研究具有重要的意义。

目前，该遗址已被开发为著名的省级风景区，其采石遗址基本得到有效保护。2013年，该遗迹被列为浙江省首批重要地质遗迹保护点（地），并设立科普标识牌。

3.越城吼山古采石遗址（G181）

吼山古采石遗址分布面积约0.57km^2，采石地层属早白垩世晚期朝川组（K_1c）一段，岩性为浅灰色块状流纹质（含）角砾凝灰岩，属空落相火山岩，具有块度大、节理裂隙少、质地松软、完整性好、易于开采等特点，是良好的建筑石材料。

经前人大规模的采石开挖，形成造型奇特、规模宏大的采石遗址，主要以露天直穴式采坑为主，部分山坡上为半露天覆钟式，并形成众多独立残柱、石坎、台阶等。其中以“剩水荡”“云石”“棋盘石”“象鼻吸水”“一洞天”等采石遗址最具特色。

露天采坑，为本地主要采石遗址类型，主要分布在吼山东侧山坡一带，山顶、山脚均保留有较规则的多边形采坑，在吼山南侧一带也有零星分布。采坑深度不大，一般在10m以内，个别积水成潭。单个采坑面积一般不超过50m²，但有几处集中大规模开采而形成巨大的采坑群，如“剩水荡”“烟萝硐”等(图3-155)，形成面积达数千平方米的坑状负地貌，四周为直立采石面。靠近山坡一侧往往为半露天覆钟式采坑，形成往内倾斜的岩壁。岩壁上残留清晰规则的采石凿痕。

残留石柱，开采的过程中会特意预留以形成稳定性较好的方形柱体，久而久之就形成了高数米甚至数十米的不规则残留石柱。石柱最典型的属“云石”“棋盘石”(图3-156)，一高一矮两石柱俨然矗立，造型奇特，犹如林中石笋、中流砥柱。

图3-155　剩水荡采坑群(a)及覆钟式采坑(b)

图3-156　残留石柱之云石和棋盘石

半露天覆钟式采坑，往往存在采坑群靠近山坡一侧，为了提高采石率而有意往内部开采。在“剩水荡”“烟萝硐”、曹山采坑群最为典型，高度一般在5～8m之间，上尖而下宽，底部面积在40m²以内，彼此之间以棱面、台阶交替为主，少见石墙结构。

岩壁凿痕，在采坑四周岩壁上均有保存，直观上呈规则的水平纹理，厚度一般为5～10cm，纹理清晰笔直，极具美感。纹理之间发现有倾斜槽痕，系切断石板四周联系的重要采石流程之一，往往具有定向性，倾斜角度在30°～45°之间，密集排列。因常年在风化剥蚀环境中，局部倾斜凿痕已淡化而显得模糊，近距离仔细分辨可观察其典型形态特征。

台阶、石坎，此类采石遗迹类型比较常见，是在采石过程中因运输、行走等需求而残留下的典型形态，台阶规格差异较大，高度在20～100cm不等，宽度也因所处位置而变化较大。主要分布在山坡上，如镜览亭采坑群，“云石”“棋盘石”周边等位置。

吼山采石始于汉代，千百年来，历代匠人在此开山采石，造就了大片石宕、石柱和石壁等采石遗址。遗址对研究古代浙东地区采石历史、采石工艺具有重要的意义。

目前，遗迹资源大部分已被开发，并成为吼山景区的主要景观。2013年，该遗迹被列为浙江省首批重要地质遗迹保护点（地），并设立科普标识牌。

4. 绍兴东湖古采石遗址(G182)

绍兴东湖，以岩石、岩洞、石桥、湖面的巧妙结合，而成为浙江最著名的园林之一，同时也是浙江三大名湖之一。东湖实为一古采石遗址，现与外侧运河连接成为人工湖泊。遗址所在的地层为早白垩世晚期朝川组(K_1c)含砾凝灰质砂岩、粉砂岩。采石方式以露天开采为主，半露天为辅，沿山坡形成众多直穴式和覆钟式采坑。

露天直穴式采坑，为该地普遍的采石遗迹类型，各采坑场所均有分布，存在一定的规模差异。经观察东湖沿岸形态，于水底20～50cm深度处可清晰观察到直穴式采坑的直立面，又据史料查证，东湖即由多个巨大采坑群组成（图3-157、图3-158），后引外侧运河水而形成如今的人工湖泊形态。

半露天覆钟式采坑，为另外一种重要采石遗迹类型，主要分布在东湖靠近山麓的底部一带，集中分布长约300m，高度近20m，底部与东湖贯通形成水池。单个采坑彼此相对独立，之间由厚数米的石墙相隔。

凿痕，系采石过程中使用工具在岩壁上留下的痕迹，展现了古时石匠们的采石场景。岩面上遗留的水平纹理规则整齐，厚度为5～8cm，纹理或淡或浓，或粗或细，如工匠们刻述的文字，指示了千百年来的历史沧桑。纹理之间有密集分布的倾斜凿痕，非常整齐统一，展示了古代采石工人的杰出工艺。

导水槽，为本地最具特色的采石遗址类型，具有极高代表性。在水杉林最南侧的采坑岩面上发现3处保留完整的导水槽，向外略微倾斜，槽深约5cm，高约3cm，截面呈三角形状。其为古人采石防止上部水直接流下，影响底部作业而凿出的排水设施。由导水槽的布置位置可推测采坑采石活动的先后时期，一般认为导水槽低端出口处为早些时期的采石位置，导水槽下部为后期采石位置。

硐穴，东湖中两硐，一曰“仙桃洞”、一曰“陶公洞”。陶公洞为竖井式硐穴，高50余米，三面岩壁回圆如削，仅一口朝北，而且硐口狭窄，一叶扁舟，才能入硐，越是往前，漏光处就越窄，终于只剩硐顶的小块蓝天。硐穴曲折而多变，湖水清黛而清冷。仙桃洞实为石墙上的穿洞，坐乌篷船经过霞川桥，峭壁上“仙桃洞”3个字赫然入目，桃形石门半露水面，洞门可以通舟。硐下东湖水清澈无比，整个仙桃洞倒映水中，更显清幽。

东湖秦朝秦始皇东巡至会稽，于此刍草而得名，自汉代起，民工相继至此凿山取石，至隋，越国公杨素为修越城，大举开山取石，经千年鬼斧神凿，逐成悬崖峭壁，奇潭深渊，宛如天开。清代越中名士陶浚宣仿桃源意境营建园林，筑堤为界，堤内为湖，铺桥设亭，硐湖相连，亭榭错落，别具匠心，被喻为“稽山镜水的缩影”。

东湖采石遗址经过后人别具匠心的园林营造，把遗址开采留下的硐窟、岩洞、崖壁、石桥、露天采坑巧妙结合，建成浙江最著名的园林之一。东湖古采石遗址具有较高的科学价值和美学价值，它是绍兴或浙江园林式旅游精品。东湖采石遗址对研究古代浙东地区采石历史、采石工艺以及石文化具有重要意义。

2013年，该遗迹被列为浙江省首批重要地质遗迹保护点（地），并设立科普标识牌。

图 3-157　香积亭一带采坑群(a)及桃源洞覆钟式采坑(b)

图 3-158　东湖采石遗址俯瞰

5. 温岭长屿硐天古采石遗址(G183)

温岭长屿,以盛产石板而闻名于世,号称“石板之乡”。当地最早在南北朝时期就有人开采石材用于建筑等,至今已有1 000多年。在漫长年代里,民间个体和集体机构均在此开采石板,由于历代无统一的矿区规划,各时期开采和运输工具、设备不同,生产力水平高低不一,使得各矿山的开采方式、开拓方式等不一致,矿区开采之后,在山体内留下了大量相互连通、形态各异、结构复杂、景观奇特的采石遗迹。

采矿地层为下白垩统西山头组(K_1x),岩性为含角砾晶屑玻屑熔结凝灰岩。岩石中碎屑物具有弱定向排列,这种定向排列产生了平行的力学薄弱面,在反复冲击下,沿此面可裂开,从而形成板状体。

据统计,目前已知有硐群28个,石窟(采坑)1 314个,硐群由北往南主要为下硐群、中硐群、上硐群、阴阳硐群、回音硐群、鹤峰硐群、双门硐群、县矿硐群、暑寒硐群、华玄硐群、水云硐群、碧玉潭硐群、灯明硐群、净明硐群、烟霞硐群、观夕硐群、霭云硐群、道源硐群、鹰嘴岩坑硐群、毛姐硐群、壁岩下硐群、水莲硐群、八仙岩硐群、凌霄硐群、宁夏硐群、李家坑硐群、双竹硐群和桐坑硐群。

远望龙山头和石仓山，满山处处布满硐口(图 3-159)；身入山内，大大小小、高低错落的采坑彼此连通，犹如无尽谜窟。28 个硐群中，除双竹硐因崩塌未做测量统计外，其余 27 个硐群总面积约 32.4 万 m^2，采坑平均高约 18.4m，硐群容积约 596.2 万 m^3。如果加上前期、中期形成的露天采坑，矿硐容积可超过 600 万 m^3。

图 3-159　石仓山道源硐群一带露天式采坑

硐群内保存的采石遗迹主要有历代平硐、采坑(水潭、干坑)、矿工生产活动(竹梯、运石擦痕等)、运输(卷机台及钢缆设备等、古石板运道、机耕路)、石板、采场等遗迹。采矿遗址的主要特征与意义主要表现在以下几个方面：

(1)采石遗址(坑、硐)多样。长屿硐天保存了自 1 000 多年前以来的历代采石遗址景观，由 300 多个隋唐、宋、明及清代至民国的露天采坑与 1 000 多个现代井下采硐组成，密集分布在面积 2.0km^2 的低丘山地上。宋代及之前所采石材以条石为主，遗留采坑形态主要为阶坎式，之后逐渐转变为以采石板为主，遗留采坑及采硐形态主要为覆钟式与直穴式(图 3-160、图 3-161)。采坑与采硐的大小从古代的直径数米逐渐增大到数十米，采空硐体最高达 177m，采空体积累计 600 多万立方米。所有硐群均有平硐或采坑于不同高程层叠穿连，高低变化无常，采坑形态各异。多台阶大规模立体开采，形成众多的悬梁、垂拱、天桥、巨柱以及硐天、石窟长廊等景观，组成了曲折回环、错落有致、结构复杂、规模宏大、景观奇特的采石遗址景观(图 3-162～图 3-164)。长屿硐天因采硐数量多、规模大，于 1998 年被吉尼斯记录为世界最大的人工开采硐穴。

(2)悠久的历史。长屿硐天采石遗址延续了近 1 500 年的采石历史，是一个复合了隋唐、宋、明、清、民国及现代采石遗迹的独特矿山遗址，不同时代的采石遗迹保存完整，是考证中国东南地区采石历史演变的最重要地点。

(3)古朴精湛的手工采石工艺。长屿硐天保存了自古代传承至今的手工凿采石板的工艺，并发展到能采起面积达数百平方米的巨大石板。这套采石工艺分成开面、打岩头、打销、打断、拄岩、凿铮、出板等工序(图 3-165)，步骤复杂而合乎固体材料力学原理，每一个步骤都体现了古代劳动人民的朴素智慧与技术。丰富的采石痕迹清楚地证明了古代采石工艺传承至今的脉络。这套相当复杂的传承自古代的非物质矿业活动遗产对展示我国农耕时代石材开采与加工的高超技艺具有重要的意义。

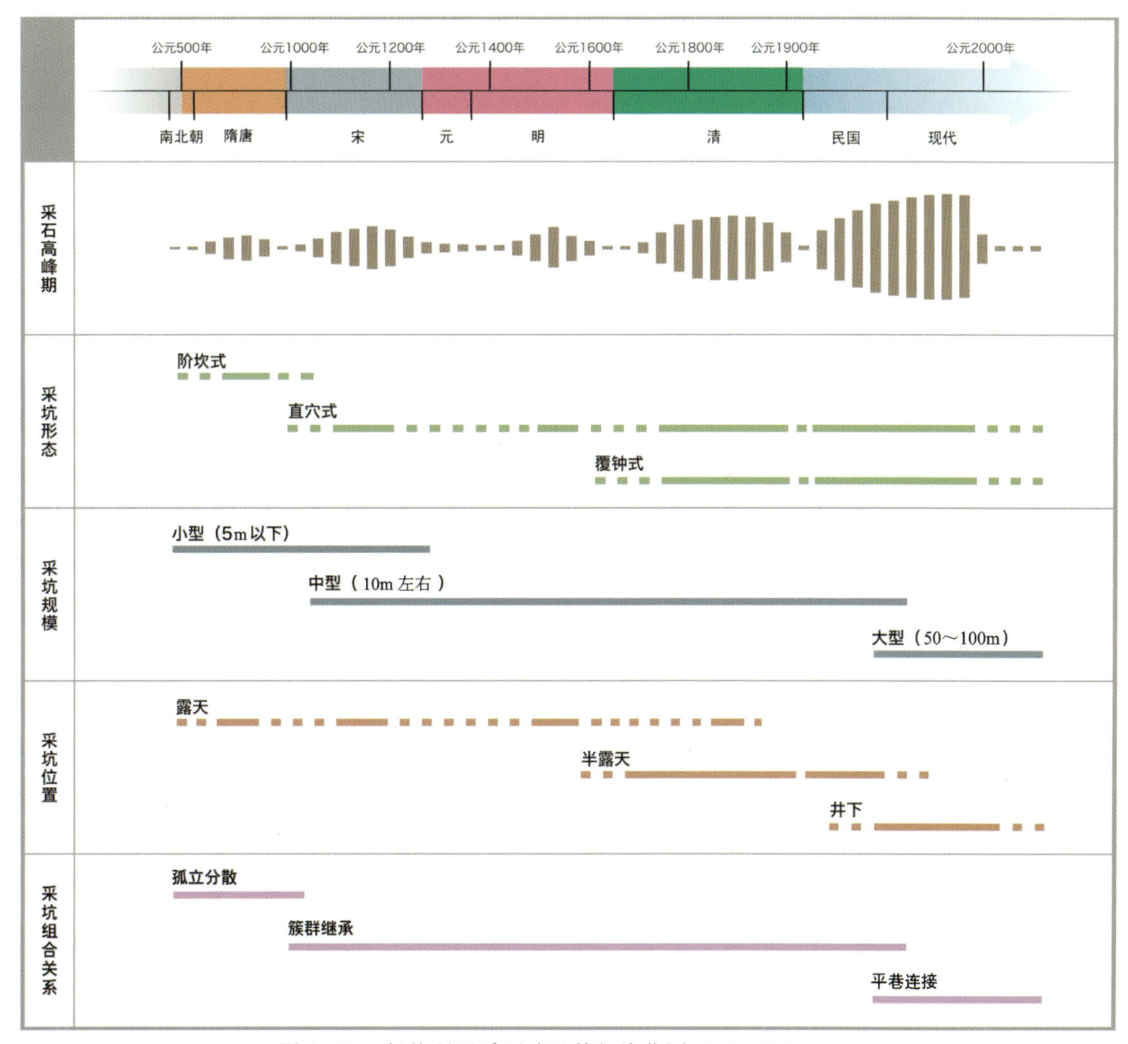

图 3-160 长屿硐天采石遗址特征演化图(据许红根等,2010)

图 3-161 露天直穴式(a)和半露天覆钟式(b)采坑

图 3-162 水云硐石文化博物馆

图 3-163 硐套硐景观(a)及硐天花园(b)

(4)用途多样的石材。长屿硐天的石材在古代被大量地用于民居、道路、桥梁、水利、城镇、军事防御设施等建筑工程以及制作生产生活器物，在公园内保存了 161 栋历代石板民居及数百件生产生活器物。在公园北侧的新河古镇周边约 300km^2 范围内，除了大量民居与生产生活器物外，更有 59 座明、清两代古桥与 4 座宋代闸桥，以及古街、河埠等，形成了丰富多彩、高度集中的石文化景观。长屿硐天的采石遗址与采石工艺成为研究这些历史文化遗产不可或缺的材料源头，能够与它们相互印证，成为中国古代石材建筑技术特别是石质水利工程与桥梁工程建筑技术的见证。同时，长屿硐天与这些文化遗产及生产生活器物等作为一个整体，展示了古代台州石材开采、运输、使用的全过程，以及它们与社会经济发展的关系，完整而突出地记录了中国东部古代农耕村镇的社会历史场景。

(5)深厚的宗教、人文历史文化。长屿硐天在明代就已被利用，成为宗教、文化、观光活动的场所，遗留了道源寺、净明寺等依硐而建的众多宗教寺庙和古建筑，以及摩崖石刻、诗赋词等文化遗迹，承载了多层面的文化内涵。通过近几年的发展，现已成为著名的国家级风景名胜区、世界地质公园、国家

图 3-164　观夕硐硐窟景观(a)及岩硐音乐厅(b)

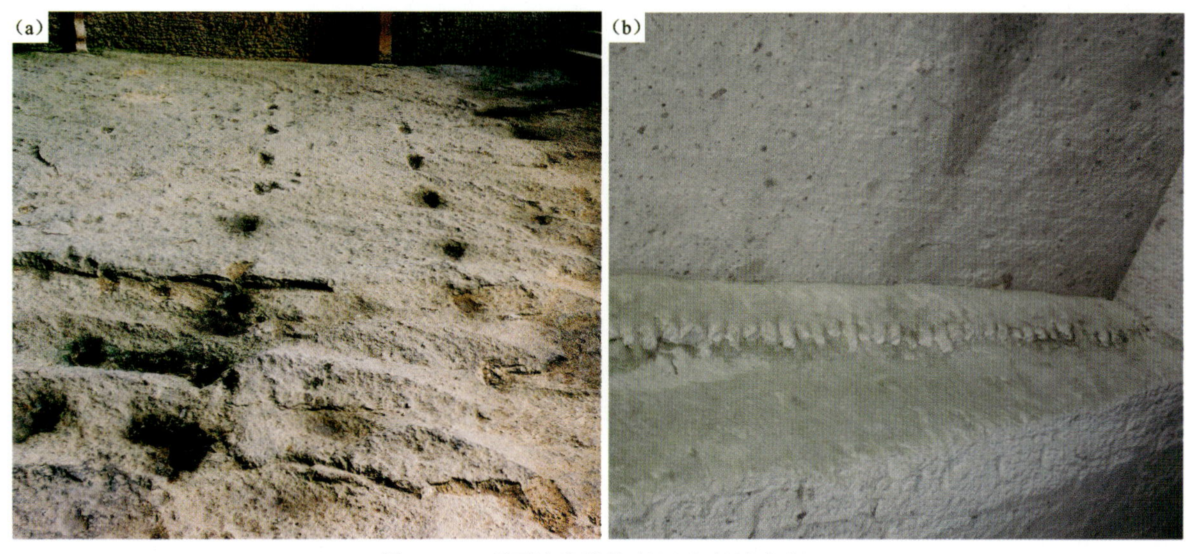

图 3-165　采石遗迹凿铮痕(a)和打销痕(b)

矿山公园，已成为自古代延续到今天人类治理废弃矿山最成功的典范。

目前，采矿遗址已成功申报成为雁荡山世界地质公园的一部分及长屿硐天国家矿山公园，采石遗址得到了有效保护。

6. 新昌董村水晶矿遗址(G179)

水晶矿遗址位于新昌县董村，该地发育有燕山晚期第三次侵入岩，其岩性为碱长花岗岩类，具有富碱性、富酸性的特点，同时岩体内发育大量晶洞，为水晶的形成提供了有利的空间。

遗迹系元代开采水晶矿遗址，但因采矿年代已久，矿硐现已无法寻找。崖壁上刻有采水晶题记："元大德二年(1298)十一月，奉旨寻采水晶，采得水晶一万一千三百七十四斤。"(图 3-166)

20 世纪 70 年代以后发现的水晶多属零星采集，由于植被覆盖严重，矿床的具体位置及规模不详。据有关资料记载：石英矿体呈不规则的脉状、团块状赋存于花岗岩体中；其中晶体发育完整，无色透明的水晶数量极少。目前当地村民还保存有少量的水晶标本，水晶一般呈烟黄色—紫色，部分为无色透明，晶形(六方柱)发育良好，有呈单晶和双晶，玻璃光泽、断口呈油脂光泽、贝壳状，硬度 7，部分为压电水晶。

图 3-166　董村水晶矿摩崖题记

遗址因覆盖严重无法寻找，摩崖题记因风化侵蚀也模糊不清。新昌文物管理委员会于 2008 年对摩崖题记做了保护工程。崖壁上清晰地记载了元代寻找采掘水晶的一些史实。“摩崖题记”由浙江省人民政府 1989 年立碑保护。董村水晶矿是华东地区最早的水晶矿矿业遗址。

7. 遂昌银坑山古银矿遗址(G185)

古银矿遗址分布在遂昌银坑山一带，主要表现为古矿硐群，是开采脉石英岩型金银矿所留下的古代采坑群。矿硐所在的地层层位是古元古界八都(岩)群的堑头岩组(Htq)，岩性为二长片麻岩、黑云二长片麻岩及变粒岩。经调查，以 3 号、4 号古矿硐群最为典型。

3 号古矿硐群，即“明代金窟”古矿硐，是遂昌金矿对探矿巷道进行大爆破时，无意中炸开的。随着惊天一爆，顿时水流成注、汹涌而出，整整流了三天三夜。水停后，巷道内地上发现很多古瓷碗、木头、工具，还有两具尸骨随一架水车冲出硐外。根据对尸骨、瓷碗、工具等遗留物品的分析鉴定，确定是明代时期。

古矿硐硐口狭小。矿硐纵投影面积约 3 000m^2，深度约 55m，长度 60～80m，宽度 1～2m，体积 4 000～5 000m^3。在硐内的岩壁上可以见到众多半圆形的凹坑。这些半圆形的凹坑是古人用烧爆法采矿遗留下来的，是非常珍贵的古代开采矿石的实证。硐内因无现代人员进入而保存完好，硐口有探矿遗迹，是今后开展考古研究的珍贵遗址。

4 号古矿硐群，即“唐代金窟”古矿硐，位于 3 号硐南侧约 90m 处，硐口狭小。矿硐垂深 148m，最大走向长度 150m，水平投影长 165m，平均宽 4～5m，最大可达 8m，纵投影面积 1 万 m^2，采空区体积约 10 万 m^3，是浙西南地区已发现的规模最大、勘测最详细的古代银矿硐，已有多个现代巷道与之贯通。采空区近东西走向。倾向南，倾角 50°左右，向东侧伏，侧伏角 15°，分上、中、下 3 个中段，每个中段各有若干个采区，相互之间隔以矿(岩)柱，有联系巷贯通。

矿硐内各种采矿、探矿遗存丰富，保存完好(图 3-167)。还有大量的唐、宋、元、明各个时期的陶瓷碎片和木材、薪材残片。硐口下方为古代废石堆，有运矿小道通往冶炼场，冶炼场遗址现已被破坏。

图 3-167　遗址 4 号老硐内的烧爆坑(a)及古人找矿标志"黑路"(b)

在 4 号古矿硐群顶部标高约 615m 处，有一编号为 CD19 的古探矿硐，硐口呈喇叭形，下有一小型集水坑，其上有明显的流水痕迹和钙质泉华。硐底有 4 个堆积层，总厚度 1.3～1.4m。该堆积层说明古代至少有 4 次以上的开采活动和废弃并遭水浸的过程。通过对堆积层碳测年分析，其年代都是唐代，这与史籍记载唐代这一地区有采银活动的史实相吻合。从年龄测试结果看，4 号老硐至少在唐代已开始开采，并已达到了一定的规模。宋代和明代的开采则有明确的史籍记载，同时在硐内出土了北宋和明代的陶瓷碎片等，说明 4 号老硐自唐以来有多次开采，才形成现在这么大的规模。

历代开采留下众多古代矿硐以及采矿、选矿、冶炼遗址，采矿遗址规模大，跨越唐、宋、元、明、清等多个朝代，代表了古代中国矿业的先进水平，同时它也是中国东南沿海地区重要的官办采银矿山之一。它对研究浙西南地区古代采银、选矿及冶炼工艺具有极高的科学与史学价值。现已列为遂昌国家矿山公园，银矿遗址得到了有效的保护和利用。

8. 遂昌局下古银矿遗址(G186)

银矿遗址主要由一系列古矿硐、冶炼遗址、运矿道、石磨及与矿业相关的人文设施共同组成。分布在局下村一带约 $2km^2$ 的范围内。经调查，古矿硐有 52 处、冶炼遗址 1 处、运矿道 1 处、粗制石磨约 20 个，另外还有与矿业相关的太监府、千人岗、石马栏、古井、十字街等遗存。

古矿硐，根据矿硐硐体延伸形态，主要可分为两类：平巷式和竖井式。平巷式有41处，约占78.8%；竖井式有11处，约占21.2%。平巷式矿硐空间体积较大，竖井式矿硐体积一般较小。主要的古矿硐有第二门硐、下岩硐及对面山硐。

经测量，实际能进入的硐体，第二门硐群内部空间最大，约8 000m^3，为局下一带空间最大的古矿硐群；下岩硐群约4 100m^3，对面山硐群约2 700m^3，为局下一带内部空间较大的古矿硐群。考虑到有些支硐已被矿渣充填，无法进入，实际矿硐空间应该更大。

矿硐内采矿遗迹丰富，可见多处内壁圆滑的探矿小巷、锅状采坑、凿痕等（图3-168）。在探矿小巷及矿硐的末端多见保留完整的锅状采坑群（又称“烧爆坑”）。探矿小巷并没有固定的走向，多与矿脉走向呈一定的夹角，延伸到一定的程度而突然终止，推测应为探测到一定深度没有发现主矿体而放弃。锅状采坑分布多成群成片，独立的较少。锅状坑口朝向以朝下（或斜下）的最多，朝水平的次之，朝斜上较少。同一矿硐群可有3种朝向的采坑同时存在。矿硐特征资料为研究银矿采矿工艺及方法提供了重要实物证据。矿硐底部多处可见碎石堆积层，厚度0.5～2.5m不等，具有分层特征，应为采矿过程中形成的，对其夹杂的碳块开展^{14}C测年研究，测试结果为唐—宋时期，表明局下银矿遗址在唐—宋时期已有采矿活动。

冶炼遗址，主要表现为出露在陡坎上的炉渣层（图3-169）。冶炼遗址所在区域为一平台，上为水稻田。平台呈近圆形，除靠山坡边，其余各边均为陡坎。矿渣层主要出露在平台的北侧及东侧陡坎上，南侧未见，炉渣层厚度最窄处0.4m，最宽达2m，沿陡坎延伸长度约30m。

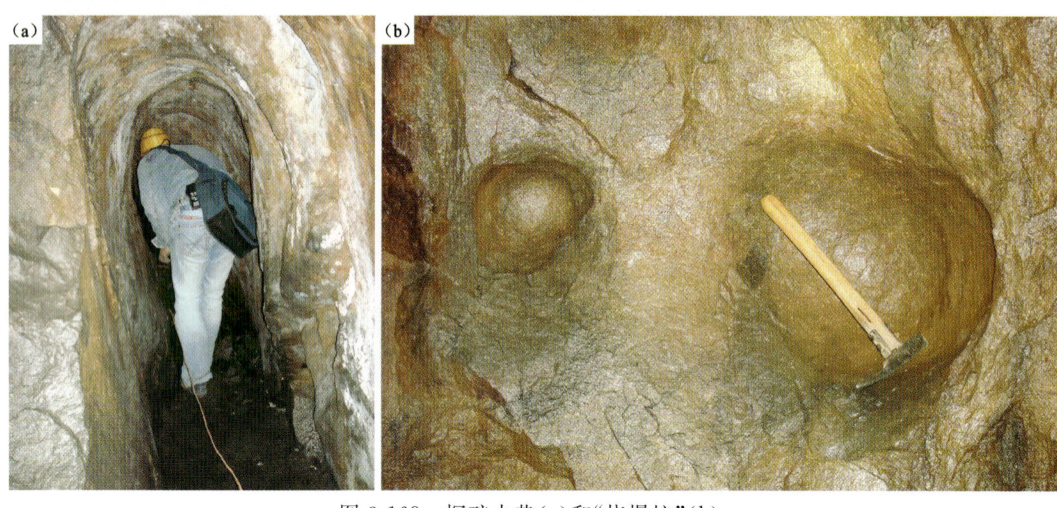

图3-168 探矿小巷（a）和“烧爆坑”（b）

图3-169 冶炼遗址之炉渣层

运矿道，是指从局下村通往千人岗古代矿区的主要通道，由大小石块铺成，宽 1～1.5m。

石磨，在局下村村民家中可发现大量粗制石磨，粗略统计约 20 个。石磨表面已磨损成光滑面，上有同心磨痕。石磨有圆形和方形两种，圆形石磨直径 70～80cm，中间有圆形穿孔；方形石磨多成长方形，宽 40cm 左右，长 60～70cm，中间有方形穿孔。村民传说石磨是当年碎矿的工具。

其他相关遗存，主要为与采矿相关的一系列人文遗址与设施，有太监府、石马栏、炭场、千人岗、十字街和古井等，反映了当时银矿业的繁盛景象。

矿业遗址现象丰富，保存基本完好，对反映唐末—宋代古代矿业史文化、采矿工艺、冶炼工艺等具有重要的科学价值。比遂昌国家矿山公园内的古代矿业遗迹现象更为丰富与完整。从时间上可与黄岩坑古矿硐对比，两者具有一定的延续性。

2013 年，该遗迹被列为浙江省首批重要地质遗迹保护点（地），并设立科普标识牌。

9. 宁海伍山石窟古采石遗址（G187）

采石遗址分布在下白垩统茶湾组（K_1cw）中，地层似层状产出，岩性单一，出露稳定，南北向长大于 3 500m，宽 300～500m，厚度大于 160m。出露范围较大，面积约 2.5km²。地层产状平缓，倾向 25°～60°，倾角 6°～15°。地层岩性为浅灰白色、浅灰红色流纹质（含）角砾含晶屑玻屑凝灰岩。角砾成分主要为灰白色凝灰岩、灰色安山岩、紫红色凝灰质粉砂岩及硅质岩等，呈棱角—次圆状，大小一般 1～3cm，个别可达 20cm，含量 20%～30%。晶屑成分主要为钾长石，少量斜长石及石英，长石晶形较好，石英晶形一般，大小 0.5～1.5mm，含量 15%，局部 20%～25%。新鲜弱风化岩石结构致密、完整，属较硬质岩石。

遗址分布在道士岩、不周山、聪明山、月兰、兰头山等 14 处石窟群，外围零星分布有坑、窟，计由 800 个左右坑窟组成。一般为每个窟体一个入口，开采至结束，窟体之间不连贯，不同标高水平投影相互重叠。个别存在一个窟下部为两个采硐情况。由于后期开采破坏，特别是在近代围塘等需要进行爆破开采石料，个别硐窟已遭受破坏，公园区不周山至聪明山一带的石窟群保存了较为完整的硐窟。

不周山石窟群位于虾钳坑石窟群与三角塘石窟群之间，南侧与半壁石窟群相接；石窟群地面硐口高程 17～81m，总体呈北东向展布，平面形态呈不规则多边形，由 5 个坑窟区及 3 个采坑区组成（图 3-170），总面积约 27 290m²。

半壁石窟群主要为采坑，分布于不周山石窟群与聪明山石窟群之间的线路上，采坑地表高程7～

图 3-170　不周山石窟群采石遗迹

60m 不等，共分布有 12 个采坑，采坑面积 22～200m^{2}不等，开采高差 2～15m，平面形态以不规则四边形为主，总面积约 11 360m^2。

聪明山石窟群位于下长山村北西，海拔高程－50～33m，总体呈北东向展布，主要由 2 个硐窟区及 4 个采坑区组成（图 3-171）。2m 中段面积约 24 350m^2，平面形态呈不规则多边形。

图 3-171　聪明山石窟群采石遗迹

伍山石窟古代主要是开采石板，开采过程称为“打销”，石工称为“打销人”。古人开采留下众多的遗迹，主要遗迹类型有凿铮针、裁料、软桥、硬桥、排水槽、留存的石板及弃料等。

古采石遗址具有以下特点：

（1）矿山开采的岩石为中生代浅灰红色含角砾玻屑凝灰岩，颜色的选择上考虑到中国人传统喜爱的色彩——红色，所开采岩石的硬度适中，且具有不明显的成层性，易开采又具有一定的强度，符合当时生产力的水平和对石材产品的要求。

（2）多数矿硐从山顶开口，斜向往下进行竖井开采，开采方法反映古代劳动人民的聪明才智，因山顶风化层薄，易找到矿体，同时斜向开采既保证取光又防止雨水的大量进入。古人采用了此环保的采石方法可使采石对山体植被的破坏减少到最小程度。古代先人的这种发明和技术创造为人类和世界做出了贡献。

（3）现存的遗迹中包含了采石遗存的硐、坑，以及开采运输过程中的台阶、排水槽、软桥、硬桥、凿铮针、裁料等遗迹。其中保存完好的凿铮针、裁料等遗迹清晰地反映了当时开采的场景，为不可多得的古人采石遗迹，对研究近千年来人类开采技术具有重要的意义。

伍山石窟是中国东南沿海最著名的古采石遗址之一，历史悠久、景观别致，是东南沿海石文化的重要组成。目前已建设成为国家矿山公园。

10. 三门蛇蟠岛古采石遗址（G188）

采石遗址位于三门蛇蟠岛。自宋以来，人们就已经开始在岛上开掘这些石头作为建筑材料。采石层位为下白垩统茶湾组（K_1cw），地层岩性为凝灰岩，呈红色，巨厚状水平产出，岩石坚硬，块度良好，力学性能强，质地十分优良，人们往往将它加工成石板、石狮、石条，用于建造牌坊、桥梁、石雕、房屋地基等。采石遗址主要表现为硐窟群、采石工具、采石工艺、治水技术等。

硐窟群，有历代采石留下的大小岩硐 1 300 多个，有“千硐之岛”之美称，主要分布在岛东侧蛇蟠山一带，集中于 7 个硐群内，分别为黄泥硐石窟群（图 3-172）、狮子硐石窟群、千寺硐石窟群、潜龙硐石窟群、清风硐石窟群、穿山硐石窟群(图 3-173)和四斗硐石窟群。其中以黄泥硐、穿山硐、清风硐 3 处特征最为典型,保存完整,硐中怪石嶙峋,曲折回环,上下错落有致。硐体类型丰富,形态各异,有横硐和竖硐,水硐和旱硐,直硐和弯硐,并且支硐旁出,大硐套小硐。有的上下穿顶,在顶上有数十几平方米的硐口。有的硐为雨水所积,成为深达二三十米的深潭。有的硐贯穿整个山体,硐厅面积达数千平方米,可容纳千人。有的硐小而不足 $1m^2$,容不下一人藏身。硐体整体裂隙发育程度较差,稳定性较高。

图 3-172　黄泥硐石窟群露天(a)和半露天采坑(b)

图 3-173　穿山硐石窟群露天(a)和半露天采坑(b)

采石工具与石文化,蛇蟠岛保存有大量采石、生活工具,通过对矿硐群进行搜集和整理,利用黄泥硐石窟群(野人硐)宏伟的硐窟骨架,展示了千余年来历代采石工匠、山野岛民硐居生产生活的场景。其中实物以锤、斧、金、钢楔子、古木梯等采石和雕刻器具为主,以及石雕工艺品——石狮子、石碾子、石臼和家居石制品——石桌、石凳、石磨等,简陋古朴而井井有条。更有被列入省级非物质文化遗产保护名录的“三门石窗艺术”陈列馆,陈列着 400 余件精美的三门石窗实物。

采石工艺,历代能工巧匠均以手工开采、露天开采和竖井式开采为主。首先选择一块完整的岩体,根据岩层的走向和地质特征,分析岩块应力,设计矿井的方向(称捉岩向),再经过“打硝”(打岩、凿铮针、添硝、裁料、提硝)工序完成整个采石过程。本处以采石板为主,具有竖井开采、平硐运输、连硐扩展等特点，造就了极具特色的硐窟群。最神奇的是遗留下的薄墙结构，基本上为厚度不大的直立平直墙，厚度小于 50cm 的薄墙相当普遍，个别只有数厘米厚(图 3-174)，代表了本地采石工艺的水平，全国罕有，堪称地下建筑学上的奇迹。

图 3-174　清风硐石窟群采石留下的薄墙(a)及露天采坑(b)

治水技术，由于采石遗迹紧靠海边，雨水充沛，地下水位长期处在较高的位置。垂直向下开采的矿硐，会因地下水沿岩壁节理裂隙渗透而遇到采石速度减缓、矿硐安全隐患增多等情况，甚至被迫停止开采而逐渐废弃。古人对地下水渗透认知有限，解决这一办法的最好措施就是直接堵水。而江南铅矿众多，古冶铅技术已较成熟，铅材料易得，且铅条强度低、延伸性强、不易腐蚀，容易制作各种塑性合适的铅条，成为堵节理渗水的理想材料，代表了当时全社会建筑的科技水平。

蛇蟠岛采石遗址距今已有 1 000 多年的历史，规模巨大，保存完整，硐窟互相串联，幽深静谧，独特的景观资源，为成功申报国家矿山公园奠定了物质基础。采石遗址对研究浙东沿海地区采石历史、采石工艺和石文化方面具有很高的科学价值。

2013 年，该遗迹被列为浙江省首批重要地质遗迹保护点(地)，并设立科普标识牌。

11. 景宁银坑洞古银矿遗址(G189)

银坑洞古银矿遗址赋存于景宁燕山期花岗岩岩基南部外接触带高坞组(K_1g)火山碎屑岩中。

银矿体以石英脉或硅化蚀变带为表现形成，古代采矿采用烧爆法，至今矿硐内留下大量烧爆采矿遗迹。银坑洞共有大小洞穴 11 处，以溪边大洞最为闻名，洞口呈长方形，高 2m，宽 1m，洞深 1 000 多米。最大洞室宽约 10m，狭窄处宽 1.5m，高仅 1m，其内部有 3 层，上两层置有木梯供上下，洞内常年温度为 0～13℃，洞越深温度越低，内部无通风处。

据《景宁县志》记载，大漈银坑洞为明代银、铅锌采矿遗址，是浙南私银冶炼的采矿场所。遗址规模较大，是浙南地区重要的古代银矿遗址之一，对研究浙南地区明代采矿工艺、运输、冶炼技术及组织活动具有重要的史料价值。

银坑洞位于景宁九龙省级地质公园内。2013 年，该遗迹被列为浙江省首批重要地质遗迹保护点(地)，并设立科普标识牌。

12. 庆元苍岱古银矿遗址(G190)

苍岱是浙西南银坑矿硐最集中的地区之一，目前保留有众多古银矿硐群及矿业活动遗迹。

经调查，共发现老硐52个，均发育在流纹斑岩(岩体)内，其中规模较大、延伸长度百米以上的矿硐有3个。调查发现，古采矿遗址采矿老硐口分布密集，共有5处矿洞群，其中规模最大的4号矿洞群有古老硐10处，各硐口相距2～5m不等，沿北东向"一"字形排开，探采方向基本在210°左右。规模较大的4号、5号和9号矿硐，特征简述如下。

4号矿硐：硐口标高979m，主采矿硐长约210m，矿硐口高约5m，宽约6m，硐内较为干燥。硐内存在多处塌方，最大塌方块石直径约5m，硐高约50m，硐内规模由硐口往内逐级变小，最小宽约0.4m，该硐口往内80m处与上部5号矿硐贯通。硐内可见矿渣堆及大量烧爆坑分布(图3-175)，矿硐内可见一定数量的黑色矿渣堆，系古代采矿遗留。

图3-175　4号硐内的烧爆坑

5号矿硐：硐口标高1 008m，主采矿硐分为3层，最底层与4号矿硐相连，主采硐总长500m以上。硐口规模较小，高1.5m，宽约0.7m。硐内形态错综复杂，纵横交错，最下部因积水无法进入。硐壁可见大量烧爆坑分布。

9号矿硐：硐口标高986m，主硐长115m，硐口高约15m，宽10m左右，硐口朝东。硐口往内约60m处存在一较大规模空间，面积约150m^2，硐高最大约70m。

各硐群内，均见有大量烧爆坑及凿痕遗迹分布。烧爆坑规格大小不等，大的宽约0.8m，高约1.2m；小的宽0.3m，高0.5m左右。烧爆坑大小推测与矿体宽度有关，随矿体宽度相应变化，烧爆坑多呈半椭圆状。烧爆坑硐壁围岩完整性较好，局部可见绢云母化和黄铁矿化。

部分村民房屋(20世纪40年代左右修建)墙体上可清晰见有古代冶银所残留的银矿渣，村入口道路亦有银矿渣分布。矿渣一般呈黑色，粒径0.5～2cm，少量在3cm以上。在部分居民家中，发现有古代称量矿石的秤砣和冶炼矿石的粗制石磨(图3-176)。

据记载，该银矿遗址系明代"成化"年间矿业活动的遗址。苍岱古银矿遗址保存完好、规模集中，集采矿、运输加工和冶炼为一体，是浙西南地区重要的古银矿遗址之一。

2013年，该遗迹被列为浙江省首批重要地质遗迹保护点(地)，并设立科普标识牌。

图 3-176　民房墙体上银矿渣(a)、秤砣和石磨(b)

第七节　岩土体地貌类

岩土体地貌类属地貌景观大类,可分为碳酸盐岩地貌(岩溶地貌)、侵入岩地貌和碎屑岩地貌 3 个亚类。全省该类共有重要地质遗迹 25 处,其中碳酸盐岩地貌亚类有 8 处,侵入岩地貌亚类有 8 处,碎屑岩地貌亚类有 9 处(表 3-8)。

表 3-8　岩土体地貌类地质遗迹简表

地貌类型及代号		遗迹名称	形成时代	保护现状	利用现状
碳酸盐岩地貌(岩溶地貌)	L001	临安瑞晶洞岩溶地貌	更新世以来	一般风景区	科研/科普/观光
	L002	桐庐瑶琳洞岩溶地貌	更新世以来	国家级风景名胜区	科研/观光
	L003	婺城双龙洞岩溶地貌	更新世以来	国家级风景名胜区	科研/观光
	L004	淳安千岛湖石林岩溶地貌	更新世以来	国家级风景名胜区	科研/观光
	L005	建德灵栖洞岩溶地貌	更新世以来	国家级风景名胜区	科研/观光
	L006	兰溪六洞山地下长河岩溶地貌	更新世以来	浙江省级风景名胜区	科研/观光
	L007	常山三衢山岩溶地貌	更新世以来	国家地质公园	科研/科普/观光
	L008	衢江灰坪岩溶地貌	更新世以来	无	科研
侵入岩地貌	L009	天台天台山花岗岩地貌	中新世以来	国家级风景名胜区	科研/观光
	L010	临安大明山花岗岩地貌	中新世以来	国家级自然保护区、省级地质公园	科研/科普/观光
	L011	江山浮盖山花岗岩地貌	中新世以来	国家级风景名胜区、省级地质公园	科研/科普/观光
	L012	黄岩富山花岗岩地貌	中新世以来	一般风景区	科研/观光
	L013	苍南玉苍山花岗岩地貌	中新世以来	国家森林公园、省级风景名胜区	科研/观光

续表 3-8

地貌类型及代号		遗迹名称	形成时代	保护现状	利用现状
侵入岩地貌	L014	温州大罗山花岗岩地貌	中新世以来	省级风景名胜区	科研/观光
	L015	余杭山沟沟花岗岩地貌	更新世以来	国家森林公园	科研/观光
	L016	平阳南麂列岛花岗岩地貌	全新世	国家海洋自然保护区	科研/观光
碎屑岩地貌	L017	江山江郎山丹霞地貌	中新世以来	世界自然遗产、国家级风景名胜区	科研/科普/观光
	L018	遂昌石姆岩丹霞地貌	中新世以来	一般风景区	科研/观光
	L019	新昌穿岩十九峰丹霞地貌	上新世以来	国家地质公园	科研/科普/观光
	L020	永康方岩丹霞地貌	更新世以来	国家级风景名胜区	科研/观光
	L021	武义大红岩丹霞地貌	更新世以来	国家级风景名胜区	科研/观光
	L022	东阳三都屏岩丹霞地貌	更新世以来	省级风景名胜区	科研/观光
	L023	婺城九峰山丹霞地貌	更新世以来	省级风景名胜区	科研/观光
	L024	莲都东西岩丹霞地貌	更新世以来	省级风景名胜区	科研/观光
	L025	柯城烂柯山丹霞地貌	更新世以来	省级风景名胜区	科研/观光

一、碳酸盐岩地貌(岩溶地貌)

浙江省内碳酸盐岩地貌集中分布在江山-绍兴拼合带以西的浙西北地区，以新元古代震旦纪至晚古生代二叠纪形成的碳酸盐岩为物质基础，岩溶地貌典型独特，类型多样，地上岩溶和地下岩溶均有不同程度的发育和分布，岩溶地貌类型主要包括岩溶洞穴、钟乳石、石林、天坑和地下河等，造就了省内许多结构奇特、景致瑰丽的岩溶景观风景名胜区。省内主要岩溶地貌景观有临安瑞晶石花洞、桐庐瑶琳洞、婺城双龙洞、淳安千岛湖石林、建德灵栖洞、兰溪六洞山、常山三衢山石林、衢江灰坪天坑等，它们均具有较高的科研科普价值和旅游开发价值。典型碳酸盐岩地貌亚类地质遗迹介绍如下。

1. 临安瑞晶洞岩溶地貌(L001)

瑞晶洞岩溶地貌系发育于寒武系华严寺组($\in_3 h$)中，岩性为条带状泥质灰岩、白云质灰岩。洞穴沿 20°方向延伸，与地层走向基本一致。溶洞主洞口朝南，高约 7m，宽近 5m，标高 340.36m。洞内最低海拔 229.1m，垂直落差达 121.6m，现已探明洞体长 295m，总面积达 28 000m^2。按自然组合划分为 7 个洞厅。溶洞集雄、奇、秀、幽、险、美于一体，为国内罕见，被誉为中国“岩溶博物馆”，是浙江大学地学科普教学基地，已被开发为风景旅游区。

岩溶洞穴之洞体高旷、气势宏大，洞内钟乳石、石笋、石柱、石幔、石旗、石帘等次生碳酸钙形成的奇妙景石数量众多，品种齐全，尤其是洞内数以千计的“石花”朵朵晶莹剔透，千姿百态，争妍斗奇，实属罕见。

第一洞厅，长 72m，宽 42m，高差 54m，面积约 2 400m^2。本厅高差为最大，以形态各异的钟乳石、石笋、石柱等岩溶景观为特色。本洞厅顶岩层发育较多的裂隙，含碳酸钙的地下水集中汇流，使次生碳酸钙堆积密集成群，构成神奇的溶洞景观。主要遗迹由接天壁挂石幔、神来之笔钟乳石、葡萄园石葡萄、东海龙宫钟乳石、双狮守塔、石灵芝和百兽山石笋、西天佛国石笋等岩溶地貌遗迹组成(图 3-177)。

图 3-177　瑞晶洞石幔、钟乳石

第二洞厅，高 10m，长 72m，宽 54m，面积约 5 150m²。本厅面积最大，主要遗迹由鳄鱼出海石瀑、海底世界石笋、海底华屋石柱、定海神针石笋、保俶塔石笋、西湖美景石柱、青藏高原石柱、南屏晚钟钟乳石、路南石林石柱、北国风光石柱、石花世界石花组成（图 3-178～图 3-181）。该厅以极为发育的"石花"为特色，南端 1 500m²范围内遍布有 3 600 余朵堪称国宝的石花，朵朵晶莹剔透，奇姿异态，竞相怒放，令人称奇！其数量之多、规模之大为国内罕见。

第三洞厅，长 91m，宽 32m，高差 32m，面积 5 000m²。本厅为瑞晶石花洞长度第一，因洞顶岩石裂缝较少，渗入地下水较小，仅见若干细长石笋，以石瀑等景观为特色。主要地质遗迹有雪山飞瀑石笋、火焰山石旗、三柱擎天石笋等。

第四洞厅，高 10m，长 42m，面积约 924m²。本厅以石幔、石瀑等景观为特色（图 3-182、图 3-183）。该厅面积虽小，却集溶洞景石形态类型之大成，景观最为瑰丽多姿、精彩纷呈。与三厅连接斜坡（游步道）就是一处高达 26.4m 的石幔"接天帷幔"：由一串递次相接的石莲台、石瀑布构成的巨大石幔，每一级石莲台上又包含有一连串边石坝和石梯田。洞顶密集地悬挂着各种不同形态类型的钟乳石，巨型倒穗状石裙，薄片和薄板状石旗、石带、石帆、石帘等，石边可见含不同杂质显示的方解石生长条带及晶芽生长的齿形边。部分钟乳石由于自重超过晶体的联结力，下端被折断，坠落，洞顶留下石钟乳的横断面形态。

图 3-178　第二洞厅石笋、石柱、钟乳石（海底华屋）

图 3-179 第二洞厅石瀑(北国风光)

图 3-180 第二洞厅石柱、石笋(西湖美景)

图 3-181 第二洞厅石花

图 3-182　第四洞厅石幕

图 3-183　第四洞厅石瀑、石幔

第五洞厅，长 16m，宽 18m，面积 $580m^2$，洞高 4m。发育有深宫后院洞顶云盆石石花（图 3-184），为中国首次发现。深宫后院石花景观，位于第五洞厅北端。以洞顶云盆石（黄色）为特色，瑞晶石花洞洞顶云盆石在国内外所有开放的溶洞中是首次发现，可称为稀世珍品。常见云盆石生长于地表而非洞顶。洞顶云盆石分布于宽 12.2m、长 15m 的区域内，如祥云般布满洞顶，呈土黄色，最多可看到 12 层重叠而生，厚 8～9cm。其周边经常伴生透明晶莹的鹅管发育。洞底全是大大小小的崩塌堆积物，根据堆积物上大量大小高低不同、洁白如玉的石笋推测，这些堆积物已坍塌近万年。洞顶分布大量长度不大、形态各异的鹅管石。

2. 桐庐瑶琳洞岩溶地貌(L002)

瑶琳洞位于浙江省桐庐县境内，距杭州 80km。据历史记载，早在宋朝，诗人柯约斋就把此洞比作仙境，清朝光绪十二年桐庐知县杨保彝提名为“瑶琳仙境”，清朝乾隆时期《桐庐县志》有明确记载。在离现洞口 20m 左右的老洞口上，镌有“瑶琳仙境”4 个大字。右边石崖上还留有清光绪十二年(1886

图 3-184　第五洞厅洞顶发育的鹅管(a)和云盆石(b)

年)桐庐知县杨葆彝的题刻,在三洞厅石壁上,留有“隋开皇十八”“唐贞观十七年”等字迹。

瑶琳洞自 1979 年 9 月被重新发现以来,按洞体形态逐步探索开发,目前已查明洞内面积为 28 000m^2,游览路线 1 640m,分七大洞厅:前厅,厅堂式一、三、五厅,峡谷廊道式的二厅以及地下河管道式的四、六厅(图 3-185)。前四厅为瑰丽多姿的自然景观,且 3 个厅是利用声、光、电等科技手段建成的“神仙世界”游乐宫。溶洞主体发育在石炭系—二叠系黄龙组(C_2h)和船山组(CPc)地层,岩性为厚层状或块状生物屑灰岩、泥晶灰岩、粉晶灰岩和微晶灰岩。

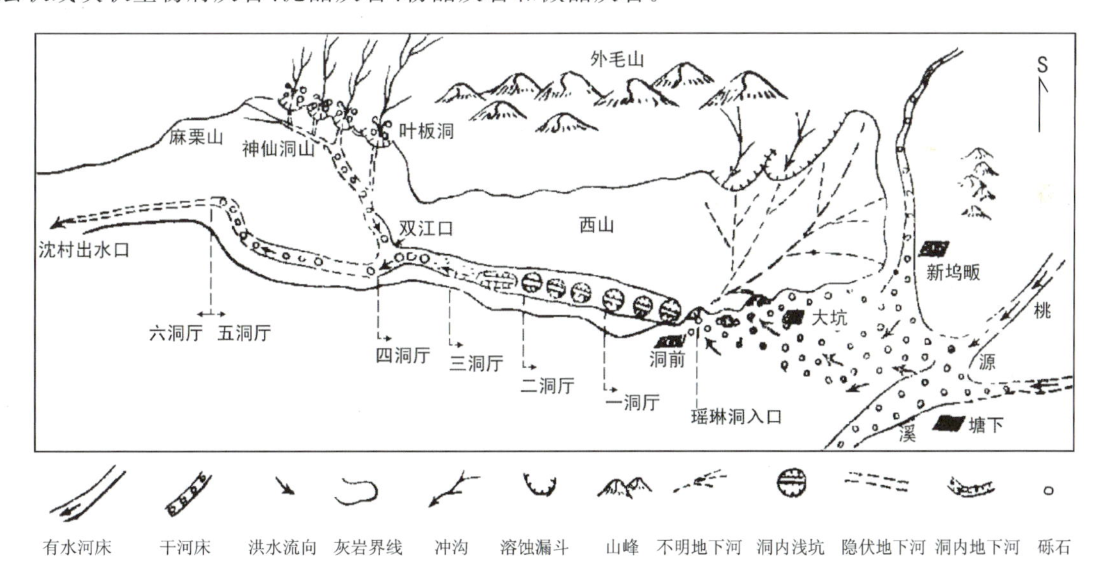

图 3-185　瑶琳洞地下河系示意图(据周宣森,1981,略改动)

前厅,为过渡性厅堂、人工开凿的通道,面积约 200m^2。

一厅为厅堂式,洞室宽大,石笋、石柱、帷幔、钟乳石规模巨大,形态繁多。以“朝圣宝殿”为核心的岩溶景观形成 4 400m^2 的地下宫殿,内有“玉藤倒挂”“银河飞瀑”“瀛洲华表”“守殿将军”等众多岩溶景象,有“百景厅”之称。30m 高的穹顶上五彩缤纷的钟乳石犹如繁星闪烁,洞壁溶岩石瀑高 7m,宽 13m。毗邻石瀑有一根 7m 高的石柱,酷似天安门前九龙盘绕的华表,秀丽挺拔(图 3-186)。

二厅,为廊道式,全长 110m,沿东西向断裂带崩塌溶蚀而成,面积 2 300m^2。洞内地形崎岖,深坑幽谷,危岩陡壁,洞厅内分布有 3 个大洼坑,每个洼坑直径 15～20m ,深度在 10m 以上,坑底有地下暗河露出。洞内崩积物众多,岩块大小多在 1m 以上,杂乱堆积在底部,由洞穴顶部岩块崩塌所致,部分岩块上形成有低矮的石笋。石笋“擎天玉柱”屹立在第二洞厅尾部的悬崖上，高约 14m，直径 4m 左右，犹如一根高大的石柱，顶天立地，凌空矗立，气势非常壮观，是瑶琳仙境的瑰宝，被誉为瑶琳仙境第三大标志。

三厅，为厅堂式，面积 9 700m²，是整个溶洞中面积最大的一个厅，洞穴堆积发育，类型复杂，石笋、石柱造型优美(图 3-187)。有“三十三重天”“瑶琳玉峰”等精美岩溶景观。

图 3-186　一厅石笋、石柱

图 3-187　三厅石柱、石笋

四厅，为地下河管道式，由以崩塌、溶蚀管道为主的岩溶地貌组成，全长 120m，宽 20m，高 15m，地下河两岸形成了石田(钙华池)、月奶石及石葡萄等石灰华化学沉积。

五厅，呈串珠状厅堂，长 250m，宽 30m，高 20m，面积 7 500m²，内有石帘、石柱、石瀑，另有须状、麦杆状、帘状、宫灯状等钟乳石，定向排列(图 3-188、图 3-189)。

六厅，为地下河廊道式，全长 180m，宽 5～7m，顶板 3～5m，沿东西向延伸，发育有石芽、溶洞等景观，并有海百合颈、珊瑚等生物化石。

一洞厅上方的石壁上，初探瑶琳洞时，工作人员发现一枚犀牛的牙齿化石，据考证已有几十万年了，现保存在中国科学院。距三厅出口 20m 处发现 6cm 胶结的古炭屑层，经中国科学院地理研究所 ^{14}C测年，证实为西周时期古人类曾来洞烤火的遗迹。此外，还发现了散落于各洞厅间东汉时期(25—220 年)的印纹陶片，五代、北宋(907—1127 年)的古钱，以及元朝(1206—1368 年)的青瓷碎片等。其中有一面铜镜，刻有桐庐籍诗人徐舫的字号“方舟”两字，距今已有 600 多年的历史了。

图 3-188 五厅石柱群、石笋群

图 3-189 五厅线状发育的石笋群(a)和瑶琳玉峰石笋(b)

瑶琳洞是华东沿海中部亚热带湿润区岩溶洞穴的典型代表，具有较高的科学研究价值，特别是洞内历史悠久的古文化遗址，对于古人类生产生活及发展具有考证价值，被誉为“全国诸洞之冠”。瑶琳洞属两江一湖国家级风景名胜区的一部分。

3. 婺城双龙洞岩溶地貌(L003)

双龙洞位于金华婺城洞前岩溶槽谷的东面山腰上，因其洞口的龙头钟乳石而得名。双龙洞和其附近的冰壶洞、朝真洞、二仙洞、桃源洞、仙瀑洞等几处岩溶洞穴连成一片，共同组成了双龙洞岩溶地貌景观。岩溶地貌发育在石炭系—二叠系的黄龙组(C_2h)、船山组(CPc)和栖霞组(P_1q)内，岩性为粉晶灰岩、泥晶灰岩和生物屑灰岩，其间含少量燧石团块。

双龙洞，为一水平厅堂式洞穴，发育在石炭系船山组灰岩中，洞顶为大量涡穴形成的顶壁(图 3-190)，底板为石炭系叶家塘组的砂质泥岩。洞口高程 375m，洞口向外朝向西 275°，向内朝向 95°。由内、外两大厅及支洞组成。外洞高敞宽广，大厅高 7～10m，外洞顶似穹隆，洞底平坦，面积达 1 200m²。洞口东面有一天生桥，中空能容一人通行，桥长 5m 左右，高 2m。外洞的西北侧有边石坝(图 3-191)及石笋和少量崩塌岩体。内大厅与外大厅相距仅 8m，由地下河沟通，地下河的水面到地下河顶灰岩仅留 0.1～0.2m 间隙，故进内洞需卧船。内厅较外厅低矮，东西向长约 70m，南北宽 20～

32m，呈不规则扁椭圆。地下河在内大厅的北侧洞底流淌。内厅有大量的涡穴、石笋、石钟乳及水平边槽、蚀龛微岩溶景观发育，钟乳石发育千姿百态，有一较大的裂隙面发育长 15m、宽 2m 左右线状分布的钟乳石与石笋。

图 3-190　双龙洞穿洞及地下河(据双龙洞风景区)

图 3-191　双龙洞边石坝(a)和蚀龛(b)

内洞现仍发育地下河流，洞穴的化学沉积物发育，砾卵砂石层广泛分布。早、中期钙砾卵砂石分布在洞穴的底板，由东南向北西倾斜，呈阶梯状堆积。早、中期还有一些边石坝分布在洞穴中部的底座，共同组成洞穴的底板。晚期的滴石主要集中在一条张性的裂隙带及洞穴南面的破碎岩层带上，洞穴的东面有一些破碎岩层产生的崩塌堆积体，上面还有石笋发育。

双龙洞内发掘的全新世动物化石共计 9 目 24 科 48 种，包括爬行类 1 种，哺乳类 47 种，其中能鉴定到属、种的有 44 个。动物群的面貌反映其为广见于我国华南第四纪中晚期的大熊猫-剑齿象动物群。

冰壶洞，为竖井状溶洞，发育在石炭系船山组灰岩中，洞斜长140m，垂深70m左右，洞顶为一面积约600m²的顶板，洞底为由大量崩塌堆积体形成的倾斜底板。洞壁悬挂瀑布[图3-192(a)]，瀑布落差约23m，宏伟壮观为国内罕见。洞顶下方有两道深深嵌入壁面的溶槽，其间被河床砾石层沉积物充填。洞内沉堆积物较为发育，其中以洞穴崩塌堆物及化学沉积物为主，崩塌体大小不一，体积3～4m³，水流在崩塌体上方流淌，表面被冲刷有较多的溶蚀纹。洞顶发育有石钟乳，洞底发育有石笋。

朝真洞，为裂隙型水平长廊溶洞，发育在船山组和栖霞组中。溶洞海拔665m，洞体走向95°，由一个主洞和几个支洞组成，主洞长约250m，顶窄底宽，底宽在7～18m之间，高度均在10m以上。洞厅前部分为船山组，灰岩岩性较纯，形态呈地下水廊道，洞厅底部较平坦，没有崩塌堆积，洞两壁有明显的数层边槽发育[图3-192(b)]及地下河痕迹，现已干涸，只有少量灰岩裂隙水渗入。后半部分为栖霞组，灰岩质地纯度下降，局部夹有燧石结核团块。洞中有近垂直裂隙，发育有大量的崩塌体，个别大型崩塌体完全占去整个通道，其上有许多小型石钟乳生长。

图3-192　冰壶洞瀑布(a)和朝真洞溶蚀边槽(b)

二仙洞，为长廊型平洞，发育在船山组灰岩中，总体走向40°，海拔为395m，由3个大厅1个小厅组成，一大厅、二大厅以原岩溶蚀残留物为主，小厅和三大厅以次化学沉积物为主，总面积约2 000m²。一大厅面积约400m²，厅中间偏南西方向发育一洞道，顶部发育涡旋及贝窝，厅东侧有一较大“U”形溶洞，从东南角洞道进入约21m处的灰岩顶板上生长有晶莹剔透的石花(图3-193)，面积约9m²；二大厅面积约300m²，厅中原岩溶蚀残留物发育，南侧发育有4级边石坝；小厅面积约50m²，厅中滴石发育主要为石钟乳群，整体长约6m，分上、下两层，上层高1.5～2m，下层为两条单体石钟乳，直径分别为1.9m和2m，高为2.5m和1.6m；三大厅面积在250m²左右，呈长条形，分上、下两层，下厅稍小。上、下厅顶壁上有许多裂隙发育，水滴沿着裂隙下滴到洞厅底发育成线状排列的石笋(图3-194)，长4.5m，宽0.4m不等，个体高矮各异，大小不一。石笋西侧发育石旗，长约3m，宽20～50cm，厚度2～3cm。下厅南西侧靠洞壁处上方为一较大裂隙，滴石相当发育，挂满整个洞壁。

桃源洞，以平洞为主，发育在中二叠统栖霞组(P_2q)中，总体走向30°，海拔为420m。该洞主要由3个大厅和2个侧洞组成，全洞总面积约3 000m²。一大厅内长约19m，宽约11m，面积约200m²，厅顶板灰岩溶蚀面平整，仅见多条流痕和一块小型溶蚀残留物悬挂在通道上，无涡穴发育，石钟乳等景观较少，侧面见小型蚀龛；二大厅顶板高在2.3～3.9m之间，面积约400m²，厅的南侧顶板有一断裂破碎带，走向为70°，破碎带中发育石钟乳，形态奇特；三大厅面积跟二大厅差不多，高差在10m左右，但大部分地方已被洞口塌陷下来的残积物占用，供游人游走的面积共有150m²左右。

图 3-193　二仙洞石花

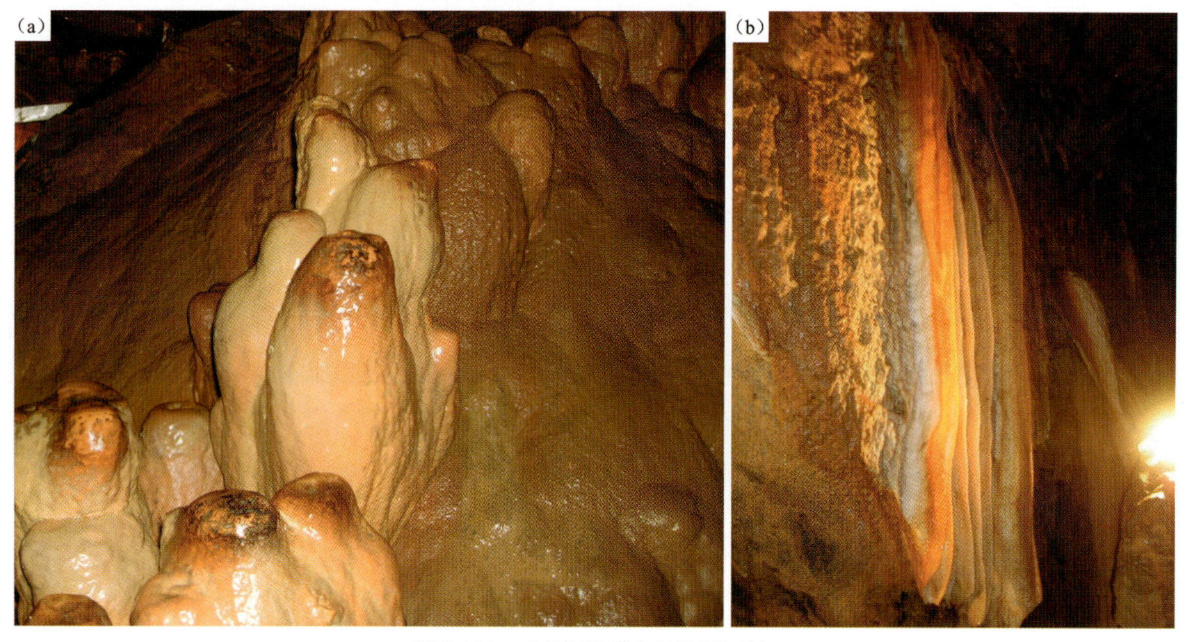

图 3-194　二仙洞石笋(a)和石旗(b)

仙瀑洞，属于垂直型崩塌溶蚀浅埋的溶洞，发育于下二叠统栖霞组(P_1q)中，洞口海拔高程 705m，是该区多层溶洞群中最高一级溶洞层，具有三室、五厅、一潭胜景。洞口为垂直发育的三角形状，长约 7m，宽 5m，垂深约 9.3m。从上而下第一、二、三、四洞厅空间上呈重叠展布，海拔分别为 681m、655m、645m、628m。洞穴内以大量的崩塌堆积为特色，洞穴内灰岩岩层因断裂通过较为破碎，故在各个洞厅内均有大大小小的崩塌体，洞穴内还有一些较有特色的石葡萄。同时还发育有一洞中瀑布，高约 38.5m，底部直径 9.2m，水流将垂向上桶状岩壁溶蚀为千疮百孔，岩面溶蚀残余凹凸不平。

双龙洞精美的钟乳石与石笋是金华最具代表性的溶洞滴水沉积，其涡穴、水平边槽、蚀龛、穿洞等微岩溶景观同样较为发育，同时含有丰富的文化底蕴和全新世动物化石，对金华区域构造、古生态环境以及地貌演化上均有较高的科学价值。目前为国家级风景名胜区。

4. 淳安千岛湖石林岩溶地貌(L004)

千岛湖石林沿向斜核部呈条带状分布，向斜核部为岩溶槽谷地形，称为“向斜槽谷”，向斜两翼为碎屑岩低山构成的分水岭，谷内地势起伏较大，自西南向东北递降，槽谷延伸长度约 9.3km，宽度 0.2～1.5km，海拔高度在 400～650m 之间。槽谷内分布的碳酸盐岩地层主要为质纯层厚、产状平缓的上石炭统黄龙组(C_2h)灰岩，向斜槽谷区河溪较发育，有岩溶泉及地下河出露，石林岩溶地貌分布在向斜核部碳酸盐岩台地上。

岩溶地貌可分为西山坪、玳瑁岭和兰玉坪三部分，面积约 $2km^2$，其规模之大、分布之广、景观之奇，在华东地区堪称一绝，被称为“华东第一石林”。区内峰林造型奇特，象形奇石遍布，形成系列栩栩如生的独特景观，被旅游界人士称为“天然动物博物馆”，以“怪石、悬崖、灵洞”等自然景观构筑了“幽、迷、奇、险”四大特色。其中兰玉坪石林以“石城墙”取胜，玳瑁岭石林以“狮子园”见长，西山坪石林以“石林迷宫”称奇。

千岛湖石林碳酸盐岩表面溶蚀形态丰富多样，发育溶沟、溶盘、溶纹、溶窝、溶蚀面、溶蚀边槽、井状溶槽、溶蚀贝纹、尖峰及刃脊状溶痕等，它们代表了气-液-岩界面溶蚀、微生物过程、植被-岩石界面、土壤-岩石界面过程和浅表层岩溶过程，展现了岩溶地貌的主要溶痕类型，它们不仅丰富了石柱的形态，还使石林美感更为鲜明。典型的石柱景观类型齐全、发育典型、造型丰富、层次分明、组合多样，石柱形态有柱状、塔状、蘑菇状、锥状、剑状、城堡状等，还有一些不规则形状。各种石柱中，剑状石柱规模大，形态特别，成群分布，观赏价值较高。石柱的集合体称之为石林，由石柱、裂隙溶沟、溶蚀廊道、表面溶痕构成。石林类型主要有剑状石林、塔状石林、城堡状石林、柱状石林、锥状石林以及成片分布的石芽。

西山坪石林，位于“封闭山谷”的西南端。由于受商家源等几条溪流深深的切割，西山坪成了三面被悬崖峭壁围限、仅东南与千里岗遥岭相连、耸立在深谷之上的高台。西山坪独特的地形条件，为石林的发育提供了充分有利的条件，使它成为整个山谷中规模最大、石景最丰富的石林分布区(图 3-195、图 3-196)。

图 3-195　西山坪石林一角

剑状石林多分布于台地中心，台地边缘也有零星分布、大小不等的塔锥状柱石，或林或丛，或独立田野，星罗棋布，别具一格。发育有规模较大的溶蚀廊道，石林石柱高度一般为 5～15m，石柱中下部发育溶蚀井壁，顶部发育刃脊状溶痕，表面弧形内凹面上分布大量的溶蚀贝纹，沿岩层层面分布有层间溶孔。

玳瑁岭石林，处于玳瑁村西边分水岭垭口的石灰岩台地上，于一条长亘状石灰岩台地丘岗的南缘，产状近水平，海拔 600m，占地面积 47 亩(1 亩＝$666.7m^2$)。石林类型多以剑状、柱状和石芽等为主，石柱单体高度一般为4～7m，顶部的溶蚀纹沟呈向心状汇聚到底部的溶蚀盆中，岩石表面发育横截面为"U"形的溶蚀凹槽，石柱之间被宽0.4～2.0m的溶蚀廊道切割，在较低处，溶蚀廊道相互贯通，长度可达12m。

图3-196　西山坪石林景观

兰玉坪石林，位于封闭山谷东北端的兰玉坪村，呈北东-西南走向，海拔544m，占地面积约74亩。兰玉坪石林以"石城墙"见长，石城墙是一道陡直的石灰岩耸立于缓斜的岗坡上，墙体基本连成一体，墙宽仅2m，高约10m，沿北偏东50°延伸达100多米。"城墙"内外的石灰岩表面石芽丛生，溶沟密布，将石灰岩层切割成各种形态的象形石。

千岛湖石林属二江一湖国家级风景名胜区的一部分，是科学考察、教学实习、度假旅游、山地运动的良好场所，被誉为"景观美学的课堂、科普教育的园地"。

5. 建德灵栖洞岩溶地貌(L005)

灵栖洞群由灵泉、清风、霭云3个石灰岩溶洞组成，发育在上石炭统黄龙组(C_2h)灰岩中，洞内有千姿百态的石笋、钟乳石、石柱、石幔、石瀑等岩溶地貌景观。三溶洞分别位于不同高程面上，反映了当时地下水位的升降变化。

灵泉洞，洞内发育大量的钟乳石，并存在数处含砾黏土堆积物。其中有一条地下河，通道宽约

4m,高 3m,水深 1m,常年流水不断(图 3-197)。出口基本与入口在同一高程面上。灵泉洞开放于1980 年,但已有 1 300 多年的游览历史。据洞内的石刻记载,早在唐高宗永隆年间(公元 680 年),就有人入洞探奇。中唐时期,这里已是闻名遐迩,游者如云。其中有不少的文人墨客来此吟诗作画。左面岩壁上有一些摩崖石刻。“灵泉洞”3 个字,系当代著名画家施南池先生题写。

清风洞,入口高程 185m,出口高程 195m,洞内发育大量典型的石幔、石瀑、石柱、石笋、钟乳石等岩溶景观(图 3-198),岩溶景观密度大、数量多,景色壮丽。清风洞的特点是以风取胜。据地方志记载:该洞“盛夏之日,风从口出,寒不可御”。故名“清风洞”。清风洞总面积有 5 000 多平方米,实际开放面积有 2 300 多平方米。

图 3-197　灵泉洞石钟乳及地下河景观

图 3-198　清风洞石笋、石柱和石幔景观

霭云洞,入口高程 310m,由于寒冬及雨天前后洞内有白雾般云气(内部湿度大)冒出而得名。洞内堆积大量坍塌巨石,并发育线状排列的石柱、石笋、钟乳石、石幔、石瀑等岩溶景观(图 3-199)。霭云洞是灵栖三洞中开发面积最大、地势最高的一个溶洞。总面积有 10 000 多平方米,共分五厅一廊,洞内线状发育的岩溶景观(石瀑、石幔、石柱等)与洞顶裂隙有关,水体沿岩石裂隙线状流下,便形成了线状钟乳石景观,是洞内一绝。

灵栖洞岩溶景观特征典型,保存完好,具有极高美学观赏价值及地质科学考察价值,且其摩崖石刻具有较高的历史文化价值。

图 3-199 霭云洞石幕(a)、线状钟乳石景观(b)

6. 兰溪六洞山地下长河岩溶地貌(L006)

地下长河位于金华北山地区的向斜构造内，地层岩性为上石炭统黄龙组(C_2h)和石炭系—二叠系船山组(CPc)中—厚层状至块状生物屑灰岩、泥晶灰岩、粉晶灰岩夹白云质灰岩。区内发育近东西向和北北东向断层，地下河洞道岩石中发育近北东东向和近南北向垂直节理。其南部发育沟谷，上游发育有白坑洼地和西山寺洼地。区内基岩裂隙水发育，溶蚀形成洞穴、地下河以及大量岩溶堆积地貌。

地下河，总体走向 10°，地下河出口向西，标高在 90m 左右，地下河段高差在 10m 左右，河床纵坡降约 1‰，河断面宽为 2.0～3.5m，水深为 0.1～1.5m(局部有人工改造)，水质清澈，肉眼少见悬浮物，水温在 15～16℃之间，pH 值在 7.9～8.3 之间，水流量在 30L/s 左右(枯水季)，根据区域水文地质资料，雨季时水量最大可在 100L/s 以上。已探明长 1 043m，预测总长可达 4 000m。

古地下河分布标高为 115～190m，底部(逍遥洞一带)较现代地下河河面高约 15m，整体呈"Z"形，由逍遥洞的北东向转为北北东向，至玉露洞走向为近东西向。洞道大小变化大，最宽 5～6m，最窄处仅容一人通过。洞道形态变化较大，逍遥洞至神笔洞段基本呈拱形，宽为 1～3m，并分布有面积在 $100m^2$ 以下的洞厅，洞壁蚀余灰岩众多，涡穴发育，洞面较光滑，次生化学堆积物及河流堆积物分布较多。神笔洞至玉露洞段呈三角形，向北西倾斜，洞宽为 3～6m，洞道北西部狭窄，高差在 0.5～1.5m 之间，东南部较宽阔，高差 2.5～3.5m，洞壁受水流侵蚀溶蚀和崩塌影响，大部分光滑，局部分布有崩塌或蚀余灰岩，凹凸不平，洞壁发育涡穴并堆积有次生化学堆积物，洞底有崩塌的碎块石及化学堆积物。

洞道形态，沿地下河延伸的洞道形态变化大，从地下河出口至白龙潭约 80m 范围内，洞道呈鞋形(第一类形态)，洞道高在 4～6m 之间；白龙潭至浪峰螺蚌约 420m 范围内，洞道高在 5m 左右，洞道呈梯形(第二类形态)；浪峰螺蚌至调查河流起点三维 300m 范围内呈三角形(第三类形态)，洞道高在 2.5～8.0m 之间。

边槽及河流堆积物，现代地下河两侧受地下水侵蚀和溶蚀，发育侧蚀边槽，主要发育在其北侧，槽面略向北倾斜，槽深为 0.3～5m，部分槽内充填有砂砾石堆积物。现代河床中堆积大量的砂砾石及碎石，砾石磨圆度较好，粒径一般为 1～5cm，砾石成分以灰岩为主，含量为 60%～70%，砂岩和泥岩为 30%～40%。根据地下河道洞壁发育的多级边槽及边槽中堆积物分析，地下河形成后期地壳发生过间断性的抬升，形成了多级边槽，并发生了河道改道，先期河流位于现代地下河南侧。

岩溶堆积地貌，地下河洞道中发育大量的石钟乳、流石钙华、石笋、石瀑、边石坝、石盾、石柱等形态，构成了地下河的犀牛探江(蚀余钙华)、龙门峡(石柱、石钟乳)、中流砥柱(石笋、蚀余物)、水满金田(边石坝)、浪峰螺蚌(石柱)、飞鱼对哺(蚀余钙华)、琼崖积雪(石瀑)、憧憬石(蚀余钙华、天锅)、龙宫宝塔(石笋)等岩溶景观(图 3-200～图 3-202)。

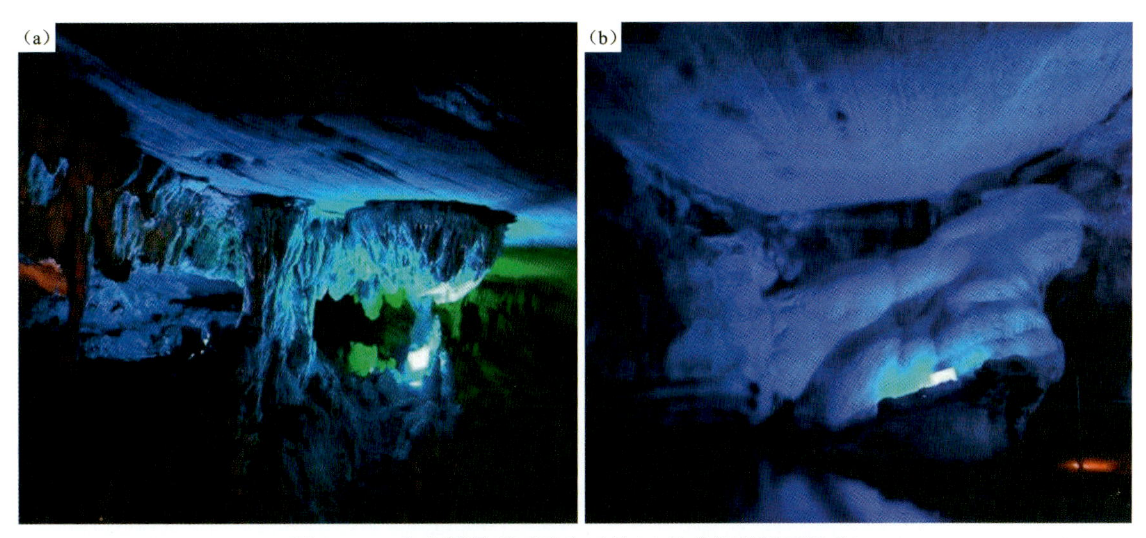

图 3-200 白龙潭洞顶石盾和石柱(a)及琼崖积雪石瀑(b)

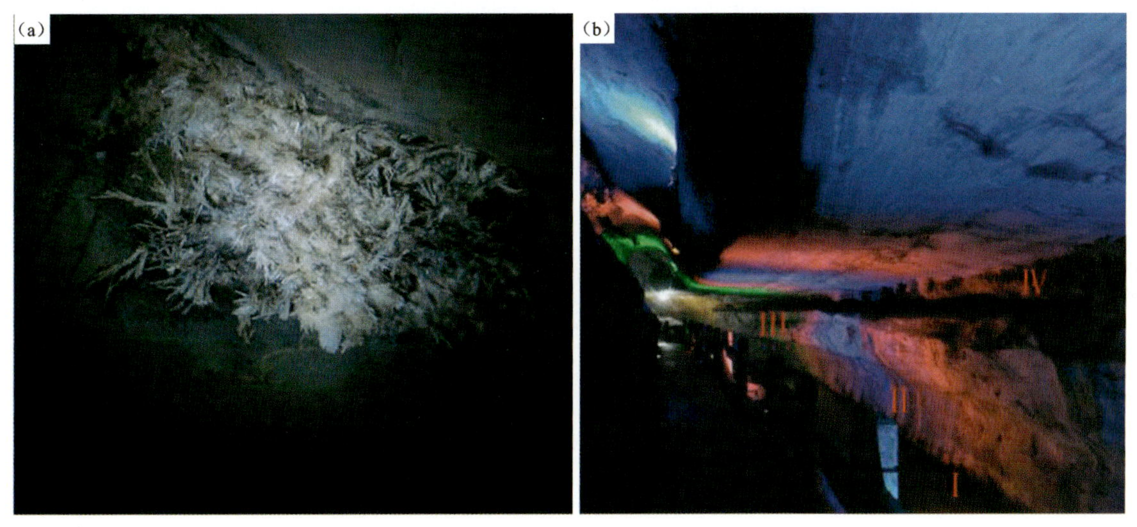

图 3-201 神笔洞石花(a)及地下河多级边槽(b)

图 3-202 水满金田边石坝(a)及穹凌雪钟石笋(b)

在地下河道两侧，伴随地下河道还发育有几个空间比较大的溶洞，分别是涌雪洞、逍遥洞、玉露洞和蝙蝠洞。

涌雪洞，平面上呈北东向展布，长条形，长约50m，宽10～25m，面积约840m²。洞底向北东向倾斜，洞底相对高差在15m左右，与地下河高差约22m。洞顶变化较大，西南部顶部较平，略向北东向倾斜，洞高在11～13m之间；东北部洞顶由略向北东倾斜的平顶至洞厅边缘转变为向北倾斜的与地下河相通的三角形斜洞道，洞厅高在5～7m之间。洞厅洞壁凹凸不平，洞壁受溶蚀侵蚀作用影响较为光滑、平整。洞厅中堆积物发育，主要包括化学堆积物和崩塌堆积物。化学堆积物分布在洞厅洞顶、洞壁及洞底，主要包括滴水类的石钟乳、石笋、石柱，流石类的石瀑布堆积、石幔、边石坝等；崩塌堆积物主要为石钟乳崩塌物、流石钙华堆积以及基岩崩塌堆积和泥质页岩堆积等。洞厅堆积物构成了涌雪洞的一指峰（石笋）、夫妻缘（石笋）、蟠龙古潭（边石坝）、千佛殿（石钟乳、石笋）、千钧石（骷髅石，蚀余流石钙华）、乌龟石（崩塌流石钙华）等景观（图3-203）。

图3-203 “千佛殿”岩溶堆积物（a）及一指峰石笋（b）

逍遥洞，平面形态略呈长圆形，洞体呈北东-南西向延伸，洞体长度约23m，宽度为2～10m，洞厅北侧平坦，南侧为崩塌碎块石堆积构成的斜坡，坡度在20°～30°之间，洞底东高西低，高差约3.0m，洞高2～6m，其中中西部高度较大，东部高度较小。洞内次生化学沉积物主要有石柱、钟乳石和石柱，并发育零星分布的石旗，局部可见石花。次生化学沉积物主要分布在距离北部洞壁2～3m的范围内，构成版纳风情、黄金屋等景点。逍遥洞南、北两侧洞壁及中部洞顶发育的窝穴中均有砂砾石层分布，砂砾石层厚度为0.2～0.8m，砾石成分以砂岩和泥岩为主，灰岩较少。崩塌堆积物主要为沿基岩构造节理面崩塌形成的块石，直径为0.5～1.5m，其下部面均发育有受流水侵蚀、溶蚀形成的窝穴，崩积物间均被黏土、砂石等填充。

玉露洞，平面上呈东西向展布，长约110m，宽8～26m，面积约2 200m²，洞厅与现代地下河高差约100m。洞底倾斜，由东南向北西方向倾斜，洞厅底部最大高差34余米。洞厅高一般在2.6～12.5m之间，北部局部小于2.6m，呈南、中部高差大，北部高差小。洞厅洞壁因表面有崩塌、溶蚀侵蚀而凹凸不平。洞厅中堆积物发育，主要包括化学堆积物和崩塌堆积物。化学堆积物分布在洞厅洞顶、洞壁及洞底，主要包括滴水类的石钟乳、石笋、石柱，流石类的石幔、石旗等；崩塌堆积物主要为石钟乳、石笋和基岩崩塌物等（图3-204、图3-205）。尤以南部洞顶及洞壁的石幔、石钟乳及洞底石笋最为发育。西南侧洞壁发育流水堆积的钙华，钙华堆积层厚度大于1.0m，表面发育大量流水溶蚀和侵蚀形成的窝穴，说明钙华沉积后，后期又受流水侵蚀和溶蚀过。

图 3-204　玉露洞石幔群(a)及石笋(b)

图 3-205　玉露洞石旗(a)及擎天玉柱石笋(b)

六洞山地下河内岩溶地貌景观丰富，次生化学堆积景观类型齐全、丰富，同时机械堆积物分布广，地下河中溶蚀地貌发育，在钙华堆积物中发育的溶蚀天锅更是稀有。它是东南沿海一带地下河与岩溶洞穴景观地貌结合的典型代表。目前，已将地下河作为六洞山景区的核心旅游资源进行开发，并在开发中对其进行保护。

7. 常山三衢山岩溶地貌(L007)

三衢山位于常山县宋畈乡与辉埠镇，北东向延伸数千米，以其独特的岩相和岩溶地貌景观而著称。地层岩性为奥陶系三衢山组(O_3s)生物屑灰岩、微晶灰岩、泥晶灰岩和藻灰岩，地层中富含钙藻、苔藓虫、珊瑚、层孔虫、腕足类、头足类、三叶虫、腹足类等生物化石。该区为中等程度的岩溶，微地貌主要表现为溶芽、溶沟、盲谷、岩溶平台等，形态上表现为各类象形石、城堡、长廊、峰林、漏斗、天生桥及由这些单元组成的石林。

石林，最典型的地表岩溶景观，发育面积大，特征典型，形态保存完整。最突出的属城堡石林，是两组垂直相交的溶沟把峰林切割成城堡状的岩溶景观。该处的灰岩岩层近直立，发育大量顺层溶沟，溶沟宽度数十厘米，深十数米，沿层面延伸达数十米。形成了三衢长廊、峡谷、一线天等景点（图3-206）。少量峰林被垂直和水平两组溶沟切蚀而成叠石状，远观似城堡。石林内，还发育有众多象形石景观。

图3-206　三衢长廊(a)与石狮(b)

岩溶洼地，是指地表受到流水溶蚀形成的负地形，周边被石芽、峰丛围限成半封闭的簸箕形，封闭或半封闭，周边与内部发育溶沟、石芽，底部有岩溶漏斗或落水洞群（图3-207）。洞口村大古山南山腰岩溶洼地发育于三衢山中部的浅色灰岩中，围限面积约60 000m^2。口朝向北东，口部高程为海拔405m，后部峰丛海拔在450～518m之间，谷底高程为390m，山坡坡度40°左右。洼地内部发育有大量的石芽、天生桥、溶沟等小型岩溶地貌。

图3-207　溶沟与石芽围限的岩溶洼地（底部发育有落水洞）

石芽，在溶蚀洼地四周及内部均发育大片的石芽群，高度为1～2m，成片相连，形成齿状、不规则状、莲花台状地貌。石芽之间溶蚀程度较高的形成溶沟或天生桥。

溶沟，溶沟的形成是灰岩在地壳运动与流水共同作用下的结果。本处发育最典型的属紫藤峡谷内的溶沟，与城堡石林一样是发育两组垂直相交溶沟的岩溶景观，该处岩层近直立，溶沟顺层发育，宽度达数十厘米以上。除此之外，灰岩发育两组共轭节理，其中近直立的一组较为发育，与近水平节理交切。沿这两组裂隙发育了两组小型溶沟，形成了众多象形石地貌景点。紫藤峡谷内岩溶造型奇特，生长有许多紫藤，紫藤爬满石壁，形成绿色屏障，是三衢山翡翠石林的典型代表。

洞穴，本处洞穴地貌发育规模不大，洞内堆积、溶蚀地貌景观一般，主要有仙人洞、岩口溶洞两处。洞形态类似横放的扁豆状，是沿该产状的裂隙面发育而成。洞内主要的岩溶景观有石笋、石柱、石钟乳、石幔等。黏土堆积物中挖出有古币、首饰及人骨等。

三衢山由奥陶系三衢山组灰岩发育而来，由岩溶溶沟、石芽、石林等地貌景观组成，是省内典型的岩溶地貌景观区之一，具较高的科普教育、科学研究及美学价值，是常山国家地质公园的重要组成部分。

8.衢江灰坪岩溶地貌(L008)

灰坪岩溶地貌以集中出露完整、典型和系统的岩溶地貌系列为主题，岩溶地貌形态及组合特点展示了衢北地区岩溶地貌形态的演化过程。基岩属上石炭统黄龙组和石炭系—二叠系船山组，岩性为深灰色块状生物屑灰岩、粉晶灰岩、泥晶灰岩夹少量燧石团块。就地表岩溶而言，在一个较小的区域内集溶蚀洼地、溶沟石芽群、岩溶漏斗群、岩溶天坑、岩溶岩嶂和岩溶峡谷为一体，清晰地展示了溶蚀洼地—溶沟石芽群—岩溶漏斗群—岩溶天坑这一完整的演化过程，在省内极为罕见；地下岩溶地貌形态由大型岩溶洞穴、廊道、地下暗河、洞内沉积物(钙华池、边石堤、石柱、钟乳石、石笋、石幔、河流堆积物)和洞穴崩积物等组成，反映了地下水对岩溶的侵蚀和堆积作用。

地表岩溶地貌由溶蚀洼地、干谷、溶沟石芽群、岩溶漏斗群、岩溶天坑等组成，地表组合形态系统、完整且集中分布，这在目前浙江省境内岩溶地貌分布区非常少见。

灰坪溶蚀洼地，平面上为一喇叭状形态，地貌上四周均为低山(海拔 600～900m)环绕，洼地内地势平坦为缓坡丘陵地貌(海拔 500m 左右)，空间上构成了一个典型的洼地封闭系统，溶蚀洼地面积约 $1km^2$。洼地内部发育大面积的溶沟石芽，耸立在平坦洼地丘陵之上，具有小型石林景观之特点。洼地内水系发育，地表径流消失后在溶蚀洼地内遗留多条干谷，此由地表径流转为地下径流所致，表明洼地内某一段河道水流存在沿着谷底漏斗或水洞流入地下，形成地下径流。

溶沟石芽，主要有两处，面积较大，呈密集分布。溶沟石芽群主要出露于岩溶天坑和岩溶漏斗的周边高地处[图 3-208(a)]。石芽棱角分明，溶蚀沟槽呈弧形圆滑，具有明显的地表水溶蚀特征。溶沟石芽群基座相连，石芽一般高度在 2m 左右，人们可以穿越其中游玩。此地溶沟石芽具有太湖石“漏、透、瘦、皱”的特点，造型别致，极具观赏价值。

岩溶漏斗，在岩溶景观中，漏斗是一种十分普遍的地表岩溶形态，其主要特征是上部向底部逐渐收缩呈现漏斗状或碟状产出。香炉石岩溶漏斗平面上呈现近南北向椭圆形展布，漏斗口南北长约 200m，东西长约 120m，开口面积约 24 000m^2。漏斗底部海拔标高 482.8m，顶口海拔标高 530m，最大相对高差达 50m 左右[图 3-208(b)]。空间上岩溶漏斗出露完整、形态典型、规模较大。

岩溶天坑，灰坪天坑平面上呈近北西西向椭圆状分布，长轴 220m，短轴 120m，面积约 26 400m^2，坑底平坦海拔高程为 488.6m，坑顶海拔高程为 530～568m，天坑最大高差达 80m，最小高差为 40m，呈现东侧高差大、西侧高差相对小的格局，总容积达 158.4 万 m^3。坑内西南侧见有大量的崩塌破碎岩块，构成醒目的三角崩塌面，属天坑形成时塌陷造成的产物。天坑底部与地下暗河相连接，终年不积水(图 3-209)。天坑西侧陡崖下方有一溶洞发育，与外部(西侧)白塔洞相连，两者相距约 300m。

地下岩溶组合形态包括洞厅、廊道、暗河以及大量的洞内沉积或堆积形态、洞内蚀余单体等，这些地貌单元只是在规模上、数量上和形态上存在着各自的特色及差异。

图 3-208　溶沟石芽(a)及香炉石岩溶漏斗(b)

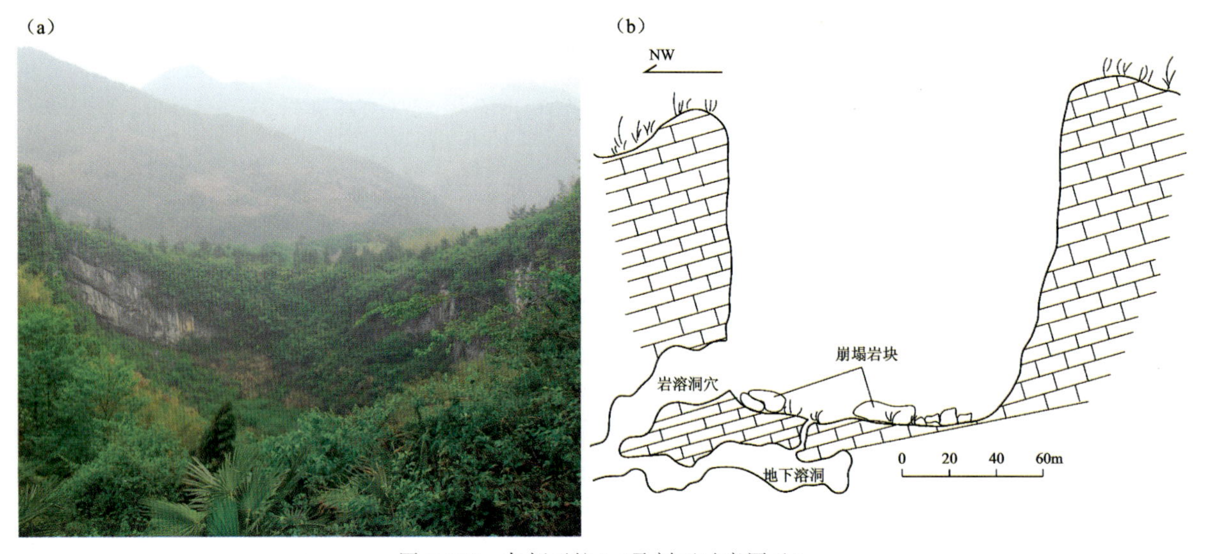

图 3-209　灰坪天坑(a)及剖面示意图(b)

溶洞有白塔洞、金鸡洞和两头洞。户外运动爱好者曾多次入洞探险，并成功穿越。白塔洞因洞崖滴水，常年不绝，其中的碳酸钙在地表凝析成白色石柱，宛似塔形，故名“白塔洞”。白塔洞进口狭窄，仅可容一人，盛夏季节凉风飕飕，茫茫白雾从洞内喷出，寒气袭人。洞内化学沉积物丰富，钟乳石较为发育，像群仙、似猛兽，神态各异，内分左、右两支洞。左支洞深 140 余米，地下水流时隐时现，石花、石笋、石钟乳比比皆是[图 3-210(a)]。右支洞延伸 1 500m 处便是金鸡洞。金鸡洞内发育石花、石柱、石幔、石笋和边石坝。出金鸡洞向北 300m 处，便是两头洞[图 3-210(b)]，洞中有一溪流环绕，长 100 余米，洞内空间高大宽敞，宏伟壮观，洞壁两侧侵蚀溶蚀边槽及凹坑发育，并保留有早期地下河道堆积的砂砾石层。

地表岩溶形态组合演化序列由早期岩溶台地向溶蚀洼地—溶沟石芽群—岩溶漏斗群—岩溶天坑演化，其演化系列非常系统且完整；地下岩溶形态组合演化序列由早期的暗河流水，通过长期的溶蚀、沉积和崩塌作用，随着地下暗河的不断下切，构成了地下洞厅、廊道、各类沉积形态和崩塌堆积形态地貌。地表与地下岩溶它们同属一个完整的地貌演化系统，岩溶地貌的形态组合特征对综合研究浙江省内岩溶地貌的演化过程具有非常重要的科学价值。

图 3-210　白塔洞内石笋(a)及两头洞(b)

二、侵入岩地貌

浙江省内侵入岩分布较广，造就了许多国家级和省级的花岗岩风景地貌景观区。具有科学与美学价值的花岗岩地貌类型主要有花岗岩峰丛、石蛋、崩积巨石堆、峡谷等类型。浙江省成景花岗岩主要集中形成于燕山晚期第二阶段和第三阶段侵入的中细粒晶洞碱长花岗岩、晶洞碱性花岗岩、花岗岩和石英正长岩。形成的典型花岗岩地貌景观主要有天台山花岗岩地貌、大明山花岗岩地貌、浮盖山花岗岩地貌、富山花岗岩地貌、玉苍山花岗岩地貌、大罗山花岗岩地貌、山沟沟花岗岩地貌、南麂列岛花岗岩地貌等。典型花岗岩地貌景观介绍如下。

1. 天台天台山花岗岩地貌(L009)

天台山岩体分布于天台县与新昌县交界处，岩体为复式岩体，主体岩性由中粗粒花岗岩和碱长花岗岩组成，岩体出露面积大于 75km^2，呈岩株状产出，属燕山晚期第二次和第三次侵入活动的产物。

天台山花岗岩地貌景观所在的区域，总体可分为两大类型的地貌单元，即层状地貌区和沟谷地貌区。层状地貌区位于地势较高的山体上部，海拔 450～800m，地貌表现为山顶多呈馒头状，平缓，可见风化壳露头及风化形成的石蛋；山间谷地开阔、平坦。具两级剥蚀面(450～550m，650～800m)。沟谷地貌区位于层状地貌区的山体下部，地势上受流水切割强烈，形成沟谷地貌，沟谷两侧谷肩或山顶多出现尖峰、陡崖、柱峰、突岩等微地貌。

天台山花岗岩形成有两处典型的花岗岩地貌景观区，其一位于万马渡一带，以花岗岩风化剥蚀地貌和崩积地貌景观为主体；其二位于琼台仙谷一带，以花岗岩风化剥蚀地貌、流水地貌和构造侵蚀地貌景观为主体。主要地貌类型有风化剥蚀形成的剥蚀面、风化壳和石蛋，流水作用形成的峡谷、壶穴和石梁等，崩积形成的崩积巨石(堆)和构造侵蚀形成的崖壁、石柱、尖峰、柱峰、堡峰、突岩等类型。

构造侵蚀形成的微地貌主要分布在花岗岩沟谷两侧谷肩或山顶，分布高程多与两级剥蚀面一致，即由流水分割剥蚀面后形成的。该类地貌主要分布在琼台仙谷景观区，万马渡一带也有少许分布。

尖峰，形态是山体顶部较小，基岩裸露，山坡多直线坡或凹形坡，相对高差一般在 50m 左右。琼台仙谷两侧山顶有多处。

穹峰，主要分布在琼台仙谷剥蚀面的边部，山体顶部浑圆，山坡多凸形坡，山体相对高差小，顶部多可见花岗岩风化壳或石蛋(层),代表了早期剥蚀面的残留。

崖壁,主要分布在琼台仙谷峡谷两侧,多受近竖直的卸荷(减压)节理控制,崖面平直,坡度在80°以上。琼台仙谷内的百丈坑峡谷悬空廊崖壁是典型一例(图3-211)。

流水地貌主要表现为峡谷、宽谷、石梁和壶穴。

峡谷,流水侵蚀切割花岗岩山体形成的狭长谷地。琼台仙谷一带表现典型,谷底基岩裸露,谷底坡度多在15°以上,两侧山体坡度多在60°以上,局部近直立,山坡上冲沟发育;谷底可见流水,局部坡降变化明显处形成跌水和潭池。琼台仙谷是典型的峡谷地貌(图3-212)。

宽谷,主要分布在万马渡一带,谷底较宽,发育有第四纪沉积物,谷坡和谷地分布有大量巨石。

图3-211　仙湖崖壁(a)和悬空廊崖壁(b)

图3-212　峡谷地貌

石梁,分布在天台山石梁飞瀑景观区,系沟谷在流水长期沿岩石裂隙(水平和竖直节理)侵蚀下,岩块发生崩塌,形成形态似梁(桥)状、横跨沟谷的花岗岩微地貌景观。石梁长约7m,其下飞瀑穿过,组成石梁飞瀑绝景[图3-213(a)]。

壶穴,分布在天台山石梁飞瀑景观区,系流水(携带砂质颗粒物)向下长期淘蚀的结果,伴随有沟谷流水的溯源侵蚀,形成弧形侵蚀槽。铜壶滴漏便是该类型的典型代表[图3-213(b)]。

风化剥蚀地貌主要表现为剥蚀面、风化壳和石蛋。

剥蚀面，在万马渡和琼台仙谷均有分布，整体表现为两级，其一为450～550m，其二为650～750m。万马渡一带650～750m剥蚀面表现较为典型，琼台仙谷一带450～550m剥蚀面表现较为典型(图3-214)。地貌表现为山顶多呈馒头状或穹形、平缓，可见风化壳露头及风化形成的石蛋；山间谷地开阔、平坦。两级剥蚀面上均残留有玄武岩台地，剥蚀面是花岗岩景观地貌发育的基础平台。

图3-213　石梁飞瀑(a)和铜壶滴漏(b)

图3-214　琼台仙谷一带的层状地貌(剥蚀面)

风化壳及石蛋，分布在剥蚀面穹状山体缓坡上，厚度一般在2m以上，风化壳可分为两期：一期在650～750m的剥蚀面(夷平面)上，表现为花岗岩的砂糖状和长石矿物的黏土化；二期在450～550m的剥蚀面上，表现为花岗岩的颗粒化和长石矿物的部分黏土化。两期风化壳中均发育有花岗岩石蛋，部分穹形山体的顶部也可以见大量石蛋分布。毛里湾、麻车坪、琼台仙谷顶均可见典型的风化壳和花岗岩石蛋露头(图3-215)。区域两期风化壳上均覆盖有中新世嵊县期玄武岩。

崩积地貌主要分布在万马渡一带的沟谷中，有散落巨石和巨石堆两类，形成有气势壮观的万马渡“石河”。

巨石堆，主要分布在雪家坑、平叶坑、下林、麻车坪一带的沟谷底部，大小多在1m以上，个别可达10m左右，交错堆叠在一起，分布长度可达4.5km，其中在雪家坑、万马渡、平叶坑、下林等地表现特别典型(图3-216、图3-217)。主要地学特征：①巨砾成分单一；②分布限于花岗岩体所在区域；③球度较差，以扁球体和扁长体为主；④总体体量较大；⑤ab面多倾向山谷两侧，a轴多平行山谷走向；⑥个别巨石表面发育石臼(风化穴)。

图 3-215 琼台风化壳(a)和毛里湾石蛋地貌(b)

图 3-216 万马渡一带巨石堆(a)及遥感影像(b)

图 3-217 平叶坑巨石堆(a)和雪家坑巨石坡(b)

散落巨石，主要分布在巨石堆所在沟谷的两侧缓坡处(图 3-217)，宏观上岩块体量较大，直径多数大于 1m，大者可达 15m 左右。多数半埋于山坡泥土中，少数完全独立于松散黏土上。巨砾呈柱状体、块状体形态，且多呈棱角状及次棱角状，次圆状较少；ab 面(最大扁平面)多与山坡近平行，倾向山沟；a 轴也多与山沟走向平行。分布密度较大区域主要在万马渡、白家浪、平叶坑等地，密度可达 1～2 个/100m²。

地貌发育呈现完整的两种表现模式：其一(万马渡)为残留岩岗-台地-石蛋地貌-突岩-巨砾坡-石河模式(图 3-218)，反映了区域剥蚀面(夷平面)形成后，地壳抬升流水侵蚀分割剥夷面的过程，同时形成大量的石蛋地貌、突岩及崩积地貌，属壮年期地貌演化阶段；其二(琼台仙谷)为残留岩岗-台地-石蛋地貌-山峰-峡谷模式(图 3-219)，反映流水下切分割剥蚀面的初期特征，局部可见峰丛或束状石林，属幼年期晚期地貌演化阶段。

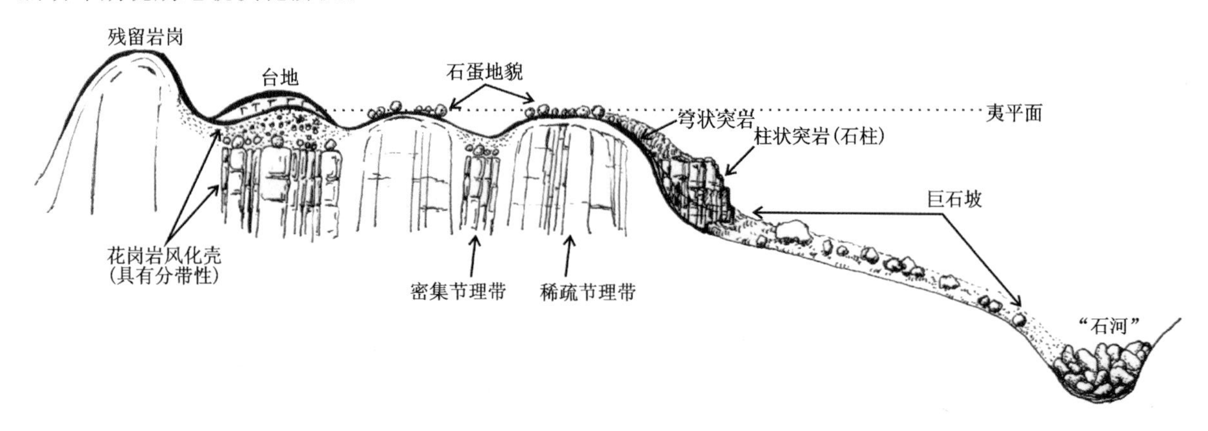

图 3-218 万马渡一带理想地貌模型

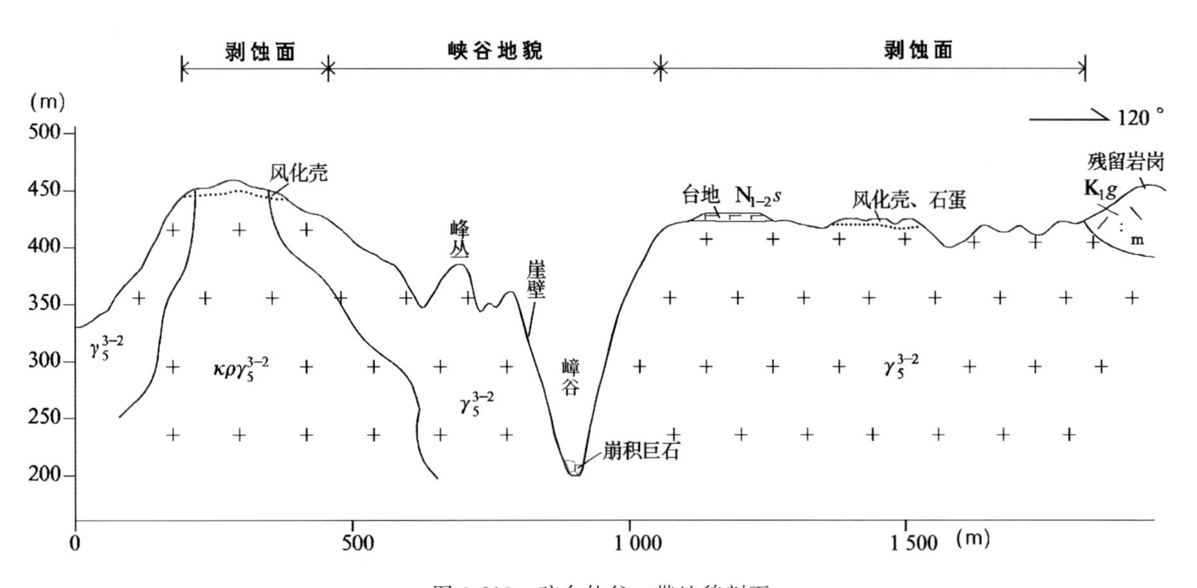

图 3-219 琼台仙谷一带地貌剖面

天台山花岗岩地貌类型丰富，标型地貌典型，微地貌演化系统，特别是保留完好的风化壳、夷平面及石蛋地貌，以及气势宏大的“石河”，是省内少有的反映中新世夷平面形成后，区域地壳抬升，流水侵蚀分割夷平面，地貌演化过程系列完整的花岗岩地貌景观区。

目前，天台山已被开发为国家级风景名胜区，主要地貌单元得到了相应的保护。

2. 临安大明山花岗岩地貌(L010)

大明山岩体为燕山晚期第二期侵入体，根据岩性特征又可分为两次：第一次为细粒、中细粒花岗岩，第二次为细粒二长花岗岩。

大明山花岗岩地貌所在的区域可分为两大类型的地貌单元，即宽谷缓丘区(或层状地貌区)和峡谷峰岭区。缓丘宽谷区位于地势较高的南部，海拔1 100～1 450m，地貌表现为山顶多呈馒头状，平缓，可见风化壳露头，花岗岩区可见风化形成的石蛋；山间谷地开阔、平坦，形成该区域一级剥蚀面。峡谷峰岭区位于北部，与宽谷缓丘区相接，地势上形成强烈的反差，多出现山峰、陡崖、峡谷、岭脊等微地貌。地势切割强烈，流水侵蚀作用明显。

地貌景观主体位于宽谷缓丘外侧的峡谷峰岭区，整体上(组合形态)构成花岗岩峰丛地貌。典型的花岗岩峰丛地貌组合有两处，其一是明妃七峰，其二是莲花九峰。

明妃七峰，近北北东走向的山脊顶部，由7座基座相连的山峰构成的山体，一字排开而形成花岗岩峰丛地貌(图3-220)。总体分布长度约1 500m，宽200～300m，一般坡度为70°～80°，高程多在1 100～1 200m之间，单个峰体相对高差50m左右，东、西两侧多形成60°以上的陡崖，相对高差为300～400m。靠近南侧的个别峰体顶部可见残留的花岗岩石蛋。整体上，明妃七峰的顶部高程与千亩田所在的宽缓谷地(剥蚀面)高程相当，应为早期剥蚀面的残留。

图3-220　明妃七峰峰丛

莲花九峰，位于大明湖(烂塘湾水库)所在的宽谷缓丘的北侧，整体上属大明山庄所在峡谷的谷坡顶部，坡度较陡。莲花九峰的单个山体多为尖峰和穹峰，底座连在一起，形成花岗岩峰丛地貌景观。山峰顶部高程多在1 100～1 200m之间，与明妃七峰高程相当，单个峰体相对高差50m左右。山体形体分布具有一定的规律性，沿山谷山坡往上依次发育有石柱、尖峰、穹峰，显示了侵蚀强度和阶段的不同。

大明山花岗岩地貌以峡谷绝壁、翠崖峰林、跌潭飞瀑等为主要特色。发育的地貌类型主要有构造侵蚀地貌景观(岭脊、尖峰、穹峰、崖壁、石锥、石柱)，流水地貌景观(峡谷、石槽、壶穴裂点)，风化剥蚀地貌景观(剥蚀面、风化壳、石蛋)，另有少量的崩积地貌景观(崩积巨石)。

岭脊，主要分布在峡谷或沟谷的两侧，是谷坡的重要组成部分，岭脊走向多为近南北向和北北东向，与该区水系发育的方向一致。典型的岭脊为明妃七峰所在山体构成的北北东向岭脊。

尖峰，主要分布在明妃七峰和莲花九峰两个花岗岩峰丛区，是构成峰丛地貌的主要山体。形态是山体顶部较小，基岩裸露，山坡多为直线坡或凹形坡，相对高差一般在50m左右。另外，御笔峰(御笔生花)也是尖峰的典型代表[图3-221(a)]。

穹峰，主要分布在宽谷缓丘区（剥蚀面）的边部，山体顶部浑圆，山坡多为凸形坡，山体相对高差小，顶部多可见花岗岩风化壳或石蛋（层），代表了早期剥蚀面的残留。如七峰尖南侧的山体、莲花台等[图 3-221(b)]。

图 3-221　御笔峰尖峰(a)和莲花台穹峰(b)

崖壁，主要分布在明妃七峰所在的岭脊的一侧[图 3-222(a)]，多受近竖直的卸荷（减压）节理控制，崖面平直，高达 150m，延伸约 500m，坡度在 80°以上。

峡谷，流水侵蚀切割花岗岩山体形成的狭长谷地。大明山一带的峡谷谷底基岩裸露，谷底坡度多在 15°以上，两侧谷坡坡度多大于 45°，局部近直立，山坡上冲沟发育；谷底可见流水，局部坡降变化明显处形成跌水和潭池。典型的峡谷有龙门峡谷[图 3-222(b)]、半月湖峡谷等。

图 3-222　龙门峡谷上游如意谷(a)及峡谷一侧的崖壁地貌(b)

石槽及壶穴，主要分布在峡谷的底部，是流水长期侵蚀而形成的槽状或近圆形凹坑。石槽多受线性构造（节理、脉岩）控制，是流水长期沿线性薄弱面侵蚀而成。壶穴是流水（携带砂质颗粒物）向下长期淘蚀的结果。在龙门峡谷的朱眠石一带可见发育的石槽和壶穴。

裂点，是流水溯源侵蚀的后缘，代表一定的构造抬升，裂点上下的地貌一般有较大差别，其上多存在一平缓的地形，其下多为陡坎或坡降急剧变化。裂点处是发育瀑布（或跌水）的绝佳位置，大明山千亩田北缘的龙门三叹及外烂塘北侧的瀑布均发育在地貌裂点上(图 3-223)。龙门三叹从约 1 100m 千亩田北口倾泻而下,主体分为 3 段,落差 100 余米,宽 1～2m,流入下游的如意谷,底部有面积近 $20m^2$ 的潭池,可闻响如鼙雷的水涛声。

图 3-223　瀑布发育的地貌裂点(a)及龙门三叹(b)

剥蚀面,分布在千亩田—外烂塘一带,表现为缓丘谷地,组成花岗岩地貌上的缓丘宽谷区。山体海拔多在 1 140～1 450m 之间,地貌表现为山顶多呈馒头状或穹形,平缓;山间谷地开阔、平坦;山顶可见风化壳露头,花岗岩区可见风化形成的石蛋。高山缓丘宽谷是剥蚀面的重要特征,该级剥蚀面是大明山花岗岩地貌发育的基础,众多的花岗岩峰丛就是流水侵蚀切割该级剥蚀面而形成的。主要的宽谷有 3 个:千亩田谷地、烂塘湾(大明湖)谷地和外烂塘谷地。

风化壳及石蛋,分布在剥蚀面穹状山体缓坡上,风化壳厚度一般在 2m 以上,表现为花岗岩的颗粒化和长石矿物的部分黏土化,并在其中发育有花岗岩石蛋,部分穹形山体的顶部也可以见大量石蛋分布[图 3-224(a)]。七峰尖南侧的山体可见典型的风化壳和花岗岩石蛋露头,七峰尖上残留的花岗岩石蛋基本上代表了风化壳发育的底界[图 3-224(b)]。

图 3-224　七峰尖南侧山体上残留的石蛋(a)和花岗岩风化壳(b)

大明山花岗岩地貌特征典型，地貌从高到低表现为剥蚀面-山峰（穹峰、尖峰、石柱等）-峡谷地貌模式（图 3-225），反映了千亩田所代表的区域剥蚀面（夷平面）形成后，区域地壳抬升显著，流水溯源侵蚀分割剥蚀面后地貌演化的系列过程。目前，大明山千亩田一带保留的风化壳、石蛋、和缓起伏的宽谷就是剥蚀面的重要特征，该剥蚀面是大明山花岗岩地貌演化的地貌基础。第四纪以来，受喜马拉雅运动构造抬升强烈，流水沿发育的节理和裂隙下切侵蚀、溯源侵蚀分割早期形成的剥蚀面，形成峰岭（峰丛）与峡谷，是典型的因抬升而再次切割的“地貌回春”现象。

大明山于 1995 年被开发为省级风景名胜区，2014 年申报成为省级地质公园。

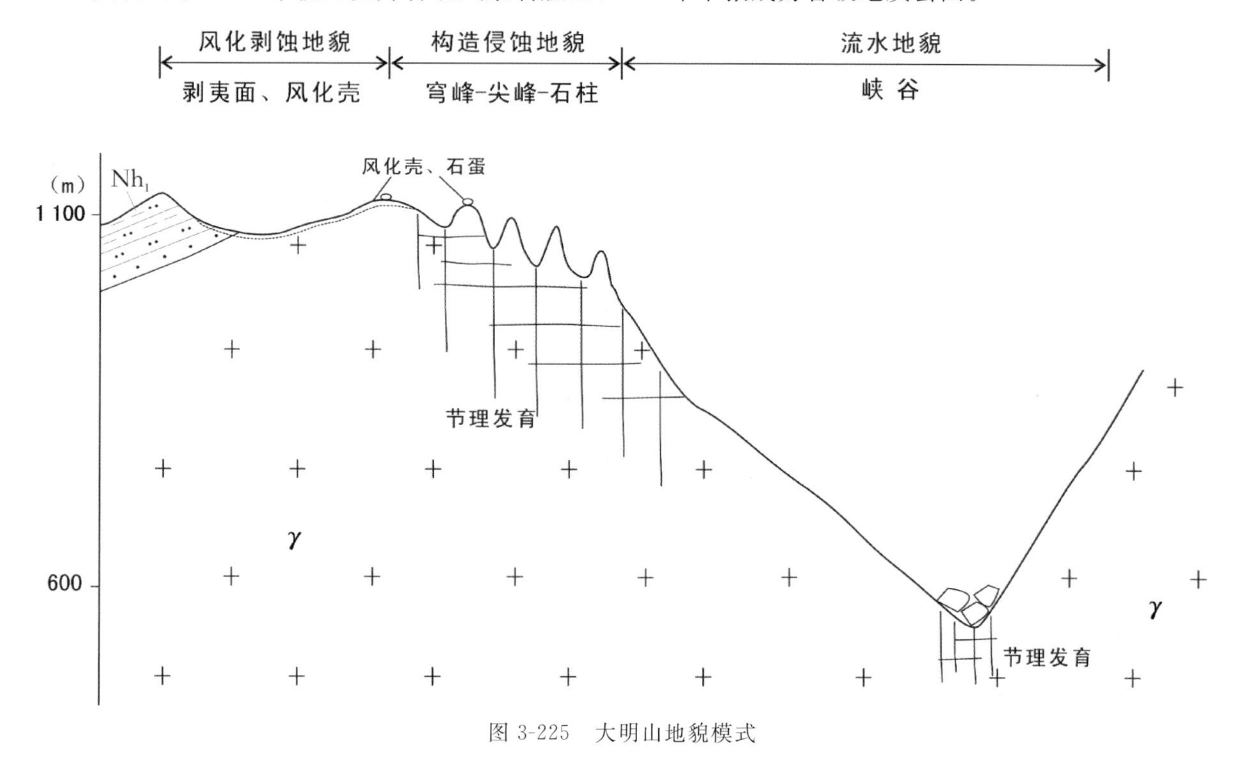

图 3-225　大明山地貌模式

3. 江山浮盖山花岗岩地貌（L011）

浮盖山岩体分布于浙、闽两省交界处，即江山廿八都和浦城盘亭等地，出露面积约 88.4km^2，产状为岩株，岩体侵入最新围岩为下白垩统西山头组（K_1x）火山岩地层，属早白垩世燕山晚期第二次侵入体，岩性为中、细粒花岗岩。

花岗岩地貌景观所在的区域可分为两大类型的地貌单元，即层状地貌区和沟谷地貌区。层状地貌区位于地势较高的山体上部，海拔 450～950m，地貌表现为山顶多呈馒头状，平缓，可见风化壳露头及风化形成的石蛋。沟谷地貌区位于层状地貌区的山体下部，地势上受流水切割强烈，形成侵蚀沟谷地貌（图 3-226）。

浮盖山花岗岩地貌景观分布在层状地貌区，发育的地貌类型主要有花岗岩风化剥蚀地貌景观（剥蚀面、风化壳、石蛋、叠石）、花岗岩崩积地貌景观[崩积巨石（堆）]及少量的花岗岩构造侵蚀地貌景观（石柱、突岩）等。

剥蚀面、风化壳，浮盖山一带的山体大致存在 3 个剥蚀平台（面），一级为 900～950m，二级为 650～750m，三级为 450～550m，剥蚀面整体表现为地势较缓。其中，一、二级剥蚀面风化壳残留较少，基岩裸露，多见花岗岩石蛋分布；三级剥蚀面可见风化壳，表现为花岗岩颗粒化及部分长石矿物黏土化。

石蛋、叠石，主要分布在一、二级剥蚀面上，形成花岗岩的石蛋地貌（图 3-227）。其中浮盖石、观音石均是花岗岩石蛋的残留，三叠石是叠石景观的代表（图 3-228、图 3-229）。部分石蛋受重力崩塌作用

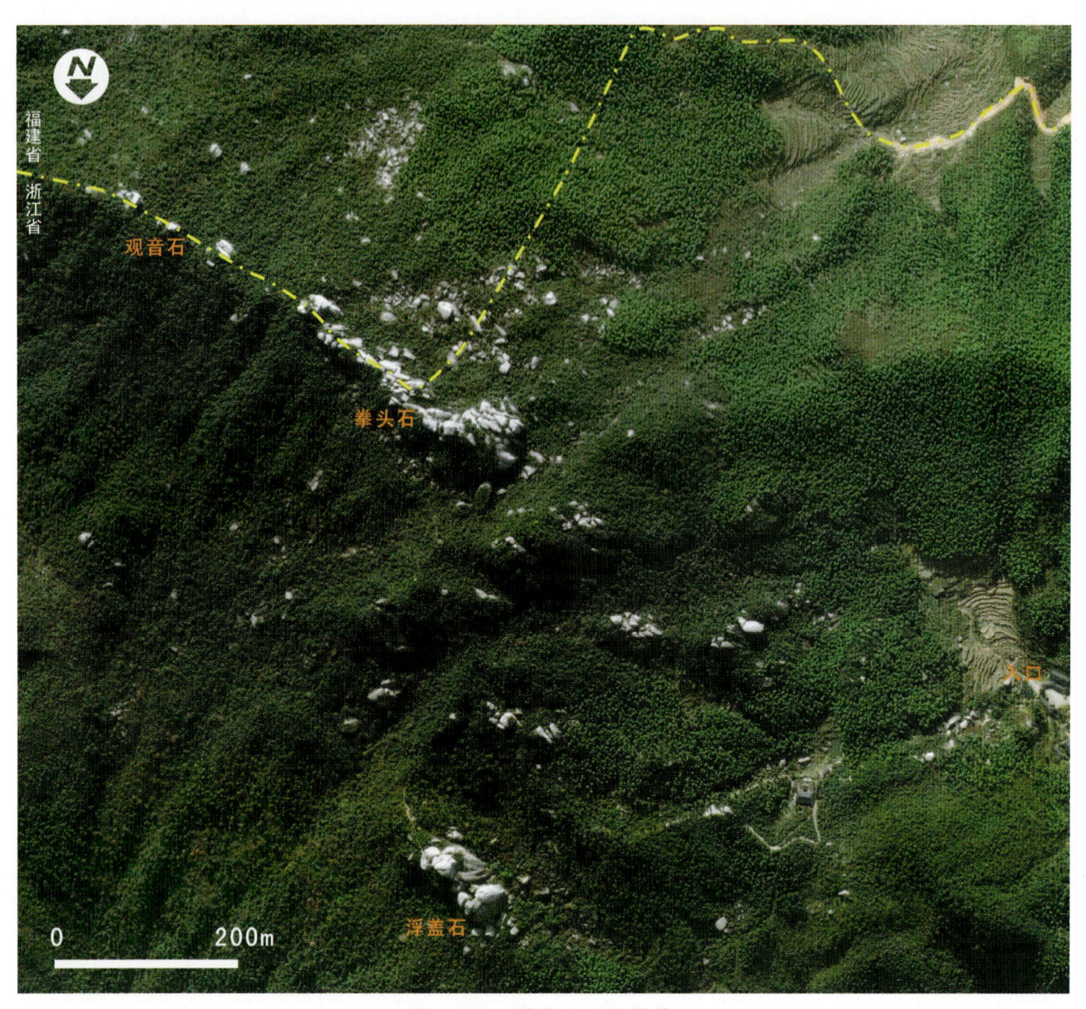

图 3-226　浮盖山卫星影像

图 3-227　花岗岩风化壳露头(a)及其石蛋(b)

滚落至山谷缓坡处，形成崩积地貌。石蛋和叠石景观的形成均受花岗岩 3 组节理(两组近直立、一组近水平)控制，沿节理面长期球状风化作用所致。

风化穴、风化侵蚀槽，山脊或山坡基岩岩块表面可见大量风化穴和风化槽(图 3-230)。风化穴多

图 3-228　三叠石(a)及浮盖石残留石蛋(b)

图 3-229　观音石残留石蛋(a)及山顶石蛋地貌(b)

呈近圆形，一般大小 10～15cm，深 5～10cm。山顶基岩上可见一较大风化穴，直径约 80cm，深约 50cm，常有积水。风化槽多见于基岩表面，呈竖向发育，一般宽 5～10cm，深 1～5cm，拳头石就是典型的风化侵蚀槽。

崩积巨石(堆)，主要分布在山坡缓坡或沟谷底部，形成巨石(堆)，巨石为山顶花岗岩石蛋或被节理切割而成的花岗岩岩块。巨石大小多在 1m 以上，个别可达 3～5m，多数为长条形或椭圆形，棱角不分明，岩性与基岩一致，形成石蛋坡、明古碓、巨石堆等景观(图 3-231)。据粗略统计，上规模的巨石堆积区有 4 处。个别地段巨石垒叠，留有空间，形成天然崩积洞，莲花洞、躲反洞均是崩积形成的洞穴景观。

浮盖山是燕山晚期花岗岩发育而成的地貌景观，地貌表现为石蛋-崩积地貌模式(图 3-232)，反映了区域剥蚀面形成后，地壳抬升，流水分割剥蚀面，风化壳遭受剥蚀，石蛋层被剥蚀出地表后发生重力崩塌作用的地貌演化过程，对浙西南地貌演化、新构造运动以及岩性岩相变化研究具有较高的科学意义。

浮盖山是江郎山国家级风景名胜区的一部分，2014 年申报成为省级地质公园。

图 3-230　风化穴(a)及风化侵蚀槽(b)

图 3-231　巨石坡

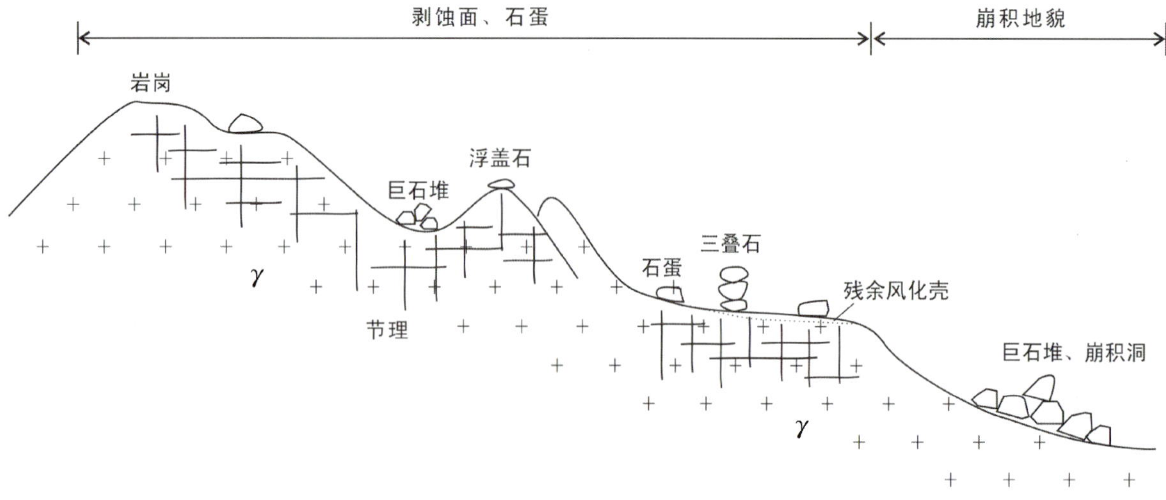

图 3-232　浮盖山花岗岩地貌模式图

4.黄岩富山花岗岩地貌(L012)

富山岩体出露面积约 $62km^2$，产状为岩株；岩体岩性为石英正长岩，以细粒结构为主体，相带或单元产出不明显，岩体锆石 U-Pb 年龄在(98.3±1.2)Ma 至(98.5±1.3)Ma；岩体侵入最新地层为早白垩世晚期馆头组，与围岩侵入面一般相对较平缓，岩体外接触带围岩普遍角岩化、硅化，角岩化带一般宽度为 100～250m，具有面状蚀变特点，反映岩体剥蚀程度相对较低。

富山大裂谷所在的花岗岩地貌区，地貌形态总体可分为两类地貌单元，即层状地貌区和沟谷地貌区。层状地貌区，主要发育在沟谷的上游区域，地貌表现为山顶平缓，山脊线呈馒头状，从高程上可明显分为 3 级，组成该区地貌上的 3 级剥蚀面。富山大裂谷的崩积地貌就发育在二级剥蚀面的外侧。沟谷地貌区，北东向发育的水系切割该区的三级剥蚀面。黄枝坑峡谷沿断层发育，上游形成积水盆地，中游形成障谷，下游形成"V"形峡谷地貌，塑造着该区花岗岩地貌的演化。

该区发育的主要地貌类型为风化剥蚀地貌和崩积地貌，崩积地貌组成景观的主体。风化剥蚀地貌主要表现为剥蚀面、风化壳和石蛋，3 种类型的地貌体多共存在一起。崩积地貌主要表现为崩塌悬崖、崩塌裂缝、崩积巨石(堆)、崩积洞。

剥蚀面，可分为 3 级：一级高程 1 000m 左右，以磨石坑一带的山体为代表，山顶近水平地连成一线，属水系发育的源头，多构成分水岭，是该区最早形成的层状地貌面(剥蚀面)；二级高程 650～750m，以张家山-岭头-景区平台所在的山体为代表，地貌上呈缓丘地形，发育厚层风化壳，风化壳内残留有大量石蛋(图 3-233)；三级高程 450～550m，以西岩、畴路所在的层状地貌体为代表，风化壳发育，与该级剥蚀面高程相当的水系上游位置发育有积水盆地，应为水系侵蚀该级剥蚀面后所为。

图 3-233　景区入口的风化壳露头(a)及残留石蛋层(b)

风化壳，沿半山岭头到景区的公路一带均可见，厚度在 5m 以上，风化壳具有一定的分带性，矿物颗粒黏土化程度高，多处可见残留的花岗岩石蛋，该层风化壳是发育在二级剥蚀面上的产物。半山村一带的风化壳，位置较低，厚度一般也在 5m 以上，高程与三级剥蚀面相当，为三级剥蚀面形成时的产物。

石蛋，多与风化壳伴生存在，沿半山岭头到景区的公路一带可见，景区平台上的石蛋层形成"财神岩""守财狮"、石蛋坡等景观(图 3-233、图 3-234)，可见明显发育 3 组节理，两组产状接近竖直，走向 0°和 90°，另一组产状近水平。

崩塌悬崖，景区南侧的绝壁就是崩塌后形成的悬崖[图 3-235(a)]，长约 200m，高 50m 左右，崖面平直，近直立，走向与岩石内发育的 70°走向的竖直节理一致，说明崖面的形成与节理关系密切。

图 3-234　平台边部的石蛋坡

图 3-235　崩塌悬崖(a)及崩塌裂缝(b)

崩塌裂缝，为景区内的核心景观，即“大裂谷”。裂缝从山顶平台外侧一直向下延伸到半山腰，具体深度不详，可见深度超过 50m，宽 1～1.5m，内部曲折险峻[图 3-235(b)]。经实地测量，主体裂隙走向多为 0°和 90°，与岩石中发育的节理走向一致。内部裂缝两侧的岩壁凸凹形态呈棱角状，并且完全可以拼接，此特点说明，该裂缝仅为原地岩块的裂开所致，并没有形成大的位移。

崩积巨石(堆)，崩塌悬崖下方的沟谷中可见大量崩积巨石簇拥在一起，形成“巨石川”景观。岩块体量一般在 2m 以上，大者 15～20m，个别可达 30m 以上，巨石多棱角分明，互相叠置堆积，核心分布面积约 3 000m^2，景象非常壮观(图 3-236)。

崩积洞，在巨石川的内部，可见多处由巨石巧妙堆积形成的崩积洞穴，如岩洞听泉、藏宝洞、鹰嘴岩洞等，其中以岩洞听泉和鹰嘴岩洞的结构复杂、幽深为绝妙。另外，其他类型的地貌景观还有一线天和石柱。两者分布在崩塌悬崖西侧，受两组近直立的节理(走向 70°和 165°)控制，沿节理裂隙流水长期侵蚀剥落，形成宽 1m 左右的一线天景观。裂隙逐步扩大、崩塌，残留的柱状体形成石柱。

图 3-236　崩积巨石堆

富山花岗岩地貌表现为剥蚀面(风化壳、石蛋)-崩积地貌模式(图 3-237),反映了区域剥蚀面形成后,地壳抬升流水溯源侵蚀分割剥蚀面,风化壳遭受剥蚀破坏,局部石蛋层及基岩被剥蚀出地表后发生灾变(地震等),形成崩积地貌的系列演化过程,为壮年期地貌演化阶段。

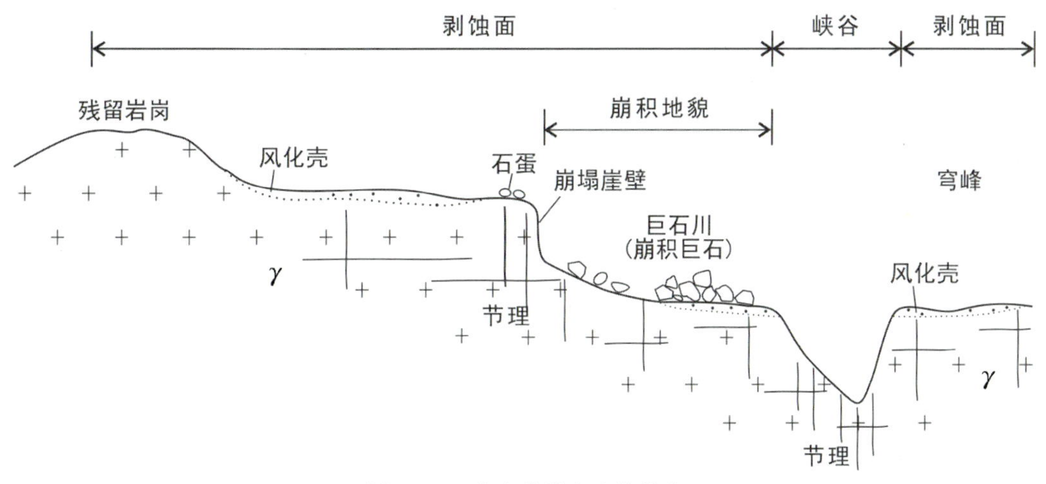

图 3-237　富山花岗岩地貌模式

综合富山崩积地貌的特征,特别是大裂谷和巨石川的发育特点,推测富山崩塌并非单一的流水侵蚀而造成的重力崩塌,而是遭受了某种内力(推测为地震)作用的影响,使山体沿早期形成的节理裂隙发生撕裂,在重力作用下形成崩积地貌,崩塌形成时间大概在晚更新世前后。

富山花岗岩地貌标型崩积地貌特征典型、气势壮观,形成的裂缝省内独特,是华东地区少见的典型花岗岩崩积地貌景观区。该区目前已被开发为一般风景区,主要地貌单元得到一定保护。

5. 苍南玉苍山花岗岩地貌(L013)

该地貌发育于大玉苍山燕山晚期钾长花岗斑岩上,以玉苍山景区和石聚堂景区为代表,发育最密集。发育微地貌类型有突岩、石蛋、叠石、石门、倒石堆、石柱、石林、崩积洞、石臼、陡崖、流水槽等,并以石蛋、突岩、叠石、石林、石门为主要特色。山顶、山脊石蛋、突岩的发育,是花岗岩地貌幼年晚期典型特征的呈现;玉苍山南、北两侧石门、崩积洞、石河发育,是花岗岩受结构面的影响,岩块发生崩塌、位移、堆积、风化剥蚀后组合成各种花岗岩崩塌堆积地貌的完美表现;山顶、山脊丰富的石林、石柱和叠石对判定地壳历史区域稳定性具有重要的标志意义。

岩岗，为玉苍山花岗岩地貌发育的基础，最典型属“好汉摩天岭”，位于玉苍山主峰右侧，3 条并列、长数十米的巨石山脊呈 35°倾角直指苍穹，两边面临山谷，让人望而生畏，属典型的花岗岩岩岗地貌。岩岗表面沿裂隙发育有风化槽和风化穴。

石蛋，本地最具特色的地貌类型。石蛋为大小不一、形态各异、棱角圆滑或近球形的孤立的花岗岩岩块，发育于花岗岩基岩之上，为风化壳球状风化的残留体，经剥蚀出露，是花岗岩地区独特的地貌景观。花岗岩石蛋发育在玉苍山海拔 800m 以上的山顶或山坡上，构成的景观主要有木鱼石、骆驼峰、寿桃石、老鹰石、龙珠、馒头石、仙人矴步、济公鞋、双仙桃、宰相帽、龙珠玉兔石、仙人手指、蜥蜴石、金鸡下蛋、关公青龙偃月刀、石鸡、石马、断尾鲤鱼等，形态各异，栩栩如生，仿佛一片“石海”。其中“仙人矴步”为玉苍山的标志性石蛋地貌景观(图 3-238)。

图 3-238　花岗岩石蛋地貌(引自 http://www.cnxfjlyxh.org/h-pod-534.html)

突岩，花岗岩突岩裸露在花岗岩基岩剥蚀面上，是原始花岗岩风化壳的弱风化层残留的典型代表。玉苍山花岗岩突岩分布在山顶或山坡上，具代表性的突岩有大佛像、寿山石、济公帽、五佛指、千年神龟等。

石门，花岗岩石门是花岗岩受原生节理或次生节理的影响，经长时间的球形风化后发生崩塌，岩块相互叠置后与山体基岩架空形成门状石拱，是区域构造活动开始至稳定期的体现。本处发育的石门主要有东天门、南天门、西天门和北天门，最具典型性和观赏价值的为南天门和北天门。

风化槽，花岗岩主要含有钾长石、斜长石等矿物，这些矿物易发生碳酸盐化作用，变成黏土矿物，因而花岗岩容易遭受风化。当花岗岩的垂直节理较发育时，易造成长石、石英等造岩矿物沿节理缝的水流溶蚀，加剧侵蚀作用。本地降雨丰沛，在长期雨水冲刷下，在风化面上形成了一条条的凹槽，即风化槽。玉苍山一带较发育，最典型属玉苍山北天门花岗岩风化槽(石海参)、玉苍山南天门花岗岩风化槽(石海覆舟)，均受节理控制，经长时间流水冲刷、侵蚀和风化而成。

倒石堆，花岗岩中节理裂隙一般较为发育，受构造、风化、侵蚀作用的影响，在重力作用下发生崩塌。崩塌的岩石在坡脚或者缓坡上堆积垒叠，形成倒石堆。玉苍山花岗岩受北东向和北西向两组断裂的影响，岩体沿断裂发生大面积的崩塌，在玉苍山南、北两侧缓坡地带发育堆积，形成回音石、巨蛙石、神蛇捕蛙等景观；岩块被搬运到谷地形成“石河”，如万玉丛、沧海遗珠等。经数千万年的日晒雨淋、风化剥蚀，岩块从棱角状演化成球状或浑圆状形态，具有较高的观赏价值和科研价值。

崩积洞，花岗岩沿节理裂隙发生重力崩塌，岩石相互架空堆积而成的洞穴即为崩积洞，其形状不规则，多分布在山间谷底。本处较为典型崩积洞属苍顶幽洞、剑洞等。

石臼，花岗岩受节理、岩性结构控制，在地表雨水的影响下，发生差异风化，在基岩表面形成圆形或槽型的凹坑，如“仙女浴池”，为长近6m、宽约2m、深半米的凹坑，形状像大浴缸，终年碧水盈盈，盛夏不涸，连续降雨也不见溢出，水冬暖夏凉，十分奇特。

崖嶂，是崖壁受断裂或地层分界面的控制，发生崩塌后，保留下来的母岩形成的陡崖。本处典型崖壁不甚发育，其中最具代表性陡崖为玉苍山摩天岭崖壁（摩天岭），长约200m，高约90m，顶部发育大量直径1～2m的花岗岩石蛋，底部为花岗岩崩积地貌。

石柱，花岗岩石柱指岩体受构造影响普遍发育垂向节理，四周岩石沿垂向节理面风化而发生崩塌掉落，形成陡直的崖壁，中部的岩石呈孤立状，其高度大于宽度的柱状岩石。玉苍山东门石柱分布在东天门一带的山脊上，是花岗岩出露地表并处于强烈上升时，流水沿垂直节理裂隙下切形成的柱状物。代表性的石柱有企鹅迎宾、玉指戏珠和阳刚峰。

玉苍山花岗岩地貌特征典型，类型多样，景观丰富，是省内典型的石蛋型花岗岩地貌景观区之一。目前，玉苍山是国家森林公园和省级风景名胜区，重要景观点设立了简单标志，得到了一定的保护。

6. 温州大罗山花岗岩地貌(L014)

大罗山岩体位于温州市与瑞安市交界处，是省内面积最大的花岗岩地貌景观区。花岗岩地貌景观所在的区域整体表现为层状山体地貌，四周被滨海平原所包围。海拔一般为300～710m，地貌表现为山顶多呈馒头状，平缓；山顶局部可见风化壳露头，多见穹丘状基岩裸露，分布大面积花岗岩石蛋。大罗山花岗岩地貌景观类型多样，主要发育有花岗岩的分化剥蚀地貌（剥蚀面、风化壳、石蛋、叠石、岩脊、风化槽）、流水地貌（峡谷、壶穴、石槽）、构造侵蚀地貌（穹峰、堡峰、石柱、突岩）和崩积地貌[崩积巨石（堆）、崩塌洞、崩积洞]。

花岗岩风化剥蚀地貌，主要发育有剥蚀面、风化壳、石蛋、叠石、岩脊、风化槽等类型。

剥蚀面、风化壳，大罗山一带的山体大致存在3个剥蚀平台（面）：一级为650～710m，二级为500～600m，三级为350～450m。一级剥蚀面展示较好，山顶（哨子墩）残留有剥蚀面平台；二级、三级剥蚀面整体表现为山顶地势较缓，山体顶部基本在一个平面上。其中在二级剥蚀面（天河东水库一带）局部上可见残留风化壳，风化壳整体表现为花岗岩颗粒化及长石矿物的部分黏土化（风化程度低）。

石蛋，主要分布在二级、三级剥蚀面上，形成花岗岩的石蛋地貌。其中以分布在天河水库两侧山体上的花岗岩石蛋最为集中，分布面积大，形成极为壮观的石蛋地貌景观。比较典型的石蛋景观有灵芝岩、天河水库石蛋群、蹲儿岗石蛋群、金河水库石蛋群等（图3-239、图3-240）。

叠石，有两个以上的石蛋或岩块叠置起来形成叠石地貌。叠石景观可明显看到受花岗岩3组节理（两组近直立、一组近水平）控制，景观的形成均由沿节理面长期风化球化所致。典型的叠石景观有仙叠岩、瞭望等（图3-240）。

岩脊，发育在山顶或山坡上呈线状近水平分布的岩块，被节理分割后风化呈面包状。典型景观有龙脊（图3-241）、霹雳神腿。

风化槽，发育在基岩山体表面，在雨水伴随下风化形成的线形竖向槽沟，远望去犹如石瀑布，典型景观有香山石瀑（图3-342）。

花岗岩流水地貌，该类型主要为峡谷、壶穴、石槽。

大罗山一带的山体峡谷发育，峡谷走向主要有3个：北西向、北东向和东西向。峡谷纵切面呈“V”字形，两侧谷坡较陡，多在45°以上，局部可达80°，谷底基岩裸露，有流水，局部地段发育有壶穴和潭池。多数北西向和东西向峡谷延伸平直，受区域断裂控制。典型的峡谷有瑶溪泷峡谷、龙潭峡谷（断裂型）、天河峡谷（断裂型）、长坑山峡谷（断裂型）。

石槽，发育在峡谷内，经长期流水侵蚀形成的近水平线状槽沟，天河水库南侧沟谷可见。

花岗岩构造侵蚀地貌，主要地貌类型有穹峰、堡峰、石柱和突岩。

穹峰，多发育在剥蚀面上，顶部呈浑圆丘状的山体，表面基岩裸露，时有突岩及石蛋发育。天河水

图 3-239　水库两侧的花岗岩石蛋地貌

图 3-240　花岗岩石蛋及叠石

库东侧及寿桃山均是典型的穹峰地貌。

堡峰，四周呈陡崖，顶部呈近浑圆状的山体，形态如城堡。其中百家尖山体就是一典型堡峰。

石柱，柱状岩块，体量较小，一般发育在沟谷一侧或山顶。镇山玉印、镇山石、群仙岩、石猴均是典型花岗岩石柱。石柱明显受两组以上的节理控制，多发育在石蛋的下部。

突岩，是岩石经长期风化剥蚀、流水侵蚀后形成的无明显地貌类型特征的造型景观。天河水库东侧可见多处。

花岗岩崩积地貌，主要地貌类型有崩塌洞、崩积巨石（堆）和崩积洞。

崩塌洞，岩体沿裂隙面发生崩塌后，在后缘山体上形成凹向山体的空间，发育在山体近顶部时，远望去犹如石梁（桥）。典型景观有望夫桥。

崩积巨石（堆），由于大罗山一带的山体顶部基岩裸露，石蛋发育，受岩块自身重力作用发生崩塌，山谷或山坡脚变形成大量崩积巨石（堆）。大罗山一带的花岗岩峡谷内均有崩积巨石分布，比较典型的崩积巨石（堆）有石蛙望月、龙潭峡谷崩积巨石（堆）、天河溪水库崩积巨石（堆）。

图 3-241　花岗岩龙脊

图 3-242　香山石瀑风化槽(a)与望夫桥崩塌洞(b)

崩积洞,由崩积巨石巧妙堆叠形成的天然洞室,人类合理利用其空间,形成“天人合一”的景观,典型的崩积洞有化成洞、罗隐洞、山重楼、顾公洞、石屋。

大罗山花岗岩地貌表现为剥蚀面-石蛋地貌-峡谷地貌模式(图 3-243),反映了区域剥蚀面形成后,地壳抬升,流水溯源侵蚀分割剥蚀面,风化壳遭受剥蚀破坏,石蛋层及基岩被剥蚀出地表的微地貌演化过程,为壮年期地貌演化阶段。石蛋地貌极为发育,景观众多,标志性地貌特征典型,石瀑、龙脊等花岗岩地貌省内唯一,是省内极为突出的花岗岩地貌景观区。目前,已开发有瑶溪省级风景名胜区、茶山森林公园,大部分未开发者自然赋存良好。

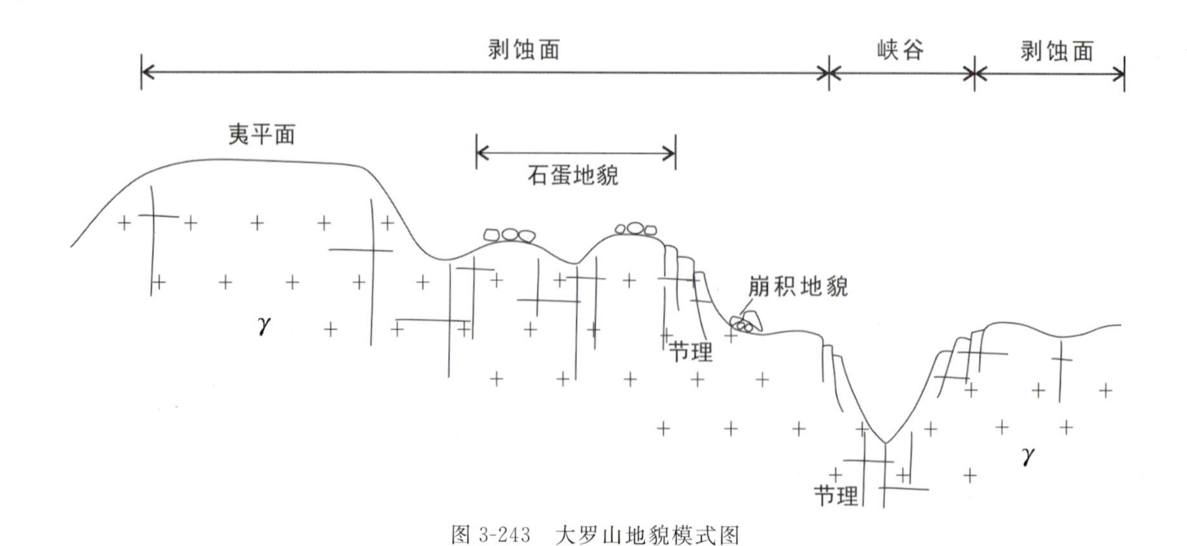

图 3-243　大罗山地貌模式图

7. 余杭山沟沟花岗岩地貌(L015)

山沟沟花岗岩崩塌构成崩积地貌，崩塌物主体属燕山晚期粗粒花岗岩，堆积在 10°左右的缓坡坡脚地带，堆积物分布宽在 140～180m 之间，长度在 350～400m 之间，崩塌块石一般呈椭球体，一般块石体积 3～20m^3，大者达几百立方米。崩塌物上部山顶见有保留的陡壁、原地掩埋的石蛋等。

千羊石(或万马石)崩积地貌堆积区分布在沟谷底部(图 3-244)，宽近百米，沿沟谷走向延伸约 200m。巨石成分单一，多为黑云母花岗岩，个别为正长斑岩。巨石棱角不明显，球度差，多为不规则长条状或扁平状，表面凸凹不平，残留大量的石英颗粒。巨石长径多为 2～5m，个别达 10m。巨石长轴方向多数与沟谷走向一致。

图 3-244　崩积巨石堆

堆积区外围的沟谷缓坡上也散落少量巨石，成分及形态与堆积区巨石基本一致。崩积巨石分布的沟谷顶部，地势较为平缓，附近山顶面高程多为 300～350m、550～650m，形成该区的两级剥蚀面，剥蚀面上局部残留有风化壳，厚度在 1m 左右。

在部分崩积巨石上发育风化穴，分布在巨石阴面陡壁上，表面可见新鲜岩石，无苔藓类植物覆盖。穴坑多为近圆形，长轴方向近直立，直径 3～10cm，个别达 50cm，深 3～20cm 不等，穴下部有开口，上部逐渐向内掏空，整体呈蜂窝状分布。

仙人洞为典型的崩积洞，由 4 块巨大的花岗岩石块堆叠而成，中间形成洞穴空间，深约 8m，高近 3m，宽 1～3m。洞顶最大的巨石直径达 8m，平卧而上，形成“将军崖”。

茅塘村发育一处典型的地貌裂点，是流水溯源侵蚀的后缘，并有小型跌水，代表一定的构造抬升，裂点上下的地貌一般有较大差别，其上为崩积巨石分布的谷地（平缓地形），其下多为陡坎或坡降急剧变化（峡谷地貌）。如茅塘村往北的沟谷经流水侵蚀切割花岗岩山体形成的狭长谷地，沟谷深切，谷底基岩裸露，谷底坡度在 15°以上，两侧山体坡度多在 45°以上，局部近直立，延伸约 1km，是典型的流水峡谷地貌。与上述峡谷相连的太平溪是近东西向的宽谷地貌，沟谷弯曲，发育有边滩及河漫滩，谷底宽度 100～500m 不等。

地貌从高到低表现为突岩-崩积巨石-峡谷地貌模式（图 3-245），反映了山沟沟崩积巨石的物质来源和崩积过程，崩积巨石（堆）形成后，区域地壳再次抬升，流水溯源侵蚀分割剥蚀面后形成峡谷和裂点。该地貌模式对研究花岗岩石蛋崩塌地貌的形成机理具有重要意义。

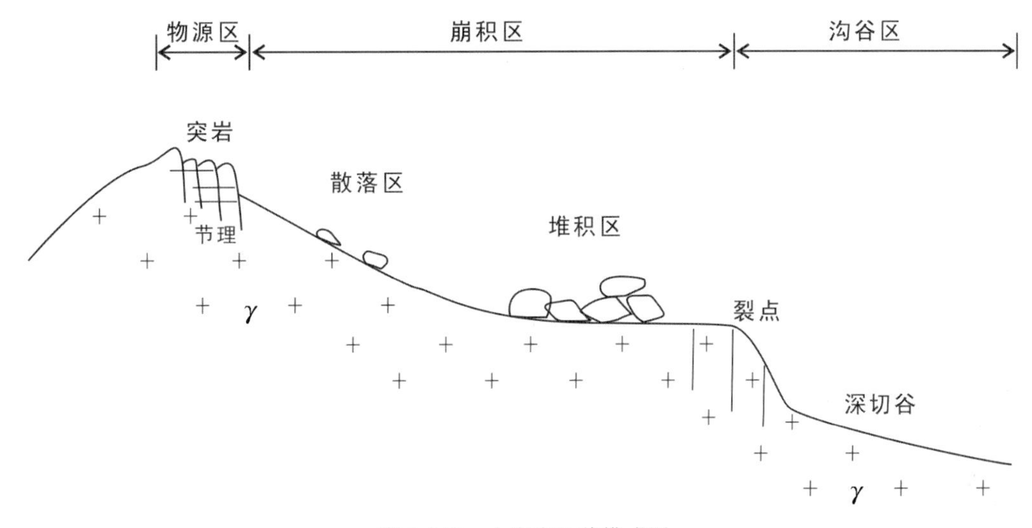

图 3-245 山沟沟地貌模式图

花岗岩地貌特征典型，万马石气势磅礴，具观赏性，整体为老年期地貌演化阶段，是省内少有的典型花岗岩崩积地貌景观区。目前，已建设成为山沟沟风景旅游区，属国家森林公园。

8. 平阳南麂列岛花岗岩地貌（L016）

南麂列岛地处我国东海大陆架上，位于温州平阳县鳌江口东南约 50km 的东海上，主岛外形似鹿，头朝西北，尾向东南，总体地势为中部高，南、北部低，山体上部地势相对平缓，下部与海岸相接地带地势坡度大。大地构造处于环太平洋亚洲大陆边缘构造岩浆带中的中国东南沿海中生代火山岩带上。

南麂岛花岗岩景观区发育的地貌类型有花岗岩地貌和海岸地貌（包含海蚀地貌和海积地貌）景观，主要地貌类型有石蛋、风化壳、崩积洞、海蚀崖、海蚀柱、海蚀龛、海蚀平台、海蚀洞、沙滩、砾滩等。

风化壳，柴屿发育的大面积球状风化带及风化壳（图 3-246），分布长 50～60m，宽 20～30m，面积约 1 500m^2。风华带内可见大量球形风化的石蛋，表面形成的风化物质已被海水侵蚀掉，后缘可见0.5～1m 的古风化壳，为棕红色砂土，成分主要为石英、长石颗粒及黏性土（长石黏土化）。该风化带清晰完整地反映了花岗岩石蛋的生成与演化机理、风华壳分带特征，对研究海岛区花岗岩地貌演化具有重要意义。

石蛋，南麂岛石蛋地貌相当发育，多数花岗岩岛上均有大面积石蛋分布，以三盘尾、竹屿、柴屿等岛屿最为发育，形成飞来石、石蛋群及风动岩等地貌景观(图 3-247)。

图 3-246　柴屿花岗岩球状风化现象及风化壳露头(据唐小明等，2009)

图 3-247　柴屿花岗岩石蛋地貌(a)和三盘尾花岗岩石蛋地貌(b)

崩积洞，南麂岛花岗岩节理发育，受风化、侵蚀作用影响，在重力作用下发生崩塌，在坡脚堆积形成崩积洞景观，典型景观有天然凉亭、飞来洞。天然凉亭位于头屿顶部的南侧，由高约 8m、宽 3～4m 的 3 块长条形石块相互支撑形成，形似金字塔，东西连通，既是过道又是天然凉亭，下面可供 10 余人休息。飞来洞位于头屿南侧海岸，由长约 5m、宽约 3m 的数块巨大的塌石巧妙地堆搭而成，巨石犹如天外飞来成洞，故名飞来洞(图 3-248)。

海蚀崖，为基岩海岸受海蚀作用及重力崩落作用常沿断层面、节理面或层理面形成的陡壁悬崖(图 3-249)。南麂岛海蚀崖有古海蚀崖和现代海蚀崖之分。古海蚀崖发育在海平面之上 5～10m 处，崖壁高 5～10m，下部发育侵蚀凹槽海蚀穴以及残留的小面积海蚀平台。古海蚀崖反映了海平面的升降变化，对研究海岸环境变迁意义重大。现代海蚀崖以三盘尾百米崖壁和门屿尾海蚀崖最为壮观。三盘尾的天然壁画最为神奇(风化裂隙＋铁质氧化物晕染)。海蚀崖多与花岗岩发育的竖直节理面方向一致，应为海水长期侵蚀基岩岸、沿节理薄弱面崩塌后形成的。

图 3-248　天然凉亭(a)和飞来洞(b)

图 3-249　三盘尾海蚀崖(a)及天然壁画(b)

海蚀柱，在海水长期侵蚀作用下，海蚀台上残留的锥状或柱状基岩(图 3-250)。以“猴子拜观音”和蜡烛峰最有特色。“猴子拜观音”由两根石柱组成，其中西侧石柱高约 20m，长、宽为 2～5m，具有移步换景之绝妙；蜡烛峰位于南麂本岛门屿尾村东北面，海蚀柱矗立在悬崖峭壁的外侧海上，柱面由北西向和北东向近直立的节理面组成，长、宽约 3m，高约 15m，下宽上窄，耸立于万顷壁波之中，形如燃烧的蜡烛，气势雄伟。

海蚀洞，多与海蚀崖伴生，是海水沿与崖壁近垂直的节理面长期侵蚀的结果。主要有沿构造破碎带冲蚀形成的潮音洞。

海蚀龛，又称海蚀壁龛，指海蚀岩与海面接触处受海蚀作用形成深度小于宽度的凹槽。仅在三盘尾和稻挑山可见(图 3-251)。三盘尾有高程 12m 左右的骷髅石，稻挑山分布有高程 3～18m 范围的海蚀凹穴。海蚀龛是海平面变化的重要标志之一，代表海平面处于一个相对的稳定期，不同高程面上的海蚀龛反映海岸环境的变迁。

图 3-250　海蚀柱(猴子拜观音及老人礁)

图 3-251　骷髅石海蚀龛(a)和稻挑山海蚀龛(b)(据唐小明等,2009)

沙滩,大沙岙沙滩长约 800m,宽 60m,分布标高 10～11m,较平均高潮位高约 5.2m,由贝壳碎屑、石英颗粒等海积而成,是国内外罕见的贝壳沙滩,内含大量贝壳类生物信息,对研究南麂岛海洋生态环境的变迁具有重要意义。同时还是重要的海滨浴场(图 3-252)。

砾滩,三盘尾头屿东侧海岸砾滩,称为海珠石,是海蚀形成的砾石堆积滩。砾滩宽 10～38m,长约 50m,砾石大小一般为 10～50cm,岩性与基岩一致,磨圆度好,排列有一定方向性,大致与海水冲刷方向一致。另外,在竹屿、柴屿也有大小不等的砾滩分布。

海蚀平台,实为海浪侵蚀基准面,包括现代海蚀平台和古海蚀平台遗迹(图 3-253),古海蚀平台为海退或地壳抬升后形成的海蚀阶地的佐证,与现代海蚀平台的对比分析,对研究海岸线变迁有重要的意义。南麂列岛海蚀平台较发育,在众多岛屿中均可见。古海蚀平台在三盘尾砾滩至东嘴头沿海岸发育规模、面积最大,宽 10～40m,长约 200m,面积约 7 000m^2,标高在 3～15m,略向海倾斜,倾角为

3°～10°，平台主要由近水平节理面组成。另外在二屿和小屿西海岸亦有分布，面积在数十米至百余平方米，标高为5～10m。

图 3-252　大沙岙沙滩((引自 https://www.duitang.com/blog/? id=26152951))

图 3-253　东嘴头古海蚀平台(a)和竹屿海蚀平台(b)

南麂岛地貌表现为剥蚀面(风化壳、石蛋)-海岸地貌模式(图 3-254)，反映了区域剥蚀面形成后，地壳抬升缓慢，在流水、风化及海水的共同作用下，剥蚀面被破坏并发育海岸地貌的过程，山体地貌整体为壮年—老年期地貌演化阶段，海岸地貌属壮年期地貌阶段。

南麂岛花岗岩石蛋地貌发育，景观丰富，标型地貌典型，剥蚀出露的完整风化带层国内罕见，海蚀地貌类型丰富，景观独特，对反映地貌演化及全新世海岸环境变迁意义重大，是国内典型的花岗岩地貌和海岸地貌复合地貌景观区之一。南麂列岛海岸地貌的变化和生物碎屑沙滩中储存的环境信息，是对比分析研究浙江省乃至全国海岸线变迁及环境变迁中不可缺少的组成部分。

南麂列岛是国家海洋自然保护区，作为重要旅游资源，三盘尾和大沙岙等地已被开发利用。

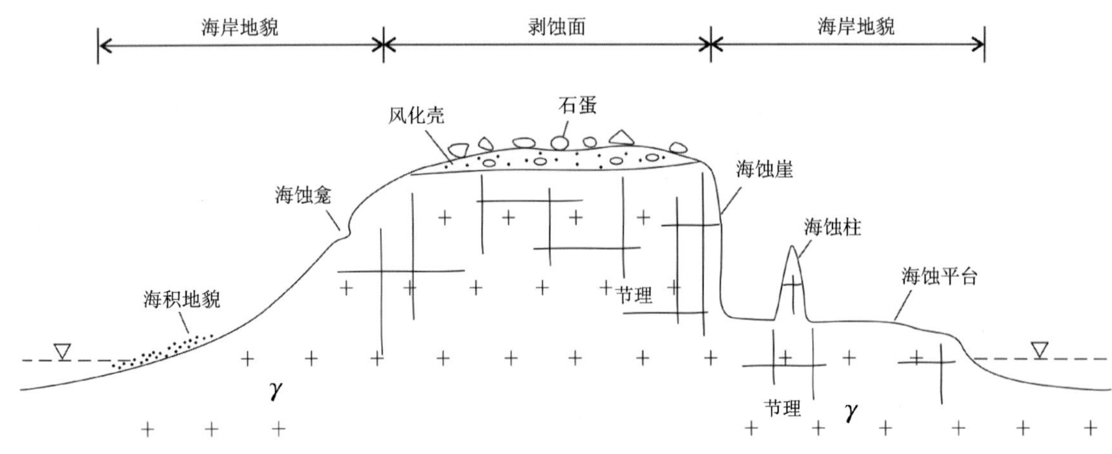

图 3-254　南麂岛花岗岩地貌模式

三、碎屑岩地貌

浙江省内白垩系以河湖相沉积为主的红层较为发育，分布于46个大小不等的盆地内，经后期抬升剥蚀等内外力作用，形成了多处千姿百态的赤壁丹霞地貌景观，造就了省内众多著名的风景名胜区。典型丹霞地貌景观主要发育在白垩纪形成的方岩组和中戴组砾岩与砂砾岩组成的地层中。列入国家级和省级的丹霞山体有江山江郎山、永康方岩、武义大红岩、衢州烂柯山、新昌穿岩十九峰、丽水东西岩、东阳平岩-三都、金华九峰山等。典型丹霞地貌景观介绍如下。

1. 江山江郎山丹霞地貌(L017)

江郎山丹霞地貌位于江山市西南部，仙霞岭山脉北麓，浙、闽、赣三省交界处，浑憨纯厚，色丹如霞，具有丹崖、险峰、岩洞和幽谷等地貌景观。

江郎山位于峡口盆地，山体主要由方岩组(K_1f)厚层的红色砾岩、砂砾岩组成，砾石成分主要为石英正长岩、砾岩、熔结凝灰岩、玄武岩等，物源复杂。岩层倾角为10°～20°，近于水平，所以山峰表现“顶平”的基本丹霞坡面。盆地内北西向的垂直断裂发育，其中两条把江郎山峰一分为三，使它们按“川”字形相峙相对而立，形成了“三峰列汉”的奇景。同时，由于山峰被断裂切割很深，加上流水的下切作用和崩塌作用，形成了深窄陡直、恢宏险峻的一线天，以及峭拔森立的三爿石。

江郎山丹霞地貌主要类型有峰、崖、洞和谷及崩塌地貌等。其中最为典型的景观是三爿石和一线天巷谷。

峰，为本处最典型的地貌类型，俗称三爿石(图3-255)，是3座墙式的巨大石峰，突起于500m左右的山顶之上，自北东东向南西西顺序为郎峰(海拔819.1m，相对高度369.1m)、亚峰(海拔737.4m，相对高度287.4m)和灵峰(海拔765m，相对高度298m)。

郎峰是三峰中最高大的一座石峰，巍峨奇雄，被誉为“神州丹霞第一峰”，该石峰走向北北西，长420m、宽240m，椭圆状，峰顶宽约10m。灵峰是三爿石西南缘的一堵石墙式的巨大岩峰，走向33°，长达350m左右，厚度10～35m，其峰顶比一线天西北口高出256.1m，比大弄坑底高315m，其东南端上部因岩层差异风化突兀奇特，西北端则陡直如削，峰顶平缓。

巷谷，受断裂控制发展而来的另一类本地典型地貌类型，又称“一线天”(图3-256)，是由北西向断裂裂隙发展而来的，其高度约300m，而宽为4～5m，首尾上下其宽度几乎相等。断裂性质为张扭性，有安山岩脉侵入充填，并具有水平剪切的特点。“一线天”之陡壁上仍然保持着平整光滑，发育有大量的近水平的擦痕及阶步，被认为是中国丹霞“一线天”之最。

图 3-255　江郎山三爿石

(a)

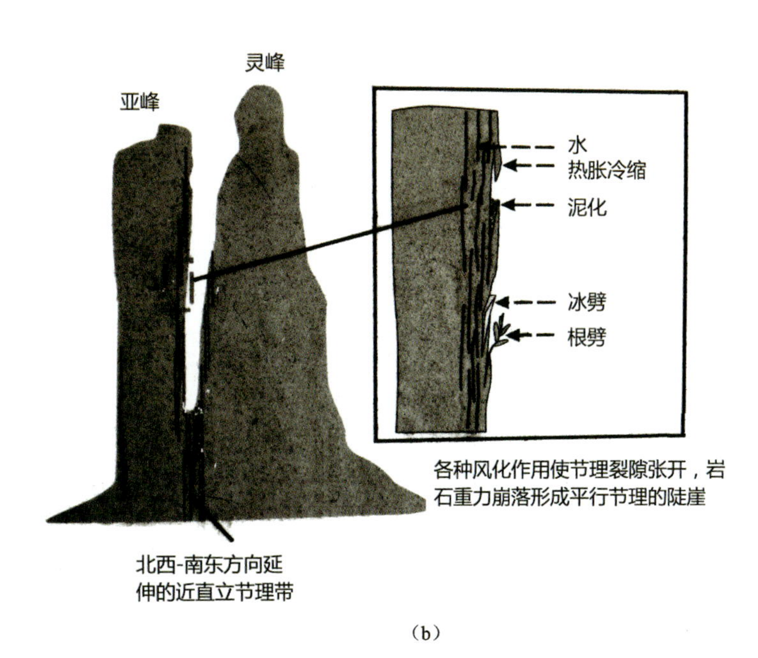

(b)

图 3-256　江郎山“一线天”(a)及其形成示意图(b)

崖壁，丹霞石峰因它的高耸挺拔而冠绝于世，同时也成就了四周雄伟壮观的丹霞崖壁。崖壁表面保留有很多风化塌落的凹槽、串珠状的横槽，成为一种特有的微形态地貌。因受多期构造运动的影响，砂砾岩中产生多组断裂作用，在崖壁边缘形成各种象形石以及石柱、石条、凹槽等(图 3-257)。

洞穴，本处洞穴发育规模有限，主要有会仙岩洞、钟鼓洞，为崩塌剥蚀而形成的扁平状丹霞洞穴(图 3-258)。

江郎山是发育到老年期孤峰状丹霞的典型代表，其周边的白垩纪地层多被蚀为平原区，唯有江郎山三爿石在海拔 500m 左右的山脊上拔地而起，其间夹有长、高各约 300m，底宽约 4m，如刀削斧劈般的笔直巷谷，奇特的老年期丹霞孤峰-巷谷景观极为罕见。

江郎山丹霞发育经历了峡口盆地的形成、红层沉积、盆地抬升、断裂变动、外动力侵蚀、地貌老年化、再次间歇性抬升等一系列过程。

图 3-257　丹霞平顶及崖壁

图 3-258　会佛岩凹槽(a)及其形成示意图(b)

江郎山是一处典型的老年期丹霞地貌(中国丹霞世界自然遗产的重要组成部分),保存有在后期构造运动中被抬升的高位丹霞孤峰,具有独特的地球科学价值和地貌演化的模式意义。

江郎山已被列入国家级风景名胜区、世界自然遗产地名录。

2. 遂昌石姆岩丹霞地貌(L018)

石姆岩丹霞地貌位于遂昌高坪乡上村头南侧,气候属我国南方湿润区,主体由白垩系方岩组(K_1f)的紫红色砾岩、砂砾岩等岩石构成,岩层倾角约 10°,地貌发育区约 2km²,但其孤峰石柱、崖壁沟谷等地貌单体落差达 100 余米,是一处发育面积小、成景规模大的丹霞地貌景观区(图 3-259)。根据彭华(2002)对丹霞地貌分类系统的研究,属湿润区丹霞地貌、砂砾岩丹霞地貌、近水平丹霞地貌;按丹霞地貌演化阶段划分,应属于老年期丹霞地貌。

本处丹霞地貌形态类型多,景观优美,似人肖物。正地貌发育有丹霞崖壁、方山、石柱(石墩)、孤峰、孤石、崩积堆和崩积巨石、剥夷面等形态类型,负地貌发育有巷谷、顺层岩槽、凹槽、风化洞穴、蜂窝状洞穴、竖槽等形态类型，整体属于孤峰型丹霞地貌（图 3-260）。主要遗迹点有石姆岩、金钟岩、寿星岩、熊猫吃笋、和尚头等，岩壁陡直，高耸在海拔 1 100m 以上的山顶部位，属高海拔丹霞地貌。

图 3-259　石姆岩丹霞地貌三维全景

图 3-260　石姆岩丹霞地貌全景（西侧观望）

丹霞石柱（石墩），丹霞石柱为高度大于直径的孤立石柱，低矮者可称石墩。石姆岩，又叫大高石、仙姑岩，由海拔 1 236.3m 的丹霞石柱和 1 165m 的石墩组合构成，以形似背负婴儿的妇人而得名（图 3-261），是石姆岩丹霞地貌中最具特色的丹霞景观。石柱相对高差约 120m，西侧峭壁（崖壁）高度 200

余米，突兀峥嵘，挺拔雄伟。石姆岩具有移步换景之绝妙，东看为一背驮孙女的姥姥，南看似一欲跃的巨大雄蛙，西看又极像人类的生命之根，让人不得不感叹大自然的鬼斧神工。

石姆岩北200m为金钟岩(石柱)，又叫小高石，海拔1 228.5m，崖壁高约115m，顶部略呈弧形，底部直径约80m。从底部望去，形似倒扣的巨钟，因此得名(图3-261)。金钟岩底部向近东延伸为近百米的平台，平台三面皆为陡壁，回望金钟岩，金钟全无，“金靴”替之。

图3-261 石姆岩(a)和西望石姆岩与金钟岩(b)

丹霞孤峰，金钟岩以北150m处即为寿星岩，海拔1 215.5m，西侧峭壁高度115.5m，底部直径130～200m，顶部浑圆，局部平坦，形成丹霞孤峰。从金钟岩东南侧平台望之，形似秃顶高额头的老寿星，因而叫寿星岩。

丹霞方山，系山体形态近平顶、四面陡坡、长宽比小于2∶1的丹霞山体，常呈城堡状、宫殿式。和尚头位于寿星岩东北1 000m处，中间有峡谷相隔，最高处海拔1 291m，顶圆而平，面积约2 000m^2，四周稍陡，形如城堡，为丹霞方山。远观犹如和尚的光头顶，因此叫“和尚头”。

丹霞孤石，有熊猫吃笋、石猴和乌龟岩等景观。熊猫吃笋位于寿星岩东北侧，顶部最高点海拔1 231m，相对高差近百米，山体受近南北向的节理切割，沿节理裂隙风化剥蚀后形成一与山体脱离的柱状岩石，形似出土竹笋，山体犹如一坐着的熊猫，崩塌的两块巨石形成熊猫的大脚板，从西北侧望之形成“熊猫吃笋”之美景。乌龟岩位于石姆岩南侧，与石姆岩、金钟岩等在同一高程面上，应为早期剥夷面上丹霞山体的残留，从西侧望之，形态如朝南爬行的乌龟(图3-260)。

丹霞崖壁，为倾角近90°的山崖。石姆岩地区石崖分布广泛，在石姆岩、金钟岩、寿星岩、脸谱壁等地几乎处处有崖。石崖类型多样，有的平如刀劈，有的凹凸有致，有的曲直有序，有的怪异奇特，有的小巧玲珑，有的雄伟壮观，有的俯视深不可测，有的仰观高耸入云，有的飞雨满天、绚丽多姿。高度自几十米到上百米不等，多数是由于受近南北向或东西向垂直节理切割，发生大面积崩塌而成，因其岩性均为紫红色砂砾岩，故而称之为丹霞崖壁。

崩积巨石，在各种风化和流水的作用下，砂砾岩岩层中较软的部分容易遭受侵蚀，山体就有可能沿各种破裂面发生崩塌，崩落的巨石被流水或者重力作用带到山谷，堆积在山谷底部，形成崩积巨石和崩积堆。熊猫吃笋的“大脚板”、上毛竹坑谷底均可见该类型地貌。

剥夷面，大湖湿地所在的山坳往东存在有面积约2km^2的平缓地形，山顶开阔，地形坡度平缓，高程多在1 000～1 200m之间，山顶局部还残留有基岩风化壳；该平缓顶面与石姆岩、金钟岩、寿星岩等山体底座所在的高程基本一致；区域上存在1 000～1 200m的层状地形。因此大湖湿地一带的平缓地形应为区域二级剥夷面的残留。

巷谷，巷谷系谷壁平行(垂直或等斜)、无常年流水、宽度1～10m的沟谷[图3-262(a)]。构成石姆岩的石柱与石墩之间有一条近南北向的巷谷相隔，又称“南天门”，谷壁平行、垂直相对，宽度约4m。巷谷的形成是由于在地壳区域抬升过程中，流水沿岩层近南北向垂直节理侵蚀，并伴随长期风化、重力崩塌而形成的两壁直立的沟谷。

顺层凹槽、岩槽，系崖壁上顺软弱岩层风化或流水侵蚀形成的近水平槽形微地貌。深度小于槽口高度的称凹槽，深度大于槽口高度的称岩槽。寿星岩、石姆岩、脸谱壁等崖壁上普遍发育凹槽和岩槽。脸谱壁上的凹槽和岩槽组成众多脸谱形象，称之为“千面脸谱”[图3-262(b)]。石姆岩凹槽开口长8～10m，高3～5m，槽底倾斜，槽内有一嘉庆年间设立的保护石碑，可见先人对石姆岩丹霞景观已有保护意识。

图3-262　南天门巷谷(a)和脸谱壁上的顺层凹槽、岩槽(b)

风化洞穴，系崖壁上深度大于外口最小尺度的凹穴，一般沿崖壁软岩带顺层发育，是顺层岩槽或凹槽的进一步风化加深，洞顶产生崩塌所形成的额状洞、扁平洞等。该区比较典型的风化洞穴有寿星岩洞和脸谱洞。寿星岩洞位于寿星岩崖壁下，洞口宽约23m，高3～5m，深9m，内部建有寺庙。脸谱洞位于脸谱壁下部，内部宽敞、平坦，洞口高约1.5m，宽约30m，深约8m，从洞口垒筑的泥块看，里面曾有人居住。

蜂窝状洞穴，系发育在露天崖壁上，个洞穴间隔板共用、密集相连的洞穴群，单穴直径小于1m。区内所见的蜂窝状洞穴发育在金钟岩东侧崖壁上。其中一个洞穴呈近圆形，外形像人类的肚脐眼，被称为腹脐洞[图3-263(a)]。腹脐洞上下可见浅竖槽，是流水侵蚀形成的直接证据，表明腹脐洞的形成是风化和流水侵蚀共同作用的结果。

竖向沟槽，系崖壁上垂直向下密集排列的竖向浅凹槽，其成因是山顶片状水流在崖壁顶部汇聚的股流向下长期侵蚀而成。八仙聚会就是密集排列的竖向沟槽[图3-263(b)]，位于金钟岩东对面的崖壁上，沟槽宽度一般在1m左右，深浅不一。从金钟岩东侧平台观看犹如多个仙人在聚会，称之为“八仙聚会”。

石姆岩丹霞地貌发育在区域二级剥夷面上(1 000～1 200m)，对解释区域地质构造、地貌发展与演化意义重大。丹霞类型较为丰富，造型极具特色，同时发育有区域剥夷面及高山湿地，四季景色各异，孤峰突兀凌厉，具有较高的观赏性。

石姆岩丹霞地貌特征典型，类型丰富，完整展示了老年期丹霞地貌的地貌特征，是我国东南湿润区仅有的高海拔丹霞地貌景观，是高海拔丹霞地貌的唯一代表。

图 3-263 腹脐洞(a)和八仙聚会竖槽(b)

3. 新昌穿岩十九峰丹霞地貌(L019)

穿岩十九峰丹霞地貌，位于新昌县城西南约 25km 处的镜岭镇，因发育近南北走向的 19 座山峰定向排列，又因其中的马鞍峰山腰发育一东西向相通的岩洞，故得名。其基底为下白垩统磨石山群火山岩，上覆新近系嵊县组玄武岩和第四系松散堆积物，产状平缓、层序清楚，中间地层为白垩系方岩组($K_1 f$)紫红色厚层块状砾岩夹薄层状或透镜状砂砾岩、泥质粉砂岩，形成奇特秀丽的丹霞地貌主体；巨厚的砾岩层沿节理或断裂，经过长期的物理化学风化侵蚀，形成了峡谷、崖壁、石柱、洞穴、峰丛、穿洞等形态各异的丹霞地貌景观。主要丹霞景观发育区面积约 $3km^2$。

丹霞峡谷，发育在十九峰与台头山之间，是一系列雁行排列北东向、北西向断裂构造，经流水切割形成的峡谷地貌，名千丈幽谷。谷底宽不足 50m、纵深约 1.5km，两侧壁立千仞、苍壁对峙，犹如山劈地裂而得名。谷底块石垒垒，溪水穿洞绕石，茂林修竹，景致十分幽静。千丈幽谷以千姿百态、万壑争妍为其特点，作为中央电视台《笑傲江湖》《天龙八部》《射雕英雄传》等多部影视剧的外景地而闻名全国。

丹霞崖壁，在峡谷两侧及北侧山脊两侧均定向展布丹霞崖壁(图 3-264)，落差近百米，因在崖壁上受近东西向的节理裂隙控制，发育众多竖直沟槽，分割崖壁使之不够连续完整。千丈幽谷入口两侧崖壁沿近南北走向连续展布，因多组节理裂隙发生风化崩塌等作用，崖面略显破碎，块度不好，崖垂直落差近 100m，向两侧断续延展可达数千米。另一处典型崖壁属“铜墙铁壁”崖壁，位于幽谷中段，发育在沟谷右侧底部，崖面非常平整，长约 40m，高近 50m，走向 205°。崖面上众多大小不一的砾石均沿崖面被切割成两半，断面痕迹清晰完整，仿佛经过刀切斧劈，由沿断层面发育而成。

丹霞石柱(石墩)，本地发育不多，仅发现两处较典型。一处位于千丈幽谷下游山坡半山腰上，目测其高约 70m，直径约 8m。受水平节理及岩性组合差异影响，使之分割成数个段块，上下垒叠矗立。石柱四周岩面受岩性风化差异影响而发育水平凹槽，与主体山崖壁上的水平凹槽在形态、大小、排列等方面具有一致性。另一处位于峡谷中上游，北西方向山脊顶部发育两个丹霞石墩，大者直径约 50m、高达 40m，小者直径约 30m、高近 40m，坐落在同一山脊线上，相距不过 30m，均呈圆柱状，四周为弧形绝壁，顶部平缓，崖面上局部水平凹槽发育。

倒石堆，主要分布在千丈幽谷中段沟谷底部，长数百米，大量崩塌巨石零散无序堆积，岩性与周边基岩岩性一致，直径 2～8m 不等，个别达 10m 以上，棱角、不规则块状，具有明显的直立切割面，相互

图 3-264　丹霞崖壁

堆叠形成幽静通道，与两侧高近百米的崖壁相持形成错落有致的曲折幽境。倒石堆中最典型属“玉帝金印”、龙床岩。“玉帝金印”为方正规则块石，边长约 6m，坐落于沟谷中央，因巍巍浑然得名。龙床岩为一块较规则的长条形块石，长约 8m，宽约 5m，高约 3m。

丹霞洞穴，主要由丹霞岩槽、顺层凹槽发育而来，此类地貌发育较典型的属禅窟洞和卧龙洞。禅窟洞即景点“王瀹读书处”，为一近水平顺层洞（图 3-265），后经人工改造，洞口高约 4m，宽 22m，深约 15m，半圆形，上题“禅窟清韵”4 个字。卧龙洞位于峡谷中上游，为一水平洞穴，扁平状，所处部位岩层为粉砂质泥岩、粉砂岩，易遭受风化侵蚀，洞穴宽约 80m，深达 25m，最高处约 4m，最低处仅能爬行，局部有散落的崩塌石块，数洞连环，总面积大于 10 000m^2。

图 3-265　禅窟洞（由内向外）

壶穴，在峡谷最南端一平缓的基岩平台上发育。基岩平台上流水侵蚀作用强烈，枯水期流水沿低洼处汇聚流动，形成多级小型跌水和壶穴，壶穴直径在 0.5～3m 之间，深度不超过 1m，多为不规则椭圆形。丰水期流水覆盖整个基岩平台，在短期的强烈冲刷作用下，基岩中的砾石集中区砾石逐渐被剥落冲走，留下众多凹坑，直径在 10～30cm 之间，深度 5～10cm，呈不规则椭圆状、长条状、多边形状。

丹霞穿洞,穿岩洞位于穿岩十九峰之一的马鞍峰(海拔 275m),高耸陡峭的赤壁上有一天然巨型石洞横贯山体,由西向东构成穿岩式洞穴,故名“穿岩洞”,穿岩十九峰由此而得名。洞长 30m,宽 6～10m,高 5m,洞内可容纳千余人,两端洞口之下为上百米高的悬崖(图 3-266)。明代张汝威有诗曰:“半天高插万余丈,一洞可容数千人。”西洞口有依崖而设的飞檐亭阁,显出一丝别府洞天的神秘,向东洞口望去,顿觉豁然开朗。

丹霞峰丛,穿岩十九峰是由紫红色砾岩组成的丹霞峰丛(图 3-267),为本地最突出的地貌景观。峰丛沿近南北方向的山脊线定向排列,分老穿岩和新穿岩,由十几座基座相连的丹霞山峰组成,山峰一般高度为 250～350m,最高山峰望海峰海拔 400 多米,诸多山峰连成一线,形成气势宏大的丹霞峰丛景观。

图 3-266　穿岩洞及东侧的崖壁、峰丛

图 3-267　穿岩十九峰丹霞峰丛(王家坪远眺)

穿岩十九峰为由白垩纪红盆沉积形成的砂砾岩组成的典型丹霞地貌景观,以峡谷与峰丛为主要特征,省内具有代表性。峡谷地貌与峰丛地貌相结合,形成强烈反差而又相互印证,表述着几千万年以来的历史沧桑。众多发育典型的地貌景观展示着本地丰富多彩的自然奇观,也阐述了充满奥秘的科学知识。其地质地貌特征对本区域地质构造、地貌演化、气候变迁等研究具有较高的科学价值。

穿岩十九峰已被开发为省级风景名胜区,是新昌国家地质公园的重要组成部分。

4. 永康方岩丹霞地貌(L020)

方岩是一座具有典型丹霞地貌特征的低丘，是丹霞方山地貌特征最明显、发育最完全的区域，丹霞地貌发育在下白垩统方岩组(K_1f)紫红色砾岩、砂砾岩地层中，分布面积约 10km^2。

山体岩石色彩丰富，岩层结构独特，具备灰白、紫红、粉红、黄褐等各种颜色，海拔高度 350m 左右，最大相对高度 200m，平地突兀，气势雄伟，酷似擎天方柱、农家粮仓，以岩壁如削、层层皱叠的大石面独特自然景观而闻名。著名作家郁达夫在《方岩纪静》中写道："从前看中国画里的奇岩绝壁，苍劲雄伟到不可思议的地步。现在到了方岩，才知道南宗北派的画山点石，都还有未到之处。"

方岩丹霞地貌以方山、岩壁、顺层凹槽等地貌形态最为发育。顶部平缓，整体在同一平面上，属盆地消亡时期的顶部地层，经构造运动抬升剥蚀形成丹霞地貌演化序列的早期形态。

方山，以方岩山为其典型代表，沿北北西向分布诸多方山地貌，具有一定的带状性。海拔均在 350m 左右，相对高度约 180m。四壁如削，形若方城，顶部平坦，底部相互交会形成沟谷。方岩山西侧，一字排列多个丹霞方山，构成了此地著名的"天下粮仓"景观(图 3-268)。

图 3-268　"天下粮仓"方山及丹霞崖壁

丹霞崖壁，发育在方山四周，连续展布，整体呈弧形延伸，内部彼此切割把山体分割成数个单独方山，发育规模较大。红岩山西侧对面崖壁群，整体走向为 150°，落差约 100m，延伸约 500m，被数条近东西向的沟谷切割成彼此独立的崖壁。"天下粮仓"断续分布的崖壁如一张填满红色沟壑的巨大壁画，层层垒叠，雄伟壮观(图 3-268～图 3-270)。

顺层凹槽，岩壁上密集发育，单个凹槽连续定向延伸数十米，深度为 20～30cm，上下高度在 10～20cm 之间不等。顺层凹槽继续遭受风化剥蚀，形成丹霞岩槽、洞穴等，典型的如五峰书院岩洞、金鼓洞、罗汉古洞等，均沿岩层较软的泥岩层顺层展布(图 3-271、图 3-272)。五峰书院岩洞，由顺层凹槽发育而来，进深约 8m，主体洞宽约 50m，高 2～10m 不等。洞内建有明代时期的书院，支木建楼，依覆崖为顶，不施椽瓦。1939—1942 年国民党浙江省政府曾搬迁至此办公，目前为省级重点文物保护单位。

侵蚀竖槽，崖壁节理发育处经流水侵蚀、重力崩塌形成竖槽，上窄下宽，直径 1～2m，如在崖壁上凿出的空心锥形柱。五峰书院侵蚀竖槽[图 3-272(a)]，位于两组不同走向的丹霞崖壁交会处，形成一个巨大的近直角岩面，棱线顶部因节理切割形成凹口，地表水汇流于此，顺壁下流。槽内岩面光滑湿润，丰水期形成瀑布，落差达 80m，颇为壮观。

图 3-269　五峰一带方山及丹霞崖壁

图 3-270　方岩山北侧丹霞崖壁

方岩丹霞地貌物质组成是陆相盆地盆缘构造活动的产物，记录了永康盆地第三纪（古近纪＋新近纪）以来盆地地貌的演化过程，它可能提供丹霞地貌从幼年期向中年期演化的全过程信息。通过对它的分布、产出规模以及沉积相的研究，可以了解和认识盆地晚期充填消亡（盆地抬升、构造侵蚀剥蚀、气候变化、生物进化）的全过程。该地貌是国内丹霞地貌方山的典型模式地（标型地貌）。

目前，方岩是国家级风景名胜区。

5. 武义大红岩丹霞地貌（L021）

大红岩丹霞地貌位于武义白姆乡梅坞—刘秀垄一带，分布面积约 5km^2。地貌发育于白垩纪武义盆地方岩组（K_1f）砾岩、砂砾岩地层中，主要以一座高 300 余米、长 650 多米、宛若大幕的红岩崖壁取胜，山、水、石兼具，周边山峰连绵，奇岩罗列，层层叠叠分布着大小不一、深浅不一、千姿百态的丹霞洞穴。由于长期遭受风化剥蚀、地面流水沿断裂的侵蚀、岩性的差异性风化和重力崩塌，形成由崖壁、洞穴、石墙、石墩、石柱、岩槽等构成的丹霞地貌景观。

丹霞崖壁，丹霞区崖壁众多，以大红岩崖壁最为突出（图 3-273、图 3-274），整块崖壁高 300m，宽近

图 3-271　崖壁上发育的顺层凹槽

图 3-272　崖壁上发育的侵蚀竖槽(a)及顺层凹槽、岩洞(b)

650m，走向 120°。崖面展示规模巨大，表面光滑平整，高耸入云，雄伟壮观，宛如一幅巨大的屏障。崖壁下方为典型的麓坡，为山体自然斜坡，坡度一般在 25°～35°之间。丹霞崖壁地层呈现近水平状产出，宏观上呈现成层性。由于砾岩层中夹有少量薄层状含钙质粉砂岩，因其容易风化侵蚀，在崖壁上发育少量顺层凹槽，近水平延伸，凹槽宽度在 10～30cm 不等，延伸长度为 1～4m，呈现断续分布。经中国丹霞地貌研究权威中山大学教授黄进先生实地考察，对比全国丹霞崖壁分析后认为：大红岩崖壁单体堪称中国最大的丹霞崖壁。

丹霞柱峰，拇指峰为一独立丹霞柱峰，矗立在残丘（狭窄的山脊）之上，四周崖壁陡立，崖面坡度在 80°～85°之间，截面形态呈椭圆状产出，长轴约 45m，短轴约 40m，高差约 85m（北侧高差大于南侧），顶呈现一个斜坡面。柱峰崖壁面北侧凹槽零星分布，中部发育一条高 7～20cm、长约 15m、水平纵深 0.5～1.5m的水平凹槽，系由块状砾岩夹钙质粉砂岩、泥质粉砂岩经风化侵蚀剥蚀作用后所导致。其东侧山脊上可见丹霞石墩。

图 3-273　大红岩丹霞崖壁

图 3-274　大红岩远景(a)及丹霞崖壁(b)

洞穴，丹霞洞穴较发育，有读书洞、悟空洞、秋风洞、双岩洞、观音洞等(图 3-275、图 3-276)，以双岩洞最为典型，规模最大。双岩洞发育在海拔 420m 的方山顶，洞体内侧的岩壁上有小洞达 8 处之多，洞体分为左(东)右(西)两个。东洞洞口宽 24m，深 32m，高 15m；西洞洞口宽 22m，深 25m，高约 20m。洞壁发育 45°走向的节理裂隙，众多小洞沿这组节理分布，并且洞内又生成数个小洞，形成洞中套洞的奇景。

穿洞，牛鼻洞为一典型穿洞，位于大红岩景区红坛山西北侧的最上端，海拔 436m。洞体分为左、右两个，各洞的前、后两端均开口相通，紧靠一起而相互独立，洞长 20m，宽 5m，高 2～3m，因其整体构架酷似牛鼻而得名(图 3-276)。

图 3-275 双岩洞(a)及东侧洞内部结构(b)

图 3-276 读书洞(a)及牛鼻洞(b)

丹霞竖槽或横槽，前者系沿近竖直节理裂隙风化侵蚀而成的凹槽，如朝天门竖槽，走向为 290°，宽 2～6m，垂直深近 100m，似刀砍斧劈而成，两侧崖壁沿岩层发育顺层凹槽。后者为砾岩中发育中薄层状紫红色含钙质泥质粉砂岩，受地表水侵蚀风化所致，横槽顺层分布，呈现透镜状展布，貌似“喀斯特”。

石墙，山脊平直，较窄，两侧形成崖壁，整体形态如城墙一般，在刘秀垄和清风寨一带最为发育。刘秀垄石墙长约 1.5km，走向约 135°，顶部平缓连续延伸为近直线的平缓长条状地形，两侧为近直立的丹霞崖壁，与沟谷底部相对高差 100 余米。洞前村北西方向同样发育多处丹霞崖壁，或组合成石墙，或切割为孤峰，或独立成崖壁，非常壮观。

大红岩丹霞地貌是典型的在白垩纪红盆沉积基础上发育而来的丹霞地貌，地貌以崖壁、洞穴、石墙等类型为主，规模大，形态典型，特别是大红岩崖壁国内罕有，较完整地展现了早中期丹霞地貌的基本特征。对研究丹霞地貌类型及成因过程具有重要的科学价值。

目前，大红岩已被列为国家级风景名胜区，主要地貌单元得到保护。

6. 东阳三都屏岩丹霞地貌(L022)

三都屏岩丹霞地貌分布在南马盆地东北端西北侧盆边地带，区域上隶属于早白垩世晚期永康盆地向东北端延伸部分，因岩石峙立如屏、洞穴宽广而驰名。组成地貌岩性为晚白垩世早期永康群方岩组(K_1f)砂砾岩、砾岩夹透镜状或不稳定长条状含砾粉砂岩组合，地层产状总体平缓，由盆地沉积作用晚期的冲洪积扇相、扇三角洲相堆积而成。丹霞地貌类型主要有方山、单面山、崖壁、洞穴(横槽、横洞、竖洞、壁龛式洞穴等)、巷谷等(图 3-277)。

图 3-277　横洞(a)和丹霞崖壁(b)

方山，一般表现为顶平、身陡、麓缓，平面形态上呈现方形，出露面积一般为 600～50 000m^2。

单面山，属单斜构造上的山地，其特征是山体沿岩层走向延伸，两坡不对称，一侧呈现陡坡而短，其坡角在 45°～50°之间，坡面与岩层呈近垂直；一侧缓而长，坡角 10°～20°，坡面与岩层面基本一致，呈平行产出。

崖壁，此类地貌较为发育，主要分布在屏岩洞府至岩背夷平面(剥夷面)周边，表现为近垂直的断面，平面上呈现直线形、弧形、半圆形展布，崖面出露面积巨大且平整，高差一般在 20～70m 之间，坡度在 75°～90°之间，分布长 100～150m，断面下部多存在内倾，其空间为寺院及房屋建筑所利用。

洞穴，分布在崖壁之上，以横向壁龛或顺层理凹槽为主，一般出露长度为 1～10m，宽度在 0.5～1m 之间，向内延入 0.5～2m，俗称假“喀斯特”地貌。

三都屏岩丹霞地貌记录了南马盆地第三纪以来盆地地貌的演化过程，可提供丹霞地貌从幼年期向中年期演化的全过程信息。1995 年被列为浙江省省级风景名胜区，主要地貌单元基本得到保护。

7. 婺城九峰山丹霞地貌(L023)

九峰山是较典型的丹霞地貌，面积约 1.2km^2，岩层岩性为上白垩统中戴组(K_2z)厚层—块状紫红色砾岩、砂砾岩。受后期构造运动的影响形成断层和节理，经长期的风化、剥蚀、流水侵蚀及崩塌，形成各种造型美观的方山、丹崖、巷谷与凹槽、丹霞尖峰、丹霞低山、丹霞丘陵等丹霞地貌，分布于相对高差 200～300m 不同高度中，形成了以险岩、幽谷、奇洞、秀水、飞瀑为特征的自然景观，叠嶂连冈，奇峰挺九，故名九峰。地貌类型主要为崖壁、山峰、洞穴(顺层凹槽)等。

崖壁，发育在沟谷两侧，具有连续延展性，局部发育竖直沟槽。崖面上沿岩层密集发育岩槽、凹槽等(图 3-278)。崖壁代表之一九峰山崖壁，位于达摩峰西坡，与将军崖隔沟相望。近南北向沟谷两侧连续延伸数百米，中间由数条裂谷分割成数个崖壁。顶部在同一高程上平缓分布，与谷底垂直高差100余米，整体走向170°，规模宏大，景观壮观。沟谷底部深切，形成巷谷地貌。

山峰，丹霞锥型山峰在本地普遍发育，四周绝壁环绕，顶部发育呈明显的锥形体（图3-279）。典型山峰之一黑熊峰，位于九峰山丹霞地貌中部，四周受断裂控制形成绝壁，顶部往上逐渐变小形成椎体状的山峰，属典型的丹霞山锋地貌类型。位于黑熊峰山顶最高处，视野开阔，心旷神怡，可极目远眺，让人产生"一览众山小"的皓然气概，可全方位、多角度观察本地区丹霞地貌的分布现状、形态特征等宏观特征，是一处极佳的观景点。周边可见发育数个丹霞锥状山峰及与之断开的崖壁和沟谷，山顶突起呈锥形，山峰之间纵横交错，沟深壑险。

图3-278　丹霞崖壁(a)及顺层凹槽(b)

图3-279　九峰山锥状山峰

洞穴，多由顺层凹槽发育而来，主要分布在各崖面上。九峰仙洞丹霞洞穴群，发育在九峰崖壁上，生成各种形态的洞穴、岩槽、凹槽等，沿泥质含量较高的岩层发育，横向具有一定的连续性，洞穴高0.5～2m，进深在0.5～5m之间不等，内部有相通现象，人可行走或居住。底部最大的主洞穴即为九峰仙洞，建有九峰禅寺。

九峰山丹霞地貌类型典型奇特，具有较高的美学价值和科普教育价值，目前，为省级风景名胜区。

8. 莲都东西岩丹霞地貌(L024)

东西岩是典型的丹霞地貌，岩性为下白垩统方岩组(K_1f)陆源碎屑岩。岩壁陡峭险峻，地表裸露，因节理裂隙发育，形成多处地貌风景点，众多奇岩怪石互为崛起，更有江南地区罕见的石梁飞瀑奇观。景观以奇、险、怪、峻闻名。代表性的景点有清风峡、十字峡、将军岩、穿身洞、东岩、七星岩、剑劈石等。

方山，为本处核心地貌类型，是指一种被深谷和陡壁分割的平顶高地，通常四周边缘多为悬崖陡壁，外型上多为方山城堡状，其山顶平台多为地史时期的夷平面，一般规模大小不等。主要有赤石楼(东岩)、西岩及和尚顶 3 处，其中赤石楼(东岩)最为典型(图 3-280)。

图 3-280　赤石楼方山(a)及其崖壁(b)

崖壁，由紫色—紫红色砂砾岩、砾岩组成的山体，受垂直节理切割后，在流水冰冻侵蚀和重力崩塌作用下，造就成的陡崖峭壁。通常在顺层方向的崖壁上发育着凹凸不平、大小不等的凹槽，而在垂直方向上却形成竖向流水蚀槽，多受岩性的影响，一般植被不甚发育，裸露的岩壁就成了独特的“丹崖赤壁”景观。本处发育有清风峡两壁陡崖、赤石楼南侧陡崖、剑劈石、大象岩等(图 3-280、图 3-281)。

石柱，厚层块状的红色砂砾岩、砾岩，受多组垂直节理切割后，经风化剥蚀和雨水长期的侵蚀，形成高度大于直径的石柱状山峰。本处有卓笔峰、玉甑岩、清风峡倒石群的独立石 3 处，其中以卓笔峰、玉甑岩最为典型(图 3-281)。

图 3-281　剑劈石崖壁(a)和玉甑岩石柱(b)

倒石堆，东西岩因节理发育，多处在重力作用下发生崩塌，在陡崖下形成不规则的锥状崩积体和巨石块。这些块状堆物相互叠置形成洞穴、巷谷及独立石等景观，典型的有西岩湖倒石群、剑劈石倒石群以及清风峡口倒石群等。

洞穴，系陡壁上顺软弱层或流水侧蚀部位延伸较长(宽)的扁平洞穴，深度不等，通常为深大于外口(高或宽)的凹穴。在东西岩较为发育，一般规模在数十平方米至数百平方米。较典型的有东明洞、西明洞、牛鼻洞、桃花洞、乌龟洞5处洞穴景观。

穿洞，为蚀穿山体的通透洞穴，其中洞顶厚度小于跨度者为石拱，拱跨在河谷上者称天生桥。穿身洞系不规则弧形洞穴构成，本处典型的有石梁、穿身洞等。石梁如同一座半月拱形的石桥，内孔长达40余米，宽达10余米，高1～5m，凌空横悬，犹如彩虹[图3-282(a)]。

顺层凹槽，岩性垂向差异使岩壁上软弱岩层快速风化成凹槽，顺层可连续或不连续，其深度小于槽口高度。区内典型的有东岩陡崖、西岩陡壁、叠层洞等地发育的凹槽。

巷谷，指沿断裂面或垂直节理面风化侵蚀形成的狭窄深陡沟谷，其长度、高度远大于宽度，两侧岩层深窄陡峭，通常沿沟谷底部为巷谷，而向顶部形成深陡狭窄的"一线天"景观。主要有清风峡、十字峡、一线天、将军峡、仙姑峡5处，是重要的地质遗迹景观，其中尤以清风峡、十字峡最为典型[图3-282(b)]。

图3-282 石梁(a)与清风峡巷谷(b)

千姿百态的丹霞景观，是后期地壳不断抬升和流水长期侵蚀切割的结果，从早期的台地，到后期的方山、峡谷、陡壁等，地貌发育演化系列完整，具有较典型的科学意义和美学价值。目前，该地貌被列为省级风景名胜区。

9. 柯城烂柯山丹霞地貌(L025)

烂柯山位于衢州市城南10km处的石室村东，山体走向东西，原名石室山，又名悬室山、石桥山。烂柯山风景幽丽，山岩造型奇特，群山盘回。此山因晋朝王质采樵、观弈、烂柯、成仙传说而得名。以我国东南丹霞地貌第一天生石梁和世界最大围棋盘为主体，是一处集自然风貌、人文景观于一体，融水光山色于一体的仙山琼阁，被道家誉为青霞第八洞天。

烂柯山为白垩系中戴组(K_2z)陆源碎屑岩地层，岩性为厚层的紫红色砂岩、砂砾岩夹钙质粉砂岩，砾石成分较杂，大部分为火山岩、灰岩，1～10cm大小不一，分选性差；地层产状平缓，倾角15°～20°；岩石基质为泥质，胶结物主要为铁质、钙质。砾岩、砂砾岩中钙质胶结物易溶于水，受地表和地下水的化学溶蚀作用以及强力的风化作用，加速了岩石的破碎、崩塌，在岩性差异风化作用下，形成系列天生桥石梁、洞穴、一线天顺层岩槽等丹霞地貌景观。

天生桥，又名石梁，即本地人所说的“石室”，指南北方向呈空洞状的“桥孔”，远看如一座弧形单孔的石拱桥(图3-283)，位于主峰山巅，走向268°，海拔164m，跨度34m，“桥板”厚3.5m，宽30m，东西横亘，南北中空，面积约700m²，桥上有游道通过。岩壁上为泥质砂岩、砾岩互层，其中红色砂泥岩厚1～10cm不等，局部延伸尖灭，此层易风化溶蚀发育定向排列的孔洞。

顺层凹槽、岩槽，丹霞崖壁上局部凹槽和岩槽较为发育，由岩性差异风化所致，一般顺层延伸，凹槽深度、高度有限，为洞穴的早期形态。最典型属天生桥顶部的一线天顺层岩槽。

洞穴，本处发育两处，分别为梅岩洞与樵隐岩洞，均由顺层凹槽发育而来，特征明显，形态典型。梅岩洞位于天生桥(石梁)的西南600m处，又称牛岩、仙岩，为烂柯山之外岩，共有岩洞4座(图3-284)，主洞南北宽15m，深10m，高5～8m；南洞南北宽4m，深11.7m，高2m；北一洞南北宽9m，深15m，高5m；北二洞南北宽4.5m，深14m，高2m；洞内供奉有佛像，洞前筑有“仙乐台”。

图3-283　烂柯山天生石梁(天生桥)

图3-284　梅岩洞

烂柯山丹霞地处金衢盆地边缘，代表了盆地早期辫状河三角洲相沉积作用，反映了盆地缓坡型退积型层序特点，在盆地地层、沉积相、盆地构造、岩浆活动及地质演化史的研究中具有重要的科学意义。同时伴随着悠久的道教、佛教、儒家文化，分布有千年古刹和书院，流传着许多民间传说和故事，这些对于当地的历史、文化的研究，具有很高的科学文化价值。

目前，烂柯山已开发为烂柯山-乌溪江省级风景名胜区的一部分。

第八节　水体地貌类

水体地貌类属地貌景观大类，可分为河流(景观带)、湖泊与潭、湿地沼泽、瀑布和泉 5 个亚类。全省该类共有重要地质遗迹 25 处，其中河流(景观带)亚类有 3 处，湖泊与潭亚类有 4 处，湿地沼泽亚类有 5 处，瀑布亚类有 9 处，泉亚类有 4 处(表 3-9)。

表 3-9　水体地貌类地质遗迹简表

遗迹类型及代号		遗迹名称	形成时代	保护现状	利用现状
河流(景观带)	L026	永嘉楠溪江风景河段	更新世以来	世界地质公园	科研/科普/观光
	L027	建德富春江风景河段	更新世以来	国家级风景名胜区	科研/观光
	L028	杭州湾钱江潮	全新世	一般风景区	科研/观光
湖泊与潭	L029	杭州西湖	全新世	国家级风景名胜区、世界遗产	科研/科普/观光
	L030	海盐南北湖	全新世	浙江省级风景名胜区	科研/观光
	L031	嘉兴南湖	全新世	国家级风景名胜区	科研/观光
	L032	鄞州东钱湖	全新世	浙江省级风景名胜区	科研/观光
湿地沼泽	L033	景宁望东垟湿地	中新世以来	国家级自然保护区、省级地质公园	科研/科普/观光
	L034	淳安千亩田湿地	中新世以来	省级自然保护区	科研/观光
	L035	临安浙西天池	中新世以来	国家级自然保护区	科研/观光
	L036	东阳东白山湿地	中新世以来	省级湿地公园	科研/观光
	L037	杭州西溪湿地	全新世	国家湿地公园	科研/观光
瀑布	L038	乐清大龙湫瀑布	中新世以来	世界地质公园	科研/科普/观光
	L039	景宁大漈雪花漈瀑布	中新世以来	浙江省级地质公园、浙江省级风景名胜区	科研/科普/观光
	L040	遂昌神龙飞瀑	中新世以来	国家森林公园	科研/观光
	L041	衢江关公山瀑布群	中新世以来	国家森林公园、省级风景名胜区	科研/观光
	L042	文成百丈漈瀑布	更新世以来	国家级风景名胜区	科研/观光
	L043	青田石门飞瀑	更新世以来	浙江省级风景名胜区	科研/观光
	L044	奉化徐凫岩瀑布	更新世以来	国家级风景名胜区	科研/观光
	L045	嵊州百丈飞瀑群	更新世以来	一般风景区	科研/观光
	L046	诸暨五泄瀑布	更新世以来	国家级风景名胜区	科研/观光
泉	L047	临安湍口温泉	更新世以来	一般风景区	科研/采矿
	L048	杭州虎跑泉	更新世以来	国家级风景名胜区	科研/观光
	L049	宁海南溪温泉	更新世以来	浙江省级森林公园	科研/采矿
	L050	泰顺承天氡泉	更新世以来	省级地质遗迹保护区	科研/科普/采矿

一、河流(景观带)

该亚类遗迹在浙江省内仅登录 3 处,即永嘉楠溪江风景河段、富春江风景河段和杭州湾钱江潮,为省内和国内著名的河流风景景观带,代表了省内典型河流地质遗迹景观。

1. 永嘉楠溪江风景河段(L026)

楠溪江发源于 1 270m 的永嘉县最高峰——大青岗,流域贯穿永嘉南北,全长 139.8km,流域集雨面积 2 429km^2,溪流自北往南注入瓯江,流向东海。楠溪江流域的水系格局主要受区域性断裂带控制。干流主要受北东东向、北东向和北西向断裂控制,支流主要受北西西向断裂控制。楠溪江及其支流沿线的中下游河道以断陷河谷为主,而在上游地段则是在断裂基础上发育的侵蚀河道。河流地貌在上游地区为典型的"V"形河道,显示河流仍处于河床抬升、河流下切的年轻期;中下游地段河床宽阔,河谷盆地的两侧多以断裂为界,属典型的断陷盆地型河谷。

溪口以上为楠溪江干流的上游,称太源溪,流向自西北向南东,平均河宽在 30m 左右,比降介于 3.77‰~30.65‰之间。上游段坡陡流急,河谷狭窄、深切,瀑布发育,属典型的"V"字形河谷。上游河段以侵蚀作用为主,包括侧蚀和下蚀作用。

溪口—沙头属楠溪江中游。中游段河谷宽度变化大,在方岙村附近最宽处近 900m,垟头山附近最窄仅 30 余米。河流比降平均约 1.48‰,流速较上游明显减缓(图 3-285、图 3-286)。楠溪江中游发育了一系列河谷盆地,如岩头-枫林、渠口、沙头河谷盆地等。河谷盆地宽度在 1~10km 之间,堆积了更新世—全新世冲洪积-冲积等堆积物,形成了较为广阔的河谷平原区。盆地内还发育有现代河床、边滩、心滩和阶地等河流地貌。

图 3-285 楠溪江风景河段一

图 3-286 楠溪江风景河段二(叶新仁 摄)

沙头以下为楠溪江下游。除河道变宽、流速减缓外，下游河道开始受海水潮涨潮落影响，涨潮时海水溯江而上，到达沙头以北的“潮际”，当地用这一地名表示高潮位时咸淡水的分界。

楠溪江及其支流主要出露基岩岩性为下白垩统磨石山群和下白垩统永康群流纹岩、酸性熔岩、流纹质熔结凝灰岩等，在地形上受地质构造控制明显，水系多呈环状、放射状展布。河流柔曲摆荡，缓急有度，江水清澈见底，纯净柔和，水底卵石光洁平滑，色彩斑斓。泛舟漂游江上，近观郁郁滩林，远眺绵绵群山，俯视澄碧江水，令人心旷神怡。悠悠三百里楠溪江融天然风光与人文景观于一体，以水秀、岩奇、瀑多、村古、滩林美而闻名遐迩，是我国国家级风景区中唯一以田园风光见长的景区。

楠溪江水量丰富，透明度达 3m，根据水样分析表明，水质各项指标符合国家规定的一级水的标准。江水清而净，江面宽而浅，一般水深 1m 左右，少数深潭可深数米；滩有急流而不汹涌，潭平静而不滞流。沿江行进，两岸风光清静、自然、优美。古往今来，楠溪江山水激发了多少文人学士的情思，泼下了多少迁客骚人的笔墨。沿江两岸的古村落、古建筑（寺庙、宗祠、牌楼）保留着许多悠久的历史传统文化和习俗。

楠溪江发育有一套完整的河流系统及一系列典型的侵蚀与堆积作用形成的地貌形态。控制地貌发育的地质因素在上游为构造抬升、断层切割、河流下蚀作用，发育有典型的“V”形河谷。在中游地段侵蚀、堆积作用并存，水流忽缓忽急，在受区域性断裂控制的河谷盆地发育了河床、边滩、心滩和阶地等河流地貌。河道与水流变化有关的侵蚀和堆积现象具有科普教育意义。水动力条件变化造成的差异性侵蚀在青龙湖景点、狮子岩景点等地塑造了河床奇石，极具观赏价值。沙头镇以下的下游河段代表了河流淡水与咸海水的相互作用，受河道变宽和盐度增加双重因素的影响，下游以堆积作用为主，形成了较为开阔的堆积平原。

楠溪江为国家级风景名胜区，是雁荡山世界地质公园西园区的重要组成部分，已得到较好的保护和利用。

2. 建德富春江风景河段（L027）

风景河段南起梅城乌石滩，北至富春江电站大坝间的江段，又称七里泷，水域全长 24km，以“山青、水清、史悠、境幽”为主要特色。河段两侧以山体为依托，狭窄且陡立，由乌龙峡、子胥峡和葫芦峡组成，享有“小三峡”之誉，是富春江风光的精华部分，为我国著名的江河峡谷型景区。

下白垩统劳村组、黄尖组火山碎屑岩，受北东向断裂及次级断裂的切割影响，破碎带经不断的风化和流水侵蚀下切，形成陡峻的北北东向的“V”字形河谷。1968 年，富春江水电站建成蓄水后形成水库，河床平均宽 300m，最高水位 26m，最低 21m，最大流量 13 200m^3/s。

七里泷山奇水异，景色瑰丽，舟行其间，如在画中，扬帆破浪，颇多情趣。历史上称之为“七里扬帆”，是古严陵八景之一，也是富春江上景色最美的一段。乌石滩以下为乌龙峡，以“奇秀”闻名；子胥渡开始即为子胥峡，以“清幽”著称；从葫芦湾口到严子陵钓台这一段，即为葫芦峡，是小三峡中最宽阔的一段[图 3-287(a)]。

葫芦飞瀑，位于盆柏湾中，瀑布上下落差约 100m，宽约 7m，从陡峻的峭壁上直泻而下，壁间顶部有一个形似倒挂着的葫芦状石窟，流水从石壁内的裂隙中泻入“葫芦”底部，然后又从“葫芦”口冲出，飞珠散玉，直落至壁下深潭，气势十分壮观，葫芦瀑布因此而得名[图 3-287(b)]。

富春江风景河段具有较高的科学与美学价值，是科学考察、教学实习、观光旅游的理想场所。目前，已被开发为富春江-新安江-千岛湖国家级风景名胜区的一部分。

3. 杭州湾钱江潮（L028）

钱江潮，以其独特的壮美雄姿，被誉为“天下奇观”。经科学家们长期研究证明：潮汐是在月亮、太阳的引力和地球自转产生的离心力作用下形成的[图 3-288(a)]。每年农历 8 月 15～19 日是观潮最

图 3-287　葫芦峡风光(a)及葫芦飞瀑(b)(引自 https://baike.baidu.com/item/七里泷)

佳时间,被苏东坡誉为"八月十八潮,壮观天下无"。

杭州湾为钱塘江河口,外宽内窄,外深内浅,是一个典型的喇叭状海湾[图 3-288(b)],出海口东面宽达 100km,到海宁盐官一带时,江面只有 3km 宽。起潮时,由于江面迅速收缩变浅,潮水夺路迭进,后浪推前浪,加上逐渐增高的沙坎,一浪更比一浪高,形成了陡立的水墙,一路推进,直达杭州。

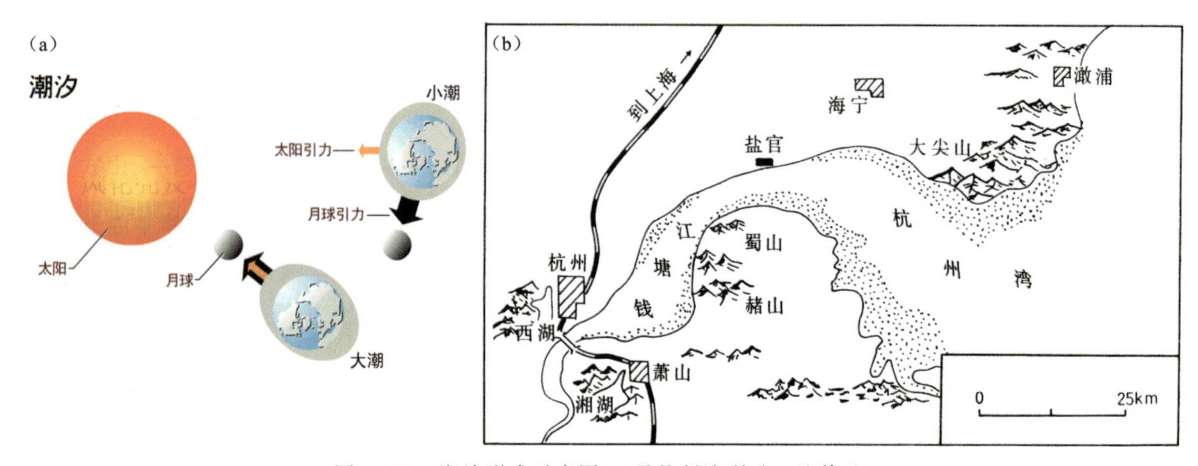

图 3-288　潮汐形成示意图(a)及杭州湾喇叭口地貌(b)

杭州湾两岸均能观看潮汐景观,观潮的最佳地点有两处:海宁盐官观潮景区和萧山南阳观潮城。海宁盐官自古是观潮胜地,钱江潮又被称为海宁潮。根据潮汐形态,主要可分为一线潮、碰头潮和回头潮。

一线潮,在海宁盐官观潮景区占鳌塔一带,可看到"一线潮"的雄奇壮丽景象。当江潮奔流而来时,犹如一条横卧江面的白练,滚滚而来,蔚为壮观[图 3-289(a)]。

碰头潮,当江潮来临之时,南潮白浪翻滚,东潮黑浪汹涌,在江面上呈"十"字形交叉碰头,似两条蛟龙在江中游曳,煞是壮观。

回头潮,当涌潮逼近老盐仓丁字大坝时,"嘣"一声啸吼,怒涛回首,直窜天空,形成一道数百米的水帘,让人惊叹不已[图 3-289(b)]。

新中国成立后,萧山钱塘江段进行了大规模的围垦造田的围垦运动,改变了钱塘江的河道走势,使观潮中心逐渐向萧山转移。萧山观潮主要是因为这里集中了山峦、滩地和堤坝等地各种地形,涌潮

图 3-289　一线潮(a)及回头潮(b)

变化多端，可以欣赏到多种潮势的风采。而海盐的岸线比较平直，适宜观看银涛滚滚而来的一线潮，在萧山的海岸线则不仅弯道多，而且多了丁坝，所以在萧山观潮城，可以看到一线潮，而且还可以看到潮水碰到障碍物后形成的“回头潮”。

钱塘江与南美亚马逊河、南亚恒河并称为“世界三大强涌潮河流”，钱江潮是世界三大涌潮之一。相比世界其他地区的潮水而言，本处特点鲜明，变化多，更富惊险和刺激。从 1994 年起，每年的农历 8 月 18 日左右举办钱江观潮节，省旅游局把“中国国际钱江观潮节”作为向世界推销的旅游产品，钱江观潮已成为国家旅游局向海外推出的“黄金旅游线”之一。

二、湖泊与潭

该亚类遗迹在浙江省内仅登录 4 处，即杭州西湖、海盐南北湖、嘉兴南湖和鄞州东钱湖，为省内四大名湖，主要分布在杭州湾两岸的河口滨海平原地带，代表了全新世以来省内典型的因滨海潟湖演化而来的湖泊景观。

1. 杭州西湖(L029)

西湖处于平原、丘陵、湖泊与江海相衔接地带，三面环山，层峦叠嶂，南北长 3.3km，东西宽 2.8km，水面面积 6.39km^2，环湖一周约 15km，截雨面积 27km^2，平均水深 1.55m，蓄水量在(850 万～870 万)m^{3}之间。周边基岩岩性主要为下白垩统黄尖组，晚古生代石英砂岩、火山岩、灰岩等。堤岛将西湖水面分为 5 个区块：外湖、北里湖、西里湖、岳湖与小南湖。外湖面积最大，是西湖的主体，包括了西湖的东北大部分，有白堤、苏堤、南山路和湖滨路环绕，面积 440 万 m^2，占整个西湖水面的 78%，容积约90 万 m^3，平均水深大于 2.06m，湖中被称为“蓬莱三岛”的三潭印月、湖心亭、阮公墩 3 座小岛鼎足峙立，水面宽阔，是开展水上运动、水上游览活动的主要场所(图 3-290、图 3-291)。

目前，西湖北、东、南三面湖边均以人工砌石于岸边，城市化使岸边地面硬化，露头基本见不到；西侧为自然岸边，可见黏土及淤泥质黏土等湖积和湖沼积沉积物，局部有人工石块堆积，生长有芦苇、水草等水生植物。

20 世纪 20 年代，我国著名的地质学家竺可桢、章鸿钊对西湖进行过成因研究，后又有朱庭祜、陈吉余等对西湖成因提出解释。他们认为西湖为沿岸海湾被砂坝封闭成潟湖演变形成。浙江省区域地

图 3-290　雷峰塔俯瞰西湖

图 3-291　西湖风光(引自 http://www.mshjlb.com/portal.php?mod=view&aid=61)

质调查队(1987)对西湖成因进一步研究,认为西湖湖盆负地形的形成与白垩纪火山塌陷有关。关于西湖成因的解释历来有多种说法,概括起来主要有“潟湖说”和“火口湖说”两种观点。浙江省地质调查院(2009)认为这两种观点都有较充分的地质依据,彼此之间并不矛盾,反映了西湖在漫长的形成过程中不同阶段的表现形式。客观上,西湖的形成与原始地形条件和全新世杭州地区剧烈的海平面升降变化有密切的联系。全新世西湖的演变是海侵—海退过程的缩影,根据岩性岩相、沉积环境的变化规律,可划分为4个发育阶段(图 3-292)。

全新世早期(早潟湖期):初期,气候由冷转暖,冰盖消融,海面上升,入侵海水影响到西湖一带,首次形成潟湖。湖底沉积了6～7m厚的灰黑色淤泥质黏土,下部富含贝壳。自下而上可划分为两个微体化石带:日本蓝蚬-暖水卷转虫-中华丽花介和暖水卷转虫-拟单栏虫。水质属微咸-半咸水。

全新世中期(海湾期):随着海面持续上升,海侵范围不断扩展,到全新世中期海侵(即全新世大海侵)达到高潮。吴山、宝石山之间的低洼地成了与外海相通的浅海海湾,其间沉积了15～16m厚的海相灰色淤泥质黏土、粉质黏土。有孔虫种类增多,分异度值升高(常达1以上),不仅有广盐性的生物代表,而且出现了一批个体细小的有孔虫壳体,共生化石有海胆刺、海相硅藻等,表明西湖当时处于开

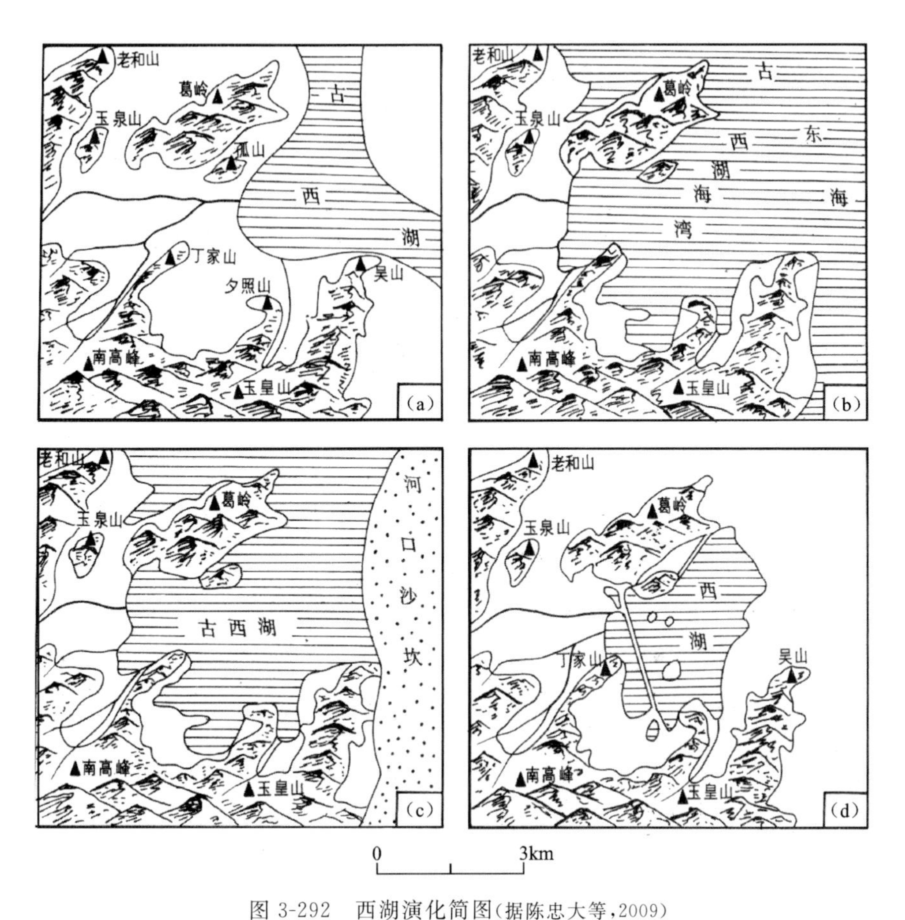

图 3-292　西湖演化简图(据陈忠大等,2009)

(a)全新世早期的古西湖;(b)全新世中期的西湖海湾;(c)全新世晚期的古西湖;(d)现代的西湖

放性海湾沉积环境。地球化学分析表明,当时处于暖湿气候环境,气温高于现今约 3～4℃(顾明光等,2005)。从海侵层中获取的^{14}C 同位素年龄数据表明,浅海湾约形成于距今 6 300～7 000 年间。

全新世晚期(晚潟湖期):全新世中期后,随着海水的冲刷,海湾四周的岩石逐渐变成泥沙沉积,使海湾变浅,钱塘江也带来泥沙,在入海口沉积。泥沙越积越多,逐渐在古西湖海湾外形成了“岸外沙坝”;同时因气候转冷,海平面下降,海退加快了泥沙的淤积和滞留,最终把海湾和钱塘江分离,使西湖演变为潟湖。这段时期内沉积了 3～4m 厚的青灰色细粉砂及灰色黏土,所含化石群都是常见于微咸水-半咸水的广盐性种,属种单调,分异度较低(约 0.6),并有刺盒虫和盾形化石共生,表明是一个微咸水的潟湖相组合。孢粉组合中木本植物花粉含量大幅度下降,蒿、禾本科、香蒲、莎草科等草本植物占明显优势,表明该时期气候开始转向温凉。据潟湖相有机质黏土^{14}C 同位素测定,始于距今约 2 600年。

现代西湖期:随着钱塘江沙坎的发育,西湖终于完全封闭,水体逐渐淡化,形成了现代的西湖。西湖变为淡水湖泊后,在溪流挟带的泥沙和大量生物堆积下,面积迅速缩小,湖水日益变浅,进入了沼泽化时期。此后西湖的几度严重淤塞都是历代劳动人民辛勤劳动,挖泥筑堤,才使湖盆得以保持,苏堤、白堤、杨公堤、三潭印月等就是历代疏浚的见证。中华人民共和国成立后,对西湖进行了全面疏浚、治理,使西湖面貌焕然一新,成为风光秀丽的半封闭浅水风景湖泊。

近年的西湖清淤工作还包括了引水工程,为了减缓西湖的老年化过程和改善水质,西湖水体 30 天即可以被钱塘江水体替换一次,水质指标也有明显好转,生物指标有明显下降,使西湖水体的平均透明度比以往上升了 10cm,从而整体提高西湖周边地区的生态环境。

西湖是典型自然和人类活动双重作用下的湖泊典型代表,具独一无二的风景及人文价值。西湖是我国第一批(1982)国家级风景名胜区。2011年,被列入世界遗产名录(文化景观)。

2. 海盐南北湖(L030)

南北湖是浙江省内典型的因滨海潟湖演化而来的湖泊景观,集湖光、山水、海景、古镇、历史人文风光、滨海湿地以及多种野生动植物等风景区旅游资源为一体,是浙江四大名湖之一,被誉为“江南一片真山水”。

湖泊西、北、东三面群山环抱,西为高阳山鹰窠顶、南木山、北木山,北为观音山、茶磨山,东为扬山、荆山,南面向杭州湾。其形近似菱形;以中湖堤为界,分为北湖和南湖;湖周长6km,湖心水深1.5m,面积1.2km^2,湖水容量为100万m^3,积四周山地、丘陵、溪流之水。湖形曲折,筑有船闸和水闸,通长山河,素有小西湖之称。湖水明净,细波粼粼,远眺海水相连举目海天一色[图3-293(a)]。

自然湖岸,主要分布在南北湖西、北端沿岸,即北湖沿岸,为自然形态的湖岸,略有人工改造,延伸约2 000m,岸边岩性主要为黄褐色坡洪积黏土、亚砂土、砂质淤泥,种植部分经济林。湖岸与湖面落差30~100cm,湖边水质良好,淡水,透明度一般,可见深度20~30cm,生长有芦苇、浮萍等水生植物,湖底有贝类、螺类等生物繁衍[图3-293(b)]。

图3-293 南北湖风光(a)及自然湖岸(b)

人工湖岸,主要分布在湖的南、东端沿岸,即南湖沿岸,围绕鹿山、沙坝(石帆村)一带,均为人工修筑而成的公路路基形成的湖岸,由石块、混凝土浇灌而成,总体延伸约3 000m。湖面与岸堤相差0.5~2m,岸上种有园林景观树,底部岩性由坡洪积含碎石黏土、含砾砂质黏土、亚砂土等组成。靠近山坡植被茂密,基岩被掩盖。

沙坝,位于湖的南端,为经人工改造后的蓄水混凝土沙坝,堤坝上有公路、村落及果林,岩性为冲洪积黏土、砂土、腐殖层。沙坝延伸约1km,宽100~200m,往东为大面积人工改造围垦的滩涂田地,成土母质为新浅海沉积物。土壤处于盐渍化或脱盐过程中,海滩涂沙滩高程3~7m。

南北湖的成因与杭州西湖一样,脱胎于海湾的潟湖。此处原是三面环山向南开口的杭州湾的小海湾,有海湾两侧的沙嘴,逐渐合拢后而成的潟湖,并逐渐演变成一淡水湖泊。

3. 嘉兴南湖(L031)

嘉兴南湖是浙江三大名湖之一,位于嘉兴城南而得名。南北长约1.2km,东西宽近1km,呈三角形。近年南湖全面拓宽疏深,总面积为800亩,水深2~4m。南湖四周地势地平,河港纵横,自古以来是市境各主要河流蓄泄的枢纽，四周河港纵横。

湖岸形态以人工为主，以块石夹混凝土堆砌而成，与湖面落差约 0.5～1m。湖岸外侧多为公路、城市园林等，根据周边钻孔资料显示，南湖一带为冲湖积，由粉砂质黏土、深灰色淤泥质亚砂土、灰黑色含碳质黏土组成。南湖水质一般，淡水，透明度一般，水色略显灰绿、灰黄，可视深度 10～20cm，水面整体洁净，局部长有水草、荷叶等，生态环境较好。

湖中有湖心岛、仓圣祠所在的小洲等数个小岛屿。其中湖心岛，略成正方形，沿岸有道路环通，上有始建于明嘉靖年间二十七年(1548 年)的烟雨楼等名胜古迹，南有荷花池，荷花池有水道通往南湖，形成湖中有岛、岛中有湖的独特景观(图 3-294、图 3-295)。

图 3-294　南湖风光

图 3-295　南湖湖心洲(a)及烟雨楼(b)

南湖风光旖旎，四季宜人。春天湖畔柔柳如烟；夏秋湖中菱田绿如秧畦；冬日飞雪时，湖上银树琼宇。春夏间阴雨天气，景色迷人，其时烟霭似纱，雨丝如雾。南宋杨万里、明代费元禄等写下诗句文章赞为人间胜景。

1999 年嘉兴市委、市政府成立嘉兴南湖名胜区管委会，对南湖进行全面规划。现有纪念中国共产党第一次全国代表大会在南湖闭幕而建造的南湖革命纪念馆，1997 年被评为全国爱国主义教育基地。

2001年6月,南湖中共一大会址公布为全国重点文物保护单位。南湖烟雨楼是浙江省首批重点文物保护单位之一。

南湖是省内典型的因滨海潟湖演化而来的湖泊景观。地处暖(中)亚热带向冷(北)亚热带的过渡地带,气候温和,雨水充沛,河汊众多,水流动性强,湖河冲刷淤积作用明显,后经人工不断改造,成为如今的面貌,对滨海平原区潟湖成因及演化发展具有较高的科学研究价值。

4. 鄞州东钱湖(L032)

东钱湖,又称万金湖,古称钱湖,以其承钱埭之水得名,浙江四大名湖之一。东钱湖由谷子湖、南湖、北湖组成,湖东西宽6.5km,南北长8.5km,周长45km,水深2m,面积约20km^2,容量达0.4亿m^3,3倍于杭州西湖,为省内乃至东南沿海最大天然淡水湖。东钱湖集环湖诸山之水,汇72条溪流,集雨面积81km^2。钱湖四面皆山,为封堵湖水,各山峡之间筑湖塘、堰坝接之,共11条,现存湖塘8条。湖四周堤岸环境各异,形态典型,代表了目前湖泊的赋存情况及水体特征(图3-296)。

图3-296 东钱湖风光

人工堤岸,为东钱湖主要堤岸类型,沿环湖公路修筑。湖塘村、田螺山、象坎、沙山等处的湖岸均为块石堆砌的公路路基,并与湖边隔离有狭长的灌木丛或人工园林。水面与路基高差1~3m,水体透明度10~20cm,水质较好,局部生长水草。岸基外侧部分为种植经济作物的田地或水网,岩性为湖沼积黏土。

自然堤岸,目前自然状态的堤岸较少,仅存在于小型湖湾内,因养殖或脱离环湖景区而得以保存。如殷湾北侧即为典型的自然湖湾,呈弧状,岸边长满杂草,高出水面0.5~1m。湖内水质一般,偏黄绿色,有多个水产养殖池。湖岸边岩性为冲洪积砂质黏土。

人工河口,湖四周有多处河湖交汇口,基本经过人工改造成桥梁、混凝土基岸。因生态环境得到较好的恢复,出现了人工设施与自然环境和谐相处的场景。如上虹桥堤口(湖最北侧),该处为湖与河网的交汇处,湖堤走向140°,宽约15m,水质一般,透明度近20cm,堤高出水面约2m,堤岸为块石堆积而成,堤坝岸边生长有大量的水草。堤北侧为河网湿地,种有多种经济作物。人工堤坝阻止了河网带往湖内的泥沙,缓解了湖底淤积的情况,使湖泊生态环境得到了较好的保护。

东钱湖始于早白垩世茶湾期形成的火山口湖,原为通海咸水潟湖,始浚于唐,初现由谷子湖、梅湖及外湖组成的东钱湖原貌;筑堰于宋,蓄淡水,称“钱湖”。历来为宁波东乡生产、生活水源地,唐宋以来沿湖名人荟萃,遗迹甚多,自1980年代规划建设至今,已成为浙江省风景名胜区和休闲度假旅游地。

典型的滨海潟湖演化而来的淡水湖泊，近年来受人工改造，湖泊发展进入新的篇章，代表了现代湖泊与人工开发的典型实例之一，与自然环境和谐相融，是现代湖泊的典范。

三、湿地沼泽

本亚类遗迹在浙江省内共登录5处，基本代表了省内湿地沼泽亚类地质遗迹资源特征。其中1处为滨海平原上的湿地，即杭州西溪湿地；另外4处均为高山湿地，即景宁望东垟湿地、淳安千亩田湿地、临安浙西天池和东阳东白山湿地。

1. 景宁望东垟湿地(L033)

望东垟(俗称懵懂垟)湿地是浙江省内以高山湿地为保护对象的自然保护区，为华东第一乔木类型高山湿地，是全球湿地分类系中的"溪源湿地"类型的模式样板地，而且是我国所特有的湿地，现已被列为国家级自然保护区。

湿地海拔约1 300m，面积达600多亩，汇水面积约1.0km^2。湿地四面群山环抱，蓝天如碧，空气清新，草木鱼虫水中同生，相映成趣。湿地内地势开阔平坦，芦苇覆盖，深可蔽人，下有细流逶迤，遍布金针(图3-297)。周边峰峦起伏，山势高峻，海拔多在千米以上，大部分为大于35°的极陡坡。下部基岩为白垩系高坞组火山碎屑岩。

图3-297　望东垟湿地俯瞰(据唐小明等，2009)

望东垟湿地是飞云江水系的源头和瓯江水系的源头地之一，生物资源非常丰富，共有维管植物178科691属1 472种，脊椎动物5纲31目90科335种。湿地中的江南桤木森林群落不仅在浙江绝无仅有，在全国也十分罕见(图3-298)。组成湿地植物群落的优势种类十分明显，有江南桤木、芒、沼原草、华东藨草等。有国家一级保护野生植物2种，国家二级保护野生植物7种，国家三级保护野生植物4种；有国家一级保护野生动物5种，国家二级保护野生动物34种，省重点保护野生动物44种，被列入世界濒危鸟类的黄腹角雉在保护区内有分布。植被类型有落叶阔叶林湿地型和高草湿地型两种。

通过对湿地钻孔沉积物岩性、测年、古温度、古湿度变化的综合分析，近1 000年来望东垟湿地形成环境经历了5个阶段的演化。

图 3-298　江南桤木林(a)和湿地内金针草甸(b)(据唐小明等,2009)

阶段Ⅰ(年代 9 000～8 000a B P):为一显著降温凉、偏干期,属于全新世大暖期中的突发降温事件,表现为降水量较少,水生植物和江南桤木含量少,山前河流和湖泊水体开始发育,总体为山前冲积平原地貌。

阶段Ⅱ(年代 8 000～6 600a B P):为一显著温暖、湿润期,属于全新世大暖期,表现为丰富的降水量,水生植物和江南桤木含量增高,桤木林草甸湿地开始发育,总体为山前森林湿地地貌,局部存在水体。

阶段Ⅲ(年代 6 600～500a B P):为一显著温凉、偏干期,表现为水生植物含量增高,草甸湿地发育,后期桤木含量增高,桤木林草甸湿地发育,总体为草甸湿地地貌,局部存在水体。

阶段Ⅳ(年代 500～350a B P):为一显著温暖、湿润期,表现为丰富的降水量,水生植物含量增高,含少量江南桤木,草甸湿地发育。

阶段Ⅴ(年代 350～170a B P):为一显著降温凉、湿润期,属于小冰期,表现为丰富的降水量,桤木含量增高,水生植物含量降低,总体为木林草甸湿地地貌,局部存在水体。

望东垟高山湿地形成在夷平面的残留部分上,反映了区域地貌发展演化的一个阶段。夷平面对于研究新构造运动的分期、形式和地壳抬升幅度及高山湿地形成与夷平面的关系具有重要的科学研究价值;对于研究区内晚更新世以来环境演化信息,重建地质历史时期以来的古环境、古气候与古生态演化过程有着重要的科学意义;望东洋湿地是珍稀和濒危动植物物种的栖息地,具有维持该地区动、植物群落的遗传和生物多样性特征的沼泽。良好的生态环境和生物多样性使其具有特殊的经济价值和重要的生态学与生物学研究意义。

2. 淳安千亩田湿地(L034)

千亩田湿地为高山盆地草甸湿地,海拔 1 100 多米。湿地为狭长形,纵深延伸达 1.5km,宽 200～300m,面积达 1 050 亩,四周山峰环绕,相对高度达 150～200m(图 3-299)。湿地周边山体多呈馒头状,靠近七峰尖一带的山体顶部多处可见强烈风化的花岗岩风化壳和石蛋,整体表现为早期山体剥蚀面的残留。

盆地周边土壤类型为山地黄棕壤,盆地底部沼泽湿地区主要是山地泥炭沼泽土,泥炭层厚度约 1.2m,根据岩性差异,泥炭沼泽土层自上而下可分为 11 层,沼泽湿地区土层厚度大于 1.5m,构成了盆地区的含水层,由于地下水位较高,形成高山湿地。

图 3-299 湿地风光

千亩田夷平面表层保留了厚约 0.8m 的风化壳，风化壳剖面结构自上而下具有明显的垂直分带性，风化壳上部覆盖泥炭沼泽土层及河流冲积形成的碎石土层，下部依次为全风化的风化土层带、强风化的风化碎石带和弱风化的风化块石带。风化壳的残留，说明了千亩田夷平面被抬升至现今的海拔高度后，区域构造活动比较稳定，风化作用较强，剥蚀作用较弱，风化残余物质易于保存。

湿地主要植物种类有水竹、芒、蒿、蓬莱草等，并有少量人工种植的银杏菌，植被覆盖率达 95%以上。中间有数条小溪穿过，向北在深谷悬崖处汇成大明山龙门瀑布，溪水中有竹叶鱼漫游其中。

湿地特征典型，对反映区域剥蚀面的特征及区域地貌演化具有重要的科学及科普价值。目前为省级自然保护区。

3.临安浙西天池(L035)

浙西天池系山间汇水小盆地，沼泽化湿地后经人工筑坝蓄水成为千顷塘水库，因处于千米高山之巅，故名“天池”。天池坐落于周边环绕山体的怀抱中，犹如高山上的一颗明珠。周边山体高程基本在 1 250～1 350m 之间，四周山体落差约 200m，呈环抱形态。水域面积约 56.7 万 m^2，蓄水量达 289 万 m^3。整体呈圆形，中部有 2 处小岛，湖水清澈幽蓝，水天一色，四周山峦缓伏，风景宜人(图 3-300)。

天池边发育有风化壳，厚度为 10～20m，原岩为下白垩统黄尖组流纹质晶屑玻屑凝灰岩，含大量棱角状角砾，角砾岩性为古生代泥岩、粉砂岩等，排列无定向性，大小为 1～15cm 不等，其局部含大小泥岩、泥质砂岩等碎屑。周边山顶基岩岩性为下白垩统黄尖组含角砾凝灰岩，山顶面平缓，呈馒头状，局部发育有残留的火山石柱和石墙，反映早期古地貌形态。天池中间小岛基岩岩性均为奥陶系长坞组泥岩。火山岩中角砾和集块呈规律分布，越接近湖心，角砾和集块含量高，砾径大；反之则含量低，砾径小。

以天池为中心，向四周发育有多条放射状的沟谷与水系，并形成有高山草甸(图 3-301)，沟谷与水系通过处多有放射状的断裂通过。大坝南侧山坡平缓地带为天池主要排水口。底部基岩岩性为黄尖组含角砾凝灰岩。谷底底部(西侧)为早期湿地的下游延伸部分，常年水土湿润，地表土壤层较厚，0.5～1m 不等，植被主要为芦苇等喜水植物，湿地从大坝往南一直延伸长约 300m，宽 50～100m。天池北侧发育有北东向和北西向的长条形谷地，与天池呈近直交状，谷地内多为低矮水草和喜水植被，具有高山草甸的特征，为早期天池湿地的重要组成部分。根据沟谷两侧岩性推断，该类线状负地形应为天池周边放射性断裂的组成部分。

图 3-300　乐利峰俯瞰天池(据吴竹明等，2013)

图 3-301　天池周边草甸

环形地貌、放射状沟谷与水系(断裂)等特征共同组成了天池湿地周边环境地貌。火山角砾岩、火山集块、放射性断裂是反映火山口的重要标志，共同反映了天池高山湿地和古火山机构基本特征。天池湿地是发育在古火山口之上的高山湿地。

浙西天池是清凉峰国家级自然保护区的一部分，现由临安浙西千顷天池旅游有限公司开辟为天池景区。

4. 东阳东白山湿地(L036)

东白山主峰海拔高程为 1 000 余米，属中低山地貌类型，山顶地势平坦，发育由磨石山群高坞组流纹质晶屑熔结凝灰岩就地风化的残积层(风化壳)，一般厚度 1～3m 不等，局部厚达 4～5m，属于新近纪以来地壳相对稳定时期形成的规模较大的夷平面地貌，与浙江其他地区高山夷平面同属相同类型。

东白山较大规模的湿地、草甸分布有两处：一处位于东白山水库东侧，属于草甸沼泽，基本由草甸覆盖，不见明水，湿地周边长满灌木丛；另一处位于东百茶场东侧山谷中（图 3-302），属于芦苇沼泽，西侧部分人为影响较大，东侧基本为原始状态，长满整齐的芦苇，底部可见有明显的积水，四周山坡已改种茶树。两处均分布在开阔的两山谷地之间，由于湿地形成与夷平面有关，因此湿地土层结构自上而下可划分为腐殖层、风化灰土层、含碎石全—强风化层、中—弱风化层。从实地调查分析，湿地饱水层主要为上部 3 层，同时也是植物生长层。

东白山高山夷平面及湿地，在浙江属于一级夷平面，记录了新近纪以来，地壳处于相对稳定以及阶段性抬升的特点，为新近纪以来地质地貌发展史提供了重要的实物证据，对研究高山夷平面及湿地的形成演化具有重要意义。目前已被开发为东白山生态旅游区（省级湿地公园）。

图 3-302 东白山湿地

5. 杭州西溪湿地（L037）

西溪湿地位于杭州市西部的西湖区蒋村（东区）和余杭区五常（西区）一带，分为东、西两区，总面积约为 10.64km²。湿地核心区块范围东起深含港，西至长家滩，南起沿山河，北至朝天木港及新开河，总面积 2.33km²。该区属苕溪湖沼积、冲湖积、海积平原水网地貌，周边有 6 处河港（西溪河、严家港、张村港、紫金港、顾家桥港、五常港）可通农用船只的水网地带。湿地内村庄、桑田等高出原始地面1～1.5m，地面标高 2～5.5m，多为亚黏土物质组成，局部地段有泥炭分布。湿地现有水面积约 400 万 m²。

湿地水系主要由河港、湖塘、泉井 3 类组成。西溪诸河由西溪河、严家港、蒋村港、紫金港、顾家桥港和五常港等纵横交错的河汊所组成。以南漳湖为中心，五常港、余杭塘河、紫金港、沿山河为其四边。东西向的严家港与南北向的蒋村港十字交叉，而深潭口、千斤池则为水路三岔口，4hm²（1hm²＝0.01km²）水域的朝天暮漾称雄其间，再加上 11 000 口大小水塘，就组成了古今闻名的西溪湿地。西溪的水造就了“荡、漾、堤、塘、渚”的丰富景观（图 3-303），构筑了“水在村中，村在水中”，人文交映、变幻无穷的水乡风情。

湿地内生长着丰富的植物种类。自然植被有常绿阔叶林、常绿落叶阔叶混交林、针阔叶混交林、针叶林、竹林、灌草 6 个类型（图 3-304）。其中桑、竹、柳、樟、莲等乡土树种在湿地区域内的种植历史较长，尤以芦苇、荻、柿、梅最具种植规模和景观特色。国家一级保护植物有水杉，国家二级保护植物有银杏、华东黄杉、水松、鹅掌楸、杜仲、夏腊梅、金钱松、福建柏，国家三级保护植物有翠柏、凹叶厚朴、天竺桂、油杉、红豆杉、天目木姜子。

图 3-303　西溪湿地水系(纳兰小鱼摄)

图 3-304　西溪湿地水系及植被

湿地内局部还保留有不少典型的原生湿地生态系统。挺水植物群落主要为荻和芦苇,但数量已经剩得不多,其他常见的还有水菖蒲群落。沉水植物较为完整,以苦草群落为主,夹杂捉狐尾藻、金鱼藻、尖叶眼子菜等,其他还有外来种水盾草群落。

湿地良好的生态环境,为各种水生和陆生动物提供了类型多样的栖息地,孕育了多种丰富的水生和陆生动物。湿地内有各种陆生动物 500 多种,其中兽类动物有食虫目、翼手目、啮齿目、食肉目、兔形目共 5 目 7 科 14 种,两栖类动物有 1 目 4 科 10 种,爬行类动物有龟鳖目、蜥蜴目和蛇目 3 目 8 科 15 种,鸟类共有 15 目 41 科 153 种。鸟类是西溪湿地内的主要动物,占杭州市鸟类种数的 53%,是湿地鸟类(图 3-305)、平原鸟类、山地鸟类、农田鸟类和城郊鸟类几种类型的汇合。国家一级保护动物有白尾海雕,国家二级保护动物有虎纹蛙、松雀鹰、苍鹰、雀鹰、赤腹鹰、凤头鹰、普通鵟、红隼、燕隼、游隼、褐翅鸦鹃、小鸦鹃和斑头鸺鹠,省重要保护动物有大树蛙、黑眉锦蛇。

图 3-305 西溪湿地的鸟类

目前,已建设的自然生态保护区有湿地植物园、虾龙滩生态保护区和莲花滩生态保护区等。

西溪湿地是罕见的城中次生湿地,被称为“杭州之肾”。其生态资源丰富、自然景观质朴、文化积淀深厚,曾与西湖、西泠并称杭州“三西”,是国内第一个(2011)集城市湿地、农耕湿地、文化湿地于一体的国家湿地公园。

四、瀑布

浙江省内瀑布发育较多,多发于山区水系裂点上,且有单级和多级之分。主要单级瀑有乐清大龙湫瀑布、景宁大漈雪花漈等,以落差大、姿态优美见长;典型多级瀑有衢江关公山瀑布群、遂昌神龙飞瀑等,以组合形态多样、落差大著称。典型瀑布景观介绍如下。

1. 乐清大龙湫瀑布(L038)

大龙湫瀑布是一条巨型悬瀑,瀑水常年不干,裂点周边地层及岩性为早白垩世晚期永康群小平田组流纹质玻屑熔结凝灰岩、流纹岩、集块角砾熔岩。水流从高耸云天的连云嶂上涌出,凌空落进潭中,落差近百米,有“天下第一瀑”之美誉。瀑下有一扇形的深潭,名龙湫潭,面积约 1 000m^2(图 3-306)。瀑布抱壁呈弧形,瀑布随季节、风力、天气的变化,变换出多种姿态,有诗句“欲写龙湫难下笔”来描述大龙湫的变化多端。

瀑布从悬崖中泻下,远望白亮如悬布,近观则似万龙奔窜,万箭齐发,还有烟雾缥缈,棉絮团团下坠。水流因风作态,远近斜正观看,晴雨季节更迭变换无穷,或如轰雷,或为风所遏而盘旋不一,或因阳光映射而绚烂若虹。清朝才子袁枚描述瀑布之态:“龙湫山高势绝天,一线瀑走兜罗棉。五丈以上尚是水,十丈以上全是烟。况复百丈至千丈,水云烟雾难分焉。”

大龙湫瀑布是雁荡山代表性景观之一。瀑左有忘归亭,西坡有龙壑轩。岩壁有摩崖石刻 20 多处。瀑布从龙湫背直泻而下,康有为曰:一峰拔地起,有水自天来。徐霞客于 1613 年登上龙湫背和雁湖考察,查明大龙湫水的源头即龙湫背,不是来自雁湖,纠正了史书上有误的记载。

大龙湫瀑布是典型的发育于火山岩地貌上的瀑布景观。记录了地壳抬升、重力崩塌、流水侵蚀等地质作用过程,对研究本地构造运动、古地理环境及地貌演化具有较高参考价值。大龙湫瀑布为雁荡山世界地质公园重要地质遗迹,已得到科学保护。

图 3-306　大龙湫瀑布

2.景宁大漈雪花漈瀑布(L039)

雪花漈瀑布位于大漈乡南侧,发育在燕山晚期花岗闪长岩和石英二长闪长岩侵入体组成的汇水盆地边缘。上游汇水盆地面积约 12km²,其内为高差相对较小的丘陵和平地,地貌整体反映了海拔1 000m左右的区域夷平面的特征。

雪花漈瀑布系断崖水流形成的一组奇特悬瀑景观,海拔标高 950m,漈高 70m,宽 8～25m,分 3 个跌级。第一级为瀑头,呈水槽形,由于上游河床坡度较陡,水流较急,奔涌而来,突然跌落;第二级瀑布变宽达 18m,高 40m,由于岩体向左弯曲,河水飞流直下,与岩体碰撞,导致瀑布飞溅四面散落,甚是壮观;第三级瀑布高 20m,宽 25m,瀑面更宽,水流散开,形如白练飞舞。丰水期时,水流澎湃,气势汹涌,瀑布溅起 10m 高,所形成的水汽窜高 200 余米;枯水期时,整个瀑布如同一片雪花,纷纷扬扬,故名为雪花漈(图 3-307)。瀑底有一水潭,怪石林立,水潭宽 6m,长 25m,水流左转流向渡溪峡谷。

图 3-307　雪花漈枯水期(a)与丰水期(b)景观

雪花漈瀑布位于大漈夷平面的边缘,地壳抬升,夷平面解体,侵蚀基准面相对降低,落差高,水量大,河流的溯源侵蚀和下蚀都较强烈,在夷平面残留部分的周边易形成瀑布景观,高山湿地就形成在夷平面的残留部分上。它们反映了本地区地貌发展演化的一个阶段，对于研究夷平面、瀑布、峡谷这一地貌系统有一定的科学价值。

雪花漈瀑布是丽水市十大景点之一，在省内瀑布中颇具特色。已开辟为省级地质公园重要地质遗迹点，针对瀑布景观设立了科学的保护措施。

3. 遂昌神龙飞瀑(L040)

神龙飞瀑位于浙西南中山区，遂昌县国家森林公园神龙谷旅游区核心部位，终年云雾缭绕，冬日可见冰瀑奇观。飞瀑所在水系属瓯江水系，峡谷中水发源于阳扒凹的外蓬溪近南北向段，中游段沟谷纵向比降大，河床下切深，两侧谷坡近直立，同时沿节理溯源侵蚀形成多处裂点。沿峡谷裂点流经大祭门遇陡崖形成多级瀑布，其中落差较大的3级(汤公瀑、将军瀑、神龙瀑)共同构成"神龙飞瀑"，总落差300余米，宽6～8m，一级落差60m，二级高约70m，三级高约100m。隔谷相望，3级水流历历在目，蔚为壮观，是国内落差最大的多级瀑布之一，被誉为"瓯江源第一飞瀑""中华第一高瀑"(图3-308)。

图3-308 神龙飞瀑全景(a)、汤公瀑(b)、将军瀑(c)

神龙飞瀑整体形态依山势曲折变化，远观如一条白色游龙，蜿蜒于青山峡谷间。仰望瀑布，瀑水自山崖奔泻而出，水花四溅，形成几十米高的水雾，瀑水冲击谷底并产生巨大的轰鸣声，格外壮观。诗曰："神龙天遣踞尊王，唤雨挟风出桂洋。荡气飞流寒暑森，千里呼啸过瓯江。"

观瀑布，可到山谷对面桂王公路及遂龙公路沿线，多处都可眺望，尤以桂王公路距桂洋林场3km处视线为佳，并已建一观瀑台。因所处山谷地带易形成云雾，瀑布在雾后若隐若现，通常山谷风大时，瀑布3级水流随风势产生轻微的左右摇摆，极具意趣。

神龙飞瀑已被纳入遂昌国家森林公园范畴，得到了有效的保护。

4. 衢江关公山瀑布群(L041)

关公山瀑布群位于衢江关公山沙坑一带，属国家级森林公园、省级风景名胜区。山体地层岩性由磨石山群西山头组、茶湾组和九里坪组紫灰色块状流纹质晶屑熔结凝灰岩、流纹岩和沉凝灰岩组成。瀑布群由天汉倒泄瀑布、青龙瀑布以及一些未知名的小瀑布组成。

天汉倒泄瀑布发育在峡谷主沟中上游的岩嶂之间，裂点高程达700m，为单级瀑布，局部略有转折，落差达113m，宽约3～5m。雨季水量丰沛，水体从高处飞流直下，瀑布如天河之水倾倒而下，气势壮阔震撼；旱季水量小，如马尾丝状，飘浮于空中，呈雾状弥漫，如白练飞舞，景色别致。

青龙瀑布发育在峡谷右侧支沟中游，由4级瀑布组成，由上往下，一级瀑布处在岩嶂之间，裂点海拔标高约500m，下有约250m^{2}的水潭，落差达94m，瀑宽3m；二级落差12m，瀑宽3m；三级落差6m，瀑宽2m；四级落差10m，瀑宽约2m，下有水潭。多级瀑布总高差达200m左右，水量随季节变化，雨季水量较大，瀑布如猛虎下山咆哮直下，气势逼人；旱季水量小，流水沿壁而下，或飞舞或流淌，呈现多彩的姿态，如妖娆青龙穿梭。

关公山瀑布群为省内典型的瀑布景观之一。

5. 文成百丈漈瀑布(L042)

百丈漈瀑布由3级瀑布组成，发育于永康群小平田组(K_1xp)火山碎屑岩形成的峡谷中。

百丈一漈，落差207m，誉称华夏第一瀑，三面绝壁擎天，飞流如云端袭来，素练悬空，状如银河可垂地(图3-309)。百丈一漈主要由断裂构造作用形成，由于岩性单一，形成了近乎垂直的陡崖；百丈二漈，高68m，分上、下二折，中有一条宽2.7m、深8m、长50余米的岩廊，瀑流如帘，其声如雷。基岩为小平田组一段地层，由于岩性多样性，凝灰岩与凝灰质粉砂岩互层状产出，遭受差异性风化而形成有别于百丈一漈的景观；百丈三漈，落差7m，旁边多巨石，出露地层为下白垩统小平田组一段晶屑凝灰岩，地层中节理发育，百丈三漈是在构造作用与流水共同作用下形成的，地貌表现为峡谷。

图3-309 百丈一漈(a)和百丈二漈(b)(据徐良明等，2007)

百丈漈瀑布是典型的发育于火山岩地貌上的瀑布群景观，单级瀑布落差达207m，为全国之最。记录了地壳抬升、断裂切割、重力崩塌、流水侵蚀和风化剥蚀等地质作用过程，对研究本地构造运动、古地理环境、古火山活动特征以及地貌演化均具有较高的参考价值。

百丈漈瀑布已被开发为国家级风景名胜区，重要景观点得到了相应的保护。

6. 青田石门飞瀑(L043)

石门飞瀑发育在青田石门洞溪峡谷中，瀑布分为5级，总落差达180m。

一级瀑布落差20m，宽2m，下方水潭面积150m^2，深约5m；二级瀑布落差22m，宽2.5m，水潭面积120m^2，深约2m；三级瀑布落差7.5m，宽1.5m，水潭面积50m^2；四级瀑布落差20m，水潭面积20m^2，深约2m；五级瀑布从高112.5m的悬崖直泻而下，宽约5m，瀑下积银潭面积1 500m^2，深10m，潭中有鱼，潭水清澈见底(图 3-310)。

石门飞瀑形若垂练，溅如跳珠，散似银雾，被誉为“天泉”“圣水”，受到历代文人墨客赞颂。唐代李白赞叹：“何年霹雳惊，云散苍崖裂直上泻银河，万古流不竭”。明朝西厢房作者汤显祖有诗道：“春虚寒雨石门泉，远亿虹霓近若烟。独洗苍苔注云壑，旋飞白鹤绕青田。”当代著名诗人郭沫若“垂天飞瀑布，凉意喜催诗”的诗名更是石门飞瀑的千古绝唱。

瀑布所在的石门洞为省级风景名胜区和省级森林公园。

图 3-310 石门瀑(a)及积银潭(b)(据丁晓光等，2011)

7. 奉化徐凫岩瀑布(L044)

徐凫岩瀑布是雪窦山最高的一个自然瀑布，其水源来自“踌躇谷”，汇聚于“直岙村”，穿过桥洞，过沙溪谷飞腾而来，直泻悬崖。

瀑布顶海拔高程为 483m，瀑布口宽 1.5～2m，落差达 242m(图 3-311)，有“华东第一瀑”之称。瀑布至崖顶飘洒而下至中下部呈水雾状，散落于崖底，可见白色水雾，瀑布底部形成水潭，呈不规则圆形，直径约 20m，潭水清澈碧绿，底部为砾石层，砾石大小为 1～3cm，磨圆度一般，分选性差。四周堆积大量崩塌巨石，棱角状，直径 1～3m，个别达 5～6m。

瀑布上游(瀑布口)汇水区沟谷呈宽广的平缓谷底，下游汇水区沟谷变成“V”字形峡谷。瀑布发育在裂点上，为地貌演化发展的转折点，对指示本地构造运动、地貌演化等具有较高的科学价值。

瀑布为溪口-雪窦山国家风景名胜区的一部分，现保存完好。

8. 嵊州百丈飞瀑群(L045)

百丈飞瀑群形成于白垩纪火山岩中，主要由 9 条瀑布组成，从南往北依次分布，如一条条白色银带挂在山间，流水击打在光滑的岩壁上，发出阵阵巨响，如雷不绝；水花四溅，形成水雾腾腾向上的壮观景象，撼人心魄。在阳光的照射下，水雾折射出动人的光彩，素有“江南第一瀑布群”之称。9 条瀑布分别为百丈飞瀑、逍遥瀑、一线瀑、燕尾瀑、戏珠瀑、鸳鸯瀑、五叠泉等，分布在百丈峡谷及支沟中，其中以百丈飞瀑最为壮观(图 3-312)。

百丈飞瀑，是瀑布群中的主瀑之一，位于百丈幽谷峡谷北端，为单级瀑布，落差近百米，宽 4～5m，最窄处 1～2m，最宽处 6m，在峡谷中犹如白龙飞下，十分壮观。瀑布之下发育一水潭，名为“第一龙潭”，近圆形，直径约 10m，丰水期时，直径可达 30m，深 2～3m，最深处可达 6m。

图 3-311 徐凫岩瀑布

图 3-312 百丈飞瀑(a)和戏珠瀑(b)

逍遥瀑,落差 96m,宽 0.4～5m;燕尾瀑,落差约 120m,从上游的山谷中蜿蜒而泻,最后被嶙峋突兀的岩壁分成燕尾似的两股水流,故名;一线瀑,落差约 30m,最宽处有 3m,窄处仅 1m 左右,如一条银链从峭壁上垂下,因而得名;五叠泉,由多级跌水组成,落差约 120m,宽约 5m,沿陡峭的山坡沟谷泄流;戏珠瀑,落差约 15m,一分二、二分四,形成多条瀑布带,喷涌而下,溅起雾花。

百丈飞瀑群为省内典型的瀑布型水体景观之一,现已被开发为风景区。

9. 诸暨五泄瀑布(L046)

五泄瀑布形成于白垩纪火山岩中,由 5 个落差、长度、宽度各不相同的 5 级瀑布组成。瀑布沿峡谷自上而下分别为第一至第五泄,总体斜长达 334m,落差 80 余米(图 3-313);瀑布以其美丽壮观、神态奇特、变幻莫测的姿态闻名于世。

第一泄瀑布较缓,落差约 5m,底部基岩受水平节理和垂直节理控制,形成数个台阶,水流沿台阶

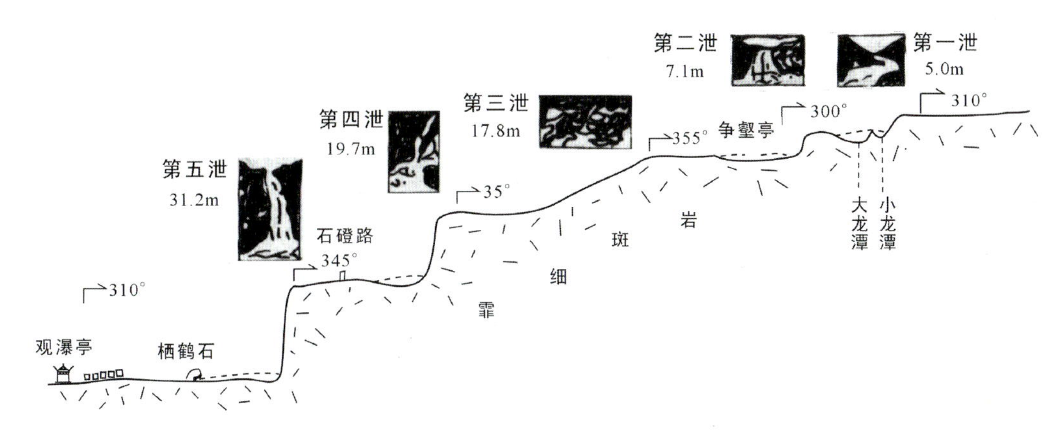

图 3-313　5 级瀑布剖面示意图

倾泻而下。瀑布崖壁缓坡中间有一水潭，直径约 1.5m，口微向内收，四壁陡立光滑，人称“小龙井”，俗呼小脚桶潭，形态如壶穴。瀑布下面的深潭直径大约 5m，黝黑无底，俗呼“大脚桶潭”，为瀑布长期冲刷而成。同其他几泄的气势相比，第一泄显得隽秀奇巧，以月笼轻纱的特色著称。

第二泄紧接第一泄，落差 7.1m，宽约 7m，以“双龙争壑”形象景观为特色，瀑布下落时，被崖面上一块兀石分成两半，一宽一窄，径直而下，分流如珠帘飘动，开放而又深沉，又如双龙出游争相嬉闹。古人有诗赞其曰：“两龙争壑不知应，一石横空不渡人。”谷底基岩裸露，岩石坚硬致密，近垂直节理密集发育，控制瀑布的崖面发育。瀑布底部流水汇集处发育一长方形深潭，长 20 余米，宽近 5m。

第三泄落差 17.8m，宽 5～10m，只见瀑布从高处涌出，沿约 65°的斜坡奔腾而下，水流由狭窄变宽阔，流速从急转缓，随着岩坡的凸凹跌宕，水流被分切成多个“川”字形，有聚有散，有跌有跃，宽阔平缓的瀑布浩浩荡荡而下，在如磨似洗的岩石中奔泻跌宕，以变幻无穷的姿态呈现在人们面前[图 3-314(a)]。

第四泄受节理及水流冲蚀崩塌，形成高近 70m 的陡壁。由于上游第三泄底部狭长型的水潭改变了水流方向，使第四泄沿崖壁内侧凹槽形成“之”字形奔泻而下，落差 19.7m，宽 1～2m[图 3-314(b)]。泄口走向受一组密集发育的节理控制。底部冲积成潭，直径约 30m，深 0.3～1m，呈不规则圆形。

图 3-314　瀑布第三泄(a)和第四泄(b)

第五泄又称“东龙湫”，落差 31.2m，宽 3～8m(图 3-315)。瀑布顶部基岩中发育两组节理，分别控制沟谷走向和瀑布崖面。四周悬崖峭壁，奇石兀立，北面有巍峨耸立的涵湫峰，南面是高耸的碧玉峰，两峰耸立，给第五泄瀑布增宏壮势，扩音回声，增添共鸣之声和雄伟气概。在瀑布长期的冲击下形成一潭，称“东龙潭”，直径约 15m，水流沿宽约 50m 的平缓谷底往下游流动，与西龙潭相应。

图 3-315 瀑布第五泄

瀑布的形成主要受断裂、节理和岩性的控制，区内出露的霏细斑岩质硬性脆，受北东向断裂的影响，以北东向和北西向为主的节理发育，在流水不断侵蚀下切作用下，沿两组垂直节理和一组水平节理发育演化形成多级跌水的深谷瀑布奇观。

该瀑布已被开发利用，为浣溪-五泄国家级风景名胜区的主要景观之一。

五、泉

该亚类遗迹在浙江省内共登录 4 处，其中冷泉有 1 处，为杭州虎跑泉；温泉有 3 处，为临安湍口温泉、宁海南溪温泉和泰顺承天温泉。省内温泉资源较为丰富，近年来发现并开发了多处温泉点，多以人工钻井发现的温泉为主，因自然露头而发现的温泉较少。本次登记的温泉均为早期自然露头发现而形成的温泉点，是省内开发利用较早的知名温泉资源。典型泉遗迹介绍如下。

1. 临安湍口温泉(L047)

该温泉所在盆地四面为海拔 600～800m 的环山，湍源、塘溪、沈溪、凉溪四水在此汇聚，后注入昌化溪，素有“四水落明堂”的说法。湍口温泉历史最早记载于明朝，距今 1 300 多年。

湍口地热异常区位于面积不足 $2km^2$ 的山间河谷平原内，第四系以冲洪积为主，孔隙潜水含水层厚度约 10m，下伏为由寒武系西阳山组、华严寺组和杨柳岗组条带状碳酸盐岩构成的覆盖型岩溶裂隙含水组。地热田处于河桥倒转背斜北西翼，邻近有花岗闪长岩侵入，并发育有燕山晚期的北北东向、北西向和东西向断层，三者交会在湍口村附近，推测温泉的形成与断层有关。

温泉以上升泉形成，落于第四纪地层中，地热面积区 $0.2km^2$。温泉露头水温 32.5℃，无色，无味，微涩，无臭，透明，为低矿化度重碳酸型水，其中含氡量 33.87Eml/L(1 埃曼 $=10^{-10}$m)，单井涌水量可达 3 000m^3/d。除含常规组分外，Sr，Ba，Ra 及游离 CO_2 等多种元素亦较丰富。

多家科研单位对此进行了地热勘查工作，共计完成钻井 19 口，基本查明了地热控制地质条件，其中 8 口深钻井和 3 口浅井打到热水，水温 30～32.5℃。1993 年通过饮用天然矿泉水的鉴定，并获国家矿产储量管理局的审批证书。

温6井多次水质测试均为HCO_3-Ca型，pH为6.7～7.6，矿化度为734.8～921.8mg/L，K为4.0～44mg/L，Na为18～20.7mg/L，Ca为131.2～168.0mg/L，Mg为18.21～25.33mg/L，Cl为1.0～3.72mg/L，HCO_3为645.6～670.2mg/L，SO_4为8.11mg/L，偏硅酸为20mg/L，游离CO_2为328.04～347.1mg/L，Sr为0.72～0.92mg/L，Ba为5.1mg/L，温泉Rn测定为59.57～100.64Bq/L。

近年勘探的201地热井，热矿水赋存在早古生代碳酸盐岩地层中，属碳酸盐岩岩溶裂隙型带状兼层状热储，年生产规模8.65万m^3。热矿水水温26.4～26.6℃，F为4.6～13.0mg/L，Rn为40～80Bq/L，达到矿水浓度水质标准，为含氡的氟热矿水。

依托201地热井，建设有杭州临安湍口众安氡温泉度假酒店，为目前华东地区规模最大、档次最高的温泉度假酒店之一（图3-316）。

图3-316 氡温泉度假酒店的温泉设施（据众安度假酒店）

2.杭州虎跑泉(L048)

虎跑泉位于青龙山背斜南东翼，背斜北翼为南高峰，南翼为凤凰山，由石炭纪—二叠纪碳酸盐岩（石灰岩）组成；背斜核部由泥盆系—石炭系西湖组、珠藏坞组的石英砂岩和泥质粉砂岩组成；本处岩层向虎跑泉方向倾斜，同时又受虎跑断层的控制。

虎跑泉，名冠杭州诸泉之首，素有天下第三泉之称。泉位于白鹤峰下的山间集水漏斗内，属青龙山背斜南东翼，出露于上泥盆统西湖组、上泥盆统—下石炭统珠藏坞组，岩性为石英砂岩、泥质粉砂岩，海拔50m。泉水出露点位于滴翠崖，为一高约10m、宽约20m的断层崖壁，由泥盆系西湖组石英砂砾岩组成，断层面走向为北东-南西，崖壁反倾。滴翠崖前有一狭长的小水池，由于泉水不断涌入，因此终年不枯。崖壁底部内凹，小洞前塑虎，体量如一只真虎般大，上有“虎跑梦泉”石刻（图3-317）。

虎跑泉在地貌上处于南高峰、凤凰山和二龙山三山之间的谷地，地质构造上处于北东向断层和3组纵横交错的裂隙交会地带，同时石英砂岩具有良好的孔隙度，良好的地形和供水条件造成地下水沿裂隙和砂岩的孔隙不断地供给虎跑泉。裂隙水沿复杂的节理、岩层层面和虎跑断层带往虎跑泉方向汇流，在断层陡壁下方沿两个泉眼涌出地面。泉水流量0.5～2L/s，水质为重碳酸/氯-钠/钙/镁型水，固形物0.02～0.15g/L，pH值为5.7，总硬度5.96×10^{-6}，放射性氡气26～30Eml，水质纯净无菌，表面张力系数为80.8dyn/cm，水高出杯口3mm不溢出。

虎跑泉与龙井茶并称为“西湖双绝”。杭州有句俗语“龙井茶叶虎跑水”，其意是指虎跑水的味道可与龙井绿茶相媲美。据说经常饮用虎跑泉清澈明净的矿泉水，对人体排放尿酸，增强肝胃分泌和促

图 3-317　虎跑泉及其周边景观

进造血、降压有一定的保健作用，深受人们的欢迎。现已成为杭州著名的虎跑景区。

3. 宁海南溪温泉(L049)

南溪温泉位于宁海森林公园的卧龙谷景区内，南溪温泉是省内发现及开发较早的温泉之一。温泉发育于花岗岩类构造裂隙内。在上升泉涌出处，钻探降深 14m，泉水涌水量 1 200m^3/s，温度 47.4℃，矿化度 390mg/L，pH 值 7.8，富含氡。主要化学成分(mg/L)：Na 为 56.4、HCO_3 为 150.8、F 为 7.2、Li 为 0.2～3.6，具有较高温泉疗养价值。

20 世纪初本处的自涌泉藏水量丰富，水温达 30～40℃，通过水质化验，泉水清澈透明、无色、无味、无臭，含有大量对人体有益的微量元素，四季恒温，溶解有氮气、氧气和氡气，是暖和性优质矿泉水。其主要阴离子为 HCO^{3-}，主要阳离子为 Na^+，pH 值为 8.2，一般化学指标、毒理学指标、放射性指标、气体等 57 项指标均正常，没有超出生活饮用水水质标准；洗浴后能使人体感到舒适滑润。

在景区入口处百余米的公路边有一个废弃的温泉露头，早期被使用过，并建有玻璃球状建筑物加以保护(图 3-318)。该温泉池为长方形，现在无温泉水喷出，池内仅有少量的地下水，水质清澈见底，池底泥土较多，且周边杂草众多。

图 3-318　温泉自然露头及保护设施

南溪温泉目前已钻探4口泉井。1960年3月,第一口泉井钻于今"桂花亭"畔,深120m,水温47.5℃,24h出水为740t。同年6月,第二口泉井钻于今"游泳池"上坡,深50m,水温38℃,适宜夏季之用。1982年5月,第三口井钻于今"梅泉亭"左边,深150m,水温达49~50℃,24h出水量为1 200~3 000t。嗣后又在"观鱼亭"旁钻第四口泉井,深160m,水温35℃,24h出水量为1 300t(图3-319)。

图3-319　现代温泉设施(据南溪温泉森林公园)

目前,在宁海天明山大酒店左侧的溪沟旁边正钻探删3井,作为三号井的备用井。矿泉类型为偏硅酸、氟热矿水,温度区间值为46.0~47.5℃,组分及含量为氟离子8.6~13mg/L、偏硅酸54.0~61.0mg/L,溶解性总固体为283.14~423mg/L,年可采量为21.03万m^3。温泉资源级别为浙江温泉AAAA。

该温泉对浙东温州-镇海深断裂带的查证与研究具有地质构造学方面的科学意义,可作为构造、地热、矿泉地学科研和教学点。目前,已建设成为南溪温泉森林公园。

4.泰顺承天氡泉(L050)

承天氡泉是泰顺丰富地热资源的集中体现,属于地下热泉。它位于承天会甲溪中,发源于雅阳镇青竹洋村的雅坞尖,分水岭均以800~1 000m的山脊为界,集水面积中心地带以500~600m之间山地小盆地为主,承天温泉河段以上集水面积达67km^2。

泉水出口海拔195m,位于两侧山坡落差500m、长10多千米的"V"形峡谷中,基岩岩性为下白垩统西山头组陆源火山碎屑岩。为花岗岩类构造裂隙型带状热储,氡泉表露水温为54~62℃,日出水量500t以上,属低矿化度、重碳酸钠型、含氡21.4Eml、可溶性二氧化硅70~90mg/L的高热温氡泉。泉水透明、无味,沐后令人身舒肢展,心旷神怡。泉水的医疗效果极佳,长期的实践证明,氡泉对风湿病、关节炎、神经性皮炎以及糖尿病、心血管病等疾病具有一定的疗效。2001年5月被列入国家级浴用医疗矿泉。温泉资源级别为浙江温泉AAAA。

承天氡泉是浙江省唯一以上升泉的形式出露地表后开发利用的温泉。矿泉的成因与断裂构造直接相关。花眉尖及以北一带山区接受大气降水补给后,在不断的运移、深循环过程中经长时间的水岩作用,溶滤了岩石中的矿物质,包括混有元素氡,随后沿甲溪与北东向断裂裂隙交会处形成了高渗透带上涌成温泉(图3-320)。

承天氡泉开发利用历史悠久,清光绪《泰顺分疆录》就有记载,1973年因发现泉水中含有氡而被命名"氡泉",1997年建成承天氡泉省级自然保护区。经过近20年的开发,承天氡泉基础设施完善,已建成氡泉大酒店、温泉度假村等服务设施,日接待能力可达10 000多人次。

图 3-320 温泉泉眼及温泉设施(据承天氡泉)

第九节 火山地貌类

火山地貌类属地貌景观大类,可分为火山机构和火山岩地貌 2 个亚类。全省该类共有重要地质遗迹 35 处,其中火山机构亚类有 13 处,火山岩地貌亚类有 22 处(表 3-10)。

表 3-10 火山地貌类地质遗迹简表

遗迹类型及代号		遗迹名称	形成时代	保护现状	利用现状
火山机构	L051	诸暨芙蓉山破火山构造	白垩纪	无	科研
	L052	宁海茶山破火山构造	白垩纪	无	科研
	L053	衢江饭甑山火山通道	白垩纪	省重要地质遗迹保护点	科研/科普
	L054	龙游饭蒸山火山通道	白垩纪	省重要地质遗迹保护点	科研/科普
	L055	松阳南山火山穹隆构造	白垩纪	省重要地质遗迹保护点	科研/科普
	L056	缙云步虚山火山通道	白垩纪	国家级风景名胜区、国家地质公园	科研/科普/观光
	L057	天台鼻下许锥火山构造	白垩纪	无	科研
	L058	余姚大陈盾火山构造	新近纪	无	科研
	L059	嵊州福泉山火山锥	新近纪	无	科研
	L060	龙游虎头山超基性岩筒	新近纪	省重要地质遗迹保护点	科研/科普
	L061	衢江坞石山超基性岩筒	新近纪	省重要地质遗迹保护点	科研/科普
	L062	东阳八面山基性—超基性岩筒	新近纪	省重要地质遗迹保护点	科研/科普
	L063	玉环石峰山超基性岩筒	新近纪	省重要地质遗迹保护点	科研/科普

续表 3-10

遗迹类型及代号		遗迹名称	形成时代	保护现状	利用现状
火山岩地貌	L064	衢江小湖南火山岩柱状节理	白垩纪	国家湿地公园	科研/观光
	L065	象山花岙火山岩柱状节理	白垩纪	省级地质公园	科研/科普/观光
	L066	临海大坳头火山岩柱状节理	白垩纪	国家地质公园	科研/科普/观光
	L067	嵊州石舍玄武岩柱状节理	新近纪	无	科研
	L068	嵊州后庄玄武岩柱状节理	新近纪	省重要地质遗迹保护点	科研/科普
	L069	余姚四明山夷平面	新近纪	省级地质公园、国家森林公园	科研/科普/观光
	L070	乐清雁荡山流纹岩地貌	中新世以来	世界地质公园	科研/科普/观光
	L071	仙居神仙居流纹岩地貌	中新世以来	国家级风景名胜区、国家地质公园	科研/科普/观光
	L072	建德大慈岩火山岩地貌	中新世以来	国家级风景名胜区	科研/观光
	L073	景宁九龙湾火山岩地貌	中新世以来	省级地质公园	科研/科普/观光
	L074	遂昌南尖岩火山岩地貌	中新世以来	一般风景区	科研/观光
	L075	缙云仙都火山岩地貌	更新世以来	国家级风景名胜区、国家地质公园	科研/科普/观光
	L076	浦江仙华山流纹岩地貌	更新世以来	省级风景名胜区	科研/观光
	L077	嵊州白雁坑崩积地貌	更新世以来	地质文化村	科研/科普/观光
	L078	临海武坑流纹岩地貌	更新世以来	国家地质公园	科研/科普/观光
	L079	温岭方山流纹岩地貌	更新世以来	世界地质公园	科研/科普/观光
	L080	乐清中雁荡山流纹岩地貌	更新世以来	国家级风景名胜区	科研/观光
	L081	平阳南雁荡山火山岩地貌	更新世以来	国家级风景名胜区	科研/观光
	L082	永嘉大箬岩火山岩地貌	更新世以来	国家级风景名胜区	科研/观光
	L083	永嘉石桅岩火山岩地貌	更新世以来	世界地质公园	科研/科普/观光
	L084	安吉深溪大石浪堆积地貌	更新世以来	一般风景区	科研/观光
	L085	遂昌含辉洞崩积地貌	更新世以来	一般风景区	科研/观光

一、火山机构

该亚类遗迹在浙江省内登录 13 处，其中中生代形成的有 7 处，新生代形成的有 6 处。省内火山机构主要与中生代或新生代火山喷发和岩浆侵入有着直接关系。中生代破火山构造，其规模大，组合较复杂，由于年代久、侵蚀剥蚀严重，其保留完整的较少。而新生代火山通道（火山岩筒）相对组合较单一，时代较新，其保存相对较为完整。典型火山机构遗迹介绍如下。

1. 诸暨芙蓉山破火山构造（L051）

芙蓉山破火山构造处于江山-绍兴拼合带东南侧，属于燕山晚期早白垩世早期火山活动产物，构造基底为中元古界陈蔡群变质岩系。破火山边界环状、放射状断裂发育，局部还保留着与基底地层的不整合关系。破火山平面上呈轴向北东的椭圆形，长轴 17.5km，短轴 13.5km，面积约 190km^2。破火山内主要出露高坞组(K_1g)、西山头组(K_1x)凝灰岩，局部夹沉积层(图 3-321)。

破火山构造以其独特的地貌形态，完美的环状、放射状断裂和沿环状断裂充填的岩墙，不同岩相火山岩的分布格局清晰地显示出它的地质特征。地球物理和地球化学资料也提供了芙蓉山地区深部构造和元素迁移富集的信息。

地貌特征：芙蓉山地区中生代火山岩以环状断裂为界，构成一个直径约 16km 的近等轴形地质体，四周为基底变质岩。由于抗风化程度不同，火山岩区为海拔 500～900m 的中低山区，峡谷深切，山势陡峻。周围为地势较为平缓的低山丘陵。水系也由芙蓉山顶峰向四周呈放射状分布，局部呈弧形弯曲。

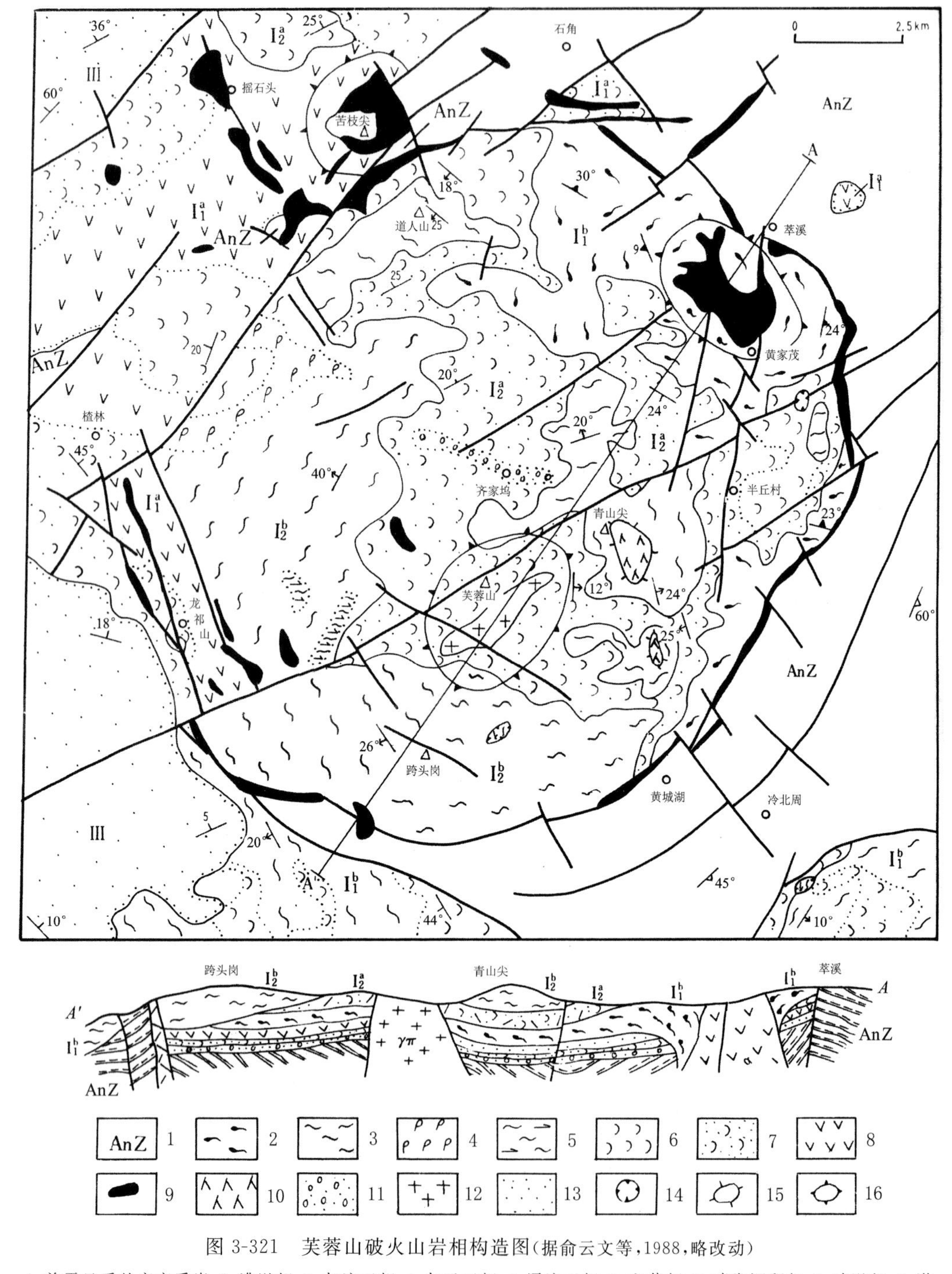

图 3-321 芙蓉山破火山岩相构造图(据俞云文等，1988，略改动)

1. 前震旦系基底变质岩；2. 沸溢相；3. 灰流亚相；4. 灰云亚相；5. 涌流亚相；6. 空落相；7. 喷发沉积相；8. 喷溢相；9. 潜火山相；10. 侵出相；11. 火山泥流角砾岩相；12. 火山侵入相；13. 沉积相；14. 火山通道；15. 侵出岩穹；16. 火山穹隆

断裂构造：一类为区域构造产生的断裂，主要为北东向断裂，破坏了破火山及环状断裂的完整性，使破火山的环状断裂发生右行位移；另一类为火山活动产生的断裂，主要表现为环状、放射状断裂。环状断裂分内、外两环，外环出露于变质岩基底中，自下山头东侧向南相延伸，收敛于牛角坞一带与内环重合，呈半环状。内环绕破火山地缘呈环形展布，构成破火山的边界。环状断裂带宽一般20～150m，断裂面一般内倾，部分地段被后期酸性岩脉充填，常见膨大与缩小现象，局部呈环结状。放射状断裂主要分布在破火山边缘地带，大部分向破火山中心方向收敛。沿环状断裂有霏细斑岩岩墙发育，岩墙长数百米至5km不等，宽数米至百余米，产状与断裂基本一致。平面上呈弧形或弯月形的岩墙断续相连，构成完美的环状岩墙，局部岩墙呈锯齿状或环结状，表明断裂具有张性特征。

火山岩相：破火山内主要出露高坞组、西山头组凝灰岩类，局部夹沉积层，具爆溢相、爆发相、喷发相、喷发沉积相、火山通道相、次火山相与火山侵入相。

物化探特征：破火山口处于厦程里、璜山和苏溪3个重力高值之间的重力低区，重力场表现为椭圆形东西走向的负异常。航磁ΔT平面图显示出航磁异常以芙蓉山为中心的半环状形态。化探异常沿火山口的边缘分布，构成一个以Sb、As为外带晕的似环状分布模式。

次级火山构造：芙蓉山破火山为经历较长时期、多阶段喷发的复活破火山，在它的发展演化过程中形成一些次一级火山构造，它们一般规模较小，有的只保留火山机构残留体。次级构造主要有青山尖火山洼地、塘北火山穹隆、大坞尖熔岩穹丘、塘坞火山通道等。

破火山内蚀变作用较弱，仅见于东南部的白岩山一带和断裂带内。与破火山有关的矿产以非金属矿为主，主要矿种有萤石和高岭土。

芙蓉山破火山构造发育历史可归纳为7个阶段（图3-322）：第一阶段为火山活动初始阶段，基底断陷，形成火山构造洼地，堆积了喷发沉积相岩石；第二阶段为火山活动高潮阶段，大规模的火山碎屑

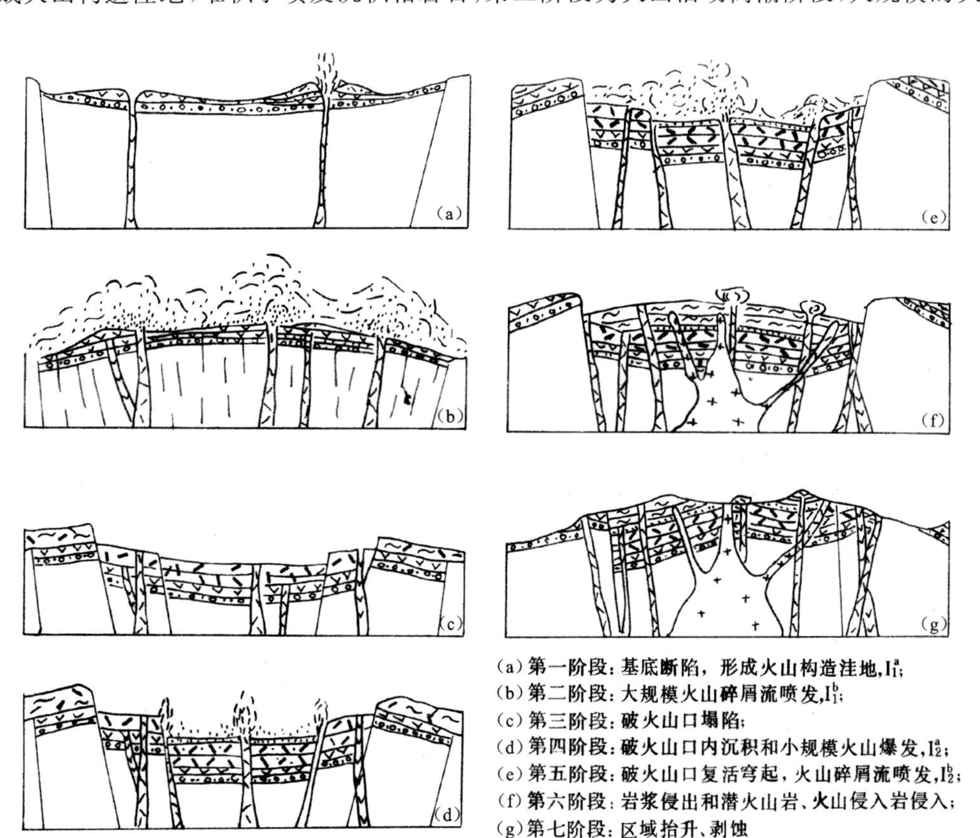

图3-322　芙蓉山破火山演化示意图（据俞云文等，1988）

流喷发；第三阶段为破火山口的塌陷，形成陷落破火山口构造；第四阶段为破火山口内的沉积作用和火山爆发活动；第五阶段为破火山口复活穹起，火山碎屑流喷发；第六阶段为岩浆侵出、潜火山岩和火山侵入岩的侵入；第七阶段为复活破火山口形成后的区域抬升、剥蚀。

通过对芙蓉山破火山的成因、火山机构、火山地质、火山成矿作用等方面的研究，可以全面认识和了解浙江省晚中生代火山活动的规律、火山类型、火山喷发堆积方式、火山期后的岩浆侵入活动等，同时也为火山研究提供了重要的实物证据。

芙蓉山破火山经历了多个阶段的演化，规模大，组合特征明显，是中国东南沿海最著名的中生代破火山构造之一。

2. 宁海茶山破火山构造(L052)

茶山破火山为南北长 18km、东西宽 23km 的椭圆形破火山构造，外围有环形断裂，内部放射状断裂多有水系分布，从边缘至中心地层由老变新(图 3-323)。经历西山头期、茶湾期、九里坪期和祝村期 4 个亚旋回后结束火山活动。

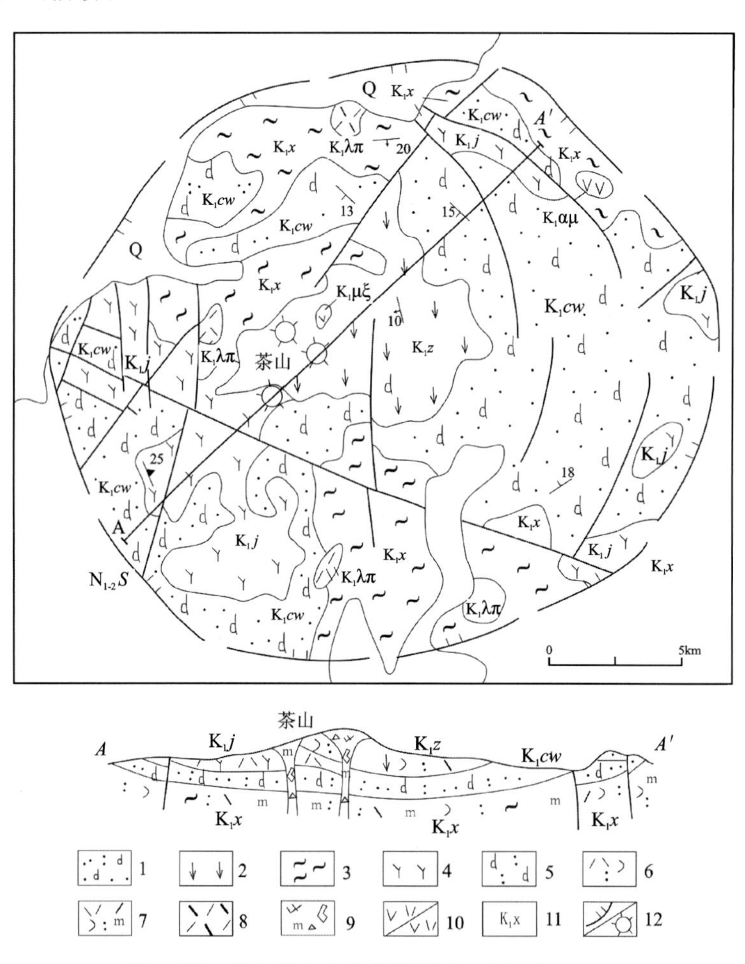

图 3-323 茶山破火山岩相略图(据王耀忠等，2002)

1. 喷发沉积相；2. 空落相；3. 火山碎屑流相；4. 喷溢相；5. 沉凝灰岩；6. 流纹质凝灰岩；7. 流纹质晶屑玻屑凝灰岩；8. 流纹斑岩；9. 英安质熔结集块角砾岩；10. 安山玢岩及英安玢岩；11. 地层代号；12. 破火山及火口

破火山由第Ⅱ旋回火山岩地层构成，西山头组(K_1x)和茶湾组(K_1cw)最为发育，次为九里坪组(K_1j)和祝村组(K_1z)。地层从边部到中心由老到新分布，产状总体呈围斜内倾，倾角 10°～25°。地层分布及岩性岩相特征如下。

西山头组：为破火山中最老地层，主要分布在破火山边界外缘，围绕破火口呈环状分布，破火口内仅北部及南部地形切割或剥蚀深的地方少量出露。岩性主要为火山碎屑流相流纹质晶屑玻屑熔结凝灰岩。流纹质含角砾玻屑熔结凝灰岩夹喷发沉积相沉凝灰岩及凝灰质砂岩等，出露厚约 120～200m。

茶湾组：主要分布在破火山口内，围绕茶山火山口中心呈环状分布。上部为喷发沉积相沉凝灰岩间夹凝灰质砂岩、泥质硅质岩、凝灰质砾岩及火山泥球沉凝灰岩，厚约 350m；中上部为喷溢相安山玢岩、安山质角砾熔岩，底部夹喷发沉积相含砾沉凝灰岩、凝灰质含砾砂岩及粉砂质泥岩，厚约 150m(其中喷溢相熔岩厚约 125m)；中下部为火山碎屑流相流纹质晶屑玻屑弱熔结凝灰岩，向上过渡为空落相玻屑凝灰岩，并夹有少量喷发沉积相沉凝灰岩，厚约 327m；下部由空落相英安质玻屑凝灰岩，喷发沉积相凝灰质砂砾岩、粉砂岩及安山质沉凝灰角砾岩组成，底部为凝灰质砾岩，厚约 115m。

九里坪组：主要分布于茶山西南部、西部及东部破火山口边缘呈零星分布。岩性岩相较单一，为喷溢相流纹(斑)岩及球泡流纹斑岩，局部偶夹火山碎屑流相流纹质玻屑熔结凝灰岩薄层，厚度为 300～350m。

祝村组：主要分布在破火山中心茶山—鹚鸡台一带。岩性及厚度变化较大，岩相以火山碎屑流相及空落相为主，次为喷发沉积相及喷溢相；近火口处酸性火山集块角砾岩、凝灰角砾岩最为发育，往外有英安质含角砾玻屑凝灰岩、安玄质集块角砾岩、流纹质玻屑弱熔结凝灰岩、凝灰质砂岩、沉凝灰岩等，最大厚度达 300～400m。破火山的中心地带——茶山、白岩尖发育有多个火山口，口内通道相岩性为英安质熔结集块角砾岩。集块角砾成分复杂，呈次棱角—棱角状，块径 3～15cm，个别 1～3m，大小混杂。假流纹构造发育，呈陡立状，明显切割围岩产状。

火山断裂主要发育于破火山东部、东北部及东南部，呈环状断续分布，力学性质为张性，属破火山塌陷时拉张作用的产物，部分茶湾组边界受环状断裂控制较明显。分布范围受破火山口控制，基本围绕茶山火山中心呈环状分布，产状呈内倾。

茶山破火山火山活动开始于第Ⅱ旋回早期，经历了第Ⅱ旋回 4 个亚旋回的火山活动，是区内破火山中发育较齐全的一个破火山，主要经历了强烈的火山喷发、塌陷后火口内喷发沉积、火口复活喷溢、末期小规模喷发 4 个火山活动时期。

破火山露头出露良好，构造形迹保存完整，形态结构典型，破火山构造形成各阶段旋回特征清楚，反映破火山内容要素较齐全，是中国东南部保存最完整的中生代破火山之一。

3. 衢江饭甑山火山通道(L053)

饭甑山火山通道位于衢江区全旺镇东南红岩水库西南侧，地貌上呈现高耸的岩塔或岩钟，矗立在金衢盆地边缘，区域上处于江山-绍兴拼合带通过地段。火山通道为白垩纪九里坪期酸性岩浆喷溢出口处，在其周围地区分布着大片九里坪组(K_1j)喷溢相流纹岩，面积达 $4km^2$。

火山通道分布面积较小，通道相(岩塔)直径约 250m，平面上为椭圆形，剥蚀露出地表相对高度达 200m，岩性主要为流纹斑岩，流纹构造顶部平缓，边缘较陡，与围岩呈侵入接触关系。岩塔分布于火山穹丘内部，是岩浆喷溢晚期岩浆侵入定位于火山通道的产物，岩塔的产出指示了岩浆喷溢通道的规模及特点。饭甑山不仅具有典型的火山构造特征，在地貌上具备典型的火山柱峰地貌特点(图 3-324)。

饭甑山火山通道具备了较完整、清晰的内容和要素，对研究浙江省中生代晚期火山活动特点，即岩浆组分、岩石类型、喷溢方式、形成过程、最终定位，为建立此类火山构造模式具有重要的地学意义。是华东地区集火山构造和地貌景观于一体，最壮观、最具美学价值和观赏价值的火山通道之一。

2013 年，该遗迹被列为浙江省首批重要地质遗迹保护点(地)，并设立科普标识牌。

图 3-324　饭甑山火山通道(a)及保护标识(b)

4. 龙游饭蒸山火山通道(L054)

饭蒸山火山通道位于石佛乡三门源、石口门、黄梅尖一带，以饭蒸山为中心，周边分布有约 $10km^2$ 的黄尖组(K_1h)流纹岩地层。饭蒸山海拔 660m，在低山丘陵背景衬托下，地貌景观显得宏伟壮观，陡峻挺拔(图 3-325)。

图 3-325　饭蒸山火山通道

根据火山岩岩性、岩相特征，早白垩世黄尖期火山活动主要以大规模酸性熔岩喷溢为主，火山构造类型主要为火山岩穹构造，表现为侵出和溢流的特点。饭蒸山远处眺望呈现熔岩柱地貌景观，具有熔岩侵出特征。熔岩柱为黄尖期流纹斑岩，柱体根部至顶部相对高度约 200m。熔岩柱的边缘至中心部位，岩石结构及构造均存在明显的差别。边缘地段由于岩浆侵出位移，破碎了早期凝固的熔岩，故发育了大小不一的角砾、集块熔岩；同时在其边部发育了直立、平卧宽带状流动构造；向中心部位角砾、集块及流动构造逐渐消失，岩性为致密块状流纹斑岩，一般不显流动构造，局部呈现少量微纹状、细纹状流纹构造。饭蒸山外围流纹岩广泛分布，熔岩均为火山通道早期喷溢之产物，属火山溢流相。

此类火山构造一般形成于大规模火山岩浆喷溢之后，即火山活动后期。由于岩浆房内压力减小，黏稠的酸性岩浆沿早期火山通道挤压缓慢上升至地表浅部定位，后经冷却成岩。由于通道与围岩在岩性成分上存在着较大差异，经后期构造侵蚀剥蚀作用，只保留通道内岩石组合，形成岩塔或岩柱，它指示了火山通道的具体位置。

饭蒸山火山通道集火山构造和火山地貌景观于一体，是省内典型的最具美学和观赏价值的火山通道之一。

2013 年，该遗迹被列为浙江省首批重要地质遗迹保护点（地），并设立科普标识牌。

5. 松阳南山火山穹隆构造（L055）

南山火山穹隆分布在松阳白垩纪陆相盆地内，呈北东向延伸，其长 4 500m，宽 1 000～2 000m，为北东向窄而南西向宽。火山穹隆产于早白垩世晚期馆头组（K_1gt）中，由侵出-喷溢相玄武岩、粗面岩、流纹岩组成。

整个火山穹隆在地貌上呈丘状凸起，周边有环状水系及沟谷环绕，顶部有醒目的岩钟、岩碑，而成为民间俗称“石和尚背老婆”的火山地貌景观（图 3-326）。

图 3-326　南山火山穹隆地貌

早白垩世晚期受区域性控盆断裂构造控制，在成盆初期（馆头期），断裂下切导致下地壳岩浆侵出喷发，同时也控制着盆地的形成，其盆地边缘地带为冲积扇相紫红色砾岩、砂砾岩堆积，在盆内则为河湖沼泽相含碳质泥岩、页岩和粉砂质泥岩堆积。岩浆沿断裂通道溢出地表，岩浆由基性向中性至酸性演化，依次形成玄武岩、粗面岩、流纹岩，最后岩浆以侵出方式滞留其中，形成向上隆起的火山穹隆构造。后期岩浆收缩及地貌演化则在火山穹隆周围形成环状断裂，并发展为环状水系和沟谷，经长期风化剥蚀和流水侵蚀作用而形成如今的地貌景观。

南山火山穹隆构造保存完好，喷发顺序清楚，对研究晚中生代盆地内中小尺度火山穹隆构造具有重要意义，是浙江省陆相盆地内中小尺度火山穹隆构造特征完整的重要典型实例。

2013 年，该遗迹被列为浙江省首批重要地质遗迹保护点（地），并设立科普标识牌。

6. 缙云步虚山火山通道（L056）

步虚山火山通道位于仙都步虚山步虚亭正下方悬崖壁上，区域上处于五云-壶镇北东向火山构造洼地内，受控于丽水-余姚北东向断裂带，地层属于上白垩统天台群塘上组（K_2t），岩性为火山熔岩（流纹岩)和火山碎屑岩(流纹质含角砾玻屑凝灰岩)。

火山通道垂直高约40m,直径约7m。通道壁直立,通道内有大大小小的流纹岩球,致使通道远看如蚁巢,近看像蛋窝(图3-327)。通道近顶部有一锅状低洼,其间填满了角砾状流纹岩,这一直径约20m的洼地即为古火山口。

步虚山火山通道从裸露的剖面分析,火山构造表现为晚期火山熔岩喷溢至结束的全过程,在火山颈部发育有大量的流纹岩球泡堆积。现在的凌虚洞就处在火山颈内中心部位,火山颈呈椭圆状,直径达百余米,颈内流纹岩球泡,小者只有几厘米,大者直径可达1.2m,由中心向边缘流纹岩球泡由大逐渐变小。巨大的流纹岩球泡多集中在凌虚洞周边,颈内发育有近直立的流纹条带,表明熔岩具有垂直向上运动的特点。在颈部上方发育有大量的角砾状熔岩,具有火口外熔岩流溢包裹岩块的特点。在火山口外侧分布着大面积的熔岩台地,流纹产状平缓,具有层状产出的特点,属喷溢相产物。

图3-327 步虚山火山通道

晚中生代(塘上期),早期由通道向外喷发火山碎屑岩,即流纹质含角砾玻屑熔结凝灰岩类;晚期火山活动减弱,通道表现为酸性黏稠状岩浆喷溢或溢流,在火山口外围形成大面积的熔岩台地,最后酸性黏稠状岩浆堵塞于火山通道中,整个火山喷溢、喷发作用结束。缙云步虚山火山通道属于火山活动最后阶段的产物。

火山通道立体、直观,具有明显的分带性,表现了晚期火山熔岩喷溢至结束的全过程,形成了火山颈相与火山喷溢相连续过渡的关系,是国内罕见的以自然剖面形式展示火山通道内部结构构造的实例,具有极高的科研与科普价值。

火山通道位于缙云仙都国家级风景名胜区内,已成功申报为国家地质公园,保护良好。

7.天台鼻下许锥火山构造(L057)

鼻下许锥火山位于天台城关西南侧,发育在天台火山构造洼地内,卫星图片上显示小型环影像。地貌呈南高北低,南部叠置在火山岩之上,北部被第四系覆盖。

鼻下许锥火山由塘上组(K_2t)火山岩组成,受构造破坏较弱,保存较好。地层层序清楚:下部为沉积相紫红色凝灰砾岩、砂岩、粉砂岩等,不整合于火山岩地层之上;中部为熔结凝灰岩组成的火山碎屑流和空落相层状岩屑玻屑凝灰岩;上部为喷发沉积相凝灰质砂砾岩、砂岩和空落相岩屑玻屑凝灰岩,但变化较大，东部厚度较大，夹多层凝灰岩，北部厚度小，凝灰岩夹层少；顶部为一厚层状紫红色晶屑熔结凝灰岩，构成风景地貌。喷溢相英安岩主要分布在鼻下许以北的狮子岩一带，晚期由火山颈相英安质角砾熔岩沿火山通道贯入。由于受后期北东向构造的破坏和断块整体向北倾斜的影响，地层产状总体呈北倾，但在鼻下许一带锥火山内，空落相凝灰岩总体围绕火山颈围斜外倾。

锥火山发育于塘上期，早期与天台火山构造洼地一样接受沉降沉积，塘上期早期以鼻下许、狮子岩为中心的火山开始喷发，形成了早期晶屑含量较少的一次火山碎屑流相堆积，即目前在机构南部出露的熔结凝灰岩；火山碎屑流堆积之后是一次规模较大的爆发，形成了分布较广的岩屑凝灰岩；随后是沉积和小规模的爆发空落作用交替出现，并可能存在侧向喷发作用，火山碎屑物以东北侧为多；晚期又有一次火山碎屑流喷发，其产物目前出露在北侧和东北侧。英安岩沿原喷发口溢出，英安角砾熔岩充填了原火山口，形成了钟状岩颈。

鼻下许锥火山在省内极为罕见，在火山研究方面具有非常重要的科学价值。

8.余姚大陈盾火山构造(L058)

大陈盾火山位于余姚市大岚镇大陈村附近，面积约 6.5km^2，平面呈等轴状，由火山通道、火山碎屑锥和熔岩被组成。其多个火山口和火山颈位于该火山中部，呈北西向椭圆状负地形，火山颈外围为火山碎屑锥，地层产状围斜外倾，围绕火山颈及火山锥分布有熔岩被(图 3-328)。火山地层属新近系嵊县组($N_{1-2}s$)。

火山通道位于盾火山近中心部位，平面呈椭圆形，长轴约 200m，短轴约 80m；其内主要由橄榄玄武质火山弹和浮岩集块、角砾集块岩等组成；地貌上因风化而呈现负地形。

火山碎屑锥由于剥蚀而保存不完整，仅呈半环状分布在通道的东北侧，宽 50～100m；由火山角砾岩组成，角砾有一定的分选性，近通道较粗大，远离则偏小；岩浆喷溢原始流动层面向外倾，倾角 30°左右。

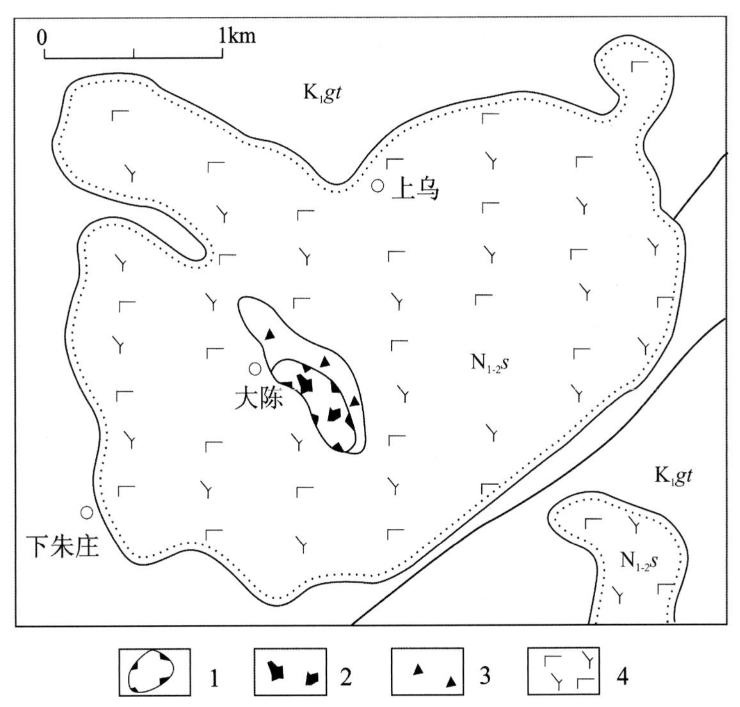

图 3-328　大陈盾火山岩相略图(据王耀忠等，2002)

1.火山颈；2.火山集块岩；3.火山角砾岩；4.喷溢相橄榄玄武岩

熔岩被主要由橄榄辉基岩和似橄榄辉基岩形成面式泛流熔岩被，产状平缓，熔岩呈灰黑色隐晶质致密块状构造，偶见气孔或杏仁体，常含橄榄石斑晶或聚斑晶。此外，每个喷发韵律的晚期尚有少量的橄榄玄武岩和橄榄粗玄岩分布。在盾火山北部上马村附近，岩流边缘底部发育枕状构造，枕状体大小一般在0.5～2m之间，由气孔状橄榄玄武岩构成，可能是熔岩注入湖水中形成。此外，在下庄附近橄榄玄武岩也有绳状构造出现。

大陈盾火山为中心式喷发，且有多中心喷发构成的面状分布特点，对研究省内新近纪上新世基性—超基性火山活动、岩浆喷溢以及断裂活动具有科学价值，是省内新近纪盾状火山构造的唯一已知实例。

9.嵊州福泉山火山锥(L059)

福泉山火山锥位于嵊州市崇仁镇福泉山，由中国地质调查局南京地质调查中心(2016)发现，并对其进行了系统的调查和研究。火山锥相对高差约100m，面积约2.3km^2，在地貌上呈环状，环的外径约1km，内径200～700m，主体由新近系嵊县组($N_{1-2}s$)玄武岩组成。

火山锥可划分为3个喷发旋回(图3-329)：第一喷发旋回，在低洼湖泊沉积相的基础上，喷发了一套厚约10m的溢流相玄武岩，玄武岩以发育垂直柱状节理为特征，顶部可见富气孔层，构成一个岩流单元。第二喷发旋回，早期以河湖相沉积为主；中期以爆发相为主，堆积了一套玄武质集块角砾岩，环福泉山山腰分布，厚约50m；晚期火山以喷溢方式喷出大量的玄武岩浆沿地表溢流，快速冷却形成厚15～20m的垂直柱状节理，喷发旋回由多个清晰的岩流单元组成。每个岩流单元上部发育气孔状玄武岩，一般底部发育管状气孔，中部发育细密气孔，顶部发育蜂窝状气孔，它们是划分岩流单元的重要依据。第三喷发旋回，早期经历了喷发间歇，在低洼处有河湖相沉积；中期为小规模的玄武岩浆喷溢，形成现代的玄武岩台地地貌；晚期在福泉山火山口中可见火山颈相玄武玢岩。

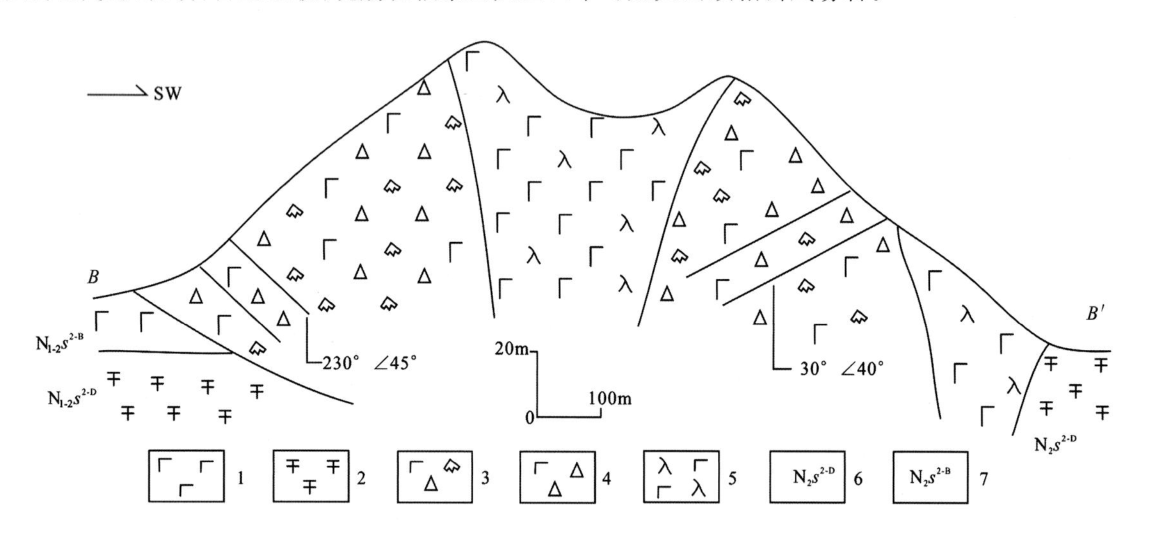

图3-329 福泉山火山锥 B—B' 地质剖面图(据褚平利等，2017)

1.玄武岩；2.硅藻土；3.玄武质集块角砾岩；4.玄武质角砾岩；5.玄武玢岩；6.第二喷发亚旋回沉积岩；7.第二喷发亚旋回玄武岩

福泉山火山锥形态较完整，要素内容齐全，在省内非常罕见，它为研究浙江省新近纪火山喷发旋回、喷发机理、深部物质来源等方面提供了信息，具有重要的科学和科普价值。

10. 龙游虎头山超基性岩筒(L060)

虎头山超基性岩筒位于龙游县城西北侧衢江边的虎头山，出露面积约 0.01km²，形成时代为新近纪，侵入于衢县组(K_2q)沉积岩中。岩筒平面形态呈近圆形(南侧被衢江水域掩盖)，地貌上呈正地形，形似虎头而名虎头山(图 3-330)。

超基性岩筒分带现象明显，可分内、外两个岩性带。内岩性带为深灰色玻基辉橄岩，具气孔状、杏仁状构造，还含有细小的橄榄石(岩)包体集合，一般大小为 1～2cm，大者达 4～6cm，发育近于平卧的柱状节理和板状节理，从节理的产状分析，岩体外倾，倾角 75°～80°；外岩性带为角砾集块岩，角砾集块成分为玻基辉橄岩。岩筒内产金刚石矿物(谢窦克，1997)。

虎头山超基性岩筒形成距今约 500 万年，岩筒形态典型，岩性带分层结构保留完整，是省内极为罕见的盛产橄榄石包体及金刚石矿物的新近纪超基性岩筒。

2013 年，该遗迹被列为浙江省首批重要地质遗迹保护点(地)，并设立科普标识牌(图 3-330)。

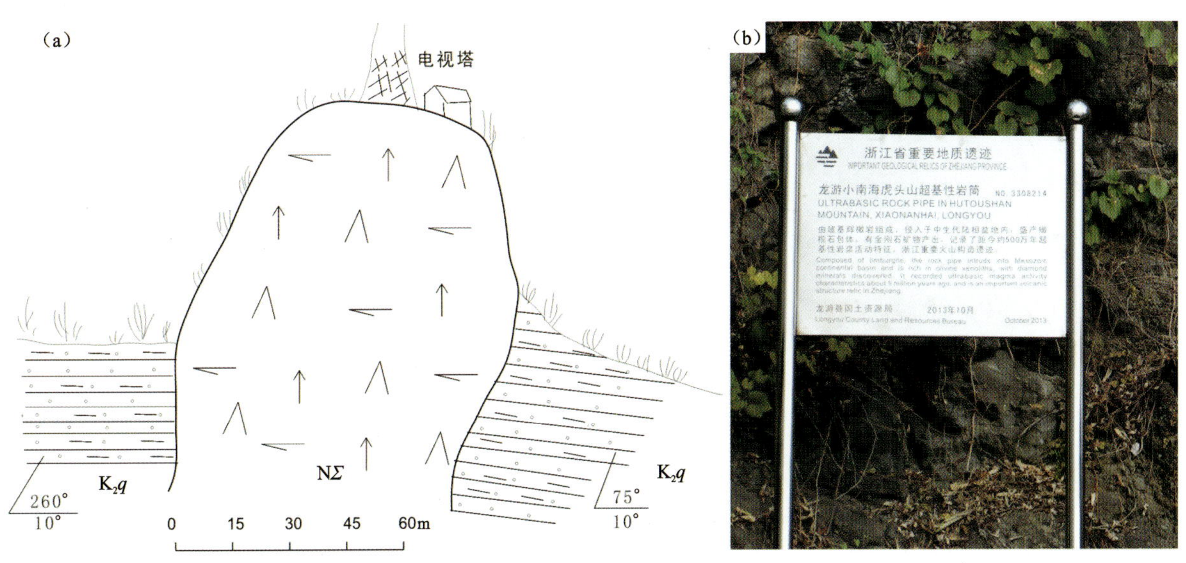

图 3-330　岩筒剖面示意图(a)及保护标识(b)

11. 衢江坞石山超基性岩筒(L061)

坞石山超基性岩呈岩筒产出，侵入于衢江群沉积岩中。受区域性金衢盆地内基底断裂控制，与龙游虎头山、团石中埠等地数个超基性岩筒属同一条北东东向断裂控制，形成于新近纪上新世。

岩筒地貌上为突起小山包，呈现正向地貌，火山岩筒与周围白垩系衢江群地层呈切割关系，平面上呈近圆形，产状围斜内倾，倾角较陡立。岩筒直径 100～140m，岩性为玻基辉橄岩、橄榄岩，岩石为致密块状、斑状结构。岩石中含有大量的橄榄石“包体”，呈集合状分布，橄榄石呈自形至半自形，粒径 1～3mm，“包体”大小为 0.5～2.5cm。岩筒边缘岩性为角砾集块岩。

省内少有的产于中生代陆相盆地内，形成于新近纪上新世，由基底断裂控制的地幔岩浆侵入形成的超基性岩筒。为研究盆地深部下地壳或上地幔物质组分提供重要的地质信息，对研究盆地新近纪以来基底断裂活动、岩浆活动具有重要的科学价值。

2013 年，该遗迹被列为浙江省首批重要地质遗迹保护点(地)，并设立科普标识牌。

12. 东阳八面山基性—超基性岩筒(L062)

八面山基性—超基性岩筒位于东阳横店镇八面山，区域上处于北北东向丽水-余姚深断裂和北东东向江山-新昌大断裂交会部位，受区域性断裂构造控制。

基性—超基性岩筒在地貌上呈圆锥形屹立在晚白垩世陆相盆地之中，投影平面呈圆形，具有明显的正向突起的地貌形态。锥形山峰海拔523m，相对高差达393m，直径约1 000m，面积约0.78km²。

岩筒与围岩永康群馆头组和朝川组呈侵入接触关系。通道充填物具有分带特点，外带以橄榄玄武岩为主，带宽30～250m，其西部具角砾状构造，西北部分布着粗大辉石捕虏晶体，直径1～3cm；中带为橄榄辉绿岩，带宽200～380m，呈现近圆形分布；内带为橄榄辉长辉绿岩，范围较小，呈长椭圆形展布，长轴300m，短轴140m。

航磁异常中心主要分布在八面山山顶，呈现近圆形分布，与岩筒非常吻合。

八面山基性—超基性岩筒不论在地貌形态上，还是在火山构造的岩性分带上，在浙江上新世时期岩浆活动中都具有典型性和代表性。岩筒对研究省内丽水-余姚深大断裂以及新近纪上新世时期晚白垩世盆地基底断裂构造活动并伴随岩浆侵入具有重要意义，是华东地区规模最大、形态最完整、结构最清晰的基性—超基性岩筒。

2013年，该遗迹被列为浙江省首批重要地质遗迹保护点(地)，并设立科普标识牌(图3-331)。

图3-331 八面山基性—超基性岩筒全貌(a)及保护标识(b)

13. 玉环石峰山超基性岩筒(L063)

超基性岩筒侵入于下白垩统高坞组(K_1g)中。岩筒呈现圆锥体地貌，海拔高程287.3m，周边坡度在40°～45°之间。平面上，超基性岩筒呈现近椭圆状产出，长轴约500m，呈北东向展布；短轴约300m，呈北西向展布，出露面积约0.15km²。

岩筒内部岩体为超基性玻基辉橄岩，与周边围岩接触面产状倾角陡立。岩体边缘见有高坞期火山岩碎块，即捕虏体。岩石具斑状结构，斑晶含量10%～15%，主要为橄榄石及少量辉石。橄榄石多呈短柱状—粒状，部分可见一组不完全解理，多具裂纹，个别橄榄石具反应边构造。基岩露头可见橄榄石聚集呈现大小不等的包体产出，呈零星状分布，一般为0.5～1.5cm，大者达10～15cm。研究表明岩浆来自地下30～50km，具有地幔岩浆属性，形成于距今约300万年新近纪晚期。

超基性岩筒可以让我们了解和认识区域性大断裂活动及空间位置，对研究下地壳或上地幔岩浆物质组分具有重要意义。石峰山超基性岩筒是省内重要的反映新近纪岩浆活动的超基性岩筒之一。

2017年，该遗迹被列为浙江省第二批重要地质遗迹保护点(地)，并要求设立科普标识牌。

二、火山岩地貌

浙江白垩纪火山岩极为发育，占全省基岩面积的50%以上，岩性以酸性、中酸性为主，尤其以流纹质熔结凝灰岩和流纹岩广泛发育为浙江白垩纪火山岩的一个显著特色。全省国家级风景名胜区中，雁荡山、仙都、仙居、雪窦山、楠溪江、百丈漈-飞云江、长屿硐天等均与火山岩有关或以火山岩地貌为主要观赏内容；省内14处地质公园中，有9处地质公园与火山岩地貌有关，雁荡山还是全球唯一的以中生代火山岩为主要内容的世界地质公园。浙江省火山岩地貌具有极高的美学价值，火山岩地貌主要可分为峰、洞、嶂、谷和奇岩等类型。典型火山岩地貌景观介绍如下。

1. 衢江小湖南火山岩柱状节理(L064)

柱状节理发育在早白垩世早期，在由高坞组(K_1g)组成的火山岩穹构造内，岩性为厚层至块状流纹质(玻屑)晶屑熔结凝灰熔岩、碎斑熔岩，是早白垩世火山活动第一旋回第二亚旋回的产物。

柱状节理主要分布在项家、湖南、破石、火夹岭、龙门口、无义岙一带，总分布面积达30km²，其中以项家、湖南、破石一带最为发育。柱状节理属原生节理构造，从剖面上多见为直立产出，小部分为倾斜，局部为平卧。柱体不论在平面上还是剖面上，多呈六边形，少数五边形，柱状边棱清晰；柱体直径一般为20～80cm，最大可达140cm；总体上看，柱体上、下两端略小，中间大，其形成叠置有3～4期，每期结晶柱体形成的高度为5～7m，个别达10m以上，受上覆岩层堆压的重力作用，柱体发育扭曲现象。

小湖南柱状节理的观赏性主要表现在纵断面上和横断面上。项家大坝附近垂直断面连续大规模分布，出露长达1～2km；柱状节理延伸长达几十米至百余米，棱柱分明，雄伟壮观，极具观赏性。在破石村和华家村等地，柱状节理在横切剪断面上由多边形(五边形或六边形)构成几何图案，排列整齐，自然美观，具有极强的视觉效果(图3-332)。

图3-332　多期叠加的节理石柱(a)、柱状节理断面(b)

小湖南柱状节理出露规模大，在省内或国内实属罕见，它形成于典型的凝灰熔岩(或碎斑熔岩)中，从岩石类型上属于正常火山碎屑岩类与酸性熔岩过渡性岩石类型，此类岩石类型在岩石学方面和火山构造方面的研究具有重要的科学价值；为酸性岩类原生柱状节理的成因研究提供实物性资料；通过剖面对柱状节理划分，可以清晰地划分出若干个冷却单元，为研究岩浆喷发旋回韵律提供直接的证据。目前，该地已建设成为国家湿地公园。

2. 象山花岙火山岩柱状节理(L065)

花岙岛位于象山县最南部，以柱状节理群为主，配以海蚀穴、海蚀崖及砾石滩，共同构成一处独特的以海蚀与节理石柱相互作用形成的复合型地质遗迹景观。柱状节理群形成于早白垩世，岩石为潜火山霏细斑岩。

柱状节理群位于花岙岛南部、东南部、东部及北东侧的海岸带上，总面积约 1.03km²，柱状节理群层层叠叠，大小不一，高低各异，蔚为壮观，有着“石林”的美名，又因其出露于海边，举世罕见，故又称“海上第一石林”(图 3-333、图 3-334)。花岙石林是花岙岛的主景，直插云霄的石林气势雄伟壮观，景观奇特。布列岸线的石林大小、长短不一，高者达 35m，或似倚天长剑，或似临海之鹤，人称“仙人锯岩”。另有矮小圆端方柱，柱顶部被海水侵蚀成不规则的蜂窝状(海蚀龛)，酷似一柱柱的石珊瑚。有的相依相牵，顺坡层层向上，构成阶梯式的山坡。由于石柱的粗细、长短、色彩、趋向和所处的位置差异，构成一幅幅极具个性的景观。

图 3-333　石柱群

图 3-334　石柱群组成的海上石林

花岙岛海蚀地貌发育有限，仅在东侧发现一组典型的海蚀槽，宽10～20m，长约50m。槽内柱状节理发育，倾角约40°，以四边形、五边形为主，直径为30～40cm，局部崩塌有节理石柱块体。其北侧节理石柱整齐排列，形成海蚀崖景观，崖高近40m。于岛东侧(主景区内)发现数个不规则的海蚀洞，四壁为明显的节理石柱棱面。

海积地貌位于天作塘、大湾内，发育两处砾石滩，砾石直径大小一般为5～10cm，以椭球状、扁平状为主，磨圆度好，分选好，成分以霏细斑岩、石英正长斑岩为主。

花岙火山岩柱状节理形成于早白垩世一小型火山构造的通道中，为流纹质岩浆侵入至上升阶段，炽热的岩浆物质经火山口浅层定位，在均匀冷却和缓慢收缩的条件下，形成不规则六边形夹杂四边形、五边形石柱群，是火山岩的原生构造。后经地壳抬升、海水侵蚀等作用露出地表面出现的潜火山岩柱状节理地质遗迹。

花岙柱状节理群发育在海边，受到海蚀作用明显，其形成的海上石林在国内外十分少见，且保存完整，丰富了海岸地貌类型，对研究本地火山活动、岩性岩相等具有较高的科学价值，是省内典型的由白垩纪火山岩形成的柱状节理地貌景观。目前，已建设成为省级地质公园。

3.临海大墈头火山岩柱状节理(L066)

大墈头火山岩柱状节理分布于临海连盘东部大墈头村附近，面积约为2km^2。区域上位于小雄盆地内，时代属于晚白垩世早期小雄组(K_2x)，岩性为酸性熔岩，即流纹质碎斑熔岩。柱状节理形成于火山构造内(图3-335)，熔岩冷却形成有1 500余万根节理石柱，形成距今在9 000万年前。

柱状节理岩性为流纹质碎斑熔岩，碎斑由碎裂状石英和长石组成，基质组分为熔岩。岩石具有熔岩和火山碎屑岩的双重结构，是一种较特殊成因的岩石。流纹质碎斑熔岩发育大量浆屑条带，是由岩浆运移到近地表发生沸腾，除导致岩浆早期结晶矿物碎裂外，同时将一些早期熔离的熔浆条带折断、分离，形成断续、定向分布，形态上呈现火焰状、条带状、飘带状，它沿面状流动面分布，与地形面或冷却面的起伏变化基本保持一致，地质学上称之为塑性浆屑条带。

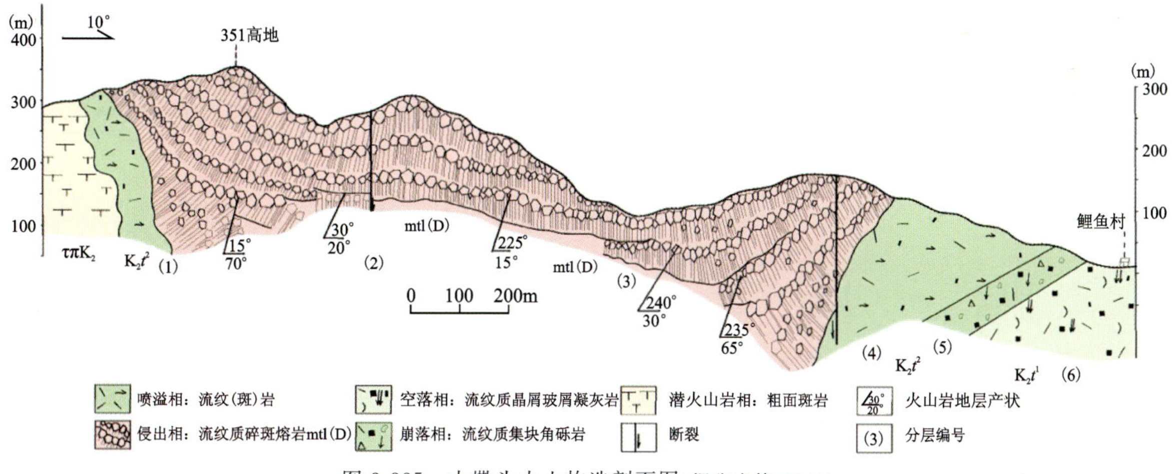

图3-335 大墈头火山构造剖面图(据张岩等，2001)

节理石柱截面呈五边形和六边形，几何形态十分规则，犹如人工开凿。石柱垂直延深300～500m，直径多为50～60cm，出露高度50～200cm不等，局部可分割为上、下两期石柱，具有分带性，表示是前、后两期熔岩流冷却收缩形成。石柱排列有序，或直立，或斜卧，层层叠叠，巍然壮观，气势非凡，可谓万柱石林，别具一格，不同于由玄武岩形成的石柱林。其地质意义不仅在于依石柱产状恢复古火山岩穹的原始形态，亦是证明火山口的重要标志，而且具有较高的美学观赏价值。由柱状节理形成的万柱峰、千柱崖、栅栏壁、巨人道、珊瑚岩等景观雄伟壮观，引人入胜，构成一幅天然的画卷(图3-336、图3-337)。

由柱状节理产状恢复的大塂头火山口，空间上呈现北东-南西向椭圆形分布，西南侧大塂头山峰海拔 348.0m，东北侧下海瑶山海拔 338.6m。站立在火山口中心位置，环顾四周，可谓满山遍野全是一排排、一束束、层层叠叠的熔岩石柱，柱体横断面、侧面棱角清晰，柱面平整笔直，极富特色。

图 3-336　直立柱状节理景观

图 3-337　斜卧柱状节理景观

产于地下深处的高温岩浆（流纹质熔岩流）上侵至地表或近地表快速冷却，因物理化学环境的改变，岩浆快速冷却产生多中心的收缩，形成规整的裂隙，即地质学上称为柱状节理。一般认为岩浆型柱状节理，垂直于原始地形面或冷却面，因此，不同方向和角度形成的柱状节理，反映当时地形面或冷却面的起伏变化。石柱倾斜，横断面的坡度就是岩浆流动地形面或冷却面的坡度。

大塂头火山岩柱状节理是国内少有的由酸性岩浆喷溢的碎斑熔岩形成的节理石柱，其规模大，保存完整，是难得的科学考察场所和科普教育素材。

目前，已成为临海国家地质公园的重要组成部分，科普教育功能和旅游开发价值得到一定的发挥。

4.嵊州石舍玄武岩柱状节理(L067)

该柱状节理发育在新近系嵊县组($N_{1-2}s$)内,由新近纪溢流的火山熔岩——玄武岩组成。根据地层分布推断其范围可达 9km²。从下王镇溪后村至石舍村一带均有露头分布,以石舍村处发育的玄武岩柱状节理景观为最佳,出露状况最好。

受采石场开采影响,在开采面上出露整齐的柱状节理石柱。单个玄武岩柱横断面有四边形、五边形、六边形,以不标准六边形居多,边长约 0.5m,面积 0.3～0.5m²,单柱连续出露长度最高可达 8m。

玄武岩柱状节理垂直产出,形态较规则,但在出露区西南侧和北侧可见玄武岩柱呈放射状产出(图 3-338)。在局部玄武岩柱底部,可见有 4 个因采石而形成的洞穴,洞穴口平均宽约 12.5m,深约 10m,高约 4m,洞壁可见清晰的石柱棱面、横截面。

石舍玄武岩柱状节理是省内规模较大、保存较为完整、美学价值较高的玄武岩柱状节理景观,对研究新生代以来火山活动与熔岩特征、区域地质构造等方面具有较高的科研价值。

图 3-338　放射状柱状节理(a)、垂直柱状节理(b)

5.嵊州后庄玄武岩柱状节理(L068)

该柱状节理发育在后庄一带的新近系嵊县组($N_{1-2}s$)内,由玄武岩组成。下部发育为垂直柱状节理,顶部为不规则节理、平卧柱状节理,以富含橄榄石包体为特征,为浙江省首次发现,具有重大的地质意义。

2017 年,该遗迹被列为浙江省第二批重要地质遗迹保护点(地),并要求设立科普标识牌。

6.余姚四明山夷平面(L069)

四明山夷平面主要分布在四明山镇的罗成山、仰天湖、平坑、许家岗,大岚镇的白玉坪头、蜻蜓岗、后朱等地,海拔高度 650～750m,面积约 80km²。夷平面主要切割早白垩世的各类火山碎屑岩、火山沉积岩和燕山期花岗岩。夷平面形成后被上新世嵊县期玄武岩覆盖,残存的玄武岩以下保存有较完好的古夷平面,而外围的平缓山坡为玄武岩遭受侵蚀剥蚀后出露的夷平面及其古风化壳的一部分。

四明山夷平面主要表现为上新世玄武岩之下的不整合面和厚度不一的风化壳,花岗岩类岩石呈现典型的球状风化及形成的花岗岩石蛋和众多象形石,凝灰岩区发育峰丛或峰墙。

罗成山一带分布着面积约 $2km^2$ 的新近纪玄武岩，玄武岩不整合于下伏的下白垩统馆头组和西山头组以及二长花岗岩侵入体之上，玄武岩产状平缓，山顶为平坦的玄武岩台地，玄武岩底部标高为 650～730m。其南西侧，在玄武岩之下的山坡上发育花岗岩石蛋地貌，石蛋大小在数十厘米至数米间，次棱角状，花岗岩石蛋是花岗岩风化壳中靠近下部的弱风化带部分。在石蛋分布区的上方为上覆的玄武岩石墙，玄武岩石墙未遭受明显的风化，而下伏的花岗岩中石蛋的出现反映了玄武岩喷溢前花岗岩已遭受风化并形成古风化壳，古风化壳是夷平面存在的最直接证据(图 3-339)。

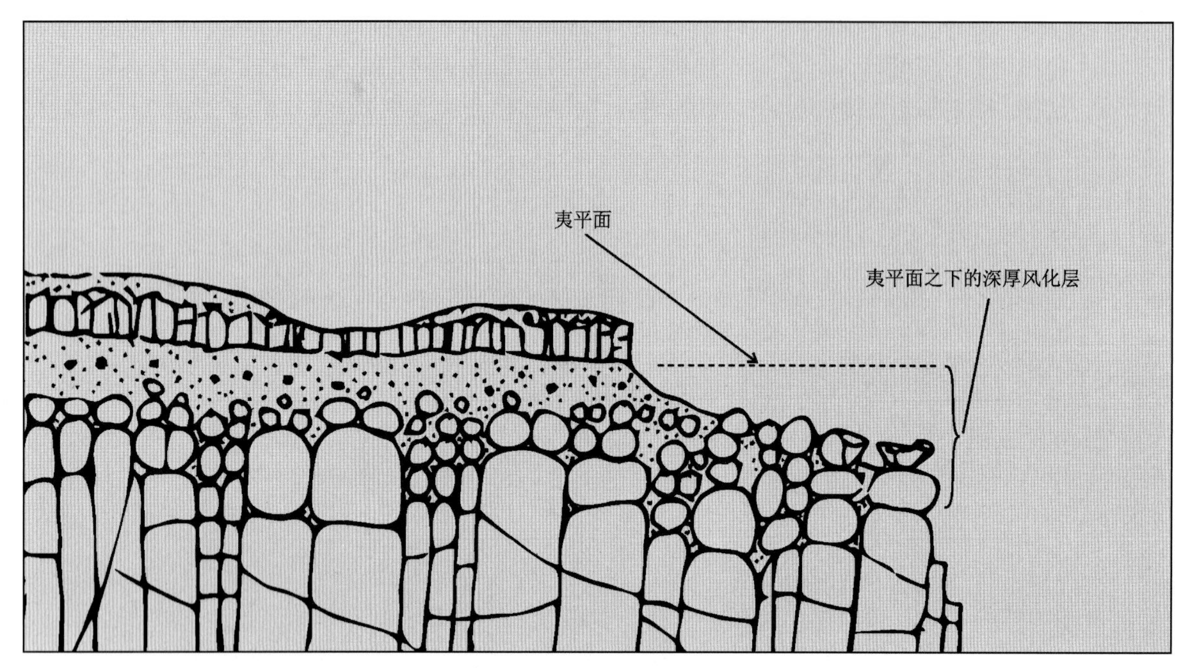

图 3-339　古夷平面剖面示意图(据许红根，2012)

四明山记录了浙江省及周边地区在中新世形成的宽阔夷平面，并于上新世张裂分解，玄武岩浆喷发溢流的地质历史保存了浙东夷平面-玄武岩台地的典型结构，在中国东南部地貌研究上具有重要意义。集高位台地与湖泊、双风化壳露头、玄武岩柱状节理与陡崖景观、花岗岩与玄武岩石蛋景观、泉水景观等现象于一体，对反映中国东部地貌演化历史，在省内具有罕见的系统完整性。

7. 乐清雁荡山流纹岩地貌(L070)

雁荡山濒临我国东海乐清湾，为我国著名的滨海山岳风景名胜区，素有“寰中绝胜”“天下奇秀”的美誉。雁荡山是括苍山南缘支脉，由雁湖尖、百岗尖、凌云尖、乌岩尖等峰峦组成，岩性为磨石山群西山头组(K_1x)、九里坪组(K_1j)流纹岩、熔结凝灰岩。山势呈北东-南西走向，高低悬殊，一般高程为 600～800m，属低山区，主峰百岗尖海拔 1 056.6m。

雁荡山地貌景观是火山喷发堆积形成后 1 亿多年地质作用的结果，由独特的流纹质岩浆喷发形成的岩石构筑的具有个性形象美的自然景观。该山地形复杂，景象丰富，一景多像，蕴含着雄、奇、险、秀、幽、奥、旷等形象，尤以峰、嶂、洞、瀑为四绝，是美学价值极高的地貌景观区。

雁荡山具有独特的地貌景观。巨厚的流纹质火山岩层在外动力地质作用下形成叠嶂、方山、石门、柱峰、岩洞、天生桥，及峡谷、瀑潭、涧溪和河湖等地貌景观。它的形成记录了地壳抬升、断裂切割、重力崩塌、流水侵蚀和风化剥蚀等地质作用过程。雁荡山的景观呈层圈带分布格架，反映了环形火山构造与区域构造的叠加作用。雁荡山流纹岩地貌不仅是中国东部广泛分布的流纹岩地貌中的杰出代表，而且在东亚亚热带地区的流纹岩地貌中也具有典型性，它是一部流纹岩地貌的天然丛书。

雁荡山主要地貌类型表现为雄嶂、奇峰、幽洞以及秀美的自然景观。

嶂，方展如屏，陡崖直耸云霄，在地质学上称为断崖。雁荡山的嶂表现为悬崖峭壁，高耸入云，层层相叠；嶂面宽阔，连续展开，气势非凡；叠嶂美学个性是奇、雄、秀并蓄。嶂体内纵横纹理或直或弯，或刚或柔，植被沿"层""缝"点翠着墨。雁荡山叠嶂有23座，从灵峰的倚天嶂到大龙湫的连云嶂，断续纵贯整个地区形成雁荡山雄浑壮观、气势磅礴的地貌景观。铁城嶂、游丝嶂、化成嶂、倚天嶂、大崎峰、屏霞嶂、紫微嶂、连台嶂、朝阳嶂、板嶂岩、金带嶂（图3-340）等，诸嶂中以铁城嶂最为著名。

图3-340　金带嶂（据雁荡山管委会）

根据岩嶂的发育特点，又可将其分为3类：单嶂、连嶂、叠嶂。单嶂指长度和高度上均为连续延展，可以具有一定的弧度，但是没有间断，形态似屏风或高墙，如朝阳嶂、铁城嶂、屏霞嶂等，雁荡山最高的单嶂为摩霄嶂，高差达180m；连嶂指在高度上没有间断，长度上偶然会被沟谷切断，但是整体看来还是具有明显的延续性的嶂，如金带嶂、五马回槽、莲台嶂、连云嶂等，连嶂也是单级的；叠嶂是指高度上有间断，呈阶梯状，但又不能截然划分为独立的两个嶂，如云霞嶂即是由3级岩嶂构成，总高度为240m，叠嶂是多级的。

雁荡山之叠嶂均为巨厚的流纹岩层，从叠层次数可考察有多少次火山岩浆的溢流。其中横纹、曲纹均为岩浆流动的标记，纵纹为垂直岩层的节理（缝）。巨厚流纹岩层最大厚度可达500～600m，现在嶂的高度一般在300m左右，巨厚流纹岩层绕雁荡山主峰呈环状分布，所以从火山学上讲，雁荡山之叠嶂，代表雁荡山火山早期大爆发之后，火山岩浆又一次比较平静的溢流。

峰是雁荡山流纹质火山岩地貌景观中又一特点，有柱峰、锐锋、屏峰、石峰和堡峰之分。

柱峰，是指峰体呈柱状，高度远大于径围，顶部径围和底部径围相差不大的一类形态高挑、清秀的山峰。有些是平顶，亦有尖顶柱峰，体量小，高度从几十米到上百米，一般都小于200m（合掌峰和天柱峰较高）。

雁荡山的柱峰多数发育在雁荡山第二期火山活动形成的岩层中，主要岩性为溢流相流纹质集块角砾熔岩、球（石）泡流纹岩、层状流纹岩，顶部常覆盖有3期形成的凝灰岩。由于柱峰一般发育于沟谷中，谷坡的坡脚附近，如灵峰景区的合掌峰[图 3-341(a)]、双笋峰，灵岩景区的天柱峰[图 3-341(b)]、独秀峰、卓笔峰等。因此从谷外基本看不到，只有深入山谷，溯溪而上，溪转峰现，陡然间才会发现一根根巨柱挺立眼前。北宋科学家沈括在《梦溪笔谈》中曾描述“自岭外望之，都无所见，至谷中则森然干霄”。这是对雁荡山柱峰的准确描述。

图 3-341　合掌峰(夫妻峰)(a)和天柱峰(b)(据雁荡山管委会)

经统计，雁荡山的柱峰峰顶高度主要集中在 300～400m 和 150～200m 两个高度带，其峰顶的高度大致反映了雁荡山地区第Ⅱ级和第Ⅲ级剥夷面的发育位置，即 550～650m、150～200m。合掌峰、剪刀峰(图 3-342)、双笋峰、天柱峰、独秀峰均发育于第Ⅱ级剥夷面以下的位置，是在第Ⅱ级剥夷面形成之后的地壳上升侵蚀切割期形成的，由于遭受了长期的外力侵蚀作用，所保留的峰顶高程远低于第Ⅱ级剥夷面。碧霄峰、卓笔峰、招贤峰、含珠峰峰顶高程接近第Ⅲ级剥夷面高度，表明其接受外力侵蚀时间尚短，基本保持了第Ⅲ级剥夷面的原始高度。

锐峰，是一类高度数十米乃至上百米、基部面积数十平方米乃至上千平方米、体量巨大、四周具陡峭岩壁、顶部呈尖峰状的峰体。一般位于山体的顶部，下半部敦厚粗壮，呈桶形，上半部顶尖如削，呈尖锥状。最具典型性的是观音峰(图 3-343)。

屏峰，是指峰体呈板状，正看如屏风、侧视如柱的山峰，沿一组主要节理风化崩塌而形成。用“横看成岭侧成峰”诗句描述展旗峰的形态是再恰当不过了，展旗峰是其典型代表。

石峰，在地貌演化过程中，如果随岩嶂一起抬升的山峰至今还没有彻底崩塌、被完全破坏掉，则在局部地点还保留着部分残存，形成一些体量较小的孤石或孤峰，称为石峰。其形态像某种造型，如人、物、禽、兽以及某些动作等，也称造型石或象形石。雁荡山的石峰较为著名的有灵峰景区的金鸡峰、犀牛峰、朝天鳖以及雁湖景区的童子峰等，它们的发育位置一般比较高，在山顶部位，形成山顶象形石的特色景观。

堡峰，是指顶部平坦，四周为陡崖，下伏有基岩形如底座，平面形态呈方形、长方形或似圆形，远观像城堡或者碉堡的一类山峰。其一般规模较大，形体雄伟，在雁荡山广泛分布，如天冠峰、纱帽峰、仙岩等。

图 3-342　移步换景剪刀峰(柱峰)(据陶奎元,2005)

图 3-343　观音峰锐锋(据雁荡山管委会)

洞，雁荡山有许多天然洞穴，奇在数量多、形态怪，成因独特，洞景配置和谐秀丽幽奥。如将军洞、观音洞(图3-344)、仙姑洞、七星洞、北斗洞、龙鼻洞等，主要类型有断层形成的直立式裂隙洞、平卧式层内崩塌洞、小型碎块局部剥落洞、构造洞穴、河流侵蚀洞穴等。

风化剥蚀型洞穴，在节理、断裂及沿此下渗的裂隙水影响下，岩体内部不断被风化剥蚀后所形成的一类洞穴。该类洞穴一般呈竖直状，具穹隆形的顶板，且顶板比较平滑。随着洞穴的逐渐扩大和向岩体上部的深入，当剥蚀作用蚀穿了洞顶顶板后，则会形成“天窗”景观。这类洞穴一般高4～6m，洞口口径5～12m。朝阳洞附近、方洞景区内都可见到典型的此类洞穴。

图3-344　灵峰三洞(中为观音洞、右为北斗洞、左为雪洞)(据雁荡山管委会)

风化剥落型洞穴，受岩体中球泡和角砾的影响，当某些球泡和角砾因风化而脱落后，在岩体中所留下的洞穴。此类洞穴边缘一般不规则，形状近似圆形或椭圆形，个体大小也相差很大，小者洞径不超过1m，大者可达10m以上。如方洞景区的梅花洞、三折瀑水帘洞等。这类洞穴在区域内分布极其普遍。

瀑水冲蚀-剥蚀型洞穴，形成于瀑布下方瀑脚处基岩之中的洞穴，如朝阳洞，以及大龙湫瀑布、西石梁瀑布下方的洞穴。在上泻水流的不断冲蚀以及岩面频繁干湿变化引起的风化剥蚀作用下，这类洞穴呈水平向岩体内部凹入。该类洞穴深度通常为1～3m，洞口开阔。当洞穴不断深凹并引起上部瀑壁崩塌后退，原来洞穴的底部会暴露出来并受瀑水的直接冲蚀。该过程的持续作用常常会在瀑脚处形成一种形态类似崩塌倒石堆的基岩锥体，如小龙湫瀑布下形似少女长发的基岩锥体。

重力崩塌型洞穴，受多组垂直节理的影响，岩体内部局部会发生强烈的重力崩塌。该类洞穴一般亦呈竖直状，高度较大，崩塌后的顶板岩石参差不齐；其上部往往与风化剥蚀型洞穴连接在一起。观音洞、西石梁洞是该类洞穴的典型。

崩塌堆积型洞穴，大块的崩塌倒石堆石块互相叠压所形成的一类洞穴，该类洞穴没有固定的形态，如灵峰古洞。

石门的概念比较广泛，凡是具有“门”的形状或意境的地貌景观皆可称之为“石门”。因此，石门的成因也具有多样性，雁荡山的石门一般有两种成因。第一种是由嶂演化而来，当嶂沿节理裂隙断裂，或被流水切穿之后，就会形成岩壁陡峭、两侧对峙的高大石门，如显胜门[图3-345(a)]、雁湖石门等，属于侵蚀型石门；还有一种是由于崩落的巨石与周围环境相组合，两侧夹立，中间能够通行，构成门的形状，具有门的功用，称之为堆积型石门，响岩门是其典型代表。

天生桥，是指两端与山体地面连接而中间悬空、天然形成的桥状地形。仙桥是苍天造化的石桥，堪称为火山喷溢的流纹岩中的第一桥[图 3-345(b)]。仙桥处于仙亭山脊之上，连绵山脊突然断缺，形成对峙的两座峭壁，其上横架拱形“桥面”。桥长 37m，平均宽度 8m，桥孔深 20～25m。从远处观望，仙桥横架于高耸之山脊，给人们奇特之感。明代章伦有诗赞曰：“两岩排闼倚天高，上架横空一玉桥，为我广寒宫里客，往来经过在云霄。”

图 3-345　显胜门(a)和仙桥(b)(据雁荡山管委会)

从现在的地貌形态分析(图 3-346)，雁湖岗是一海拔高度为 850～900m 的宽浅谷地，谷底堆积着厚约 8m 的红色风化壳层，其基底为晚期侵入的石英正长岩体。这里是一古夷平面的残遗(中新世前后)。现代雁荡山地区地貌景观的发育肇始于这一级夷平面的分裂。中新世以来，由于区域阶段性构

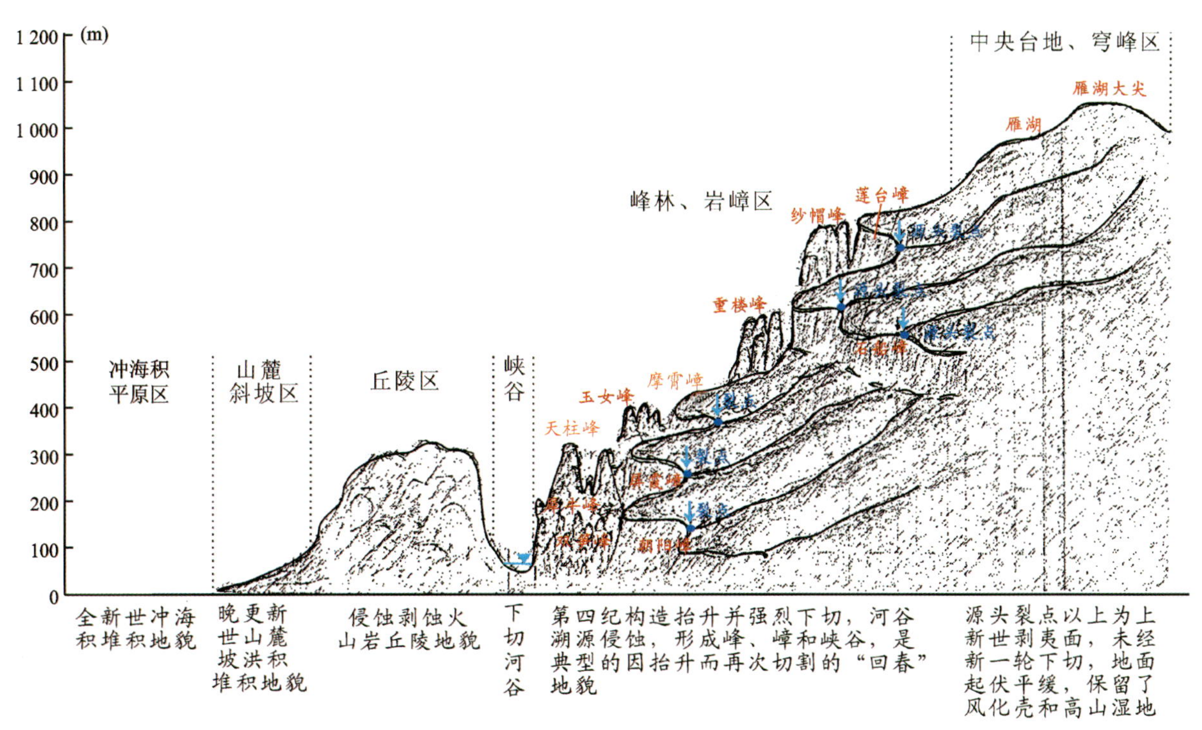

图 3-346　雁湖大尖—石船山—朝阳洞—富岙一线地貌素描图(据陈美君等，2010)

造抬升，区域这级夷平面开始逐渐解体。在风化作用和不断增强的流水侵蚀作用之下，流纹岩地貌形态朝着一定方向发生着缓慢变化。

雁荡山是亚洲大陆边缘巨型火山带中白垩纪（距今约1亿多年）破火山的杰出代表，记录了早白垩世晚期火山喷发的整个过程，代表一座白垩纪复活型破火山的演化历史，地史序列完整，地貌类型齐全，是流纹岩的天然博物馆。联合国教科文组织地学部主任伍德尔博士给予了极高的评价：雁荡山是岩石、水与生命的交响曲，乃世界一大奇观。

雁荡山为首批国家级风景名胜区、国家AAAAA级旅游区，2003年被批准为国家地质公园。2005年经联合国教科文组织批准进入世界地质公园网络，它是迄今为止第一个以晚中生代火山地质地貌景观为主题的世界级地质公园。

8. 仙居神仙居流纹岩地貌（L071）

神仙居流纹岩地貌位于仙居县的中南部，安溪河谷平原以南的中、低山区，海拔标高一般为500～1 000m，相对高差一般为200～600m，地形切割强烈，最大切割深度达800m。

神仙居因“神仙居住的地方”而得名，以其“奇”而闻名。是一个以西罨幽谷为中心，汇“峰、崖（嶂）、瀑、潭、洞”于一地，集“奇、险、清、幽”于一体的景观聚集带，是仙居流纹岩地貌的缩影，也是仙居风景名胜区的典型代表。

晚中生代以来的多期次火山活动（西罨寺复活破火山）造就了本区以流纹岩地貌为主体的景观群，台、嶂、门、峡谷、峰、洞等多种流纹岩地貌十分发育，山高林密，沟壑纵横，切割剧烈，悬崖峭壁随处可见，并形成了以神仙居、十三都、景星岩、公盂岩、淡竹等景区组成的仙居山川河岳秀丽风光。其中西岩台地、神仙居岩嶂、西天门断层峡谷、擎天柱柱峰、饭蒸岩火山岩峰丛以及镰刀洞、观音洞等洞穴各具特色，很好地展示了各种内外动力地质作用共同影响的现代火山岩地貌的演化过程。最具代表性的有移步换景的“一帆风顺”、惟妙惟肖的“饭蒸岩”、气势雄伟的“摩天峡谷（西天门）”、栩栩如生的“将军岩”和“睡美人”。与一般火山岩地区不同的是神仙居的水体景观也非常发育，且各具特色，其中以“十一泄”瀑布和深潭群最为典型。流淌在峡谷和崖壁处的溪流或瀑泉增添了本地的灵气。

神仙居流纹岩地貌景观区具有分带性。

从平面上看，地质景观具有以鸡冠岩-犁冲岩-高玉岩为中心，向四周呈不规则的同心圆分布的特征。中心部位发育熔岩平台、柱峰、火山岩峰丛、门、洞穴以及次级火山构造等地质地貌遗迹；中间是各种典型的沉积岩剖面、沉积构造、典型的岩石结构；外围多为中低山景观，往北则发育河流地貌。

从高度上看，地貌景观与地质遗迹也具有明显的分带性，地貌可以划分出两个高度，即1 000～1 100m的第一级平台和650～850m的第二级平台。各种典型沉积剖面都分布在第二级平台下部高度较低的区域，柱峰、象形石、叠嶂大多分布在第二级平台的周边地带，锐锋多与断裂构造有关，火山口等次级火山构造多分布在第二级平台的最高部位，高程为800～850m。第一级平台顶部有台地和峰丛分布，与火山环状断裂有关的地质景观都分布在外围边界为300～400m的高程上，瀑布多分布在两级平台的边缘位置。

神仙居流纹岩地貌景观可以分为台、嶂、门、峰、洞、桥、谷等多种地貌形态。其中峰分为柱峰、锐锋和峰丛等主要类型，嶂多为多层叠嶂，同时还有十分丰富的象形突岩分布。

岩嶂，嶂是“高险像屏障的山”，地貌上表现为顶平、壁陡、直立似屏。岩嶂分布广泛，其中西罨寺景区数量最多，景星岩景区最为险峻，公盂岩景区最为雄伟，十三都景区最为秀丽，较为典型的岩嶂有公盂岩岩嶂、保将岩岩嶂、蝌蚪崖岩嶂、景星岩岩嶂、逍遥谷岩嶂、西罨寺岩嶂等（图3-347、图3-348）。

图 3-347　景星岩岩嶂(据唐小明等,2013)

图 3-348　逍遥谷岩嶂、台地

峰丛,主要分布在两个地带:一是第二级熔岩平台与山前盆地的交界部位,如饭蒸岩附近的峰丛地貌,官坑、苍岩背等地发育的峰丛地貌(图 3-349);二是第一级平台顶部发育的峰丛,最典型的如公盂岩峰丛地貌,其突出特点是"峰"与"嶂"的有机结合。

锐锋,为凝灰岩或者熔岩风化之后形成的脊部尖锐的山峰。锐锋以"一帆风顺"、天柱岩[图 3-350(a)]、夫妻峰为代表,较小规模的如"梦笔生花"(西罨寺景区)、升天柱(公盂岩景区)。

图 3-349　聚仙谷峰丛(引自 https://www.sohu.com/a/260127412_179602)

柱峰,呈柱状,顶部较平坦,四周陡峭,孤立于周边山体或凸出于其他山体。柱峰以饭蒸岩[图 3-350(b)]、擎天柱为代表。

洞穴,分布较多,在西罨寺景区有财神洞、观音洞、乌洞、双门洞,景星岩景区有雪洞,十三都景区有牛鼻子洞等。

图 3-350　天柱岩锐锋(a)、饭蒸岩柱峰(b)(据唐小明等,2013)

石门，是岩嶂进一步发展的产物，垂直嶂面发育的断层将嶂切割，经侵蚀和崩塌作用，形成两侧陡立的孤峰，相互对峙，如一扇敞开的巨门。石门以西罨寺景区有东、西、南3个“天门”最具特色，其中以西天门最为壮观，东天门最为奇特，南天门最为幽深。

台地，本处流纹岩地貌区可以看到两级平台。公盂岩、北观台（图3-351）等地的高度为1 000～1 100m，形成第一级台地，主要由九里坪组一段喷溢相流纹岩组成，四周均为陡崖峭壁；高玉岩-西岩的高度在650～850m之间自南向北倾斜，构成第二级台地，其下部为九里坪组一段喷溢相流纹岩，上部为最后一次火山活动形成的流纹质熔结凝灰岩。两级台地的形成与区域性的剥蚀面有关。其中公盂岩一带1 000m高程的平台与区域一级剥蚀面一致，而700～800m的平台（西岩、东岩、大岩背、高玉岩等地）与区域上第二级剥蚀面一致。狮子岩所在的平台高度为400～500m与区域上第三级剥蚀面高程相近。剥蚀面与台地的密切关系对解释区域地貌发展演化具有重要意义。

图3-351　北观台台地地貌

在火山学上，神仙居是全球中生代晚期复活破火山的典型，是一部亚洲边缘白垩纪时期破火山形成与演化过程的永久性文献；在岩石学上，它是研究酸性岩浆作用的流纹质火山岩天然博物馆；在大地构造上，它是太平洋板块与亚洲大陆板块相互作用的动力学过程的火山和岩石学记录；在地貌学上，它是流纹岩地貌景观的天然丛书。

目前，神仙居流纹岩地貌位于国家级风景名胜区、国家地质公园范围内，得到了较好的保护与利用。

9. 建德大慈岩火山岩地貌（L072）

大慈岩火山岩地貌突兀于金衢盆地和浙西丘陵之间，位于由下白垩统黄尖组（K_1h）组成的北东向构造火山盆地内。山体主峰海拔586m，由黄尖期火山碎屑岩、流纹斑岩构成，由于岩石硬度不一，在地质运动和风化侵蚀下，形成了壁立千仞的断崖，崖中又形成成串成行形似蜂窝的洞穴。古大慈岩寺（元大德）等建筑均以洞为宇，依崖而筑，与山峰浑然一体。

岩嶂为大慈岩火山岩地貌典型代表类型（图3-352），主要岩嶂有天门岩嶂、慈岩山岩嶂、青音阁岩嶂等。

天门岩嶂总体呈近东西向展布，长约400m，高30～50m，障体内部呈纵向波状起伏。崖壁上可见大量风化穴及竖向风化槽，主要密集分布于崖壁东、西两头，形成串联蜂窝状洞穴。风化穴有竖向呈

图 3-352　大慈岩火山岩地貌全景

串的，也有横向呈串的，单个穴体大小 0.3～2m，深 10～50cm。东侧岩嶂内部发育有横向平洞（内建寺院）。在南侧香亭可观察天门岩嶂全景，一览无余，气势雄伟，巍然屹立于山巅。岩嶂下部沟谷中可见大量崩塌火山岩巨石。

慈岩山岩嶂，总体呈近南北向展布，崖壁面较为平直，远观可见发育竖向风化槽。岩嶂长约 500m，高约 100m。该岩嶂与天门岩嶂基本处在同一高度上，与慈岩山主山脊走向一致。

青音阁岩嶂，走向 140°，高约 60～80m，宽约 100m，边部可见石锥和突岩发育。嶂面较为平整，岩嶂内部可见竖向风化（侵蚀）槽，局部形成竖洞（建有寺庙），平直岩嶂壁上建有江南悬空寺，气势极为壮观。

大慈岩火山岩地貌以发育岩嶂地貌为特色，并发育有大量风化穴和风化槽，是省内典型的火山岩地貌景观之一。目前已进行旅游开发，主要地貌景观点得到了一定保护。

10. 景宁九龙湾火山岩地貌（L073）

九龙湾火山岩地貌分布在景宁九龙乡东北，主要由下白垩统磨石山群九里坪组（K_1j）流纹岩发育而来。九龙湾以出露完整的火山岩地貌系列为地质主题，展示了早白垩世以来多次火山活动形成熔岩流后，在区域构造、地壳间歇性抬升的背景下，经长期流水侵蚀、风化、重力崩塌等地质作用的综合影响，形成火山岩峰丛、孤峰、岩嶂和峡谷等地貌形态的演化过程。

柱峰，九龙湾地区广泛发育有壮观的孤（柱）峰和孤岩（象形石），孤（柱）峰中最具代表性的是九龙湾的石将军[图 3-353(a)]。由于火山岩水平节理和垂直节理发育，岩石沿节理面风化崩塌，最终形成柱峰。另外本地发育了众多形态逼真的象形孤峰、孤岩。石柱、孤峰雄伟挺拔、鬼斧神工，奇石神形兼备，惟妙惟肖。

石门，是岩嶂进一步发展的产物，平行于岩嶂发育的节理将嶂切割，经侵蚀和崩塌作用，形成两侧陡立的孤峰，相互对峙，如一扇敞开的巨门。最典型的属黄水圩石门，位于九龙湾黄水圩村之南西，两座山峰峻峭峥嵘，一东一西相对而出。

峰丛，九龙湾地区的峰丛地貌主要分布在两个地带，一是分布在九里坪期火山岩中，海拔高度一般为600～850m；二是分布在海拔1 000m左右的夷平面的边缘，在地壳抬升夷平面解体后，在残留的夷平面的边缘形成峰丛地貌。具代表性的峰丛是七峰丛[图3-353(b)]。

岩嶂，普遍发育，整体规模小，但特征明显，最为典型的属黄水圩岩嶂、周山叠嶂。

九龙湾火山岩地貌发展演变经历了下列过程：原始台地→岩嶂→峰丛→孤峰(柱峰)→残余石柱等主要阶段，集岩嶂、峰丛、孤峰、突岩及峡谷于一体，悬崖峭壁，雄伟壮观，是省内典型的构造-侵蚀型火山岩地貌景观。

目前，九龙湾是景宁九龙省级地质公园的一部分，得到了保护和利用。

图3-353　石将军柱峰(a)和七峰丛(b)

11.遂昌南尖岩火山岩地貌(L074)

南尖岩火山岩地貌位于浙江省西南部，形成地貌的物质基础主要为中生代高坞期(K_1g)火山碎屑岩。火山岩地貌类型发育较齐全，有火山岩柱峰、峰林、峰丛、突岩、岩嶂、石门、穿洞、崩积巨石、风化壳、线谷及层状地貌(剥夷面)、山麓剥蚀面等类型。同时，山麓剥蚀面已被改造成梯田，四季景观迥异，人文、生态相得益彰。

柱峰，发育在该区第Ⅱ级剥夷面外侧，天柱峰为典型的火山碎屑岩柱峰，受两组垂直节理控制，逐步侵蚀、崩塌而形成，单体相对高差约90m，顶部呈锥状，外形似破土之竹笋而又名“石笋头”[图3-354(a)]。

峰林，发育在该区第Ⅱ级剥夷面外侧。三峰插云为其典型代表[图3-354(b)]，由神坛峰、天柱峰、文笔峰等山峰组成，神坛峰相对高差108m，天柱峰相对高差87m，文笔峰相对高差65m，三峰在云海的簇拥下，形成一道靓丽的景观，称之为“三峰插云”。峰林主要受走向20°和100°的两组垂直节理控制，展示了流水溯源侵蚀的地貌演化特征。

图 3-354　天柱峰柱峰(a)和三峰插云(b)

峰丛,发育在该区第Ⅰ级剥夷面外侧。龙门峰丛位于石笋头村北侧山体中部,受走向 20°的垂直节理控制,自山谷中央向两侧谷坡雁字排列。峰丛分布的位置海拔高程约 1 300m,其上存在平缓地形,可与区域第Ⅰ级剥夷面对比,反映了流水溯源侵蚀的程度及地貌演化特征。

线谷,天柱峰中部被走向 20°和 100°的两组垂直节理切割,在长期流水侵蚀及风化作用下形成宽约 1m 的两处相交的线谷——通天峡和一线天景观。

岩嶂,千丈岩是典型的火山岩岩嶂,位于天柱峰东南方的一片巨大岩壁,顶部海拔约 1 150m,相对高度约 70m,宽约 120m,倾角接近 90°,走向约 110°。千丈岩主要受走向 110°的垂直节理控制,在流水侵蚀及风化剥蚀作用下,剥夷面外侧山体沿垂直节理发生崩塌形成陡崖。

石门,系水系沿节理及裂隙长期侵蚀切穿崖壁所形成的两壁直立相对、形似“门”形的沟谷负地形。位于千丈岩北侧的天门宽约 20m,相对高差约 100m,气势险峻。

风化壳,石笋头村西侧公路边发育有火山岩的风化壳露头,剖面出露长约 80m,厚 4～10m,风化程度具有分带性。

山麓剥蚀面,石笋头村西南的大坑村—半岭村一带分布有大面积的低山缓坡地貌(图 3-355),系山麓地带受长期的片状水流冲刷和重力崩落作用,山坡逐渐后退而形成的剥蚀面。海拔高度在 700～1 000m之间,面积约 8km²,坡度小于 15°,缓坡外围与坡度大于 55°的陡崖直接相连。缓坡基岩岩性为大爽期(K_1d)红色泥岩、砂岩等,易遭受风化侵蚀、剥蚀,发育了较厚的红壤,适于耕作,当地居民将其开辟为层层梯田。云雾下的梯田与竹林、村落共同组成一幅美轮美奂的生态画卷,被联合国教科文组织授予“国际摄影创作基地”称号。

南尖岩火山岩地貌类型丰富、特征典型、景观优美。沿沟谷向上依次发育有“V”形谷—山麓剥蚀面—柱峰(峰林、线谷)—岩嶂—Ⅱ级剥夷面—峰丛—Ⅰ级剥夷面(图 3-356),是极为典型的流水溯源侵蚀的天然模型,对反映区域新生代地貌演化特征及流水溯源侵蚀规律具有重要的科学意义;集科学性与美学性于一体,在省内火山岩地貌中具有典型性和代表性。

图 3-355　山麓剥蚀面(a)及梯田风光(b)(据遂昌旅游)

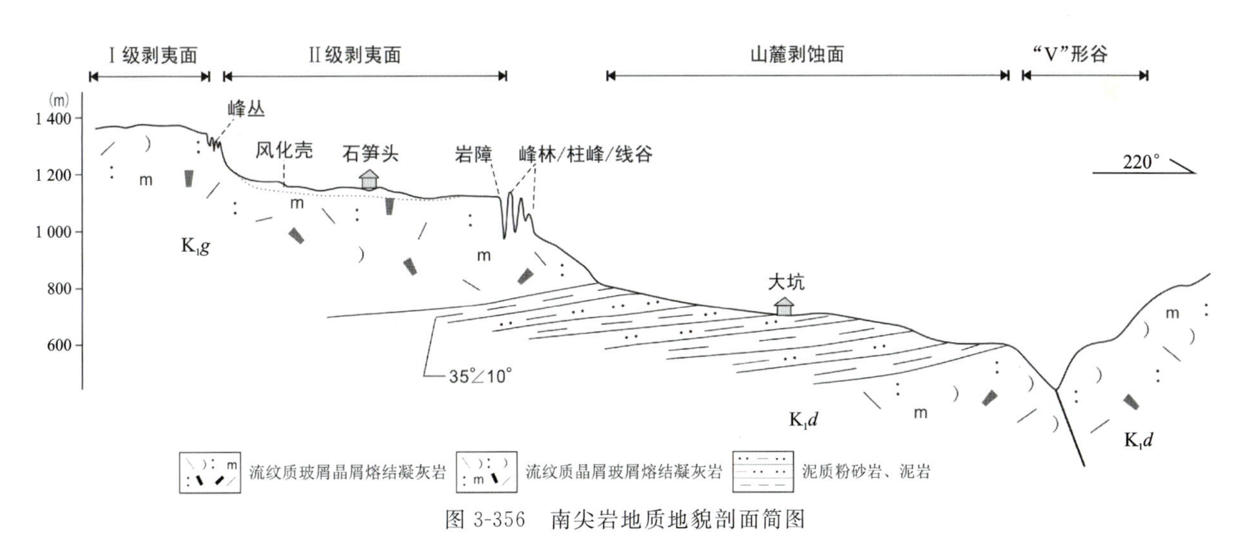

图 3-356　南尖岩地质地貌剖面简图

目前,南尖岩已被开发为国家 AAAA 级景区,主要地质遗迹已得到相应保护。

12. 缙云仙都火山岩地貌(L075)

仙都火山岩地貌位于缙云县中西部好溪两岸,分布在五云-壶镇晚白垩世北东向火山构造洼地中南部,地貌由上白垩统塘上组(K_2t)喷溢相酸性熔岩(流纹岩、石泡流纹岩、角砾流纹岩及隐爆角砾熔岩)和空落相的火山碎屑岩(凝灰岩)类岩石形成的剥蚀侵蚀丘陵山地。火山岩地貌类型发育齐全,特征典型,景观优美,主要地貌类型有柱峰、峰林、岩嶂、锐峰、侧蚀洞、侧蚀槽和峡谷等。

柱峰,是该区最具代表性的地貌景观类型,发育在水系一侧或山脊上,主要有鼎湖峰、新妇轿岩和婆媳岩等。鼎湖峰矗立在步虚山西坡山麓,是仙都景区的主要标志(图 3-357),柱峰高达 170.8m,峰顶面积约 710m²,峰巅有鼎湖,两米见方,故称鼎湖峰。柱体下部岩石以流纹岩为主,流纹构造发育,产状较平缓;中上部岩性以石泡流纹岩为主,产状变化大,部分产状近于直立。观鼎湖峰,远近高低、晨昏阴晴各不同,或如擎天玉柱,雄奇壮观,或如带露春笋,纤巧秀丽,有"天下第一笋""天下第一石""天下第一指"之美誉。

新妇轿岩,位于五云镇梅宅东侧半山腰上,是一块轿形的方柱状峰岩[图 3-358(a)]。峰高约

100m,北侧基部一直延伸到山腰,顶部面积约 250m²,长有几株柏树及其他低矮灌木。柱体南北向的中部有一条沿垂直节理侵蚀出的狭窄缝隙,每当旭日初升于马鞍山巅,阳光穿过狭窄缝隙,犹如宝石嵌于岩中,光芒四射,堪称一绝。婆媳岩,位于子母山两山头上,两峰相距约 160m,形似媳妇和婆婆遥遥相望的两块岩石[图 3-358(b)]。从东往西望去,低者如龙钟静坐的婆婆,高者如亭亭玉立的媳妇,惟妙惟肖。

图 3-357 鼎湖峰(柱峰)

图 3-358 新妇轿岩(柱峰)(a)和婆媳岩(柱峰)(b)

峰林,多发育在好溪流域两岸山体边部,典型峰林有斗岩三奇、仙女照镜和集仙岩等。斗岩三奇,由 3 座并列而立的石峰(梦笔生花岩、天狗望月岩、猫头鹰岩)组成[图 3-359(a)],峰高达 40~50m,三者神形并茂,栩栩如生,雄伟壮观。斗岩三奇岩性为石泡流纹岩,流纹构造近于直立,并发育北东向的垂直节理,沿流纹岩面理和节理面经长期的侵蚀和风化作用,残存薄如刀刃的石峰。仙女照镜,位于倪翁洞景区北侧,由 10 余座柱状峰岩组成,峰岩大小不等,平均高约 20m,构成较典型的峰林地貌[图 3-359(b)]。站在山下公路上眺望,奇石低昂,立于潭滨,犹如一群窈窕少女,对着山上的月镜岩梳妆,组成了"仙女照镜"景观。

图 3-359　斗岩三奇(峰林)(a)和仙女照镜(峰林)(b)

锐峰，多发育在好溪两岸，典型的锐锋有双峰插云和孔雀浴溪。双峰插云由两块基部相连、与地几近垂直的山峰组成，如石笋拔地而起，北侧峰高约 80m，南侧峰高约 35m，周围绿树成荫，形成双峰插云奇景。

岩嶂，沿好溪两岸发育，典型的有仙掌岩和小赤壁。仙掌岩，崖壁因形如手掌而得名，高约 100m，宽约 40m，岩面平整光滑。陡立岩壁继承了北东向的断裂构造，同时岩石垂直节理发育，沿构造面长期风化与侵蚀，使岩体顶部呈现指状开裂而成。小赤壁是好溪东岸的一面陡峭岩壁，崖壁长约 650m，高约 60m。此处发育一条北东向近直立的压性断裂，断裂北西侧的岩石在自然风化和好溪溪水侵蚀下逐渐剥蚀掉，仅留下东南侧的断面，形成陡崖地貌景观。峭壁远远望去，犹如焰火烧过，故称小赤壁。

侧蚀洞，系流水侧向侵蚀形成的洞穴，倪翁洞是典型代表[图 3-360(a)]。洞穴发育在仙都好溪西侧，为一天然水蚀岩洞，相传古时倪翁隐居于此，因而得名。洞高 6m，宽 15m，进深 6m，洞有两口，洞正中有楷书“初旸谷”摩崖。倪翁洞南另有二洞与之相连，名读书洞和米筛洞，三洞合称“旸谷三窍”，因洞口朝东，又名朝阳洞。

图 3-360　倪翁洞(a)和龙耕路(b)

侧蚀槽，系流水沿岩层软弱面侧向侵蚀形成的凹形槽穴，龙耕路是典型代表[图 3-360(b)]。龙耕路发育在好溪一侧的小赤壁山腰上，长约 400m，宽 1～3m，高 2～3m，海拔高程 160m 左右。西南端略低，向北东逐渐抬升，远望如一条开凿在崖壁上的人工栈道。

仙都火山岩地貌景观组合内容丰富，类型众多，造型别致，集柱峰、峰林、峰丛、岩嶂、锐峰和峡谷等于一体，高低错落有致，景观地貌系统完整，其地貌组合单元类型具有系统性和典型性，充分展示了火山岩地貌的主要特征，具有极高的旅游观赏价值和地质地貌研究价值，其地貌组合在国内具有代表性。

目前，仙都已被开发为国家级风景名胜区、国家地质公园，主要地貌景观得到了相应的保护和利用。

13. 浦江仙华山流纹岩地貌(L076)

仙华山流纹岩地貌位于浙江省中部的浦江县，被人称为江南蓬莱，地貌以奇、秀、险的山巅峰林为胜，地层岩性为下白垩统寿昌组二段(K_1s^2)的流纹斑岩、流纹岩。地貌类型以峰林景观最具代表性，锐锋遍地矗立，如利剑出鞘，直插苍穹。同时，还发育崖壁(岩嶂)、石柱、洞穴、倒石堆等地貌类型。

峰林，为本区发育最典型、最具代表性的地貌类型(图 3-361)。在海拔 600m 的低山上，约 1km^2 的范围内聚集着相对高差 50～100m 的锐峰 21 座，21 峰突兀于山巅，四面绝峭，峰顶锐利，沿 140°方向定向展布，共同形成壮阔的峰林地貌奇景。每座山峰各有特色，玉圭峰挺拔，情侣峰缱绻，玉尺峰秀峻，嫘祖峰专注，大钟峰壮硕，少女峰险峻与雄奇。

崖壁(岩嶂)，主要发育在峰林四周，高 50～100m，受东西方向的断裂控制，规模较大。其中最典型的属五峰西侧的昭灵岩，崖壁高 100 多米，长 400 余米，东西走向。另一处玉圭峰底部发育的丹流石壁，因崖面赤红且显纹理而著称。

柱峰，典型的有大钟峰，高约 100m，四周绝壁顶部平缓，因如一巨大石钟而得名。

石柱，受节理裂隙影响，主峰外侧山腰上残留众多的孤立石柱，中上部脱离母体，下部相连，呈不规则柱状、锥状体，高度数十米不等，直径数米，后期风化易崩塌滚落。典型石柱有情侣岩石柱、试胆石石柱等。

洞穴，主要分布在海拔 600m 左右的山脊两侧，受节理控制，经重力崩塌或风化剥蚀形成，有通海古洞、卧仙洞。

图 3-361　仙华山峰林地貌(据浦江旅游)

倒石堆，主要堆积在山脚缓坡地带，大小不等，呈棱角状及不规则状，个别保留平整的原始节理面，展示了地貌演化的延续性。

仙华山流纹岩地貌类型特征非常典型，分布集中，对研究地貌类型和演化具有重要的科学意义，为华东地区流纹岩峰林地貌的典型代表之一。

目前，仙华山为国家AAAA景区、省级风景名胜区。

14. 嵊州白雁坑崩积地貌(L077)

白雁坑崩塌遗迹位于嵊州通源乡白雁坑村分水岗西侧的山坡一带。从海拔600m的村庄至海拔800m的山体斜坡上可见大量的巨石散落，最大者直径可达5m，体积可达30m^3。巨石与基岩岩性一致，为早白垩世西山头期(K_1x)角砾熔结凝灰岩，巨石表面可见清晰的假流纹构造。

崩塌体来源于斜坡中上部约800m高程的多处突岩位置，其中北侧一处规模最大，当地称为骆驼峰。控制岩石展布的主要为一组北西向近直立的巨大节理带，另有130°∠84°和300°∠60°两组节理发育，受北东向区域性断裂和这几组节理的影响，基岩被切割成大块的岩石，经过风化剥蚀，在重力作用下从高处滚落至山坡平缓处，形成长约800m的“石浪”，分布面积约0.15km^2(图3-362)。

图3-362　崩积巨石与榧树共存

白雁坑村西侧山坡上除了大量崩塌堆积体之外，还种植有大量的香榧树，仅100年以上大树就有上百棵，崩塌体与古香榧林交相辉映，自然地质作用与生态景观完美结合，不但给当地的村民带来巨大的经济效益，也成为当地奇特的旅游景观资源。

白雁坑崩积地貌是省内典型的火山岩崩塌遗迹景观，清晰地反映了在区域夷平面发育的背景下，山区源头性河流侵蚀作用不断改造原始地形，形成各种地貌景观分带性的完整过程。对研究嵊州市内乃至全省类似的地质遗迹景观具有重要的参考价值和较高的科学价值。

目前，该地结合“美丽乡村”建设，已建设成为省内首个“地质文化村”。

15. 临海武坑流纹岩地貌(L078)

武坑流纹岩地貌位于临海东部滨海地带，由上白垩统小雄组(K_2x)组成，它是中国东南沿海地区中生代大规模火山活动的代表，是一座以火山岩为主体的景观地质公园。白垩纪晚期，发生多期次火山活动喷溢出岩浆并流淌堆积形成熔岩台地。在漫长的地质岁月里，经历了节理断裂的切割和大自然的风化剥蚀，熔岩台地被逐渐分割支解成若干个次级台地，地貌演化从台地边缘开始，形成台地、崖壁(岩嶂)、洞穴、麓坡、峰林、柱峰、孤峰、残丘、石柱、沟谷和各类奇岩怪石等地貌景观类型。

台地,为武坑流纹岩地貌发育的基础。玉台山流纹岩台地,海拔高程约150m,顶部平缓而周边均为陡崖(岩嶂),东有华盖峰,西有狮子峰,为武坑景区之主山。流纹岩山体陡峭悬居,四周数十根玉柱夹聚围限,环壁成嶂,山顶平坦如台,故名"玉台山"(图3-363)。

峰林,发育在台地四周边缘,由多个柱状山峰组成,典型的有七姐妹峰林。七姐妹岩位于玉台山东侧的山岗上,高60.2m,巨石岩峭然挺立,岩顶分为五首,神态迥异,有的挺身前瞻,有的顾盼情浓,有的凑聚细语,真是天然群塑。

图3-363 流纹岩台地与峰林

孤峰,与台地相隔数百米,早期在台地边缘经风化、侵蚀和崩塌作用后演化而来的残留体,印证了地貌演化导致台地萎缩、消亡的规律。将军岩,矗立在夷平残丘之上,高数十米,犹如石雕的大将军,头戴盔甲,身穿铠甲,手按佩剑,昂首挺胸,极目海疆[图3-364(a)]。

柱峰,发育在流纹岩台地边缘,受节理裂隙控制,由风化、侵蚀、崩塌后残留而形成。典型的柱峰有石柱峰、玉壶岩等。石柱峰又名天柱岩,高136m,上丰下削,势如擎天巨柱,整个峰柱从下而上具有不同的岩石结构和外貌特征,清晰地展示了融熔岩浆两次溢流形成的岩流单元[图3-364(b)]。玉壶岩柱峰,圆身细颈,恰似一把精致的莲子玉壶,形神造化,惟妙惟肖。

(a)

(b)

图3-364 将军岩孤峰(a)和石柱峰(b)

洞穴，发育有多处，主要沿流纹岩层间薄弱面、孔隙或构造裂隙面发育而成，个别风化剥蚀较强，穿透山体，形成穿洞或石拱（天生桥）景观，典型的有联辉洞、朝天洞和明霞洞。

武坑流纹岩地貌具有突出的地貌形态多样性，是研究流纹岩地貌景观成因的绝佳地点，它完整地记录了熔浆流动、冷却成岩以及成岩以后经外动力地质作用——风化、流水、重力作用形成流纹岩台地、崖嶂、峰林、孤峰、柱峰、洞穴等地貌的全过程，是浙江省最优美的流纹岩地貌景观之一。

目前，武坑流纹岩地貌已被开发为省级风景名胜区、国家地质公园，实施了科学的保护措施。

16. 温岭方山流纹岩地貌（L079）

温岭方山是典型优美的流纹岩台地地貌，因形态而得名“方山”。表现为一个面积近 0.8km^2、厚约 50m 的岩石台地平缓地分布于相对高差约 400m 高的山顶之上，并微微向北西倾斜。台地顶部缓丘圆滑，极目可远望群山与东海，给人以心境开阔之感。台地四面被 50m 高的悬崖围限，并被节理切割形成各种造型景观，从下仰望，巍峨磅礴之势赫然横目。在地貌形态上，主要有平台（台地）、崖壁（岩嶂）、峡谷、洞穴、柱、峰、突岩等类型。

平台（台地），主体为早白垩世九里坪期（K_1j）酸性火山熔岩，从四面悬崖（岩嶂）可见 50m 高的绝壁上发育 2～3 条厚几十公分的水平“腰带”（图 3-365）。腰带之间厚厚的是 2～3 层流纹质凝灰熔岩、熔结凝灰岩，每一层都是一次火山喷溢产生的流动单元，流动过程中产生的蚯蚓状流纹和岩流底部的角砾都清晰可见。而腰带则是空气中的火山灰在熔岩溢流间歇期降落堆积形成，带状体颜色相对较浅，因风化略微内凹。而沿火山岩层面发育的巨大台地地貌居于四面绝壁之上，极其壮观（图 3-366）。

崖壁（岩嶂），方山山体地貌断层交错，地势陡峭，狭长而又宽广的方山绝壁成为雄险而丰富地貌景观（万象嶂、镇山嶂等）的重要特征（图 3-366）。该崖壁形成的主要原因是长期的地质运动、风化和水蚀作用。目前岩壁表面岩石裸露，一般都在 60～150m 上下不等。崖壁上还有大量摩崖石刻。梅雨瀑、白龙瀑即为方山崖壁上发育的又一奇特水体景观[图 3-367(a)]。

峡谷，方山顶部谷地切割较浅，普遍不发育。位于台地东北侧发育一条沿北西破碎带延展的峡谷——天河[图 3-367(b)]，长 300m，宽约 30m，深约 25m，西北端略低，因两侧为直立陡壁而异常壮观。

图 3-365　中间凝灰岩凹槽与上下流纹岩层（方山腰带）

图 3-366　方山台地全景及万象嶂

图 3-367　梅雨瀑(a)和沿构造裂隙发育的悬河(b)

洞穴，方山四周各洞都沿构造裂隙崩塌而成，局部有人工挖掘的现象。重力崩塌作用首先沿构造裂隙、节理发生，并形成内凹、狭谷雏形的系列地质现象。形成洞穴主要有半弧状的峭斗洞、状如羊角的羊角洞、洞底观天的透天洞等。

柱、峰，因方山岩性坚硬易碎，四周重力崩塌现象明显，沿节理裂隙风化侵蚀过程中，难以在周边崖壁带上保存石柱、孤峰等。发育较典型的仅在方山南西陡壁外侧山脊上发育有剑岩石柱（图3-368）、方山顶东侧的情侣峰锐锋等。

突岩，方山一带的象形石景观（突岩）较多，景观优美，形态逼真。如方山顶南天门附近的凤凰生蛋和葫芦岩，冬瓜背东南端的夫妻岩，方山北侧悬崖边的五象岩，方山台地西南端悬崖边的象鼻岩等。

方山流纹岩地貌以山峰顶部的层状流纹质火山熔岩发育而成的裸岩陡崖为特征，表现要素发育良好，极具典型性和系统完整性，同时兼具优美性，实属国内少见之地貌遗迹。

目前，方山为雁荡山世界地质公园东园区组成部分，地貌景观得到了有效保护和利用。

图 3-368　方山台地及残留石柱——剑岩（万献波 摄）

17. 乐清中雁荡山流纹岩地貌（L080）

中雁荡山位于乐清市西南 10km 处，资源丰富，景色优美，具备“古、奇、秀、幽”等特色。本区地貌单元岩性主要为早白垩世晚期小平田期（K_1xp）流纹岩，巨厚的流纹质火山岩层在外动力地质作用下形成了叠嶂、方山、石门、柱峰、岩洞和峡谷、瀑潭等地貌景观类型，记录了地壳抬升、断裂切割、重力崩塌、流水侵蚀和风化剥蚀等地质作用过程。

嶂，主要发育在道士岩山（玉甑峰）南侧，相对高差百余米，崖壁整洁，断续沿东西方向延伸千余米，主体受近北东向断裂控制。崖面上多处发育流水侵蚀、风化剥蚀留下的竖直凹槽。典型的属玉屏嶂、玉甑峰叠嶂等（图 3-369）。

峰，多分布在北西走向的山脊两侧，受节理控制，重力崩塌风化剥蚀形成。主要发育的锐锋有卓笔峰和双狮峰等，柱峰有玉甑峰和天柱峰等。

洞，主要发育在崖壁底部的节理密集区，岩石破碎形成片状剥离，易遭受风化，石块沿卸荷面脱落逐渐形成，玉虹洞为其典型代表。

峡，主要受断裂控制，局部形成规模较小的线谷和巷谷。峡谷中多发育跌水瀑布，反映了本地区地壳抬升、基岩岩性差异等特点。

图 3-369　玉甑峰叠嶂（a）及内部发育的线谷（b）

中雁荡山是中生代流纹岩地貌的代表之一，以峰雄漈幽著称，其峰、嶂、洞等奇特形态有机结合，构成丰富多样的地貌景观，对于研究中国燕山期构造-岩浆活动及其在东南沿海表现形式具有重要的科学价值，同时在流纹岩地貌演化序列上具有较高的科普研究价值。

目前，中雁荡山为雁荡山国家级风景名胜区的一部分，地貌景观得到了保护和利用。

18. 平阳南雁荡山火山岩地貌(L081)

南雁荡山位于浙东南沿海山门火山洼地内，属于我国主要火山岩分布区，形成地貌的物质基础为早白垩世晚期小平田组一段(K_1xp^1)火山碎屑岩、熔岩。南雁荡山记录了浅水湖盆沉积、火山喷发-沉积、岩浆岩侵入、盆地及内部火山口塌陷、各种断裂构造形成及广泛的热液活动的完整地质过程，为人类留下了研究中生代火山洼地的“钥匙”，并通过各种地质遗迹景观得以体现。发育的火山岩地貌类型齐全，有峰丛、峰林、洞穴、岩嶂、突岩、锐峰、夷平面等类型。

峰林，主要发育在山体崖壁外侧，在北西向和北东向两组断层的共同影响下，节理裂隙发育，经长期风化、侵蚀而逐步形成火山岩峰林地貌。代表景观有化龙崖峰林、满田峰林。

峰丛，多发育在峰顶和崖壁上，基岩在北西向断层的影响下，节理裂隙发育，岩体破碎，后经长期风化、侵蚀而形成，最典型的属十二奇峰峰丛、赵云救主峰丛、石狗山峰丛[图 3-370(a)]。

锐锋，沿结构面发生崩塌后形成的近直立山峰，经长期风化、侵蚀后而形成锐峰。如老君炼丹锐峰、狮子山锐峰、骆驼峰锐峰等。

洞穴，发育较分散，受结构面控制，在重力和地下水的共同作用下发生崩塌形成洞穴。如西洞、观音洞、石天窗穿洞、云关等[图 3-370(b)]。

图 3-370　十二奇峰峰丛(a)和石天窗穿洞(b)(引自 https://www.sohu.com/a/232916138_355990)

线谷，受断层影响，断层两侧岩体错开、破碎，岩体沿坡面发生强烈的重力崩塌，并不停地淘空岩体，形成长条形沟谷，如一线天。

岩嶂，山体基岩坡面受断层或构造面影响，发生崩塌后形成的近直立崖壁。本处岩嶂发育规模较大，分布较广，最典型的属东南屏障、白岩洞岩嶂(神剑峰)、铁削峰岩嶂、银屏峰岩嶂等。

突岩，火山岩受两结构面控制，沿结构面风化、剥蚀、崩塌后形成体量较小的突岩，如满田突岩(蛇头岩、石将军、人犬壁画)、白岩洞突岩(蛤蟆石)等。

南雁荡山具有独特的硅化流纹质火山地貌景观，是在早白垩世火山洼地的基础上，发育了一套火山-沉积岩系地层，通过后期热液蚀变作用，使岩体性质变得更加坚硬，最后在各种外动力地质作用下形成山水秀丽、洞窟秘幻、峰石雄奇的火山岩地貌，省内典型。

目前，南雁荡山是雁荡山国家级风景名胜区的一部分，地貌景观得到了保护和利用。

19. 永嘉大箬岩火山岩地貌(L082)

大箬岩位于楠溪江西侧，发育在一处典型的白垩纪破火山中，主体岩性为早白垩世晚期小平田期(K_1xp)流纹质熔结凝灰岩和流纹岩。破火山平面形态略呈椭圆形，面积约 200km²，中心地势较高，外围地势相对略低，中心横路山主峰海拔 1 114m。楠溪江及其支流和水系呈环状、放射状展布，卫星图片上显示一椭圆形同心圈状复合环形影像。

大箬岩以典型的火山岩地貌为特征，地貌发育区面积约 25km²，以飞瀑、奇峰、幽洞、秀水见长。区内瀑布众多，千姿百态；奇峰怪石，妙趣横生。百丈瀑以宏大气势和落差高取胜(124m)；藤溪瀑潭天造地设，以美妙精巧著称，九漈瀑以漈多并富于节奏独秀一方；崖下库(嶂谷、飞瀑)因藏而不露，“闻其声不见其形”而引人入胜；陶公洞洞体宏大，可纳数千人，是河流冲刷侵蚀、岩石崩落和构造抬升的综合结果；十二峰(峰丛)则峰峰相挤，峥嵘挺拔，更为其他峰峦景观所不及(图 3-371)。

图 3-371　十二峰峰丛(a)和百丈瀑(b)

大箬岩火山岩地貌的形成完整地记录了火山爆发、塌陷、复活隆起的地质演化过程，在火山岩演化的基础上经过第四纪地质作用，再加上现代河流作用，形成了独特的山水风光，更是人类研究晚中生代破火山和火山岩地貌的天然基地。省内典型。

目前，大箬岩火山岩地貌是楠溪江国家级风景名胜区的一部分，地貌景观得到了保护和利用。

20. 永嘉石桅岩火山岩地貌(L083)

石桅岩位于楠溪江风景名胜区东北部，东与北雁荡山毗邻，是一个由早期火山活动形成的大型隆起地貌，中心部位被数个石英正长岩(次火山岩)侵入。以石桅岩为中心，连续分布了大片中生代火山岩，堆积平均厚度大于 500m，岩性主要为早白垩世晚期小平田期(K_1xp)流纹质凝灰熔岩(碎斑熔岩)、流纹质玻屑熔结凝灰岩和流纹岩，造就了一系列千姿百态的火山岩地貌景观，山、岩、洞、瀑等景观类型齐全，总体反映出在断裂和地壳抬升的构造背景下经长期溪流侵蚀所形成的孤峰和峡谷地貌景观。

峰,石桅岩周围环拱着9座高度在100～200m之间的峰峦,它们高低不等,形态各异,其中石桅岩(孤峰)以形似船桅而得名,三面临溪,拔地而起,直耸云霄,相对高差306m(图3-372)。

图3-372 石桅岩孤峰(常锋 摄)

峡,石桅岩三面环溪成峡,南面脚下有一深潭,潭水最深处达18余米,水质清澈,峰林倒影;潭两侧岸是黝黑如铁的悬崖,分布有青蛙石、麒麟峰、香炉峰、人头岩等千姿百态的奇峰异石。峡谷两侧崖壁上多处发育侧蚀凹槽,分布数级高度不等,展示了本地构造运动的特点。

洞,主要受节理控制,沿破碎带剥落、经流水侵蚀形成。水仙洞即发育在悬岩峭壁之上,成因典型,代表了本地基岩与流水相互作用的结果。

石桅岩火山岩地貌是楠溪江流域少有的火山岩孤峰-峡谷组合地貌,受断裂构造与现代河流侵蚀作用的影响而形成独特典型的地貌景观类型,省内少有。

目前,石桅岩是楠溪江国家级风景名胜区的一部分,是雁荡山世界地质公园西园区的重要组成,地质遗迹得到了较好的保护和利用。

21.安吉深溪大石浪堆积地貌(L084)

大石浪所在区地形属中山区,山体海拔多在1 000m以上,沟谷切割深度在400～600m之间。山体地层岩性为早白垩世黄尖期(K_1h)流纹质晶屑熔结凝灰岩。深溪大石浪堆积地貌形成于更新世晚期至全新世早期,属多期次大规模泥石流作用堆积所致。

大石浪由火山岩巨石堆积叠置而成(图3-373),分布于坡度为20°～30°的山坡上,呈带状展布,总体走向为北西-南东,最大标高约为920m,底部标高为400m左右,长约1.1km。从上至下分布区由宽变窄,上部宽200～350m,下部宽约100m,分布面积约0.25km^2。石浪堆积区厚度在3m以上,由中部向两侧减少。块石大小主要在0.5～4m之间,最大者可达70m^3。块石堆积杂乱无章,无明显定向性,但表面块石较其下部的粒径大。表面堆积块石以块状为主,长条状次之,少量板状,呈次棱角状,一般存在一个较光滑的圆弧形棱角面,个别次圆状。堆积块石的岩性均为灰色、青灰色流纹质晶玻屑熔结凝灰岩,表面风化较强烈,可见大量长石风化残留的小孔,而未风化的长石等矿物在块石表面形成小刺。个别岩石表面见有流水侵蚀形成的浅痕。

图 3-373　大石浪堆积地貌

深溪大石浪规模较大，巨石垒叠，气势壮观，观赏性较高，是省内典型的火山岩地区泥石流堆积形成的景观，对研究区内乃至全省更新世晚期至全新世早期泥石流作用特点具有重要的科学价值。

目前，大石浪已被开发为旅游景区，地貌景观得到了一定的保护和利用。

22.遂昌含晖洞崩积地貌(L085)

含晖洞坐落于遂昌妙高镇三台山南麓，属低山地貌区，由众多巨大的岩块堆积形成的洞穴，岩块为早白垩世馆头期(K_1gt)流纹质晶屑熔结凝灰岩和凝灰角砾岩。

含晖洞又名章仙洞，宋代道士章思廉曾在此炼丹。含晖洞洞口朝南，深约 20m，最宽处约 12m，高 2～3m，内有泉水自两侧流出，洞顶有一长 3m、宽 1.2m 的新月形天漏，晴天阳光自此泄下，洞内生晖，乃含晖洞得名由来。灵泉洞在含晖洞上方，彼此相连，内有清泉常年流淌，奉祀“胡公大帝”。两洞外石壁题有“洞天奇石”“洞天一览”“小蓬莱”等摩崖石刻数处，多为清道光十七年所作(图 3-374)。

结合实地地形地貌及新构造运动分析，含晖洞系由更新世以来断裂活动，即地震所引起的崖壁大规模崩塌堆积所致，崩塌岩块单体较大，一般为就近堆积，形成时代为更新世至全新世。

含晖洞为历代名胜，保存完好，是省内少有的由构造活动崩塌形成的洞穴遗迹景观，对研究本地区更新世以来地壳活动特点及历史文化具有一定的科学价值。

图 3-374　含晖洞(a)和灵泉洞(b)

第十节 海岸地貌类

海岸地貌类属地貌景观大类，可分为海蚀地貌和海积地貌 2 个亚类。全省该类共有重要地质遗迹 12 处，其中海蚀地貌亚类有 4 处，海积地貌亚类有 8 处(表 3-11)。

表 3-11 海岸地貌类地质遗迹简表

遗迹类型及代号		遗迹名称	形成时代	保护现状	利用现状
海蚀地貌	L086	普陀普陀山海岸地貌	更新世以来	国家级风景名胜区	科研/观光
	L087	椒江大陈岛海蚀地貌	全新世	省级地质公园	科研/科普/观光
	L088	洞头半屏山海蚀地貌	全新世	省级风景名胜区、省级地质公园	科研/科普/观光
	L089	嵊泗六井潭海蚀地貌	全新世	国家级风景名胜区	科研/观光
海积地貌	L090	岱山鹿栏晴沙沙滩	全新世	省级风景名胜区	科研/观光
	L091	普陀朱家尖十里金沙	全新世	国家级风景名胜区	科研/观光
	L092	象山石浦皇城沙滩	全新世	一般风景区	科研/观光
	L093	象山松兰山沙滩群	全新世	一般风景区	科研/观光
	L094	象山檀头山姊妹滩	全新世	一般风景区	科研/观光
	L095	苍南渔寮沙滩	全新世	省级风景名胜区	科研/观光
	L096	普陀乌石塘砾滩	全新世	国家级风景名胜区	科研/观光
	L097	嵊泗泗礁山姐妹沙滩	全新世	国家级风景名胜区	科研/观光

一、海蚀地貌

该亚类遗迹在浙江省内登录 4 处。海蚀地貌与岩质海岸断裂构造、岩石类型关系密切。海蚀地貌主要表现有海蚀崖、海蚀柱、海蚀穴、海蚀槽、海蚀平台和海蚀龛等。省内海蚀地貌景观中规模较大、气势壮观的景观主要分布在嵊泗的泗礁岛-嵊山岛-马迹山岛、普陀区的普陀山岛-朱家尖岛-桃花岛、象山的南北渔山列岛、椒江大陈岛、洞头半屏山和平阳的南麂列岛等地。典型海蚀地貌景观介绍如下。

1. 普陀普陀山海岸地貌(L086)

普陀山丘陵地貌展示的是花岗岩的风化剥蚀地貌特征，呈现较典型的残留剥蚀面，而普陀山海岸地貌是海水长期侵蚀与堆积作用的结果，发育在岛的四周，以岛的东部和南部最为发育，海蚀和海积地貌并存，共同形成了普陀山海岸地貌景观的主体。山腰及山顶发育的古海蚀地貌(海蚀龛等)也见证了普陀山海平面升降变化及海岸线的变迁。

普陀山的地貌主要可以分为两大类：风化剥蚀地貌和海岸地貌。

风化剥蚀地貌，以花岗岩穹峰和石蛋发育为主要特色，个别地方可见花岗岩风化壳。岛内主要山体均表现为穹峰，其上残留有石蛋。主要石蛋景观有磐陀石、二龟听法石、狮石、南天门等(图 3-375)，其形态多为近椭圆形扁球体或正方体，基岩中可见发育明显的多组节理。高程从 4m(狮石)、10m(南天门)到 92m(二龟听法石)、102m(盘陀石)均有石蛋分布，风化壳仅在靠近海平面的狮石一带可见，且厚度不大(2m 左右)，风化壳内可见残留石蛋(花岗岩球状风化)。结合普陀山山体地貌形态，可以推测普陀山一带 0～100m 高程的山体应为早期层状地貌(剥蚀面)的残留。

海岸地貌，普陀山的海岸地貌可分为两类:海积地貌和海蚀地貌。海积地貌主要表现为沙滩;海蚀地貌主要表现为海蚀崖、海蚀龛、海蚀洞、海蚀平台和海蚀沟槽等。

沙滩，普陀山的沙滩主要分布在岛的南部和东部，主要有百步沙、千步沙、下院沙滩(金沙)，另外东北角还有几处小型沙滩，百步沙(长 600m，宽 200m)和千步沙(长 1 750m，宽 300m)沙质细腻、分选好、无乱石，沙滩坡度较为平坦、宽度较大，是优良的海滩浴场和休闲场所(图 3-376、图 3-377)。

图 3-375　磐陀石及周边石蛋(a)、狮石残留石蛋、风化壳(b)

图 3-376　百步沙全景

图 3-377　千步沙全景

海蚀崖，主要位于岛的南部和东部海岸一线，潮音洞、百步沙北侧、千步沙北侧、梵音洞等地的海蚀崖表现最为明显，为现代海蚀作用的产物。崖面近直立，高度 2～10m，多与花岗岩发育的竖直节理面方向一致，应为海水长期侵蚀基岩岸，沿节理薄弱面崩塌后形成的。

海蚀洞和海蚀沟槽，多与海蚀崖伴生，是海水沿与崖壁近垂直的节理面长期侵蚀的结果。主要的海蚀洞有潮音洞、梵音洞、朝阳洞。潮音洞为现代海蚀洞，位于"不肯去观音院"下入海口，洞口面向大海(50°)，露出水面的洞口宽约 1m，高 2m，纵深 30m 左右，洞口壁上有御书"潮音洞"3 个字，附近发育海蚀沟槽；梵音洞为现代海蚀洞，洞口顶部高程 60m，外侧为海蚀崖，洞深约 50m，洞口形态呈上下狭长状，与附近的花岗岩节理走向一致；朝阳洞为古海蚀洞，洞口高程 44m，进深约 5m，洞口宽 1.5m，高 2m，洞口外侧为海蚀崖，崖壁上发育大量海蚀龛(图 3-378、图 3-379)。

图 3-378　潮音洞海蚀洞(a)及海蚀崖(b)

图 3-379 潮音洞附近的海蚀沟槽(a)及海蚀龛(b)

海蚀龛,普陀山的海蚀龛在潮音洞、百步沙、朝阳洞、西天景区等多处可见(图3-379)。主要表现为分布密集的浅凹坑,坑内较为光滑,坑口一般朝向山体外侧,是海水早期侵蚀的重要证据。潮音洞海蚀龛分布在潮音洞顶部的平台附近,高程约 17m。百步沙的海蚀龛位于“震旦第一佛国”石刻处,海拔高程约 34m,另外在海边还存在一崩落的海蚀龛岩块,大小约 4m,上面密集分布海蚀凹坑,形如骷髅。朝阳洞海蚀龛分布在朝阳洞的崖壁上,高程 44m。“心”字海蚀龛分布高程约 62m。西天景区海蚀龛有多处,山脚的海蚀龛高程为 7～12m,山顶凉亭边海蚀龛高程 90m,二龟听法石海蚀龛高程 92m,磐陀石海蚀龛 102m。根据普陀山海蚀龛分布的高程分析,大致存在 3 个海蚀龛的分布区间(3 级),高程分别为 7～17m、34～44m、90～102m。海蚀龛是海平面变化的重要反映,代表海平面处于一个相对的稳定期。

海蚀平台,普陀山比较典型的海蚀平台主要有两处,其一在百步沙,其二在潮音洞。百步沙海蚀平台为观景亭所在的位置,高程约 9m,平台上还残留有花岗岩的风化壳,其中靠近“狮石”的残留平台上,可见多层花岗岩球状风化体,并可见早期形成的海蚀沟。潮音洞海蚀平台,位于潮音洞顶部,地势较为平坦,基岩出露,高程 17m。这两处海蚀平台发育的高程与最低一级海蚀龛分布的高程相当,两者互为印证海平面的变化特征。

普陀山地貌总体代表了风化剥蚀地貌(穹峰、石蛋)的特征,从其区域位置来看,基本可认为是区域剥蚀面(夷平面)的一部分,应是中新世区域层状地貌面的残留,属典型的老年期花岗岩丘陵地貌。普陀山一带岬角及海蚀地貌发育,并发育多处大型沙滩,从基岩海岸地貌演化的规律分析,普陀山海岸地貌应属典型的壮年期海岸地貌。

普陀山地貌模式应为穹峰-石蛋-海岸地貌模式,反映了地壳稳定区(或抬升缓慢)区域剥蚀面被分割破坏过程与典型老年期花岗岩地貌特征,以及全新世以来海水对基岩的作用所反映的类型多样的典型壮年期海岸地貌特征,标型地貌磐陀石残留石蛋蜚声中外,沿岸海岸地貌(沙滩、海蚀崖、海蚀洞等)景色迷人、特征典型,是国内典型的花岗岩山体地貌及海岸地貌复合地貌景观区之一。

目前,普陀山为国家级风景名胜区,保护利用较好。

2. 椒江大陈岛海蚀地貌(L087)

大陈岛海蚀地貌主要分布在下大陈甲午岩景区,由燕山晚期碱长花岗岩和早白垩世西山头期

(K_1x)火山碎屑岩发育而来的海岸地貌景观，主要海蚀地貌类型有海蚀柱、海蚀崖和海蚀沟槽。

海蚀柱，典型的海蚀柱景观是甲午岩，由两块巨大的礁石组成(图 3-380)，长各为 15m，宽为 11m，最高点海拔 35m。岩层垂直节理发育，故岩壁如削，犹如神斧劈成的两块巨屏。甲午岩以造型雄奇见长，有“东海第一盆景”之称。隔岸观甲午岩风光，眼前见巨礁拔海而立，脚下却如临深渊，海水回荡，使人胆战心惊；从侧面望甲午岩，恰如起航的帆，而甲午有帆之意，故名“甲午岩”。

海蚀崖，主要分布在下大陈岛东侧的甲午岩一带，为现代海蚀作用的产物。崖面近直立，高度 5～20m，多与花岗岩发育的近竖直节理面走向基本一致，为海水长期侵蚀基岩海岸，沿节理面崩塌后形成，典型景观有飞虎崖、甲午岩海蚀崖(图 3-380)。

图 3-380　甲午岩海蚀柱、海蚀崖(a)及海蚀沟槽(b)

海蚀沟槽，甲午岩—飞虎崖一带发育多处海蚀沟槽，宽一般 2～5m，多与海蚀崖伴生，统计发现多数海蚀沟槽与岩体发育的节理走向一致。其中飞虎崖海蚀沟槽、甲午岩海蚀沟最为典型。海蚀沟槽是海水沿近直立节理(裂隙)长期侵蚀的结果。

大陈岛地貌表现为低丘-海岸地貌模式，反映了全新世以来海水对基岩海岸的作用所形成的典型幼年期海岸地貌。标型海岸地貌特征典型、甲午岩海蚀柱省内少见，是省内独特的海岸地貌景观区之一。

目前，大陈岛为省级森林公园和省级地质公园，已得到了有效的保护和利用。

3. 洞头半屏山海蚀地貌(L088)

半屏山是由海水侵蚀冲刷自然形成的海蚀崖，是我国规模最大、最长的海上岩雕，被誉为“神州海上第一屏”。基岩由早白垩世高坞期(K_1g)晶屑熔结凝灰岩组成。受区域性节理系统控制，海蚀崖壁整体呈近南北走向，笔直狭长，使崖壁如刀斧所削，形成连绵的绝壁海蚀地貌，总长 1 200m，高差在 100～120m 之间。由北往南依次为迎风屏、赤象屏、鼓浪屏、孔雀屏，这些景观像浮雕一样形象逼真，妙趣横生(图 3-381)。

迎风屏，在半屏山东南端，如“渔翁扬帆”的水墨山水画。崖壁上发育多处海蚀沟槽，主要受 105°方向的节理控制，外围经过海蚀侵蚀和崩塌作用形成第一屏的地貌景观(图 3-382)。

赤象屏，因酷似两只相依相偎的大象的石头而得名(图 3-383)，由构造及海蚀作用发育多处象形石。

图 3-381　半屏山海蚀崖全景

图 3-382　迎风屏(海蚀崖)

图 3-383　赤象屏(海蚀崖)

鼓浪屏，又称听潮屏，每逢潮涨潮落，浪涛不断冲击夹带海边鹅卵石撞击挺立的礁岩，浪头卷起银珠飞溅，发出阵阵咆哮之声，犹如古战场上雄壮激昂的进军鼓声，故而得名。

孔雀屏，又称“龙凤呈祥”，崖壁距海面百米高，形似昂首展翅的孔雀，故称“孔雀开屏”。

半屏山犹如屏障横断大海，威镇巨澜，怒截狂涛，气势雄伟，险峻壮观。半屏山的主要遗迹点也分布在东南面的断崖峭壁上，四屏相辅相成，互相辉映成趣。宜远观也宜近望，角度不同，形象各异；泛舟观赏，船移景换。

半屏山为省内典型的火山岩岛礁构成的海蚀崖地貌，发育众多象形石，形态惟妙惟肖，观赏价值较高。

目前，半屏山为省级风景名胜区和省级地质公园，已得到保护和利用。

4. 嵊泗六井潭海蚀地貌(L089)

六井潭所在的泗礁山岛整体为低丘海岸地貌，山体海拔多在100～150m之间，山顶多呈馒头状，形成该区域的一级剥蚀面。六井潭一带的地貌类型主要为发育在花岗岩基础上的海蚀地貌，主要地貌型有海蚀崖、海蚀龛、海蚀沟槽等。

海蚀崖，主要分布在泗礁岛东侧，为现代海蚀作用的产物[图3-384(a)]。崖面近直立，高度10～30m，与花岗岩发育的近竖直节理面走向基本一致，为海水长期侵蚀基岩海岸，沿节理面崩塌后形成。

海蚀龛，主要有两处可见，其一位于景区“六井仙潭”石刻处(高程62m)，另一处位于灯塔南侧约80m处(高程40～45m)，前者分布面积较小，后者分布面积较大。高程45m左右的海蚀龛大小10～50cm不等，龛内深度1～20cm不等，密集分布，龛开口多面向大海(东)，部分朝上，分布面积约100m²[图3-384(b)]。海蚀龛是海水早期侵蚀的重要证据，反映海平面的变化，代表海平面曾处于一个相对稳定期。

图3-384 海蚀崖(a)和海蚀龛(b)

海蚀沟槽，从卫星图片上看，海蚀沟槽以北北东向为主(图3-385)。在泗礁岛东侧的六井潭景区可见两个相互交切的现代海蚀沟槽，沟槽走向分别为10°和70°，近直立，其中前者宽约2m，后者宽约5m，沿海蚀沟槽走向发育有两组节理，沟槽发育处节理较为密集。海蚀沟槽是海水沿近直立节理(裂隙)长期侵蚀的结果。

图 3-385　六井潭卫星影像(a)和海蚀沟槽(b)

泗礁山一带的山体整体呈低丘地貌，山顶平缓，应为沿海海岛区的层状地貌面的残留，由于沿海区第四纪以来抬升幅度较小，基本可认为是区域剥蚀面(夷平面)的一部分。泗礁山海岸地貌主要展示了全新世以来海水对基岩的作用所反映的类型多样的壮年期早期海岸地貌特征，海蚀龛密集典型，是省内典型的海岸地貌景观区之一，对研究全新世以来的沿海环境变化具有重要意义。

目前，六井潭为嵊泗列岛国家级风景名胜区的一部分，已得到保护和利用。

二、海积地貌

海积地貌亚类省内分布较多，以沙滩为主体，另有砾滩和泥滩等。海积地貌与基岩地层关系不大，与沿岸水动力环境关系密切。初步统计，省内具有一定规模的海积沙滩 53 处。北部地区沙滩以泗礁岛分布最多，有著名的基湖沙滩、南长涂沙滩等，普陀区普陀岛有著名的百步沙和千步沙，朱家尖岛有著名的十里金沙群；中部地区主要分布在象山及台州等岛屿；南部地区主要分布在洞头岛及南鹿列岛等岛屿及苍南渔寮一带。典型海积地貌景观介绍如下。

1. 岱山鹿栏晴沙沙滩(L090)

鹿栏晴沙为岱山岛鹿栏山下的一片海积沙滩(图 3-386)。沙滩全长 3 600m，宽(连潮间带)500m，号称“华东第一滩”。沙滩滩坡平缓，平均坡度在 1.2°～1.5°之间，百米以内水深只有 2m 左右，沙质细腻而坚硬，呈铁灰色，素有“万步铁板沙”之称。近海海底无任何杂质及礁石，每年 7～9 月，水温宜人，水质较清，是开展沙滩活动的良好场所。

由于沙滩沙质细硬，海水一浸产生了张力，沙滩就像水泥地一样平展而坚硬，场地开阔，因此驾车在海边飞驰，会有一种别样的感受，还可开展跑马、堆沙、摔跤、沙滩排球、放风筝等一系列的活动和运动。

鹿栏晴沙为蓬莱(岱山岛素称海上“蓬莱”)十景之一，历代文人都有诗作存世。清代刘梦兰的《鹿栏晴沙》曰：“一带平沙绕海隅，鹿栏山小亦名区；好将白地光明锦，写出潇湘落雁图。”王希程诗说：“平沙漠漠接前汀，遮断遥山一角青；我似飞鸿留爪迹，客中身世感飘零。”

沙滩保存基本完好，是岱山省级风景名胜区的重要组成部分，已被保护和利用。

图 3-386 鹿栏晴沙沙滩

2.普陀朱家尖十里金沙(L091)

朱家尖岛东部沿岸，自北向南依次有月岙沙、大沙里、东沙、南沙、千沙、里沙、青沙等海积沙滩，其中东沙、南沙、千沙、里沙、青沙五大沙滩隔岬角相连，组成十里金沙。

十里金沙宽逾200m，大多长达千米，总长6.3km(图3-387)，面积1.44km^2，约占浙江全省沙滩总面积的1/4，最远处离海岸远达千米；滩上沙质细腻，含沙量在98%以上；沙滩坡度平缓，为2°～5°；海水水温较高，夏季水温可达23.2～24.4℃，含沙量低，夏季仅为35.8～44.8g/m^3，水质洁净。经测定，沙滩海水各项指标均符合国际海水浴场标准。

沙滩物质主要来源于经波潮流带来的南部岩岸中、细粒花岗岩的风化产物，矿物成熟度高，石英含量达78%～84%，长石为7%～15%，岩屑仅2%～6%。重矿物组合以绿帘石(27%～50%)、角闪石(17%～43%)和软铁矿(5%～21%)为特征。从前滨、后滨到风成沙，石英和黏土矿物含量增高，而长石和岩屑的含量则降低，反映了风对海滩沙一定程度的改造作用。

图 3-387 十里金沙全景(引自 https://baike.sogou.com/v71751671.htm)

东沙，坐落在岛中部的东沙村东首，是朱家尖岛的最大沙滩(图 3-388)。沙滩位于较开阔的海湾内，略呈月牙形，无规模较大的砾石坝发育，南北走向，向东倾斜，长 1 250m，宽 215m，面积 0.39km²。沙滩沙粒均匀细小，其上零星分布一些圆滑小砾石。滩前海面宽阔，海水清澈，岸坡平缓，为 3°～5°，水深在 1～5m 之间。

南沙，沙滩坡度平缓，沙粒纯细，是“十里金沙”景区的中心和精华所在。沙滩长 1 000 余米，宽约 250m，总体呈月牙形(图 3-389)。滩前海域辽阔，近岸 1 000m 水域，水深在 0.5～2.0m 之间，此地各项水质指标比日本的海滨浴场标准还好。按法国规划的地中海浴场容人标准计算，南沙滩前的海域可容纳 2 万人同浴。从 1999 年起，南沙已经举办了多届国际沙雕节。

图 3-388　东沙全景

图 3-389　南沙全景

千沙，位于南沙南，与南沙有沙洞相通。沙滩走向为北东-南西，长 1 200 余米，宽约 170m，沙质细腻，坡度 3°～5°，有少量的碎石。水温较高，海水含沙量低，水质洁净[图 3-390(a)]。

里沙，坐落在朱家尖风景旅游区南侧大青山脚下，十里金沙景区的南角。里沙为一生态园，由沙滩、儿童园、樟树林休闲区、吊床区、象棋区、竹林迷宫、里沙古场等部分组成。沙滩长 500m，宽 170m，呈弦月形[图 3-390(b)]。沙质细腻，滩上有少量碎石。沙滩坡度平缓，水温高，海水含沙量低，水质洁净。

图 3-390 千沙远眺(a)、里沙和青沙(b)

青沙，位于青山岙东南，大青山南侧。滩长约 250m，宽约 135m，坡度 5°～10°，沙质较细，有少量碎石[图 3-390(b)]。沙滩在山之影映中，时染青色，故而得名。

十里金沙是理想的水上运动场所，沙滩面积大，沙质细腻，海水洁净，景观优美，是中国东部沿海区典型和少有的海积地貌景观区之一，也是著名的滨海度假胜地。

十里金沙现为普陀山国家级风景名胜区的一部分，已得到保护与利用。

3. 象山石浦皇城沙滩(L092)

皇城沙滩位于石浦东侧的海湾内。沙滩滩头平缓，倾角 2°～3°；沙滩长 1 800 多米，宽 300 多米；沙呈浅黄色，质地细腻，以细粒级为主，部分为粉砂粒级，泥质含量低，脚踩不陷落。沙体成分为长石、石英及少量贝壳钙质碎屑等，长石含量占 70%，石英含量占 25%，贝壳等生物碎屑及钙质占 5%左右。沙滩上常有海水流动的波痕，显示浪后沙粗、浪前沙细的往复规律性变化。海水洁净，沙滩平缓，坡度小，安全系数大，是一个优良的天然浴场(图 3-391)。

图 3-391 皇城沙滩

皇城沙滩现已开发为旅游地，有其独特的文化底蕴。滩岸建有一个全省最大的露天演出场地——中国·宁波(象山)开渔节的主会场，一年一度的中国开渔节祭海仪式和海上特技表演等活动使得皇城沙滩人流如织、热闹非凡，每年吸引了数以万计的中外游人前来观光旅游。

皇城沙滩面积大，沙质细腻，海水洁净，具备较高旅游开发价值，是省内典型的海积地貌景观区之一。

4. 象山松兰山沙滩群(L093)

沙滩群位于象山松兰山东侧海湾内，从南向北由南沙滩、东沙滩、中央沙滩、田湾沙滩、白沙湾沙滩等组成。滩滩相连，连成一线，南北长达5km，是华东地区最大一片陆岸沙滩。沙滩沙质细腻，并且形成滩中有礁、礁中有滩的格局。

南沙滩，位于沙滩群最南端，海湾呈新月形，海水退潮时东西向长180～350m，宽约300m，沙滩向东倾斜2°～3°，光滑平坦，南、北两端有蛇形岸线山(图3-392)。沙滩东面为大漠山岛，处于海湾口，起到屏蔽海浪的作用，滩内海浪相对平静。沙滩沙质细腻，浅黄色，以细粒级为主，部分为粉砂粒级，泥质含量低，脚踩不陷落。由长石(70%)、石英(25%)、生物碎屑及钙质(5%)组成。沙滩上常有海水流动的波痕，显示浪后沙粗、浪前沙细的往复规律性变化。

东沙滩，海湾形态月牙形，与南沙滩毗邻，北靠大爿山，扇形海滩湾口较窄。东沙滩是沙滩群中最大的一个天然沙滩(图3-393)，面积约0.2km^2，北宽南窄，南、北两侧及沙滩中部可见花岗岩露头。沙滩沙质细软，为浅黄色粉细沙，呈月牙形，长约900m，宽约200m，主要由长石(45%)、石英(45%)及生物贝壳(5%～7%)组成，沙滩坡度2°～3°。海滩上砾石、贝壳较多，主要分布在高潮位，砾石粒径0.5～1cm，个别大小为3cm，贝壳较碎，种类丰富。

中央沙滩，分为东、西两处，由中间裸露的基岩(早白垩世碱长花岗岩)分开。海湾形态为口袋形，东西长100～200m，涨潮期南北宽约40m，坡度向南倾2°～3°。西侧沙滩干净平整，沙质细腻，沙滩尾部为块石堆积，两侧裸露的基岩海滩为自然状态，未开发。东侧沙滩干净平整，沙质细腻，低潮线附近堆积大量块石，分布区呈不规则的多边形。最东侧岬角处，基岩受海水冲刷明显，且近垂直节理密集发育，沿节理走向发育多个沟槽。

(a)

(b)

图3-392　南沙滩全景(a)及波痕(b)

图 3-393　东沙滩全景

田湾沙滩，位于中央沙滩东侧约250m的小港湾内，沙滩近东西走向，长约60m，宽170～190m，坡度3°～5°，小海湾呈口袋形。沙滩局部可见大量白色生物贝壳碎屑，粒径在3～5mm之间，沙粒呈淡黄色。沙滩中部出露海滩岩，由生物碎屑和砂砾石钙质胶结而成，出露厚度30～50cm，分布面积约1 500m^2（图3-394）。

白沙湾沙滩，位于白沙湾村东南侧的海湾内，海湾形态为新月形，沙滩近北东走向，长约800m，宽约250m。沙质细腻，以细粒级为主，泥质含量低，脚踩不陷落。成分由长石（70%）、石英（25%）、少量生物碎屑及钙质（5%）组成。沙滩上常有海水流动的波痕，显示浪后沙粗、浪前沙细的往复规律性变化。沙呈浅黄色，沙滩平缓向海倾斜，倾角2°～3°。中部一带存在一处砾石滩，面积约600m^2，砾石大小10～25cm，个别达40cm，次棱角，分选较差。退潮后，沙滩底部出露百余米长的青灰色泥滩带，泥滩黏性较强，可塑性好，并且发育波痕构造和侵蚀沟槽（图3-395）。

图 3-394　田湾沙滩(a)及中部发育的海滩岩(b)

图 3-395 白沙湾沙滩(a)及落潮后的泥滩(b)

松兰山沙滩群是省内最大一片陆岸沙滩群和典型海积地貌景观区,已作为省级海滨旅游度假区开发,卫生状况较好。沙滩群是海岸带变迁的有力佐证,是全新世以来综合海洋地质作用的产物,是研究岸坡海积作用及景观形成的代表,对研究古地理、古气候有一定的指导意义。

5.象山檀头山姊妹滩(L094)

姊妹滩位于檀头山中部的狭颈地带,东、西两个相背的海湾各有一个滩头,姊妹滩之间由一条天然沙堤分隔开来。沙堤宽约 30m,高 4～6m,东面是沙滩,称外沙头;西面是卵石滩,称里沙头。两个沙滩一东一西形同姐妹,因此被唤作"姊妹滩"(图 3-396)。

外沙头面向东海,为南北走向,中段有一岬角将之分为相互连通的两个半圆形沙滩,南沙滩最宽处 110m,北沙滩最宽处可达 200m。沙体主要为浅灰黄色粉细砂,由长石、石英及少量生物贝壳碎屑组成,沙质细软,铺陈紧密,脚踩不陷,平缓舒展,坡度 3°～4°,滩长 1 700m,靠岸边有卵石。其南面隔一个岬角还有两个沙滩,一个是小岗头沙滩,面积相当于东沙滩一半左右,一个是白马湾沙滩。沙滩向海面延伸坡度十分平缓,滩岸向海面绵延数百米。两边海岬伸入海面 3～4km,岬角上山头起伏,岸线曲折,海水清澈。

图 3-396 姊妹滩全景(引自 http://bbs.8264.com/thread-5405832-1-1.html)

里沙卵石滩，滩面朝向石浦港，距离石浦港约8.5km。卵石滩主要由砾石组成，砾石成分以凝灰岩为主，砾石大小1～5cm，个别大者可达10cm，呈次棱角状—次圆状。砾石滩坡度10°～12°，长约700m，宽约45m。

姊妹滩已形成旅游景区，保存良好，为省内典型的海积地貌景观。沙滩形态、沙质类型及其成因具有代表性，特别是沙滩不同部位组成物质呈现不同的形态和结构，对研究浙东海滨海积地貌演化发展具有较高的参考价值。

6. 苍南渔寮沙滩(L095)

渔寮沙滩是一处集避暑、度假、休闲、娱乐于一体的具有极高观赏价值、游憩价值和使用价值的海滩，其滨海风光以宽大平坦硬实的“黄金沙滩”为主，具有山青、水清、沙净、浪缓、石奇的特点。

沙滩有大、小两处，当地人称是“公孙滩”。大的是渔寮大沙滩，长1850m，宽650m，呈新月形，素有“东方夏威夷”之称(图3-397)，可供上万人同时海浴；小的是雾城沙滩，为半圆形，长800m，宽350m。由渔寮大沙滩、雾城沙滩和草屿山、大丽关岛等多个景点构成了一幅充满自然野趣的山水画卷，犹如仙境一般。

图3-397　渔寮沙滩(引自https://www.sohu.com/a/165462477_164307)

两个沙滩被青山环绕，未受丝毫污染，是非常理想的避暑福地。其中渔寮沙滩是省内沿海大陆架上最长、最大的沙滩之一，以水清、沙软、滩平、海阔见胜，四周林木繁茂，青山叠翠，环境优美，是理想的海滨浴场和沙滩运动场。渔寮沙滩是省内典型的海积地貌景观区之一，是研究现代海蚀地貌与海积地貌的理想场所，具有重要的科学研究价值。

目前，渔寮沙滩已成为滨海-玉苍山省级风景名胜区的重要组成部分，已得到保护和利用。

7. 普陀乌石塘砾滩(L096)

乌石塘砾滩分布在普陀朱家尖乌石塘港湾内，两侧为山地夹持略呈喇叭状，砾石大多由深灰色、青灰色火山熔岩和侵入岩组成，故称乌石塘。

北侧一条砾滩长500多米，宽近百米，高约5m，习称“大乌石塘”(图3-398)。砾石滩水平宽度40～50m，砾石堤顶部高出大潮高潮线3m，堤顶宽度较大，整个砾石滩的平均坡度为10°～20°，最大可达到62°，呈阶梯状向海方向递降，滩面坡降约为25%。

南侧一条在朱家尖大山南麓，砾石滩长度略小，称为“小乌石塘”。小乌石塘长350m，海滩平均宽度40～50m，高约3m，堤顶高出大潮高潮线2m多，整个砾石滩的平均坡度为10°～11°，最大为25°。

图3-398 乌石塘砾滩

砾石成分多为抗风化力强的火山碎屑岩及辉长岩、安山岩等，约占90%，其次为花岗岩，并含少量贝壳碎片。砾石磨圆度高，一般呈现扁平状或椭圆状，形态浑圆状，平均粒径介于4～8cm之间，标准偏差0.2～0.3φ，分选极好，扁平度以近对称到负扁平者居多，峰态中到宽峰。砾石形态以盘状为主，达55%，球状次之，占23%，杆状仅11%。球状砾石一般分布在粒级较小的范围内，而盘状则在整个粒级内均有分布。

作为高能环境下的巨大堆积体，砾石海滩的形成与当地波浪、潮流等海洋动力条件密切相关，是水动力与局部地质地貌形态相互作用的结果。省内典型，对研究海洋动力环境具有重要的科学意义。

目前，乌石塘砾滩为普陀山国家级风景名胜区的一部分，已被开发成旅游景点。

8.嵊泗泗礁山姐妹沙滩(L097)

泗礁山岛周边海积地貌较为发育，主要表现为沙滩，经统计有8处，其中以基湖沙滩和南长涂沙滩分布面积大而著称，二者又称为“姐妹沙”(图3-399)。

图3-399 俯瞰姐妹沙滩(左侧为南长涂沙滩，右侧为基湖沙滩)(引自https://zhoushan.cncn.com/article/60599/)

基湖沙滩，位于岛北侧中部海湾，沙滩全长 2 300m，宽 300m，沙滩坡度平缓，滩石宽广洁净，沙质细软，人行其上，如履地毯（图 3-400）。海水洁净，具备较高旅游开发价值，建有沙滩娱乐场和沙滩浴场。沙滩沉积物来源为近岸基岩海岸的侵蚀和附近海域海底沉积物的侵蚀（陈君等，2007）。

南长涂沙滩，位于本岛南侧中部海湾，与基湖沙滩隔山向背。滩长 2 750m，宽 200m，由毗连的南长涂、高场湾和石柱 3 个沙滩组成（图 3-401），沙质细软，该沙滩海浪较大，沙体内伴有少量石块，未开发利用。

图 3-400　基湖沙滩

图 3-401　南长涂沙滩

泗礁山一带岬角及海蚀地貌发育，并发育两处大型沙滩及多处雏形沙滩，从基岩海岸地貌演化的规律分析，泗礁山海岸地貌应属壮年早期海岸地貌。

泗礁山姐妹沙滩是省内典型的海积地貌景观区之一，是嵊泗列岛国家级风景名胜区的重要组成部分。

第十一节　构造地貌类

构造地貌类属地貌景观大类，仅有峡谷 1 个亚类。全省该类共登录有重要地质遗迹 7 处，均为峡谷亚类（表 3-12）。

表 3-12　构造地貌类地质遗迹简表

代号	遗迹名称	形成时代	保护现状	利用现状
L098	临安浙西大峡谷	中新世以来	国家级自然保护区	科研/观光
L099	景宁炉西大峡谷	中新世以来	省级地质公园	科研/科普/观光
L100	宁海浙东大峡谷	中新世以来	国家水利风景区	科研/观光
L101	文成铜岭峡	中新世以来	国家级风景名胜区、国家森林公园	科研/观光
L102	磐安浙中大峡谷	上新世以来	省级地质公园、省级风景名胜区	科研/科普/观光
L103	衢江天脊龙门峡谷	更新世以来	国家森林公园、省级风景名胜区	科研/观光
L104	瓯海泽雅七瀑涧峡谷	更新世以来	省级风景名胜区	科研/观光

省内峡谷地貌多发育在浙西及浙南的中低山区，与区域发育的断裂构造及节理系统关系密切，且多发育在火山岩与侵入岩组成的基岩地层中，以“V”形峡谷为主要特色。典型峡谷地貌景观介绍如下。

1. 临安浙西大峡谷（L098）

浙西大峡谷位于临安西北部，浙皖接壤的清凉峰国家级自然保护区内，山为黄山延伸之山脉，水为钱塘江水系的源流，被称之为“华东第一峡谷”。在华东地区，属峡谷最长，植被保护最好，山水风光最佳，峡谷内居住人口最少及离沪杭大都市距离最近。

浙西大峡谷呈狭长环带状，由龙井峡、上溪峡及浙门峡 3 个峡段组成，主体走向为东西向，全长 83km，峡谷延展分布面积达 840 000m^2。其中龙井峡为浙西大峡谷主要核心景区。

龙井峡，自龙岗镇（汤家湾）地塔起经大峡谷镇（太平桥）到鱼跳（石浪）八仙潭（华光潭）止，全长 22km，谷宽 60m 左右，岗谷落差 200～400m，整个龙井峡主体置于黄尖期火山岩之中，造就了峡内奇峰秀瀑、危岩多俏，有“白马岩中出，黄牛壁上耕”之誉；上溪峡，自鱼跳华光桥起至上溪太子尖止，长约 26km，峡谷地势高峻，水流湍急，山石奇趣，是国宝鸡血石的唯一产区；浙门峡，自太子尖起至马啸狮石垅村止，全长近 30km，峡谷内瀑布叠生，石岚争俏。

龙井峡段主要由剑门关峡谷、老碓溪峡谷、白马崖峡谷、柘林瀑等景点组成。

剑门关峡谷，以峡谷西侧山石似剑而得名，崖壁南边“剑门关”3 个红字镌刻崖间，基岩为黄尖期晶屑玻屑熔结凝灰岩，发育 3 组节理。此段峡谷呈“S”形展布延伸，谷底水面宽约 25m，两侧落差约 50m，坡度近 45°，局部发育陡壁、石柱、岩嶂和峰丛等，其中两块相向对峙的石柱，与五峰相对而立，构成一扇“石门”的地貌形态（图 3-402）。

老碓溪峡谷，为“丁”字形峡谷交汇处，由上游两条较大支流于本处交汇流入下游，宽约 40m，两侧坡度可达 70°，水量较大，具峡谷、石景、水景等景观（图 3-403）。

图 3-402　剑门关峡谷地貌(引自 https://www.sohu.com/a/278578174_349216)

图 3-403　老碓溪峡谷地貌

白马崖峡谷，为峡谷上游西南侧的一条重要支流，峡谷基岩主要为黄尖期火山岩，局部出露花岗闪长岩（岩体），为典型“V”字形沟谷。沟谷两侧谷坡坡度达70°以上，局部近直立，沿沟谷发育崖壁（岩嶂）、崩积巨石、瀑布（跌水）等类型景观。

柘林瀑，发育在峡谷北侧的一条重要支流内（柘林坑），沟谷整体近南北向蛇曲延伸，两侧坡度多达70°，局部直立呈岩嶂，其内可见崖壁、崩积巨石、瀑布、潭池多处（图3-404）。沟谷上游发育两处较大的瀑布，构成柘林瀑的主体。上瀑为龙门瀑，瀑面宽泛如悬挂的幕帘；下瀑为炎生瀑，瀑面细长如练。

中新世以来，构造运动使地表抬升，水流切割峡谷内壁的岩石，冲刷底部，在不同岩石特性地带形成了诸如形态各异的崖壁、奇峰、深谷、异石以及落差很大的瀑布景观。

图3-404　柘林坑峡谷地貌(a)和龙门瀑(b)

浙西大峡谷位于清凉峰国家级自然保护区内，为首批国家AAAA级旅游风景区，是省内典型的峡谷地貌景观区之一。基础设施较完善，主要景点得到了有效保护。

2.景宁炉西大峡谷(L099)

炉西大峡谷为典型的“V”字形峡谷，从郑坑村到坑口村全长约40km，其中从桂远村到林圩村的河段中河床上多巨型崩塌体，崩塌体岩性多样，以白垩纪高坞期熔结凝灰岩为主，局部为流纹岩、火山角砾岩、集块岩等。峡谷河床宽15～20m，峡谷中多发育深潭，偶见壶穴发育；谷坡较陡，多在65°左右，谷深400～550m，两岸发育有多处峰丛、孤峰地貌。谷内多奇山、怪石、深潭、幽洞，两岸崖壁耸立，火山岩峰丛、孤峰形态各异，谷内水清波碧、瀑飞泉涌，多礁石急滩，水流湍急，以“险、奇”著称，是探险爱好者的天堂，素有“华东第一峡谷”的美誉[图3-405(a)]。主要火山岩地貌单元有峰丛、峡谷、崩塌巨石堆、壶穴、岩嶂、孤峰、洞穴、潭池和突岩等类型。

峰丛，主要发育有两处，为桂远峰丛和林圩峰丛。桂远峰丛位于峡谷最南端桂远村东侧500m处，在采步坑两侧约0.8km^{2}的范围内沿北西向发育的一系列峰丛，由大小11座山峰组成，山峰相对高差100～250m，峰间沟壑纵横，气势雄伟，与沟谷清泉遥相呼应，似一幅壮丽隽秀的山水画卷；林圩峰丛位于大峡谷西北侧杨梅山南山脊上，峰丛出露面积约0.4km^2，由大小4座山峰组成，群峰荟萃，错落有致[图3-405(b)]，具有较高的美学观赏价值。

象鼻洞，位于大峡谷中部横坑口西凹岸，洞穴高约3m，宽约5m，酷似象鼻，故名象鼻洞。该处岩石为流纹岩，垂直节理密集发育，并发育一组与流纹岩产状基本一致的水平节理，岩块在流水侧蚀作用下容易发生崩脱而形成洞穴。象鼻洞是大自然鬼斧神工的杰作[图3-405(a)]。

图 3-405　大峡谷(a,远处为象鼻洞)和峰丛(b)

岩嶂,位于大峡谷西南端,发育有黄石嶂,崖嶂高 100～150m,宽约 800m,崖壁由高坞期流纹岩组成,陡峭、平直,展开成一天然岩屏,雄伟壮观。

孤峰,位于大峡谷中部大麦山东面半山腰上,横坑口孤峰高近 100m,围径 30～50m,形似古钟,孤峰四周岩石裸露,只有顶部有植被覆盖。

崩塌巨石堆(倒石堆),位于炉西峡南端沟谷内,从桂远村至横坑口河段中分布较多大小不等的崩塌巨石[图 3-406(a)],大者可达 28m×15m×20m,其长轴方向基本与河沟走向一致。有的崩塌巨石拟人拟物,惟妙惟肖,妙趣横生;有的崩塌体相互堆叠形成崩塌堆积洞穴,其间可容人通过。

壶穴,位于大峡谷西南端谷底,分布数个壶穴[图 3-406(b)],宽度一般 20～40cm,长度 30～50cm,深 5～25cm 不等,壶穴的分布主要受"X"形节理控制。附近溪水湍急,并挟带砂砾石,在河床小陡坎上冲刷而下,磨蚀河床及两侧基岩谷地,在断层、节理、岩性不同处或是跌水的正下方,形成特征明显的壶穴。

图 3-406　崩积巨石(a)和壶穴(b)

潭池,大峡谷深潭群分布在整个峡谷内,自桂远至林圩长约 20km 谷段,潭连着潭,共有大小不一、深浅各异的深潭数十个,潭水碧绿如玉,水质清澈见底。其中最具特色的属布帐潭,以其形状取名，两旁石壁往两侧曲垂，犹如布帐撑在那里，高约15m，长约13m，凹陷处进深约三四米，下面布帐潭水深2～5m，宽15m，清可见底，是一个很好的天然游泳池。珍珠潭为一个天然形成的深水潭，面积大约为50m²，最深处可达6m，因其潭形如珍珠，故村民都称其为“珍珠潭”。

老鹰岩突岩，位于桂远村峡谷东岸半山腰上，为一残留在半山腰的孤岩，高8～10m，宽2～3m，形似老鹰展翅，美学观赏价值较高。

炉西大峡谷是省内典型的峡谷地貌景观区之一，展示了在断裂和地壳抬升的构造背景下经长期溪流侵蚀、重力崩塌，形成大峡谷地貌的河流演化过程，对于研究整个地区新构造运动具有重要的意义，同时也是研究河流演化及流水侵蚀作用的天然场所。

目前，大峡谷是景宁九龙省级地质公园的组成部分，保持其原始自然赋存状态，仅作为科学考察、探险露宿等活动场所开放。

3. 宁海浙东大峡谷(L100)

浙东大峡谷位于宁海大松溪中段，近南北走向，长20余千米，属天河生态风景区之一，包括峡谷观光区、天姥峰游览区和峡谷探险区三大功能区。该区基岩主要为早白垩世西山头期凝灰岩、流纹岩，由于新生代以来的地质构造运动，使基岩遭受抬升剥蚀、断裂切割、流水侵蚀等多种地质作用，发育嶂、谷、峰、穴等地貌单元。

大峡谷整体呈南北走向，谷底呈蛇形弯曲，两侧山坡坡度约45°，植被发育，局部因节理发育发生崩塌作用，形成数个近直立崖面。谷底形态蕴含着丰富的地学信息，指示着峡谷演化发展的诸多因素。最具代表性属大峡谷下游的伏波谷处，丰水期水位淹没谷底，北侧上游局部为伏流，谷底堆积物较多，上游冲积砾石层具有上细下粗的河流堆积特征，沟谷转弯处(凸岸)可见丰水期形成的砂土堆积体。

岩嶂，峡谷两侧因断裂构造普遍发育岩嶂，单个高百余米，宽50～100m，崖壁走向基本与峡谷走向一致。崖面普遍发育垂直节理，因重力崩塌形成数个台阶、悬空面(图3-407)。

图3-407　岩嶂(a)及其下部的球泡流纹岩露头(b)

洞穴，峡谷内洞穴地貌不甚发育，仅在中下游段发育一处崩塌形成的天然洞穴，呈锥形，高20m左右，宽3～8m，近深约10m。洞口基岩为凝灰岩，发育一组走向为310°的近垂直节理。洞内现已经人工改造，名为“仙人洞”，有台阶可入内。

倒石堆，峡谷各段均有分布，最集中段属峡谷中游的“万石布阵”景点处。此处为沟谷平缓地带，堆积大量的巨石，形成像牛阵、鹿回头、石蛙阵、桐柏台、四象阵等景观。堆积面积往北延伸数百米，宽近 40m。巨石为不规则块状，次棱角状，长轴 10～20m，宽 5～8m。长轴方向与河谷方向基本一致。

平板溪，分布在峡谷中下游的天水三绝景点处（黄板滩），为沟谷上、下段地貌形态的变化处，下游有阶梯状的谷底，上游以平坦谷底为主。沟谷呈“U”形谷，两侧山坡为凹面坡，坡度为 45°，植被发育。谷底基岩裸露，形成平坦的底面（图 3-408），宽 30～40m，长约 200m。谷底堆积数个巨石，其中最大者高 5m，宽 4m，长 6m，岩性为球泡流纹岩，球泡大小 1cm 左右。此处岩层产状平缓，谷底发育走向为 140°的垂直节理，因水流冲刷局部形成水槽、壶穴。

侧蚀槽，主要分布在峡谷中上游，流水侧蚀作用形成的典型地貌类型。一处为“丹崖”景点处，侧蚀槽长 20～30m，内深 5～6m，高 10 余米。侧蚀槽刚好位于一个崖嶂面的底部（图 3-409）。侧蚀槽东侧谷底，可见流水侵蚀形成的壶穴，穴口呈近圆形，穴口直径约 2.5m，深度约 1.7m，里面充盈清澈透明见底的溪水，壶穴底部有卵石堆积。

图 3-408 平板溪

图 3-409 丹崖侧蚀槽(a)及谷底发育的壶穴(b)

另一处典型侧蚀槽位于“月亮谷”景点处（峡谷转弯处），此处刚好为峡谷由狭窄到宽敞的过渡带，水流湍急，且流量较大，在凹岸形成侧蚀槽群（图3-410）。西侧侧蚀槽与谷底水潭相连，形态为近圆状，长轴直径宽5～6m，短轴方向高出水面2～3m，水质清澈；东侧的两个侧蚀槽形态为椭圆状，北部的侧蚀槽长轴直径大小为4～5m，高约2m，内蚀1.5～2m；南部的侧蚀槽长轴直径大小为4～5m，高3～4m，内蚀2～3m。

图3-410 月亮谷侧蚀槽(a)及上游线谷地貌(b)

浙东大峡谷是省内典型的峡谷地貌景观区之一。峡谷内发育的众多地貌单元，指示了峡谷的演化过程、特征以及与构造运动和岩性组合的关系，是研究峡谷形态结构、形成机制的天然素材。

目前，浙东大峡谷为天河生态风景区的重要组成部分，得到了相应的保护和利用。

4. 文成铜铃峡(L101)

铜铃峡位于铜岭山森林公园内，总体呈“Y”字形，溪流曲折，局部“S”形展布。峡谷长3km，宽处百余米，窄处4～5m。峡谷两侧群山险峻，奇峰耸翠，连环石壁，光滑如磨，鬼斧神工，佳景天成。其间瀑布众多，姿态各异，形成深壑碧潭。峡谷地层由早白垩世西山头期流纹质晶屑凝灰岩组成。景观主要由峡谷、壶穴群、瀑布、潭池等类型组成。

壶穴，十二埕壶穴群位于铜铃峡中部坡降较大的一段，在长约260m、宽约30m的峡谷溪流中，分布有12处大小不一的圆潭（壶穴群），似酒埕状者居多，即为“十二埕”[图3-411(a)]，内见漩涡。壶穴景观作为铜铃山国家森林公园景观的典型代表，由流水侵蚀作用形成，属于流水型之流域型壶穴成因类型，具有极高的科学价值和美学观赏价值。

虎口瀑，位于铜铃峡谷十二埕口、高岭头水电站下，水从十二埕口飞泻而下，直入10余米高的崖潭，称为虎口一瀑。崖潭之水复出直下30余米的绝壁，称为虎口二瀑。虎口瀑下是一圆形深潭（壶穴潭），深潭口小中大。潭水碧绿，深不见底。

白龙瀑，位于铜铃峡谷藏酒潭上方，瀑高数十米，水流湍急，潭瀑合一。藏酒潭面积约$100m^2$，水深5～6m，水呈墨绿色。

龙井潭，位于铜铃峡谷孝竹滩附近，龙井潭面积约$200m^2$，水深10余米，水呈墨绿色，形似龙井[图3-411(b)]。

图 3-411　铜铃山壶穴群、瀑布(a)及龙井潭(b)

铜铃峡是省内典型的峡谷地貌景观区之一,对研究区域地质构造、地貌演化及流水侵蚀作用等具有重要科学意义。目前,铜铃峡已成为国家森林公园,得到了保护和利用。

5. 磐安浙中大峡谷(L102)

浙中大峡谷是曹娥江源头夹溪上游的长条形峡谷,位于磐安尖山镇的南侧及东侧。峡谷地层主要由早白垩世九里坪期和西山头期火山-沉积岩组成,局部发育有新近纪形成的玄武岩台地(图 3-412)。大峡谷自五丈岩水库大坝始,至十八涡下游的湖田滩水库,河谷蜿转向东后折向北,绵延长约 8km,谷底海拔标高从 440m 降至 255m,坡降比为 0.023;两侧山体海拔一般在 500m 左右,相对高差从 100m 至 200m 不等,为典型的"V"字形沟谷;峡谷总体为上缓下陡型,靠近沟谷的下部其深度大于宽度,往上逐渐趋缓;河床宽度大多为 15～20m,宽的可达 50m,窄处仅 6～7m,较宽阔的河床中常有砂砾石堆积,而狭窄的河床为基岩出露。

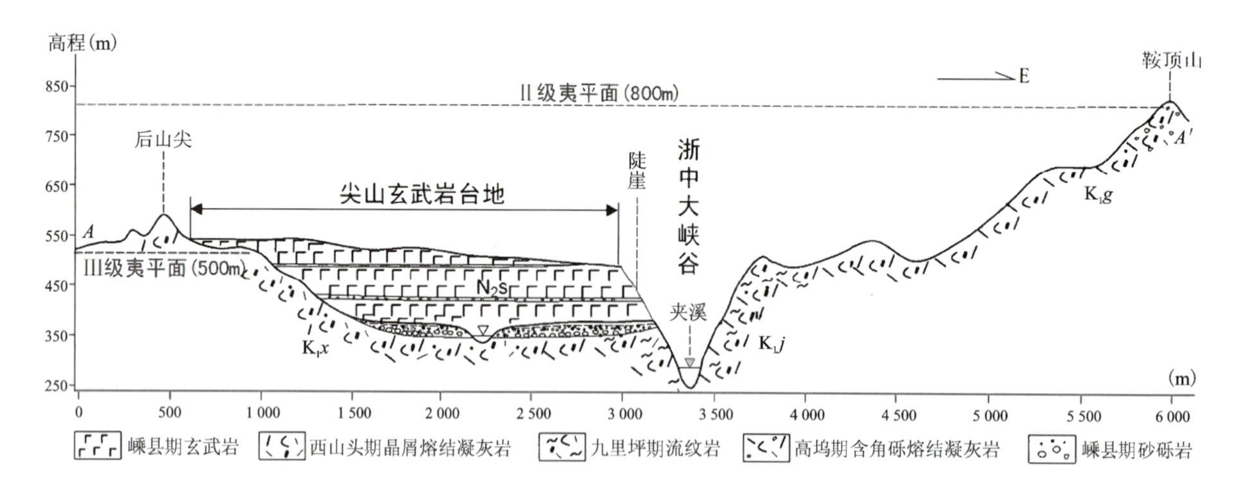

图 3-412　浙中大峡谷横剖面示意图(据浙江省地质矿产研究所,2010 略改动)

峡谷形态与岩性有一定的关系，在流纹岩分布区陡崖发育，峡谷呈明显“V”形，河床较窄，河床中的堆积物往往较少，发育岩槛、跌水、壶穴等地貌。而在火山碎屑岩的河谷段，河谷较宽，常有砾石和砂的堆积物，两侧的山坡相对趋缓。

峡谷内壶穴特别发育，除十八涡段较集中发育外，其余地段偶尔也能见到，特别是瀑布(跌水)发育的位置，如在水下孔道遥瀑、舞龙峡千丈跃龙瀑附近都发育有壶穴。十八涡壶穴群分布在夹溪桥至三曲里段的溪谷中，在长约500m的河床上分布有大小不等、完整程度不一的壶穴43处(图3-413)；壶穴直径、深度不等，大的直径有6m，深度达8m，小的直径、深度仅数厘米至几十厘米；有单个出现的，如跃龙涡，也有成群出现的，如聚秀涡。

图3-413　浙中大峡谷十八涡段

聚秀涡壶穴群为十八涡壶穴群中的成群分布壶穴的典型代表[图3-414(a)]，所处基岩岩性为流纹岩，河床宽11～12m，分布面积约60m^2，有大小不同的壶穴15个，壶穴直径为0.2～4m，深度为0.3～7m。壶穴口在平面形态上呈圆形或椭圆形，以近圆形居多；纵向剖面上，大部分壶穴为口大，向下逐渐变小，个别壶穴呈口小肚大底尖的形态。壶穴中心轴线大多倾向上游，少数呈直立状。壶穴遭流水作用破坏，上部大多已冲蚀掉，只保留了壶穴的下部，仅个别壶穴遭受破坏的程度较弱，保存相对较完整。

图 3-414　聚秀涡壶穴群(a)和天螺涡壶穴(b)

天螺涡为十八涡壶穴群中保存最完整的一处壶穴[图 3-414(b)],基岩岩性为流纹岩,壶穴直径6m,深度 8m,壶穴口在平面形态上呈近圆形,纵向剖面上,壶穴呈口小、肚大、底尖的标准形态。壶穴中心轴线倾向上游;内部壶穴壁上有螺旋状的水槽纹,水流呈顺时针旋转。壶穴在河床靠近坡脚的位置,常水期已高出水面,实为一个干壶穴。天螺涡是早期河床发育的壶穴,由于后期河流下切作用和河道的改道,使其保存在高水河床(废弃河床)上。

上新世以来,峡谷下切深度近 200m,切穿了玄武岩台地,并深切入九里坪期流纹岩内,浙中大峡谷对研究新近纪以来的地壳运动和地貌变化具有较高的科学意义。同时,河床中发育的壶穴群为省内罕见的河流侵蚀地貌景观,浙中大峡谷是省内典型的峡谷地貌景观区之一。

目前,浙中大峡谷已开发为大盘山省级地质公园一部分,得到了有效的保护和开发。

6. 衢江天脊龙门峡谷(L103)

该峡谷分布在中低山地貌环境中,两侧山体呈现典型的"V"字形断面,局部呈嶂谷地貌[图 3-415(a)],主体由早白垩世九里坪期流纹岩组成。谷底宽度一般为 10～15m,两侧坡度一般为50°～60°之间,高差一般在 300～500m 之间,同时在两侧谷坡上发育有陡峭的岩嶂和石柱等景观。峡谷山峰奇秀、沟壑纵横、瀑布跌宕、流水不断,各类流水侵蚀与堆积地貌十分发育,以峡谷为轴线贯穿了天脊龙门景区所有景点。峡谷中发育的多级裂点表明河谷具有不断溯源侵蚀的特点。深切峡谷的形成,说明了第四纪以来地壳的不断抬升、流水下切侵蚀作用的结果。

石柱,一般发育于岩嶂的外侧,如龙门石笋[图 3-415(c)],平面呈现近圆形或椭圆状产出,四周均为弧形陡壁围限,柱状特征非常典型,外观雄伟壮观,具有较强的观赏性。

岩嶂,峡谷两侧岩嶂具有叠嶂特点,由二级岩嶂组成。第一级岩嶂位于巨龙顶(1 437.5m)主峰西侧约 900m 处,岩嶂规模较大,出露长度约 470m,总体朝向北西,近直线状分布,整个岩嶂高差在 197～230m 之间。岩嶂后缘为较平坦的缓坡和沟谷,嶂底有瀑布深潭。第二级岩嶂位于第一级岩嶂南侧和东侧[图 3-416(a)],岩嶂面总体朝向西北,地貌层次非常明显,长度分别为 150m 和 140m,出露高程分别为 1 080m 和 1 170m,高差分别为 60m 和 70m。由天井坞向东南仰望,天脊背叠嶂地貌非常清晰,岩壁近直立,规模巨大,气势宏伟,犹如一堵巨大的城墙横贯在眼前。

石门,位于嶂谷入口处,在两侧崖壁之间,横断面呈现高大的石门形态,断面高差在 70～90 之间,宽度在 20～30m 之间。置身其中,两侧为绝壁,中间一线蓝天,犹如一扇天门[图 3-416(b)]。

图 3-415　峡谷(a)、嶂谷(b)和石柱(c)

图 3-416　峡谷一侧的岩嶂(a)和石门(b)

天脊龙门峡谷是省内典型的峡谷地貌景观区之一。地貌组合特征反映了地区地貌演化过程总内营力和外营力作用的特点，通过对不同地貌类型的空间分布的研究，可以认识和了解地貌类型的分布规律，有助于火山岩地貌特征的演化研究。

目前，峡谷为国家森林公园和省级风景名胜区，已得到了保护和利用。

7. 瓯海泽雅七瀑涧峡谷(L104)

七瀑涧为一处以中生代岩浆岩在流水强烈下切侵蚀作用下发育起来的峡谷地貌景观，基岩岩性为早白垩世潜流纹岩。泽雅一带的峡谷山地主要受流水侵蚀影响，“V”形和“Λ”形脊相间分布，山高谷深，山咀交错，山壁对峙，出现众多的溪、涧、峡，其中最具代表性的就是七瀑涧峡谷。峡谷总体呈南西走向，谷底宽 10～20m，两侧山坡植被发育，坡度在 50°左右，属典型的火山岩“V”形峡谷。谷底基岩裸露，流水常年不断，形成众多跌水、深潭，两侧坡肩发育少量突岩，总体受沟底走向 345°的垂直节理控制，局部地段发育嶂谷和谷中谷地貌。水系属于瓯江水系，谷内瀑布众多，以七折瀑而得名（从下往上依次为深箩漈、石蛙瀑、姗姗瀑、龙虎瀑、九龙瀑、落霞瀑、天窗飞瀑）。

嶂谷，位于峡谷中部，通幽峡为一处典型的嶂谷地貌[图 3-417(a、b)]，总长约 180m，宽 10 余米，两侧峭壁均高 40～100m，近南北走向。谷底基岩裸露，流水侵蚀形成跌水、小潭以及壶穴等。往上谷底堆积大量巨石，直径 1～5m 不等，磨圆度较好，无定向性。

谷中谷，峡谷中段较为宽缓的沟谷内，基岩裸露，沟谷形态可明显分为两阶。上阶为宽约 30m 的峡谷底部，较宽广平缓，无石块堆积；下阶位于沟谷的中间位置，形成一条宽 1～3m 的小沟，深 2～3m，与原谷底具有明显的台阶，形成谷中谷景观[图 3-417(c)]。谷中谷反映了一定的构造抬升，早期沟谷形成后，地壳抬升流水下蚀加剧，在原有谷底发育形成次级沟床。

图 3-417　通幽峡嶂谷地貌(a、b)及谷中谷(c)

深箩漈，位于峡谷入口处，瀑高 30 余米，自岩壁上倾斜而下，落在青绿色的深潭里，水声哗哗，潭水如玉，溅珠如雪。岩壁顶部为一峡谷地貌裂点，其上峡谷底部发育侵蚀壶穴。

仙蛙瀑，又叫石蛙瀑，七瀑涧景区的第二折瀑布，落差 23m，宽 3m，瀑布口的石头犹如一只青蛙，瀑布的水就从青蛙的口中喷泻而下，故得名。瀑布落入 26m 深、约上百平方米的长方形深潭（鳄鱼潭）。本处沟谷发育两组垂直节理：一组走向约 345°，控制沟谷走向；一组走向约 80°，控制瀑布流经方向。

姗姗瀑，为峡谷的第三折瀑布，落差约 30m，顶部为一处典型的地貌裂点，底部有长 15m、宽 10m 的水潭。由于流水侵蚀形成一条沟壑，将溪水汇成一团倒流而下，喷出水雾片片，水花朵朵。

龙虎瀑，垂直落差 30 余米，宽 1～3m，两瀑竞流而下，似龙虎争雄。顶部为平缓谷底，基岩裸露，为一处典型的峡谷裂点瀑布。瀑壁不规则，经流水侵蚀、重力崩塌作用形成，宽近 20m。底部形成有长 40m、宽 15m 的长形水潭[图 3-418(a)]。

九龙瀑，落差约 25m，下部形成直径约 30m 的圆形水潭[图 3-418(b)]。九龙瀑是七瀑之首，自摩天岭崖壁流下，被分成若干银丝白练，粗细交织，如九龙蜿蜒而下。谷底发育一组走向 310°的节理，控制着本处瀑布的陡崖面。九龙瀑右侧游步道边发育一处侵蚀沟槽，宽约 1m，直立深度在 1～2m 之间，由走向为 95°的节理控制，沟槽一侧发育数个大小不一的侵蚀漩涡，最大者深近 1m，直径 2 余米，保留完整的流水侧蚀痕迹。

落霞瀑，落差约 20m，底部为长 30m、宽 5 余米的长形水潭[图 3-418(c)]，靠近西南侧基岩岸边发育数个圆筒状、不规则状的壶穴或侵蚀凹槽，最大者直径近 2m，长轴方向基本与沟谷流水方向一致，个别大的壶穴中还发育有小壶穴，代表了多个阶段侵蚀作用的结果。

图 3-418　龙虎瀑(a)、九龙瀑(b)和落霞瀑(c)

天窗飞瀑，位于峡谷顶部观景平台上，犹如蓝天上开了一扇窗户，瀑布飞卷而下[图 3-419(a)]。落差约 20m，底部平缓处形成长 20m、宽 10 余米的长形水潭。顶部裂点瀑布流水方向与峡谷内主要垂直节理走向 310°一致，为典型的峡谷裂点瀑布。瀑布下方谷底可见多处巨型壶穴[图 3-419(b)]，直径 1.2m，沿谷底走向分布。飞瀑所在峡谷顶部，山体多处在一个高程面上，形成层状地貌(剥蚀面)。

图 3-419　天窗飞瀑(a)及下侧谷底发育的壶穴(b)

七瀑涧是峡谷地貌与瀑布景观的有机完美结合，发育成串的瀑布潭水，水灵山秀，是省内典型的火山岩峡谷地貌景观区之一，对研究该区构造抬升、流水溯源侵蚀及水文地质环境都具有重要的科学价值。

目前，七瀑涧峡谷属泽雅省级风景名胜区一部分，已得到了保护与开发。

地质遗迹分布及演化

DIZHI YIJI FENBU JI YANHUA

第一节　地质遗迹分布

一、地质遗迹分布特点

从地质遗迹的遗迹类型、行政区域、形成时代、保护方式和利用方式 5 个方面入手，总结分析浙江省重要地质遗迹的分布特点。

1. 遗迹类型

浙江省重要地质遗迹主要有基础地质和地貌景观两大类。基础地质大类共 190 处，约占 64.6%；地貌景观大类共 104 处，约占 35.4%。基础地质大类可分为地层剖面、岩石剖面、构造剖面、重要化石产地和重要岩矿石产地 5 类，地貌景观大类可分为岩土体地貌、水体地貌、火山地貌、海岸地貌和构造地貌 5 类。

全省各类地质遗迹分布很不均衡，以地层剖面(78 处)、火山地貌(35 处)和重要岩矿石产地(34 处)3 类分布较多(图 4-1)，三者合计占全省地质遗迹的一半(50%)；重要化石产地(30 处)、岩石剖面(29 处)、岩土体地貌(25 处)和水体地貌(25 处)4 类次之；构造剖面(19 处)、海岸地貌(12 处)和构造地貌(7 处)3 类分布较少。地层剖面、火山地貌和重要岩矿石产地是省内主要地质遗迹类型，这与省内发育有较系统完整的各时代地层和分布大面积的中生代火山岩密切相关。

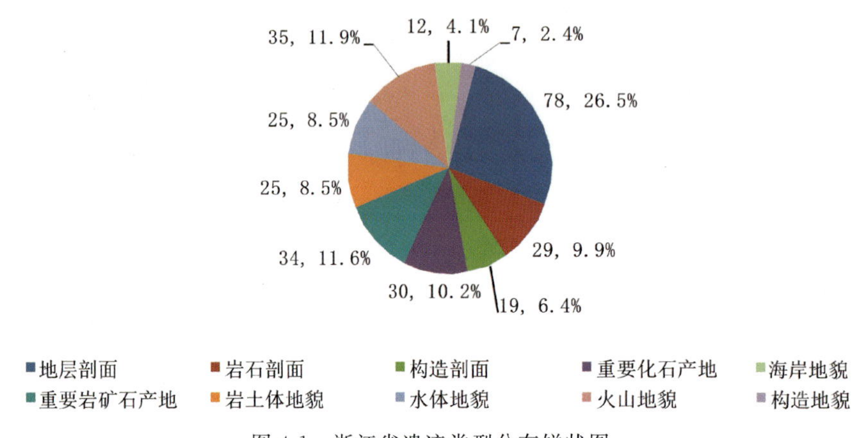

图 4-1　浙江省遗迹类型分布饼状图

从亚类上看，基础地质大类可分为全球层型剖面、层型典型剖面、侵入岩剖面、火山岩剖面等 16 个亚类，以层型典型剖面(75 处)、侵入岩剖面(23 处)、典型矿床类露头(20 处)3 个亚类数量较多，三者合计占基础地质大类的 62.1%；古动物化石产地(18 处)和矿业遗址(12 处)次之；全球层型剖面、火山岩剖面、变质岩剖面和不整合面等 11 个亚类数量相对较少，合计仅 42 处，约占基础地质大类的 22.1%(图 4-2)。地貌景观大类可分为碳酸盐岩地貌、侵入岩地貌、碎屑岩地貌、河流(景观带)、湖泊与潭等 13 个亚类，以火山岩地貌(22 处)和火山机构(13 处)两个亚类数量较多，两者合计约占地貌景观大类的 33.7%；碎屑岩地貌(9 处)、瀑布(9 处)、碳酸盐岩地貌(8 处)、侵入岩地貌(8 处)、海积地貌(8 处)和峡谷(7 处)6 个亚类次之，分布较为均衡；河流(景观带)(3 处)、湖泊与潭(4 处)、湿地沼泽(5 处)、泉(4 处)和海蚀地貌(4 处)5 个亚类相对较少，合计仅 20 处，约占地貌景观大类的 19.2%(图 4-3)。

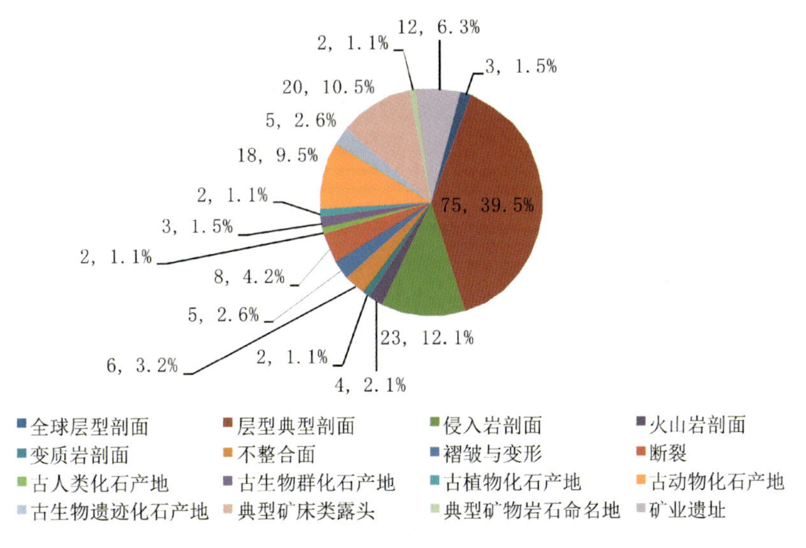

图 4-2 基础地质大类遗迹亚类分布饼状图

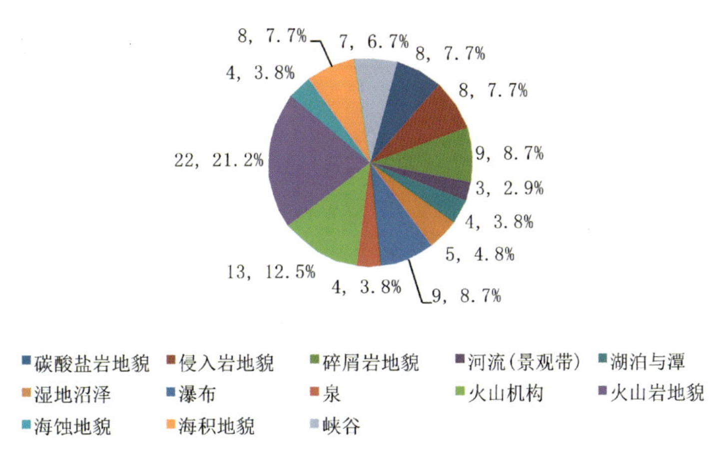

图 4-3 地貌景观大类遗迹亚类分布饼状图

2.行政区域

全省 11 个市级行政区域内，均有数量不等的地质遗迹分布。从遗迹分布来看(图 4-4)，杭州市(60 处)、衢州市(47 处)和丽水市(40 处)遗迹分布数量较多，三市合计占全省地质遗迹的一半(50%)；绍兴市(33 处)、金华市(28 处)、台州市(28 处)和温州市(23 处)分布数量次之，四市遗迹数量约占全省地质遗迹的 38.1%；宁波市(14 处)、舟山市(10 处)、湖州市(9 处)和嘉兴市(2 处)分布数量较少，四市遗迹数量仅约占全省地质遗迹的 11.9%。

在基础地质大类遗迹中，除嘉兴市外，其余各市均有分布(图 4-5)。杭州市(44 处)、衢州市(35 处)和丽水市(27 处)分布数量位居前三，三市遗迹数量约占全省该大类遗迹的 55.8%；绍兴市(25 处)、台州市(19 处)和金华市(18 处)分布数量次之；湖州市(8 处)、温州市(7 处)、舟山市(4 处)和宁波市(3 处)分布数量较少，四市分布数量仅占全省该大类遗迹的 11.6%。基础地质大类遗迹与全省区域地质背景分布特征密切相关，浙西的杭州市和衢州市是全省古生代地层的集中发育区，形成有众多区域性的标准剖面。

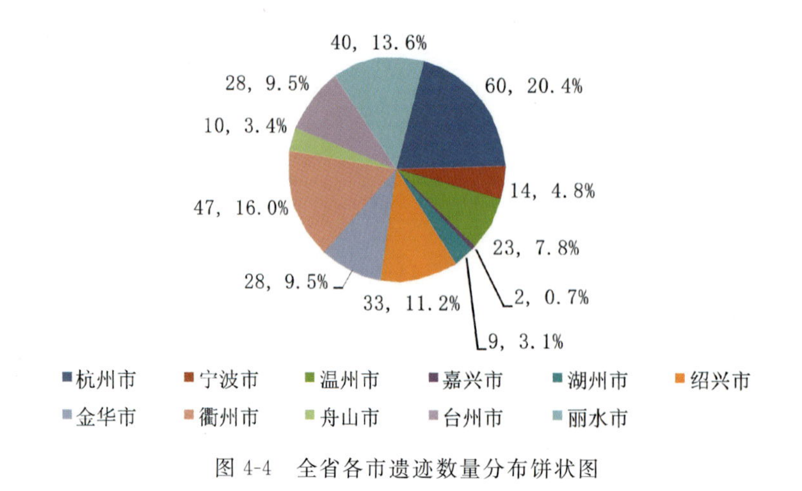

图 4-4　全省各市遗迹数量分布饼状图

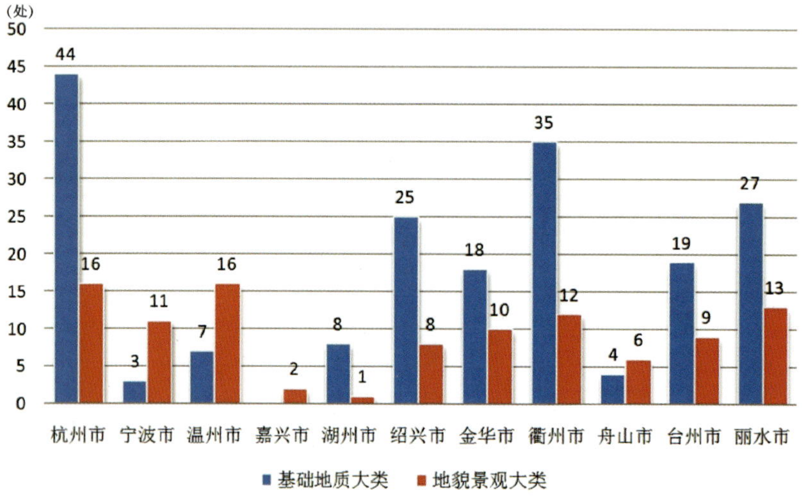

图 4-5　遗迹大类各市遗迹数量对比图

在地貌景观大类遗迹中，全省各市均有不同程度的分布，数量悬殊不大(图 4-5)。杭州市(16 处)和温州市(16 处)两市分布数量较多；丽水市(13 处)、衢州市(12 处)、宁波市(11 处)和金华市(10 处)数量次之；台州市(9 处)、绍兴市(8 处)、舟山市(6 处)、嘉兴市(2 处)和湖州市(1 处)分布数量较少。地貌景观大类遗迹与各市地质地貌分布格局具有相关性，其中杭州市以湿地沼泽和碳酸盐岩地貌为主，温州市以火山岩地貌为主，丽水市以火山岩地貌和瀑布为主，宁波市以海积地貌为主，衢州市以火山机构为主，金华市以碎屑岩地貌为主等。

3. 形成时代

根据地质发展历史，把全省地质遗迹形成的时代划为 4 个阶段：元古宙、古生代、中生代和新生代。统计表明，全省新生代形成的遗迹数量最多(116 处)，约占 39.5%；中生代形成的遗迹数量较多(96 处)，约占 32.6%；古生代(43 处)和元古宙(39 处)形成的遗迹数量较少，分别约占 14.6%和 13.3%(图 4-6)。

基础地质大类遗迹以中生代(86 处)形成的遗迹为主(图 4-7)，约占该大类遗迹的 45.3%；古生代(43 处)和元古宙(39 处)形成的遗迹数量次之；新生代(22 处)形成的遗迹数量最少，仅占该大类遗迹的 11.6%。该大类的 5 个类中，地层剖面主要形成在古生代(31 处)和中生代(26 处)，岩石剖面主要形成在元古宙(14 处)和中生代(12 处)，构造剖面主要形成在中生代(8 处)，重要化石产地主要形成在中生代(25 处),重要岩矿石产地主要形成在中生代(15 处)和新生代(13 处)(图 4-8)。

地貌景观大类遗迹形成在新生代(94 处)和中生代(10 处),以新生代遗迹占该大类的 90.4%居绝对优势(图 4-7),仅有的 10 处中生代遗迹为火山地貌的火山机构亚类(图 4-8)。

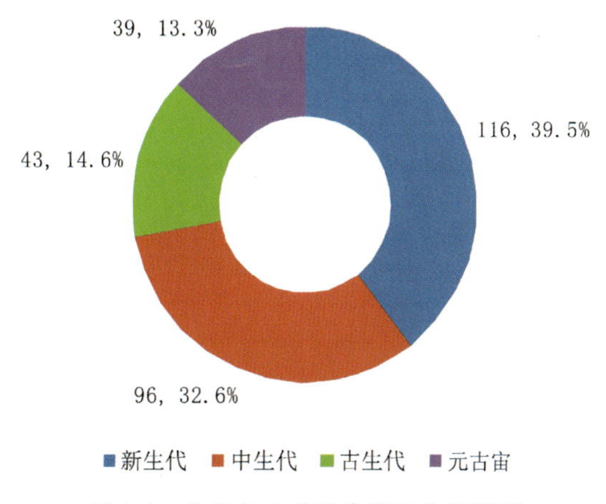

图 4-6　全省各地质时代遗迹分布环图

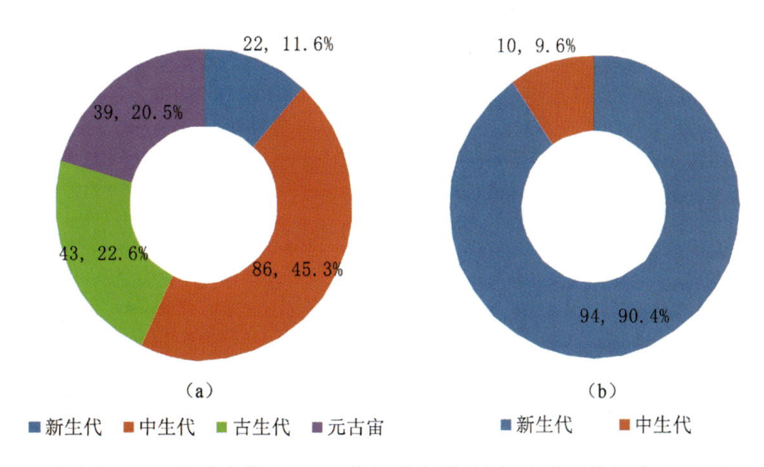

图 4-7　基础地质大类(a)和地貌景观大类(b)各地质时代遗迹分布环图

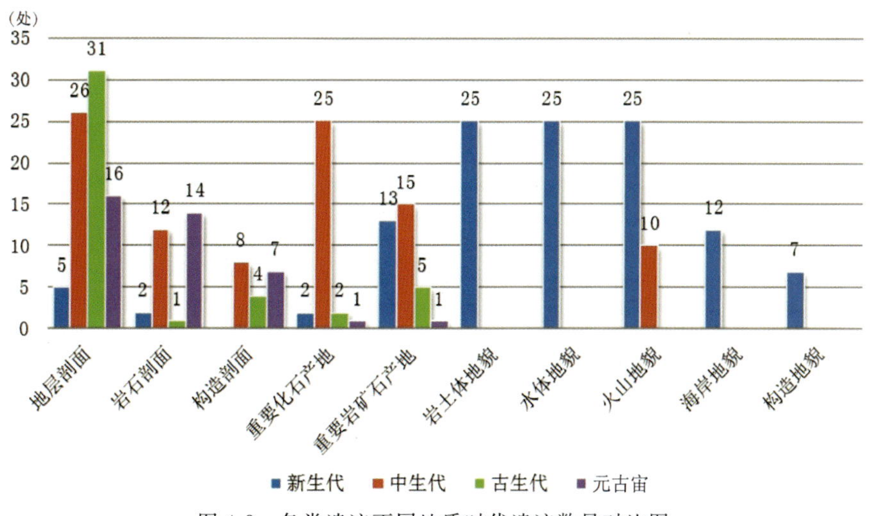

图 4-8　各类遗迹不同地质时代遗迹数量对比图

4.保护方式

根据浙江省地质遗迹现状保护特点，把全省地质遗迹的保护方式归为6类：地质(矿山)公园、地质遗迹保护区、地质遗迹保护点、地质文化村、风景旅游区和未保护。当不同保护方式重叠时，按高一级别保护方式归类，如地质(矿山)公园和风景旅游区重叠时，按地质(矿山)公园方式归类；地质遗迹保护区和地质遗迹保护点重叠时，按地质遗迹保护区方式归类。

据统计(图4-9)，全省地质遗迹保护点数量最多(157处)，占全省遗迹数量的53.4%；位于风景旅游区的遗迹数量次之(64处)，占全省遗迹数量的21.8%；位于地质(矿山)公园和未保护的遗迹数量较少，分别占全省遗迹数量的13.3%和10.2%；位于地质遗迹保护区和地质文化村的数量最少，两者仅占全省遗迹数量的1.3%。

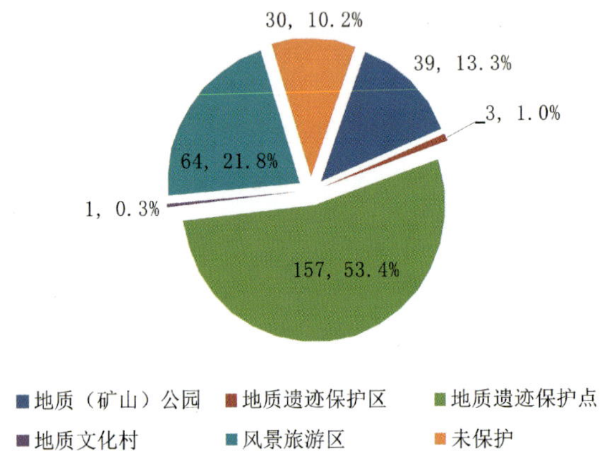

图4-9 全省各保护方式遗迹数量分布饼状图

各大类地质遗迹保护方式不均衡，保护方式也各有侧重(图4-10)。基础地质大类遗迹仅存在地质(矿山)公园、地质遗迹保护区、地质遗迹保护点和未保护4种保护方式，主要以地质遗迹保护点(147处，占大类77.4%)的方式进行保护，未保护(23处，占大类12.1%)的地质遗迹仍有一定数量，位于地质(矿山)公园(18处，占大类9.5%)和地质遗迹保护区(2处，占大类1.0%)内的遗迹数量仅占较少一部分。地貌景观大类遗迹有6种保护方式，主要以风景旅游区(64处，占大类61.5%)的方式进行保护，未保护(7处，占大类6.7%)的地质遗迹数量较少，处于地质(矿山)公园(21处，占大类20.2%)的遗迹数量相对较多，地质遗迹保护点(10处)、地质遗迹保护区(1处)和地质文化村(1处)数量虽少，仍是该大类遗迹保护方式的有益补充。各遗迹分类的保护方式差别较大，保护情况见图4-11。

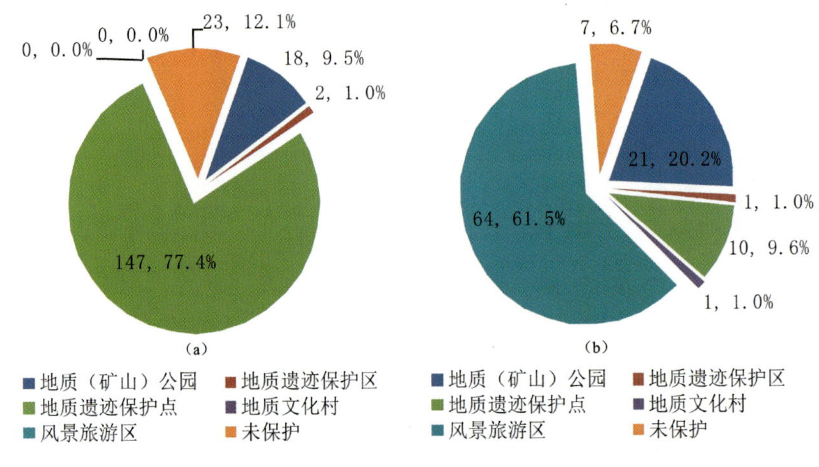

图4-10 基础地质大类(a)和地貌景观大类(b)不同保护方式遗迹分布饼状图

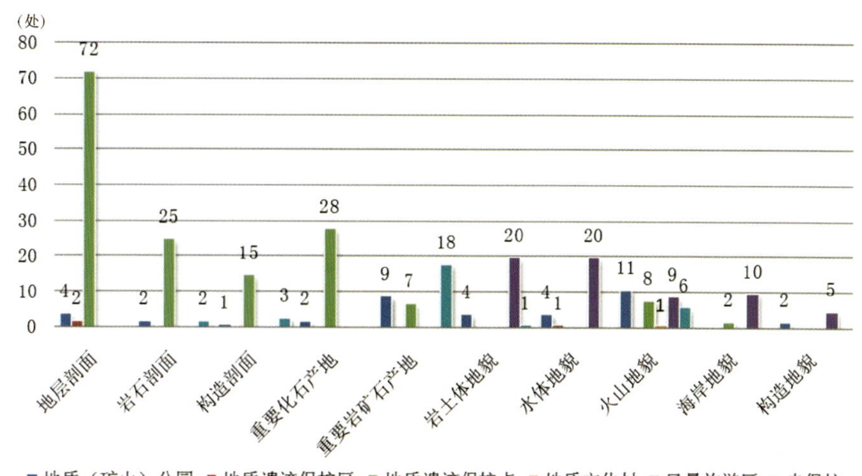

图 4-11 各类遗迹不同保护方式遗迹数量对比图

5. 利用方式

根据全省地质遗迹利用情况，把全省地质遗迹利用方式（组合）分为 5 类：科研、科研/采矿、科研/观光、科研/科普、科研/科普/采矿和科研/科普/观光。

据统计（图 4-12），全省以科研/科普复合利用方式的遗迹数量最多（144 处），占全省遗迹数量的 49%，以科研/观光（62 处）和科研/科普/观光（49 处）两者复合方式的遗迹数量较多，分别占全省遗迹数量的 21.1% 和 16.7%，以科研/采矿、科研和科研/科普/采矿方式的遗迹数量较少，三者合计仅占全省遗迹数量的 13.2%。

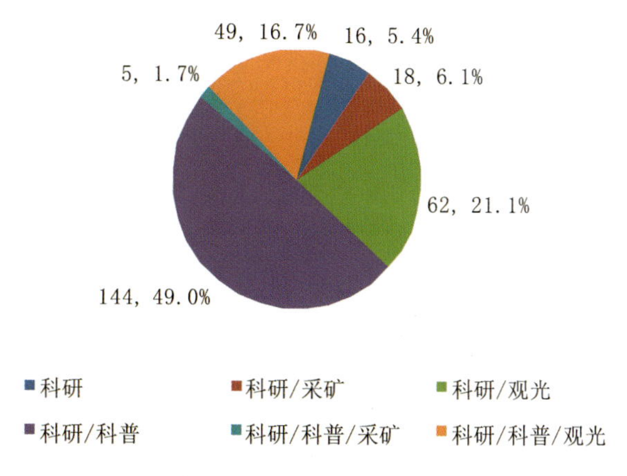

图 4-12 全省各种遗迹利用方式数量分布饼状图

各大类遗迹利用程度相差较大（图 4-13）。基础地质大类遗迹以科研/科普（137 处，占大类 70.5%）的利用方式为主，具有科普利用方式的地质遗迹共 198 处，占该大类遗迹数量的 85.3%，单一的科研或科研/观光等方式数量较少，但仍有科普提升的空间。地貌景观大类遗迹以科研/观光（58 处，占大类 55.8%）的利用方式为主，科研/科普/观光（28 处，占大类 26.9%）的利用方式遗迹数量较多，多以地质公园的形式加以开发利用，具有科普利用方式的地质遗迹共 36 处，仅占该大类遗迹的 34.6%，科普利用程度较低，地质（矿山）公园建设空间潜力仍很大。各类遗迹的利用情况见图 4-14。

从地质遗迹的科普转化情况分析（图 4-15），全省遗迹的整体科普转化（198 处）程度一般，科普转化率（地质遗迹科普转化数量占总数的百分比）约为 67.3%，基础地质大类（科普转化 162 处，约占该大类 85.3%）优于地貌景观大类（科普转化 36 处，约占该大类的 34.6%）。地层剖面（100%）、重要化石产地（100%）和岩石剖面（93.1%）三类地质遗迹科普转化程度高，仅有少量岩石剖面没有科普转化；构造剖面（57.9%）、火山地貌（57.1%）和重要岩矿石产地（47.1%）三类地质遗迹科普转化程度一般，还有很大科普潜力可挖；构造地貌（28.6%）、岩土体地貌（24.0%）、水体地貌（24.0%）和海岸地貌（16.7%）四类地质遗迹科普转化率均不超过 30%，科普转化工作仍需进一步加强。

从地质遗迹的旅游开发情况分析（图 4-15），全省遗迹的整体旅游开发（116 处）程度较低，旅游开发率（地质遗迹旅游开发数量占总数的百分比）约为 39.5%，地貌景观大类（旅游开发 87 处，约占该大类 83.7%）优于基础地质大类（旅游开发 29 处，约占该大类 15.3%）。海岸地貌（100%）、构造地貌

(100%)、岩土体地貌(96.0%)和水体地貌(92.0%)四类地质遗迹旅游开发程度高，反映了我省旅游开发的基本特点；火山地貌(60.0%)和重要岩矿石产地(41.2%)两类地质遗迹旅游开发程度一般，与地质遗迹自身特点吻合；构造剖面(21.1%)、岩石剖面(13.8%)、重要化石产地(6.7%)和地层剖面(6.4%)四类地质遗迹旅游开发程度较低，反映了基础地质大类遗迹旅游开发的局限性，但仍可结合地质(矿山)公园或地质遗迹保护区等的建设来进一步拓宽该类遗迹的旅游开发价值。

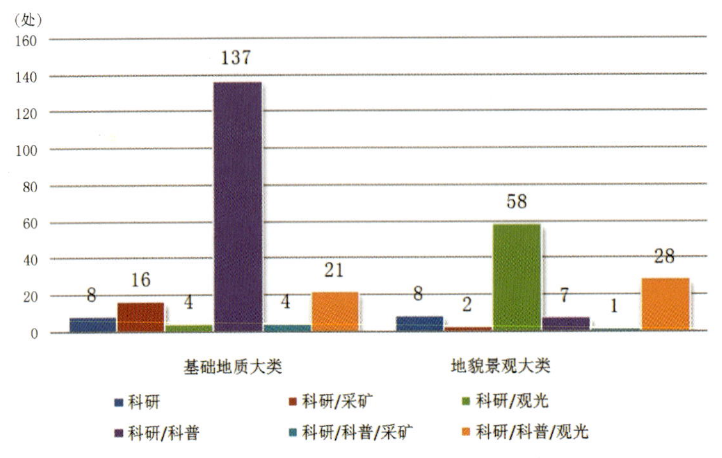

图 4-13　各大类遗迹不同利用方式遗迹数量对比图

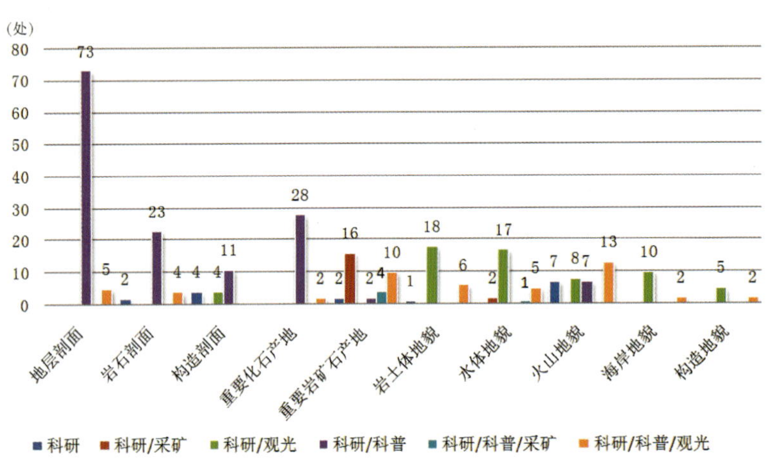

图 4-14　各类遗迹不同利用方式遗迹数量对比图

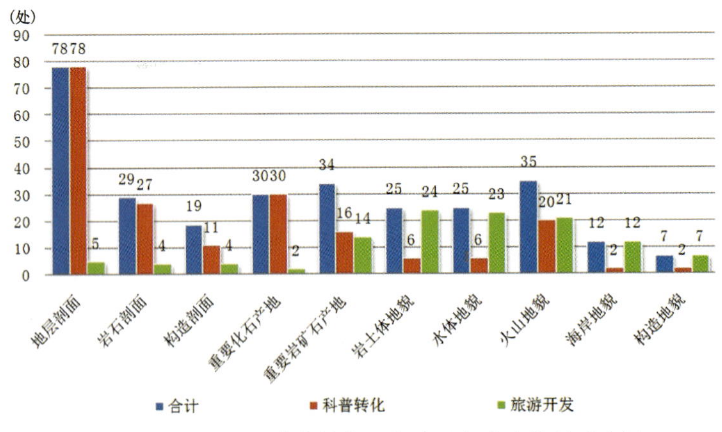

图 4-15　各类遗迹科普转化和旅游开发遗迹数量对比图

总之，省内以单一科研类、科研/采矿或科研/观光类利用方式的地质遗迹，其保护方式需要加强，是今后开展地质遗迹保护的重要方向。同时，应加大对科研/观光类遗迹的科普建设工作，逐渐向科研/科普/观光类利用方式转移。

二、典型遗迹分布规律

浙江省重要地质遗迹分为基础地质和地貌景观两大类。基础地质大类遗迹的类型分布与不同地区地质构造发展历史及演化过程有密切关系，它们是记录不同演化阶段地质构造事件的重要证据，反映了不同大地构造背景条件下的沉积作用、岩浆作用、变质作用和成矿作用等基本特点，具有明显的地域性分布规律；地貌景观大类遗迹以基础地质为物质基础，与新生代以来的构造运动作用关系密切，并与所处的区域气候环境有联系，其分布也有自身的特征与规律。

从省内发育的典型地质遗迹类型出发，分析其各自分布的规律性。基础地质大类主要分析地层剖面、岩石剖面、重要化石产地和重要岩矿石产地4类，地貌景观大类主要分析岩土体地貌、火山地貌和海岸地貌3类。

1. 地层剖面分布规律

地层剖面主要指海相沉积岩类和中生代火山-沉积岩类剖面，在省内分布比重大。省内海相沉积岩类地层剖面主要分布在江山-绍兴拼合带西北侧（扬子陆块东南缘）的长兴、杭州、临安、淳安、江山等地，记录了自新元古代至晚古生代末期间这一地区经历的大陆边缘岛弧阶段、拉张裂谷阶段和陆内坳陷阶段，以及所处的广海陆棚、浅海、滨海和深海盆地的沉积环境，形成了一套巨厚的火山-沉积建造、碎屑岩建造、复理石建造和碳酸盐岩建造。由于该区海相地层连续沉积且系统完整，并发育丰富的海相古生物化石，近百年来深受国内外地学工作者的关注和重视，在地层古生物研究方面取得了重大成果，相继获得国际地层委员会确认的4枚“金钉子”剖面（即寒武系江山阶、奥陶系达瑞威尔阶、二叠系长兴阶和二叠系—三叠系全球层型界线）。

反映浙江扬子陆块东南缘最古老基底岩系的地层剖面，主要集中分布在绍兴平水地区和富阳-萧山地区，以双溪坞群和河山镇群剖面为代表，它们是构成扬子陆块东南缘中元古代晚期活动大陆边缘岛弧环境和新元古代中期拉张裂谷环境条件下的重要火山-沉积建造，这一地区是研究浙江省扬子陆块东南缘岛弧地层及弧后拉张最理想的地区，同时也是研究扬子与华夏陆块碰撞挤压拼贴和裂解的理想地区。

江山及常山地区是研究浙江省乃至全国寒武纪和奥陶纪地层的重要地区，产有2枚“金钉子”剖面。此外，还分布着众多具有区域典型性和代表性的震旦系、寒武系、奥陶系的组级标准剖面（即荷塘组、大陈岭组、杨柳岗组、华严寺组、西阳山组、砚瓦山组、黄泥岗组和三衢山组等），反映了震旦纪—寒武纪—奥陶纪的江山、常山地区具有良好的地质构造环境及沉积作用，同时地层受后期构造影响较小，最大限度地保留了地层剖面的系统性和完整性。

中生代火山-沉积岩地层剖面，主要分布在古华夏大陆的火山-沉积盖层区，代表了一套巨厚的火山喷发堆积的火山碎屑岩系和断陷盆地内堆积的沉积岩系，地层剖面主要分布在东阳、永康、建德、衢州、天台、松阳等地。此类地层剖面在浙江省中生代地层研究和建立系统完整的地层序列及地层单元划分方面具有重要的火山-沉积地层对比意义。

2. 岩石剖面分布规律

此类剖面与重大构造岩浆事件有关，主要分布在江山-绍兴拼合带两侧及浙江沿海地区，反映了古元古代陆壳形成初期、新元古代大陆裂解、加里东运动、印支期末与燕山初期构造转期、燕山末期等阶段岩浆作用特点。它们主要分布在龙泉、绍兴、萧山、诸暨、金华、江山、开化、遂昌、东阳和东部沿海及海岛地区。

分布在龙泉等地淡竹花岗闪长岩是华南地区最古老的岩浆岩，形成于古元古代华夏陆壳形成初期，岩浆岩结晶年龄在18.78亿年左右；分布在绍兴、萧山、诸暨、金华、江山和开化等地的花岗岩、花岗闪长岩、辉绿岩、斜长花岗岩、碱长花岗岩等，形成于新元古代罗迪尼亚超级大陆裂解时期，岩浆岩结晶年龄集中在8.5亿年左右，是中国华南大陆拉张裂解期岩浆侵入的产物；分布在遂昌、松阳等的花岗岩，侵入于八都（岩）群变质岩系中，岩体形成于4亿年左右，反映了华夏陆块加里东期构造岩浆活动特点；分布在东阳、诸暨一带，代表性的岩体有东阳大爽多斑状石英二长岩体，侵入于陈蔡群变质岩系，岩体形成于2.46亿年左右，反映了华夏陆块印支末期至燕山初期，特定构造环境下的岩浆侵入特点；分布在浙东沿海及海岛地区的碱性花岗岩、碱长花岗岩，代表性的岩体有桃花岛碱性花岗岩、青田碱性花岗岩和苍南瑶坑碱性花岗岩，它们形成于9 000万年左右的燕山晚期，代表了燕山后造山期地壳伸展拉张环境下的岩浆作用，标志着浙江省境内燕山运动结束。

3. 重要化石产地分布规律

浙江省古生物化石主要由古生代海相古生物类和中生代陆相古生物类组成，古生物产出及分布，除部分以化石点产出外，绝大部分分布在地层剖面中，古生物化石受地质生态环境和地层岩性制约明显。

浙西北地区，是浙江省或全国重要的地层古生物化石分布区和产地，主要涉及古生代海相各门类化石，重要的古生物化石门类主要有笔石类、三叶虫类（或球接子）、牙形石类、腕足类、瓣鳃类和叠层石等，此类古生物遗迹主要分布在常山、江山、淳安、临安、余杭和长兴等地。古生物化石在解决地层时代、地层对比研究、地质演化、重要地质事件、生物演化等方面起到非常重要的作用。浙西北地区中生代最有代表性的古生物化石群属于建德生物群（由鱼类、双壳类、腹足类、昆虫、叶肢介类、介形虫和植物等化石组成），主要产于建德市寿昌镇。

浙东南地区，是浙江省中生代古生物化石的分布区和产地，涉及古生物化石类型主要有恐龙化石、蛋化石、恐龙足迹化石、鱼化石、瓣鳃类、叶肢介类和植物类等化石，分布在白垩纪陆相盆地或火山洼地沉积岩中。重要的恐龙化石、蛋化石和恐龙足迹化石主要分布在金衢盆地、天台盆地、丽水盆地、永康盆地、新嵊盆地、仙居盆地、壶镇盆地和小雄盆地，近年来发现的恐龙新属种有浙江吉蓝泰龙、礼贤江山龙、中国东阳龙、丽水浙江龙、始丰天台龙和天台越龙等；蛋化石分布覆盖整个浙江白垩纪盆地，其中最著名的产地属天台盆地，其规模大、类型多样、数量众多；恐龙足迹化石主要产于金衢盆地东阳市，地层中分布着大量清晰完整的三趾恐龙脚印、翼龙足迹和鸟足迹。除恐龙化石外，盆地古生物化石群最具代表性的属于永康生物群（主要由鱼类、双壳类、腹足类、叶肢介类、介形虫和植物等化石组成）。

4. 重要岩矿石产地分布规律

省内较为典型的属典型矿床类露头和矿业遗址两个亚类。

矿床类地质遗迹主要集中分布在扬子陆块浙西北地区和华夏陆块浙东南地区，不论是金属矿床还是非金属矿床，均与岩浆侵入交代、火山热液交代有着直接的关系，其中浙西北地区主要分布与岩浆侵入交代有关的典型矿床；而浙东南地区主要分布与火山热液交代有关的矿床。时间上一般形成于燕山晚期，与浙江省内大规模火山活动、岩浆侵入活动有着直接关系。

与火山热液交代有关的典型矿床：分布在龙泉市八宝山金银矿，属于典型的火山热液充填（交代）型金银矿床类型；黄岩五部地区分布着典型的火山热液裂隙充填（交代）型铅锌矿床；温州市鹿城区渡船头伊利石矿床具有火山热液交代型层控矿床特点；武义县杨家萤石矿床属于典型火山热液充填型萤石矿床类型；缙云县靖岳镇分布着火山气热液和大气降水交代蚀变型的沸石、珍珠岩共生非金属矿床；青田县山口镇分布着典型的火山热液交代型叶蜡石矿床；苍南矾山地区分布着典型的火山热液交代型明矾石矿床。

与岩浆热液交代有关的典型矿床：淳安县梓桐镇三联村西北侧三宝台分布有省内规模最大的岩浆热液中低温充填型辉锑矿床；临安市清凉峰镇大明山风景区分布着东南地区已知规模最大的岩浆热液气成石英脉型绿柱石-钨铍矿床；建德市新安江镇建德岭后村分布着中国东南地区最大的沉积-岩浆热液改造型铜矿床；绍兴漓渚地区分布着典型的岩浆期热液交代矽卡岩型铁钼矿床。

省内采矿遗址丰富，可分为古采石遗址和古银矿遗址两类。古采石遗址主要分布在浙东沿海三门、宁海、温岭、绍兴等地区，与这一地区特有的火山凝灰岩地层岩石关系密切，遗址规模大、分布广，具有悠久的历史，其典型代表性的采石遗址有温岭长屿硐天古采石遗址、宁海伍山石窟古采石遗址、三门县蛇蟠岛古采石遗址、绍兴柯岩古采石遗址、绍兴东湖古采石遗址等；古银矿遗址主要分布在浙西南景宁、遂昌、庆元等地区，与这一地区独特的地质成矿条件有着直接关系，以开采银矿为主，时间为宋代和明代，具有典型代表性的古采矿遗址有遂昌县银坑山古银矿遗址、遂昌县局下古银矿遗址、景宁银坑洞古采矿遗址和庆元县苍岱古银矿遗址等。

5. 岩土体地貌分布规律

省内的主要岩土体地貌景观亚类为碳酸盐岩地貌、侵入岩地貌和碎屑岩地貌。

1）碳酸盐岩地貌

浙江省西部地区古生代地层内，碳酸盐岩分布较广，出露面积约 3 000km^2，占全省总面积的 3%。岩溶地貌典型独特，类型多样。有的地区蕴藏着丰富的水源，与工农业及民众生活关系密切；有的地区岩溶景观绮丽多彩，已成为著名的旅游胜地。主要碳酸盐岩（岩溶）地貌景观类型包括岩溶洞穴、石林、天坑等（表 4-1）。

表 4-1　碳酸盐岩地貌亚类地质遗迹特征简表

代号	遗迹名称	形成时代	基岩地层	主要景观类型
L001	临安瑞晶洞岩溶地貌	更新世以来	上寒武统华严寺组	溶洞、次生化学沉积
L002	桐庐瑶琳洞岩溶地貌	更新世以来	上石炭统黄龙组、石炭系—二叠系船山组	溶洞、次生化学沉积
L003	婺城双龙洞岩溶地貌	更新世以来	石炭系—二叠系船山组、下二叠统栖霞组	溶洞、次生化学沉积
L004	淳安千岛湖石林岩溶地貌	更新世以来	上石炭统黄龙组、石炭系—二叠系船山组	岩溶石林
L005	建德灵栖洞岩溶地貌	更新世以来	上石炭统黄龙组	溶洞、次生化学沉积
L006	兰溪六洞山地下长河岩溶地貌	更新世以来	石炭系—二叠系船山组	溶洞、地下河、次生化学沉积
L007	常山三衢山岩溶地貌	更新世以来	上奥陶统三衢山组	岩溶石林、漏斗、石芽
L008	衢江灰坪岩溶地貌	更新世以来	上石炭统黄龙组、石炭系—二叠系船山组	天坑、漏斗、石芽、溶洞

自新元古代震旦纪至晚古生代二叠纪的漫长地质年代里，江山-绍兴拼合带以西的浙西北地区，长期处于海侵环境，沉积了一套相当厚度的碎屑岩和碳酸盐岩，为岩溶洞穴的形成发育奠定了物质基础。浙西北碳酸盐岩分布区内，能形成岩溶洞穴地貌景观的岩石层位，主要是下古生界寒武系杨柳岗组、奥陶系三衢山组和上古生界上石炭统黄龙组与石炭系—二叠系船山组、下二叠统栖霞组等。这些

地层单元的岩石大多由质地较纯的石灰岩组成，方解石含量高，泥质含量极低，岩石可溶性大，在构造运动和地下水的相互作用下，易被溶蚀成地下洞穴，造就了浙江省内许多结构奇特、景致瑰丽的岩溶洞穴景观，并成为著名的风景名胜区；列入国家级或省级风景名胜区的有金华双龙洞、建德灵栖洞、桐庐瑶琳洞、兰溪六洞山等，其他著名的岩溶洞穴还有临安瑞晶石花洞、杭州灵山洞等。同时，省内的千岛湖石林、三衢山石林也是风光秀丽的岩溶地貌风景区。衢州市的灰坪天坑规模宏大，岩溶漏斗特征典型，具有较高的旅游开发价值。

2)侵入岩地貌

浙江省花岗岩分布较广，出露面积约 6 000km²，占全省总面积的 6%，造就了许多风光卓绝的花岗岩风景地貌景观，建设了多处国家级和省级风景名胜区。具有科学与美学价值的花岗岩地貌类型主要有花岗岩峰丛、石蛋、崩积巨石堆、峡谷等(表 4-2)。

表 4-2　侵入岩地貌亚类地质遗迹特征简表

代号	遗迹名称	形成时代	基岩地层	主要景观类型
L009	天台天台山花岗岩地貌	中新世以来	早白垩世细中粒钾长花岗岩	峡谷、石蛋、风化壳、巨石堆
L010	临安大明山花岗岩地貌	中新世以来	早白垩世中粗粒花岗岩	峰丛、峡谷、剥蚀面、尖峰
L011	江山浮盖山花岗岩地貌	中新世以来	早白垩世细中粒花岗岩	石蛋、巨石堆(洞)、风化穴
L012	黄岩富山花岗岩地貌	中新世以来	早白垩世细粒石英正长岩	石蛋、巨石堆(洞)、裂缝
L013	苍南玉苍山花岗岩地貌	中新世以来	早白垩世钾长花岗斑岩	石蛋、巨石堆
L014	温州大罗山花岗岩地貌	中新世以来	早白垩世细粒晶洞碱长花岗岩	石蛋、峡谷、穹峰
L015	余杭山沟沟花岗岩地貌	更新世以来	早白垩世中粗粒花岗岩	巨石堆
L016	平阳南麂列岛花岗岩地貌	全新世	早白垩世细粒钾长花岗岩	石蛋、风化壳、海蚀

根据地质背景分析，浙江成景花岗岩主要集中形成于燕山晚期第二阶段和第三阶段侵入的中细粒晶洞碱长花岗岩、晶洞碱性花岗岩、花岗岩和石英正长岩。花岗岩类型大多属于 A 型和 I 型花岗岩类，少数为 S 型花岗岩类；岩浆作用一般发生在火山弧与同碰撞造山的交接带附近的活动大陆边缘，形成环境属古太平洋板块向欧亚大陆板块俯冲挤压后的拉张伸展环境；花岗岩成岩物质来源多具幔壳混熔岩浆特点。

通过对省内主要花岗岩地貌景观区剥蚀面的对比和研究分析，省内普遍发育并残留了中新世形成的区域剥蚀面(夷平面)，新生代以来的差异升降是造成省内剥蚀面发育不均衡性的主要原因。其中山麓区主要有 4 级剥蚀面较为发育，海岛区有 2 级剥蚀面较为发育。

浙江省花岗岩地貌景观类型分布具有一定的分带性特征。从东部沿海到西部山区依次表现为：风化剥蚀-海岸地貌景观→风化剥蚀-崩积-流水地貌景观→构造侵蚀-流水地貌景观。从全省范围来看，海岸地貌和风化剥蚀-崩积地貌是省内花岗岩地貌景观的主要类型和特色。这一分带性特征与中国东南沿海发育的花岗岩地貌景观类型总体可对比。

3)碎屑岩地貌

浙江省白垩系以河湖相沉积为主的红层较为发育，分布于省内 46 个大小不等的盆地内，出露面积 9 245.9km²，占全省陆地总面积的 9.04%。千姿百态的丹霞赤壁地貌景观造就了浙江省内众多的著名风景名胜区，列入国家级和省级的就有江山江郎山、永康方岩、衢州烂柯山、天台赤城山、新昌穿岩十九峰、丽水东西岩、东阳平岩-三都、金华九峰山等。粗略统计，省内丹霞地貌景观区(点)有 40 余处，是省内地质遗迹的重要组成部分。典型丹霞地貌景观主要发育在白垩纪形成的方岩组和中戴组砾岩与砂砾岩组成的地层中(表4-3)。发育的主要丹霞类型有崖壁、方山、顺层岩槽、顺层岩洞、天生桥、穿洞、石柱等。

表4-3　碎屑岩地貌亚类地质遗迹特征简表

代号	遗迹名称	形成时代	基岩地层	主要景观类型
L017	江山江郎山丹霞地貌	中新世以来	下白垩统方岩组	崖壁、巷谷、孤峰
L018	遂昌石姆岩丹霞地貌	中新世以来	下白垩统方岩组	石柱(墩)、崖壁、顺层凹槽
L019	新昌穿岩十九峰丹霞地貌	上新世以来	下白垩统方岩组	崖壁、峰丛、顺层凹槽、岩洞、穿洞
L020	永康方岩丹霞地貌	更新世以来	下白垩统方岩组	方山、崖壁、顺层岩槽、岩洞
L021	武义大红岩丹霞地貌	更新世以来	下白垩统方岩组	崖壁、洞穴、顺层凹槽、石墙
L022	东阳三都屏岩丹霞地貌	更新世以来	下白垩统方岩组	崖壁、顺层岩槽
L023	婺城九峰山丹霞地貌	更新世以来	上白垩统中戴组	崖壁、顺层凹槽
L024	莲都东西岩丹霞地貌	更新世以来	下白垩统方岩组	崖壁、方山、顺层岩槽、岩洞
L025	柯城烂柯山丹霞地貌	更新世以来	上白垩统中戴组	天生桥、顺层岩槽、岩洞

浙江省丹霞景观地质地貌发育是特定地质历史发展演化阶段的产物,陆相盆地主体形成于早白垩世晚期至晚白垩世,丹霞景观地貌形成的物质基础是盆地消亡期向盆内进积的砂砾岩、砾岩,其地层代表了盆地演化最后阶段的产物。成景丹霞地貌一般分布在断陷盆边陡坡一侧边缘地带。根据对省内白垩纪陆相盆地的研究表明:拉张断陷成盆分为3个阶段,即经历了永康期成盆阶段、衢江期成盆阶段和天台期成盆阶段,时代从早白垩世晚期至晚白垩世早中期,构成丹霞景观地貌的地层单元,各自具有特定性和专属性特点。

6.火山地貌分布规律

省内火山地貌主要分为火山机构亚类和火山岩地貌亚类。

1)火山机构

该亚类地质遗迹主要与中生代或新生代的火山喷发或岩浆侵入有着直接关系,一般分布在华夏陆块火山岩盖层中。中生代的破火山构造,其规模大,组合较复杂,由于年代久、侵蚀剥蚀严重,其保留完整的较少。而新生代的火山通道(火山岩筒)相对组合较单一,时代较新,其保存相对完整(表4-4)。

表4-4　火山机构亚类地质遗迹特征简表

代号	遗迹名称	形成时代	基岩地层	主要景观类型
L051	诸暨芙蓉山破火山构造	早白垩世	上白垩统磨石山群	火山机构
L052	宁海茶山破火山构造	早白垩世	上白垩统祝村组	突岩、火山机构
L053	衢江饭甑山火山通道	早白垩世	晚白垩世潜花岗斑岩	柱峰、火山机构
L054	龙游饭蒸山火山通道	早白垩世	上白垩统黄尖组	柱峰、火山机构
L055	松阳南山火山穹隆构造	早白垩世	上白垩统馆头组	突岩、火山机构
L056	缙云步虚山火山通道	晚白垩世	下白垩统塘上组	流纹岩球泡、火山机构
L057	天台鼻下许锥火山构造	晚白垩世	下白垩统塘上组	锥状山峰、火山机构

续表 4-4

代号	遗迹名称	形成时代	基岩地层	主要景观类型
L058	余姚大陈盾火山构造	新近纪	新近系嵊县组	火山机构
L059	嵊州福泉山火山锥	新近纪	新近系嵊县组	火山机构
L060	龙游虎头山超基性岩筒	新近纪	新近纪超基性岩	火山机构
L061	衢江坞石山超基性岩筒	新近纪	新近纪超基性岩	火山机构
L062	东阳八面山基性—超基性岩筒	新近纪	新近纪基性—超基性岩	锥状山峰、火山机构
L063	玉环石峰山超基性岩筒	新近纪	新近纪超基性岩	锥状山峰、火山机构

典型且具代表性的破火山主要有诸暨芙蓉山破火山构造、象山茶山破火山构造，它们在地貌形态、火山岩相组合以及相应产出的要素方面都显示出典型破火山构造特征。中生代保留完好的火山通道当属缙云凌虚洞火山通道，自然风化的纵切面完整地展现出火山通道的内部结构形态，是国内中生代火山机构中少见的实例。

新生代主要为新近纪的火山通道(火山岩筒)，一般产出于晚白垩世陆相盆地内，受基底深大断裂控制，其规模相对较小，此类火山构造均以基性或超基性岩浆组成，典型且具代表性的遗迹有东阳八面山基性—超基性岩筒、龙游虎头山超基性岩筒、衢江坞石山超基性岩筒等。其中东阳八面山基性—超基性岩筒规模最大，发育最为典型和完整，呈现出等轴状正向地貌，岩石组分具有明显的分带性，构成同心环带状产出。

2)火山岩地貌

浙江省白垩纪火山岩极为发育，分布面积达 4.1 万 km^2，占全省基岩面积的 50%以上，岩性以酸性、中酸性为主，尤其以流纹质熔结凝灰岩和流纹岩广泛发育为浙江白垩纪火山岩的一个显著特色。全省国家级风景名胜区中，雁荡山、仙都、仙居、雪窦山、楠溪江、百丈漈-飞云江、长屿硐天等均与火山岩有关或以火山岩为主要观赏目标；省内 14 处地质公园中，有 10 处地质公园是火山岩地貌类型的地质公园，雁荡山还是全球唯一的以中生代火山岩为主要内容的世界地质公园；5 处国家矿山公园中，有 4 处矿山公园与火山岩有关。另外，省内还有不少火山岩区已开发为风景旅游地。因此，浙江省火山岩地貌具有很高的美学价值。火山岩地貌主要可分为峰、洞、嶂、谷和奇岩等类型。

从形成地貌的物质基础分析，浙西北区火山岩地貌主要发育在早白垩世黄尖期和寿昌期的熔结凝灰岩、流纹岩地层中(表 4-5)；浙东南区火山岩地貌主要发育在早白垩世九里坪期、高坞期和小平田期的流纹岩、熔结凝灰岩地层中，以及晚白垩世塘上期流纹岩、碎斑熔岩、熔结凝灰岩地层中。新近纪嵊县期玄武岩中也有部分火山岩地貌景观发育，主要表现为柱状节理景观和剥蚀面。

表 4-5　火山岩地貌亚类地质遗迹特征简表

代号	遗迹名称	形成时代	基岩地层	主要景观类型
L064	衢江小湖南火山岩柱状节理	早白垩世	下白垩统高坞组	柱状节理
L065	象山花岙火山岩柱状节理	早白垩世	早白垩世潜霏细斑岩	柱状节理
L066	临海大墈头火山岩柱状节理	晚白垩世	上白垩统塘上组	柱状节理
L067	嵊州石舍玄武岩柱状节理	新近纪	新近系嵊县组	柱状节理
L068	嵊州后庄玄武岩柱状节理	新近纪	新近系嵊县组	柱状节理

续表 4-5

代号	遗迹名称	形成时代	基岩地层	主要景观类型
L069	余姚四明山夷平面	中新世	新近系嵊县组	剥蚀面、风化壳、石蛋
L070	乐清雁荡山流纹岩地貌	中新世以来	下白垩统九里坪组	叠嶂、柱峰、锐锋、岩洞
L071	仙居神仙居流纹岩地貌	中新世以来	下白垩统九里坪组	台地、柱峰、峰林、岩嶂
L072	建德大慈岩火山岩地貌	中新世以来	下白垩统黄尖组	岩嶂、风化穴
L073	景宁九龙湾火山岩地貌	中新世以来	下白垩统九里坪组	岩嶂、峰丛
L074	遂昌南尖岩火山岩地貌	中新世以来	下白垩统高坞组	柱峰、峰林、剥蚀面
L075	缙云仙都火山岩地貌	更新世以来	上白垩统塘上组	柱峰、峰林、峡谷、锐锋
L076	浦江仙华山流纹岩地貌	更新世以来	下白垩统寿昌组	峰林、岩嶂
L077	嵊州白雁坑崩积地貌	更新世以来	下白垩统高坞组	巨石堆
L078	临海武坑流纹岩地貌	更新世以来	上白垩统塘上组	柱峰、台地、峰林
L079	温岭方山流纹岩地貌	更新世以来	下白垩统九里坪组	台地、岩嶂、柱峰
L080	乐清中雁荡山流纹岩地貌	更新世以来	下白垩统九里坪组	岩嶂、柱峰
L081	平阳南雁荡山火山岩地貌	更新世以来	下白垩统小平田组	峰丛、峰林、岩嶂、岩洞
L082	永嘉大箬岩火山岩地貌	更新世以来	下白垩统九里坪组	峰丛、岩洞
L083	永嘉石桅岩火山岩地貌	更新世以来	下白垩统九里坪组	柱峰、峡谷
L084	安吉深溪大石浪堆积地貌	更新世以来	下白垩统黄尖组	巨石堆
L085	遂昌含辉洞崩积地貌	更新世以来	下白垩统馆头组	崩积洞

从火山地层岩石产状看，近水平层状流纹岩形成的地貌景观所占比例最大，雁荡山、神仙居、仙都、方山等都以此为特点，地貌发育初期的形态多以方山(熔岩平台)为代表，壮年期地貌多形成叠嶂。很多景区的岩石成分不是单一的，雁荡山、神仙居、仙都等大多具有多种岩石类型，这也是形成地貌多样性的物质基础。从分布的地层层位看，下白垩统的高坞组和九里坪组、上白垩统的塘上组和新近系的嵊县组是形成省内火山岩地貌的主要层位。

火山岩地貌的形成是地质背景和各种内外动力共同作用的产物。早期受到区域性风化剥蚀的作用，形成区域性的夷平面，若流纹岩产状较为平缓，且地貌发育程度较低，则容易形成方山或熔岩平台；随着地壳稳定期的结束，地壳抬升，剥蚀作用逐渐转为流水侵蚀作用，形成岩嶂、石门、峡谷、岩洞和巨大的柱峰，是塑造火山岩地貌主要阶段；伴随侵蚀作用的是重力崩塌作用，形成倒石堆和洞穴等堆积地貌。

7. 海岸地貌分布规律

浙江省海岸地貌分为海蚀地貌和海积地貌两个亚类(表 4-6)，多数海岸地貌已被开发利用，成为全国知名的海岛旅游区(嵊泗列岛、普陀山、桃花岛、岱山、洞头、南麂岛等)。基岩多由白垩纪火山岩和侵入岩组成。

表 4-6 海岸地貌类地质遗迹特征简表

代号	遗迹名称	形成时代	基岩地层	主要景观类型
L086	普陀普陀山海岸地貌	更新世以来	晚白垩世碱长花岗岩	石蛋、海蚀崖、海蚀龛、海蚀平台、海蚀洞、沙滩
L087	椒江大陈岛海蚀地貌	全新世	晚白垩世碱长花岗岩	海蚀柱、海蚀崖、海蚀沟槽
L088	洞头半屏山海蚀地貌	全新世	下白垩统高坞组	海蚀崖
L089	嵊泗六井潭海蚀地貌	全新世	晚白垩世碱长花岗岩	海蚀崖、海蚀龛、海蚀沟槽
L090	岱山鹿栏晴沙沙滩	全新世	下白垩统高坞组	沙滩
L091	普陀朱家尖十里金沙	全新世	下白垩统西山头组	沙滩
L092	象山石浦皇城沙滩	全新世	下白垩统馆头组	沙滩
L093	象山松兰山沙滩群	全新世	早白垩世碱长花岗岩	沙滩
L094	象山檀头山姊妹滩	全新世	下白垩统西山头组	沙滩、砾滩
L095	苍南渔寮沙滩	全新世	下白垩统高坞组	沙滩
L096	普陀乌石塘砾滩	全新世	晚白垩世碱长花岗岩	砾滩
L097	嵊泗泗礁山姐妹沙滩	全新世	晚白垩世碱长花岗岩	沙滩

海蚀地貌与岩质海岸断裂构造、节理裂隙和岩石类型关系密切。第四纪以来，基岩受海水长期冲刷和侵蚀作用，造就了不同类型的海蚀地貌，主要表现为海蚀崖、海蚀柱、海蚀穴、海蚀槽、海蚀台地和海蚀龛等，多分布在海岛或沿岸突出的岬角部位。浙江省海岛区海蚀地貌景观中规模较大、气势壮观的海蚀地貌主要分布在嵊泗的泗礁岛—嵊山岛—马迹山岛、普陀区的普陀山岛—朱家尖岛—桃花岛、象山的南北渔山列岛、椒江的大陈岛、洞头的半屏山和平阳的南麂列岛等地。

海积地貌以沙滩为主体，另有海滩岩、砾滩和泥滩。海积地貌与基岩地层关系不大，与沿岸水动力环境关系密切，多分布在基岩岬角相持组成的海湾内。初步统计，省内具有一定规模的海积沙滩有50多处。北部地区沙滩以嵊泗县的泗礁岛分布最多，有著名的基湖沙滩、南长涂沙滩等，普陀区普陀岛有著名的百步沙和千步沙、朱家尖岛有著名的十里金沙群；中部地区主要分布在象山及台州等岛屿；南部地区分布在洞头岛及南麂列岛等岛屿。

省内海滩岩主要分布在沿海中部的三门、象山一带和北部的岱山小沙河等地。浙江省海滩岩形成于全新世中期，是中国东南部全新世中期大暖期的产物，是气候变暖的结果，这对研究浙江省东部沿海全新世中期的气候特点及全新世以来气候、环境变化的规律具有重要意义。

砾滩多分布在海湾内，沿海及海岛多有分布，是高能水动力环境下的产物。

泥滩多分布在沿海中部到南部的靠陆地沿岸的海湾内，与入海水系携带的泥沙密切相关，多形成沿海滩涂，水动力条件较弱，受海洋潮汐影响较大，是贝类等海产品养殖的良好场所。

岩性、地质构造及区域性地壳升降等因素控制了浙江省沿海岛屿港湾的形成与演化，而大量的微地貌景观则打上了海岸带水动力地质作用的烙印。浙江省沿海漫长的海岸线是一个正在不断发生和发展着的各种海洋动力地质作用的载体，不同的海洋动力环境塑造了不同的海岸地貌。丰富多样的侵蚀和堆积地貌造就了一个海岸带动力地质作用的地学博物馆。

大量海滩岩和古海蚀（积）地貌的形成，与古海洋高能环境水动力条件有着密不可分的关系。通过对浙江省沿海岛屿海滩岩和古海蚀（积）地貌分布的部位、环境条件以及岩石产状、结构构造特征的进一步深入研究，可恢复古海洋动力环境。

第二节　地质遗迹形成及演化

根据浙江省地质遗迹发育特点，分两大类论述全省重要地质遗迹的形成与演化。一类是基础地质大类的遗迹（含火山地貌类的火山机构亚类），从地质发展演化的脉络来总体阐述其形成与演化过程；另一类是地貌景观大类的遗迹，选择省内较为典型的遗迹类型，以单个遗迹或一类遗迹为范例，从宏观角度阐述其形成与演化过程，具体微地貌发育过程将不作深入探讨。

一、基础地质遗迹的形成与演化

浙江省重要地质遗迹形成与演化可以追溯到古元古代，在古元古代早中期花岗质原始陆壳的基础上，出现广海型裂陷槽，形成了八都（岩）群沉积。古元古代晚期（约 1 878Ma 前）发生的构造事件，使八都（岩）群遭受水平侧向挤压剪切变形，同时发生中高温角闪岩相区域变质，并伴有区域混合岩化作用和花岗岩侵入活动，最终形成中国东部地区最早的浙闽陆块，即华夏陆块的雏形。在此基础上，随着全球地质构造的演化，逐步演化形成如今的地质构造格局。

中元古代时期，扬子陆块与华夏陆块之间夹持一个古洋盆，在洋壳上存在着拉张期残留有花岗质陆壳碎片。

中元古代中晚期至末期（1 300～1 000Ma），由于古洋壳的消减作用和有关的火山-沉积作用，在大洋盆地中，首先堆积了陈蔡群底部的低钾拉斑玄武岩，随着洋壳消减，出现了初始岛弧环境，在碳酸盐补偿深度之上，开始了下河图期碳酸盐岩沉积；伴随岛弧的不断发展，弧下地壳逐渐增厚，火山作用由拉斑系列向钙碱系列转化，在此背景下，开始了徐岸期复理石沉积。

与此同时或稍晚，在扬子陆块东南缘一侧发育一条汇聚边界，即双溪坞岛弧地体的形成。随着洋壳的消减，陈蔡洋弧与双溪坞陆弧地体于 1 000Ma 左右开始碰撞拼贴，由此触发了陈蔡群中压角闪岩相变质作用及有关的花岗质岩浆活动；同时也导致扬子陆块东南缘双溪坞群褶皱变质。这一重要的地质作用演化过程，奠定了浙江省大地构造的基本格局，由此形成的不同大地构造单元在整个地质发展演化过程中存在着巨大的差异。

（一）扬子陆块东南缘地质作用过程

1. 蓟县纪—青白口纪地质作用过程

浙西北地区处于扬子陆块边缘，扬子陆块与华夏陆块之间的碰撞事件记录了火山地层序列——双溪坞群，其上部代表了扬子陆块东南边缘较成熟岛孤系的组成部分；下部则为岛弧海相细碧角斑岩-砂泥岩建造，代表了初始岛弧构造环境。

新元古界处于地壳伸展期，青白口系河上镇群下部厚达 400m 的磨拉石建造和中部 1 000 余米厚的滨海、浅海相陆源碎屑岩建造，上部普遍形成上墅期双峰式火山岩，并伴随双峰式岩浆侵入活动，厚达 1 700m。它记录了青白口纪全球罗迪尼亚古大陆裂解（华南大陆裂解）在浙江省的具体表现。

2. 南华纪—中志留世地质作用过程

受全球罗迪尼亚古大陆裂解影响，扬子东南缘自南华纪—震旦纪—寒武纪—奥陶纪—中志留世期间，沦为裂陷海盆（钱塘海盆），经历了多个海进、海退旋回过程，连续沉积了一套巨厚的碎屑岩建造、碳酸盐建造和复理石建造，最大厚度可达 14 000m 以上。

新元古界南华系：分布于龙游志棠、建德下涯埠、常山石龙岗开化小鄱坑等地，下南华统休宁组底部为厚10～50m的紫红色砾岩、砂砾岩及砂岩，向上为粉细砂岩、粉砂岩与泥岩互层夹沉凝灰岩，上南华统为南沱组冰碛含砾砂质泥岩夹含锰白云岩。厚300～2 470m。南华系休宁组与青白口系上墅组或骆家门组呈角度不整合接触。

新元古界震旦系：以马金-乌镇断裂为界，以西地区分为兰田组、板桥山组、皮园村组；以东地区分为陡山沱组、灯影组。下震旦统为粉细砂岩、粉砂岩与泥岩互层夹沉凝灰岩，含砾砂质泥岩夹含锰白云岩。上震旦统岩性变化大，在开化—淳安—安吉一带为硅质页岩，硅质岩夹白云岩；临安附近为砂质白云岩、石英砂岩；江山—绍兴一带为碳硅质泥岩、含钾粉砂岩及白云岩等。地层厚度以开化—临安一带为最大，达1 900m以上，两侧变薄，为1 300～1 400m。

寒武系：广布于浙西北区，岩性岩相基本相似，下部荷塘组为静水滞流盆地沉积的含磷碳硅质岩，以石煤层与下伏灯影组或皮园村组呈整合或平行不整合接触。中上部大陈岭组、杨柳岗组、华严寺组、西阳山组以白云质灰岩、条带状灰岩及透镜状泥质灰岩为主，富产球接子化石。杭州—嘉兴一带则为含碳白云质泥岩、白云岩。本系地层厚度变化大，在260～1 200m之间。

奥陶系：下奥陶统为印渚埠组、宁国组，中奥陶统为胡乐组，上奥陶统为黄泥岗组、长坞组和文昌组。以广海陆棚相的深水沉积为主，与寒武系上部的西阳山组为连续沉积。下中奥陶统以钙质泥岩、粉砂质页岩、硅质岩及瘤状灰岩为主，厚170～540m；杭州—嘉兴一带则为灰质白云岩、白云质灰岩及灰岩，厚240～2 760m。上奥陶统各地岩性变化不大，主要为钙质泥岩、粉砂岩与泥岩互层夹细砂岩，厚690～2 790m；在常山—江山一带则相变为三衢山组条带状灰岩、生物灰岩、黏结灰岩等，厚1 355m。

志留系：自下而上表现为进积型层序，下志留统霞乡组、河沥溪组为泥质粉砂岩与粉砂质泥岩互层，向上过渡为细砂岩与泥岩互层，厚250～2 180m。中志留统康山组和唐家坞组为细砂岩、粉砂岩、泥岩互层，并过渡为以中细粒岩屑砂岩为主，夹粉砂岩、泥岩，局部夹凝灰岩。厚度变化大，长兴—安吉—昌化一带厚3 800m以上，向南东至常山—萧山一带则变薄，为196m，且海水变浅，沉积物粒度变粗，陆源碎屑物主要来自浙东南蚀源区。

受加里东运动影响，整个扬子东南缘地区，地壳抬升，海水退却，缺失了晚志留世—中泥盆世时的沉积作用。

综上所述，扬子陆块东南缘地层岩石组合系统、清晰、完整地记录了这一时期海相沉积作用过程，生物化石系统完整，为区域性或全球性标准地层剖面的建立奠定了物质基础。其中有碓边大豆山寒武纪三叶虫化石 *Agnostotes orentalis* 出露系统完整，演化序列最为清晰，建立的寒武系第九个阶，即江山阶；常山黄泥塘奥陶纪 *Undulograptus austrodentatus* 生物带与下伏大湾阶顶部的生物带 *Exigraptus clavus* 的界线来定义，建立了奥陶系达瑞威尔阶。

3. 泥盆纪—二叠纪地质作用过程

受区域性加里东运动影响，钱塘海盆抬升，导致海盆面积大幅度萎缩，使得整个钱塘海盆沉积格局发生了重大变化。

泥盆系：晚泥盆世海相沉积作用主要分布于常山—杭州、安吉—长兴和兰溪、诸暨等地，表现为一套陆表海盆地的海陆交互相碎屑岩沉积环境。沉积了五通群西湖组和珠藏坞组，厚度205～492m。

石炭系：海相沉积作用分布局限，主要分布于江山—杭州、昌化—长兴一带，为陆表海台地相碳酸盐岩和碎屑岩建造，沉积了叶家塘组、藕塘底组、老虎洞组、黄龙组和船山组，厚度188～515m。

二叠系：海相沉积作用主要分布于江山—杭州、昌化—长兴等地，划分为梁山组、栖霞组、孤峰组、龙潭组、长兴组和大隆组。下二叠统以粉砂岩、碳硅质泥岩、硅质岩及燧石灰岩为主，厚226～575m。上二叠统下部为砂岩、粉砂岩、泥岩夹煤层；上部为灰岩夹泥岩，厚452～582m。

综上所述，浙江泥盆纪至二叠纪，海相沉积作用经历了多个海进、海退层序，其地层连续、系统，尤其是二叠纪海相地层系统完整，沉积稳定且持续久，生物演化连续、系统，其中长兴组地层完整地记录了二叠纪与三叠纪的时代过渡关系，是全球中生代与古生代划界的标准地层。

（二）华夏陆块西北缘地质作用过程

浙东南的华夏地层区，主要被中生代地层覆盖，前中生代地层主要有八都（岩）群、陈蔡群、芝溪头变质杂岩等。

1.古元古代地质作用过程

该时期主要变现为形成八都（岩）群变质基底。

沉积作用：八都（岩）群时代为古元古代早中期，属于中国东部地区最早的浙闽陆块，即华夏陆块的雏形。主要分布于龙泉、遂昌及龙游溪口一带，为一套富含石墨的黑云斜长变粒岩夹黑云片岩、长石石英岩及斜长角闪岩，原岩为陆源碎屑岩-黏土岩建造，形成于具有硅铝质陆壳的古陆块裂陷槽构造环境。

火山作用：在八都（岩）群中，局部地段夹有厚约82m的斜长角闪变粒岩及斜长角闪岩，其原岩为变拉斑玄武岩、中基性火山岩等，它也反映了花岗质陆壳基底上形成的裂陷槽内基性—中基性火山活动，是在拉张背景下形成的产物。

侵入作用：古元古代末期，构造运动伴随有岩浆侵入活动，侵入于八都（岩）群的岩体主要为淡竹混合花岗闪长岩，其结晶锆石U-Pb年龄值为1 878Ma，它代表了淡竹混合花岗闪长岩的岩浆结晶年龄，并与1 900～1 800Ma全球花岗岩的侵入事件相吻合。

变质作用：八都（岩）群代表性矿物组合为石英＋斜长石＋黑云母＋铁铝榴石＋矽线石±蓝晶石。主要变质岩带为蓝晶石-矽线石带，内部未见递增变质带，具单相变质特征，属高角闪岩相、中压相系（蓝晶石-矽线石）变质。变质压力为0.41～0.75GPa，温度为640～700℃。变质岩系中原岩面理已被彻底置换，变形构造强烈，经多次褶皱变形和韧性剪切变形之叠加，岩系处于无序状态。混合岩化作用强烈，局部形成混合花岗岩。因此，八都（岩）群属区域中高温变质作用类型，变质期为吕梁期。

构造变形：吕梁期褶皱构造变形产生于八都（岩）群中，由于多期强烈变形叠加及构造置换，致使八都（岩）群构造变形异常复杂。吕梁期褶皱主要为片内无根褶皱及紧闭褶皱。

2.中元古代地质作用过程

该时期主要变现为形成陈蔡群变质基底。

沉积作用：陈蔡群出露于诸暨陈蔡、松阳高亭、义乌尚阳、嵊州章镇及大衢山岛、龙泉、龙游灵山、衢县下呈等地，主要为一套中深变质的以含富含石墨黑云斜长变粒岩、斜长角闪岩、浅粒岩及石英岩为主，夹大理岩、石英片岩的岩石组合。原岩为基性火山岩-陆源碎屑岩-碳酸盐岩建造，形成于洋内岛弧型沉积环境。

火山作用：陈蔡群斜长角闪岩、角闪岩（原岩为拉斑玄武岩，属于喷溢相）的Sm-Nd钕等时代年龄为1 486Ma、1 385Ma、1 356Ma及1 279Ma，4个年龄值比较一致，接近1 300Ma或1 300～1 500Ma，可视为陈蔡群拉斑玄武岩的成岩年龄。

变质作用：陈蔡群之常见岩类主要为变粒岩、斜长角闪质岩、浅粒岩、大理岩及石英岩、石英片岩等，原岩为基性、中酸性火山岩-碎屑岩-碳酸盐岩建造。特征变质矿物为铁铝榴石、十字石、矽线石、蓝晶石、黑云母、角闪石等，可划分为铁铝榴石带、十字石-蓝晶石带及矽线石带，为角闪岩相、中压相系之变质。变质压力为0.3～0.51GPa，温度为540～640℃。变质原岩层理大部分已被构造置换，褶皱变形较强烈，并叠加韧性剪切变形，局部混合岩化发育。因此陈蔡群属区域动力热流变质作用的主变质期为中元古代。

构造变形：神功期表现为紧闭同斜褶皱、斜卧褶皱及宽缓开阔的小型褶皱和膝状褶皱；晋宁期褶皱构造变形发生于陈蔡群中，由于岩性的差异明显，具一定的成层性，花岗质岩石的叠加改造较弱，故构造样式较清楚，至少有3期构造变形，形成于晋宁期的构造变形主要为大型同斜背斜构造。加里东期发生了华夏陆块与扬子陆块拼贴碰撞后的走滑作用，形成了著名的诸暨王家宅韧性剪切带，这一构造作用基本奠定了浙江两大地质构造分区的基本格局。

3. 中生代侏罗纪—白垩纪—新近纪地质作用过程

华夏陆块与扬子陆块不同，自中元古代造山运动之后，长期以来处于构造侵蚀剥蚀阶段，是古生代钱塘盆地重要的蚀源区。晋宁运动、加里东运动和印支运动，古陆主要构造形式表现为与扬子陆块碰撞、拼贴和走滑，这一时期，发育有大型韧性剪切带断裂产出，导致原先变质岩系退变质作用的发生，其中省内著名的王家宅韧性剪切带形成于此阶段。

燕山早期，在华夏陆块局部低洼处，沉积有小规模的河湖沼泽相含煤碎屑岩建造，呈零星分布，属陆相盆地沉积环境。

燕山晚期，由于处于活动大陆边缘的华夏陆块，受古太平洋板块俯冲的影响强烈，导致古陆变质基底岩系的局部熔融，发生了中国地质史上最大规模的火山爆发和喷溢堆积，分布面积约占浙江面积的70%，形成了巨厚的火山碎屑堆积物，同时伴随有大规模的岩浆侵入活动。处于俯冲带上盘的扬子陆块和华夏陆块，均受到了火山碎屑岩类的覆盖。整个火山爆发和喷溢堆积过程，表现为空间上由北西向南东迁移；时间上向南东方向变新；岩浆演化序列自北西向南东，由中酸性—酸性—酸偏碱性—碱性变化。

随着板块俯冲强烈减弱，区域应力场在由挤压转为引张的机制下，早期具有基底属性的断裂发生了大规模的断陷作用，形成断陷盆地。断裂具有明显的控盆作用，早期断裂下切至下地壳，导致地幔岩浆的喷溢和喷发堆积(金衢盆地和永康群盆地均有表现)；中晚期沉积了一套巨厚的陆源碎屑物堆积的河湖相沉积，断裂控制着盆地的形成、发展演化及消亡全过程。

晚白垩世中期，浙江陆相盆地沉积作用基本结束，受地壳强烈抬升影响，晚白垩世晚期至新近纪其间未接受沉积，始终处于构造侵蚀剥蚀阶段。在新近纪晚期，受区域性规模活动影响，局部地区主要表现基底断裂控制的大规模玄武岩喷溢堆积，如著名的新嵊玄武岩台地地貌以及超基性岩筒的产出。

二、地貌景观遗迹的形成与演化

(一)岩溶地貌的形成与演化

1. 岩溶地貌演化特点

岩溶地貌的形成必须具备3个条件：首先，碳酸盐岩地层的存在是岩溶地貌形成的物质基础；其次，在碳酸盐岩石中具有一定的空隙或裂隙系统，为水的循环提供通道；最后，有适宜的地貌条件和地质构造条件，为水向碳酸盐岩渗入提供补给途经，并为水的排出提供通道。

宏观上，岩溶地貌的发展演化一般可分为4个阶段(图4-16)：第一阶段(a)，地表水在灰岩表面或沿节理面或裂隙面等发生溶蚀，形成溶蚀沟(或称溶蚀槽)、石芽；第二阶段(b)，溶蚀进一步发展，地面形成溶斗、溶圭、落水洞、石林，地下形成溶洞和暗河；第三阶段(c)，地下溶洞进一步扩大和塌陷，形成溶谷，加上构造抬升作用，地下暗河可出露地面，地面有溶洼和溶盆发育；第四阶段(d)，为岩溶发育晚期，地面形成岩溶残丘、孤峰，地下暗河转变成地表河流，地面高程降低，达到地下潜蚀下限，形成广阔溶原。

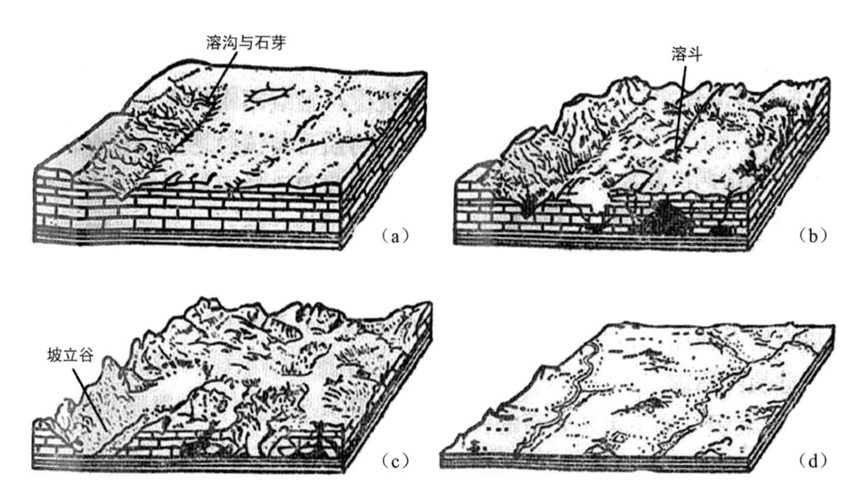

图 4-16　岩溶地貌的形成阶段(据 R・锐茨,1962)

2.典型岩溶地貌形成与演化

在全省重要地质遗迹中,碳酸盐岩(岩溶)地貌类型的遗迹有 8 处,主要分布在浙西北寒武纪、奥陶纪、石炭纪和二叠纪的碳酸盐岩地层中,地表岩溶和地下岩溶均有发育,总体以地下岩溶为主。以六洞山地下河为例,阐述其岩溶地貌的形成与演化过程。

六洞山岩溶发育的物质基础是晚石炭世—早二叠世沉积的船山组泥晶、粉晶灰岩,中二叠世沉积的栖霞组泥晶、粉晶灰岩夹薄层硅质岩或燧石条带。经历后期印支运动强烈的褶皱造山及燕山运动的影响,区内断裂发育,发育了大量的节理裂隙及断层破碎带,为岩溶发育提供了水流通道。新生代以来受喜马拉雅运动的影响,区内地壳以间歇性抬升为主,水流侵蚀剥蚀加速,六洞山所在的金华北山一带山体不断遭受侵蚀。渐新世后的地壳处于相对稳定时期,该区遭受剥蚀夷平。中新世早期地壳再次抬升,先期形成的夷平面遭受侵蚀分割,局部残留原貌。后经历多次地壳的抬升和稳定后,在金华北山一带发育了数层溶洞群。

六洞山地下河系统发育过程可分为以下 5 个阶段(图 4-17)。

第一阶段(可能在早更新世至中更新世):由于地壳的不断抬升,地表水系继续发育,河流下切至本区灰岩地带,区内具有溶蚀性的地表水及包气带地下水不断沿前期近东西向、北东向断裂构造带附近的裂隙及北倾地层层面溶蚀,特别是在构造带附近裂隙密集及船山组泥质页岩夹层等相对软弱地带岩溶发育更强度,形成了一系列小规模的洞厅、洞道、漏斗等,且在饱水带形成统一的潜水面。此阶段以溶蚀作用为主。

第二阶段(早期地下河形成,大致在晚更新世早期):随着岩溶的不断发育,岩溶区不但有水流的溶蚀和侵蚀作用,还开始了大规模的崩塌作用,特别是在涌雪洞、玉露洞等地带,在崩塌岩溶强烈的地带岩溶区面积不断扩大,形成较大的洞厅,落水洞进一步扩大,补给地下溶蚀性水量规模扩大,沿裂隙及层面等发育的岩溶通道不断连通,逐渐形成了早期的六洞山地下河。在白坑及西山寺等一带发育规模较大的落水洞与地下河相接。地下河经西山寺、白坑等落水洞向西流经玉露洞后向北流动,再经逍遥洞至涌雪洞,而后流经穹凌雪钟一带的洞道至现代地下河附近向西流向金衢盆地。地表水同时把砂砾石带进洞及河道内堆积,在现今地下河边槽及玉露洞至逍遥洞洞壁中均可见堆积物分布。

第三阶段(早期地下河停止发育阶段):约 4.5 万年前,可能因堆积物覆盖洼地落水洞和漏斗或其他原因,导致地下河水量减少,甚至断流,岩溶作用由原来的地下河侵蚀溶蚀转为地下裂隙水(滴水和壁流水)的堆积作用,特别是在洞厅、裂隙发育和有泥质页岩分布的地带,堆积了大量次生化学堆积物-流石钙华、钙质胶结的角砾等。

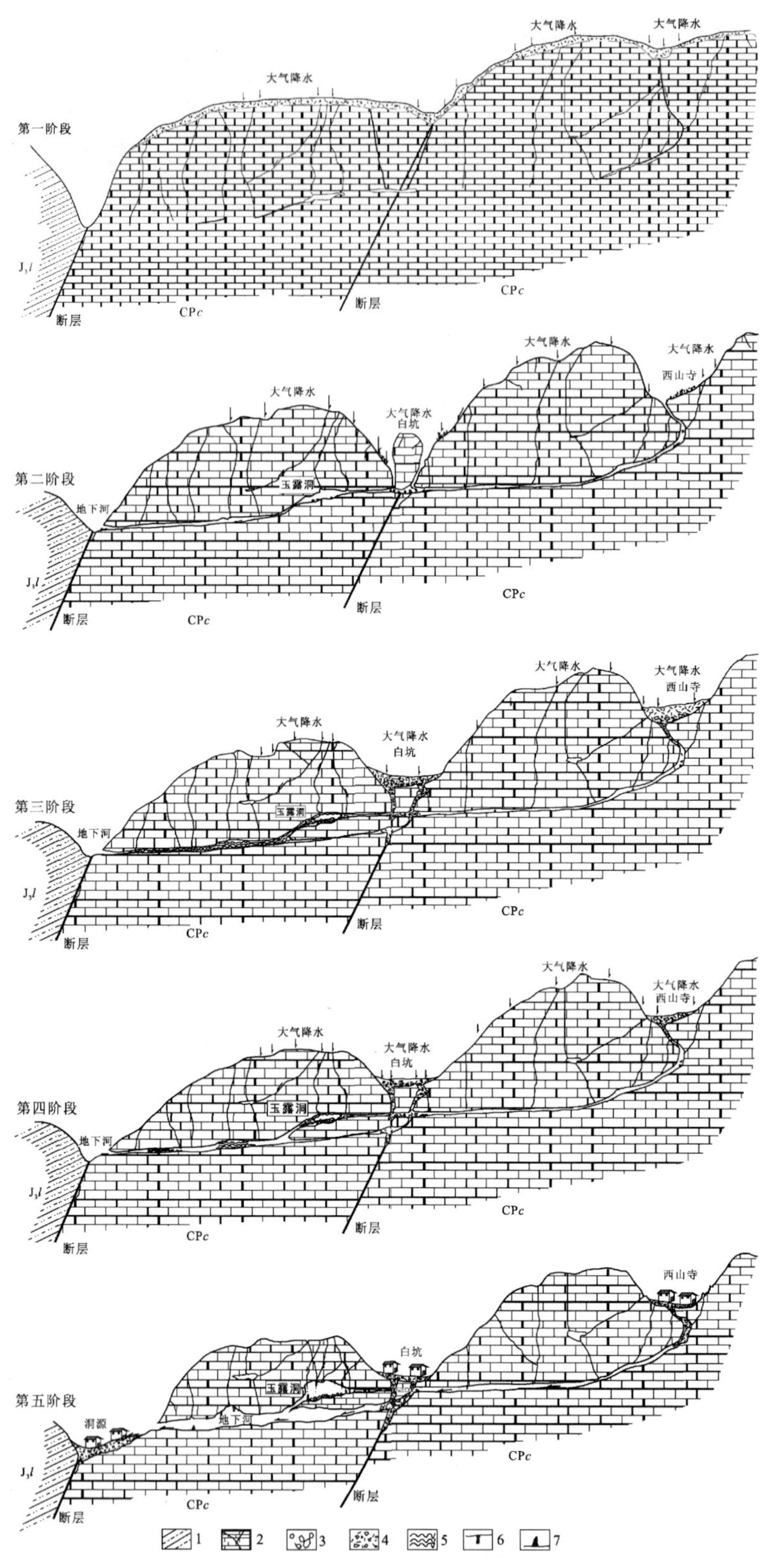

图 4-17　六洞山地下河系统演化示意图(据游省易等,2010)

1.凝灰质砂岩;2.灰岩及裂隙;3.崩塌块石;4.含碎石黏土;

5.钙华;6.洞顶次生堆积物;7.洞底次生堆积物

第四阶段(早期地下河再次发育阶段):4.5 万年后地下河再次发育,前期堆积在洞道、洞厅的次生化学堆积物由于颗粒大、孔隙大,最易遭受溶蚀和侵蚀,并不断发生崩塌,在玉露洞南部洞壁留下了蚀余的钙质胶结角砾及表面的侵蚀溶蚀涡穴,在憧憬石、浪峰螺蚌等地的洞顶形成了天锅,局部蚀余物形成如骷髅石、犀牛探江以及中流砥柱等地貌景观,崩塌堆积钙华形成了涌雪洞乌龟石等。该段时期内地壳处于缓慢抬升阶段,地下河以下蚀和侧向溶蚀侵蚀作用为主,因此在玉露洞及逍遥洞一带洞道倾斜度较大,高差大。

第五阶段(现代地下河发育阶段):随着岩溶发育以及地壳的抬升,岩溶区地表水不断下切,以往的洞厅和洞道也不断溶蚀、崩塌扩大,原地下河上游的岩溶通道也不断向周边扩张连通,最终在距今1.01 万年,地下河向北改道,形成现今的地下河道,玉露洞至逍遥洞地下河以及涌雪洞等脱离地下水位,仅与包气带地下水相接,失去了进一步发展的动力条件,洞穴此时以崩塌为主,同时开始发育大量的次生化学堆积物。

1.01 万年至今,该区地壳处于间歇性抬升阶段,在地壳相对稳定时期侧蚀作用大于下蚀作用,在洞壁形成侵蚀溶蚀边槽,随着地壳的缓慢抬升,下蚀作用大于侧蚀作用,河床就不断下降。根据区内多级边槽情况分析,在全新世早期地壳相对稳定,形成了最早的边槽;而后地壳开始抬升,地下河开始下蚀,但抬升速度由快变缓,因此第二期边槽不明显;后期地壳处于相对稳定阶段,地下河则以侧蚀为主,形成现今的河床侧蚀边槽,最大深度可达 5m。

(二)花岗岩地貌的形成与演化

1.浙江花岗岩地貌演化特点

根据省内典型花岗岩地貌景观演化特征,把省内花岗岩地貌景观的形成与演化大致分为 4 个阶段:岩体形成阶段、剥蚀夷平阶段、抬升阶段和地貌发育阶段(图 4-18)。

1)岩体形成阶段

根据区域侵入岩地质特征及地质背景特征分析,浙江成景花岗岩主要形成于白垩纪早期环太平洋岩浆活跃阶段,即燕山运动晚期,此时浙江东部及沿海岛屿所处的构造环境由挤压转向拉张伸展环境。在拉张应力状态下,北北东向断裂下切深度增大,上地幔部分熔融所形成的玄武质岩浆沿张裂隙断续地注入到地壳中,并与地壳物质发生部分熔融,随着拉张的不断进行,岩浆来源越来越深,地幔来源的玄武岩浆沿深断裂上升注入到地壳中的数量明显增多,因而地壳部分熔融作用增强,最终导致大规模硅铝质岩浆层形成[图 4-18(a)]。早白垩世末,经过先期岩浆不断的喷发侵入作用,岩浆发展已进入最终的阶段,这些经过多次分异分馏作用的残余岩浆沿构造薄弱部位侵入。此时期的花岗岩以富硅高碱、贫铝低钙为特点,岩性以晶洞碱长或碱性花岗岩为代表(如普陀山岩体),在空间上与先期形成的I型花岗岩呈共生关系。

2)剥蚀夷平阶段

白垩纪后,区域岩浆活动趋于平缓。早期形成的山体在流水侵蚀和风化剥蚀的长期作用下,逐渐遭受分割、破坏、夷平。直到中新世前后,全球地壳活动达到空前的稳定期,并延续相当长的时间(超过 10Ma),山体地貌被夷平为“准平原”状态,并在其表面形成厚厚的风化壳,局部风化壳上还残留有早期的山体(残留岩岗)[图 4-18(b)]。此时,浙江沿海一带的山体高度普遍接近海平面,一般高程在100m 左右。中新世夷平面形成后,局部地区沿深断裂上侵的玄武质岩浆溢出地表,覆盖在夷平面上,形成中新世的玄武岩台地(嵊县组)。中新世玄武岩的出现,为定性判断夷平面形成的时代提供了较为可靠的证据。

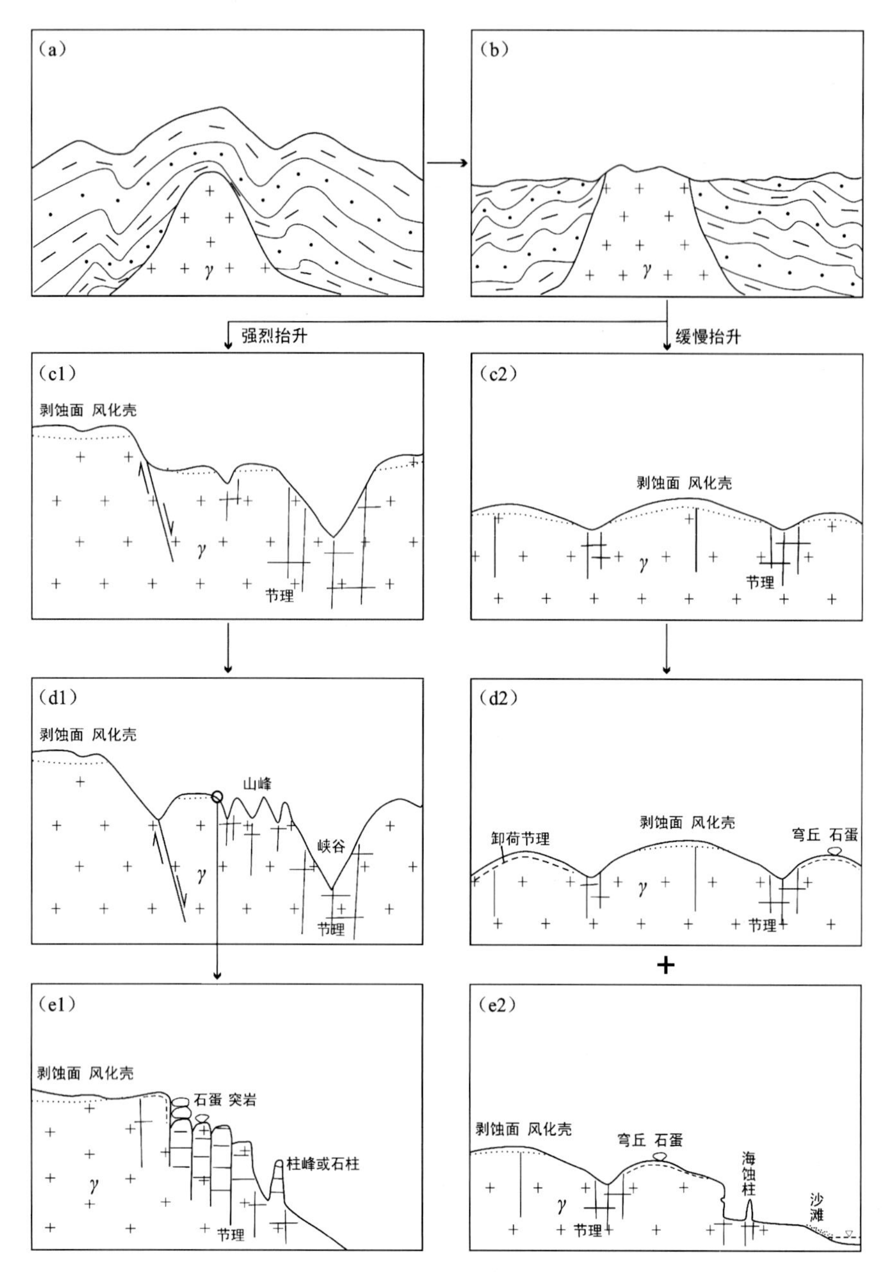

图 4-18 浙江花岗岩地貌演化阶段简图

3)抬升阶段

地壳抬升为地貌演化提供了内动力作用,是地貌发展与演化的重要条件之一。上新世以来,区域地壳抬升,打破了早期地貌稳定的格局,“准平原”被肢解,由于地壳抬升的极不均衡性,抬升幅度不一,新构造活动造成夷平面垂向错动,同一夷平面被抬升到不同高度[图 4-18(c)]。就浙江省境内来说,天目山-清凉峰、仙霞岭-洞宫山等地为显著抬升区,夷平面被抬升到 900~1 200m 不等的高度;天台山、大罗山、富山等地抬升稍弱,夷平面被抬升到 450~600m;东部海岛普陀山、南麂岛等地抬升微弱,基本保持原来形成的高度。从夷平面以下发育的剥蚀面及沿海海平面变化来看,新生代以来的地壳抬升并非是持续不变的,期间还曾有几次稳定期。

4)地貌发育阶段

地貌的发育是从分割夷平面开展演化的。伴随着地壳的抬升,地貌的演化在一步步推进。早期形成的地貌被逐渐演化消亡,新的地貌单元在不断诞生[图 4-18(d)]。普遍认为,现代地貌是第四纪以来(特别是全新世以来)地貌演化的结果。从全省地貌特征来看,更新世普遍存在一个地貌发展稳定期,形成有层状地貌面(剥蚀面),局部地区发育有风化层。同时,该期区域上均形成有崩积地貌,崩积物多发育在层状地貌的积水盆地或宽谷内(山沟沟、富山、万马渡等),推测应为区域性内力作用(地震等)的结果。全新世以来,不仅形成了现代沟谷地貌,还把早期形成的地貌单元进一步演化。缓慢抬升区风化壳内石蛋层进一步剥离,形成石蛋地貌或突岩(大罗山、琼台仙谷等),已被剥离的石蛋层进一步演化为穹峰及残留石蛋地貌(普陀山等)[图 4-18(e)];持续显著抬升的区域,夷平面被流水侵蚀分割后,形成峡谷地貌及峰丛地貌(大明山等)。

2.典型花岗岩地貌形成与演化

以天台山为例,阐述其花岗岩地貌的形成与演化过程。

燕山运动晚期,区域岩浆侵入活动强烈,在该区形成了早白垩世龙皇堂花岗岩体(天台山岩体),该岩体是天台山花岗岩地貌形成的物质基础。

中新世形成的区域剥蚀面(夷平面),在该区得到了保留及印证,该区不同区块发育在 450～550m 及 650～750m 的两级层状地貌面均是中新世区域剥蚀面(夷平面)的残留。

上新世以来,在地壳内外力的共同作用下,夷平面被差异抬升,拉高到不同高度(新断裂开始活动),同时夷平面被肢解破坏,花岗岩风化壳遭到侵蚀,山体遭到流水侵蚀及风化剥蚀,基岩裸露。至新近纪末,区域趋于稳定,万马渡一带地貌格架基本形成(琼台仙谷一带处于低位,地貌未发育或仅是发育雏形)。

早更新世,风化壳遭受剥蚀,石蛋层暴露于地表,各类突岩开始发育(图 4-19)。中更新世,由于某种应力作用(地震、地壳抬升或其他),山体遭受强烈的剥蚀崩塌,崩塌形成的巨砾(含部分石蛋)在重力作用下沿山坡滚入山谷,停留在山坡缓坡地带(巨砾坡)及谷底(石河)。山坡上的巨砾被坡积物包围或覆盖,沟谷内形成中更新世地层;谷底中虽有坡积物,但有流水的长期作用被冲刷掉。

在中更新世强烈的剥蚀崩塌后(或其他内力作用),因暴雨等自然现象形成的多次泥石流改变了部分山坡及谷底巨砾保存的形态,把山坡及部分谷地的巨砾搬运到中游或下游,堆积到谷底坡降变缓或沟谷变宽处,形成"石河"。

随后,长期的自然风化剥蚀及间歇性的流水作用也使堆积在沟谷中的巨砾棱角逐渐消失,趋于圆化,部分体量小的砾石(或碎石)被风化剥蚀掉。

更新世晚期—全新世以来的地壳整体抬升,流水下切,形成现代沟谷及琼台仙谷峡谷。万马渡石河下游形成有与琼台仙谷类似的深切沟谷地貌,是进一步佐证琼台仙谷地貌是最晚期形成的重要证据。

(三)丹霞地貌的形成与演化

1.丹霞地貌演化特点

浙江省丹霞地貌景观资源丰富,是中国东南部丹霞地貌集中分布区之一。丹霞是在地壳运动中局部被抬升并受密集断裂深切的厚层陆相红层被流水侵蚀,在风化、溶蚀、搬运等外动力的共同作用下,塑造成以赤壁丹崖为特征的,群峰耸峙、峡谷深切、风景优美的一种特殊地貌。丹霞地貌演化过程一般经历以下几个阶段。

1)原始盆地面的分解

从原始盆地面开始,早期原始盆地面保持着沉积作用形成的自然地势面,具有面平整、坡平缓、分布连续等特点。随着地壳缓慢抬升作用,导致当地河流侵蚀基准面下降,首先经受在盆缘地带的河流

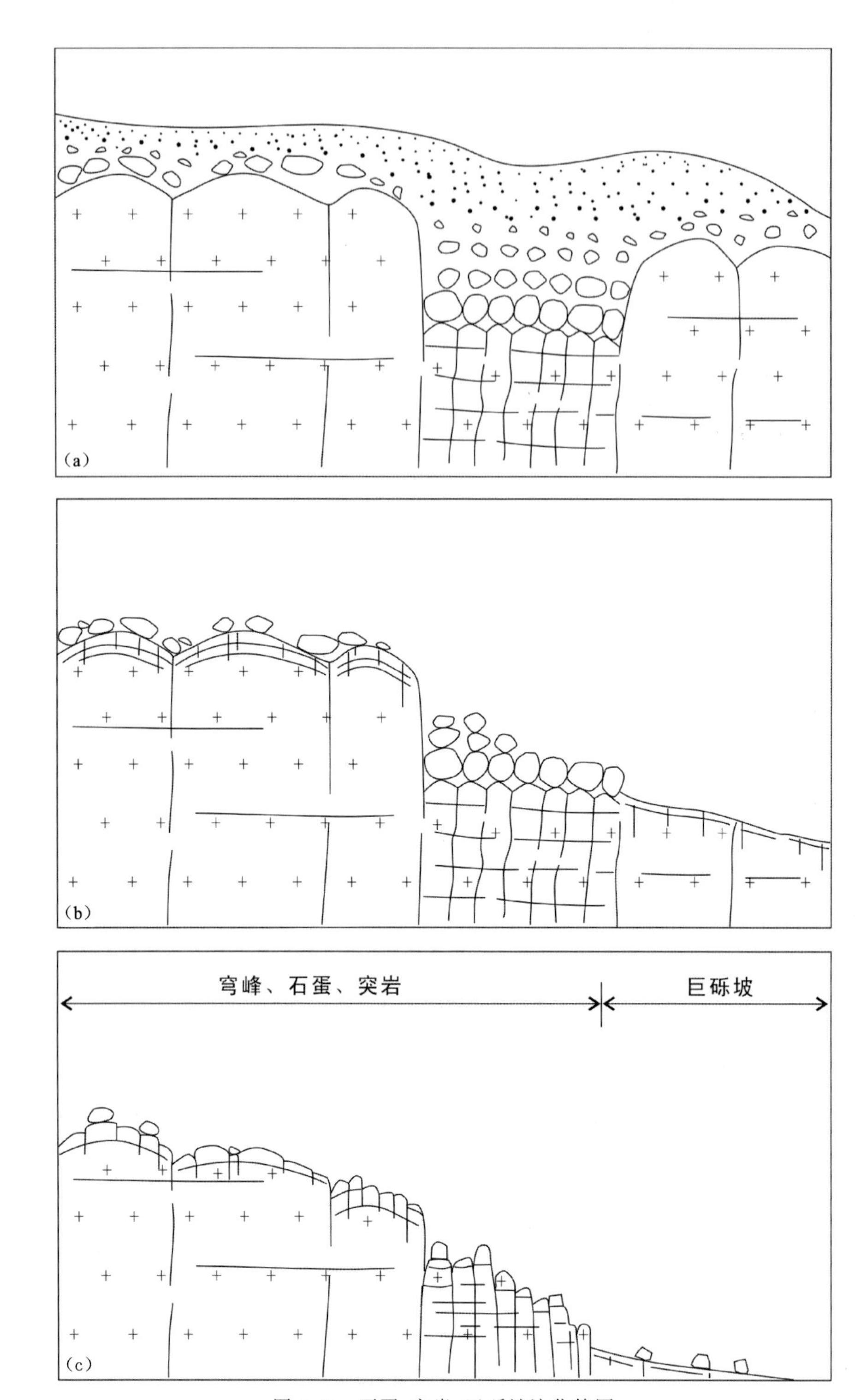

图 4-19　石蛋、突岩、巨砾坡演化简图

下切作用，被逐步分割，使原始盆地面的连续性和完整性遭到破坏，分离出众多独立的丹霞台地，此类台地面均高出当地流水侵蚀基准面，因此，在丹霞台地周边逐渐形成陡坎或崖壁的雏形地貌。

2)围绕台地的地貌演化过程

丹霞台地是丹霞地貌演化的基础平台和物质组成，其核心内容就是围绕着丹霞台地的地貌演化过程。在外营力的作用下，地貌演化首先从丹霞台地边缘向台地内部进行，地貌均以崖壁为主体，周而复始地推进，其间发育出丰富的地貌类型，也呈现出较完整的地貌演化过程。即经历了丹霞台地—丹霞崖壁(其间分布水平岩槽)—丹霞线谷、巷谷和峡谷—丹霞峰丛—丹霞柱峰—丹霞屏峰—孤峰残丘—山麓剥蚀平原。

3)丹霞台地消亡阶段

周而复始的地貌演化过程，不断向着丹霞台地中心推进，导致外围早期山麓剥蚀平原不断扩大。武义盆地与省内其他盆地一样，在漫长的地质发展时期里，早期统一完整的丹霞台地，由多变少、由大变小、由高变低，这一切均是由丹霞崖壁的新旧交替、不断推进所导致的变化。随着侵蚀剥蚀作用的持续进行，丹霞台地最终消亡，而由台地衍生出来的各类型地貌单元，也最终被夷平殆尽。

2. 典型丹霞地貌形成与演化

以江郎山为例，阐述其丹霞地貌的形成与演化过程。

江郎山丹霞发育经历了峡口盆地的形成、红层沉积、盆地抬升、断裂变动、外动力侵蚀、地貌老年化、再次间歇性抬升等一系列过程(图 4-20)。

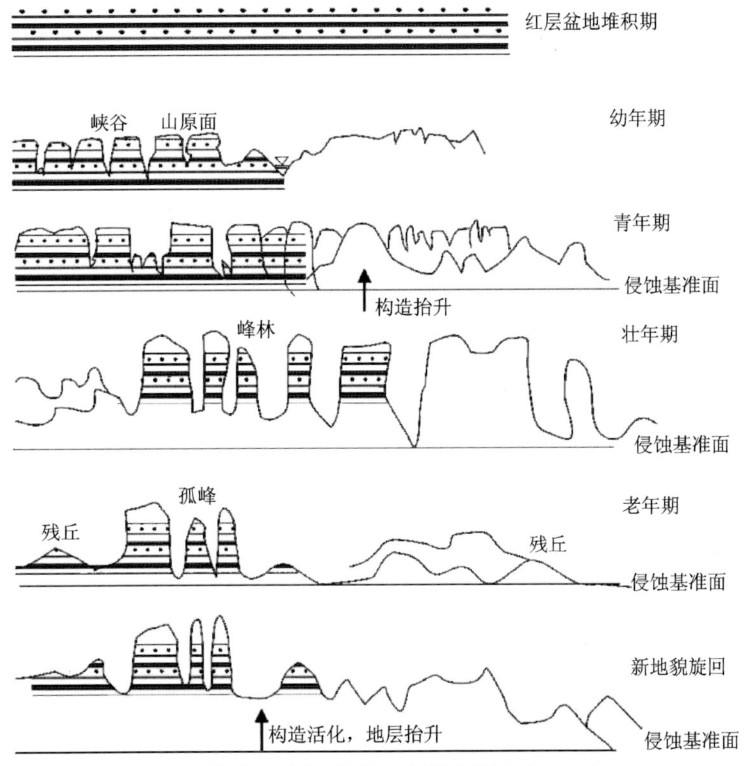

图 4-20 江郎山丹霞地貌形成过程示意图(据朱诚等，2009)

早白垩世早期在盆地范围内发生大规模的岩浆活动，形成了早白垩世火山岩系；早白垩世晚期受深断裂拉张裂陷影响，形成了永康群馆头组、朝川组和方岩组的红色陆相碎屑沉积地层，方岩组是构成该区丹霞地貌的主体地层。受盆边断裂控制，目前仅出露于江郎山—张村一带，面积约 16km^2。方岩组岩性为浅灰红色块状砾岩、砂砾岩夹少量透镜状粉砂细砂岩。在三爿石一带厚约 500m。晚白垩世早期控盆断裂发生强烈挤压，峡口盆地逐渐结束沉积，并缓慢抬升。

到古近纪末，抬升后的峡口盆地经长期侵蚀，处于低缓的准平原状态。大规模的抬升发生在中新世以来的构造运动。到上新世，江郎山所在的峡口盆地丹霞地貌已经演化到老年期，三爿石等丹霞孤峰分布在准平原化的平原缓丘上。第四纪以来本区地壳再次抬升约 300m，三爿石等孤峰随着抬升成为高位孤峰，在第四纪早期的稳定期发育了第三级剥夷面。中更新世以来的新构造运动使本区再度间歇性抬升了100多米，三爿石等孤峰被同步抬升至现代的高度。

所以江郎山是一处典型的老年化丹霞地貌在后期构造运动中被抬升的高位丹霞孤峰。具有独特的地球科学价值和地貌演化的模式意义。

（四）火山岩地貌的形成与演化

1.火山岩地貌演化特点

火山岩地貌的形成是地质背景和各种外动力地共同作用的产物。早期受到区域性风化剥蚀的作用，形成区域性的夷平面，若流纹岩产状较为平缓，且地貌发育程度较低，则容易形成方山或熔岩平台；随着地壳稳定期的结束，地壳抬升，剥蚀作用逐渐转为流水侵蚀作用，形成岩嶂、石门、峡谷、岩洞和巨大的柱峰，是塑造火山岩地貌的主要阶段；伴随侵蚀作用的是重力崩塌作用，形成倒石堆和洞穴等堆积地貌景观。

通过对省内成景火山岩地貌分析，景观区多以喷溢相酸性熔岩或酸性熔岩为主体夹少量火山碎屑岩类构成的熔岩台地为基础发展演化而来，而单一的火山碎屑岩山体则难以成景。因此，火山岩地貌景观是以火山熔岩台地为基础、构造作用为条件和风化流水侵蚀重塑为重要因素。

1）熔岩台地是火山岩地貌形成的基础

火山活动以喷溢相酸性熔岩（流纹岩）为主体，经历了多期次、多旋回的岩浆喷溢活动，在火山构造洼地或破火山口内堆积。流淌的炽热岩浆具有填平洼地的特点，最终形成一定规模和相对平坦的熔岩台地，熔岩台地具有近水平产状之属性。台地边缘是地貌重塑最活跃的地带，受常年流水侵蚀作用，为地貌的形成奠定了基础。如省内著名的雁荡山、桃渚和仙都等火山岩地貌是在火山构造洼地内堆积的熔岩台地的基础上发展而来，神仙居火山岩地貌则是在复活破火山构造内堆积的熔岩台地的基础上形成的。

2）构造作用是火山岩地貌形成的条件

火山岩地貌的发育程度与断裂构造和节理裂隙作用关系密切，即岩石的挤压破碎有利于风化侵蚀和流水侵蚀作用，可以加快地貌单元的重塑过程。早期熔岩台地具有完整性和统一性，台地面地势平坦，有较大的分布范围。后期受区域性断裂切割，分裂出若干个熔岩台地，其完整性和统一性遭到破坏，台地之间逐渐形成众多不同方向的峡谷或沟谷，为山涧河流形成奠定了基础，为风化和流水侵蚀作用创造了条件。

3）风化流水侵蚀是火山岩地貌重塑的重要因素

在喜马拉雅期地壳构造抬升的背景下，峡谷溪河不断加剧溯源侵蚀、流水侧向侵蚀以及山麓地带受长期的片状水流冲刷和重力崩落作用下，山坡逐渐后退而形成山麓剥蚀面，即峡谷或谷地两侧崖壁不断发生崩塌，峡谷或谷地空间不断增大，熔岩台地面积不断缩小，最终消亡。在崖壁外侧，由远至近依次可以形成溪河、麓坡、残丘、孤石、孤峰、石柱、柱峰、峰林、峰丛、岩嶂和残留台地等火山岩地貌单元组合。

2.典型火山岩地貌形成与演化

以雁荡山为例，阐述其火山岩地貌的形成与演化过程。

雁荡山雁湖岗是一海拔高度为850～900m的宽浅谷地，谷地宽约800m，长达1 500m，局部有积水洼地存在。谷底堆积着厚约8m的红色风化壳层，风化壳之下的基底为石英正长岩体。这里是一古夷平面的残遗。现代雁荡山地区地貌景观的发育肇始于这一级夷平面的分裂。同处浙江沿海的新昌市万马渡，在海拔700～750m的高度上保留着一级具有红色风化壳夷平面，风化壳之上覆盖着时代为7～8Ma的玄武岩层。据此对比，雁荡山这级夷平面发育的结束时代可能是新近纪。

自新近纪以来，由于区域阶段性构造抬升，区域这级夷平面开始逐渐解体。在风化作用和不断增强的流水侵蚀作用之下，地表流纹岩地貌形态朝着一定方向发生着缓慢变化。沿着这一变化方向，根据地貌形态及其组合特征的不同，可分为以下几个演化阶段(图 4-21)。

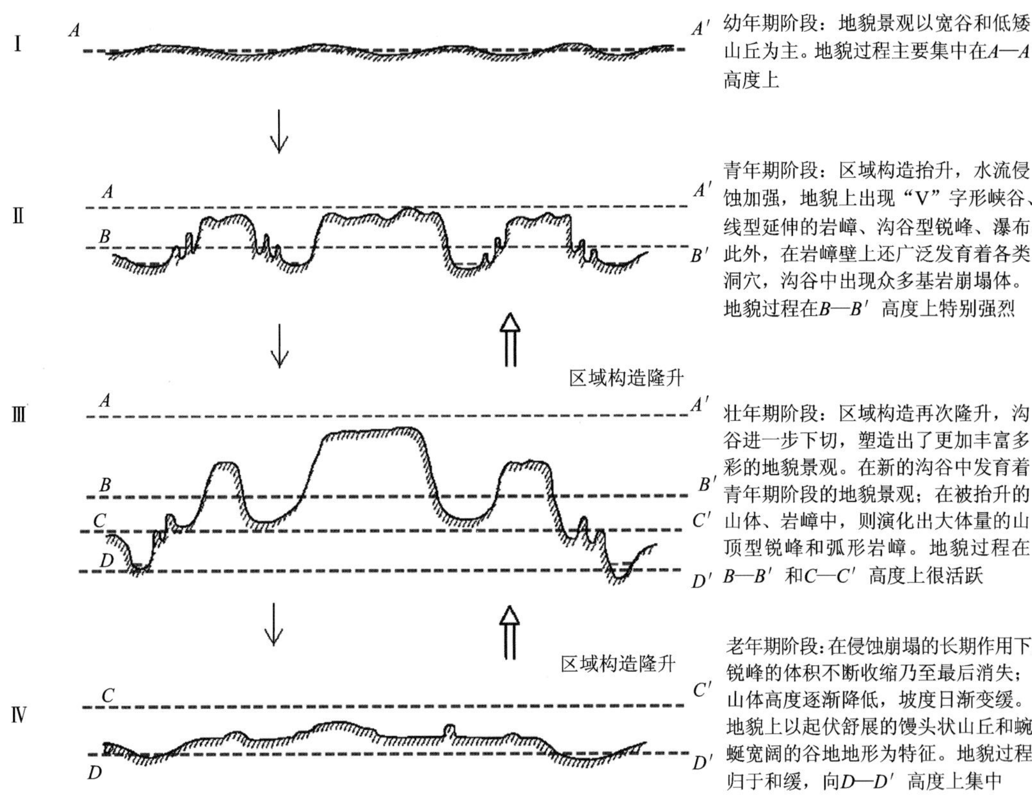

图 4-21　雁荡山流纹岩地貌演化过程示意图(据陈美君等,2010)

第Ⅰ阶段：夷平面抬升后，地表坡降加大，流水侵蚀作用增强。但这种增强了的侵蚀作用只在抬升后的夷平面边缘地带表现得非常显著；在夷平面内部，侵蚀仍然较弱。这一时期地表仍保持着宽谷和低矮山丘状形态。目前，雁湖岗的宽浅谷地地形就是处在这个发育阶段。

第Ⅱ阶段：随着流水下切侵蚀和溯源侵蚀的发展，夷平面被分割解体，形成了很多“V”形峡谷。这些峡谷在水流持续的侧向侵蚀和谷壁风化崩塌作用下，不断被拓宽，并于两侧岩壁上发育出岩嶂地貌，于两侧谷坡附近形成沟谷型锐峰景观。处在这个发育阶段的地貌景观目前在大龙湫景区、小龙湫景区和灵峰景区的谷底都可以见到。

第Ⅲ阶段：当区域新的一次构造隆升导致侵蚀基准面的相对下降后，新一轮沟谷的下切和溯源侵蚀会使沟床的高度降低，原先的老沟谷及其中所发育的沟谷型锐峰和岩嶂也被相对抬升。抬升后的锐峰随着后期的侵蚀崩塌会逐渐萎缩乃至最终消亡，只有少数仍保留着一些残存，形成小体量的山顶型锐峰，如金鸡峰等。抬升后的岩嶂会不断崩塌后退，使其所包围的基岩山体逐渐缩小，并最终形成大体量的山顶型锐峰景观，如观音峰、纱帽峰等。处在这个发育阶段的地貌景观，目前可以在区域内一些高海拔的地带见到。

第Ⅳ阶段：在侵蚀崩塌作用下，处在高海拔的山顶型锐峰，其体积也在不断收缩，乃至最后消失。如果某一期次流纹岩层在这样的地貌过程中被蚀而消失殆尽，那么其下伏的老岩层会露出来而开始着同样的地貌循环过程。一旦底部出露的是一些易于风化剥蚀、垂直节理不太发育的岩层，则剥蚀作用将使得区域地貌变成缓坡丘陵。如响岭头以南的丘陵地形。

从发育演化规律上看，区域流纹岩地貌的最显著特征在于：地貌景观具有垂直分带性，从现代沟谷谷底至山顶的地貌形态及其组合变化代表着地貌演化的不同阶段。

(五)海岸地貌的形成与演化

1.海岸地貌演化特点

海岸地貌是由波浪、潮汐和近岸流等海洋水动力作用所形成的地貌,它通常分布在平均海平面上下10～20m,宽度在数千米至数十千米的地带内(吴正,2009)。

根据海岸物质组成可以将海岸划分为4种类型:基岩海岸、沙质海岸、淤泥质海岸和生物海岸(周翔等,2007)。省内海岸以基岩海岸为主,因此,这里仅总结阐述基岩海岸的地貌演化规律。

根据海岸线与地质构造关系可分为里亚式海岸和达尔马堤亚式海岸。前者是海岸线与构造线直交,岸线曲折,又称横海岸;后者是海岸线与构造线平行,有一些与岸线走向平行的岛屿发育,又称纵海岸。据此关系,浙江海岸线总体比较曲折,应归为横海岸,但不排除局部发育有纵海岸。

基岩海岸区,海蚀地貌与海积地貌并存,地貌的发育与海水的波浪作用关系密切(吴正,2009)。波浪挟带沙砾岩块撞击、冲刷、研磨破坏海岸的作用称为海蚀作用,海蚀作用的结果是发育形成海蚀崖、海蚀洞、海蚀柱、海蚀龛(穴)、海蚀平台等海蚀地貌(图4-22);海岸带的泥沙在波浪水流作用下,发生横向和纵向运动,泥沙运动受阻或波浪水流动力减弱时,会产生堆积,形成各种海积地貌,如沙滩、沙坝等。

当海平面上升时,海水入侵海岸带附近的山地丘陵区,海岸线多弯曲,水下岸坡坡陡水深,波浪作用是海岸地貌演化的主要动力(周翔等,2007)。演化初期,由于岸线非常曲折,波浪折射,岬角处波能汇聚,海湾中波能辐散,在岬角处易发育海蚀崖,在海湾内出现堆积,海岸基本保持原有岸线的特征[图4-23(a)]。海岸地貌进一步演化,岬角处形成大规模的海蚀崖和岩滩,连接大陆和岛屿的连岛坝、湾口的沙嘴、湾中坝及湾顶沙滩等海积地貌也大量出现[(图4-23(b)]。当岛屿被蚀去,岬角进一步侵蚀后退,湾口被砂坝封闭,阻断了海湾与外海的连通,使岸线趋于平直,形成基岩岸段(海蚀崖)和砂砾岸段相间分布的夷平岸[(图4-23(c))。最后海蚀崖不断后退,退至海湾岸线位置时,岬角全部被侵蚀掉,残留宽广的岩滩,此时,海蚀崖在宽广岩滩的保护下,停止后退,海岸趋于稳定,形成平直的基岩磨蚀夷平岸[(图4-23(d)]。至此,基岩海岸地貌的演化结束。

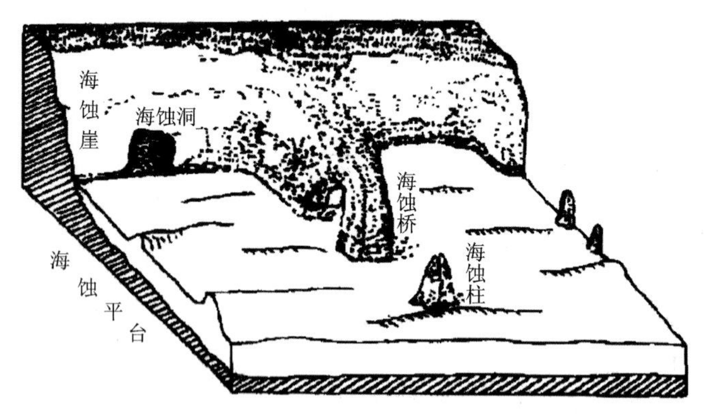

图4-22　基岩海岸的海蚀地貌(据周翔等,2007)

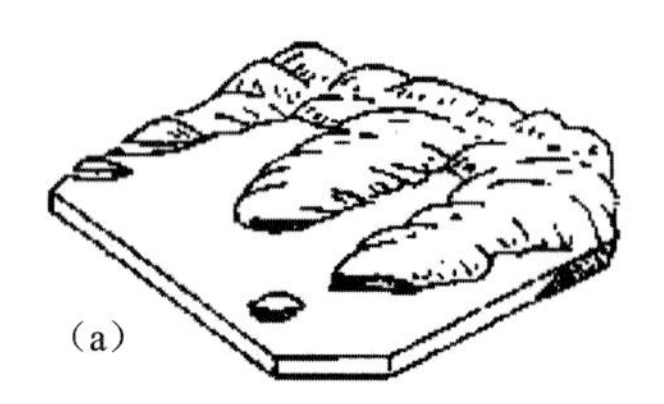

图4-23　基岩海岸地貌演化图示(据D·W·约翰逊,1919)

2. 典型海岸地貌形成与演化

以普陀山和南麂列岛为例，阐述其海岸地貌的形成与演化。

白垩纪中后期，环太平洋火山带岩浆活动强烈，在中国东南沿海产生了大量的岩浆侵入活动，形成了一系列花岗岩浆侵入体，普陀山花岗岩侵入体就是其中的一个。此后经历了长期的稳定阶段，至中新世区域的剥蚀面（夷平面）形成。

此后经历了长期的剥蚀阶段及多次小幅抬升和稳定时期，普陀山一带的山体不断被改造。山体在风化剥蚀和流水侵蚀的不断作用下，风化壳被不断侵蚀掉，从部分山体顶部仅残留有石蛋看，风化壳已经基本被剥蚀殆尽，目前山顶基本保留为风化壳根部（风化前锋）的特征。

普陀山岛北部风沙岙一带（高程 60m）保留有晚更新世中晚期的老红砂岩（李东环等，2005），研究认为是末次冰期（玉木冰期）的风砂沉积，冰后期初期的升温期（北方期）和高温期（大西洋期）的红化（氧化）作用，演变成老红砂。同时，老红砂中发现有湖泊沉积序列，序列底部产有代表着末次间冰期早期阶段湿暖气候条件下的陆相古植物化石组合（张明书等，1999）。说明晚更新世时普陀山风沙岙一带曾存在过湖泊环境，而目前风沙岙一带面临大海，据此可以推测：晚更新世以来，该区曾有小幅抬升，海蚀作用强烈，随着海蚀崖的逐渐后退，早期形成的湖泊地貌被海蚀殆尽。

全新世以来，海平面也存在多次升降的变化，山体表面保留的多层次海蚀龛（图 4-24）、海蚀洞和海蚀平台正是海平面变化的直接反映。

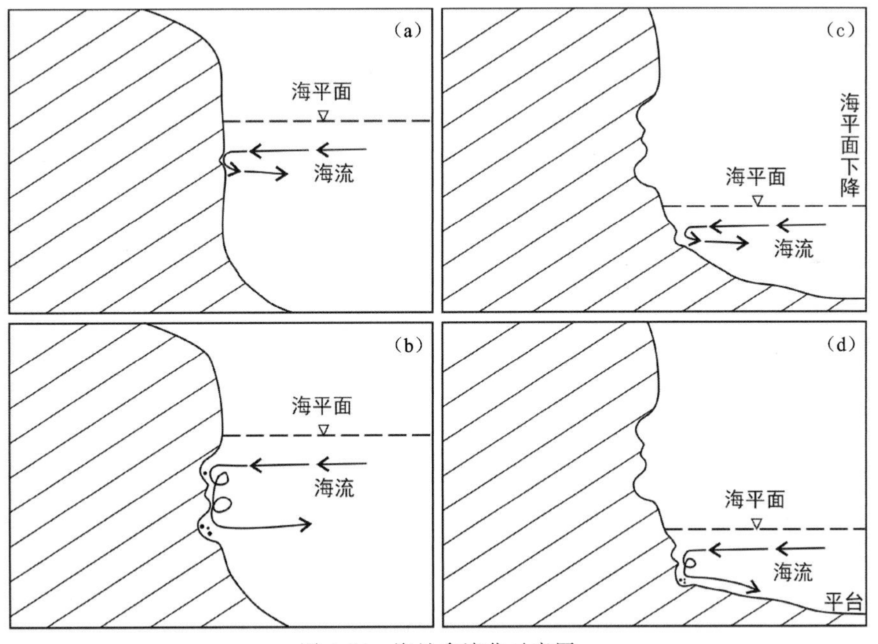

图 4-24　海蚀龛演化示意图

从山体发育的高程分别为 7～17m、34～44m、90～102m 的 3 级海蚀龛分析，海侵时期的海平面曾经到达过此高度，最高比现在至少高出 100m 左右。

海水对基岩海岸的长期侵蚀及堆积作用形成类型多样的海蚀及海积地貌。

由于普陀山一带新生代以来不曾经历过迅速抬升过程，亦不可能形成陡峭的山峰地貌，中新世形成的区域性剥蚀面（夷平面）只能经历慢慢的侵蚀及风化过程，从目前风化壳剥蚀殆尽的特征分析，普陀山山体地貌整体属成景地貌晚期（第五阶段），为老年期地貌演化阶段。

南麂列岛一带，海岸带均为岩质海岸，且岬角发育，根据海蚀作用的特点，在岬角地带水深较大，水下岸坡变化下，外来的波浪能直接达到岸边，将对海岸岩壁产生巨大的冲击力，同时波浪水体的巨大压力及被其压缩的空气沿岩石裂隙发育产生强烈的破坏，被破坏的岩屑砂砾随波浪研磨基岩，加快了海蚀作用的速度。

岩体长期被海浪侵蚀，海平面附近形成凹穴，称为海蚀穴（龛）。若海蚀作用不断加强，海蚀穴（龛）向横纵方向继续扩大，就形成了海蚀洞。海蚀穴和海蚀洞上部岩体在重力作用下沿构造面或岩石剪切破坏面发生崩塌，形成了陡立的崖壁，称为海蚀崖，在海蚀崖向海一侧的前缘岸坡上，便塑造出一个微微向海倾斜的平坦岩礁面。崩塌产生的岩体堆积于下部或又被海水带走，海岸线会不断后退，平台不断地展宽，直到波浪通过平台，能量全消耗于对平台的摩擦以及对碎屑物质的搬移上，海蚀崖停止后退，海蚀崖下部向海略倾的平台称为海蚀平台，若后经地壳抬升或海平面下降而裸露海平面之上，就形成了海蚀阶地和古海蚀崖，海平面附近的海岸继续按上述海蚀作用演化，周而复始直到海平面长期稳定（图 4-25）。

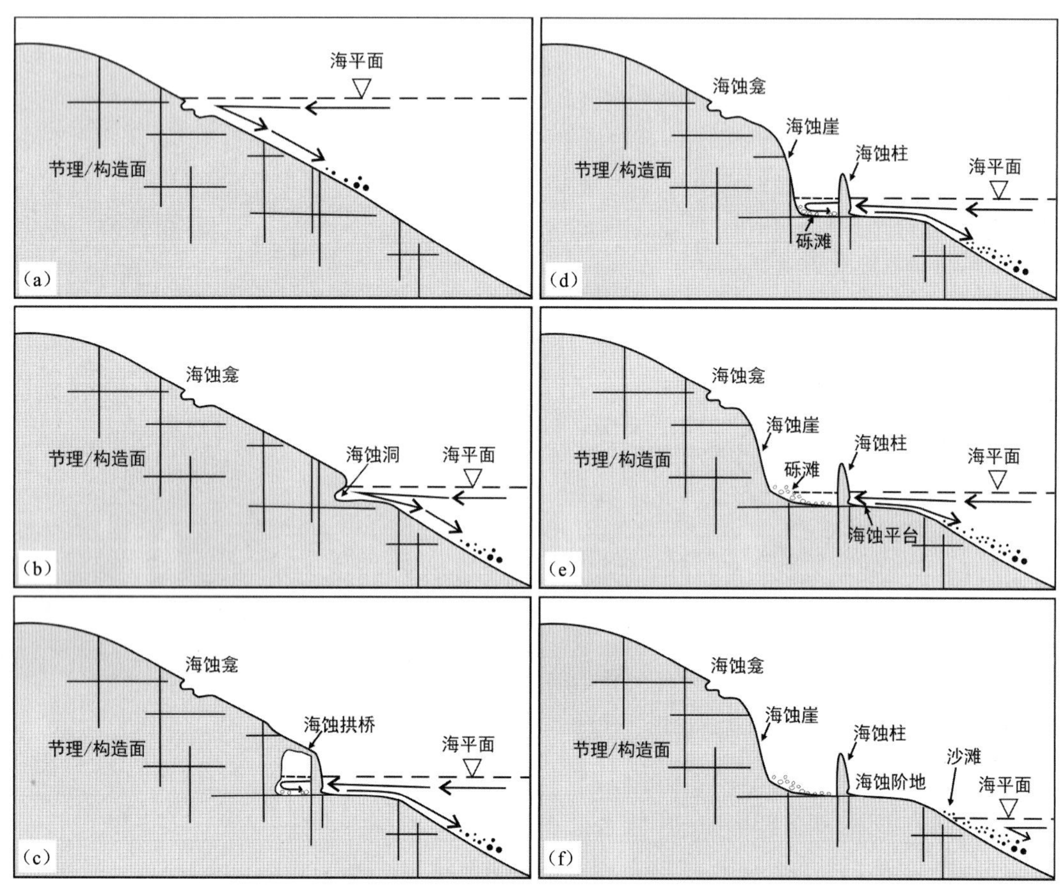

图 4-25　海蚀地貌演化过程简图

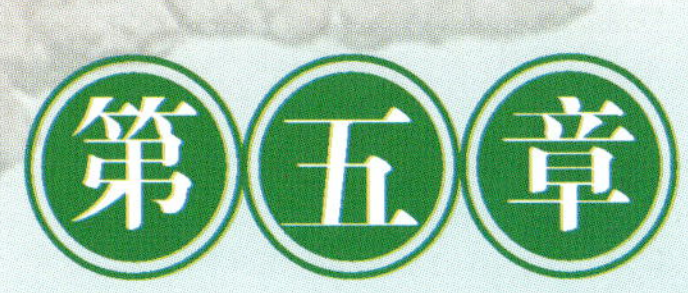

第五章 地质遗迹评价

DIZHI YIJI PINGJIA

第一节　评价依据

一、评价内容

评价内容主要从地质遗迹的科学性、观赏性、稀有性、完整性、保存程度、可保护性等方面进行评价。

(1)科学性。评价地质遗迹对于科学研究、地学教育、科学普及等方面的作用和意义。

(2)观赏性。评价地质遗迹的优美性和视觉舒适性。

(3)稀有性。评价地质遗迹的科学涵义和观赏价值在国际、国内或省内稀有程度和典型性。

(4)完整性。评价地质遗迹所揭示的某一地质演化过程的完整程度及代表性。

(5)保存程度。评价地质遗迹点保存的完好程度。

(6)可保护性。评价影响地质遗迹保护的外界因素的可控制程度。

二、评价标准

地质遗迹的科学性和观赏性指标对地质遗迹的价值等级起决定性作用。不同类型地质遗迹的科学性和观赏性指标评价标准也不尽相同(表5-1)。总的来说，基础地质大类的地质遗迹重在科学性指标的评价，地貌景观大类的地质遗迹重在观赏性指标的评价。

表5-1　不同类型地质遗迹科学性和观赏性指标及对应标准表

遗迹类型	评价标准	级别
地层剖面	具有全球性的地层界线层型剖面或界线点	Ⅰ
	具有地层大区对比意义的典型剖面或标准剖面	Ⅱ
	具有地层区对比意义的典型剖面或标准剖面	Ⅲ
岩石剖面	全球罕见稀有的岩体、岩层露头，且具有重要科学研究价值	Ⅰ
	全国或大区内罕见岩体、岩层露头，具有重要科学研究价值	Ⅱ
	省内具有指示地质演化过程的岩石露头，具有科学研究价值	Ⅲ
构造剖面	具有全球性构造意义的巨型构造、全球性造山带、不整合界面(重大科学研究意义的)关键露头地(点)	Ⅰ
	全国或大区域范围内区域(大型)构造，如大型断裂(剪切带)、大型褶皱、不整合界面，具重要科学研究意义的露头地	Ⅱ
	省内具科学研究对比意义的典型中小型构造，如断层(剪切带)、褶皱、其他典型构造遗迹	Ⅲ
重要化石产地	反映地球历史环境变化节点，对生物进化史及地质学发展具重大科学意义；国内外罕见古生物化石产地或古人类化石产地；研究程度高的化石产地	Ⅰ
	具有指定性标准化石产地；研究程度较高的化石产地	Ⅱ
	系列完整的古生物遗迹产地	Ⅲ

续表 5-1

遗迹类型	评价标准	级别
重要岩矿石产地	全球稀有或罕见的矿物产地(命名地);国际上独一无二或罕见的矿床	Ⅰ
	国内或大区域内特殊矿物产地(命名地);在规模、成因、类型上具典型意义	Ⅱ
	省内典型、罕见或具工艺、观赏价值的岩矿物产地	Ⅲ
岩土体地貌	极为罕见之特殊地貌类型,且在反映地质作用过程有重要科学意义	Ⅰ
	具观赏价值之地貌类型,且具科学研究价值者	Ⅱ
	稍具观赏性地貌类型,可作为过去地质作用的证据	Ⅲ
水体地貌	地貌类型保存完整且明显,具一定规模,地质意义在全球具有代表性	Ⅰ
	地貌类型保存较完整,具一定规模,地质意义在全国具有代表性	Ⅱ
	地貌类型保存较多,在省内具有代表性	Ⅲ
构造地貌	地貌类型保存完整且明显,具一定规模,地质意义在全球具有代表性	Ⅰ
	地貌类型保存较完整,具一定规模,地质意义在全国具有代表性	Ⅱ
	地貌类型保存较多,在省内具有代表性	Ⅲ
火山地貌	地貌类型保存完整且明显,具一定规模,地质意义在全球具有代表性	Ⅰ
	地貌类型保存较完整,具一定规模,地质意义在全国具有代表性	Ⅱ
	地貌类型保存较多,在省内具有代表性	Ⅲ
冰川地貌	地貌类型保存完整且明显,具一定规模,地质意义在全球具有代表性	Ⅰ
	地貌类型保存较完整,具一定规模,地质意义在全国具有代表性	Ⅱ
	地貌类型保存较多,在省内具有代表性	Ⅲ
海岸地貌	地貌类型保存完整且明显,具一定规模,地质意义在全球具有代表性	Ⅰ
	地貌类型保存较完整,具一定规模,地质意义在全国具有代表性	Ⅱ
	地貌类型保存较多,在省内具有代表性	Ⅲ
地震遗迹	罕见震迹,特征完整且明显,能长期保存,具一定规模和全球代表性	Ⅰ
	震迹较完整,能长期保存,具一定规模和全国代表性	Ⅱ
	震迹明显,能长期保存,在省内具有一定的科普教育和警示意义	Ⅲ
其他地质灾害	罕见地质灾害且具有特殊科学意义的遗迹	Ⅰ
	重大地质灾害且具有科学意义的遗迹	Ⅱ
	典型的地质灾害且具有教学实习及科普教育意义的遗迹	Ⅲ

地质遗迹的稀有性、完整性、保存程度、可保护性等指标,是反映地质遗迹价值特征的重要组成部分,其评价标准也各有侧重(表 5-2),评价结果是出台保护规划建议的基本依据。

表 5-2 地质遗迹评价其他指标及对应标准表

评价因子	评价标准	级别
稀有性	属国际罕有或特殊的遗迹点	Ⅰ
	属国内少有或唯一的遗迹点	Ⅱ
	属省内少有或唯一的遗迹点	Ⅲ
完整性	反映地质事件整个过程都有遗迹出露，表现现象保存系统完整，能为形成与演化过程提供重要证据	Ⅰ
	反映地质事件整个过程，有关键遗迹出露，表现现象保存较系统完整	Ⅱ
	反映地质事件整个过程的遗迹零星出露，表现现象和形成过程不够系统完整，但能反映该类型地质遗迹景观的主要特征	Ⅲ
保存程度	基本保持自然状态，未受到或极少受到人为破坏	Ⅰ
	有一定程度的人为破坏或改造，但仍能反映原有自然状态或经人工整理尚可恢复原貌	Ⅱ
	受到明显的人为破坏和改造，但尚能辨认地质遗迹的原有分布状况	Ⅲ
可保护性	通过人为因素，采取有效措施（工程或法律）能够得到保护，遗迹单体周围没有其他破坏因素存在	Ⅰ
	通过人为因素，采取有效措施能够得到部分保护（部分控制），周围一定范围内没有破坏因素存在	Ⅱ
	自然破坏能力较大，人类不能或难以控制的因素较多（自然风化、暴雨、地震等），有一定被破坏的威胁	Ⅲ

在对地质遗迹的科学性、观赏性、稀有性、完整性、保存程度、可保护性等评价因子评价的基础上，对地质遗迹点价值等级进行定性综合评述，对比地质遗迹价值等级划分标准，评定地质遗迹价值等级。地质遗迹价值等级划分为3级：世界级、国家级和省级。

1. 世界级

（1）为全球演化过程中的某一重大地质历史事件或演化阶段提供重要地质证据的地质遗迹。

（2）具有国际地层（构造）对比意义的典型剖面、化石产地及矿产地。

（3）具有国际典型地学意义的地质地貌景观或现象。

2. 国家级

（1）能为一个大区域演化过程中的某一重大地质历史事件或演化阶段提供重要地质证据的地质遗迹。

（2）具有国内大区域地层（构造）对比意义的典型剖面、化石产地及矿产地。

（3）具有国内典型地学意义的地质地貌景观或现象。

3. 省级

（1）能为省内地质历史演化阶段提供重要地质证据的地质遗迹。

（2）具有省内地层（构造）对比意义的典型剖面、化石产地及矿产地。

（3）在省内具有代表性或较高历史、文化、旅游价值的地质地貌景观。

第二节　评价方法

根据地质矿产行业标准《地质遗迹调查规范》(DZ/T 0303—2017)中评价方法，浙江省地质遗迹评价采用定性评价法，定性评价主要采取专家鉴评和对比分析两种评价方法。

一、专家鉴评

根据《地质遗迹调查规范》地质遗迹分类标准，对全省筛选出了重要地质遗迹进行分类，基础地质大类地质遗迹分为地层剖面、岩石剖面、构造剖面、重要化石产地、重要岩矿石产地5类，地貌景观大类地质遗迹分为岩土体地貌、水体地貌、火山地貌、海岸地貌、构造地貌5类，分专业组织省内在基础地质、矿产地质、地貌、旅游地质等方面有造诣的专家，对全省筛选出的重要地质遗迹资源进行专家鉴评。

首先，由每个专家分别根据自己掌握的专业知识和工作经验对该类地质遗迹的评价因子(科学性、观赏性、稀有性、完整性、保存程度、可保护性)分别评定，给出评价级别(Ⅰ、Ⅱ、Ⅲ)；然后，组织专家鉴评会，评价级别差别较大的，经集体讨论后，综合各专家意见，最终确定地质遗迹各评价因子的级别。

综合地质遗迹各评价因子的级别，分专业由专家综合评述地质遗迹的价值特征，对比地质遗迹的评价标准，给出地质遗迹的评价等级(世界级、国家级、省级)。

专家鉴评应遵循以下原则：

(1)专家鉴评按专业分类进行。

(2)鉴评专家组应不少于3人。

(3)专家仅对其熟知专业领域的地质遗迹鉴评结论起主导意见，其他意见起辅助作用。

(4)对于有较大异议的地质遗迹，由专家组共同讨论决定。

二、对比分析

对于经过专家鉴评后，评价出的国家级以上地质遗迹，应补充开展地质遗迹的对比分析工作。对比分析后的结论应反映在地质遗迹价值的综合评述内。

对比分析工作应遵循以下原则：

(1)对比分析在鉴评专家的指导下进行，由项目组负责实施。

(2)对比分析在地质遗迹类型框架下进行，选择与本地质遗迹类型相同的地质遗迹进行对比，对比的特征与要素(属性)应反映地质遗迹的重要特征和价值。

(3)对比分析的范围应在全国层面以上，系统收集国内外相同类型的典型、知名地质遗迹进行对比(不少于2个)。

(4)对于已经国际权威机构评定出等级的地质遗迹(如“金钉子”剖面、世界自然遗产等)，可不再进行对比分析。

第三节　综合评价

一、综合评述

从地质遗迹的科学性、观赏性、稀有性等指标的单因素评价结果出发，开展区域性同类型遗迹的对比与分析，定性综合评述地质遗迹资源的价值特征。通过对比地质遗迹价值等级的划分标准，评定地质遗迹的价值等级。

综合鉴评专家组意见，全省重要地质遗迹综合评述及价值等级详见表5-3。

表5-3　地质遗迹综合评价一览表

代号	遗迹名称	遗迹类型	综合评述	等级
G001	江山碓边江山阶“金钉子”剖面	地层剖面	寒武纪碳酸盐岩地层，记录了浙西广海陆棚相沉积环境，富含球接子三叶虫化石，属江山阶全球界线层型剖面和点位，中国第十枚、浙江第四枚“金钉子”	世界级
G002	常山黄泥塘达瑞威尔阶“金钉子”剖面	地层剖面	中国东南连续的台地斜坡相奥陶纪地层，富含笔石、牙形刺等多门类化石组合，生物演化序列清晰且完整，达瑞威尔阶全球界线和点位，是我国获得的第一枚“金钉子”剖面	世界级
G003	长兴煤山长兴阶和二叠系—三叠系界线“金钉子”剖面	地层剖面	拥有二叠系长兴阶和二叠系—三叠系层型界线两枚“金钉子”，是全球古生界与中生界划分的标准剖面，丰富的古生物化石记录了生物演化的进程，是全球第三次生物大灭绝的重要实物证据	世界级
G004	龙泉花桥八都（岩）群剖面	地层剖面	滹沱纪中深变质岩地层，成岩距今24亿～18亿年，主变质期约18亿年前，是浙江华南地层区最古老的基底岩系	国家级
G005	诸暨陈蔡陈蔡群剖面	地层剖面	元古宙变质岩地层，记录了地质历史时期的变质变形特征，是华东地区和浙江一带中元古代陈蔡群变质地层对比划分的标准剖面	国家级
G006	柯桥兵康平水组剖面	地层剖面	蓟县纪地层，记录了扬子陆块东南缘岛弧火山岩系特征，是扬子陆块东南缘中元古代晚期地层对比划分的标准剖面	国家级
G007	富阳章村双溪坞群剖面	地层剖面	蓟县纪浅变质岩系，记录了扬子陆块东南缘一侧岛弧火山-沉积岩系环境特征，是扬子陆块东南缘中元古代末地层对比划分的群组级标准剖面	国家级
G008	富阳骆村骆家门组剖面	地层剖面	青白口纪陆源碎屑岩地层，记录了钱塘海盆在神功造山期后的一套碎屑岩沉积建造，是浙江骆家门组地层对比划分的标准剖面	省级
G009	浦江蒙山骆家门组剖面	地层剖面	青白口纪地层，记录了扬子陆块岛弧型火山演化特征，富含微古植物化石，是浙西新元古代地层对比划分的典型剖面	省级

续表 5-3

代号	遗迹名称	遗迹类型	综合评述	等级
G010	萧山桥头虹赤村组剖面	地层剖面	青白口纪陆源碎屑岩地层，记录了扬子陆块东南缘滨海-陆相沉积环境，是浙江和华东地区新元古代虹赤村组地层对比划分的标准剖面	国家级
G011	萧山直坞—高洪尖上墅组剖面	地层剖面	青白口纪火山碎屑岩，具有双峰式火山活动特点，是浙江新元古界上墅组地层对比划分的标准剖面	省级
G012	柯城华墅上墅组剖面	地层剖面	青白口纪火山地层，记录了浙中陆相火山活动特征，是浙江和华东地区新元古界上墅组地层对比划分的标准剖面	国家级
G013	江山石龙岗休宁组剖面	地层剖面	南华纪陆源沉积地层，记录了浙西滨海、浅海陆棚相沉积环境特征，是浙江南华系休宁组地层对比划分的重要剖面	省级
G014	建德下涯休宁组剖面	地层剖面	南华纪陆源碎屑岩地层，记录浙西北滨海-浅海陆棚相沉积环境，浙江休宁组地层对比划分的标准剖面	省级
G015	常山白石南沱组剖面	地层剖面	南华纪地层，发育冰碛岩沉积，是浙江下南华统南沱组地层对比划分的标准剖面	省级
G016	江山五家岭陡山沱组—灯影组剖面	地层剖面	震旦纪碳酸盐岩地层，记录了钱塘海盆局限海台地藻礁相沉积环境特征，富含微古植物、叠层石等生物化石，是浙江震旦纪地层对比划分的标准剖面	省级
G017	淳安秋源蓝田组—皮园村组剖面	地层剖面	震旦纪陆源碎屑岩地层，浙江震旦系蓝田组—皮园村组地层对比划分的标准剖面	省级
G018	富阳钟家庄板桥山组剖面	地层剖面	震旦纪碳酸盐岩地层，记录了钱塘海盆的台地前缘斜坡沉积环境，是扬子地层区上震旦统板桥山组地层对比划分的标准剖面	国家级
G019	永嘉枫林震旦系剖面	地层剖面	震旦纪地层，记录了海相沉积环境特征，富含微古植物化石，浙东南地区火山岩基底存在新元古代地层的省内唯一实例	省级
G020	江山大陈荷塘组—杨柳岗组剖面	地层剖面	寒武纪碳酸盐岩地层，记录了浙西碳酸盐岩台地相沉积环境，富含球接子、三叶虫、微古植物等生物化石，是华东地区寒武纪地层对比划分的标准剖面	国家级
G021	常山石崆寺华严寺组剖面	地层剖面	寒武纪碳酸盐岩地层，记录了浙西碳酸盐岩台地相沉积过程，富含球接子、三叶虫、微古植物等化石，浙江和华东地区华严寺组地层对比划分的标准剖面	国家级
G022	安吉叶坑坞寒武系剖面	地层剖面	寒武纪碳酸盐岩地层，记录了浙北地区的盆地-广海陆棚相沉积环境特征，地层系统完整，在省内具有重要的地层对比意义	省级
G023	余杭超山寒武系剖面	地层剖面	寒武纪碳酸盐岩地层，记录了江南地层区杭州嘉兴地层小区台地前缘斜坡沉积环境，是浙江和华东地区寒武系超山组和超峰组地层对比划分的标准剖面	国家级

续表 5-3

代号	遗迹名称	遗迹类型	综合评述	等级
G024	常山西阳山寒武系—奥陶系界线剖面	地层剖面	寒武系和奥陶系界线地层，记录了浙西广海陆棚相沉积环境特征，富含球接子三叶虫化石，曾是国际寒武系—奥陶系界线候选层型	国家级
G025	桐庐分水印渚埠组剖面	地层剖面	奥陶纪陆源碎屑岩地层，记录了浙西浅海陆棚相环境特征，是浙江和华东地区下奥陶统印渚埠组地层对比划分的标准剖面	国家级
G026	临安湍口宁国组—胡乐组剖面	地层剖面	奥陶纪陆源碎屑岩地层，剖面反映余杭-开化奥陶纪地层沉积特征。是浙江奥陶系宁国组—胡乐组地层对比划分的标准剖面	省级
G027	江山夏坞砚瓦山组—黄泥岗组剖面	地层剖面	奥陶纪陆源沉积及碳酸盐岩地层，是浙江和华东地区上奥陶统黄泥岗组、砚瓦山组地层对比划分的标准剖面	国家级
G028	临安板桥奥陶系剖面	地层剖面	奥陶纪碳酸盐岩地层，记录了钱塘海盆北东缘的台地前缘斜坡相沉积环境，是浙江下中奥陶统仑山组、红花园组、牯牛潭组地层对比划分的标准剖面	省级
G029	开化大举长坞组剖面	地层剖面	奥陶纪陆源沉积地层，是浙江和华东地区上奥陶统长坞组地层对比划分的标准剖面	国家级
G030	临安上骆家长坞组剖面	地层剖面	奥陶纪陆源碎屑岩地层，记录了钱塘海盆北缘斜坡地带由陆棚边缘到次深海盆地的沉积环境，是浙江上奥陶统长坞组地层对比划分的典型剖面	省级
G031	淳安潭头文昌组剖面	地层剖面	奥陶纪陆源碎屑岩地层，记录了浙西浅海陆棚相沉积环境，是浙江上奥陶统文昌组地层对比划分的标准剖面，华南奥陶系对比的典型剖面	国家级
G032	常山灰山底三衢山组剖面	地层剖面	具有斜坡相、浅陆棚相、灰泥丘相和台地边缘相(礁相和生物礁相)沉积环境特征，是浙江和华东地区上奥陶统三衢山组地层对比划分的标准剖面	国家级
G033	桐庐刘家奥陶系剖面	地层剖面	奥陶纪地层，记录了钱塘一带的陆棚边缘、浅海和次深海盆地沉积环境，富含笔石、腕足、三叶虫等化石，是浙江奥陶纪地层对比划分的重要剖面	省级
G034	安吉杭垓赫南特阶标准剖面	地层剖面	奥陶纪地层，完整地记录了赫南特阶地质事件和生物演化序列，对湖北宜昌赫南特阶“金钉子”剖面起到了重要的补充和完善作用，为进一步认识全球首次生物大灭绝前后生物特点提供了重要的实物资料	国家级
G035	淳安潭头志留系剖面	地层剖面	志留纪陆源碎屑岩地层，记录了浙西浅海陆棚相与潮坪相沉积环境，是浙江下志留统霞乡组和河沥溪组地层对比划分的标准剖面，华南志留系典型剖面	国家级
G036	安吉孝丰霞乡组剖面	地层剖面	志留纪陆源碎屑岩地层，记录了浙西北的滨海沉积环境特征，产笔石及腕足类化石，是浙江下志留统霞乡组地层对比划分的标准剖面	省级

续表 5-3

代号	遗迹名称	遗迹类型	综合评述	等级
G037	安吉孝丰康山组剖面	地层剖面	志留纪陆源碎屑岩地层，记录了浙西北的陆棚海沉积环境特征，产微古植物及腕足类化石，是浙江和华东地区志留系康山组地层对比划分的标准剖面	国家级
G038	富阳新店唐家坞组剖面	地层剖面	志留纪陆源碎屑岩地层，记录了江南古陆河流及三角洲相沉积环境，是浙江和华东地区中志留统唐家坞组地层对比划分的标准剖面	国家级
G039	富阳新店西湖组剖面	地层剖面	泥盆纪陆源碎屑岩地层，记录了钱塘台地的滨海-陆地沉积环境，是浙江和华东地区上泥盆统西湖组地层对比划分的典型剖面	国家级
G040	开化叶家塘叶家塘组剖面	地层剖面	石炭纪陆源沉积地层，含煤系，产植物化石，华东地区下石炭统叶家塘组地层对比划分的标准剖面	国家级
G041	江山旱碓藕塘底组剖面	地层剖面	石炭纪碳酸盐岩地层，上下接触关系清楚，是浙江上石炭统藕塘底组地层对比划分的标准剖面	省级
G042	西湖龙井老虎洞组剖面	地层剖面	石炭纪碳酸盐岩地层，局限海台地沉积环境，浙江上石炭统老虎洞组地层对比划分的标准剖面	省级
G043	西湖翁家山黄龙组—船山组剖面	地层剖面	石炭纪碳酸盐岩地层，边缘海台地沉积环境，浙江黄龙组和船山组地层对比划分的标准剖面	省级
G044	桐庐沈村船山组剖面	地层剖面	石炭纪—二叠纪碳酸盐岩地层，记录了钱塘一带浅海台地相沉积环境，是浙江石炭系—二叠系船山组地层划分对比的标准剖面	省级
G045	江山洞前山梁山组剖面	地层剖面	二叠纪碳酸盐岩地层，是浙江下二叠统梁山组地层对比划分的标准剖面	省级
G046	桐庐冷坞栖霞组剖面	地层剖面	二叠纪碳酸盐岩地层，记录了浙西滨海潟湖相、开阔海台地相沉积环境，是浙江下二叠统栖霞组地层对比划分的标准剖面	省级
G047	江山下路亭大隆组剖面	地层剖面	二叠纪陆源沉积地层，是浙江上二叠统大隆组地层对比划分的标准剖面	省级
G048	江山游溪政棠组剖面	地层剖面	三叠纪陆源沉积地层，记录了浙西浅海沉积环境特征，浙江下三叠统政棠组地层对比划分的标准剖面	省级
G049	长兴千井湾青龙组—周冲村组剖面	地层剖面	三叠纪陆源碎屑岩、碳酸盐岩地层，是浙江三叠系青龙组和周冲村组地层对比划分的标准剖面	省级
G050	义乌乌灶乌灶组剖面	地层剖面	三叠纪陆源碎屑岩地层，含煤系，产植物和叶肢介等化石，浙江乌灶组地层划分对比的标准剖面	省级
G051	松阳枫坪枫坪组剖面	地层剖面	侏罗纪陆源碎屑岩地层，记录了浙西南断陷盆地湖沼相沉积环境特征，富含植物化石，是浙江下侏罗统枫坪组地层对比划分的标准剖面	省级

续表 5-3

代号	遗迹名称	遗迹类型	综合评述	等级
G052	松阳象溪毛弄组剖面	地层剖面	侏罗纪沉积-火山岩系地层，记录了浙西南断陷盆地火山活动及河湖相沉积环境特征，富含瓣鳃类和植物化石，是浙江毛弄组地层对比划分的标准剖面	省级
G053	兰溪马涧马涧组剖面	地层剖面	侏罗纪陆源碎屑岩地层，记录了浙中内陆盆地河道相、河漫滩相、湖沼相沉积环境，是浙江中侏罗统马涧组地层对比划分的标准剖面	省级
G054	兰溪柏社渔山尖组剖面	地层剖面	侏罗纪陆源碎屑岩地层，记录了浙中内陆盆地河湖相沉积环境，富含动植物化石组合，是浙江中侏罗统渔山尖组地层对比划分的标准剖面	省级
G055	东阳大炮岗大爽组剖面	地层剖面	白垩纪火山岩地层，记录了浙中火山活动特征，是浙江下白垩统大爽组地层对比划分的标准剖面	省级
G056	诸暨斯宅高坞组剖面	地层剖面	白垩纪火山岩地层，是浙江下白垩统高坞组地层对比划分的标准剖面	省级
G057	天台雷峰磨石山群剖面	地层剖面	白垩纪火山岩地层，记录了浙东火山活动特征，是浙江晚中生代火山岩地层对比划分的标准剖面	省级
G058	建德大同劳村组剖面	地层剖面	浙西白垩纪陆相-火山沉积盆地地层，著名的建德生物群产地和浙江劳村组地层对比划分的标准剖面	省级
G059	建德航头黄尖组剖面	地层剖面	白垩纪陆相火山地层，浙江白垩系黄尖组地层对比划分的标准剖面	省级
G060	建德枣园-岩下寿昌组—横山组剖面	地层剖面	浙西白垩纪火山构造盆地沉积地层，是著名的建德生物群产地和浙江下白垩统寿昌组和横山组地层对比划分的标准剖面	国家级
G061	永康溪坦馆头组剖面	地层剖面	白垩纪陆源碎屑岩地层，记录了浙中永康盆地早期沉积环境特征，富含腹足、双壳、植物、鱼等化石，是浙江下白垩统馆头组地层对比划分的标准剖面	省级
G062	象山石浦馆头组剖面	地层剖面	白垩纪海陆交互相沉积地层，记录了浙江沿海馆头期海陆交互相沉积特点，藻类、管虫等生物化石丰富，省内唯一实例	省级
G063	鄞州牌楼馆头组剖面	地层剖面	白垩纪火山地层，记录了浙东奉化盆地馆头期构造活动特点及火山活动与盆地沉积的韵律特征	省级
G064	永康溪坦朝川组剖面	地层剖面	白垩纪盆地沉积地层，记录了浙中永康盆地滨浅湖相沉积环境，浙江朝川组地层对比划分的标准剖面	省级
G065	永康石柱方岩组剖面	地层剖面	白垩纪盆地沉积地层，记录了浙中永康盆地冲积扇、扇三角洲相沉积环境，是浙江永康盆地上白垩统方岩组地层对比划分的标准剖面	省级
G066	新昌壳山壳山组剖面	地层剖面	白垩纪火山岩地层，是浙江下白垩统壳山组地层对比划分的标准剖面	省级

续表 5-3

代号	遗迹名称	遗迹类型	综合评述	等级
G067	遂昌高坪方岩组—壳山组剖面	地层剖面	白垩纪地层，记录了白垩纪湖山盆地消亡后地质发展演化过程，省内唯一已知方岩组与壳山组连续出露的地层剖面	省级
G068	仙居大战小平田组剖面	地层剖面	白垩纪火山-沉积地层，记录了浙江仙居盆地火山活动特征，是浙江小平田组地层对比划分的标准剖面	省级
G069	龙游湖镇中戴组剖面	地层剖面	白垩纪盆地沉积地层，记录了金衢盆地辫状河三角洲相沉积环境特征，是浙江金衢盆地中戴组地层对比划分的标准剖面	省级
G070	龙游小南海衢县组剖面	地层剖面	白垩纪盆地沉积地层，记录了金衢盆地晚期河流相沉积环境，是浙江衢县组地层对比划分的标准剖面	省级
G071	天台塘上塘上组剖面	地层剖面	白垩纪火山-沉积地层，记录了天台盆地火山活动及沉积特征，是浙江塘上组地层对比划分的标准剖面	省级
G072	天台赖家两头塘组—赤城山组剖面	地层剖面	白垩纪盆地沉积地层，记录了浙江天台盆地沉积环境特征，是浙江两头塘组和赤城山组地层对比划分的标准剖面	省级
G073	三门健跳小雄组剖面	地层剖面	白垩纪火山岩地层，记录了浙江小雄盆地火山活动特征，是浙江小雄组地层对比划分的标准剖面	省级
G074	嵊州张墅嵊县组剖面	地层剖面	新近纪玄武岩地层，是浙江中上新统嵊县组地层对比划分的标准剖面	省级
G075	西湖九溪之江组剖面	地层剖面	第四系中更新统，冲洪积沉积，浙江中更新统之江组地层对比划分的标准剖面	省级
G076	衢江莲花莲花组剖面	地层剖面	第四纪地层，记录了浙江晚更新世河流相沉积环境，是浙江晚更新统莲花组地层对比划分的标准剖面	省级
G077	三门沿赤海滩岩剖面	地层剖面	浙江东南沿海已知规模最大、保存最完整的海滩岩剖面之一	省级
G078	岱山小沙河海滩岩剖面	地层剖面	记录了距今 5 160 年前全新世早中期，浙东沿海潮间带海洋生态环境信息，省内典型的海滩岩剖面之一	省级
G079	龙泉淡竹花岗闪长岩	岩石剖面	岩体侵入于古元古代八都（岩）群，形成距今约 18.78 亿年，经历了变质变形，是中国华南地区最古老的侵入岩之一	国家级
G080	松阳里庄花岗闪长岩	岩石剖面	元古宙侵入体，形成距今约 18.7 亿年，经历了变质变形，是华东地区最古老的侵入岩之一	省级
G081	龙游上北山超镁铁质岩	岩石剖面	浙江中元古代古洋壳残片的重要组成部分，形成距今约 14 亿年，华东地区少见的实例	省级
G082	龙游白石山头榴闪岩	岩石剖面	浙江古元古代古洋壳残片的重要组成部分，形成距今约 19 亿年，华东地区少见的实例	国家级

续表 5-3

代号	遗迹名称	遗迹类型	综合评述	等级
G083	松阳大岭头斜长花岗岩	岩石剖面	新元古代侵入体，形成距今约 8.3 亿年，是中国东南沿海地区仅有的几处由地幔岩浆分异结晶之产物	省级
G084	龙泉骆庄花岗岩	岩石剖面	形成于距今约 8 亿年的晋宁期，经历了强烈的变质变形作用，清晰地指示了区域性加里东运动和印支运动特点	省级
G085	龙泉狮子坑橄榄岩	岩石剖面	晋宁期超基性岩体，距今约 8 亿年前，划分为橄榄岩、辉石橄榄岩、辉石岩 3 个相带，省内极为罕见	省级
G086	诸暨次坞辉绿岩	岩石剖面	基性岩体，形成距今约 8.14 亿年，在中国东南沿海出露规模最大，与道林山碱长花岗岩构成了晋宁期华南大陆裂解双峰式岩浆侵入模式	国家级
G087	诸暨道林山碱长花岗岩	岩石剖面	酸性岩体，华南地区发现最古老的 A 型花岗岩，距今约 8.12亿年，与次坞辉绿岩构成了晋宁期华南大陆裂解双峰式岩浆侵入活动	国家级
G088	柯桥上灶斜长花岗岩	岩石剖面	幔源岩浆结晶分异形成的大洋斜长花岗岩，距今约 9.02 亿年，华南第一例，世界第五例	国家级
G089	柯桥赵婆岙石英闪长岩	岩石剖面	中性岩体，形成距今约 9.05 亿年，经历了变质变形，是扬子陆块东南缘新元古代早期大陆裂解期最重要的侵入岩之一	国家级
G090	诸暨璜山石英闪长岩	岩石剖面	中性岩体，形成距今约 8.18 亿年，含有古洋壳残片，经历了变质变形，是华夏陆块西北缘新元古代早期大陆裂解期最重要的侵入岩之一	国家级
G091	诸暨石角球状辉闪岩	岩石剖面	具有球状结构的超基性岩浆岩，由围绕球心韵律分布的辉石层与角闪石层组成，全球范围内唯一已知实例	世界级
G092	遂昌翁山二长花岗岩	岩石剖面	印支期岩体，距今 2.5 亿年前，浙江极为少见，记录了浙东南陆缘发展阶段早期岩浆活动特征	省级
G093	东阳大爽石英二长岩	岩石剖面	形成距今约 2.47 亿年前，反映了印支末期至燕山初期过渡时期的岩浆活动特征，是浙江三叠纪早期唯一已知侵入岩实例	省级
G094	遂昌柘岱口碎斑熔岩	岩石剖面	火山岩区特殊侵入岩类，形成距今约 1.23 亿年，相带分明、岩石结构独特，是华东已知最大的碎斑熔岩侵入体	省级
G095	龙游沐尘石英二长岩	岩石剖面	由 3 个谱系单元组成，岩体演化序列清晰，形成距今约 1.1 亿年，同心环状产出，是浙江最典型的热轻气球膨胀模式形成的中性岩体	省级
G096	青田鹤城碱性花岗岩	岩石剖面	形成于 1.09 亿年前，省内已知 3 个重要的碱性花岗岩体之一，燕山晚期岩浆演化的最终产物和燕山构造运动结束的重要标志	省级

续表 5-3

代号	遗迹名称	遗迹类型	综合评述	等级
G097	苍南瑶坑碱性花岗岩	岩石剖面	形成于9 100万年前，省内已知3个重要的碱性花岗岩体之一，燕山晚期岩浆演化的最终产物和燕山构造运动结束的重要标志	省级
G098	普陀桃花岛碱性花岗岩	岩石剖面	形成于0.92亿年前，中国东南沿海重要的碱性花岗岩体之一，是燕山晚期岩浆演化的最终产物及燕山构造运动结束的重要标志	国家级
G099	普陀东极岛基性岩墙群	岩石剖面	早白垩世晚期—晚白垩世早期(90Ma左右)，底侵、滞留并经过结晶分异的玄武质岩浆，因构造引张上侵，形成于花岗岩体中的铁镁质岩墙群，是浙闽沿海晚中生代伸展构造作用的直接表现	国家级
G100	岱山衢山岛花岗岩淬冷包体群	岩石剖面	燕山晚期石英闪长质岩浆注入到花岗质岩浆中淬冷结晶形成的典型淬冷岩石包体群，是壳幔作用与岩浆混合作用的产物	省级
G101	吴兴王母山苦橄玢岩与霓霞岩	岩石剖面	新近纪岩体，由侵入过渡到喷出的超基性岩浆组成，具有典型碱性超基性和超镁铁质岩特点，省内唯一已知实例	省级
G102	乐清大龙湫球泡流纹岩	岩石剖面	形成于1.2亿年前左右，反映中生代晚期火山喷溢活动特征，是省内保存完好的典型球泡流纹岩	省级
G103	乐清方洞火山碎屑流相剖面	岩石剖面	形成于1.2亿年前左右，是省内出露系统完整，且保存完好的火山碎屑流相剖面	省级
G104	乐清智仁基底涌流相剖面	岩石剖面	形成于1.2亿年前左右，反映中生代晚期蒸气岩浆爆发特征，是省内典型的火山基底涌流相剖面	省级
G105	嵊州方田山玄武岩岩流单元	岩石剖面	由嵊县期玄武岩、玄武玢岩组成，单个岩流单元底部发育管状气孔，中部发育细密气孔，顶部发育蜂窝状气孔，为省内典型岩流单元地质遗迹	省级
G106	龙泉查田变质岩基底碎屑锆石	岩石剖面	云母石英片岩中首次发现两颗冥古宙碎屑锆石。一颗为亚洲最古老锆石，另一颗记录了地球最早变质事件，证明冥古宙地壳性质和构造环境存在多样性	国家级
G107	青田芝溪头变质杂岩剖面	岩石剖面	低绿片岩相变质岩组合，原岩为滨海-湖沼相环境下沉积的碎屑岩-碳酸盐岩建造，省内罕见的反映浙东南区地质构造及地质发展史的重要实例	省级
G108	富阳大源神功运动不整合面	构造剖面	中元古代末期扬子陆块东南缘最早的一次构造运动不整合面，神功运动创名点及浙江唯一已知实例	国家级
G109	富阳骆村晋宁运动不整合面	构造剖面	划分浙江省大地构造单元的重要标志，浙江扬子陆块东南缘构造运动不整合面的典型已知实例	省级
G110	临安马啸加里东运动不整合面	构造剖面	不整合接触界线清晰，特征典型，是划分浙江省大地构造单元的重要标志，浙江扬子地层区早古生代末构造运动不整合面的典型实例	省级

续表 5-3

代号	遗迹名称	遗迹类型	综合评述	等级
G111	江山坛石加里东运动不整合面	构造剖面	奥陶纪与石炭纪地层呈现大角度不整合接触关系，是浙江加里东运动表现最直接的证据之一	省级
G112	莲都南明山丽水运动不整合面	构造剖面	丽水运动创名点及浙江已知实例	省级
G113	临海杜桥丽水运动不整合面	构造剖面	反映了浙江永康群与天台群之间存在着一次短暂的构造剥蚀阶段，明确了永康群与天台群具有时间上和空间上的关系，为地层对比划分提供了实物证据	省级
G114	富阳章村背斜构造	构造剖面	扬子陆块东南缘中元古代末基底神功运动褶皱造山的省内唯一已知实例	省级
G115	常山蒲塘口三衢山组滑塌构造	构造剖面	发育在上奥陶统三衢山组地层中，滑塌构造对研究浙西海盆沉积环境、古地理及地壳活动具有重要的科学价值，省内罕见	省级
G116	临安马啸东西向褶皱构造	构造剖面	浙江加里东期陆内造山运动导致地层强烈褶皱的唯一实例	省级
G117	杭州山字型构造	构造剖面	中国东部地区扭动构造体系的组成部分，发育有典型的脊柱和东西反射弧，特征典型，形态较完整。北干山反射弧是反映杭州山字型构造的典型现象点之一	省级
G118	临海桃渚馆头组滑塌构造	构造剖面	发育在下白垩统馆头组地层中，岩石组合属典型的较深湖相沉积岩，内部发育大量次级包卷层理构造，省内馆头组地层中发育滑塌构造的唯一已知实例	省级
G119	遂昌坝头东畲-枫坪韧性剪切带	构造剖面	剪切带规模大且糜棱岩分带清楚，发育有典型的韧性构造形迹，是浙江重要的晋宁期韧性断裂之一	省级
G120	富阳章村-河上构造岩浆带剖面	构造剖面	岩浆带记录了新元古代的晋宁运动、岩浆混合等事件，是研究中国东南部晋宁期大地构造格局的理想场所	国家级
G121	诸暨王家宅韧性剪切带	构造剖面	形成于晋宁期—加里东期，距今约 4.5 亿年，韧性构造变形现象丰富，是扬子陆块与华夏陆块拼合带发生构造走滑的重要证据之一	国家级
G122	开化石耳山韧性剪切带	构造剖面	产于晋宁期花岗岩中，为赣东北韧性剪切带南缘的重要组成部分，规模大、特征明显，是省内花岗岩韧性剪切带唯一已知实例	省级
G123	柯桥青龙山推覆构造	构造剖面	形成于燕山晚期，是首次发现江绍断裂带具有大规模推覆作用的最直接的证据，省内唯一实例	省级
G124	富阳里山推覆构造	构造剖面	浙江燕山晚期萧山-球川断裂带大规模构造推覆作用的唯一已知实例	省级
G125	萧山南阳推覆构造	构造剖面	形成于燕山晚期，震旦纪—寒武纪地层推覆于白垩系朝川组地层之上，两者构造接触关系清晰，对研究我国东南大陆燕山晚期构造活动具有重大意义	省级

续表 5-3

代号	遗迹名称	遗迹类型	综合评述	等级
G126	西湖宝石山棋盘格式构造	构造剖面	燕山晚期新华夏系构造应力场的组成部分，是省内代表中国东部新华夏系构造类型的典型构造样式	省级
G127	建德乌龟洞建德人遗址	重要化石产地	发掘出土建德人牙齿化石，属旧石器时代人类遗址，是浙江省迄今为止发现的最早的原始人化石遗迹	省级
G128	桐庐延村桐庐人遗址	重要化石产地	发掘出土桐庐人头盖骨印模化石，属旧石器时代人类遗址，对研究浙江旧石器晚期古人类分布、活动、栖息具有重要意义	省级
G129	余杭狮子山腕足动物群化石产地	重要化石产地	奥陶纪末期(距今约 4.4 亿年)深水底栖古生物化石群落，全球范围内唯一已知实例	世界级
G130	淳安姜吕塘腕足动物群化石产地	重要化石产地	浙江上奥陶统长坞组地层中腕足动物群化石的典型产地	省级
G131	黄岩宁溪永康生物群化石产地	重要化石产地	化石产于下白垩统馆头组地层中，主要有华夏鱼、伍氏副狼鳍鱼、直线叶肢介群落及网状魏氏厥、介形虫等，是浙江东南地层区永康生物群的重要产地	省级
G132	新昌王家坪硅化木化石群产地	重要化石产地	化石产于下白垩统馆头组地层中，分布集中、结构完整、种属清晰，是目前华东地区埋藏规模最大的硅化木化石产地	国家级
G133	龙游大塘里硅化木化石产地	重要化石产地	化石产于下白垩统劳村组地层，保存完好，树木形态较完整，木质结构及纤维清晰可见，是省内典型的硅化木化石埋藏地之一	省级
G134	兰溪柏社恐龙骨骼化石产地	重要化石产地	化石产于中侏罗统渔山尖组地层，距今约 1.65 亿年，是目前省内发现最早的大型鸟脚类恐龙肩胛骨化石	省级
G135	兰溪草舍双壳类化石产地	重要化石产地	化石产于中侏罗世地层，距今约 1.7 亿年，双壳类化石种属丰富、个体大、特征典型，是省内目前发现的唯一已知产地	省级
G136	临海小岭鱼化石产地	重要化石产地	化石产于白垩系茶湾组地层中，距今 1.2 亿年左右，化石丰富，其中鱼类化石在浙江同类地层中是唯一实例，化石组合代表了茶湾期生物群特征	省级
G137	衢江石柱岭三尾类蜉蝣化石产地	重要化石产地	产于白垩系九里坪组沉积夹层中，距今约 1.2 亿年前，河热动物群 3 个标准化石之一，浙东南地区首次发现	省级
G138	浦江浦南鱼、鳖化石产地	重要化石产地	化石产于白垩系横山组地层，距今约 1.1 亿年，鱼、鳖化石共生，是华东地区首次发现且保存最完整的鱼、鳖共生化石产地	省级
G139	江山保安双壳类化石产地	重要化石产地	产于下白垩统馆头组中，主要为双壳类、叶肢介、介形虫等，种属丰富，是浙江馆头组地层重要的化石产地之一	省级
G140	嵊州艇湖恐龙化石产地	重要化石产地	化石产于方岩组中，距今约 9 500 万年，蛋骨共生，种属清楚，省内极为少见	省级

续表 5-3

代号	遗迹名称	遗迹类型	综合评述	等级
G141	东阳杨岩东阳盾龙化石产地	重要化石产地	产于馆头组中，距今约 1.1 亿年，属草食类甲龙，其单体骨骼大、保存完整，是华南目前发现的甲龙类化石中最具典型性和代表性的一例新种	国家级
G142	东阳中国东阳龙化石产地	重要化石产地	产于金华组中，距今约 1 亿年，单体骨骼结构系统保存完整，全球首次发现的草食类恐龙新属种	国家级
G143	天台赖家始丰天台龙化石产地	重要化石产地	化石产于两头塘组中，距今约 1 亿年的晚白垩世早期，为恐龙家族新属种	国家级
G144	临海上盘浙江翼龙和鸟类化石产地	重要化石产地	浙江翼龙为中国南方首次发现，华东唯一产地。它是本科中最为进化的新属、新种之一	国家级
G145	缙云壶镇恐龙化石产地	重要化石产地	化石产于白垩系两头塘组中，距今约 0.95 亿年前，类型多样、密集分布，省内典型	省级
G146	衢江高塘石恐龙化石产地	重要化石产地	化石产于白垩系金华组中，距今约 1 亿年，化石类型多样、集中分布，具有蛋骨共生之特点，是浙江最早发现的恐龙化石产地	省级
G147	天台屯桥恐龙化石产地	重要化石产地	化石产于白垩系两头塘组中，距今约 1 亿年，具有类型多样、密集分布、蛋骨共生之特点，国内罕见	国家级
G148	婺城浙江吉蓝泰龙化石产地	重要化石产地	化石产于中戴组中，距今约 1.05 亿年，是省内最早发现的肉食类恐龙新种	国家级
G149	江山陈塘边礼贤江山龙化石产地	重要化石产地	化石产于早白垩世晚期中戴组中，距今约 1.05 亿年，骨骼化石完整，属恐龙新属种，是目前华南地区发现最大的食草类恐龙	国家级
G150	天台赤义天台越龙化石产地	重要化石产地	化石产于白垩系两头塘组中，距今 1 亿年左右，恐龙家族新属种，是迄今浙江发现的最小恐龙，中国东南部第一次发现的基干鸟脚类恐龙	国家级
G151	莲都丽水浙江龙化石产地	重要化石产地	化石产于白垩系两头塘组中，距今约 0.95 亿年，恐龙重要骨骼标本完整清晰，属于甲龙类新属种	国家级
G152	江山新塘坞叠层石礁	重要化石产地	叠层石礁体产于震旦系灯影组中，距今约 6 亿年，其保存完整、规模大、种属多，在全国震旦纪地层中是唯一已知实例	国家级
G153	东阳塔山南马东阳蛋化石产地	重要化石产地	化石产于朝川组中，距今约 9 600 万年，蛋体完整，结构独特，是浙江省内首个以地名命名的新属种	省级
G154	仙居横路恐龙蛋化石产地	重要化石产地	化石产于白垩系方岩组中，距今 9 500 万年左右，为红坡网形蛋化石，数量大、密集分布，省内罕见	省级
G155	东阳吴山恐龙脚印化石产地	重要化石产地	化石形成距今约 1 亿年，涉及恐龙、翼龙和鸟类等足迹，是迄今中国东南地区晚白垩世早期盆地唯一已知实例	国家级

续表 5-3

代号	遗迹名称	遗迹类型	综合评述	等级
G156	天台落马桥恐龙蛋化石产地	重要化石产地	化石产于白垩系两头塘组中，距今1亿年左右，化石类型多样、蛋形独特、密集分布，国内罕见	国家级
G157	柯桥西裘铜矿	重要岩矿石产地	形成距今约10亿年，规模大、成矿机制独特，是目前华南地区已知最大的海底火山喷发-沉积型铜矿床，已列入浙江省典型矿床成矿模式	省级
G158	诸暨七湾铅锌矿	重要岩矿石产地	形成距今约5亿年，规模大、成矿机制独特，是目前华南地区已知最大的层控或沉积变质改造型铅锌矿床，已列入浙江省典型矿床成矿模式	省级
G159	安吉康山沥青煤	重要岩矿石产地	由志留纪基底含煤岩系活化后搬动充填而成的断层沥青煤层，省内唯一实例	省级
G160	诸暨璜山金矿	重要岩矿石产地	矿产规模大、成矿机制独特，华南地区已知最大的动力变质中温热液型铜矿床，已列入浙江省典型矿床成矿模式	省级
G161	建德岭后铜矿	重要岩矿石产地	中国东南地区最大的沉积-热液改造型铜矿床之一，已列入浙江省典型矿床成矿模式	省级
G162	淳安三宝台锑矿	重要岩矿石产地	省内规模最大的岩浆热液中低温充填型辉锑矿床，已列入浙江省典型矿床成矿模式	省级
G163	柯桥漓渚铁钼矿	重要岩矿石产地	岩浆期后热液交代矽卡岩型矿床，形成于燕山早期，约1.8亿年，规模大、成矿机制独特，是浙江省最大的铁钼矿床，已列入浙江省典型矿床成矿模式	省级
G164	余杭仇山膨润土矿	重要岩矿石产地	中国东南地区最大的火山玻璃岩-水解型膨润土矿床，已列入浙江省典型矿床成矿模式	国家级
G165	武义后树萤石矿	重要岩矿石产地	矿床成因类型为火山热液充填型，探明矿石储量为特大型，是国内目前已知最大的萤石矿床，已列入浙江省典型矿床成矿模式	国家级
G166	青田山口叶蜡石矿	重要岩矿石产地	火山热液交代型矿床，规模大、品位高，成矿机制独特，是目前国内已知最大的叶蜡石矿床，同时是著名的青田石产地	国家级
G167	苍南矾山明矾石矿	重要岩矿石产地	形成于1亿年前左右，属火山喷发、沉积-热液交代型，已列入浙江省典型矿产成矿模式实例。矿床规模及品位全球第一，被誉为世界“矾都”	国家级
G168	遂昌治岭头金银矿	重要岩矿石产地	中浅成中温火山热液金银矿床，成矿距今约1.27亿年前，其规模大、成矿机制独特，是目前浙江省最大的金银矿床，已列入浙江省典型矿床成矿模式	省级
G169	临安千亩田钨铍矿	重要岩矿石产地	中国东南地区已知规模最大的气成热液石英脉型绿柱石-钨铍矿床，已列入浙江省典型矿床成矿模式	省级

续表 5-3

代号	遗迹名称	遗迹类型	综合评述	等级
G170	缙云靖岳沸石珍珠岩矿	重要岩矿石产地	属火山气液和大气降水交代蚀变型矿床，中国东南沿海最大的沸石、珍珠岩共生非金属矿床，已列入浙江省典型矿床成矿模式	省级
G171	龙泉八宝山金银矿	重要岩矿石产地	火山热液充填(交代)型金银矿床，规模大、矿石类型多样、成矿机制独特，是目前华东地区已知最大的金银矿床之一，已列入浙江省典型矿床成矿模式	省级
G172	青田石平川钼矿	重要岩矿石产地	岩浆期后高一中温热液型钼矿床，成矿距今约 8 300 万年，规模大、成矿机制独特，是目前浙江省最大的钼矿床，已列入浙江省典型矿床成矿模式	省级
G173	龙游溪口黄铁矿	重要岩矿石产地	岩浆期后热液型矿床，形成于 9 000 万年前，是浙江省已知最大的黄铁矿矿床，为浙江省典型矿床成矿模式	省级
G174	黄岩五部铅锌矿	重要岩矿石产地	火山热液充填(交代)型铅锌矿床，形成于 8 000 万年前，规模大、成矿机制独特，是浙江省已知最大的铅锌矿床，现已列入浙江省典型矿床成矿模式	省级
G175	鹿城渡船头伊利石矿	重要岩矿石产地	形成于 1.1 亿年前左右，成因属层控火山热液交代型，已列入浙江省典型矿产成矿模式实例	省级
G176	嵊州浦桥硅藻土矿	重要岩矿石产地	形成距今约 500 万年，规模大、成矿机制独特，是目前华南地区已知最大的湖相生物沉积型硅藻土矿，已列入浙江省典型矿床成矿模式	省级
G177	常山砚瓦山青石和花石	重要岩矿石产地	省内著名的雕刻石材、饰面材料和园林观赏石产地	省级
G178	临安玉岩山昌化鸡血石	重要岩矿石产地	国内四大名石之一，被誉为国石，具有极高的科学研究和美学观赏价值	国家级
G179	龙游石窟古采石遗址	重要岩矿石产地	古代采石形成的石窟群，规模巨大、采石工艺独特、历史悠久，是浙江省陆相盆地古采石唯一已知实例	省级
G180	柯桥柯岩古采石遗址	重要岩矿石产地	浙东沿海最著名的古采石遗址之一，历史悠久、造型别致，是浙江省石文化的重要组成	省级
G181	越城吼山古采石遗址	重要岩矿石产地	浙东沿海最著名的古采石遗址之一，历史悠久、造型别致，是浙江省石文化的重要组成	省级
G182	越城东湖古采石遗址	重要岩矿石产地	浙东沿海最著名的古采石遗址之一，历史悠久、造型别致，是浙江省石文化的重要组成	省级
G183	温岭长屿硐天古采石遗址	重要岩矿石产地	东南沿海最著名的古采石遗址之一，历史悠久、规模大，硐窟造型别致，是中国东南沿海石文化最具代表性的古采石遗址之一	国家级
G184	新昌董村水晶矿遗址	重要岩矿石产地	遗址历史悠久，经历了元、明、清各朝代，规模大、品质好，是华东地区最早的水晶矿矿业遗址	省级

续表 5-3

代号	遗迹名称	遗迹类型	综合评述	等级
G185	遂昌银坑山古银矿遗址	重要岩矿石产地	采矿遗址规模大，跨越唐、宋、元、明、清等多个朝代，代表了古代中国采矿的先进水平，同时它也是中国东南沿海地区重要的官办采银矿山之一	国家级
G186	遂昌局下古银矿遗址	重要岩矿石产地	遗址规模大，跨越唐、宋、元、明、清等多个朝代，遗址集采矿、选矿、冶炼于一体，是中国东南沿海地区重要的官办银矿山之一	国家级
G187	宁海伍山石窟古采石遗址	重要岩矿石产地	中国东南沿海最著名的古采石遗址之一，历史悠久、景观别致，是东南沿海石文化的重要组成	国家级
G188	三门蛇蟠岛古采石遗址	重要岩矿石产地	遗址采石历史悠久，起源于唐宋，规模大、保存完整、造型别致，是国内最著名的古采石遗址之一	国家级
G189	景宁银坑洞古银矿遗址	重要岩矿石产地	明代银、铅锌采矿遗址，遗址规模较大，是浙南重要的古代银矿遗址之一	省级
G190	庆元苍岱古银矿遗址	重要岩矿石产地	遗址规模大，保留完整，集采矿、选矿、冶炼于一体，属明朝官府经营，是省内最重要的古代银矿遗址之一	省级
L001	临安瑞晶洞岩溶地貌	岩土体地貌	发育于寒武纪灰岩中，洞体高旷、气势宏大，钟乳石、石笋、石柱、石幔、石旗、石帘等次生碳酸钙形成的奇妙景石数量众多，品种齐全，尤其洞内数以千计的“石花”晶莹剔透，千姿百态，国内罕见	国家级
L002	桐庐瑶琳洞岩溶地貌	岩土体地貌	发育在石炭系黄龙组灰岩中，洞体规模大，岩溶类型丰富，以“幽、深、奇、秀”的景观和优美的生态环境著称，是华东沿海中部亚热带湿润区岩溶洞穴的典型代表	国家级
L003	婺城双龙洞岩溶地貌	岩土体地貌	由石炭系黄龙组和船山组碳酸盐岩组成，规模大、溶洞特征典型，华东地区罕见	国家级
L004	淳安千岛湖石林岩溶地貌	岩土体地貌	发育在石炭系黄龙组灰岩中，剑状为主，兼有塔状、柱状、城堡状等，面积广、规模大、景观奇，华东地区少见	省级
L005	建德灵栖洞岩溶地貌	岩土体地貌	发育在石炭系黄龙组灰岩中，由灵泉、清风、霭云 3 个石灰岩溶洞组成，洞内有千姿百态的石笋、钟乳、石柱、石幔等。省内典型岩溶洞穴地貌景观	省级
L006	兰溪六洞山地下长河岩溶地貌	岩土体地貌	发育在石炭系黄龙组和船山组碳酸盐岩中，岩溶地下河特征典型、规模大、景观丰富，省内最为突出	省级
L007	常山三衢山岩溶地貌	岩土体地貌	由奥陶系三衢山组发育而来，以岩溶溶沟、石芽、石林组成，是省内典型的岩溶地貌景观区之一	省级
L008	衢江灰坪岩溶地貌	岩土体地貌	发育在石炭系黄龙组和船山组碳酸盐岩中，类型丰富，尤以天坑规模大、特征典型，省内罕见	省级
L009	天台天台山花岗岩地貌	岩土体地貌	燕山晚期花岗岩发育而成的地貌景观，地貌类型丰富、标型地貌典型、微地貌演化系统，特别是保留完好的风化壳、夷平面及石蛋地貌，气势宏大的石河，是省内少有的反映中新世夷平面形成之后，区域地貌演化过程系统完整的花岗岩地貌区	省级

续表 5-3

代号	遗迹名称	遗迹类型	综合评述	等级
L010	临安大明山花岗岩地貌	岩土体地貌	燕山晚期花岗岩发育而成的地貌景观，花岗岩峰丛标型地貌典型、类型丰富、景观优美，并保留有基本完好的夷平面，是省内唯一的典型花岗岩峰丛地貌景观区	省级
L011	江山浮盖山花岗岩地貌	岩土体地貌	燕山晚期花岗岩发育而成的地貌景观，石蛋-崩积等标型地貌特征典型，景观优美独特，特别是浮盖石和三叠石景观省内唯一，是省内少有的典型花岗岩石蛋地貌和崩积地貌组合景观区	省级
L012	黄岩富山花岗岩地貌	岩土体地貌	燕山晚期花岗岩发育而成的地貌景观，标型崩积地貌特征典型、气势壮观，形成的裂缝省内独特，是华东地区少见的典型花岗岩崩积地貌景观区	省级
L013	苍南玉苍山花岗岩地貌	岩土体地貌	燕山晚期花岗岩发育而成的地貌景观，地貌景观类型以石蛋、突岩、崩积为特色，省内典型	省级
L014	温州大罗山花岗岩地貌	岩土体地貌	燕山晚期花岗岩发育而成的地貌景观，石蛋地貌发育、景观多、标型地貌特征典型，石瀑、龙脊等花岗岩地貌省内唯一，省内突出的花岗岩地貌景观区	省级
L015	余杭山沟沟花岗岩地貌	岩土体地貌	燕山晚期花岗岩发育而成的地貌景观，万马石气势磅礴，整体为老年期地貌演化阶段，是省内少有的典型花岗岩崩积地貌景观区	省级
L016	平阳南麂列岛花岗岩地貌	岩土体地貌	燕山晚期花岗岩发育而成的地貌景观，石蛋标型地貌典型，景观优美，剥蚀出露的完整风化带层极为罕见。海蚀地貌类型丰富，景观独特，是国内典型的花岗岩地貌及海岸地貌复合景观区之一	国家级
L017	江山江郎山丹霞地貌	岩土体地貌	由白垩系方岩组砾岩组成，丹霞地貌类型典型，一线天景观独特，是中国丹霞世界自然遗产的重要组成部分，代表了丹霞地貌晚期阶段的地貌特征	世界级
L018	遂昌石姆岩丹霞地貌	岩土体地貌	由白垩系方岩组砾岩组成，丹霞地貌类型典型，景观优美，是东南湿润区海拔最高的丹霞地貌景观	省级
L019	新昌穿岩十九峰丹霞地貌	岩土体地貌	由白垩纪红盆沉积形成的砂砾岩组成的典型丹霞地貌景观，省内典型代表之一	省级
L020	永康方岩丹霞地貌	岩土体地貌	由白垩纪红盆沉积基础上发育而来的丹霞地貌景观，类型以丹霞方山、崖壁、岩槽(洞)为主，景观优美，华东少见	国家级
L021	武义大红岩丹霞地貌	岩土体地貌	由白垩纪红盆沉积基础上发育而来的丹霞地貌景观，类型多样，以崖壁和洞穴为主，特别是大红岩崖壁规模大，景观优美，国内罕见	国家级
L022	东阳三都屏岩丹霞地貌	岩土体地貌	省内典型的由白垩纪红盆沉积基础上发育而来的丹霞地貌景观	省级
L023	婺城九峰山丹霞地貌	岩土体地貌	省内典型的由白垩纪红盆沉积基础上发育而来的丹霞地貌景观	省级

续表 5-3

代号	遗迹名称	遗迹类型	综合评述	等级
L024	莲都东西岩丹霞地貌	岩土体地貌	省内典型的由白垩纪红盆沉积基础上发育而来的丹霞地貌景观	省级
L025	柯城烂柯山丹霞地貌	岩土体地貌	省内典型的由白垩纪红盆沉积基础上发育而来的丹霞地貌景观	省级
L026	永嘉楠溪江风景河段	水体地貌	众多滩林与河谷地貌景观融为一体，景观优美，国内少见	国家级
L027	建德富春江风景河段	水体地貌	省内典型的发育在火山岩和沉积岩之上的河流地貌及风景河段，景观优美	省级
L028	杭州湾钱江潮	水体地貌	钱塘江特有的喇叭形河口造就了举世闻名的潮汐景观，形态丰富(一线潮、交叉潮、回头潮等)，观赏性极高，被称为世界三大涌潮之一	世界级
L029	杭州西湖	水体地貌	国内典型的因滨海潟湖演变而成的著名湖泊景观，景观优美，被列入世界遗产(文化景观)名录	国家级
L030	海盐南北湖	水体地貌	省内典型的因滨海潟湖演化而来的湖泊景观，景观优美，浙江四大名湖之一	省级
L031	嘉兴南湖	水体地貌	省内典型的因滨海潟湖演化而来的湖泊景观，景观优美，浙江四大名湖之一	省级
L032	鄞州东钱湖	水体地貌	省内典型的因滨海潟湖演化而来的湖泊景观，景观优美，浙江四大名湖之一	省级
L033	景宁望东垟湿地	水体地貌	发育在白垩纪火山岩之上，为华东第一乔木类型高山湿地，是全球湿地分类系统中“溪源湿地”类型的模式样板地	国家级
L034	淳安千亩田湿地	水体地貌	发育在南华纪地层上，为山地中的草甸湿地，面积大，省内典型的发育在剥蚀面上的高山湿地之一	省级
L035	临安浙西天池	水体地貌	发育在中生代火山机构(火山口)上的高山湖泊湿地景观，景观典型，火山机构保存完好，省内少有	省级
L036	东阳东白山湿地	水体地貌	发育在白垩纪火山岩之上，省内典型的发育在剥蚀面上的高山湿地景观之一	省级
L037	杭州西溪湿地	水体地貌	属苕溪湖沼积，冲湖积平原水网地貌，还保留有不少典型的原生湿地生态系统，是丰富水生植物群落保留的区域，国内典型的城市湿地景观	国家级
L038	乐清大龙湫瀑布	水体地貌	发育在白垩纪火山岩之上，单级瀑布落差较大、景观优美，省内知名	省级
L039	景宁大漈雪花漈	水体地貌	发育在白垩纪火山岩之上，单级瀑布落差大、景观优美，省内突出	省级

续表 5-3

代号	遗迹名称	遗迹类型	综合评述	等级
L040	遂昌神龙飞瀑	水体地貌	发育在白垩纪火山岩之上，多级瀑布落差大、景观优美，省内突出	省级
L041	衢江关公山瀑布群	水体地貌	发育在白垩纪火山岩之上，多级瀑布落差大、景观优美，省内突出	省级
L042	文成百丈漈瀑布	水体地貌	发育在白垩纪火山岩之上，单级瀑布落差大、景观优美，华东地区少见	国家级
L043	青田石门飞瀑	水体地貌	发育在白垩纪火山岩之上，单级瀑布落差大、景观优美，省内突出	省级
L044	奉化徐凫岩瀑布	水体地貌	发育在白垩纪火山岩之上，单级瀑布落差大、景观优美，省内突出	省级
L045	嵊州百丈飞瀑群	水体地貌	发育在白垩纪火山岩之上，瀑布众多、景观优美，省内突出	省级
L046	诸暨五泄瀑布	水体地貌	发育在白垩纪火山岩之上，多级瀑布、景观优美，省内突出	省级
L047	临安湍口温泉	水体地貌	属低矿化度、重碳酸钠型、含氡的氟热矿水，为省内较早发现并开发利用的具医疗作用的低温温泉	省级
L048	杭州虎跑泉	水体地貌	发育于泥盆纪砂岩中，属裂隙冷泉，水质为重碳酸/氯-钠/钙/镁型水，省内名泉之一	省级
L049	宁海南溪温泉	水体地貌	类型为偏硅酸、氟热矿水，浙江温泉 AAAA，是省内知名的较早发现并开发利用的疗养温泉之一	省级
L050	泰顺承天氡泉	水体地貌	属低矿化度、重碳酸钠型、含氡的高热温泉，浙江温泉 AAAA，省内知名的较早利用的疗养温泉之一	省级
L051	诸暨芙蓉山破火山构造	火山地貌	破火山形成距今约 1.2 亿年，经历了多个阶段的演化，规模大、组合特征明显，是中国东南沿海最著名的中生代破火山构造之一	国家级
L052	宁海茶山破火山构造	火山地貌	形成于 1.2 亿年前，破火山地貌形态完整、岩相组合清晰，是省内保存最完整的中生代破火山之一	省级
L053	衢江饭甑山火山通道	火山地貌	形成于 1.2 亿年前，集火山构造与火山地貌景观于一体，省内典型的具科研和观赏价值的火山通道之一	省级
L054	龙游饭蒸山火山通道	火山地貌	形成于 1.3 亿年前，集火山构造与火山地貌景观于一体，省内典型的具科研和观赏价值的火山通道之一	省级
L055	松阳南山火山穹隆构造	火山地貌	白垩纪火山构造，特征典型，是浙江陆相盆地内中小尺度火山穹隆构造的典型实例	省级
L056	缙云步虚山火山通道	火山地貌	形成距今约 1 亿年前，清晰地展示了火山通道内部的结构构造特征，火山通道内充填众多巨大的流纹岩球泡，景观独特，国内罕见	国家级

续表 5-3

代号	遗迹名称	遗迹类型	综合评述	等级
L057	天台鼻下许锥火山构造	火山地貌	形成于距今1.05亿年左右，形态特征典型，是浙东沿海晚中生代酸性火山岩区锥状火山的典型代表	省级
L058	余姚大陈盾火山构造	火山地貌	形成于810万年前左右，由玄武质熔岩构成的环状堆积体，发育有火山通道、火山碎屑锥和熔岩被，省内新近纪盾状火山构造的唯一已知实例	省级
L059	嵊州福泉山火山锥	火山地貌	发育在新近系嵊县组内，火山锥形态较完整，要素内容齐全，省内新生代火山唯一已知实例	省级
L060	龙游虎头山超基性岩筒	火山地貌	形成距今约500万年，岩筒内盛产橄榄石包体，有金刚石矿物产出，省内极为罕见	省级
L061	衢江坞石山超基性岩筒	火山地貌	产于中生代陆相盆地内，形成于新近纪上新世，距今约3 000万年，由基底断裂控制的地幔岩浆侵入形成的超基性岩筒，省内少见	省级
L062	东阳八面山基性—超基性岩筒	火山地貌	形成距今约500万年，地貌及地质特征独特，省内规模最大、形态最完整、结构最清晰的基性—超基性岩筒	省级
L063	玉环石峰山超基性岩筒	火山地貌	形成距今约300万年新近纪晚期，岩性为玻基辉橄岩，含有大量的橄榄石包体和辉石晶体，具有地幔岩浆属性，省内典型	省级
L064	衢江小湖南火山岩柱状节理	火山地貌	省内典型的由白垩纪火山岩形成的柱状节理地貌景观	省级
L065	象山花岙火山岩柱状节理	火山地貌	省内典型的由白垩纪火山岩形成的柱状节理地貌景观	省级
L066	临海大勘头火山岩柱状节理	火山地貌	国内典型的由白垩纪火山岩形成的柱状节理地貌景观，规模大，景观独特	国家级
L067	嵊州石舍玄武岩柱状节理	火山地貌	省内典型的由新近纪嵊县期玄武岩形成的柱状节理景观	省级
L068	嵊州后庄玄武岩柱状节理	火山地貌	由新近纪嵊县期玄武岩、玄武玢岩组成，下部为垂直柱状节理，顶部为不规则及平卧柱状节理，以富含橄榄石包体为特征，为省内首次发现	省级
L069	余姚四明山夷平面	火山地貌	保存了浙东夷平面-玄武岩台地的典型结构，在区域地貌研究上具有重要意义	省级
L070	乐清雁荡山流纹岩地貌	火山地貌	全球典型的由白垩纪流纹质火山岩形成的柱峰、峰丛、岩嶂、洞穴等流纹岩地貌景观，景观独特	世界级
L071	仙居神仙居流纹岩地貌	火山地貌	国内典型的由白垩纪流纹质火山岩形成的柱峰、峰林、岩嶂等流纹岩地貌景观，景观突出	国家级
L072	建德大慈岩火山岩地貌	火山地貌	省内典型的由白垩纪火山岩形成的岩嶂地貌景观	省级

续表 5-3

代号	遗迹名称	遗迹类型	综合评述	等级
L073	景宁九龙湾火山岩地貌	火山地貌	省内典型的由白垩纪火山岩形成的峡谷、峰丛、岩嶂地貌景观	省级
L074	遂昌南尖岩火山岩地貌	火山地貌	省内典型的由白垩纪火山岩形成的柱峰、峰林、岩嶂地貌景观	省级
L075	缙云仙都火山岩地貌	火山地貌	国内典型的由白垩纪火山岩形成的柱峰、峰丛、岩嶂等火山岩地貌景观	国家级
L076	浦江仙华山流纹岩地貌	火山地貌	省内典型的由白垩纪流纹岩形成的峰丛、岩嶂地貌景观	省级
L077	嵊州白雁坑崩积地貌	火山地貌	省内典型的由白垩纪火山岩崩积形成的地貌景观	省级
L078	临海武坑流纹岩地貌	火山地貌	省内典型的由白垩纪流纹质火山岩形成的峰林、岩嶂地貌景观	省级
L079	温岭方山流纹岩地貌	火山地貌	省内典型的由白垩纪流纹质火山岩形成的台地、岩嶂地貌景观	省级
L080	乐清中雁荡山流纹岩地貌	火山地貌	省内典型的由白垩纪流纹质火山岩形成的峰丛、岩嶂地貌景观	省级
L081	平阳南雁荡山火山岩地貌	火山地貌	省内典型的由白垩纪流纹质火山岩形成的峰丛、岩嶂、洞穴地貌景观	省级
L082	永嘉大箬岩火山岩地貌	火山地貌	省内典型的由白垩纪流纹质火山岩形成的峰丛、岩嶂地貌景观	省级
L083	永嘉石桅岩火山岩地貌	火山地貌	省内典型的由白垩纪流纹质火山岩形成的柱峰地貌景观	省级
L084	安吉深溪大石浪堆积地貌	火山地貌	省内典型的由白垩纪火山岩巨石堆积形成的地貌景观	省级
L085	遂昌含辉洞崩积地貌	火山地貌	省内典型的由白垩纪火山岩巨石堆叠形成的洞穴地貌景观	省级
L086	普陀普陀山海岸地貌	海岸地貌	燕山晚期花岗岩发育而成的地貌景观，典型老年期花岗岩地貌及壮年期海岸地貌，标型地貌磐陀石石蛋蜚声中外，海岸地貌景色迷人、特征典型，是国内典型的花岗岩地貌及海岸地貌复合景观区之一	国家级
L087	椒江大陈岛海蚀地貌	海岸地貌	燕山晚期花岗岩发育而来的地貌景观，主要标型地貌有海蚀柱、海蚀崖、海蚀沟槽，典型幼年期海岸地貌特征，是省内典型的花岗岩海岸地貌景观区	省级
L088	洞头半屏山海蚀地貌	海岸地貌	由白垩纪火山岩组成，海蚀崖规模大、特征典型，是省内少见的海岸地貌景观	省级

续表 5-3

代号	遗迹名称	遗迹类型	综合评述	等级
L089	嵊泗六井潭海蚀地貌	海岸地貌	燕山晚期花岗岩发育而来的海岸地貌景观，标型地貌有海蚀崖、海蚀龛、海蚀沟槽，为壮年早期海岸地貌特征，海蚀龛密集分布，是省内典型的花岗岩海岸地貌景观区之一	省级
L090	岱山鹿栏晴沙沙滩	海岸地貌	沙滩规模大，景观优美，东部沿海典型的海积地貌景观	国家级
L091	普陀朱家尖十里金沙	海岸地貌	由多处海积形成的沙滩、砾滩组成，规模大，景观优美，中国东部沿海区典型的海积地貌景观区之一	国家级
L092	象山石浦皇城沙滩	海岸地貌	沙滩规模大，景观优美，省内突出，典型的海积地貌景观	省级
L093	象山松兰山沙滩群	海岸地貌	沙滩规模大，景观优美，省内突出，典型的海积地貌景观	省级
L094	象山檀头山姊妹滩	海岸地貌	沙滩规模大，景观优美，省内突出，典型的海积地貌景观	省级
L095	苍南渔寮沙滩	海岸地貌	沙滩规模大，景观优美，省内突出，典型的海积地貌景观	省级
L096	普陀乌石塘砾滩	海岸地貌	砾滩规模大，景观优美，省内突出，典型的海积地貌景观	省级
L097	嵊泗泗礁山姐妹沙滩	海岸地貌	基湖沙滩规模大，省内少见，是省内典型的海岸地貌景观区之一	省级
L098	临安浙西大峡谷	构造地貌	省内典型的发育在火山岩中的峡谷地貌，特征典型，景观优美	省级
L099	景宁炉西大峡谷	构造地貌	省内典型的发育在火山岩中的峡谷地貌，特征典型，景观优美	省级
L100	宁海浙东大峡谷	构造地貌	省内典型的发育在火山岩中的峡谷地貌，特征典型，景观优美	省级
L101	文成铜岭峡	构造地貌	省内典型的发育在火山岩中的峡谷地貌，并发育众多的壶穴，规模大、特征典型，景观优美	省级
L102	磐安浙中大峡谷	构造地貌	省内典型的发育在火山岩中的峡谷地貌，特征典型，景观优美，十八涡壶穴群省内罕见	省级
L103	衢江天脊龙门峡谷	构造地貌	省内典型的由白垩纪火山岩形成的峡谷、岩嶂、峰丛地貌景观	省级
L104	瓯海泽雅七瀑涧峡谷	构造地貌	省内典型的由白垩纪潜火山岩形成的峡谷地貌、瀑布群景观	省级

注：代号前面G开头的，为基础地质大类遗迹；代号前面L开头的，为地貌景观大类遗迹。

二、评价分析

通过综合评价，对全省 294 处重要地质遗迹进行价值等级评定。全省地质遗迹共有世界级 8 处(约占 2.72%)，国家级 78 处(约占 26.53%)，省级 208 处(约占 70.75%)。国家级以上地质遗迹占全省重要地质遗迹的 29.2%(表 5-4)。

表 5-4 浙江省重要地质遗迹分类等级统计表

大类	遗迹分类		等级数量			合计(处)
	类	亚类	世界级	国家级	省级	
基础地质	地层剖面	全球层型剖面	3			3
		层型典型剖面		23	52	75
	岩石剖面	侵入岩剖面	1	9	13	23
		火山岩剖面			4	4
		变质岩剖面		1	1	2
	构造剖面	不整合面		1	5	6
		褶皱与变形			5	5
		断裂		2	6	8
	重要化石产地	古人类化石产地			2	2
		古生物群化石产地	1		2	3
		古植物化石产地		1	1	2
		古动物化石产地		9	9	18
		古生物遗迹化石产地		3	2	5
	重要岩矿石产地	典型矿床类露头		4	16	20
		典型矿物岩石命名地		1	1	2
		矿业遗址		5	7	12
地貌景观	岩土体地貌	碳酸盐岩地貌		3	5	8
		侵入岩地貌		1	7	8
		碎屑岩地貌	1	2	6	9
	水体地貌	河流(景观带)	1	1	1	3
		湖泊与潭		1	3	4
		湿地沼泽		2	3	5
		瀑布		1	8	9
		泉			4	4
	火山地貌	火山机构		2	11	13
		火山岩地貌	1	3	18	22
	海岸地貌	海蚀地貌		1	3	4
		海积地貌		2	6	8
	构造地貌	峡谷			7	7
合计(处)			8	78	208	294

从地质遗迹大类上看，世界级地质遗迹在基础地质大类和地貌景观大类中的分布数量较少，分别为 5 处和 3 处；国家级地质遗迹主要分布在基础地质大类(59 处，约占 75.6%)中，地貌景观大类(19

处，约占24.4%）分布相对较少；省级地质遗迹在基础地质大类（126处，约占60.6%）中分布较多，数量大约是地貌景观大类（82处）遗迹的1.5倍。

进一步考虑类和亚类（表5-4，图5-1），世界级地质遗迹主要分布在6个类或亚类中，其中地层剖面类较多（3处），岩石剖面类、重要化石产地类、岩土体地貌类、水体地貌类和火山地貌类中各有1处；除构造地貌类外，其他9个类中均有国家级地质遗迹分布，主要分布在地层剖面类（23处）、重要化石产地类（13处）、重要岩矿石产地类（10处）和岩石剖面类（10处）中；省级地质遗迹分布广泛，10个类中均有分布，其中地层剖面类（52处）、火山地貌类（29处）和重要岩矿石产地类（24处）分布最多，水体地貌类（19处）、岩石剖面类（18处）、岩土体地貌类（18处）、构造剖面类（16处）和重要化石产地类（16处）分布较多，海岸地貌类（9处）和构造地貌类（7处）分布较少。总体来说，国家级以上的地质遗迹主要分布在全省基础地质大类的地层剖面、重要化石产地、岩石剖面和重要岩矿石产地4类中，约占国家级以上地质遗迹的71.8%。

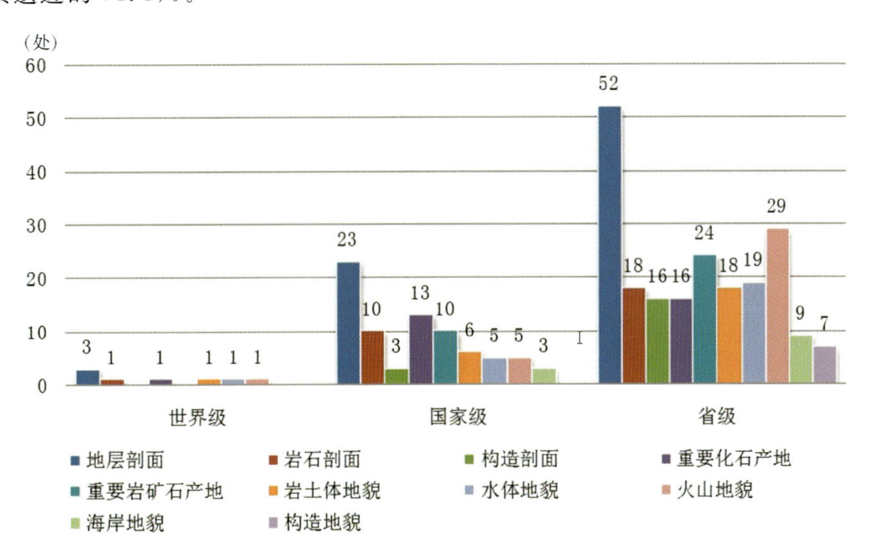

图5-1　浙江省不同等级遗迹分类对比图

从遗迹分布区域来看（图5-2），世界级地质遗迹主要分布在衢州市（3处）和杭州市（2处），温州市、湖州市和绍兴市各有1处；国家级地质遗迹主要分布在杭州市（18处），衢州市（11处）、绍兴市（10处）、丽水市（10处）、台州市（9处）和金华市（8处）数量较多，均在10处左右，舟山市、温州市、湖州市和宁波市数量较少，均在5处（含）以下；省级地质遗迹在各市均有分布，主要分布在杭州市（40处）、衢州市（33处）和丽水市（30处），三市数量约占全省省级遗迹的一半（49.5%），绍兴市（22处）、金华市（20处）、台州市（19处）、温州市（18处）和宁波市（13处）数量次之，湖州市、舟山市和嘉兴市数量较少。

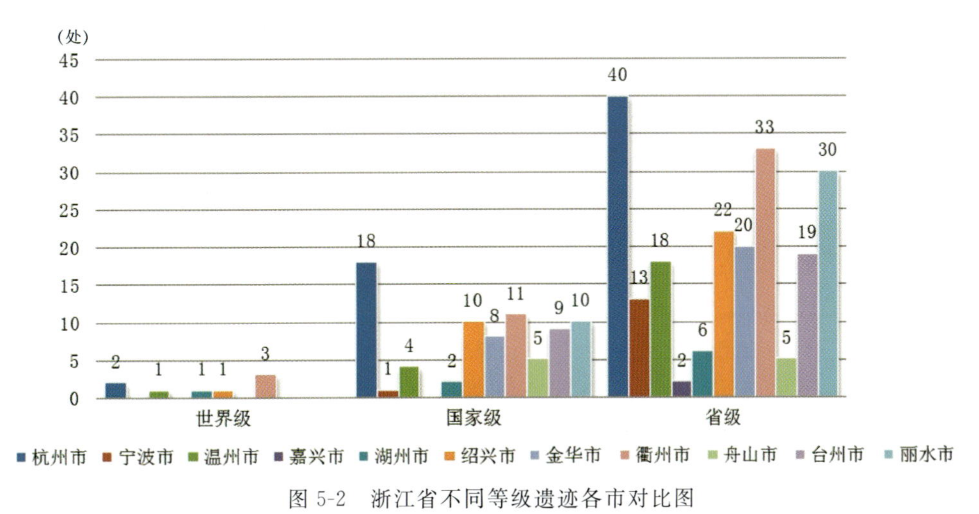

图5-2　浙江省不同等级遗迹各市对比图

从统计分析可知，杭州市拥有高等级地质遗迹（国家级以上）的比重最大，约占 23.3%，衢州市（16.3%）、绍兴市（12.8%）、丽水市（11.6%）、台州市（10.5%）和金华市（9.3%）比重次之，温州市（5.8%）、舟山市（5.8%）、湖州市（3.5%）和宁波市（1.2%）比重较小，嘉兴市没有国家级以上地质遗迹。

从遗迹形成时代看（图 5-3），世界级地质遗迹除中生代缺失外，在元古宙（1 处）、古生代（4 处）和新生代（3 处）均有分布，以古生代和新生代所占比重较大；国家级地质遗迹在各地质时代分布较为均衡，分布数量依次为中生代（23 处）、新生代（21 处）、元古宙（19 处）和古生代（15 处）；省级地质遗迹主要分布在新生代（92 处，约占 44.2%）和中生代（73 处，约占 35.1%），两个时代遗迹数量占省级遗迹的 79.3%。

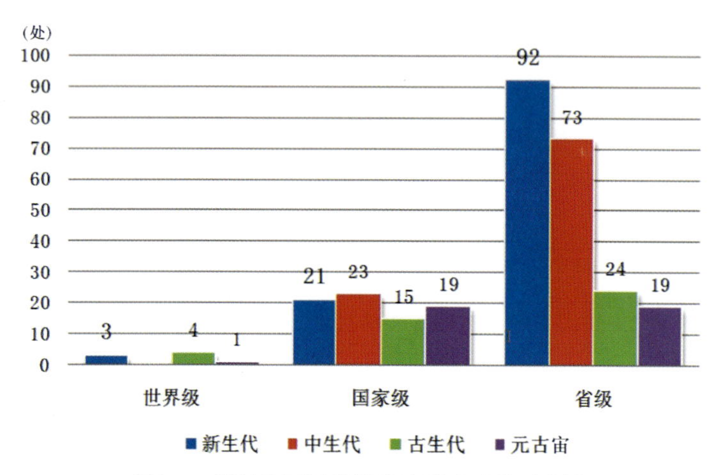

图 5-3　浙江省不同等级遗迹形成时代对比图

从遗迹保护方式来看（图 5-4），8 处世界级地质遗迹较为均衡地分布于地质（矿山）公园、地质遗迹保护区、地质遗迹保护点和风景旅游区内；国家级地质遗迹主要分布于地质遗迹保护点中（46 处，约占 59.0%），地质（矿山）公园（16 处）和风景旅游区（12 处）内分布数量基本相当，还有 4 处（约占 5.1%）地质遗迹处在未保护状态；省级地质遗迹主要分布在地质遗迹保护点（107 处，约占 51.4%）和风景旅游区（50 处，约占 24.0%）内，地质（矿山）公园（23 处，占 11.1%）内分布较多，地质遗迹保护区和地质文化村内也各有 1 处分布，但有一定数量的遗迹仍处在未被保护（26 处，约占 12.5%）状态，省级地质遗迹的保护程度较低。

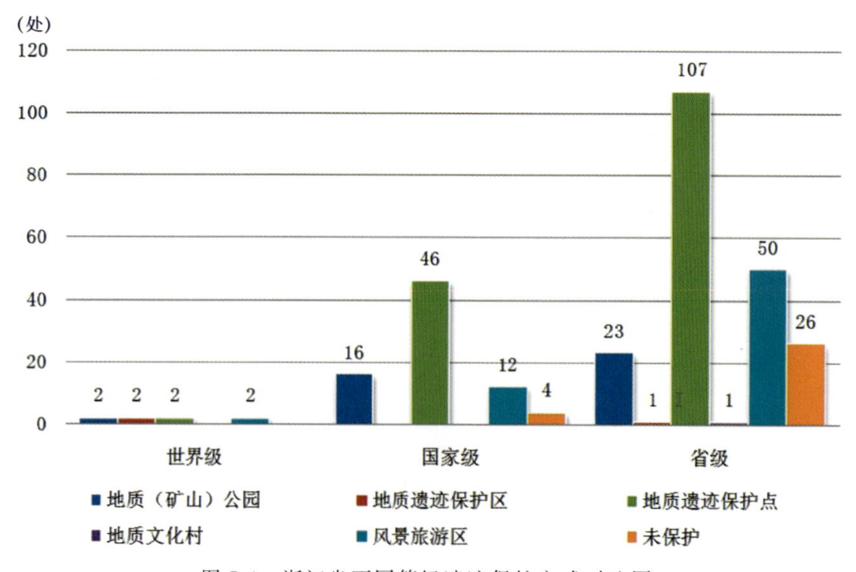

图 5-4　浙江省不同等级遗迹保护方式对比图

从遗迹利用方式来看(图5-5),世界级地质遗迹主要利用于科研/科普/观光和科研/科普两种方式,科研/观光也有部分存在;国家级地质遗迹主要利用于科研/科普(44处,约占56.4%)方式,科研/科普/观光(18处)和科研/观光(10处)利用方式相对较多,科研(1处)、科研/采矿(3处)和科研/科普/采矿(2处)三种利用方式较少;省级地质遗迹主要利用于科研/科普(97处,约占46.6%),科研/观光(51处,约占24.5%)和科研/科普/观光(27处,约占13.0%)方式较多,科研(15处)、科研/采矿(15处)和科研/科普/采矿(3处)利用方式较少。

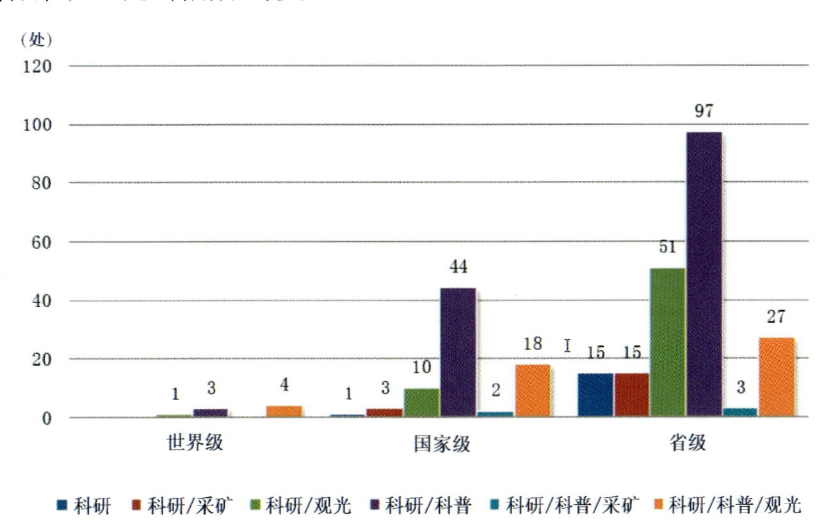

图5-5　浙江省不同等级遗迹利用方式对比图

从各等级地质遗迹科普转化情况分析,世界级地质遗迹的科普转化程度(87.5%)最高,国家级(82.1%)地质遗迹次之,省级(61.1%)地质遗迹的科普转化程度相对较低。

全省地质遗迹的整体旅游开发程度较低,世界级地质遗迹仅为62.5%,国家级(38.5%)和省级(38.9%)均不足40%,旅游开发潜力大。

第六章 地质遗迹区划

DIZHI YIJI QUHUA

第一节 区划原则和方法

地质遗迹资源地理分布的不均衡性是其分区的客观基础，科学的分区方法是地质遗迹保护与开发规划的基本依据。按照地质遗迹所在的大地构造单元、地貌单元的地质背景和地貌类型的不同，并结合地质遗迹的自然属性（分布规律）特征，进行地质遗迹区划，为地质遗迹的保护规划管理和利用提供科学依据。

一、区划原则

地质遗迹区划思路采用从小到大的解析方法。首先是地质遗迹点归并成低等级的地质遗迹小区（简称"遗迹小区"），然后是地质遗迹小区归并成中等级别的地质遗迹分区（简称"遗迹分区"），最后是地质遗迹分区归并成最大一级的地质遗迹区（简称"遗迹区"）。

全省地质遗迹分级区划原则如下：

地质遗迹小区的划分，主要考虑以下3个原则：①地理分布密集性原则；②地貌单元完整性原则；③地理相通性原则。

地质遗迹分区由地质遗迹小区归并而成，归并过程中主要考虑以下3个原则：①地理相邻原则；②遗迹类型相同相似原则；③系统发生学原则。

地质遗迹区由地质遗迹分区归并而成，归并过程中主要考虑以下两个原则：①地理相邻原则；②系统发生学原则。

二、区划方法

（一）分区方法

1. 遗迹小区的划分

根据遗迹小区的划分原则，把地理分布密集的遗迹点合并到一个相对较小的、地貌上相对独立的地理区域中（遗迹小区）。遗迹小区划分过程中应适当地考虑行政区域的完整性。遗迹小区通常含有较多数量的地质遗迹点，遗迹类型也较丰富，遗迹点之间的交通状况也相对良好。

地质遗迹点分散的区域可不划分出遗迹小区；但对于占有一定区域范围、国家级以上的地质遗迹（一般指地貌景观大类的地质遗迹），即便是独立的地质遗迹点，也应适当考虑单独划为一个遗迹小区。

一个独立的遗迹小区大致可规划建设为一个中型或大型的地质公园，或据行政区域的分割将其规划分解为几个小型地质公园及地质遗迹保护区。

2. 遗迹分区的划分

遗迹类型相同或成因上具有相关性的相邻遗迹小区，可进一步归并为遗迹分区。遗迹小区周边，在类型上相同或者形成于同一序列的地质事件中的孤立遗迹点，也被并入地质遗迹分区。尤其是当这些孤立地质遗迹点具有省级以上的价值等级时，遗迹分区的边界扩大到能够包含这些遗迹点。

遗迹分区注重于区内的地质遗迹内容，对其范围不作要求很高的界定。分区边界可适当参考省内地貌类型单元及构造单元的划分，不要求省域范围的全分割。遗迹分区重点突出全省地质遗迹资源的具体特征与价值，以及具有特定资源价值的自然分布区域。

3.遗迹区的划分

具有成因、类型等内在联系的相邻地质遗迹分区，可进一步归并为地质遗迹区。地质遗迹区从大的地质地貌背景和地质事件上分割了全省的地质遗迹资源及地理空间，突出全省地质遗迹的总体特征与形成背景。地质遗迹区分界大致与全省地貌区划或大地构造分区的一级区划结构基本相当。

（二）分区命名及分区代码

1.分区命名

对地质遗迹分区进行规范命名，其意义有二：其一是方便全省范围内不同分区的查找和区域对比分析；其二是便于了解各遗迹区的地质遗迹资源特征。名称要求简单明确、概括全面。具体规则如下：

遗迹小区采用“地名＋主要遗迹类型＋遗迹小区”命名方式。地名应尽量使用地质遗迹小区内具有代表性的县、乡、镇地名冠名，如长兴“金钉子”剖面遗迹小区（简称长兴遗迹小区）、富阳元古宙地质构造遗迹小区（简称富阳遗迹小区）等。

遗迹分区采用“地名＋主要遗迹类型＋遗迹分区”命名方式。地名应尽量使用地质遗迹分区内主要山地、盆地、平原等现用名称，如长兴-安吉古生代地层遗迹分区（简称长兴-安吉遗迹分区）、雁荡山脉火山岩地貌与矿产遗迹分区（简称雁荡山脉遗迹分区）等。

遗迹区采用“省方位片区＋主要遗迹类型＋遗迹区”命名方式。省方位片区使用浙西北、浙北、浙中、浙东南等名称，如浙西北地层古生物与岩溶地貌遗迹区（简称浙西北遗迹区）、浙中白垩纪红盆与丹霞地貌遗迹区（简称浙中遗迹区）等。

2.分区代码

为区分不同层次的地质遗迹分区，采用罗马序号（Ⅰ、Ⅱ、Ⅲ等）加上下标的阿拉伯数字序号组成的代码来表示不同分区。

遗迹区代码直接采用罗马序号。如浙北河口平原与采石遗址遗迹区（Ⅰ）、浙西北地层古生物与岩溶地貌遗迹区（Ⅱ）、浙中白垩纪红盆与丹霞地貌遗迹区（Ⅲ）、浙东南火山地质与火山岩地貌遗迹区（Ⅳ）和沿海海岸地貌遗迹区（Ⅴ）。

遗迹分区代码采用“遗迹区代码＋下标的阿拉伯数字序号”表示。如长兴-安吉古生代地层遗迹分区（Ⅱ_{1}）、天目山岩溶与火山地质遗迹分区（Ⅱ_{2}）等。

遗迹小区代码采用“遗迹分区代码＋上标的阿拉伯数字序号”表示。如长兴“金钉子”剖面遗迹小区（Ⅱ_{1}^{1}）、安吉古生代地层遗迹小区（Ⅱ_{1}^{2}）等。

独立遗迹小区的代码采用“遗迹区代码＋上标的阿拉伯数字序号”表示，如杭州地层古生物与湖泊湿地遗迹小区（Ⅰ^{1}）、杭州湾河口潮汐遗迹小区（Ⅰ^{2}）等。

（三）小区等级划分

根据遗迹小区内地质遗迹资源级别分布情况，对遗迹小区进行价值等级划分。遗迹小区价值等级被划分为3个级别，划分方法如下。

一级遗迹小区：遗迹小区内拥有1处及以上世界级或3处及以上国家级地质遗迹资源。

二级遗迹小区：遗迹小区内拥有 1～2 处国家级或 5 处及以上省级地质遗迹资源。

三级遗迹小区：遗迹小区内拥有 4 处及以下省级地质遗迹资源。

第二节 地质遗迹分区

根据上述地质遗迹区划原则与方法，开展浙江省地质遗迹分区划分，把全省地质遗迹划分为 5 个遗迹区、13 个遗迹分区及 50 个遗迹小区（图 6-1，表 6-1）。

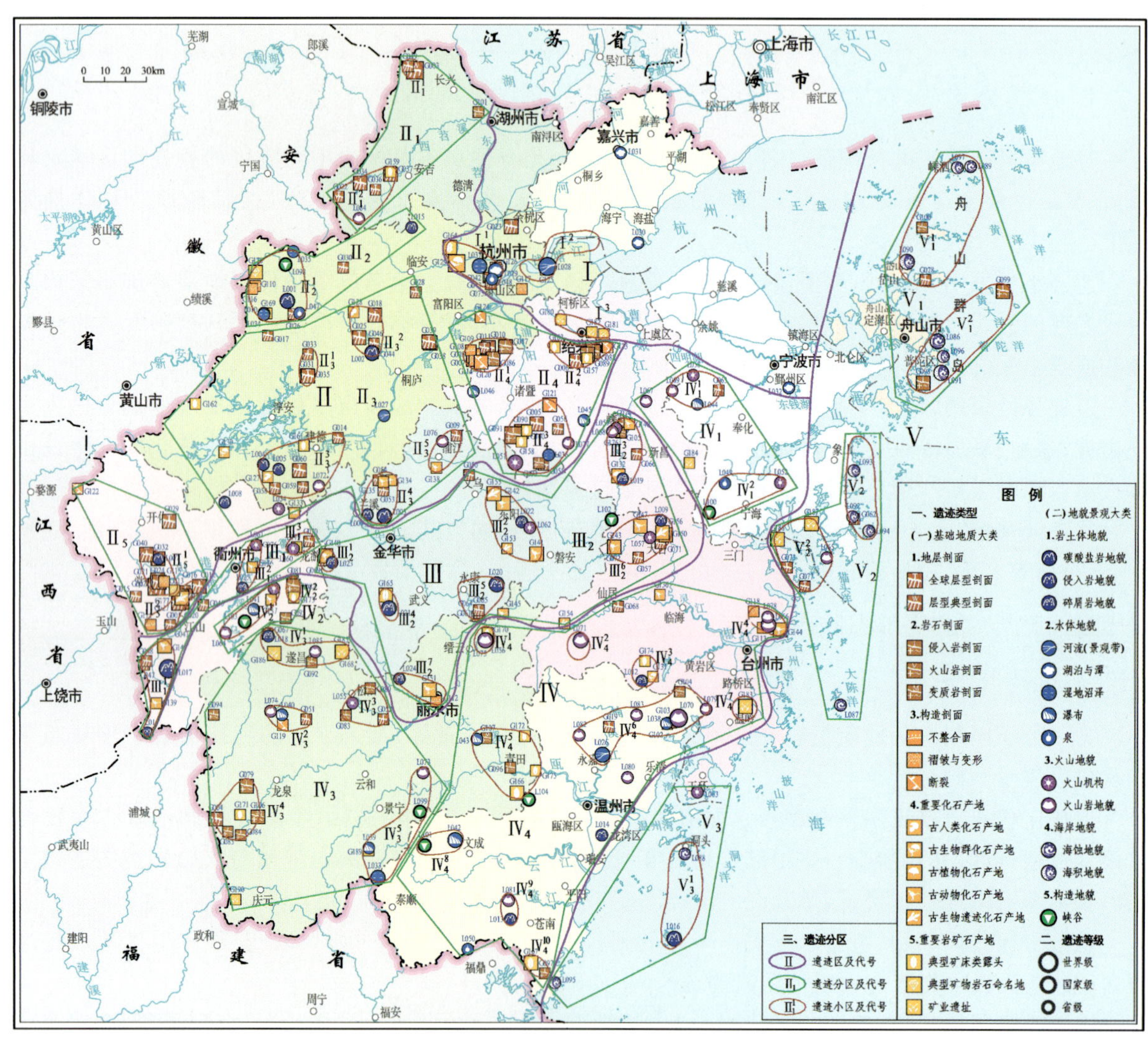

图 6-1 浙江省重要地质遗迹区划图

5 个遗迹区分别为浙北河口平原与采矿遗址遗迹区（简称为浙北遗迹区，下同）、浙西北地层古生物与岩溶地貌遗迹区（浙西北遗迹区）、浙中白垩纪红盆与丹霞地貌遗迹区（浙中遗迹区）、浙东南火山地质与火山岩地貌遗迹区（浙东南遗迹区）和沿海海岸地貌遗迹区（沿海遗迹区）。其中，浙北遗迹区包括 3 个独立遗迹小区，浙西北遗迹区包括 5 个遗迹分区和 8 个遗迹小区，浙中遗迹区包括 2 个遗迹分区和 10 个遗迹小区，浙东南遗迹区包括 4 个遗迹分区和 19 个遗迹小区，沿海遗迹区包括 3 个遗迹分区和 5 个遗迹小区。50 个遗迹小区中，共划为一级遗迹小区 15 个、二级遗迹小区 24 个、三级遗迹小区 11 个（表 6-2）。

表 6-1　浙江省重要地质遗迹区划表

遗迹区	遗迹分区	遗迹小区
浙北河口平原与采石遗址遗迹区（Ⅰ）		杭州地层古生物与湖泊湿地遗迹小区（I^{1}）
		杭州湾河口潮汐遗迹小区（I^{2}）
		绍兴采石遗址遗迹小区（I^{3}）
浙西北地层古生物与岩溶地貌遗迹区（Ⅱ）	长兴-安吉古生代地层遗迹分区（II_{1}）	长兴"金钉子"剖面遗迹小区（II_{1}^{1}）
		安吉古生代地层遗迹小区（II_{1}^{2}）
	天目山岩溶与火山地质遗迹分区（II_{2}）	临安岩溶与鸡血石遗迹小区（II_{2}^{1}）
	龙门山-金华山古—中生代地层与岩溶遗迹分区（II_{3}）	淳安古生代地层遗迹小区（II_{3}^{1}）
		桐庐古生代地层与岩溶遗迹小区（II_{3}^{2}）
		建德中生代地层遗迹小区（II_{3}^{3}）
		金华山岩溶与中生代地层遗迹小区（II_{3}^{4}）
		浦江流纹岩地貌遗迹小区（II_{3}^{5}）
	富阳-诸暨元古宙地质构造遗迹分区（II_{4}）	富阳元古宙地质构造遗迹小区（II_{4}^{1}）
		柯桥元古宙地质遗迹小区（II_{4}^{2}）
		诸暨元古宙地质构造遗迹小区（II_{4}^{3}）
	常山-江山古生代地层遗迹分区（II_{5}）	常山古生代地层遗迹小区（II_{5}^{1}）
		江山古生代地层遗迹小区（II_{5}^{2}）
浙中白垩纪红盆与丹霞地貌遗迹区（Ⅲ）	江郎山-龙游丹霞地貌遗迹分区（III_{1}）	江郎山丹霞地貌遗迹小区（III_{1}^{1}）
		衢江丹霞地貌遗迹小区（III_{1}^{2}）
		龙游采石遗址遗迹小区（III_{1}^{3}）
	武义-新昌白垩纪化石与丹霞地貌遗迹分区（III_{2}）	婺城恐龙化石与丹霞地貌遗迹小区（III_{2}^{1}）
		东阳恐龙化石遗迹小区（III_{2}^{2}）
		新嵊硅化木与丹霞地貌遗迹小区（III_{2}^{3}）
		武义丹霞地貌与萤石矿遗迹小区（III_{2}^{4}）
		永康丹霞地貌与中生代地层遗迹小区（III_{2}^{5}）
		天台恐龙化石遗迹小区（III_{2}^{6}）
		莲都恐龙化石与丹霞地貌遗迹小区（III_{2}^{7}）
浙东南火山地质与火山岩地貌遗迹区（Ⅳ）	四明山-宁海火山地质与地貌遗迹分区（IV_{1}）	四明山火山地质与地貌遗迹小区（IV_{1}^{1}）
		宁海温泉与火山地质遗迹小区（IV_{1}^{2}）
	乌溪江-溪口元古宙地质与火山岩地貌遗迹分区（IV_{2}）	乌溪江火山岩地貌遗迹小区（IV_{2}^{1}）
		溪口元古宙地质遗迹小区（IV_{2}^{2}）
	丽水西部元古宙地质与银矿遗址遗迹分区（IV_{3}）	遂昌银矿遗址遗迹小区（IV_{3}^{1}）
		南尖岩火山岩地貌遗迹小区（IV_{3}^{2}）
		松阳地层与岩石遗迹小区（IV_{3}^{3}）
		龙泉元古宙地质遗迹小区（IV_{3}^{4}）
		景宁湿地与火山岩地貌遗迹小区（IV_{3}^{5}）

续表 6-1

遗迹区	遗迹分区	遗迹小区
浙东南火山地质与火山岩地貌遗迹区（Ⅳ）	雁荡山脉火山岩地貌与矿产遗迹分区（IV_4）	缙云火山岩地貌遗迹小区（IV_4^1）
		仙居流纹岩地貌遗迹小区（IV_4^2）
		黄岩矿产与花岗岩地貌遗迹小区（IV_4^3）
		临海翼龙与流纹岩地貌遗迹小区（IV_4^4）
		青田叶蜡石矿遗迹小区（IV_4^5）
		雁荡山流纹岩地貌遗迹小区（IV_4^6）
		温岭采石遗址遗迹小区（IV_4^7）
		文成峡谷瀑布遗迹小区（IV_4^8）
		南雁火山岩地貌遗迹小区（IV_4^9）
		苍南矾矿遗迹小区（IV_4^{10}）
沿海海岸地貌遗迹区（Ⅴ）	舟山群岛海岸地貌遗迹分区（V_1）	岱山-嵊泗海岸地貌遗迹小区（V_1^1）
		普陀海岸地貌遗迹小区（V_1^2）
	象山-三门湾采石遗址与海岸地貌遗迹分区（V_2）	象山海岸地貌遗迹小区（V_2^1）
		三门湾采石遗址与海岸地貌遗迹小区（V_2^2）
	洞头-南麂海岸地貌遗迹分区（V_3）	洞头-南麂花岗岩与海岸地貌遗迹小区（V_3^1）

表 6-2　浙江省遗迹小区地质遗迹资源及等级表

遗迹区	遗迹分区	遗迹小区	世界级	国家级	省级	合计	等级
浙北遗迹区		杭州遗迹小区	1	3	5	9	一
		杭州湾遗迹小区	1		1	2	一
		绍兴遗迹小区			3	3	三
浙西北遗迹区	长兴-安吉遗迹分区	长兴遗迹小区	1		1	2	一
		安吉遗迹小区		2	4	6	二
	天目山遗迹分区	临安遗迹小区		2	9	11	二
	龙门山-金华山遗迹分区	淳安遗迹小区		2	1	3	二
		桐庐遗迹小区		3	3	6	一
		建德遗迹小区		1	7	8	二
		金华山遗迹小区		1	5	6	二
		浦江遗迹小区			3	3	三
	富阳-诸暨遗迹分区	富阳遗迹小区		6	4	10	一
		柯桥遗迹小区		3	3	6	一
		诸暨遗迹小区	1	4	8	13	一
	常山-江山遗迹分区	常山遗迹小区	1	4	3	8	一
		江山遗迹小区	1	5	4	10	一

续表 6-2

遗迹区	遗迹分区	遗迹小区	世界级	国家级	省级	合计	等级
浙中遗迹区	江郎山-龙游遗迹分区	江郎山遗迹小区	1		4	5	一
		衢江遗迹小区			4	4	三
		龙游遗迹小区			3	3	三
	武义-新昌遗迹分区	婺城遗迹小区		1	2	3	二
		东阳遗迹小区		3	3	6	一
		新嵊遗迹小区		1	5	6	二
		武义遗迹小区		2		2	二
		永康遗迹小区		1	3	4	二
		天台遗迹小区		4	5	9	一
		莲都遗迹小区		1	2	3	二
浙东南遗迹区	四明山-宁海遗迹分区	四明山遗迹小区			4	4	三
		宁海遗迹小区			3	3	三
	乌溪江-溪口遗迹分区	乌溪江遗迹小区			5	5	二
		溪口遗迹小区		1	2	3	二
	丽水西部遗迹分区	遂昌遗迹小区		2	5	7	二
		南尖岩遗迹小区			4	4	三
		松阳遗迹小区			4	4	三
		龙泉遗迹小区		3	3	6	一
		景宁遗迹小区		1	4	5	二
	雁荡山脉遗迹分区	缙云遗迹小区		2	2	4	二
		仙居遗迹小区		1		1	二
		黄岩遗迹小区			3	3	三
		临海遗迹小区		2	3	5	二
		青田遗迹小区		1	5	6	二
		雁荡山遗迹小区	1	1	8	10	一
		温岭遗迹小区		1		1	二
		文成遗迹小区		1	1	2	二
		南雁遗迹小区			2	2	三
		苍南遗迹小区		1	1	2	二
沿海遗迹区	舟山群岛遗迹分区	岱山-嵊泗遗迹小区		1	4	5	二
		普陀遗迹小区		4	1	5	一
	象山-三门湾遗迹分区	象山遗迹小区			4	4	三
		三门湾遗迹小区		2	3	5	二
	洞头-南麂遗迹分区	洞头-南麂遗迹小区		1	1	2	二

一、浙北河口平原与采石遗址遗迹区

浙北遗迹区(Ⅰ)位于杭州湾两岸的杭嘉湖平原与萧绍平原一带，由于遗迹仅在杭州和绍兴两处较为集中，其余较为分散独立，没有划分遗迹分区，仅包含3个独立小区和5处独立遗迹点。

1. 杭州地层古生物与湖泊湿地遗迹小区(Ⅰ^1)

该小区位于杭州市区周边，面积约361km^2，包括9处地质遗迹，以基础地质大类遗迹为主。区内有世界级地质遗迹1处(占11.1%)，国家级地质遗迹3处(约占33.3%)，省级地质遗迹5处(约占55.6%)，小区价值等级为一级(表6-2)。主要遗迹有余杭狮子山腕足动物群化石产地、杭州西湖、杭州西溪湿地、余杭仇山膨润土矿、杭州虎跑泉、西湖龙井老虎洞组剖面。区内已建设有国家级风景名胜区1处、国家级旅游度假区1处、国家森林公园1处、国家湿地公园1处，并建立浙江省重要地质遗迹保护点5处。

2. 杭州湾河口潮汐遗迹小区(Ⅰ^2)

该小区位于钱塘江入海口两侧，面积约393km^2，包括2处重要地质遗迹，为地貌景观大类的河流(景观带)和基础地质大类的断裂亚类。区内有世界级地质遗迹1处、省级地质遗迹1处，小区价值等级为一级(表6-2)。钱塘江与南美亚马逊河、南亚恒河并称为“世界三大强涌潮河流”，钱江潮是世界三大涌潮之一。区内已建设有钱江观潮度假村及观潮公园，每年定期举行“中国国际钱江观潮节”。建立浙江省重要地质遗迹保护点1处。

3. 绍兴采石遗址遗迹小区(Ⅰ^3)

该小区位于绍兴市区周边，面积约167km^2，包括3处重要地质遗迹，全部为基础地质大类的矿业遗址亚类。区内有省级地质遗迹3处，小区价值等级为三级(表6-2)。主要遗迹为柯桥柯岩古采矿遗址、越城吼山古采矿遗址和越城东湖古采矿遗址。区内已主要建设有国家水利风景区和省级风景名胜区各1处，并建立浙江省重要地质遗迹保护点3处。

浙北遗迹区共有地质遗迹资源19处，约占全省遗迹资源的6.5%，属全省5个遗迹区中遗迹数量最少的一个。该区具有一个最突出的特点，就是在全新世海平面变化过程中形成的水体地貌景观，包括湖泊、湿地及钱塘江涌潮，钱塘江涌潮这一河-海动力系统不仅因其景观宏伟而举世闻名，也是形成河口平原的直观的外动力作用。余杭狮子山腕足动物群化石产地是奥陶纪末期深水底栖古生物群落，全球范围内唯一已知实例。另外，绍兴地区的露天采石景观展示了浙江独特的矿山人文文化。

二、浙西北地层古生物与岩溶地貌遗迹区

浙西北遗迹区(Ⅱ)位于浙江省西北部的湖州市和杭州市的大部分区域，衢州市的常山县和金华市浦江与金华山一带也涉及其中。该遗迹区共分为5个遗迹分区，分区共包含13个遗迹小区和19处独立遗迹点(表6-3)。

(一)长兴-安吉古生代地层遗迹分区(Ⅱ$_1$)

该分区的突出特征是发育了全球最好的晚二叠世地层，已成为全球的对比标准(“金钉子”)。二叠纪末期，联合古大陆的形成导致了全球性大海退，世界各大陆的海水都退居大洋，只有长兴所在的特提斯边缘(华南)保留陆表海水，直到长兴期晚期才发生海退，但海水并没有退出大陆。这一独特的

特征使得长兴得以保留了二叠纪—三叠纪的连续地层剖面，记录了全球这一重大的地史过程。另外，安吉杭垓奥陶纪剖面化石丰富、保存完整，首次发现超过10个属种的海绵动物群，是湖北宜昌赫南特阶“金钉子”剖面的重要补充。

遗迹分区共分为2个遗迹小区，共包括9处重要地质遗迹(表6-3)，其中世界级地质遗迹1处、国家级地质遗迹2处、省级地质遗迹6处。分布于各遗迹小区内的遗迹共8处，独立遗迹点有1处(省级)。

表6-3　浙西北遗迹区之遗迹分区资源统计表

遗迹分区	地质遗迹			合计	独立遗迹	遗迹小区			合计
	世界级	国家级	省级			一级	二级	三级	
长兴-安吉遗迹分区	1	2	6	8	1	1	1		2
天目山遗迹分区		2	11	13	2		1		1
龙门山-金华山遗迹分区		9	28	37	11	1	3	1	5
富阳-诸暨遗迹分区	1	13	17	31	2	3			3
常山-江山遗迹分区	2	10	9	21	3	2			2
合计	4	36	71	111	19	7	5	1	13

1.长兴“金钉子”剖面遗迹小区($Ⅱ_1^1$)

该小区位于长兴县煤山一带，面积约67km²，包括2处重要地质遗迹，全部为基础地质大类的地层剖面类遗迹。区内有世界级和省级地质遗迹各1处，小区价值等级为一级(表6-2)。遗迹为长兴煤山长兴阶和二叠系—三叠系界线“金钉子”剖面和长兴千井湾青龙组—周冲村组剖面，前者为全球层型剖面，后者为省内层型剖面。区内已建设有国家级地质遗迹自然保护区1处、浙江省重要地质遗迹保护点1处。

2.安吉古生代地层遗迹小区($Ⅱ_1^2$)

该小区位于安吉县孝丰—叶坑坞一带，面积约474km²，包括6处重要地质遗迹，以基础地质大类遗迹为主。区内有国家级地质遗迹2处(约占33.3%)，省级地质遗迹4处(约占66.7%)，小区价值等级为二级(表6-2)。遗迹为安吉杭垓赫南特阶标准剖面、安吉孝丰康山组剖面、安吉康山沥青煤、安吉孝丰霞乡组剖面、安吉叶坑坞寒武系剖面和安吉深溪大石浪堆积地貌。区内已建设有国家森林公园1处、国家水利风景区1处，并建立浙江省重要地质遗迹保护点4处。

(二)天目山岩溶与火山地质遗迹分区($Ⅱ_2$)

该分区以优美的岩溶洞穴、花岗岩地貌景观及良好的生态环境著称，是中国东部重要的生物多样性地区。同时还是被誉为“国石”的鸡血石的产地。在新生代的地壳上升中，发育了清晰的多级剥夷面，其中最突出的是1 100～1 200m与650～750m两级，并在前者之上发育高山沼泽与湿地等景观，是研究浙江省新构造上升运动的典型地区。

遗迹分区仅有1个遗迹小区，共包括13处重要地质遗迹(表6-3)，其中国家级地质遗迹2处，省级地质遗迹11处。分布于遗迹小区内的遗迹共11处，独立遗迹点有2处(省级)。

临安岩溶与鸡血石遗迹小区($Ⅱ_2^1$)

该小区位于临安市西部大明山、湍口、大峡谷镇、马啸一带，面积约780km²，包括11处重要地质遗迹，其中基础地质大类遗迹5处，地貌景观大类遗迹6处。区内有国家级地质遗迹2处(约占18.2%)，省级地质遗迹9处(约占81.8%)，小区价值等级为二级(表6-2)。遗迹为临安玉岩山昌化鸡血石、临安瑞晶洞岩溶地貌、临安大明山花岗岩地貌、临安浙西大峡谷、临安浙西天池、临安湍口温泉、临安马啸加里东运动构造不整合面、临安湍口宁国组—胡乐组剖面、临安马啸东西向皱褶构造、淳安千亩田湿地、临安千亩田钨铍矿。区内已建设有国家级自然保护区1处、省级风景名胜区1处、省级自然保护区1处、省级地质公园1处，并建立浙江省重要地质遗迹保护点4处。

(三)龙门山-金华山古—中生代地层与岩溶遗迹分区($Ⅱ_3$)

该分区是浙江省晚古生代灰岩分布最广泛的地区，发育了大量优美的高品位岩溶地貌，金华山一带的溶洞是全国著名的风景名胜区。同时，也是省内最长的水系——钱塘江的主干水系分布区，沿富春江而下发育了优美的河谷地貌景观。中生代的火山地质事件和陆相盆地在该区留下了一系列典型标准剖面，是著名的建德生物群产地。此外，还发育了古生代地层，记录了古生代华南地区的古生物演变特征及地史过程。

遗迹分区共分为5个遗迹小区，共包括37处重要地质遗迹(表6-3)，其中国家级地质遗迹9处，省级地质遗迹28处。分布于各遗迹小区内的遗迹共26处，独立遗迹点有11处。

1.淳安古生代地层遗迹小区($Ⅱ_3^1$)

该小区位于淳安县潭头—桐庐刘家一带，面积约122km²，包括3处重要地质遗迹，全部为基础地质大类的地层剖面类。区内有国家级地质遗迹2处，省级地质遗迹1处，小区价值等级为二级(表6-2)。遗迹为淳安潭头志留系剖面、淳安潭头文昌组剖面和桐庐刘家奥陶系剖面。区内已建立浙江省重要地质遗迹保护点3处。

2.桐庐古生代地层与岩溶遗迹小区($Ⅱ_3^2$)

该小区位于桐庐县沈村—分水一带，面积约196km²，包括6处重要地质遗迹，以基础地质大类遗迹为主。区内有国家级和省级地质遗迹各3处，小区价值等级为一级(表6-2)。遗迹为桐庐瑶琳洞岩溶地貌、桐庐分水印渚埠组剖面、富阳钟家庄板桥山组剖面、桐庐沈村船山组剖面、桐庐冷坞栖霞组剖面和桐庐延村桐庐人遗址。区内已建设有国家级风景名胜区1处、省级森林公园1处，并建立浙江省重要地质遗迹保护点5处。

3.建德中生代地层遗迹小区($Ⅱ_3^3$)

该小区位于建德市寿昌、航头、大慈岩、大同、李家及淳安石林镇一带，面积约987km²，包括8处重要地质遗迹，以基础地质大类遗迹为主。区内有国家级地质遗迹1处(约占12.5%)，省级地质遗迹7处(约占87.5%)，小区价值等级为二级(表6-2)。遗迹为建德枣园-岩下寿昌组—横山组剖面、建德岭后铜矿、建德灵栖洞岩溶地貌、建德大慈岩火山岩地貌、建德下涯休宁组剖面、建德大同劳村组剖面、建德航头黄尖组剖面和建德乌龟洞建德人遗址。区内已建设有国家级风景名胜区1处、省级文物保护单位1处，并建立浙江省重要地质遗迹保护点5处。

4.金华山岩溶与中生代地层遗迹小区($Ⅱ_3^4$)

该小区位于金华市北部金华山一带，面积约323km²，包括6处重要地质遗迹，以基础地质大类遗迹为主。区内有国家级地质遗迹1处(约占16.7%)，省级地质遗迹5处(约占83.3%)，小区价值等级为二级(表6-2)。遗迹为婺城双龙洞岩溶地貌、兰溪柏社恐龙骨骼化石产地、兰溪六洞山地下长河岩溶地貌、兰溪马涧马涧组剖面、兰溪柏社渔山尖组剖面和兰溪草舍双壳类化石产地。区内已建设有国家级风景名胜区 1 处、国家森林公园 1 处、省级风景名胜区 1 处，并建立浙江省重要地质遗迹保护点 4 处。

5. 浦江流纹岩地貌遗迹小区（$Ⅱ_3^5$）

该小区位于浦江县浦南一仙华山一带，面积约 198km²，包括 3 处重要地质遗迹，其中基础地质大类遗迹 2 处，地貌景观大类遗迹 1 处。区内有省级地质遗迹 3 处，小区价值等级为三级（表 6-2）。遗迹为浦江仙华山流纹岩地貌、浦江蒙山骆家门组剖面和浦江浦南鱼、鳖化石产地。区内已建设有省级风景名胜区 1 处，并建立浙江省重要地质遗迹保护点 2 处。

（四）富阳-诸暨元古宙地质构造遗迹分区（$Ⅱ_4$）

该分区是研究华南晚前寒武纪地质最典型也是最重要的地区之一。以巨厚的地层序列和丰富的构造现象记录了 10 亿～8.2 亿年前扬子区与华夏区碰撞拼合成华南板块，并随后发生裂谷的地质事件。火山岩和侵入岩的双重记录，使它成为华南研究罗迪尼亚超大陆聚合与裂解的最好地区。此外，这一分区的中生代火山构造与水体景观也有较高的科学价值与美学价值。

遗迹分区分为 3 个遗迹小区，共包括 31 处重要地质遗迹（表 6-3），其中世界级地质遗迹 1 处、国家级地质遗迹 13 处，省级地质遗迹 17 处。分布于各遗迹小区内的遗迹共 29 处，独立遗迹点有 2 处（省级）。

1. 富阳元古宙地质构造遗迹小区（$Ⅱ_4^1$）

该小区位于杭州市富阳区章村、萧山区桥头、诸暨市次坞一带，面积约 286km²，包括 10 处重要地质遗迹，全部为基础地质大类遗迹。区内有国家级地质遗迹 6 处（占 60%），省级地质遗迹 4 处（占 40%），小区价值等级为一级（表 6-2）。遗迹为富阳章村-河上构造岩浆带、富阳章村双溪坞群剖面、富阳大源神功运动不整合面、萧山桥头虹赤村组剖面、诸暨次坞辉绿岩、诸暨道林山碱长花岗岩、富阳章村背斜构造、富阳骆村骆家门组剖面、富阳骆村晋宁运动不整合面和萧山直坞-高洪尖上墅组剖面。区内已建设有省级森林公园 1 处，并建立浙江省重要地质遗迹保护点 10 处。

2. 柯桥元古宙地质遗迹小区（$Ⅱ_4^2$）

该小区位于绍兴市柯桥区兵康、上灶、青龙山一带，面积约 254km²，包括 6 处重要地质遗迹，全部为基础地质大类遗迹。区内有国家级和省级地质遗迹各 3 处，小区价值等级为一级（表 6-2）。遗迹为柯桥兵康平水组剖面、柯桥赵婆岙石英闪长岩、柯桥上灶斜长花岗岩、柯桥青龙山推覆构造、柯桥漓渚铁钼矿和柯桥西裘铜矿。区内已建立浙江省重要地质遗迹保护点 4 处。

3. 诸暨元古宙地质构造遗迹小区（$Ⅱ_4^3$）

该小区位于诸暨市璜山、陈蔡、王家宅、五泄、芙蓉山及嵊州市白雁坑、东阳东白山一带，面积约 842km²，包括 13 处重要地质遗迹，以基础地质大类遗迹为主。区内有世界级地质遗迹 1 处（约占 7.7%），国家级地质遗迹 4 处（约占 30.8%），省级地质遗迹 8 处（约占 61.5%），小区价值等级为一级（表 6-2）。遗迹为诸暨石角球状辉闪岩、诸暨璜山石英闪长岩、诸暨芙蓉山破火山构造、诸暨陈蔡陈蔡群剖面、诸暨王家宅韧性剪切带、东阳大爽石英二长岩、东阳东白山高山湿地、东阳大炮岗大爽组剖面、嵊州白雁坑崩积地貌、诸暨斯宅高坞组剖面、诸暨璜山金矿、诸暨七湾铅锌矿和诸暨五泄瀑布。区内已建设有国家级风景名胜区 1 处、国家森林公园 1 处、省级湿地公园 1 处、地质文化村 1 处，并建立浙江省重要地质遗迹保护点 7 处。

（五）常山-江山古生代地层遗迹分区（$Ⅱ_5$）

该分区是全球中奥陶世和晚寒武世标准古生物带发育最好的地区，并发育了从7.5亿年前到晚奥陶世的连续地层序列。对罗迪尼亚超大陆裂解后全球广泛海侵、新元古代大冰期、新元古代末期藻类繁盛、寒武纪生命大爆发都有相当重要的记录。

遗迹分区共分为2个遗迹小区，共包括了21处重要地质遗迹（表6-3），其中世界级地质遗迹2处、国家级地质遗迹10处，省级地质遗迹9处。分布于各遗迹小区内的遗迹共18处，独立遗迹点有3处（国家级1处，省级2处）。

1. 常山古生代地层遗迹小区（$Ⅱ_5^1$）

该小区位于常山县周边区域，面积约271km²，包括8处重要地质遗迹，以基础地质大类遗迹为主。区内有世界级地质遗迹1处（约占12.5%），国家级地质遗迹4处（约占50%），省级地质遗迹3处（约占37.5%），小区价值等级为一级（表6-2）。遗迹为常山黄泥塘达瑞威尔阶“金钉子”剖面、常山灰山底三衢山组剖面、常山石崆寺华严寺组剖面、常山西阳山寒武系—奥陶系界线剖面、开化叶家塘叶家塘组剖面、常山蒲塘口三衢山组滑塌构造、常山砚瓦山青石和花石以及常山三衢山岩溶地貌。区内已建设有国家地质公园1处、国家森林公园1处、省级地质遗迹自然保护区1处、省级风景名胜区1处。

2. 江山古生代地层遗迹小区（$Ⅱ_5^2$）

该小区位于江山市北部大陈、四都石龙岗一带，面积约254km²，包括10处重要地质遗迹，全部为基础地质大类遗迹。区内有世界级地质遗迹1处（占10%），国家级地质遗迹5处（占50%），省级地质遗迹4处（占40%），小区价值等级为一级（表6-2）。遗迹为江山碓边江山阶“金钉子”剖面、江山大陈荷塘组—杨柳岗组剖面、江山夏坞砚瓦山组—黄泥岗组剖面、江山陈塘边礼贤江山龙化石产地、江山新塘坞叠层石礁、柯城华墅上墅组剖面、江山旱碓藕塘底组剖面、江山石龙岗休宁组剖面、江山五家岭陡山沱组—灯影组剖面和江山坛石加里东运动不整合面。区内已建设有省级地质遗迹自然保护区1处，并建立浙江省重要地质遗迹保护点9处。

浙西北遗迹区共有地质遗迹资源111处，约占全省遗迹资源的37.8%，属全省5个遗迹区中遗迹数量最多的一个。该区以大量的几乎连续的地层剖面记录了扬子陆块10亿～2.5亿年前的地史演化过程，是世界著名的标准地层与古生物发育地区。其中突出的有对应于全球罗迪尼亚聚合与裂解事件的扬子与华夏碰撞和裂谷事件、对应于全球“雪球事件”的南华纪冰期、对应于全球藻类大繁盛的震旦纪叠层石礁，以及作为全球标准的寒武纪—奥陶纪地层剖面和二叠纪末期地层剖面。石炭纪形成的大量灰岩使这一区域在新生代发育了景观优美、类型多样的岩溶地貌景观，成为中国东部地质遗迹的一大特色。中生代时期，这一区域同样经历了岩浆侵入、火山喷发与盆地断陷事件，形成了许多大型的火山构造洼地，成为中生代火山地质的重要遗迹区。新生代的地壳上升与流水作用产生了这一区域著名的水体景观和山体地貌。

三、浙中白垩纪红盆与丹霞地貌遗迹区

浙中遗迹区（Ⅲ）位于浙江省中部的金华市和衢州市的大部分区域，绍兴市的嵊州市南部和新昌县、台州市的天台县也涉及其中。该遗迹区分为2个遗迹分区，分区共包含10个遗迹小区和4处独立遗迹点（表6-4）。

表 6-4　浙中遗迹区之遗迹分区资源统计表

遗迹分区	地质遗迹			合计	独立遗迹	遗迹小区			合计
	世界级	国家级	省级			一级	二级	三级	
江郎山-龙游遗迹分区	1		12	13	1	1		2	3
武义-新昌遗迹分区		13	26	39	3	2	5		7
合 计	1	13	38	52	4	3	5	2	10

(一)江郎山-龙游丹霞地貌遗迹分区(III_1)

该分区由中生代的峡口盆地与金衢盆地的西部组成，主要特色为白垩纪陆相红盆岩层构成的丹霞地貌景观及省内规模较大的红层地下采石景观(龙游石窟)，同时红层盆地内还产恐龙(蛋)化石。此外，还有反映大陆边缘张裂的新生代超基性岩筒与代表中元古代末扬子与华夏之间残留洋壳的超镁铁质岩。

遗迹分区共分为 3 个遗迹小区，共包括 13 处重要地质遗迹(表 6-4)，其中世界级地质遗迹 1 处、省级地质遗迹 12 处。分布于各遗迹小区内的遗迹共 12 处，独立遗迹点有 1 处(省级)。

1. 江郎山丹霞地貌遗迹小区(III_1^1)

该小区位于江山市江郎山—浮盖山一带，面积约 408km^2，包括 5 处重要地质遗迹，以基础地质大类遗迹为主(占 80%)。区内有世界级地质遗迹 1 处(占 20%)，省级地质遗迹 4 处(占 80%)，小区价值等级为一级(表 6-2)。遗迹为江山江郎山丹霞地貌、江山下路亭大隆组剖面、江山游溪政棠组剖面、江山保安双壳类化石产地和江山浮盖山花岗岩地貌。区内已建设有世界自然遗产 1 处、国家级风景名胜区 1 处、省级地质公园 1 处，并建立浙江省重要地质遗迹保护点 3 处。

2. 衢江丹霞地貌遗迹小区(III_1^2)

该小区位于衢州市衢江两岸的烂柯山—坞石山一带，面积约 168km^2，包括 4 处重要地质遗迹，基础地质大类和地貌景观大类遗迹各占一半。区内有省级地质遗迹 4 处，小区价值等级为三级(表 6-2)。遗迹为柯城烂柯山丹霞地貌、衢江莲花莲花组剖面、衢江高塘石恐龙化石产地和衢江坞石山超基性岩筒。区内已建设有省级风景名胜区 1 处，并建立浙江省重要地质遗迹保护点 3 处。

3. 龙游采石遗址遗迹小区(III_1^3)

该小区位于龙游石室—小南海一带，面积约 104km^2，包括 3 处重要地质遗迹，全部为基础地质大类遗迹。区内有省级地质遗迹 3 处，小区价值等级为三级(表 6-2)。遗迹为龙游小南海衢县组剖面、龙游虎头山超基性岩筒和龙游石窟古采石遗址。区内已建设有省级旅游度假区 1 处，并建立浙江省重要地质遗迹保护点 3 处。

(二)武义-新昌白垩纪化石与丹霞地貌遗迹分区(III_2)

该分区发育了一系列的中生代小型陆相红盆，被同样小型的火山岩地垒分隔，这种盆岭构造鲜明地反映出浙江中生代燕山期地壳运动时挤时松、火山与盆地相间发育的特点，具有重要的科学意义。同时在盆地中发育了鱼类、恐龙、植物等化石遗迹及优美的丹霞地貌景观。此外，在火山地质作用中形成的萤石矿田典型而著名。

遗迹分区分为7个遗迹小区，共包括39处重要地质遗迹(表6-4)，其中国家级地质遗迹13处，省级地质遗迹26处。分布于各遗迹小区内的遗迹共36处，独立遗迹点有3处(省级)。

1.婺城恐龙化石与丹霞地貌遗迹小区($Ⅲ_2^1$)

该小区位于金华市婺城区汤溪、九峰山及龙游县湖镇一带，面积约60km²，包括3处重要地质遗迹，以基础地质大类遗迹为主。区内有国家级地质遗迹1处(约占33.3%)，省级地质遗迹2处(约占66.7%)，小区价值等级为二级(表6-2)。遗迹为婺城浙江吉蓝泰龙化石产地、婺城九峰山丹霞地貌和龙游湖镇中戴组剖面。区内已建设有省级风景名胜区1处，并建立浙江省重要地质遗迹保护点2处。

2.东阳恐龙化石遗迹小区($Ⅲ_2^2$)

该小区位于东阳市的吴山、杨岩、三都屏岩、八面山一带，面积约583km²，包括6处重要地质遗迹，以基础地质大类遗迹为主。区内有国家级和省级地质遗迹各3处，小区价值等级为一级(表6-2)。遗迹为东阳中国东阳龙化石产地、东阳杨岩东阳盾龙化石产地、东阳吴山恐龙足迹化石产地、东阳三都屏岩丹霞地貌、东阳塔山南马东阳蛋化石产地和东阳八面山基性—超基性岩筒。区内已建设有国家古生物化石集中产地1处、省级风景名胜区1处，并建立浙江省重要地质遗迹保护点5处。

3.新嵊硅化木与丹霞地貌遗迹小区($Ⅲ_2^3$)

该小区位于新昌县的王家坪、壳山、穿岩十九峰及嵊州市的浦桥一带，面积约424km²，包括6处重要地质遗迹，以基础地质大类遗迹为主。区内有国家级地质遗迹1处(约占16.7%)，省级地质遗迹5处(约占83.3%)，小区价值等级为二级(表6-2)。遗迹为新昌王家坪硅化木化石群产地、嵊州张墅嵊县组剖面、嵊州艇湖恐龙化石产地、嵊州浦桥硅藻土矿、新昌壳山壳山组剖面和新昌穿岩十九峰丹霞地貌。区内已建设有国家级风景名胜区1处、国家地质公园1处、省级风景名胜区1处，并建立浙江省重要地质遗迹保护点5处。

4.武义丹霞地貌与萤石矿遗迹小区($Ⅲ_2^4$)

该小区位于武义县大红岩—杨家一带，面积约103km²，包括2处重要地质遗迹，基础地质大类遗迹和地貌景观大类遗迹各有1处，全部为国家级地质遗迹，小区价值等级为二级(表6-2)。遗迹为武义大红岩丹霞地貌和武义后树萤石矿。区内已建设有国家级风景名胜区1处。

5.永康丹霞地貌与中生代地层遗迹小区($Ⅲ_2^5$)

该小区位于永康市方岩、溪坦和西城一带，面积约320km²，包括4处重要地质遗迹，以基础地质大类遗迹为主。区内有国家级地质遗迹1处(占25%)，省级地质遗迹3处(占75%)，小区价值等级为二级(表6-2)。遗迹为永康方岩丹霞地貌、永康石柱方岩组剖面、永康溪坦朝川组剖面和永康溪坦馆头组剖面。区内已建设有国家级风景名胜区1处，并建立浙江省重要地质遗迹保护点3处。

6.天台恐龙化石遗迹小区($Ⅲ_2^6$)

该小区位于天台县的落马桥、屯桥、赤城山、塘上、天台山一带，面积约521km²，包括9处重要地质遗迹，以基础地质大类遗迹为主。区内有国家级地质遗迹4处(约占44.4%)，省级地质遗迹5处(约占55.6%)，小区价值等级为一级(表6-2)。遗迹为天台赖家始丰天台龙化石产地、天台赤义天台越龙化石产地、天台屯桥恐龙化石产地、天台落马桥恐龙蛋化石产地、天台赖家两头塘组—赤城山组剖面、天台鼻下许锥火山构造、天台天台山花岗岩地貌、天台雷峰磨石山群剖面和天台塘上塘上组剖面。区内已建设有国家古生物化石集中产地1处、国家级风景名胜区1处，并建立浙江省重要地质遗迹保护点7处。

7.莲都恐龙化石与丹霞地貌遗迹小区（$Ⅲ_2^7$）

该小区位于丽水市莲都区东西岩—白云山一带，面积约206km²，包括3处重要地质遗迹，以基础地质大类遗迹为主。区内有国家级地质遗迹1处(约占33.3%)，省级地质遗迹2处(约占66.7%)，小区价值等级为二级(表6-2)。遗迹为莲都丽水浙江龙化石产地、莲都丽水运动不整合面和莲都东西岩丹霞地貌。区内已建设有省级风景名胜区1处，并建立浙江省重要地质遗迹保护点2处。

浙中遗迹区共有地质遗迹资源52处，占全省遗迹资源的17.7%，属全省5个遗迹区中遗迹数量较多的一个。该区域中发育了大量的白垩纪火山带与断陷盆地，并以盆地与火山带的多样性记录了这段地史过程。在这些盆地中保存了较丰富的中生代古生物群落(恐龙、植物、鱼等)，并最终发育成众多优美的丹霞地貌景观。在盆地与火山活动的过程中，还形成了著名的非金属(萤石)矿产地。典型的景观有江郎山丹霞地貌、方岩丹霞地貌、大红岩丹霞地貌、新昌硅化木产地、天台恐龙化石产地、东阳恐龙化石产地、武义杨家萤石矿等。

四、浙东南火山地质与火山岩地貌遗迹区

浙东南遗迹区(Ⅳ)位于浙江省东部和南部的宁波市、台州市、温州市和丽水市的大部分区域，衢州市的江山市东南部、衢江区南部和龙游南部也涉及其中。该遗迹区分为4个遗迹分区，分区共包含19个遗迹小区和11处独立遗迹点(表6-5)。

表6-5　浙东南遗迹区之遗迹分区资源统计表

遗迹分区	地质遗迹			合计	独立遗迹	遗迹小区			合计
	世界级	国家级	省级			一级	二级	三级	
四明山-宁海遗迹分区			9	9	2			2	2
乌溪江-溪口遗迹分区		1	8	9	1		2		2
丽水西部遗迹分区		6	22	28	2	1	2	2	5
雁荡山脉遗迹分区	1	10	31	42	6	1	7	2	10
合计	1	17	70	88	11	2	11	6	19

(一)四明山-宁海火山地质与地貌遗迹分区($Ⅳ_1$)

该分区以中生代火山构造及火山岩形成的地貌景观为特色，北部的四明山喷发区是浙东三大火山喷发区之一，南部的茶山破火山是省内科学价值及系统完整性最突出的中生代火山之一；此外，温泉也是该区的重要特色之一。

遗迹分区共分为2个遗迹小区，共包括9处重要地质遗迹(表6-5)，全部为省级。分布于各遗迹小区内的遗迹共7处，独立遗迹点有2处(省级)。

1.四明山火山地质与地貌遗迹小区($Ⅳ_1^1$)

该小区位于余姚市四明山、大陈及奉化市溪口等地，面积约338km²，包括4处重要地质遗迹，以

基础地质大类遗迹为主，全部为省级地质遗迹(表 6-2)，小区价值等级为三级。遗迹为余姚四明山夷平面、奉化徐凫岩瀑布、鄞州牌楼馆头组剖面和余姚大陈盾火山构造。区内已建设有国家级风景名胜区 1 处、省级地质公园 1 处、国家森林公园 1 处，并建立浙江省重要地质遗迹保护点 1 处。

2. 宁海温泉与火山地质遗迹小区($Ⅳ_1^2$)

该小区位于宁海县的南溪、茶山及双峰一带，面积约 503km²，包括 3 处重要地质遗迹，全部为地貌景观大类遗迹，均属省级地质遗迹，小区价值等级为三级(表 6-2)。遗迹为宁海茶山破火山构造、宁海南溪温泉和宁海浙东大峡谷。区内已建设有国家森林公园 1 处、国家水利风景区 1 处、省级森林公园 1 处。

(二)乌溪江-溪口元古宙地质与火山岩地貌遗迹分区($Ⅳ_2$)

该分区主要为在中生代火山岩的基础上发育形成的火山岩地貌及峡谷地貌景观，同时还有反映中元古代古洋壳残片的超基性岩和江山-绍兴拼合带构造混杂岩带的重要证据的榴闪岩。

遗迹分区分为 2 个遗迹小区，共包括 9 处重要地质遗迹(表 6-5)，其中国家级地质遗迹 1 处，省级地质遗迹 8 处。分布于各遗迹小区内的遗迹共 8 处，独立遗迹点有 1 处(省级)。

1. 乌溪江火山岩地貌遗迹小区($Ⅳ_2^1$)

该小区位于衢州市乌溪江两岸小湖南、关公山和全旺一带，面积约 285km²，包括 5 处重要地质遗迹，以地貌景观大类遗迹为主，全部为省级地质遗迹，小区价值等级为二级(表 6-2)。遗迹为衢江关公山瀑布群、衢江小湖南火山岩柱状节理、衢江天脊龙门峡谷地貌、衢江石柱岭三尾类蜉蝣化石产地和衢江饭甑山火山通道。区内已建设有国家湿地公园 1 处、省级风景名胜区 1 处、国家森林公园 1 处，并建立浙江省重要地质遗迹保护点 2 处。

2. 溪口元古宙地质遗迹小区($Ⅳ_2^2$)

该小区位于龙游县溪口、白石山和上北山一带，面积约 65km²，包括 3 处重要地质遗迹，全部为基础地质大类遗迹。区内有国家级地质遗迹 1 处(约占 33.3%)，省级地质遗迹 2 处(约占 66.7%)，小区价值等级为二级(表 6-2)。遗迹为龙游白石山头榴闪岩、龙游溪口黄铁矿和龙游上北山超镁铁质岩。区内已建立浙江省重要地质遗迹保护点 2 处。

(二)丽水西部元古宙地质与银矿遗址遗迹分区($Ⅳ_3$)

该分区的地质背景是元古宙的变质基底和覆盖其上的中生代火山岩，突出的遗迹是与两者关系密切的金银多金属矿床，以及记录了唐代至清代采银和冶炼技术的矿山遗迹。该区的地质遗迹不仅孕育了与冶炼技术有关的人文遗迹，它的独特地质环境也使这一地区成为中国东南最重要的生物多样性地区之一。

遗迹分区分为 5 个遗迹小区，共包括 28 处重要地质遗迹(表 6-5)，其中国家级地质遗迹 6 处，省级地质遗迹 22 处。分布于各遗迹小区内的遗迹共 26 处，独立遗迹点有 2 处(省级)。

1. 遂昌银矿遗址遗迹小区($Ⅳ_3^1$)

该小区位于遂昌县金矿、金竹和高坪一带，面积约 435km²，包括 7 处重要地质遗迹，以基础地质大类遗迹为主。区内有国家级地质遗迹 2 处(约占 28.6%)，省级地质遗迹 5 处(约占 71.4%)，小区价值等级为二级(表 6-2)。遗迹为遂昌局下古银矿遗址、遂昌银坑山古银矿遗址、遂昌翁山二长花岗岩、

遂昌石姆岩丹霞地貌、遂昌含晖洞崩积地貌、遂昌高坪方岩组—壳山组剖面和遂昌治岭头金银矿。区内已建设有国家矿山公园1处，并建立浙江省重要地质遗迹保护点3处。

2. 南尖岩火山岩地貌遗迹小区（IV_3^2）

该小区位于遂昌县南部的南尖岩、松阳县枫坪及龙泉市东畲一带，面积约189km²，包括4处重要地质遗迹，基础地质大类和地貌景观大类遗迹各占一半，全部为省级地质遗迹，小区价值等级为三级（表6-2）。遗迹为遂昌坝头东畲-枫坪韧性剪切带、松阳枫坪枫坪组剖面、遂昌神龙飞瀑和遂昌南尖岩火山岩地貌。区内已建设有国家森林公园1处，并建立浙江省重要地质遗迹保护点2处。

3. 松阳地层与岩石遗迹小区（IV_3^3）

该小区位于松阳县南山、大岭头、象溪和里庄等地，面积约329km²，包括4处重要地质遗迹，以基础地质大类遗迹为主，全部为省级地质遗迹，小区价值等级为三级（表6-2）。遗迹为松阳大岭头斜长花岗岩、松阳象溪毛弄组剖面、松阳里庄花岗闪长岩和松阳南山火山穹隆构造。区内已建立浙江省重要地质遗迹保护点4处。

4. 龙泉元古宙地质遗迹小区（IV_3^4）

该小区位于龙泉市淡竹、花桥、狮子坑、八宝山等地，面积约453km²，包括6处重要地质遗迹，全部为基础地质大类遗迹。区内有国家级和省级地质遗迹各3处，小区价值等级为一级（表6-2）。遗迹为龙泉花桥八都（岩）群剖面、龙泉淡竹花岗闪长岩、龙泉查田变质岩基底碎屑锆石、龙泉八宝山金银矿、龙泉骆庄花岗岩和龙泉狮子坑橄榄岩。区内已建立浙江省重要地质遗迹保护点5处。

5. 景宁湿地与火山岩地貌遗迹小区（IV_3^5）

该小区位于景宁县大漈、九龙湾和炉西峡等地，面积约731km²，包括5处重要地质遗迹，以地貌景观大类遗迹为主。区内有国家级地质遗迹1处（占20%），省级地质遗迹4处（占80%），小区价值等级为二级（表6-2）。遗迹为景宁望东垟湿地、景宁银坑洞古银矿遗址、景宁大漈雪花漈、景宁九龙湾火山岩地貌和景宁炉西大峡谷。区内建设有国家级自然保护区1处、省级风景名胜区1处、省级地质公园1处，并建立浙江省重要地质遗迹保护点1处。

（四）雁荡山脉火山岩地貌与矿产遗迹分区（IV_4）

该分区最为瞩目的是大面积发育在白垩纪火山盆地中的高品位流纹岩地貌景观和水体景观，详细记录了白垩纪古太平洋板块向亚洲大陆俯冲产生的岩浆侵入与火山爆发事件，具有高度的科学价值。同时，伴随火山作用形成的明矾石矿和叶蜡石矿是世界著名的非金属矿田。此外，该区规模宏大的采石遗址景观是中国东南沿海石文化的重要组成部分。

遗迹分区分为10个遗迹小区，共包括42处重要地质遗迹（表6-5），其中世界级地质遗迹1处、国家级地质遗迹10处，省级地质遗迹32处。分布于各遗迹小区内的遗迹共36处，独立遗迹点有6处（省级）。

1. 缙云火山岩地貌遗迹小区（IV_4^1）

该小区位于缙云县仙都—壶镇一带，面积约95km²，包括4处重要地质遗迹，基础地质大类和地貌景观大类遗迹各占一半。区内有国家级和省级地质遗迹各2处，小区价值等级为二级（表6-2）。遗迹为缙云步虚山火山通道、缙云仙都火山岩地貌、缙云壶镇恐龙化石产地和缙云靖岳沸石珍珠岩矿。

区内已建设有国家级风景名胜区1处、国家地质公园1处，并建立浙江省重要地质遗迹保护点1处。

2. 仙居流纹岩地貌遗迹小区($Ⅳ_4^2$)

该小区位于仙居县神仙居及周边一带，面积约110km²，包括1处重要地质遗迹，为地貌景观大类的火山岩地貌亚类，为国家级地质遗迹，小区价值等级为二级(表6-2)。遗迹为仙居神仙居流纹岩地貌。区内已建设有国家级风景名胜区1处、国家地质公园1处。

3. 黄岩矿产与花岗岩地貌遗迹小区($Ⅳ_4^3$)

该小区位于台州市黄岩区宁溪。五部和富山一带，面积约146km²，包括3处重要地质遗迹，以基础地质大类遗迹为主，全部为省级地质遗迹，小区价值等级为三级(表6-2)。遗迹为黄岩宁溪永康生物群化石产地、黄岩五部铅锌矿和黄岩富山花岗岩地貌。区内已建设有风景旅游区1处，并建立浙江省重要地质遗迹保护点1处。

4. 临海翼龙与流纹岩地貌遗迹小区($Ⅳ_4^4$)

该小区位于临海市桃渚大勘头、上盘和武坑一带，面积约168km²，包括5处重要地质遗迹，以基础地质大类遗迹为主。区内有国家级地质遗迹2处(占40%)，省级地质遗迹3处(占60%)，小区价值等级为二级(表6-2)。遗迹为临海上盘浙江翼龙和鸟类化石产地、临海大勘头火山岩柱状节理、临海武坑流纹岩地貌、临海杜桥丽水运动不整合面和临海桃渚馆头组滑塌构造。区内已建设有国家地质公园1处、省级风景名胜区1处。

5. 青田叶蜡石矿遗迹小区($Ⅳ_4^5$)

该小区位于青田县山口、石平川、芝溪头和温州市鹿城区渡船头一带，面积约784km²，包括6处重要地质遗迹，以基础地质大类遗迹为主。区内有国家级地质遗迹1处(约占16.7%)，省级地质遗迹5处(约占83.3%)，小区价值等级为二级(表6-2)。遗迹为青田山口叶蜡石矿、青田碱性花岗岩、青田石平川钼矿、青田石门飞瀑、青田芝溪头变质杂岩剖面和鹿城渡船头伊利石矿。区内已建设有省级风景名胜区1处，并建立浙江省重要地质遗迹保护点2处。

6. 雁荡山流纹岩地貌遗迹小区($Ⅳ_4^6$)

该小区位于温州市的乐清市北雁荡山、永嘉县楠溪江及台州市的温岭市方山一带，面积约1 011km²，包括10处重要地质遗迹，以地貌景观大类遗迹为主。区内有世界级地质遗迹1处(占10%)，国家级地质遗迹1处(占10%)，省级地质遗迹8处(占80%)，小区价值等级为一级(表6-2)。遗迹为乐清雁荡山流纹岩地貌、永嘉楠溪江风景河段、温岭方山流纹岩地貌、乐清智仁基底涌流相剖面、乐清大龙湫球泡流纹岩、乐清方洞火山碎屑流相剖面、乐清大龙湫瀑布、永嘉大箬岩火山岩地貌、永嘉枫林震旦系剖面和永嘉石桅岩火山岩地貌。区内已建设有世界地质公园1处、国家级风景名胜区3处、国家森林公园1处，并建立浙江省重要地质遗迹保护点4处。

7. 温岭采石遗址遗迹小区($Ⅳ_4^7$)

该小区位于温岭市长屿一带，面积约50km²，包括1处重要地质遗迹，属基础地质大类的采矿遗址亚类遗迹，为国家级地质遗迹，小区价值等级为二级(表6-2)。遗迹为温岭长屿硐天古采矿遗址。区内已建设有世界地质公园1处、国家级风景名胜区1处、国家矿山公园1处。

8. 文成峡谷瀑布遗迹小区($Ⅳ_4^8$)

该小区位于文成县百丈漈和铜岭峡一带,面积约 201km²,包括 2 处重要地质遗迹,全部为地貌景观大类遗迹。区内有国家级和省级地质遗迹各 1 处,小区价值等级为二级(表 6-2)。遗迹为文成百丈漈瀑布和文成铜岭峡。区内已建设有国家级风景名胜区 1 处、国家森林公园 1 处。

9. 南雁火山岩地貌遗迹小区($Ⅳ_4^9$)

该小区位于平阳县南雁荡山和苍南县玉苍山一带,面积约 98km²,包括 2 处重要地质遗迹,全部为地貌景观大类,均为省级地质遗迹,小区价值等级为三级(表 6-2)。遗迹为平阳南雁荡山火山岩地貌和苍南玉苍山花岗岩地貌。区内已建设有国家级风景名胜区 1 处、国家森林公园 1 处、省级风景名胜区 1 处。

10. 苍南矾矿遗迹小区($Ⅳ_4^{10}$)

该小区位于苍南县矾山、瑶坑和渔寮一带,面积约 88km²,包括 2 处重要地质遗迹,均为基础地质大类遗迹。区内有国家级和省级地质遗迹各 1 处,小区价值等级为二级(表 6-2)。遗迹为苍南矾山明矾石矿和苍南瑶坑碱性花岗岩。区内已建设有国家矿山公园 1 处,并建立浙江省重要地质遗迹保护点 1 处。

浙东南遗迹区共有地质遗迹资源 88 处,约占全省遗迹资源的 29.9%,属全省 5 个遗迹区中遗迹数量较多的一个。在太平洋古板块向亚洲大陆俯冲过程中,在该区形成了大量丰富多样的火山构造,使浙东南遗迹区成为环太平洋火山带最典型的地区之一。其中的茶山破火山、雁荡山破火山、矾山火山洼地等都是著名的火山构造。在火山活动中形成的许多非金属(叶蜡石、明矾石等)矿产地也举世闻名。流纹岩形成的各种奇特地貌与水体景观享有高度声誉,也孕育了深厚的人文文化。此外这一遗迹区南部的银矿老硐星罗棋布,记录了中国古代先进的采矿、选矿与冶炼技术。典型的遗迹资源有雁荡山流纹岩地貌、仙居神仙居流纹岩地貌、苍南明矾石矿、青田叶蜡石矿、温岭古采石遗址、遂昌古银矿遗址等。

五、沿海海岸地貌遗迹区

沿海遗迹区(Ⅴ)位于浙江省东部的沿海一带,主要位于舟山市、象山县东部、洞头县和平阳县南麂列岛一带。该遗迹区分为 3 个遗迹分区,分区共包含 5 个遗迹小区和 3 处独立遗迹点(表 6-6)。

表 6-6 沿海遗迹区之遗迹分区资源统计表

遗迹分区	地质遗迹			合计	独立遗迹	遗迹小区			合计
	世界级	国家级	省级			一级	二级	三级	
舟山群岛遗迹分区		5	5	10		1	1		2
象山-三门湾遗迹分区		2	8	10	1		1	1	2
洞头-南麂遗迹分区		1	3	4	2		1		1
合 计		8	16	24	3	1	3	1	5

(一)舟山群岛海岸地貌遗迹分区($Ⅴ_1$)

该分区的突出特点是在优美的火山岩与花岗岩地貌之上发育了丰富多彩的海蚀、海积地貌遗迹,对全新世海平面的研究具有科学意义。此外，部分海滩岩对热带气候、地貌的研究具有重要意义，白垩纪晚期的晶洞花岗岩等也具有重要的科学价值。

遗迹分区分为2个遗迹小区，共包括10处重要地质遗迹(表6-6)，其中国家级和省级地质遗迹各5处，均分布于各遗迹小区内，无独立遗迹点。

1. 岱山-嵊泗海岸地貌遗迹小区(V_1^1)

该小区位于岱山县—嵊泗县一带，面积约1 579km²，包括5处重要地质遗迹，以地貌景观大类遗迹为主。区内有国家级地质遗迹1处(占20%)，省级地质遗迹4处(占80%)，小区价值等级为二级(表6-2)。遗迹为岱山鹿栏晴沙沙滩、岱山衢山岛花岗岩淬冷包体群、岱山小沙河海滩岩、嵊泗六井潭海蚀地貌和嵊泗泗礁山姐妹沙滩。区内已建设有国家级风景名胜区1处、省级风景名胜区1处，并建立浙江省重要地质遗迹保护点1处。

2. 普陀海岸地貌遗迹小区(V_1^2)

该小区位于舟山市普陀区的朱家尖、普陀山和东极岛一带，面积约1 165km²，包括5处重要地质遗迹，以地貌景观大类遗迹为主。区内有国家级地质遗迹4处(占80%)，省级地质遗迹1处(占20%)，小区价值等级为一级(表6-2)。遗迹为普陀东极岛基性岩墙群、普陀普陀山海岸地貌、普陀朱家尖十里金沙、普陀桃花岛碱性花岗岩和普陀乌石塘砾滩。区内已建设有国家级风景名胜区1处、省级风景名胜区1处，并建立浙江省重要地质遗迹保护点2处。

(二)象山-三门湾采石遗址与海岸地貌遗迹分区(V_2)

该分区的突出特点是在中生代火山侵入杂岩之上发育了丰富多彩的海蚀、海积地貌遗迹，同时还有中国东南沿海典型的采石遗址景观。此外，部分海滩岩对热带气候、地貌的研究具有重要意义。

遗迹分区分为2个遗迹小区，共包括10处重要地质遗迹(表6-6)，其中国家级地质遗迹2处，省级地质遗迹8处。分布于各遗迹小区内的遗迹共9处，独立遗迹点有1处(省级)。

1. 象山海岸地貌遗迹小区(V_2^1)

该小区位于象山县东部沿海一带，面积约586km²，包括4处重要地质遗迹，以地貌景观大类遗迹为主，全为省级地质遗迹，小区价值等级为三级(表6-2)。遗迹为象山石浦皇城沙滩、象山松兰山沙滩群、象山檀头山姊妹滩和象山石浦馆头组剖面。区内已建设有多处一般风景旅游区及度假区，并建立浙江省重要地质遗迹保护点1处。

2. 三门湾采石遗址与海岸地貌遗迹小区(V_2^2)

该小区位于三门湾两侧的宁海伍山、象山花岙岛、三门蛇蟠岛、小雄和沿赤等地，面积约685km²，包括5处重要地质遗迹，以基础地质大类遗迹为主。区内有国家级地质遗迹2处(占40%)，省级地质遗迹3处(占60%)，小区价值等级为二级(表6-2)。遗迹为宁海伍山石窟古采矿遗址、三门蛇蟠岛古采矿遗址、象山花岙火山岩柱状节理、三门健跳小雄组剖面和三门沿赤海滩岩剖面。区内已建设有国家矿山公园2处、省级地质公园1处、风景旅游区1处，并建立浙江省重要地质遗迹保护点3处。

(三)洞头-南麂海岸地貌遗迹分区(V_3)

该分区的突出特点是在中生代火山侵入杂岩之上发育了典型的花岗岩地貌及丰富多彩的海蚀、海积地貌遗迹，同时还发育有新生代超基性岩筒。南麂列岛是国内典型的花岗岩地貌与海岸地貌复合景观区之一。

遗迹分区仅有1个遗迹小区，包括4处重要地质遗迹（表6-6），其中国家级地质遗迹1处，省级地质遗迹3处。分布于遗迹小区内的遗迹共2处，独立遗迹点有2处（省级）。

洞头-南麂花岗岩与海岸地貌遗迹小区（V_3^1）

该小区位于南麂列岛—洞头列岛一带，面积约723km²，包括2处重要地质遗迹，均为地貌景观大类遗迹。区内有国家级和省级地质遗迹各1处，小区价值等级为二级（表6-2）。遗迹为平阳南麂列岛花岗岩地貌和洞头半屏山海蚀地貌。区内已建设有国家级海洋自然保护区1处、省级风景名胜区1处。

沿海遗迹区共有地质遗迹资源24处，约占全省遗迹资源的8.2%，属全省5个遗迹区中遗迹数量较少的一个。全新世海侵后，在浙江省东部，形成了丘陵与滨海平原相继、海岸线蜿蜒曲折、港湾岬角相间、岛屿星罗棋布的海岸地貌遗迹。典型花岗岩地貌、丰富多彩的海蚀与海积地貌遗迹是本区的主要特色。此外，全新世海滩岩、燕山晚期晶洞碱性花岗岩、辉绿岩墙、火山地质遗迹等也具有重要的科学研究价值。

第七章 地质遗迹保护规划及建议

DIZHI YIJI BAOHU GUIHUA JI JIANYI

第一节　地质遗迹保护规划

一、保护规划原则

地质遗迹的保护与开发利用，是以保护地质与自然生态环境为根本出发点，依靠体制和科技创新，摸清地质遗迹的资源“家底”，逐步完善地质遗迹资源保护和永续利用的科学管理体系，促进地质遗迹保护、地学知识普及、旅游经济发展的联动，为生态浙江、美丽浙江和文化浙江建设构筑坚实的资源基础。

保护规划应遵循以下基本原则：

(1)保护优先、可持续开发利用的原则。大力推进地质遗迹的保护工作，协调好地质遗迹保护与开发的关系，做到“在保护中开发、在开发中保护”，实现资源的可持续利用。

(2)面向省情，与社会经济发展相协调的原则。面向浙江省情，围绕推动浙江省经济、资源与环境系统优化，与各地发展规划、相关行业规划相协调，在和谐运作中开展地质遗迹的保护工作。

(3)面向大众、科学为本的原则。运用通俗的语言将地质遗迹的保护意义和科普知识广为传播，唤起大众积极参与保护资源、保护生态环境的意识，满足大众求知解惑、寓教于乐的基本需求。

(4)政府引导、规范管理的原则。政府加大投入，强化保护监管，发挥引导作用，提供良好的政策和社会环境，充分发挥企业和社会组织的积极性与创造性，共同开展地质遗迹的保护工作。

(5)统筹规划，突出重点，分步实施、量力而行的原则。根据浙江省地质遗迹的资源特点，对全省地质遗迹的保护工作进行统筹规划，制定切实可行的分阶段实施方案；突出重点，分清缓急，量力而行，逐步平稳推进地质遗迹的保护工作。

二、规划区划分及定位

1. 规划区划分

浙江省地质遗迹保护规划区，实施 3 级分区。结合全省地质遗迹区划格局，把全省相应划分为浙北遗迹规划区、浙西北遗迹规划区、浙中遗迹规划区、浙东南遗迹规划区和沿海遗迹规划区 5 个遗迹规划区，其中包含 14 个遗迹规划分区和 50 个遗迹规划小区(表 7-1)。

表 7-1　浙江省地质遗迹保护规划区划分表

遗迹规划区	遗迹规划分区	遗迹规划小区	规划定位
浙北遗迹规划区(Ⅰ)		杭州遗迹规划小区(Ⅰ^1)	保护开发型
		杭州湾遗迹规划小区(Ⅰ^2)	开发型
		绍兴遗迹规划小区(Ⅰ^3)	开发型
浙西北遗迹规划区(Ⅱ)	长兴-安吉遗迹规划分区(Ⅱ$_1$)	长兴遗迹规划小区(Ⅱ$_1^1$)	保护型
		安吉遗迹规划小区(Ⅱ$_1^2$)	保护开发型
	天目山遗迹规划分区(Ⅱ$_2$)	临安遗迹规划小区(Ⅱ$_2^1$)	保护开发型

续表 7-1

遗迹规划区	遗迹规划分区	遗迹规划小区	规划定位
浙西北遗迹规划区（Ⅱ）	龙门山-金华山遗迹规划分区（Ⅱ$_{3}$）	淳安遗迹规划小区（Ⅱ$_{3}^{1}$）	保护型
		桐庐遗迹规划小区（Ⅱ$_{3}^{2}$）	保护开发型
		建德遗迹规划小区（Ⅱ$_{3}^{3}$）	保护开发型
		金华山遗迹规划小区（Ⅱ$_{3}^{4}$）	保护开发型
		浦江遗迹规划小区（Ⅱ$_{3}^{5}$）	保护开发型
	富阳-诸暨遗迹规划分区（Ⅱ$_{4}$）	富阳遗迹规划小区（Ⅱ$_{4}^{1}$）	保护型
		柯桥遗迹规划小区（Ⅱ$_{4}^{2}$）	保护型
		诸暨遗迹规划小区（Ⅱ$_{4}^{3}$）	保护开发型
	常山-江山遗迹规划分区（Ⅱ$_{5}$）	常山遗迹规划小区（Ⅱ$_{5}^{1}$）	保护开发型
		江山遗迹规划小区（Ⅱ$_{5}^{2}$）	保护型
浙中遗迹规划区（Ⅲ）	江郎山-龙游遗迹规划分区（Ⅲ$_{1}$）	江郎山遗迹规划小区（Ⅲ$_{1}^{1}$）	保护开发型
		衢江遗迹规划小区（Ⅲ$_{1}^{2}$）	保护开发型
		龙游遗迹规划小区（Ⅲ$_{1}^{3}$）	保护开发型
	武义-新昌遗迹规划分区（Ⅲ$_{2}$）	婺城遗迹规划小区（Ⅲ$_{2}^{1}$）	保护开发型
		东阳遗迹规划小区（Ⅲ$_{2}^{2}$）	保护开发型
		新嵊遗迹规划小区（Ⅲ$_{2}^{3}$）	保护开发型
		武义遗迹规划小区（Ⅲ$_{2}^{4}$）	开发型
		永康遗迹规划小区（Ⅲ$_{2}^{5}$）	保护开发型
		天台遗迹规划小区（Ⅲ$_{2}^{6}$）	保护开发型
		莲都遗迹规划小区（Ⅲ$_{2}^{7}$）	保护开发型
浙东南遗迹规划区（Ⅳ）	四明山-宁海遗迹规划分区（Ⅳ$_{1}$）	四明山遗迹规划小区（Ⅳ$_{1}^{1}$）	保护开发型
		宁海遗迹规划小区（Ⅳ$_{1}^{2}$）	开发型
	乌溪江-溪口遗迹规划分区（Ⅳ$_{2}$）	乌溪江遗迹规划小区（Ⅳ$_{2}^{1}$）	保护开发型
		溪口遗迹规划小区（Ⅳ$_{2}^{2}$）	保护型
	丽水西部遗迹规划分区（Ⅳ$_{3}$）	遂昌遗迹规划小区（Ⅳ$_{3}^{1}$）	保护开发型
		南尖岩遗迹规划小区（Ⅳ$_{3}^{2}$）	保护开发型
		松阳遗迹规划小区（Ⅳ$_{3}^{3}$）	保护开发型
		龙泉遗迹规划小区（Ⅳ$_{3}^{4}$）	保护型
		景宁遗迹规划小区（Ⅳ$_{3}^{5}$）	开发型
	雁荡山脉遗迹规划分区（Ⅳ$_{4}$）	缙云遗迹规划小区（Ⅳ$_{4}^{1}$）	保护开发型
		仙居遗迹规划小区（Ⅳ$_{4}^{2}$）	开发型
		黄岩遗迹规划小区（Ⅳ$_{4}^{3}$）	保护开发型
		临海遗迹规划小区（Ⅳ$_{4}^{4}$）	保护开发型
		青田遗迹规划小区（Ⅳ$_{4}^{5}$）	保护开发型

续表 7-1

遗迹规划区	遗迹规划分区	遗迹规划小区	规划定位
浙东南遗迹规划区（Ⅳ）	雁荡山脉遗迹规划分区（$Ⅳ_4$）	雁荡山遗迹规划小区（$Ⅳ_4^6$）	保护开发型
		温岭遗迹规划小区（$Ⅳ_4^7$）	开发型
		文成遗迹规划小区（$Ⅳ_4^8$）	开发型
		南雁遗迹规划小区（$Ⅳ_4^9$）	开发型
		苍南遗迹规划小区（$Ⅳ_4^{10}$）	保护开发型
沿海遗迹规划区（Ⅴ）	舟山群岛遗迹规划分区（$Ⅴ_1$）	岱山-嵊泗遗迹规划小区（$Ⅴ_1^1$）	保护开发型
		普陀遗迹规划小区（$Ⅴ_1^2$）	保护开发型
	象山-三门湾遗迹规划分区（$Ⅴ_2$）	象山遗迹规划小区（$Ⅴ_2^1$）	保护开发型
		三门湾遗迹规划小区（$Ⅴ_2^2$）	保护开发型
	洞头-南麂遗迹规划分区（$Ⅴ_3$）	洞头-南麂遗迹规划小区（$Ⅴ_3^1$）	开发型

2. 规划小区定位

根据遗迹规划小区内地质遗迹资源价值及其自身特点，把遗迹规划小区的保护规划定位分为 3 类：保护型、开发型和保护开发型。

（1）保护型规划小区：以地质遗迹保护为主要目标，可适量开展旅游开发活动。

（2）开发型规划小区：在保护地质遗迹的前提下，可最大限度地开展旅游开发活动。

（3）保护开发型规划小区：部分区域以地质遗迹保护为主要目标，部分区域可最大限度地开展旅游开发活动。一般来说，基础地质大类遗迹以保护为主，地貌景观大类遗迹以开发为主。

据此分类，全省 50 个遗迹规划小区中，保护型遗迹规划小区有 7 个，开发型遗迹规划小区有 10 个，保护开发型遗迹规划小区有 33 个（表 7-1）。

三、规划区分述

（一）浙北遗迹规划区（Ⅰ）

1. 区位与资源

本区行政范围主要涉及杭州市区、宁波市区、余姚市、慈溪市、嘉兴市、湖州市区、德清县、绍兴市区，共 29 个县（市、区），面积约 1.4 万 km^2。区内地形平坦，水网密布，湖泊众多，海拔高程一般为 3～10m。第四纪松散堆积物厚度 40～300 余米，主要由冲海积相亚砂土、亚黏土及湖沼相富有机质黏土组成。

本区有重要地质遗迹 19 处，其中世界级地质遗迹有 2 处（约占 10.5%），国家级地质遗迹有 4 处（约占 21.1%），省级地质遗迹有 13 处（约占 68.4%）。主要地质遗迹为湖泊湿地、河口景观带（钱江潮）、古生物化石和采石遗址。

本区重要地质遗迹虽少，但遗迹价值等级较高。地质遗迹可大致分为 3 类：一是在全新世海平面变化过程中形成的众多水体地貌景观，著名的有钱江潮、西湖、西溪湿地、东钱湖、南湖等；二是全球罕见的古生物群、标准地层剖面和典型矿床，主要为余杭狮子山腕足动物群、西湖龙井老虎洞组地层剖面、余杭仇山膨润土矿等；三是分布在绍兴一带的人类采石成景的杰作，主要有柯岩、东湖和吼山采石遗址。该区已建设有浙江省重要地质遗迹保护点 11 处(表 7-2)。

本区共包含 3 个独立遗迹规划小区，分别为杭州遗迹规划小区、杭州湾遗迹规划小区和绍兴遗迹规划小区，其中杭州和杭州湾遗迹规划小区价值等级均为一级，绍兴遗迹规划小区价值等级为三级。

表 7-2　规划区内遗迹保护建设现状表

规划区	地质公园	矿山公园	地质遗迹保护区	古生物化石集中产地	自然遗产	地质文化村	地质遗迹保护点
浙北遗迹规划区							11
浙西北遗迹规划区	2(1)		3(1)			1	72
浙中遗迹规划区	3(1)			2(2)	1(1)		36
浙东南遗迹规划区	6(3)	3(3)	1				31
沿海遗迹规划区	3	2(2)					8
合计	14(5)	5(5)	4(1)	2(2)	1(1)	1	158

注：括号内为国家级以上(含)等级的数量。

2. 小区规划定位

开发型遗迹规划小区：杭州湾遗迹规划小区和绍兴遗迹规划小区，共 2 个(表 7-1)。

保护开发型遗迹规划小区：杭州遗迹规划小区，共 1 个。

3. 规划区建设方向

以记录海平面升降与环境演化的遗迹为核心，在地质遗迹集中小区推动地质公园的建设；以古生代生物群及标准剖面等地质遗迹保护点的建设为基础，推进地层与古生物化石的科普宣传及地质遗迹保护点的建设工作；以绍兴遗迹规划小区为核心，逐步推进矿山公园的建设。

(二)浙西北遗迹规划区(Ⅱ)

1. 区位与资源

本区行政范围主要涉及建德市、富阳区、临安市、桐庐县、淳安县、长兴县、安吉县、诸暨市、兰溪市、浦江县、常山县、开化县、湖州市区、德清县、余杭区、萧山区、绍兴市区、嵊州市、义乌市、金华市区、衢江区、江山市，共 24 个县(市、区)，面积约 2.8 万 km^2。本区为中低山丘陵区，天目山脉和千里岗山脉展布全区，山高坡陡，河谷深切，是杭嘉湖地区水源供给地和浙北地区重要的生态屏障。地质构造上本区主要属扬子陆块，地层层序齐全，岩石类型丰富，以古生代碎屑岩和碳酸盐岩为主。本区生态环境良好，风景名胜区、自然保护区面积列各区之首，旅游开发潜力巨大。本区经济发展水平不均衡，东部好、西部较差，除河谷平原外，人口密度较小。

本区地质遗迹资源丰富，类型齐全，地史记录完整，主要为地层剖面类、构造剖面类、重要岩矿石产地类、岩土体地貌类等。本区共有重要地质遗迹资源 111 处，约占全省重要地质遗迹资源的 37.8%，属全省 5 个遗迹规划区中遗迹数量最多的一个。其中，世界级地质遗迹有 4 处(约占 3.6%)，国家级地质遗迹有 36 处(约占 32.4%)，省级地质遗迹有 71 处(约占 64.0%)。

江山-绍兴拼合带北端两侧的萧山河上、诸暨陈蔡、绍兴平水等地是研究华南晚前寒武纪地质最典型也是最重要的地区之一；常山、江山及安吉一带 7.5 亿年前的晚奥陶世地层序列完整连续，是全球晚寒武世和中奥陶世标准生物带发育最好的地区；长兴煤山地区发育了全球最好的晚二叠世地层；石炭纪—二叠纪碳酸盐岩形成的岩溶地貌及洞穴景观，形态优美，类型多样；中生代以来的火山活动、岩浆侵入以及地壳上升与流水作用产生了大明山、仙华山、大慈岩、富春江小山峡等著名的山体地貌和水体地貌景观。区内地质遗迹工作开展较早，已建有国家地质公园1处、国家地质遗迹自然保护区1处、省级地质公园1处、省级地质遗迹自然保护区2处和浙江省重要地质遗迹保护点72处(表7-2)。

本区共包含5个遗迹规划分区及13个遗迹规划小区。其中，长兴遗迹规划小区、桐庐遗迹规划小区、富阳遗迹规划小区、柯桥遗迹规划小区、诸暨遗迹规划小区、常山遗迹规划小区和江山遗迹规划小区的价值等级为一级，安吉遗迹规划小区、临安遗迹规划小区、淳安遗迹规划小区、建德遗迹规划小区和金华山遗迹规划小区的价值等级为二级，浦江遗迹规划小区的价值等级为三级。

2.小区规划定位

保护型遗迹规划小区：长兴遗迹规划小区、淳安遗迹规划小区、富阳遗迹规划小区、柯桥遗迹规划小区和江山遗迹规划小区，共5个(表7-1)。

保护开发型遗迹规划小区：安吉遗迹规划小区、临安遗迹规划小区、桐庐遗迹规划小区、建德遗迹规划小区、金华山遗迹规划小区、浦江遗迹规划小区、诸暨遗迹规划小区和常山遗迹规划小区，共8个。

3.规划区建设方向

以标准地层剖面、构造现象和岩溶地貌为核心，重点调查与建设遗迹资源集中区；开展区域基础地质遗迹集中区的调查研究工作，推进地质遗迹保护区建设；继续推进省级以上地质遗迹保护点的建设；开展岩溶地貌的专题研究工作，推动岩溶地貌等景观区建成为地质公园。建成浙西北晚前寒武纪—古生代地史与新生代岩溶两大主题的博物馆网络。

(三)浙中遗迹规划区(Ⅲ)

1.区位与资源

本区行政范围主要涉及嵊州市、新昌县、金华市各区、东阳市、义乌市、永康市、武义县、磐安县、衢州市区、江山市、龙游县、丽水市莲都区、天台县、兰溪市、缙云县，共17个县(市、区)，面积约1.6万km^2。本区是省内最大的丘陵、盆地分布区，丘岗平缓起伏，盆地开阔平坦，由河谷向两侧呈阶梯状分布。盆地内广布陆相红色碎屑岩，其周边主要为中生代火山岩系构成的低山丘陵。本区经济较发达，盆地中心区人口和城镇密集，是浙江省重要的农业、林果业和畜牧业商品基地。生态环境相对良好，是浙江省重要的丹霞地貌旅游区和非金属矿产资源区。

本区共有重要地质遗迹资源52处，约占全省重要地质遗迹资源的17.7%，属全省5个遗迹区中遗迹数量较多的一个。其中，世界级地质遗迹有1处(约占2.0%)，国家级地质遗迹有13处(约占25%)，省级地质遗迹有38处(约占73.1%)。遗迹类型以地层剖面类、重要化石产地类和岩土体地貌类为主。

地质遗迹的价值主要体现在丹霞地貌景观的优美性，以及遗迹所蕴含的中生代断陷盆地、古生物演化、火山活动与矿化的地史价值。主要丹霞地貌景点有江山江郎山、永康方岩、武义大红岩、新昌穿岩十九峰、柯城烂柯山、丽水东西岩等；天台盆地、东阳盆地是我国恐龙及恐龙蛋化石主要产地；新昌王家坪硅化木化石群规模居华东地区之首；赋存于盆地内或边部的萤石、硅藻土等非金属矿产资源在国内占重要地位。区内已建成世界自然遗产地1处、国家地质公园1处、国家古生物化石集中产地2处、省级地质公园2处、浙江省重要地质遗迹保护点36处(表7-2)。

本区共包含2个遗迹规划分区及10个遗迹规划小区。其中，江郎山遗迹规划小区、东阳遗迹规划小区和天台遗迹规划小区的价值等级为一级，婺城遗迹规划小区、新嵊遗迹规划小区、武义遗迹规划小区、永康遗迹规划小区和莲都遗迹规划小区的价值等级为二级，衢江遗迹规划小区和龙游遗迹规划小区的价值等级为三级。

2. 小区规划定位

开发型遗迹规划小区：武义遗迹规划小区，共1个（表7-1）。

保护开发型遗迹规划小区：江郎山遗迹规划小区、衢江遗迹规划小区、龙游遗迹规划小区、婺城遗迹规划小区、东阳遗迹规划小区、新嵊遗迹规划小区、永康遗迹规划小区、天台遗迹规划小区和莲都遗迹规划小区，共9个。

3. 规划区建设方向

围绕中生代的主要（火山）盆地、古生物化石产地和丹霞地貌景观，重点开展地质遗迹集中区的地质遗迹调查、保护与科普工作，严格保护中生代古生物化石遗迹；开展丹霞地貌的专题调查研究工作，推动丹霞地貌景观区地质公园的建设；开展东阳和天台两处国家级重点保护古生物化石集中产地专项调研，完成产地保护规划及落实；继续推进省级以上地质遗迹保护点的建设；补充并完善中生代盆地演化史与古生物化石、丹霞地貌两大主题的博物馆网络。

（四）浙东南遗迹规划区（Ⅳ）

1. 区位与资源

本区行政范围主要涉及奉化市、宁海县、上虞区、余姚市、鄞州区、嵊州市、新昌县、象山县、衢江区、江山市、温州市、丽水市、台州市等，共35个县（市、区），面积约4.1万km^2。本区是瓯江、飞云江、鳌江等众多水系的发源地，山高坡陡，地形地貌复杂，岩浆岩类广泛分布。除沿海地区外，其他地区经济欠发达，人口密度较小。区内旅游资源丰富，生态保护意义重大，生态旅游和生态农业是今后该区经济的主要发展方向。

本区共有重要地质遗迹资源88处，约占全省重要地质遗迹资源的29.9%，属全省5个遗迹区中遗迹数量较多的一个。其中，世界级地质遗迹有1处（约占1.1%），国家级地质遗迹有17处（占19.3%），省级地质遗迹有70处（占79.5%）。地质遗迹总体以岩石剖面类、重要岩矿石产地类、水体地貌类和火山地貌类为主。

本区是环太平洋火山带最典型的地区之一，遗留了丰富而珍贵的、记录中生代古太平洋板块向亚洲大陆俯冲过程的地质遗迹；形成于酸性熔岩中的火山岩地貌和水体地貌景观奇特、优美、壮观，雁荡山、缙云仙都和仙居神仙居即是杰出代表；火山作用形成的重要矿产有举世闻名的青田叶蜡石矿和苍南明矾石矿；南部的遂昌、龙泉、景宁等地，唐、宋、元、明、清采冶银矿，保留有大量的采矿遗迹，记录了中国古代先进的采冶技术；东部的长屿硐天古采石遗址是我国东南沿海石文化的重要组成部分。区内地质遗迹工作程度较高，已建设有世界地质公园1处、国家地质公园2处、国家矿山公园3处、省级地质公园3处、省级地质遗迹保护区1处、浙江省重要地质遗迹保护点31处（表7-2）。

本区共包含4个遗迹规划分区及19个遗迹规划小区。其中，龙泉遗迹规划小区和雁荡山遗迹规划小区的价值等级为一级，乌溪江遗迹规划小区、溪口遗迹规划小区、遂昌遗迹规划小区、景宁遗迹规划小区、缙云遗迹规划小区、仙居遗迹规划小区、临海遗迹规划小区、青田遗迹规划小区、温岭遗迹规划小区、文成遗迹规划小区和苍南遗迹规划小区的价值等级为二级，四明山遗迹规划小区、宁海遗迹规划小区、南尖岩遗迹规划小区、松阳遗迹规划小区、黄岩遗迹规划小区和南雁遗迹规划小区的价值等级为三级。

2. 小区规划定位

保护型遗迹规划小区：溪口遗迹规划小区和龙泉遗迹规划小区，共 2 个(表 7-1)。

开发型遗迹规划小区：宁海遗迹规划小区、景宁遗迹规划小区、仙居遗迹规划小区、温岭遗迹规划小区、文成遗迹规划小区和南雁遗迹规划小区，共 6 个。

保护开发型遗迹规划小区：四明山遗迹规划小区、乌溪江遗迹规划小区、遂昌遗迹规划小区、南尖岩遗迹规划小区、松阳遗迹规划小区、缙云遗迹规划小区、黄岩遗迹规划小区、临海遗迹规划小区、青田遗迹规划小区、雁荡山遗迹规划小区和苍南遗迹规划小区，共 11 个。

3. 规划区建设方向

围绕中生代火山地质遗迹、非金属矿床、矿业遗址和火山岩地貌，重点开展地质遗迹集中区的地质遗迹调查、保护与科普工作；继续开展火山岩地貌的专题研究工作，推动火山岩地貌景观区地质公园的建设；持续推进省级以上地质遗迹保护点的建设；充分利用旅游区位条件，加快推动地质公园的各项功能建设，力促雁荡山地质公园建设成为一流的世界地质公园。建成并完善中生代火山地质、新生代火山岩地貌和矿床矿业遗迹三大主题的博物馆网络。

(五)沿海遗迹规划区(Ⅴ)

1. 区位与资源

本区行政范围主要涉及象山县、洞头县、舟山市、玉环县、宁海县、温岭市、瑞安市、平阳县、椒江区、临海市等 14 个县(市)，面积约 0.3 万 km^2。区内海岛礁石众多，主要由中生代火山碎屑岩及花岗岩构成。本区海洋渔业和海洋旅游资源丰富，经济较发达，是浙江发展海洋生态经济和海洋旅游的主要区域。

本区共有重要地质遗迹资源 24 处，约占全省重要地质遗迹资源的 8.2%，属全省 5 个遗迹区中遗迹数量较少的一个。其中，国家级地质遗迹有 8 处(约占 33.3%)，省级地质遗迹有 16 处(约占 66.7%)。总体以海岸地貌类遗迹为主。

丰富多彩的海蚀、海积地貌遗迹是本区的主要特色。此外，三门湾一带的古采石遗址、燕山晚期晶洞花岗岩、东极岛基性岩墙群、花岙岛火山岩柱状节理景观等亦具重要的科学研究价值。该区已建设有国家矿山公园 2 处、省级地质公园 3 处、浙江省重要地质遗迹保护点 8 处(表 7-2)。

本区共包含 2 个遗迹规划分区及 5 个遗迹规划小区。其中，普陀遗迹规划小区的价值等级为一级，岱山-嵊泗遗迹规划小区、三门湾遗迹规划小区和洞头-南麂遗迹规划小区的价值等级为二级，象山遗迹规划小区的价值等级为三级。

2. 小区规划定位

开发型遗迹规划小区：洞头-南麂遗迹规划小区，共 1 个(表 7-1)。

保护开发型遗迹规划小区：岱山-嵊泗遗迹规划小区、普陀遗迹规划小区、象山遗迹规划小区和三门湾遗迹规划小区，共 4 个。

3. 规划区建设方向

围绕浙东海岸带，重点在地质遗迹集中区内突出调查、保护与科普宣传海蚀、海积地质遗迹；开展海岸地貌的专题调查研究工作，推动建立反映海岸地貌和海洋动力地质作用的地质公园；继续推进省级以上地质遗迹保护点的建设；建成以反映海岸地貌和海洋动力地质作用为主题的地质博物馆网络。

第二节　保护建议

地质遗迹保护规划的有效落实是以地质遗迹保护的具体工作内容为依托。结合省内地质遗迹保护工作现状，提出开展调查研究、地质（矿山）公园建设、地质遗迹保护点建设等几项工作内容作为保护规划实施的具体建议。

一、调查研究工作

（一）区域性地质遗迹调查

根据工作范围，可划分为全省和县域两类。该项工作以摸清资源“家底”为主，为县和全省的地质遗迹保护提供基础依据。结合省内已完成的调查工作现状，建议安排在以下区域开展地质遗迹调查与评价工作。

1. 浙江省古生物化石产地（点）调查

在地质演化历史上，浙江西北部地区自青白口纪至晚古生代末，经历了不同时期的海洋沉积环境，形成了一套巨厚的海相沉积物，其地层系统连续完整，保存良好，较完整地记录了不同时期海洋生物类型和种群。而浙江中东部地区主要发育晚中生代陆相盆地沉积，古生物化石主要记录了晚中生代陆相生物和植物类型及相应的种群。

浙江古生物化石类型及时空分布，清晰完整地记录了各地质时期生物种群的特点，为研究浙江古生态环境、古地质环境、古生物种群及生物种群演化序列提供了理想的研究场所和重要的实物证据。近百年来，尤其是新中国成立以来，中外地学工作者对浙江地层及古生物开展了深入研究，获得了大量重要的古生物化石资料，并在地层古生物学、古生物种群研究方面取得了一系列重大科研成果。

本次工作虽然登录了重要化石产地近30处，但仍不能全面反映全省古生物化石资源现状与特征，为贯彻与落实《古生物化石保护条例》，需要进一步开展全省古生物化石的专项调查工作。该项工作旨在全面了解和认识浙江古生物化石的地域及分布、门类及种群、规模及特征、产出时代及层位，为省内编制古生物化石保护规划奠定基础。

2. 杭州富阳区地质遗迹调查

区内出露省内重要的基础地质大类遗迹，尤其是中元古代末期的岛弧火山岩系和弧后盆地火山-沉积岩系，它们记录了中新元古代时期华南大陆碰撞聚合与伸展裂解的演化过程，是研究这一时期构造事件最重要的证据之一。地质遗迹内容丰富且系统完整，主要有著名的扬子地层区东南缘元古宙重要地层剖面（即中元古代末双溪坞群，新元古代骆家门组、虹赤村组、上墅组剖面）、富阳新店的志留系唐家坞组与泥盆系西湖组剖面、富阳钟家庄新元古界板桥山组剖面、新元古代中期构造岩浆带遗迹、双溪坞群褶皱构造、两处重要地质构造事件（中元古代末神功运动和新元古代中期晋宁运动）、著名的萧球断裂燕山晚期表现的大规模推覆构造形迹等。另外在富阳北部地区发育有众多的岩溶洞穴地貌及水体景观类等。

3. 桐庐县地质遗迹调查

区内以岩溶洞穴（瑶琳洞）、河流景观带（富春江小三峡）、重要地质剖面（桐庐冷坞梁山组和栖霞组剖面、桐庐刘家奥陶系剖面、桐庐沈村船山组剖面、桐庐分水印渚埠组剖面等)为主体的重要地质遗迹。

4. 绍兴柯桥区地质遗迹调查

该区地处扬子陆块东南缘,与华夏陆块接壤,区内重要地质遗迹内容丰富,主要分布有元古宙反映岩浆事件或构造事件的侵入岩(上灶斜长花岗岩、赵婆岙花岗闪长岩等)、雏形岛弧及海底中基性岩浆喷发,与此有关的省内最大的西裘铜矿床,已被列入浙江省重要成矿模式,以及多处古代采石遗址。这些基础地质遗迹是研究华夏与扬子两大地块碰撞拼贴的重要实物证据。

5. 永康市地质遗迹调查

方岩为省内著名的丹霞地貌,国家级风景名胜区,分布在永康盆地东南侧边缘,其分布面积大,地貌类型多样,内容丰富,发育有方山、崖壁、柱峰、水平岩槽、巷谷、线谷、石柱、洞穴等地貌景观,此外市内分布有浙江晚中生代陆相盆地永康群的建组剖面(正层型),以及永康八字墙断裂构造和中生代古生物化石。

6. 金华婺城区地质遗迹调查

九峰山分布在金衢盆地南侧边缘,以丹霞地貌为特色,发育有崖壁、柱峰、方山和峡谷地貌景观,出露规模大。另有浙江吉蓝泰龙化石产地、张村古元古代镁铁—超镁铁质岩石组合及剖面等重要地质遗迹。

7. 浦江县地质遗迹调查

以著名的仙华山独特的火山构造及火山岩地貌为代表,具有较高的美学价值和地学价值,现已被开发为著名的风景旅游区。浦江蒙山剖面及典型的玄武质枕状岩石,对研究元古宙扬子陆块东南缘构造环境具有重要意义。另有浦江浦南上中生界横山组鱼类及鳖化石产地等重要地质遗迹。

8. 龙游县地质遗迹调查

主要地质遗迹有古采石遗址——龙游石窟,保留的石窟规模大、完整性好,具有其独特性,现已被开发为著名的旅游景点。其他遗迹有著名的溪口黄铁矿床、沐尘岩体、衢江河谷阶地、衢县组和金华组层型剖面、大塘里硅化木、上北山地区元古宙超基性岩、白石山头榴闪岩和虎头山新近纪超基性岩筒等重要地质遗迹。

(二)专题调查研究

专题调查研究工作主要包括地质遗迹集中区专题调查研究和典型类型遗迹专题调查研究两类。

集中区地质遗迹(或现象)具有其时空的相关性、结构的系统性、产出的完整性和时代的代表性,它们是研究某次重大地质事件或某一段地质时期发展演化重要的实物证据,具有非常重要的地质意义。通过开展专题调查研究,旨在全面落实及细化重要地质遗迹的分布空间及特征现象点,进一步采用调查搜集、样品测试分析等手段,获得更多的有关地质遗迹的宏观和微观资料,极大地丰富地质遗迹的科学内涵,可以为解决某些重要地质遗迹长期存在的争议积累资料;系统阐述相应重大地质事件或某一段地质时期演化过程,从而可以整体提升重要地质遗迹的科学价值;为地质遗迹的深入保护及科学利用提供依据,探索地质遗迹的保护及利用方式,为全省地质遗迹的保护及利用提供示范意义。

选择省内具有典型代表性的地质遗迹类型开展专题调查研究,其目的是进一步开展省内该类遗迹的对比分析研究,查明遗迹类型特征及区域分布规律,总结该类遗迹的成因及演化过程,为该类遗迹的科学保护及合理利用提供依据。

根据省内地质遗迹资源分布特征及调查研究现状，建议继续开展富阳地质遗迹集中区、柯桥地质遗迹集中区，以及丹霞地貌、海岸地貌和岩溶地貌的专题调查研究工作。

1. 富阳地质遗迹集中区

该集中区分布在富阳、萧山和诸暨三地接壤地带，即富阳常绿镇、萧山楼塔镇和诸暨次坞镇，集中区遗迹类型多样、内容丰富、等级高，是浙江研究扬子陆块东南缘中、新元古代地质构造最重要的地区。这一区域集中分布着中新元古代末至新元古代期间重要的地质遗迹内容，其一，分布浙江最著名的扬子陆块东南缘新元古代至中元古代末地层系统，代表了龙门山成熟火山岛弧及弧后盆地环境，均为正层型剖面；其二，大面积分布的具有双峰式特点的岩浆喷溢组合和侵入岩组合，以及华南地区最早的A型花岗岩，它们印证了这一地区新元古代早中期华南陆块裂解的重要事实；其三，双溪坞构造层与河上镇构造层，是扬子陆块东南缘最早的构造层，代表了两次重大地质事件，构造不整合面反映了早期神功运动和晚期晋宁运动的构造形迹；其四，重大褶皱构造形迹，双溪坞群火山-沉积岩系的褶皱构造（倒转背斜）；其五，重大构造岩浆带形迹，新元古代中后期，受区域伸展拉张影响，导致华南陆块裂解，期间发育大规模的双峰式岩浆侵入（即辉绿玢岩和碱长花岗岩），形成北东向狭长的构造岩浆带，其构造形迹清晰，表现为双溪坞背斜东南翼地层的破坏、侵入岩前后切割关系、岩浆混合作用、同化混染作用等地质现象。

2. 柯桥地质遗迹集中区

该集中区主体分布着中元古代晚期不成熟的火山岛弧岩系、中元古代至新元古代侵入岩系和重要的典型矿床。区域上，集中区处于中元古代末，扬子陆块东南缘龙门山早期火山岛弧构造环境，重要地质遗迹主要有典型的双溪坞群平水组火山-沉积岩系地层剖面，阐明了不成熟火山岛弧岩系特点；省内重要的典型矿床类型（西裘铜矿、漓渚铁钼矿）；分布众多的侵入岩体（赵婆岙石英闪长岩、上灶斜长花岗岩等），反映了这一时期华南陆块裂解的特点，其中斜长花岗岩具有典型幔源岩浆分异，它是华南第一例大洋斜长花岗岩，世界第五例幔源岩浆结晶分异形成的大洋斜长花岗岩，因此具有重要的区域构造背景指示意义。

3. 丹霞地貌

浙江省白垩系以河湖相沉积为主的红层较为发育，分布于46个大小不等的盆地内，出露面积9 245.9km^2，占全省陆地总面积的9.04%。千姿百态的丹霞赤壁地貌景观，造就了浙江省内众多的著名风景名胜区，省级以上的有江山江郎山、永康方岩、衢州烂柯山、天台赤城山、新昌穿岩十九峰、丽水东西岩、东阳平岩-三都、金华九峰山等。粗略统计，省内丹霞地貌景观区（点）约有40余处，是省内地质遗迹的重要组成部分。省内丹霞地貌是特定地质历史发展演化阶段的产物，陆相盆地主体形成于早白垩世晚期至晚白垩世，丹霞地貌景观形成的物质基础是盆地消亡期向盆内进积的砂砾岩、砾岩，其地层代表了盆地演化最后阶段的产物。研究表明，省内拉张断陷成盆有3个阶段，即永康期成盆阶段、衢江期成盆阶段和天台期成盆阶段，时代从早白垩世晚期至晚白垩世早中期，构成了丹霞地貌景观的地层单元。

4. 海岸地貌

浙江省位于中国东南沿海，属长江三角洲南翼，东部濒临东海，海域面积达2.6万km^2。沿海分布岛屿众多，北起马鞍列岛，南至七星岛，横跨舟山市、宁波市、台州市和温州市，全省大小海岛总计3 800多个，约占全国总数的44%；大陆海岸线和海岛岸线长达6 700多千米，约占全国的20%；岛屿总数和岸线总长均位居全国之首。浙江省是我国海洋资源最丰富的省份之一，是名副其实的海洋大省。浙江海岛区地貌景观享有高度的美学声誉。历史上，普陀山就因其优美的景观而成为海上的佛教名山。近些年开发的嵊泗列岛、桃花岛、洞头岛、南麂岛等已成为著名的国家级或省级风景名胜区。其中普陀山岛和南麂列岛于2005年被《中国国家地理》评选为中国最美十大海岛中的两处。浙江省沿海漫长的海岸线是一个正在不断发生和发展着的各种海洋动力地质作用的载体，不同的海洋动力环境塑造了不同的海岸地貌。丰富多样的侵蚀和堆积地貌造就了一个海岸带动力地质作用的地学博物馆。

5. 岩溶地貌

浙江古生代地层内碳酸盐岩分布较广，出露面积约3 000km²，占全省总面积的3%。自新元古代震旦纪至晚古生代二叠纪的漫长地质年代里，江山-绍兴拼合带以西的浙西北地区，沉积了一套相当厚度的碎屑岩和碳酸盐岩，为岩溶地貌的形成和发育提供了物质基础。初步统计，发育岩溶洞穴地貌的岩石层位主要是寒武系杨柳岗组、奥陶系三衢山组、石炭系黄龙组与石炭系—二叠系船山组、二叠系栖霞组等。岩石可溶性大，在构造运动和地下水的相互作用下，易被溶蚀成地下洞穴，造就了省内许多结构奇特、景致瑰丽的岩溶洞穴景观，并成为著名的风景名胜区。著名的岩溶洞穴有金华双龙洞、桐庐瑶琳洞、兰溪六洞山地下长河、杭州灵山洞、临安瑞晶石花洞、建德灵栖洞、湖州黄龙洞、衢州太真洞、淳安方腊洞等。同时，省内的千岛湖石林、三衢石林也是风光秀丽的岩溶石林风景区。衢州的灰坪天坑规模宏大，亦具有较高的旅游开发价值。

二、地质(矿山)公园建设

根据目前掌握的地质遗迹资源状况，省内还有近15个区域有建设地质(矿山)公园的资源潜力，建议分步安排与推进省内地质(矿山)公园的申报与建设工作。

1. 淳安千岛湖石林地质公园

以地表石灰岩淋滤形成的岩溶石林为主体的地貌景观，其规模大、造型独特，是浙江省或华东地区规模最大的地表岩溶石林地貌。前期已完成地质遗迹调查与评价，适合拟建以地表岩溶为主体的地质公园，建设目标为省级。

2. 温州大罗山地质公园

大罗山花岗岩地貌分布规模较大，以东南沿海地区典型的丘陵区石蛋型花岗岩地貌为特色，发育有龙脊、叠石、拱桥、石柱、堡峰、屏峰、石蛋、侵蚀水槽、壶穴、突岩、倒石堆、崩积洞和峡谷，花岗岩地貌矗立在温州至瑞安海积平原之上，地貌具有其独特的类型及演化过程。花岗岩体之上保存着较为原始的残留顶盖，为研究花岗岩侵入定位之后的抬升与剥蚀速度及地貌形成年代具有重要意义。前期已完成地质遗迹调查与评价，适合拟建以花岗岩地貌类型为主体的地质公园，建设目标为省级。

3. 苍南玉苍山地质公园

以东南沿海典型的中低山区石蛋型花岗岩地貌为特色，发育有崖壁、堡峰、屏峰、叠石、岩面侵蚀水槽、石蛋、石柱、石林、突岩、倒石堆、崩积洞等。另外，在苍南瑶坑一带分布着晚白垩世碱性花岗岩，属典型的A型花岗岩，具有其典型性和稀有性，它是浙闽沿海I-A型花岗岩带的组成部分，它对研究燕山晚期构造运动及构造环境具有重要意义。前期已完成地质遗迹调查与评价，适合拟建以中低山型花岗岩地貌类型为主体的地质公园，建设目标为省级。

4.平阳南雁荡地质公园

以南雁荡山火山岩地貌为特色，发育有大量的火山岩洞穴、峰林、峰丛、岩嶂等地貌类型，在省内火山岩地貌中具有典型性和代表性。前期已完成地质遗迹调查与评价，适合拟建以火山岩地貌类型为主体的地质公园，建设目标为省级。

5.东阳-义乌恐龙地质公园

东阳和义乌一带发育有大量的恐龙骨骼、恐龙蛋及恐龙、翼龙和鸟类足迹化石，且有多个恐龙模式标本产地及国家古生物化石集中产地。前期已完成地质遗迹调查与评价，适合拟建以恐龙为主体的地质公园，建设目标为国家级。

6.武义大红岩地质公园

以武义盆地西北侧出露的丹霞地貌为主体，以著名的大红岩崖壁为代表的众多崖壁群、岩槽、洞穴、峰丛、柱峰、石拱桥、方山、石柱、石墙等，其内容丰富、景观独特。另外，武义境内还分布着华东地区数量最多、规模最大的与萤石矿床有直接关系的温泉资源，同时具有浙江典型成矿模式的萤石矿床。前期已完成地质遗迹调查与评价，适合拟建以丹霞地貌类型为主体的地质公园，建设目标为国家级。

7.金华双龙洞地质公园

以地下岩溶洞穴为特色，规模大、内容丰富，岩溶洞穴内石柱、石芽、石钟乳、石笋、石幔、落水洞、瀑布、洞厅、廊道、暗河、钙华池、边石坝和涡穴等发育，具有典型性。前期已完成地质遗迹调查与评价，适合拟建以地下岩溶为主体的地质公园，建设目标为国家级。

8.兰溪地下长河地质公园

以地下岩溶洞穴为特色，规模大，内容丰富，岩溶洞穴内地下暗河和涡穴最具有代表性，另外发育有石柱、石芽、石钟乳、石笋、石幔、落水洞、钙华池、边石坝等微地貌，省内具有典型性。另外，在兰溪草舍中侏罗统渔山尖组中产有重要的双壳类化石、植物化石和恐龙骨骼化石，是浙江省著名的中侏罗世化石产地。前期已完成地质遗迹调查与评价，适合拟建以地下岩溶为主体的地质公园，建设目标为省级。

9.衢江火山岩及岩溶地质公园

衢江区南部天脊龙门发育浙西地区典型的火山岩地貌，类型有崖壁、柱峰、石门、峡谷、瀑布、柱状节理等；衢江区北部灰坪发育浙西地区典型的岩溶地貌，分布着省内最典型的岩溶漏斗、天坑、溶洞、石芽、岩溶洼地等地貌景观。前期已完成地质遗迹调查与评价，适合拟建以火山岩地貌或岩溶地貌类型为主体的地质公园，建设目标为省级。

10.舟山普陀地质公园

以海积、海蚀地貌为特色，集中分布在普陀山岛、朱家尖岛和桃花岛等地，其中以普陀山岛与朱家尖岛尤为突出，分布着华东地区众多最好的沙滩、砾滩和海蚀地貌，其规模大，分布集中。沙滩以粉细砂为主，砂质纯净，质地均一，分选性好，滩外海水清澈，属于省内优质沙滩。另外，这一地区还分布着浙江省典型的晚白垩世碱性花岗岩及辉绿岩墙群，它们属于A型花岗岩系，是浙闽沿海I-A型花岗岩带的重要组成部分，是晚白垩世地壳伸展拉张最直接的证据，具有典型性和稀有性。前期已完成地质遗迹调查与评价，适合拟建以海积和海蚀为主体的地质公园，建设目标为国家级。

11.嵊泗列岛地质公园

嵊泗岛及周边诸岛以海积、海蚀地貌发育著称，海积地貌有单体略次于岱山东沙滩的基湖沙滩和南长途沙滩；海蚀地貌有六井头海蚀崖、海蚀槽、海蚀龛、海蚀洞穴、海蚀拱桥等。另外，在大洋山碱长花岗岩构成的龙脊状花岗岩地貌景观，具有重要的美学价值；大洋山岛碱长花岗岩中还发育着大量的晶洞和水晶矿物。前期已完成地质遗迹调查与评价，适合拟建以海积和海蚀为主体的地质公园，建设目标为省级。

12.天台恐龙地质公园

天台以恐龙骨骼化石、恐龙蛋化石为特色，分布广泛、规模大、内容丰富。目前已发现数以千计的恐龙骨骼化石及蛋化石。恐龙包括蜥脚类、鸭嘴龙类、慢龙类、甲龙类、盗蛋龙类、伤齿龙类及暴龙类等，使天台盆地成为世界上恐龙蛋化石最丰富的地区之一。恐龙蛋化石可分为7蛋科、12蛋属和15蛋种，代表了我国晚白垩世早期的恐龙蛋化石组合。其中有多个化石新属新种，已成为国家重要古生物化石集中产地。前期已完成地质遗迹调查与评价，适合拟建以恐龙为主体的地质公园，建设目标为国家级。

13.遂昌南尖岩-石姆岩地质公园

南尖岩是浙西南地区典型的火山岩地貌景观，分布着柱峰、崖壁、峡谷、瀑布等地貌类型；石姆岩丹霞地貌，为省内海拔最高的丹霞地貌类型。另发育有省内方岩组—壳山组唯一连续地层剖面，对了解和认识省内永康群方岩组之上连续的地质构造作用具有重要意义。前期已完成地质遗迹调查与评价，适合拟建以火山岩地貌和丹霞地貌为主体的地质公园，建设目标为省级。

14.庆元苍岱矿山公园

苍岱以明朝官府银矿开采为主，历史悠久，在省内具有一定规模，至今留下了众多的采矿遗址，以及采矿、选矿、冶炼工艺。前期已完成地质遗迹调查与评价，适合拟建以采矿遗址为主体的矿山公园，建设目标为省级。

15.莲都东西岩地质公园

东西岩以典型的丹霞地貌为主体，类型多样，景观优美。附近还发育有重要恐龙化石和蛋化石等。前期已完成地质遗迹调查与评价，适合拟建以丹霞地貌为主体的地质公园，建设目标为省级。

三、地质遗迹保护点建设

省内地质遗迹保护点建设，选择的主要依据为非景观型的、省级以上的基础地质大类地质遗迹，对于已处于地质(矿山)公园、地质遗迹保护区内的重要地质遗迹，由于已处在保护状态下，暂不列入地质遗迹保护点建设的范围。

目前，省内分两批次已完成地质遗迹保护点建设158处，建议继续推进省内重要地质遗迹点(地)的保护建设工作(表7-3)。

保护点建设一般要求：划定保护范围、制定保护方案，做好标识工作。地质遗迹点(地)的保护范围一经确定，不得随意变更。因保护和管理需要或者省级以上重大工程建设需要调整范围的，当地主管部门应及时将变更后的保护范围上报省级主管部门。

对于"典型矿床类露头"亚类的地质遗迹，考虑到该类型遗迹的特殊性（部分仍在开采），无法划定保护范围，可采取在典型现象点或特征点附近设立科普标识牌，以达到该类遗迹科普宣传和典型矿产地标识的目的。

对地质遗迹集中分布的区域，有条件的可逐步推进建设地质遗迹自然保护区或地质（矿山）公园。

表 7-3　待建设的地质遗迹保护点名单

序号	遗迹名称	行政区	类	亚类	等级
1	临海杜桥丽水运动不整合面	台州临海市	构造剖面	不整合面	省级
2	开化石耳山韧性剪切带	衢州开化县	构造剖面	断裂	省级
3	临海桃渚馆头组滑塌构造	台州临海市	构造剖面	褶皱与变形	省级
4	岱山衢山岛花岗岩淬冷包体群	舟山岱山县	岩石剖面	侵入岩剖面	省级
5	遂昌柘岱口碎斑熔岩	丽水遂昌县	岩石剖面	侵入岩剖面	省级
6	余杭仇山膨润土矿	杭州余杭区	重要岩矿石产地	典型矿床类露头	国家级
7	青田山口叶蜡石矿	丽水青田县	重要岩矿石产地	典型矿床类露头	国家级
8	武义后树萤石矿	金华武义县	重要岩矿石产地	典型矿床类露头	国家级
9	安吉康山沥青煤	湖州安吉县	重要岩矿石产地	典型矿床类露头	省级
10	黄岩五部铅锌矿	台州黄岩区	重要岩矿石产地	典型矿床类露头	省级
11	建德岭后铜矿	杭州建德市	重要岩矿石产地	典型矿床类露头	省级
12	缙云靖岳沸石珍珠岩矿	丽水缙云县	重要岩矿石产地	典型矿床类露头	省级
13	柯桥西裘铜矿	绍兴柯桥区	重要岩矿石产地	典型矿床类露头	省级
14	柯桥漓渚铁钼矿	绍兴柯桥区	重要岩矿石产地	典型矿床类露头	省级
15	龙泉八宝山金银矿	丽水龙泉市	重要岩矿石产地	典型矿床类露头	省级
16	青田石平川钼矿	丽水青田县	重要岩矿石产地	典型矿床类露头	省级
17	鹿城渡船头伊利石矿	温州鹿城区	重要岩矿石产地	典型矿床类露头	省级
18	龙游溪口黄铁矿	衢州龙游县	重要岩矿石产地	典型矿床类露头	省级
19	嵊州浦桥硅藻土矿	绍兴嵊州市	重要岩矿石产地	典型矿床类露头	省级
20	诸暨七湾铅锌矿	绍兴诸暨市	重要岩矿石产地	典型矿床类露头	省级
21	诸暨璜山金矿	绍兴诸暨市	重要岩矿石产地	典型矿床类露头	省级
22	淳安三宝台锑矿	杭州淳安县	重要岩矿石产地	典型矿床类露头	省级
23	新昌董村水晶矿遗址	绍兴新昌县	重要岩矿石产地	矿业遗址	省级

主要参考文献

曹纯贫.浙江省地图册[M].北京:中国地图出版社,2010.

陈安泽.中国花岗岩地貌景观若干问题讨论[J].地质评论,2007,53(增刊):1-8.

陈江峰,周泰禧,印春生.浙东南某些中生代侵入岩体的^{40}Ar-^{39}Ar年龄测定[J].岩石学报,1991(3):37-44.

陈君,王义刚.浙江嵊泗基湖沙滩沉积地貌特征[C].第十四届中国海洋(岸)工程学术讨论会论文集,2009:637-643.

陈荣军,吕君昌,朱杨晓,等.浙江东阳晚白垩世早期翼龙足迹[J].地质通报,2013,32(5):693-698.

陈旭,Mi tchell C E,张元动,等.中奥陶统达瑞威尔阶及其全球层型剖面点(GSSP)在中国的确立[J].古生物学报,1997,36(4):423-431.

陈旭,许红根,俞国华,等.浙江常山黄泥塘 Didymograptus (Corymbograptus) def lexus 带的笔石[J].古生物学报,2003,42(4):481-485.

陈旭,张元动,许红根,等.浙江常山黄泥塘奥陶系达瑞威尔阶研究的新进展[C].地层古生物论文集(第二十八辑),2004:29-39.

陈志洪.江绍断裂带平水群火山岩及伴生斜长花岗岩的成因与大地构造意义[D].长春:吉林大学,2007.

褚平利,邢光福,洪文涛,等.陆相火山岩区填图方法的实践——以浙江嵊州新生代玄武岩为例[J].地质通报,2017,36(11):2 036-2 044.

崔之久,李德文,冯金良,等.夷平面研究的再评述[J].科学通报,2001,46(21):1 761-1 768.

崔之久,李德文,伍永秋.关于夷平面[J].科学通报,1998,43(17):1 794-1 805.

崔之久,杨建强,陈艺鑫.中国花岗岩地貌的类型特征与演化[J].地理学报,2007,62(7):675-690.

崔之久,杨建强.初论花岗岩地貌类型与成因[C].第一届国际花岗岩地质地貌研讨会交流文集.2006.

地质矿产部地质辞典办公室.地质大辞典[M].北京:地质出版社,2005.

董传万,彭亚鸣.青田复式岩体——两种不同类型花岗岩的复合[J].浙江大学学报(工学版),1994(4):440-448.

董传万,彭亚鸣.浙江青田花岗岩中岩石包体特征及成因[J].岩石矿物学杂志,1992,11(1):21-31.

董传万,沈忠悦,杜振永,等.浙东晚中生代岩浆混合作用新证据——新昌儒岙岩石包体群的发现与地质意义[J].浙江大学学报(理学版),2009(2):224-230.

董传万,徐夕生,闫强,等.浙东晚中生代壳幔相互作用的新例证——新昌儒岙辉绿岩-花岗岩复合岩体的年代学与地球化学[J].岩石学报,2007,23(6):1 303-1 312.

董传万,杨永峰,闫强,等.浙江花岗岩地貌特征与形成过程[J].地质评论,2007,53(s1):136-141.

段淑英,董传万,潘江,等.中国浙江新昌化石木研究[J].植物学通报,2002,19(1):78-86.

冯金良,崔之久,朱立平,等.夷平面研究评述[J].山地学报,2005,23(1):1-13.

顾明光,陈忠大,汪庆华,等.杭州湘湖剖面全新世沉积物的地球化学记录及其地质意义[J].中国地质,2005,32(1):70-74.

韩德芬,张森水.建德发现的一枚人的犬齿化石及浙江第四纪哺乳动物新资料[J].古脊椎动物与人类,1978(4):255-263.

金玉玕,王玥,Charles Henderson,等.二叠系长兴阶全球界线层型剖面和点位[J].地层学杂志,2007,31(2):101-109.

李冬环,吴正.浙江普陀山岛老红砂的成因与环境[J].地理科学,2005,25(6):716-719.

梁汉东,丁悌平.中国煤山剖面二叠/三叠系事件界线地层中石膏的负硫同位素异常[J].地球学报,2004,25(1):33-37.

梁汉东.二叠纪末期海洋硫酸化环境灾变事件:煤山剖面岩石矿物证据[J].科学通报,2002,47(10):784-788.

林智理.浙江黄岩富山山崩地貌景观及其旅游开发[J].热带地理,2005,25(3):268-272.

卢成忠,董传万,顾明光,等.浙江道林山新元古代A型花岗岩的发现及其构造意义[J].中国地质,2006(5):1 044-1 051.

卢成忠,顾明光,罗以达,等.杭州泗岭铝质A型花岗岩的发现及其构造意义[J].中国地质,2008,35(3):92-398.

卢云亭.中国花岗岩风景地貌的形成特征与三清山对比研究[J].地质评论,2007,53(增刊):85-90.

陆景冈,唐根年,俞益武,等.旅游地质学[M].北京:中国环境科学出版社.2003.

吕君昌,东洋一,陈荣军,等.浙江东阳晚白垩世早期一新的巨龙形类恐龙[J].地质学报,2008.

潘树荣,伍光和,陈传康,等.自然地理学[M].北京:高等教育出版社,1985.

彭善池.寒武系全球江山阶及其“金钉子”在我国正式确立[J].地层学杂志,2011,35(4):393-396.

彭善池.艰难的历程、卓越的贡献:回顾我国的年代地层研究[M]//中国科学院南京地质古生物研究所.中国“金钉子”.杭州:浙江大学出版社,2014,3:1-42.

彭善池.全球标准层型剖面和点位(“金钉子”)和中国的“金钉子”研究[J].地学前缘,2014,21(2):8-26.

彭亚鸣,董传万.浙江青田碱性花岗岩研究[J].南京大学学报(地球科学版),1991,3(2):138-147.

齐岩辛,万治义,陈美君,等.浙江大明山花岗岩地貌景观特征与演化[J].科技通报,2016,32(2):66-70.

齐岩辛,万治义,许红根.浙江万马渡“石河”的组构分析及成因探讨[J].科技通报,2014,30(7):25-31.

齐岩辛,许红根,万治义.浙江万马渡花岗岩地貌类型特征及地史分析[J].浙江国土资源,2013(10):54-57.

齐岩辛,张岩,陈美君,等.浙江海岛区地质遗迹资源及其价值[J].地质调查与研究,2013,36(4):311-317.

齐岩辛,张岩,王孔忠.浙江海岛区地质公园发展策略[J].地质调查与研究,2015,38(2):148-154.

齐岩辛,张岩.浙江成景花岗岩地质特征[J].科技通报,2014,30(9):20-26.

钱迈平.华夏龙谱(14)——临海浙江翼龙(*Zhejiangopterus linhaiensis*)[J].江苏地质,2000,24(1):62.

钱迈平.华夏龙谱(57)——礼贤江山龙(*Jiangshanosaurus lixianensis* Tang,et al,2001)[J].地质学刊,2011,35(1):72.

钱迈平.华夏龙谱(58)——中国东阳龙(*Dongyangosaurus sinensis* Lu,et al,2008)[J].地质学刊,2011,35(2):159.

钱迈平.华夏龙谱(59)——丽水浙江龙(*Zhejiangosaurus lishuiensis* Lu,et al,2007)[J].地质学

刊,2011,35(3):274.

钱迈平.华夏龙谱(60)——始丰天台龙(*Tiantaiosaurus sifengensis* Dong,et al,2007)[J].地质学刊,2011,35(4):385.

钱迈平.华夏龙谱(62)——天台越龙(*Yueosaurus tiantaiensis* Zheng et al,2012)[J].地质学刊,2012,36(1):164.

秦作栋,牛俊杰,吴攀升.地貌系统演化的基本模式[J].山西大学师范学院学报(综合版),1995(2):63-65.

邱检生,刘亮,李真.浙江黄岩望海岗石英正长岩的锆石 U-Pb 年代学与 Sr-Nd-Hf 同位素地球化学及其对岩石成因的制约[J].岩石学报,2011,27(6):1 557-1 572.

邱检生,王德滋.浙江舟山桃花岛碱性花岗岩的岩石学和地球化学特征及成因探讨[J].南京大学学报(自然科学版),1996(1):80-89.

邱检生,王德滋.浙闽沿海地区Ⅰ型-A 型复合花岗岩体的地球化学及成因[J].岩石学报,1999,15(2):237-246.

邱检生,蟹泽·聪史,王德滋.浙江苍南瑶坑碱性花岗岩的地球化学及其成因类型[J].岩石矿物学杂志,2000(2):97-105.

戎嘉余,詹仁斌,黄冰,等.一个罕见的奥陶纪末期深水腕足动物群在浙江杭州余杭的发现[J].科学通报,2007,52(22):2 632-2 637.

申洪源,马荣华,鲁峰.浙江黄岩富山地区古崩塌地貌旅游资源开发[J].资源科学,2004,26(4):65-71.

水涛,徐步台,梁如华,等.绍兴-江山古陆对接带[J].科学通报,1986(6):444-448.

涂汉明,张伟,陈晓玲,等.地貌系统演化模式初探[J].湖北大学学报(自然科学版),1992,14(2):183-187.

王强,汪筱林,赵资奎,等.浙江天台盆地上白垩统恐龙蛋——新蛋科及其蛋壳形成机理[J].科学通报,2012,57(31):2 899-2 908.

王强,赵资奎,汪筱林,等.浙江天台晚白垩世巨型长形蛋科——新属及巨型长形蛋科的分类订正[J].古生物学报,2010,49(1):73-86.

王德滋,沈渭洲.中国东南部花岗岩成因与地壳演化[J].地学前缘,2003,10(3):209-220.

王德滋,周金城,邱检生,等.中国东南部晚中生代花岗质火山-侵入杂岩特征与成因[J].高校地质学报,2000,6(4):487-497.

王德滋,周新民,汪相,等.中国东南部晚中生代花岗质火山-侵入杂岩成因与地壳演化[M].北京:科学出版社,2002.

王孝磊,舒徐洁,邢光福,等.浙江诸暨地区石角-璜山侵入岩 LA-ICP-MS 锆石 U-Pb 年龄[J].地质通报,2012,31(1):75-81.

王心喜.浙江旧石器时代的考古学观察[J].绍兴文理学院学报,2005,25(3):7-12.

王一先,赵振华,包志伟,等.浙江花岗岩类地球化学与地壳演化——Ⅱ.元古宙花岗岩类[J].地球化学,1997,26(6):57-68.

王一先,赵振华,包志伟.浙江花岗岩类地球化学与地壳演化——Ⅰ.显生宙花岗岩类[J].地球化学,1997(5):1-15.

魏罕蓉,张招崇.花岗岩地貌类型及其形成机制初步分析[J].地质评论,2007,53(增刊):147-159.

吴正.现代地貌学导论[M].北京:科学出版社,2009.

邢光福,杨祝良,陈志洪,等.华夏陆块龙泉地区发现亚洲最古老的锆石[J].地球学报,2015,36(4):395-402.

徐步台,胡永和,李长江,等.浙东沿海燕山晚期岩浆岩的稳定同位素和微量元素地球化学研究[J].矿物岩石,1990,10(4):57-65.

严钦尚,曾昭漩.地貌学[M].北京:高等教育出版社,1985.

羊天柱,应仁方,张俊彪.浙江沿岸基准面调查和分析[J].东海海洋,1999,17(1):1-7.

杨景春,李有利.地貌学原理[M].北京:北京大学出版社,2005.

杨逸畴,尹泽生.平潭岛海蚀花岗岩地貌[J].地质评论,2007,53(增刊):125-131.

殷鸿福,张克信,童金南,等.全球二叠系—三叠系界线层型剖面和点[J].中国基础科学:科学前沿,2002(10):10-23.

张根寿.现代地貌学[M].北京:科学出版社,2005.

张克信,赖旭龙,童金南,等.全球界线层型华南浙江长兴煤山剖面牙形石序列研究进展[J].古生物学报,2009,48(3):474-486.

张克信,童金南,殷鸿福,等.浙江长兴二叠系—三叠系界线剖面层序地层研究[J].地质学报,1996,70(3):270-281.

张晓琳,邱检生,王德滋,等.浙江普陀山黑云母钾长花岗岩及其岩石包体的地球化学与岩浆混合作用[J].岩石矿物学杂志,2005(2)81-92.

张岩,齐岩辛.临海国家地质公园晚白垩世翼龙及鸟类生存环境分析[J].资源调查与环境,2015,36(2):89-97.

赵丽君,俞云文,邬祥林,等.浙江横山组的时代和区域地层对比[J].地层学杂志,2011,35(4):411-418..

浙江省地质矿产局.浙江省区域地质志[M].北京:地质出版社,1989.

浙江省地质矿产局.浙江省岩石地层[M].武汉:中国地质大学出版社,1996.

浙江省地质学会.浙江山水揽胜[M].长沙:湖南地图出版社,1998.

浙江省水文地质工程地质大队宁波矿勘院.浙东沿海中生代火山-侵入活动、构造演化及成矿规律[M].福州:福建省地图出版社,2002.

周翔,刘玉英,王敏龙.地貌学及第四纪地质学基础[M].北京:地质出版社,2007.

周新民,朱云鹤,陈建国.超镁铁球状岩的发现及其成因研究[J].科学通报,1990(8):604-606.

Budel J. Double surface of Ieveling in humid tropics[J]. Zeitgeomorph, Ⅰ,1957(2):223-225.

Budel J. The relif types the sheetwash zone of southern Indian on the eastern slope of the Deccan highland towards Madeas[J]. Journal of colloquium Feographicum,1965,25(8):93.

Camphell E M. Granite landforms[J]. Journal of the Royal Society of western Australian,1997,80:101-121.

Chen Rongjun,Zheng Wenjie,Yoichi AZUMA,et al. A New Nodosaurid Ankylosaur from the Chaochuan Formation of Dongyang,Zhejiang Province,China[J]. Acta Geologica Sinica(English Edition),2013.

Ehlen J. Fracture characteristics in weathered granite[J]. Geomorphology,1999,31:29-45.

Lu Junchang,Azuma Y. ,Chen Rongjun et al. A New Titanosauriform Sauropod from the Early Late Cretaceous of Dongyang,Zhejiang Province[J]. Acta Geologica Sinica,2008,82(2):225-235.

Lu Junchang,Jin Xingsheng et al. New Nodosaurid Dinosaur from the late Cretaceous of Lishui, Zhejiang province,China[J]. Acta Geologica Sinica,2007,81(3):344-350.

Twidale C R. Characteristics in weathered granite[J]. Geomorphology,1999,31:29-45.

Twidale C R. Granite Landform evolution:Factors and Implications[J]. International Journal of Earth Sciences,1986,75(3):769-779.

Twidale C R. Granite Landforms. Amsterdam, The Neterlands: Elsver Scientific Publishing Company, 1982.

Twidale C R. The research frontier and beyond: franitic terrains[J]. Geomorphology, 1993, 7(1-3): 187-223.

Yoichi Azuma, Junchang Lü, Xingsheng Jin, et al. A bird footprint assemblage of early Late Cretaceous age, Dongyang City, Zhejiang Province, China[J]. Cretaceous Research, 2013.

内部参考资料

江西省地矿局. 1：20 万广丰幅区域地质调查报告[R]. 1980.

南京大学. 浙江省江郎山风景名胜区丹霞地貌综合科学研究报告[R]. 2009.

南京地质矿产研究所. 1：25 万嵊县幅区域地质调查报告[R]. 2003.

浙江省地质调查院. 1：25 万杭州市幅区域地质调查报告[R]. 2004.

浙江省地质调查院. 1：25 万金华市幅区域地质调查报告[R]. 2005.

浙江省地质调查院. 1：5 万球川镇幅常山县幅区域地质调查报告[R]. 2006.

浙江省地质调查院. 长兴煤山剖面自然保护区科学考察报告[R]. 2005.

浙江省地质调查院. 常山国家地质公园建设科学考察报告[R]. 2003.

浙江省地质调查院. 东阳市地质遗迹调查评价报告[R]. 2012.

浙江省地质调查院. 杭州城市地质调查报告[R]. 2009.

浙江省地质调查院. 缙云仙都省级地质公园科学考察报告[R]. 2011.

浙江省地质调查院. 缙云县地质遗迹调查与评价报告[R]. 2008.

浙江省地质调查院. 丽水莲都区地质遗迹调查与评价报告[R]. 2006.

浙江省地质调查院. 临海国家地质公园科学考察报告[R]. 2001.

浙江省地质调查院. 衢州市地质遗迹调查评价报告[R]. 2003.

浙江省地质调查院. 遂昌县地质遗迹调查评价与保护报告[R]. 2009.

浙江省地质调查院. 万马渡花岗岩地貌地质遗迹调查报告[R]. 2007.

浙江省地质调查院. 温岭长屿硐天国家矿山公园科学考察报告[R]. 2010.

浙江省地质调查院. 温岭长屿-方山地质公园科学考察报告[R]. 2004.

浙江省地质调查院. 雁荡山世界地质公园地貌及水文地质研究报告[R]. 2010.

浙江省地质调查院. 余杭区西北部拟建省级地质公园可行性调研报告[R]. 2004.

浙江省地质调查院. 浙江省 908 专项海岛调查地貌与第四纪地质专题调查研究报告[R]. 2011.

浙江省地质调查院. 浙江省出露型地质遗迹调查评价报告[R]. 2012.

浙江省地质调查院. 浙江省地质环境资源保护与开发利用专题研究报告[R]. 2015.

浙江省地质调查院. 浙江省地质遗迹调查评价报告[R]. 2004.

浙江省地质调查院. 浙江省观赏石资源调查评价[R]. 2012.

浙江省地质调查院. 浙江省花岗岩地质地貌景观综合研究报告[R]. 2012.

浙江省地质调查院. 浙江省剖面类地质遗迹示范调查报告[R]. 2010.

浙江省地质调查院等. 遂昌金矿国家矿山公园科学考察报告[R]. 2005.

浙江省地质环境监测院. 金华市金华山地质遗迹调查与评价报告[R]. 2009.

浙江省地质矿产局. 浙江省地貌图说明书(1：50 万)[R]. 1980.

浙江省地质矿产局. 浙江省区域矿产总结[R]. 1988.

浙江省地质矿产研究所. 安吉县地质遗迹调查与评价报告[R]. 2014.

浙江省地质矿产研究所.长兴县地质遗迹调查与评价报告[R].2014.

浙江省地质矿产研究所.淳安县地质遗迹调查与评价报告[R].2010.

浙江省地质矿产研究所.景宁九龙省级地质公园科学考察报告[R].2009.

浙江省地质矿产研究所.景宁县地质遗迹调查评价与保护报告[R].2009.

浙江省地质矿产研究所.兰溪市地质遗迹调查与评价报告[R].2010.

浙江省地质矿产研究所.临安市清凉峰地区地质遗迹调查评价报告[R].2013.

浙江省地质矿产研究所.磐安大盘山省级地质公园科学考察报告[R].2010.

浙江省地质矿产研究所.平阳县南麂列岛地质遗迹调查与评价报告[R].2009.

浙江省地质矿产研究所.嵊州市地质遗迹调查与保护工程报告[R].2013.

浙江省地质矿产研究所.台州市椒江区大陈岛地质遗迹调查与评价报告[R].2014.

浙江省地质矿产研究所.仙居国家风景名胜区地质遗迹调查评价报告[R].2008.

浙江省地质矿产研究所.永嘉楠溪江地质遗迹调查与评价报告[R].2007.

浙江省第七地质大队.江山市地质遗迹调查与评价报告[R].2009.

浙江省第七地质大队.龙泉县地质遗迹调查评价报告[R].2013.

浙江省第七地质大队.青田县地质遗迹调查评价报告[R].2011.

浙江省第七地质大队.庆元县地质遗迹调查评价报告[R].2012.

浙江省第十一地质大队.1：5万鹤盛幅、碧莲镇幅、枫林幅、温州市(北半幅)、乐清县(北半幅)区域地质调查报告[R].1994.

浙江省第十一地质大队.1：5万温州市(南半幅)、乐清县(南半幅)、梧埏镇幅城市地质综合调查报告[R].1990.

浙江省第十一地质大队.苍南县地质遗迹调查与评价报告[R].2012.

浙江省第十一地质大队.平阳县地质遗迹调查与评价[R].2011.

浙江省第十一地质大队.温州大罗山地区地质遗迹调查与评价报告[R].2012.

浙江省第十一地质大队.文成县百丈祭地质遗迹调查评价报告[R].2007.

浙江省第五地质大队.1：5万沥巷幅、舟山幅.、大展幅、郭巨幅、沈家门幅区域地质调查报告[R].1990.

浙江省国土资源厅.浙江省地质遗迹调查评价技术要求(试行)[S].2012.

浙江省区域地质测量大队.1：20万杭州幅区域地质调查报告[R].1973.

浙江省区域地质测量大队.1：20万平阳幅区域地质调查报告[R].1976.

浙江省区域地质测量大队.1：20万诸暨幅区域地质调查报告[R].1975.

浙江省区域地质测量队.1：20万建德幅区域地质矿产调查报告[R].1965.

浙江省区域地质测量队.1：20万金华幅区域地质矿产调查报告[R].1966.

浙江省区域地质测量队.1：20万临安幅区域地质矿产调查报告[R].1967.

浙江省区域地质测量队.1：20万衢县幅区域地质矿产调查报告[R].1969.

浙江省区域地质测量队.浙西石炭二迭纪灰岩区喀斯特地貌及洞穴调查总结报告[R].1963.

浙江省区域地质调查大队.1：20万临海幅、渔山列岛幅区域地质调查报告[R].1980.

浙江省区域地质调查大队.1：20万嵊泗幅、余姚幅、定海幅、宁波幅、沈家门幅区域地质调查报告[R].1980.

浙江省区域地质调查大队.1：20万温州幅、黄岩幅、洞头幅区域地质调查报告[R].1979.

浙江省区域地质调查大队.1：20万仙居幅区域地质调查报告[R].1978.

浙江省区域地质调查大队.1：5万杭州市幅、临浦镇幅城市地质综合调查报告[R].1987.

浙江省区域地质调查大队.1：5万于潜幅、昌化幅、顺溪幅、麻车埠幅、白牛桥幅区域地质调查报告[R].1985.

浙江省区域地质调查大队.浙江芙蓉山破火山口火山地质、火山岩与侵入岩及其找矿远景[R].1988.

浙江省水文地质工程地质大队.1∶5万宁溪幅、茅畲幅、黄岩幅区域地质调查报告[R].1997.

浙江省水文地质工程地质大队.宁海伍山石窟国家矿山公园科学考察报告[R].2010.

浙江省水文地质工程地质大队.磐安县地质遗迹调查与评价报告[R].2007.

浙江省水文地质工程地质大队.四明山省级地质公园科学考察报告[R].2009.

浙江省水文地质工程地质大队.象山县地质遗迹调查评价与保护报告[R].2010.

浙江省水文地质工程地质大队.新昌县硅化木地质遗迹调查评价报告[R].2002.

浙江省水文地质工程地质大队.浙江省恐龙化石地质遗迹调查与评价报告[R].2010.

浙江省水文工程地质大队.1∶20万温州幅、黄岩幅区域水文地质普查报告[R].1980.

浙江省水文地质工程地质大队.浙江省水文地质志[M].1995.

浙江省统计局.2018年浙江省国民经济和社会发展统计公报[R].2019.

浙江省重工业局区域地质测量队.1∶20万泰顺幅区域地质矿产调查报告[R].1970.

浙江省重工业局五大队区测连.1∶20万丽水幅区域地质矿产调查报告[R].1971.